MANUAL DE DISEÑO DE ESTRUCTURAS DE CORRECCIÓN DE TORRENTES Y RETENCION DE SEDIMENTOS

Gian Franco Morassutti F.
Ingeniero Civil

AUTOR:

Gian Franco Morassutti Fabris
Ingeniero Civil

MANUAL DE DISEÑO DE ESTRUCTURAS DE CORRECCIÓN DE TORRENTES Y RETENCION DE SEDIMENTOS

PAGINAS INICIALES - VEINTOCHO (28) PAGINAS

PAGINAS DEL MANUAL - CUATROCIENTOS VEINTIDOS (422) PAGINAS

ISBN

AREA: INGENIERIA HIDRAULICA

AUTOR:

Gian Franco Morassutti F.
Ingeniero Civil

Correo: gfmorassutti@gmail.com

ESTUDIOS REALIZADOS.-

UNIVERSIDAD CENTRAL DE VENEZUELA, CARACAS, VENEZUELA
Ingeniero civil. 1985.
Cursos de posgrado en Ingeniería Hidráulica. 1989

FLORIDA INTERNATIONAL UNIVERSITY
Project Management Course – Florida International University – National Center for Construction Education and Research, September 2023.

ACADEMIA BID - Análisis del Riesgo de Desastres y Cambio Climático en Proyectos de Infraestructura. Academia Banco Interamericano de Desarrollo a a través de la Plataforma de Educación en Línea EDX. Julio - Agosto 2024.

EXPERIENCIA PROFESIONAL.-

1987 – Presente

Ingeniero Civil con especialización en Ingeniería Hidráulica.
Amplia experiencia en Dirección de Obra e Inspección de Obra Civil.
Asesor Técnico de Proyectos Varios
Proyectos de Ingeniería Hidráulica. Desarrollo de proyectos hidráulicos, con especial énfasis en proyectos de drenaje urbano, drenaje vial, hidráulica fluvial y proyectos de control de erosión fluvial.
Desarrollo y evaluación técnico-financiera de proyectos para organismos multilaterales.
Gestión e Inspección de obras civiles.

EXPERIENCIA EN LA ENSEÑANZA.-

Profesor de Teoría y Laboratorio de Mecánica de Fluidos. Escuela de Ingeniería Civil e Ingeniería Industrial. Universidad Católica Andrés Bello, Caracas, Venezuela. (1989 - 1999).

Profesor de Mecánica de Fluidos (2004 – 2005) y Profesor de Obras Hidráulicas (2005 – 2018).
Escuela de Ingeniería Civil. Universidad de Carabobo

Ponente del Curso "Inspección de Obras de Drenaje", Colegio de Ingenieros de Venezuela. Sede Valencia, Estado Carabobo, Venezuela. Mayo 2.018.

Ponente del Curso "Diseño de Estructuras de Retención de Sedimentos y Control de Torrentes".

- Curso Pre-Congreso para el VIII Congreso Iberoamericano de Control de Erosión y Sedimentos – Cartagena, Colombia, Agosto 2016.

- Curso dictado en la Universidad Nacional Agraria La Molina, Instituto de Ciencia y Tecnología del Agua, Programa de Doctorado en Recursos Hídricos, Lima - Perú, Julio 2017.

- Curso Pre-Congreso para el XXVIIII Congreso Latinoamericano de Hidráulica – Buenos Aires, Argentina, Septiembre 2018.
- Curso Pre-Congreso para el IX Congreso Iberoamericano de Control de Erosión y Sedimentos – Santiago de Chile, Chile, Septiembre 2018.
- Curso Pre-Congreso para el XXX Congreso Latinoamericano de Hidráulica – Fox de Iguazu, Brasil, Noviembre 2022.
- Curso dictado en la Universidad Nacional de Tucumán, Argentina, Noviembre 2022. PATROCINADO Y ORGANIZADO POR MACCAFERRI - ARGENTINA.
- Curso en la Universidad Católica de Argentina, - Campus Puerto Madero, Argentina, Noviembre 2022. PATROCINADO Y ORGANIZADO POR MACCAFERRI - ARGENTINA.

RECONOCIMIENTOS.-

GANADOR DEL PREMIO LATINOAMERICANO MACCAFERRI DE HIDRÁULICA APLICADA A GAVIONES, por el artículo "*Propuesta de medidas Estructurales para la Mitigación de Riesgo de Inundaciones de la Ciudad de Trujillo, Perú*". Documento preparado y expuesto para el XXVIIII Congreso Latinoamericano de Hidráulica – Buenos Aires, Argentina, Septiembre 2018.

GALARDONADO CON EL PREMIO ZEROSION por su amplia trayectoria profesional en la elaboración y redacción de proyectos y su valiosa aportación educativa en situaciones muy difíciles en favor de la conservación de los suelos a través de la mejora de la hidrología de las cuencas. Bioingeniería del Paisaje (BPS Group - España - Octubre de 2019)

SEGUNDO LUGAR DEL PREMIO LATINOAMERICANO DE MACCAFERRI DE HIDRÁULICA APLICADA A GAVIONES, por el artículo *"Experiencias en el comportamiento de las Obras de Mitigacion de Riesgo en Vargas, Venezuela - 20 años después".* Documento preparado y expuesto para el XXX Congreso Latinoamericano de Hidráulica – Fox de Iguazu, Brasil, Noviembre 2022.

Leonardo da Vinci

"Entre todas las causas de la destrucción de la propiedad humana, me parece que son los ríos los que ocupan el lugar principal, debido a las excesivas y violentas inundaciones".

Leonardo da Vinci

"Cuando trates con el agua, consulta primero la experiencia y después la razón, la experimentación no yerra nunca, solo nuestro juicio se equivoca, al anticipar resultados que luego la experiencia no confirma"

Leonardo da Vinci

"Cuando trates con el Agua, consulta primero la práctica y luego la teoría"

Leonardo da Vinci

Dedico este Manual a mi familia, a mi esposa María Luisa, a mis hijas María Luisa y María Gabriela y a mi hijo Gian Franco, por ser fuente de inspiración y por ser el motivo para tratar de ser cada día mejor y humildemente poder dar el ejemplo.

Dedico este Manual a mis padres por haberme enseñado la necesidad de ir siempre en búsqueda de la excelencia.

Este Manual está dedicado a las personas que de una u otra forma han influenciado en mi vida, dándome los mejores consejos, guiándome y tratando de hacer de mí una persona de bien............ellos saben quienes son.....

Cuando miro atrás y recuerdo mi vida, las mayores alegrías son las vividas con la familia.

Mi familia, mi esposa y mis tres hijos, es el mejor regalo que pudo darme Dios y la vida.

Gracias a todos.

AGRADECIMIENTOS

A lo largo de los años que estuve en Corpovargas, tuve la oportunidad de compartir e intercambiar ideas con diversos profesionales, todos ellos de mi gran aprecio desde el punto de vista personal y profesional, a todos ellos mi especial agradecimiento por formar un gran equipo de trabajo.

Mi agradecimiento a los Ingenieros Luis E. Franceschi A., José Ignacio Sanabria y Juan José Bolinaga I. (†), mis profesores y mentores, pero en especial mi agradecimiento a ellos por la oportunidad que me dieron la oportunidad de ingresar a la oficina de PROHIDRA S.C. siendo un recién graduado en el año 1985 y entrar en el mundo de la Ingeniería Hidráulica, a los cuales le estaré agradecido de por vida por haberme dado esa oportunidad, pues su ejemplo de profesionalismo y honestidad, lo he tenido como motivo de vida.

Mi agradecimiento a mi profesor el Ing. José Luis López del Instituto de Mecánica de Fluidos de la Universidad Central de Venezuela, por sus consejos y recomendaciones en los diversos aspectos analizados en los torrentes del Estado Vargas y en especial por su tiempo en la revisión de este Manual.

Mi agradecimiento al Ing. Mario Mengual por sus oportunas y acertadas recomendaciones. De igual forma mi agradecimiento al Ing. Federico Valencia por sus valiosos comentarios en la redacción de diversos conceptos.

Mi agradecimiento destacado al Ing. Luis Miguel Suarez V., que además de sus oportunas recomendaciones a lo largo de los años que estuve en Corpovargas, es el autor del Libro *"Presas de Control de Torrentes y Retención de Sedimentos",* escrito en el año 1992, hace más de 20 años, y cuya motivación fue el deslave del Río Limón en Maracay en el año 1987.

De este libro nacen los criterios técnicos y conocimientos con que me inicié en este tema y que sirvieron de base para el diseño y construcción de la mayoría de las presas de retención de sedimentos del Estado Vargas y en especial, es el punto de partida para la realización de este Manual.

Mi agradecimiento al Ing. Roberto Coali y al Ing. Antonio Manica del *Instituto di Sistemazione Montana della Provincia del Trento* (ISMPT), Italia, con quienes en el año 2003 tuve la oportunidad de intercambiar ideas y me transmitieron una cantidad importante de criterios y conocimientos en base a su experiencia en el ISMPT, el cual cuenta con más de cien (100) años de experiencia en control de torrentes.

Mi agradecimiento al Ingeniero Alfonso Palma (†) del *Centro de Estudios y Experimentación de Obras Públicas del Gobierno de España* (CEDEX), con quien, en el mismo año 2003, tuve la oportunidad de intercambiar ideas y conceptos para fijar los criterios del Proyecto de Control de Torrentes de la Cuenca del Río San Julián.
Mi agradecimiento muy especial al General (G.N.) Ing. Alejandro Volta T., Presidente de Corpovargas, por haberme dado la oportunidad de trabajar en la recuperación del Estado

Vargas, su firmeza y determinación en la dirección de Corpovargas fue la clave para el logro de los objetivos trazados y el éxito de la gestión. ¡¡Gracias por haber confiado en mi!! Creo que hicimos historia.

Mi agradecimiento especial a mi amigo el Ing. José V. Heredia T., por ser el responsable de haberme llevado al Estado Vargas a finales del año 2000, bajo la premisa de realizar una simple evaluación hidráulica y geotécnica de la vialidad Caraballeda – Los Caracas, afectada luego del deslave de Diciembre de 1999, para luego habernos quedado trabajando durante siete años en el control de torrentes y en la recuperación del Estado Vargas y poder tener esta maravillosa experiencia.

Mi agradecimiento a mi amigo el Teniente - Coronel G.N. (R) Ing. José Gregorio Quijada S., Gerente General del Plan Vargas 2005, por su apoyo y confianza en el diseño e inspección de las obras de control de torrentes ejecutadas en el Estado Vargas.

Mi agradecimiento al Ing. Gerardo Fracassi, Gerente Técnico de Maccaferri - Brasil, y al Ing. Jaime Durán da Silva, Gerente del Departamento de Investigación y Desarrollo, por el apoyo técnico y en especial por la cortesía de permitirme utilizar fotos y figuras que le dan un valor agregado a este Manual. Al Ing. Antonio Gallovich, Gerente Técnico de Maccaferri – Venezuela, por su apoyo incondicional y recomendaciones en la construcción de las obras y en el desarrollo de la denominada *"Escuela de Muros"* de gaviones realizadas en el Estado Vargas.

Mi reconocimiento muy especial a mis exalumnos y hoy en día Ingenieros Mauricio Romanello y Beatriz Haro, los cuales tuvieron la paciencia de soportarme en la elaboración de su tesis de grado, de la cual se han establecido algunos criterios de diseño que se incluyen en este manual. Adicionalmente, mi agradecimiento por su paciencia en la revisión de los ejemplos que se incluyen al final del Manual.

De igual forma mi agradecimiento a mis exalumnos y hoy en día Ingenieros Benito Vacca, Rosa De Jesús, Zhandra López, Yulimar Aular y Karla Briceño, por su paciencia en la elaboración y revisión de los cálculos de los ejemplos y en las figuras que forman parte de este Manual.

Mi reconocimiento a todos los que han sido y son mis alumnos, pues su afán de aprender, son el motor y la razón de este manual.

Gian Franco A. Morassutti F.

PREFACIO

Los flujos torrenciales catastróficos ocurridos el 15 y 16 de Diciembre de 1999, en el Estado Vargas en Venezuela, generaron lo que puede ser catalogado como el desastre más importante del siglo XX en este país. Considerando el alto volumen de sedimentos y de bloques de rocas transportados, el evento de 1999 ha sido clasificado como el flujo torrencial más grande inducido por lluvias entre todos aquellos que han sido documentados a nivel mundial.

Posteriormente, en Febrero de 2005, ocurrió una tormenta de características similares, aunque de menor magnitud que la de Diciembre de 1999, pero que ocasionó daños y pérdidas importantes en los desarrollos urbanos ubicados en las márgenes de los cauces fluviales del Estado Vargas y que puso a prueba algunas de las estructuras de retención que se había construido en Vargas hasta ese momento, y que afortunadamente tuvieron un comportamiento satisfactorio.

En vista de los continuos y extremos eventos meteorológicos que han venido ocurriendo a nivel mundial, teniendo como característica importante las altas precipitaciones, así como la ocurrencia de flujo de lodos y piedras que ha traído como consecuencia la desestabilización geomorfológica de los cauces fluviales y de los taludes de las vertientes de las cuencas hidrográficas, este manual tiene como objetivo dar a conocer los conceptos fundamentales del flujo torrencial y sus diversas formas de control, de manera que sirva como referencia y de experiencia para eventuales controles de torrentes en otras áreas geográficas.

A lo largo de mi carrera profesional dentro de la Ingeniería Hidráulica, he tenido el honor y la oportunidad de participar en diversos proyectos que siempre tienen como objetivo fundamental, tal y como indica Bolinaga (Bolinaga, J.J., (1979): *"evitar, en la medida de lo posible, que las aguas pluviales causen daños a las personas o a las propiedades ante eventuales desbordes de los cauces fluviales"*. Sin embargo, en el caso de los riesgos que se originan por la ocurrencia de aludes torrenciales, el término "*evitar*" es prácticamente imposible de cumplir, pues estos riesgos no pueden ser eliminados y son difíciles de mitigar, es por ello por lo que las estructuras de corrección de torrentes y retención de sedimentos se pueden denominar *"estructuras de mitigación del riesgo"*.

Mis estudios y mi pasión por el control de torrentes tiene origen en el Evento de Vargas de Diciembre de 1.999, cuando tuve la oportunidad de participar como Asesor Técnico, Proyectista e Inspector en la Corporación para la Recuperación y el Desarrollo del Estado Vargas (CORPOVARGAS), en las diversas obras que se proyectaron y construyeron en el Estado Vargas a partir del año 2.001 hasta el año 2007. Sin embargo, mi mayor motivación fue luego del recorrido realizado en a finales del año 2000, y poder darme cuenta de las consecuencias del deslave ocurrido y las afectaciones a los habitantes del Estado Vargas, así como la pérdida de familiares y seres queridos, sus viviendas y gran parte de su vida.

Mas, sin embargo, lo que más me motivó fue ese espíritu de lucha del venezolano y en especial de los habitantes del Estado Vargas en aquel momento, que luego de sufrir los embates inclementes de la naturaleza, siguieron con fe y optimismo, bajo la premisa de reconstruir su vida.

Las lecciones aprendidas en Vargas, tanto desde el punto de vista técnico, así como desde el punto de vista personal y humano, han sido el motivo de la elaboración de este Manual, para que eventos como el ocurrido en Vargas en Diciembre de 1999 o en Febrero de 2005, queden en el recuerdo, y que con las sugerencias y recomendaciones de diseño que se han establecido en este manual, se puedan mitigar los efectos de estas crecidas y así proteger a los habitantes y propiedades asentados en las riberas de los cauces fluviales ubicados en el piedemonte de las serranías.

De acuerdo a la experiencia a lo largo de los años de estudio del fenómeno torrencial y el diseño de las obras de control de torrentes, así como en el estudio de la ingeniería hidráulica en general, considero que es siempre necesario cubrir una primera etapa donde se realice una cuidadosa caracterización conceptual de cada uno de los elementos que interviene en el problema, en este caso el de la dinámica del flujo torrencial, sus orígenes y consecuencias, seguido de una segunda etapa que permita fijar los criterios conceptuales de las obras de control y estabilización, para finalmente proponer soluciones mediante la elaboración de los cálculos necesarios hasta obtener el dimensionamiento idóneo de estas estructuras desde el punto de vista técnico y económico.

De esta manera, el lector irá progresivamente construyendo una amplia base de conceptos y criterios que lo habilitará para comprender a cabalidad todos los elementos hidráulicos y estructurales de las obras de control de torrentes de la manera más acertada posible, complementados por una serie de ejemplos y anécdotas que servirán para ampliar los criterios de diseño, pues tal y como en algún momento afirmó Leonardo Da Vinci *"Cuando trates con el Agua, consulta primero la práctica y luego la teoría"*.

El desarrollo de este libro tiene como objetivo el estudio de las técnicas y elementos necesarios y disponibles para la corrección y estabilización de torrentes con la finalidad de regular el flujo de agua y los sedimentos transportados, mediante estructuras de retención o estructuras de control a lo largo del cauce, que permitan, en la medida de lo posible, el control de las erosiones y socavaciones que se puedan producir, así como el transporte de sedimentos hacia aguas abajo.

La finalidad de este *Manual de Diseño de Estructuras de Corrección de Torrentes y Retención de Sedimentos*, se ha basado en tratar de emitir los conceptos de la manera más practica posible, con la finalidad de que sea un manual práctico de diseño para profesionales de la ingeniería, así como estudiantes que se inicien en este maravilloso mundo de la ingeniería hidráulica, la hidráulica fluvial y en especial en la del tratamiento de control de torrentes.

Se ha incluido una importante cantidad de figuras y fotografías, con la finalidad de ilustrar con mayor claridad lo que se pretende explicar con palabras o ecuaciones.

El libro se ha organizado en diez (10) capítulos cuyo tratamiento se hace como se describe a continuación.

En el Capítulo I se hace una breve introducción a la corrección de torrentes, para así iniciar al lector en el tema fundamental de este manual.

En el Capítulo II se presentan los conceptos generales de cada uno de los elementos que intervienen en la geomorfología de los torrentes, desde la precipitación, erosión, formación de torrentes y un aparte de clasificación de fallas, hasta llegar al flujo de lodos y piedras.

El Capítulo III se ha dedicado al cálculo de los gastos máximos a partir de la descripción de los diferentes elementos que intervienen en el estudio hidrológico de la cuenca donde se pretende realizar el control de torrentes. Este capítulo se ha incluido con la finalidad de que el lector refresque los conocimientos de hidrología, a través de los procedimientos propuestos pueda obtener los gastos líquidos provenientes del estudio hidrológico, para luego adentrarse en las metodologías de cálculo de gastos sólidos que se describen en el Capítulo VI.

El Capítulo IV se presenta una descripción de los aludes torrenciales, en donde se presenta una conceptualización de los diversos tipos de fluidos, el concepto de flujos de lodos y piedras, su composición, hasta llegar a los diversos tipos de flujos torrenciales.

En el Capítulo V se dedica al control y estabilización de torrentes, desde su concepción, pasando por los métodos estabilizantes y conceptualizando las presas de retención de sedimentos, tanto las presas cerradas, así como las presas abiertas.

En el Capítulo VI se dedica al cálculo de los parámetros sedimentológicos que intervienen en el flujo torrencial, para poder calcular el gasto sólido y el volumen de sedimentos que pueden ser transportados por una crecida, análisis de la pendiente de compensación y pendiente de equilibrio, ubicación estratégica de las presas a lo largo del cauce, etapas del funcionamiento de las presas luego de su construcción y se termina con una ilustración de una simulación el flujo torrencial.

El Capítulo VII se dedica al cálculo hidráulico de los parámetros que interviene en una presa de retención de sedimentos, desde el cálculo del vertedero, característica de la lámina vertiente, cálculo de socavación al pié de la presa y dimensionamiento del disipador de energía.

En el Capítulo VIII se presentan y describen las fuerzas que actúan sobre una presa de gravedad, así como los diferentes casos de carga que puedan actuar sobre una presa, para luego definir su dimensionamiento.

En el Capítulo IX se presenta y describen las fuerzas que actúan sobre una presa de gravedad construida en gaviones, así como los diferentes casos de carga que puedan actuar sobre una presa, para luego definir su dimensionamiento.

En el Capítulo X se presentan los diferentes criterios para establecer las fuerzas que actúan sobre una presa abierta y los criterios de cálculo para su dimensionamiento.

Seguidamente se incluyen las Referencias Bibliográficas, que contiene una lista seleccionada de textos, libros, manuales, documentos y trabajos de investigación, que han servido como elemento de apoyo para la elaboración de este manual.

Luego se incluyen dos anexos con ejemplos de cálculo. El Anexo N° 1.- contiene un Ejemplo de Cálculo de Presa de Concreto Ciclópeo, mientras que el Anexo N° 2.- contiene un Ejemplo de Cálculo de Presa de Gaviones.

En el año 2022 se tuvo la oportunidad de participar en el XXX Congreso Latinoamericano de Hidráulica realizado en Fox de Iguazú en Brasil en Noviembre de 2002. En esa oportunidad se presentó el artículo denominado EXPERIENCIAS EN EL COMPORTAMIENTO DE LAS OBRAS DE MITIGACION DE RIESGO EN VARGAS - VENEZUELA - 20 AÑOS DESPUÉS, el cual se presenta en el Anexo 3.-

En ese artículo se presentó un trabajo cuya la finalidad fue la de dar a conocer el desarrollo de algunas de las obras de mitigación de riesgo para el control del arrastre de sedimentos y flujo de lodos y piedras construidas por Corpovargas en gaviones, concreto o en roca cementada durante el período entre el año 2.001 y el año 2.008, período en el que el autor tuvo la oportunidad de trabajar como Asesor, Proyectista, Supervisor e Inspector de Obras.

La mayoría de las obras proyectadas y construidas han tenido un comportamiento satisfactorio, sin embargo, hay otras obras que, debido a la incompleta ejecución de algunas obras, así como a la falta de mantenimiento, son causas que pueden tener consecuencias en la garantía de su comportamiento antes nuevos y futuros eventos.

En el artículo mencionado, como conclusión se indica que, y se cita:

"Finalmente se puede indicar que, sobre la base del comportamiento de las estructuras construidas en el Estado Vargas, se puede inferir que las estructuras de gaviones han tenido un comportamiento satisfactorio y si sufren alguna afectación, su reparación es fácil, rápida y de bajo costo comparada con otras soluciones. De igual forma se puede inferir que el revestimiento con roca cementada es apropiado para canalizaciones y estructuras sometidas a regímenes torrenciales en donde el flujo esté acompañado por lodos y piedras."

Finalmente, el propósito fundamental de este Manual es contribuir a transmitir mis limitados conocimientos, en base al estudio del tema y a la poca o mucha experiencia obtenida a lo largo de los años de trabajo, si lo logro, aunque sea parcialmente, me sentiré satisfecho.

Gian Franco A. Morassutti F.

Mayo 2025.-

MANUAL DE DISEÑO DE ESTRUCTURAS DE CORRECCIÓN DE TORRENTES Y RETENCION DE SEDIMENTOS

CONTENIDO

CAPITULO I
LA CORRECCIÓN DE TORRENTES

CAPITULO II
CONCEPTOS GENERALES

CAPITULO III
CALCULO DE LOS GASTOS DE DISEÑO.-

CAPITULO IV
LOS ALUDES TORRENCIALES

CAPITULO V
CONTROL Y ESTABILIZACION DE TORRENTES

CAPÍTULO VI
CÁLCULO DE PARÁMETROS SEDIMENTOLÓGICOS

CAPITULO VII
CÁLCULO DE PARÁMETROS HIDRÁULICOS

CAPITULO VIII
PRESAS DE GRAVEDAD.-

CAPITULO IX
PRESAS DE GAVIONES.-

CAPITULO X
PRESAS ABIERTAS.-

REFERENCIAS.-

ANEXOS.-

CAPITULO I

LA CORRECCION DE TORRENTES

CAPITULO I

LA CORRECCIÓN DE TORRENTES.-

I.1.- INTRODUCCION.-

La presencia de fenómenos naturales forma parte integral del proceso de la evolución de la tierra, estos fenómenos naturales han acompañado al ser humano a lo largo de su existencia. Estos eventos son difíciles de afrontar por el escaso control que se puede tener sobre ellos, aún con los avances tecnológicos que se puedan tener para estudiarlos o eventualmente predecirlos.

La presencia del hombre en el medio ambiente, sus actividades e infraestructura, históricamente se han ido extendiendo progresivamente hacia las zonas de las cuencas y en particular hacia las riberas o márgenes de los ríos.

Estas actividades se han desarrollado tanto en las zonas superiores de la cuenca, así como en las márgenes de los ríos y en especial en las planicies inundables ubicadas en las partes medias y bajas de la cuenca, por ser las áreas propicias, desde el punto de vista topográfico, para los desarrollos urbanos.

La mayoría de los pueblos y ciudades que conocemos hoy, se han desarrollado en áreas que han sido habitadas desde tiempos muy antiguos; siendo las riberas de los ríos, los lugares favoritos para los asentamientos humanos, debido a la disponibilidad de agua y la fertilidad de la tierra para la agricultura.

Con el trascurso de los años la relación *"Hombre - Cursos de Agua"* se ha ido desarrollando con el incremento poblacional e industrial y de las rutas de comunicación, requeridas para el intercambio económico y social.

Actualmente resulta difícil ignorar los problemas de inundaciones y zonas bajas, así como la necesidad de proteger carreteras, vías férreas, construcciones industriales y fundamentalmente los centros poblados, siempre teniendo presente que el curso de agua natural es una entidad viviente en continuo desarrollo que se deberá proteger en todo lo posible.

A través de la historia, los asentamientos urbanos se han desarrollado en las riberas de los ríos. Con su presencia, el hombre ha interferido, en varias oportunidades, negativamente en el funcionamiento natural del ciclo hidrológico y en la dinámica biológica y en especial la geomorfológica de los ríos y sus cuencas contribuyentes. En varias ocasiones, la ocupación del territorio y los impactos originados por el hombre son tan importantes, que se han originado situaciones extremas que han generado catástrofes que involucran cuantiosas pérdidas económicas y humanas.

Ahora bien, también es cierto que la naturaleza ha ofrecido a la humanidad innumerables áreas para el desarrollo urbano, pues la erosión de las cuencas de los ríos y su posterior deposición en los piedemontes de las laderas, ha formado áreas idóneas para estos desarrollos.

Sobre la base de lo anterior, es imprescindible iniciar con los conceptos fundamentales de la hidráulica de cauces naturales. Dependiendo de sus características hidráulicas, las corrientes naturales se pueden dividir en ríos y torrentes.

Los ríos se caracterizan por tener caudales importantes incluso en épocas de estiaje. El curso de agua es alimentado por una extensa red de afluentes con aportes superficiales y contribuciones por la escorrentía subsuperficial. El perfil longitudinal suele ser constante con pendientes generalmente inferiores al 5% y velocidades de flujo inferiores a los 4 o 5 m/s.

Por su parte, los torrentes son cursos de agua que escurren por zonas de montaña con altas pendientes que generalmente están por encima del 5% y con unas velocidades superiores a los 5 m/s en el momento de la ocurrencia de las crecidas. Los gastos que escurren por estos tramos, debido a sus velocidades, tiene un gran potencial erosivo, arrastran materiales hacia las cuencas medias o bajas.

En vista de que en los torrentes se generan altas velocidades y por ende, les da la capacidad erosiva y de arrastre de materiales, los torrentes tienen un importante potencial destructivo, producto de la gran energía del flujo, la cual a su vez proviene principalmente de la elevada pendiente de los cauces y de la presencia de materiales solidos transportados por la corriente, los cuales, junto con el agua, pueden causar enormes daños al alcanzar las planicies aguas abajo, donde normalmente se concentran las actividades humanas, sean desarrollos urbanos o desarrollos agrícolas, o de cualquier índole.

En otras palabras se puede indicar que estos torrentes o ríos de montaña, al llegar al pie de monte, sufren un cambio brusco en su pendiente y gradiente hidráulico, por lo cual, en época de crecientes tienden a depositar sus arrastres sólidos para formar lo que se conoce como el abanico aluvial del río o también denominado cono de deyección.

La falta de terrenos adecuados para urbanizar ha hecho que numerosas ciudades y poblaciones se asienten sobre las laderas y abanicos aluviales de los ríos de montaña. Los deslizamientos, los flujos de detritos o aludes torrenciales, y las inundaciones, ocurren natural y frecuentemente en estos ambientes, amenazando gravemente los desarrollos urbanos allí asentados. Es por estas razones que la ocupación de los abanicos aluviales tiene que ir acompañada de medidas de control y mitigación contra la amenaza torrencial.

Foto N° I.1. – Vista de la garganta y del abanico aluvional de la cuenca del Rio Cerro Grande luego del evento de Diciembre de 1.999 en el Estado Vargas, Venezuela. (Foto cortesía Ing. José Luis López)

Se entiende por Alud Torrencial o Deslave, como aquellos flujos con altas concentraciones de sedimentos que se generan en las cuencas montañosas, cuyo origen está asociado a la ocurrencia de deslizamientos durante lluvias prolongadas y de alta intensidad, y que pueden estar conformados por agua, barro, rocas, y grandes restos de vegetación, así como por todo tipo de desperdicios y arrastres de materiales fabricados por el hombre. Los tamaños de los sedimentos arrastrados varían desde micrones, como los limos y las arcillas, pasando por los cantos rodados de varios centímetros, hasta varios metros de diámetro, como los grandes peñones o rocas. (López J.L., 2.005).

La corrección de torrentes tiene como finalidad controlar el gran potencial destructivo de estos aludes torrenciales o deslaves, producto de la energía del flujo proveniente principalmente de la elevada pendiente de los cauces de características torrenciales y de la presencia de materiales sólidos transportados por la corriente, los cuales, junto con el agua, pueden causar enormes daños al alcanzar las planicies ubicadas aguas abajo, donde normalmente se concentran las actividades y la infraestructura humana (ciudades, carreteras, cultivos, etc.).

Como consecuencia de la ocurrencia de las tormentas en la cuenca, o el deshielo, los cursos de agua aumentan de caudal y se producen crecidas extraordinarias, pudiéndose generar los desbordes sobre las márgenes adyacentes del río, muchas ellas invadidas por el hombre, pudiéndose provocar, con mayor frecuencia, catástrofes que involucran pérdidas de vidas humanas y económicas cuantiosas. La memoria del agua es tal que por más que durante años no se haya manifestado, al cabo del tiempo hace presencia tratando de recobrar sus territorios.

Foto N° I.2. – Vista de la garganta y del abanico aluvional de la cuenca del Rio San Julián luego de la construcción de las presas y la canalización en 2.006 en el Estado Vargas, Venezuela. (Foto del Autor).

I.2.- EL FLUJO TORRENCIAL.-

Las cuencas vertientes de montaña constituyen unidades de estudio y gestión. Lo primero porque en ellas se pueden analizar los ciclos del agua y de los sedimentos enmarcados directamente en su territorio, que adquieren la máxima relevancia cuando sucede el fenómeno del geo-dinamismo torrencial, causado por las precipitaciones torrenciales extremas, fusiones repentinas del manto de nieve o desprendimientos de aludes. Lo segundo porque la cuenca se encuentra normalmente poblada y sus habitantes necesitan de sus recursos para desarrollarse.

En los sistemas montañosos se desarrollan diversos procesos geodinámicos que determinan el modelado del paisaje y afectan los asentamientos humanos y las actividades socioeconómicas. Estos procesos geodinámicos se pueden considerar fenómenos de formación geológica y geomorfológica reciente que determina una inestabilidad tanto real como potencial que lo caracteriza. Esta inestabilidad es aumentada con la inserción de la actividad antrópica, lo que deriva en la aceleración de algunos procesos amenazantes o propiciando la aparición de otros como son la torrencialidad, la erosión y las inundaciones (Unesco, 2008).

Los sistemas montañosos se caracterizan por presentar un elevado potencial hidrogravitatorio dado por su altura y sus grandes pendientes, frentes de condensación de gran actividad localizados a diferentes niveles de las cordilleras, así como por la ocurrencia de sustratos fracturados frecuentemente cubiertos por formaciones superficiales inestables, tales como esquistos meteorizados, suelos residuales o capas vegetales, que en conjunto son fáciles de arrastrar y transportar hacia abajo por agentes como el agua (Unesco, 2008).

La propensión a la torrencialidad de las vertientes montañosas es una respuesta a la precipitación que se manifiesta en la forma de una concentración rápida en los escurrimientos, que unido a los movimientos en masa de material arrastrado de las laderas de las montañas y la concentración de los escurrimientos en los cauces, puede acelerar la ocurrencia de flujos torrenciales.

Un flujo torrencial es definido como una inundación de corta duración con un elevado pico de descarga y que sigue poco después de la ocurrencia de una tormenta de características extraordinarias con alta precipitación. Puede recibir diversos nombres, los cuales dependen principalmente de las características de cada evento en particular.
Los flujos torrenciales son eventos que pueden producirse en un lapso de horas después de una lluvia muy fuerte y que llegan a causar un elevado número de afectaciones, sean estas vidas humanas, así como cuantiosos daños en la propiedad, por la dificultad para tomar medidas de prevención. Se caracterizan por su elevado daño potencial, ocurrencia repentina, alta recurrencia, magnitud variable y amplia ocurrencia en diversos puntos geográficos de la tierra, afectando grandes y pequeñas áreas urbanas.

Los factores condicionantes para la generación de aludes torrenciales en la fisiografía montañosa se desarrollan en regiones donde confluyan las siguientes características:

1. Lluvias de alta intensidad.

2. Relieves de altas pendientes.

3. Desarrollos importantes de suelos residuales, favorecidos por estratos rocosos con elevado grado de fracturación y fácilmente meteorizable en climas tropicales húmedos, sobre los que pueden desarrollarse una frondosa cobertura vegetal.

Sin embargo, las tormentas que ocurren con precipitación de baja intensidad, perseverante y prolongada, ha probado ser un agente magnificador de inestabilidad de laderas por llevar a los suelos a niveles de sobresaturación previos a las precipitaciones de alta intensidad, que necesariamente obliga a estas últimas a ser drenadas por escorrentía superficial que arrastra consigo espesores importantes de suelos, cobertura vegetal y con una energía cinética suficiente para poder hasta desprender bloques de decenas y ocasionalmente de centenas de toneladas de peso. (Ver Foto Nº I.3.-)

Por otra parte, en las regiones tropicales, las raíces de los árboles, aunque estas sean muy grandes en estas selvas tropicales húmedas, no pueden anclar efectivamente los suelos residuales desarrollados sobre estas laderas de pendientes muy pronunciadas, debido a los espesores de suelos residuales alcanzados, que en ocasiones pueden ser superiores a los 10 m.

Foto Nº I.3.– Vista de los deslizamientos en las laderas de la cuenca de Quebrada Seca por efecto de la saturación de los suelos de las laderas luego del evento de Diciembre de 1.999 en el Estado Vargas, Venezuela. (Foto Archivos Corpovargas).

Foto Nº I.4.- Vista del cono de deyección del Rio San Julián luego del evento de Diciembre de 1.999 en el Estado Vargas, Venezuela. Obsérvese la afectación de la Urb. Los Corales por el deslave de lodos y piedras. (Foto Archivos Corpovargas).

I.3.- DESCRIPCIÓN DEL FENÓMENO DEL GEO-DINAMISMO TORRENCIAL.-

Adoptando un esquema general, el agua se incorpora a la cuenca a través de las precipitaciones y éstas pueden ser moderadas o torrenciales. Las últimas suponen una abundancia de precipitación en un intervalo de tiempo reducido, es decir una tormenta de alta intensidad, y a su vez, pueden ser ordinarias o extraordinarias.

El comportamiento de la cuenca ante las precipitaciones torrenciales extraordinarias tiene implicaciones más allá del funcionamiento del ciclo del agua en la misma, pues al tratarse de importantes volúmenes de agua que se ponen en movimiento en un corto intervalo de tiempo, activan el fenómeno del geo-dinamismo torrencial; que se manifiesta, además de por un incremento del caudal líquido en el ciclo del agua, por la aparición de procesos de erosión del suelo en la cuenca vertiente por el efecto de las precipitaciones, de las escorrentías de ladera y por la abrasión de sus cauces de drenaje por los caudales de la crecida, provocando un incremento de la descarga de los sólidos correspondiente al ciclo de los sedimentos y por ende un aumento de volumen en la escorrentía.

Estos sedimentos son transportados por las escorrentías en las laderas hasta concentrarlos en los cauces, desde donde se incorporan a los flujos de las crecidas continuando su tránsito con ellos; para concluir depositándose, cuando la corriente pierde energía y con ello la capacidad suficiente para seguir transportándolos; generando normalmente conos de sedimentación cuando se trata de cursos torrenciales, o distintas formas de depósitos aluviales cuando se refiere a ríos de llanura. A los efectos anteriores se les puede añadir la aparición de deslizamientos en las áreas más vulnerables de la cuenca, afectando a la estabilidad de los terrenos y a la seguridad de sus habitantes y sus bienes.

Pero también los eventos torrenciales ordinarios, aunque sus efectos sean más moderados, causan pérdidas de suelo, por tanto, reducen los recursos naturales de la cuenca y empobrece a sus moradores, especialmente cuando no se adoptan medidas para controlar dichos efectos y la cuenca entra en un proceso de progresivo deterioro desde el punto de vista edafológico, que se refiere a la pérdida de la naturaleza y las condiciones para la vida vegetal.

La Figura Nº I.1.- muestra una síntesis cronológica y dependiente de los efectos causados por el geo-dinamismo torrencial en las diferentes fases de los recorridos de los ciclos del agua y de los sedimentos por la cuenca, desde el momento en el que la precipitación torrencial incide en ella e inicia el proceso (Unesco, 2008).

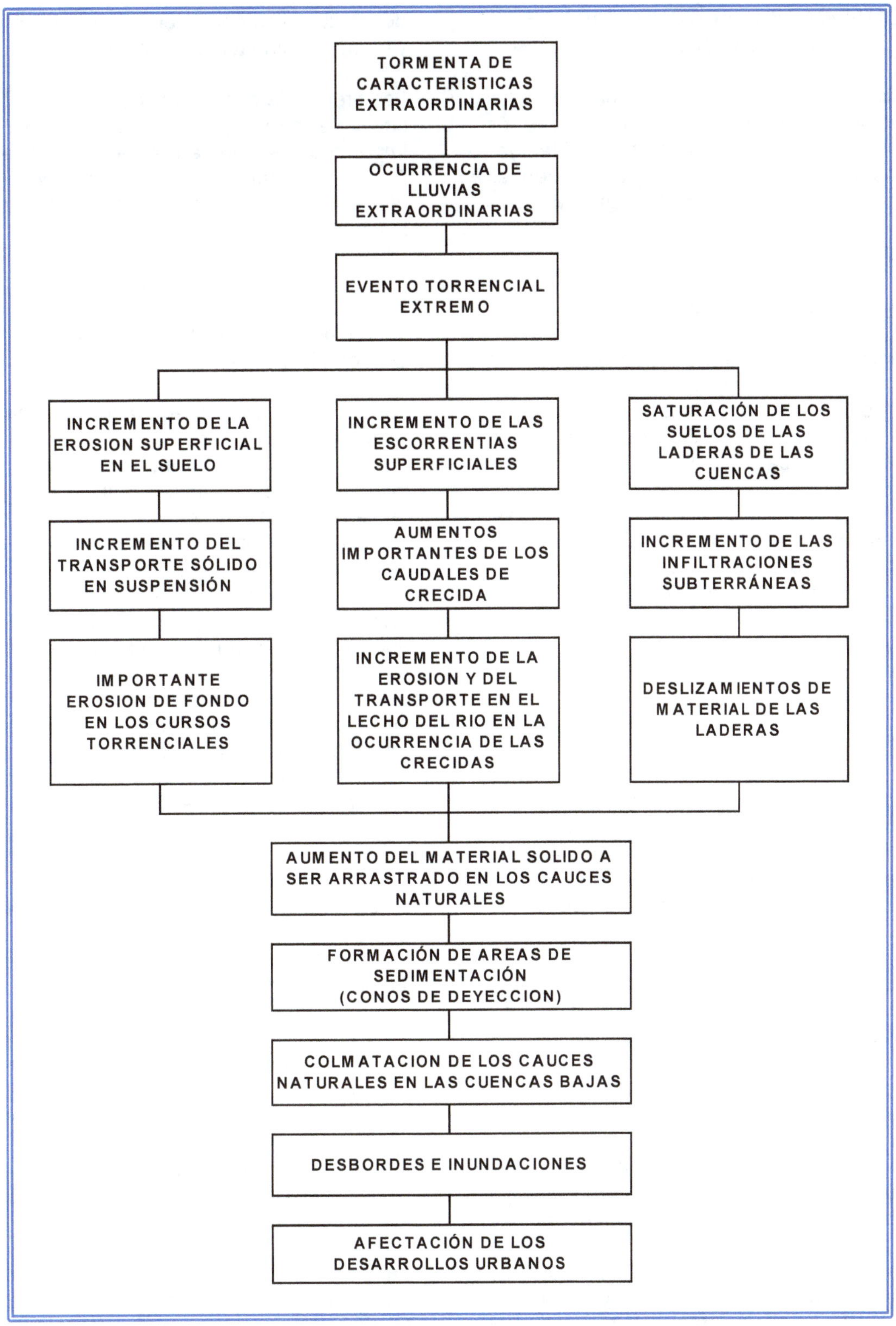

Figura Nº I.1.- Síntesis cronológica y dependiente de los efectos causados por el geo-dinamismo torrencial en las diferentes fases de los recorridos de los ciclos del agua y de los sedimentos por la cuenca, desde el momento en el que la precipitación torrencial incide en ella e inicia el proceso. Fuente: Unesco, 2008.

I.4.- PLANIFICACION Y ESTRATEGIAS DE MITIGACIÓN.-

En la planificación para el control o mitigación de los eventos naturales que puedan originar daños a los desarrollos urbanos, se pueden establecer Medidas Estructurales y No Estructurales, que también se pueden denominar Medidas Preventivas y Medidas Correctivas.

I.4.1.- MEDIDAS ESTRUCTURALES.-

Las medidas estructurales se basan en la construcción de obras hidráulicas para el control de los flujos y de los sedimentos aportados por los torrentes (López S. J. L., 2005). Estas obras de control consisten básicamente en:

a) obras de control de erosión en cárcavas, laderas y pendientes inestables;
b) obras de estabilización de cauces;
c) obras de control y retención de sedimentos; y
d) obras de conducción de flujos (canalizaciones).

Las obras de control de erosión tienen como objetivo disminuir el aporte de sedimentos de los tramos superiores de la cuenca, mediante pequeñas obras y trabajos de retención y protección de suelos, control de laderas y pendientes, control de erosión implementando la reforestación, el enfajinado u otras obras control, y obras de drenaje para estabilización de taludes.

Las obras de estabilización de cauces se refieren a una serie de pequeñas presas escalonadas que se construyen en los cauces principales o en los tributarios para estabilizar las pendientes de los cauces y laderas, reduciendo la energía del flujo para transportar los sedimentos.

Las obras de control y retención de sedimentos consisten en presas para retener y almacenar el arrastre de los sedimentos provenientes de las cuencas altas y medias, las cuales se construyen usualmente en la garganta del torrente o en sus afluentes principales. También se incluyen en este grupo las lagunas de sedimentación que cumplen el mismo propósito y se construyen en los abanicos aluviales cuando existen espacios suficientes para depositar los sedimentos.

Las obras de conducción o canalización se utilizan para guiar y conducir los flujos desde las presas o lagunas de almacenamiento hasta un sitio seguro de descarga. Ellas consisten en canalizaciones, diques y bermas, estructuras de caída, y obras de disipación.

Las presas de control de sedimentos pueden ser del tipo cerrado o abierto, también llamadas impermeables o permeables, respectivamente. Ambas cumplen la función de reducir la concentración de sedimentos y la descarga pico de las crecientes.

Las presas cerradas (impermeables) interceptan la mayor proporción del material arrastrado, excepto las partículas más finas que pasan cuando las crecientes desbordan la presa.

Las presas abiertas (permeables) se construyen con aberturas en el cuerpo de la estructura, las cuales pueden ser del tipo ranurado, cuando la abertura alcanza la cresta (presas ranuradas) o del tipo de ventanas, cuando no la alcanza (presas con ventanas). En esta forma se permite que parte del sedimento pase a través de la presa. Estas estructuras pueden mantener intacta su capacidad de almacenamiento por periodos más largos de tiempo, además de reducir el impacto erosivo sobre los tramos aguas abajo ya que el caudal sólido no es interrumpido bruscamente. Si las aberturas son lo suficientemente grandes, los eventos ordinarios (crecientes anuales) no deberían reducir su capacidad de almacenamiento, dejándola intacta para las grandes crecientes.

I.4.2.- MEDIDAS NO ESTRUCTURALES.-

Las medidas no estructurales se basan en los siguientes aspectos:

a) instrumentación de sistemas de monitoreo de variables hidrometeorológicas en la cuenca;
b) construcción de sistemas de alerta temprana para aviso a la población;
c) elaboración de planes de contingencia y evacuación de la población; y
d) elaboración de mapas de amenaza y riesgo.

La Figura Nº I.2.- presenta en forma esquemática las medidas de prevención y control de aludes torrenciales descritas anteriormente. Ellas no deben ser vistas como medidas o acciones individuales, sino que deben ser tratadas y aplicadas conjuntamente en forma integral, a fin de reducir al máximo posible el riesgo de daños por ocurrencia del evento torrencial.
El sistema de monitoreo hidrometeorológico requiere de la instalación de estaciones automáticas y

telemétricas para la captación de los datos de precipitación en tiempo real, los cuales se transmiten a una estación central que reporta a las instituciones encargadas de dar las señales de alerta a la población. La implementación de un sistema de alerta temprana requiere de la definición de los umbrales de lluvia o valores críticos que pueden generar aludes torrenciales.

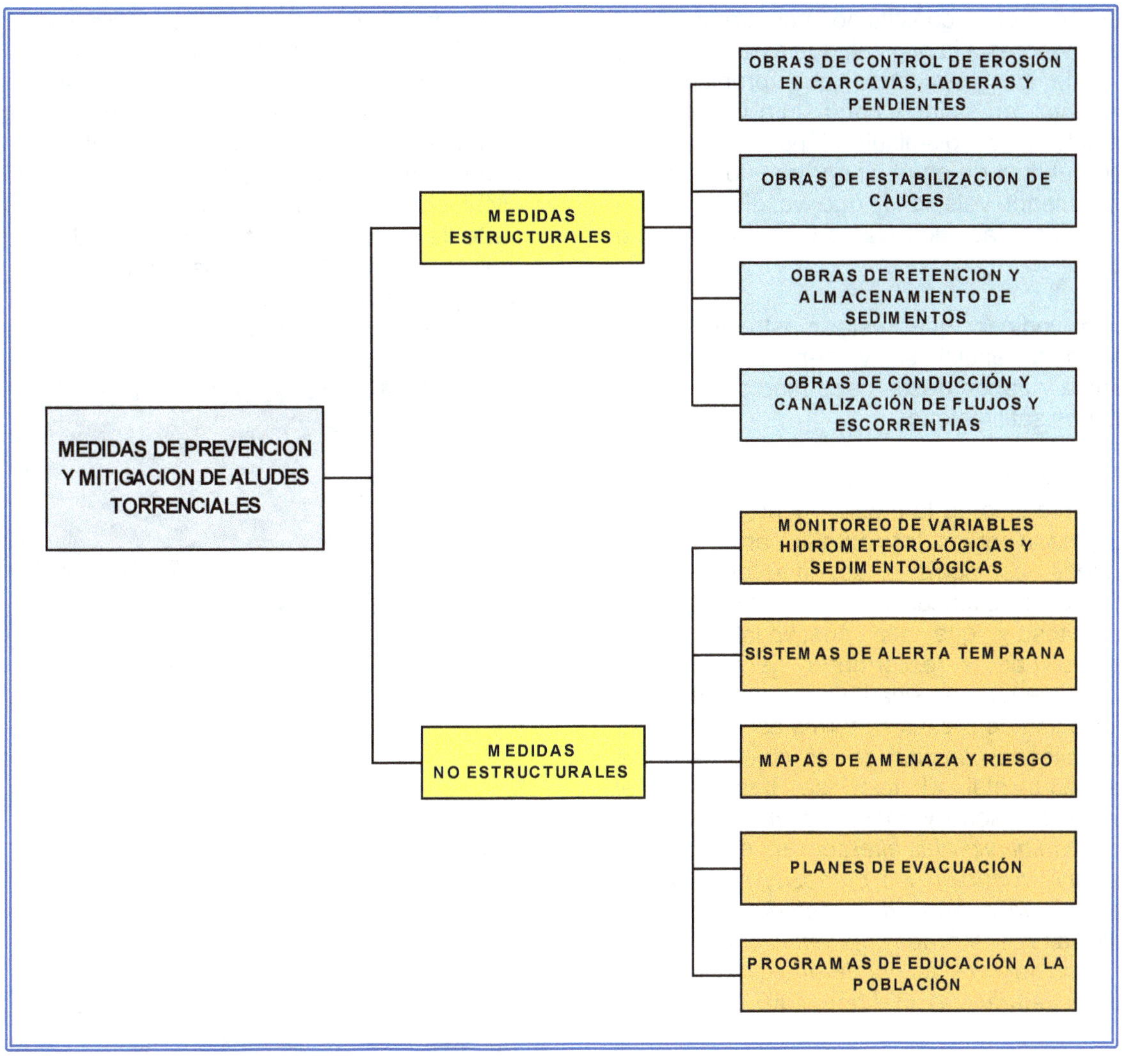

Figura Nº I.2. – Enfoque integral para las Medidas de Prevención y Mitigación de Aludes Torrenciales. Fuente: (López S. J. L., 2005).

I.5.- OBJETIVO DEL CONTROL Y LA ESTABILIZACIÓN DE TORRENTES.-

El objetivo del Control y Estabilización de Torrentes es, en esencia, el estudio de las técnicas y elementos necesarios y disponibles para la corrección y estabilización de torrentes con la finalidad de regular el flujo de agua y los sedimentos transportados, mediante estructuras de retención o estructuras de control a lo largo del cauce, que permitan, en la medida de lo posible, el control de las erosiones y socavaciones que se puedan producir, así como el transporte de sedimentos hacia aguas abajo.

Considerando que el propósito del control y estabilización de los torrentes y de los cauces fluviales en general, es la estabilización geomorfológica de los cauces, las estructuras a estudiar tienen el objetivo de proporcionar soluciones para lograr el equilibrio ambiental y ecológico, tratando de mantener o restituir las características originales de los cauces fluviales, que en muchos casos han sido perturbadas por las actividades antrópicas.

Cuando se acomete un programa de estabilización de un cauce natural con características torrenciales, se tiene como objetivo final la transformación de un curso natural, generalmente caracterizado por fuertes pendientes, en otro constituido por tramos con pendientes menores a la original, que están provistos de una serie de estructuras que propician un escalonamiento con saltos y caídas. La finalidad de estas estructuras es disminuir el poder erosivo y destructivo del flujo de agua, al ser transformado en un flujo de menor velocidad, que va disipando su energía en las caídas sucesivas a lo largo del tramo intervenido.

Es preciso indicar que estas estructuras de estabilización torrencial se vienen utilizando en Europa China y Japón desde hace más de un siglo, con resultados satisfactorios.

Una vez analizados los procesos de deterioro del suelo por el proceso de la erosión generada por un deslave originado por una tormenta de características extraordinarias, así como el continuo proceso de degradación de las cuencas por existir materiales que quedan sueltos y que son susceptibles a ser transportados por la escorrentía generada por tormentas de menor intensidad, se puede inferir que con la colocación de presas en forma escalonada se estaría cumpliendo con uno de los objetivos de la Ingeniería Ambiental el cual se basa en *"el establecimiento, diseño y construcción de sistemas que procuren minimizar las alteraciones nocivas a la topografía que controlen los procesos de erosión, utilizando la aplicación de metodologías que compatibilicen las actividades humanas con el medio ambiente, procurando el menor deterioro del delicado balance de la naturaleza"*. (Tekhne, 1997).

I.6.- ACCIONES COMPLEMENTARIAS PARA LOS SISTEMAS DE CONTROL Y ESTABILIZACIÓN DE TORRENTES.-

Las obras de estabilización y de protección de las cuencas deben estar conceptualizadas con criterios ecológicos, ambientales y guardando aspectos de Ingeniería Naturalística, en donde la construcción de estas obras deben basarse en elementos propios del sitio, elaborados con los materiales del sitio y que no alteren el ecosistema del sitio, pero que a su vez garanticen la protección de las diversas estructuras a resguardar, márgenes de los ríos y quebradas como primer objetivo, que a su vez sirvan para proteger las áreas pobladas ubicadas en la parte baja de las cuencas.

Es imprescindible destacar que las estructuras de control de torrentes comprenden una parte de las acciones que se deben tomar para lograr la recuperación y estabilización geomorfológica integral de una determinada cuenca. Existen otros trabajos o acciones que deben complementar a los que se estudian en el presente libro y cuyos efectos son tan importantes como estas. Estas acciones son la que se refieren a la denominada ingeniería naturalística, sin embargo, esta es una especialidad que no se cubre en este libro, pero que afortunadamente existe una importante bibliografía especializada en este tema como por ejemplo (Schiechtl M. Hugo, 1991), (Schiechtl M. Hugo, Stern Roland, 1992). La mayor parte de estos trabajos tiene como finalidad disminuir la erosión, con el objetivo de disminuir, en la medida de lo posible, la producción de sedimentos que fluyan hacia los cauces naturales.

Foto N° I.5.A.-

Foto N° I.5.B.-

Foto Nº I.5.C.-

Foto Nº I.5.D.-

Foto Nº I.5.A.-; I.5.B.-; I.5.C. y I.5.D.- Técnicas de Ingeniería Naturalística en el Parque Sirente Velino, Provincia de L´Aquila, Abruzzo, Italia. Esta técnica en especial utiliza troncos de pino por ser una de las especies arbóreas más comunes en esta zona. (Fotos tomadas de Schiechtl M. H., Stern R., (1992).

Foto Nº I.6.A.-

Foto Nº I.6.B.-

Foto Nº I.6.C.-

Foto Nº I.6.A.-; I.6.B.- y I.6.C.- Detalle de técnicas de Ingeniería Naturalística para la estabilización de taludes. Región de los Alpes en la Provincia del Trento, Italia. (Fotos tomadas de Schiechtl M. H., Stern R., (1992).

Foto Nº I.7.- Técnica de Aplicación de Hidrosiembra para propiciar el crecimiento de vegetación en taludes

de corte producto de la construcción de una carretera. (Fotos tomadas de Schiechtl M. H., Stern R., (1992).

De igual forma se puede indicar que se puede lograr la protección de márgenes de cauces naturales con estructuras que logren combinar la protección contra las eventuales erosiones y socavaciones en las márgenes y en el lecho del cauce y la recuperación ambiental y ecológica.

Un ejemplo clásico de esta combinación es el uso de estructuras de gaviones en revestimiento y protección de márgenes, las cuales pueden ofrecer un trabajo de canalización aceptable, cuando el mismo es requerido por razones ingenieriles, ya que va armonizar con el ambiente circundante. Además la permeabilidad de las estructuras de gaviones favorece el crecimiento de vegetación, arbustos y árboles, con lo que no solo se restablece la apariencia del paisaje, sino que también le permite al ecosistema del río restaurar su propio equilibrio eliminando aquellos factores que de otra forma limitarían todo tipo de crecimiento biológico.

Foto Nº I.8.A.-

Foto Nº I.8.B.-

Foto Nº I.8.A.- y I.8.B.- Protección y rehabilitación de márgenes con revestimiento de gaviones y espigones en un rio en Brasil.- En la fotografía superior se ilustra la obra recién construida en el año de 1.983. En la foto inferior se ilustra el mismo sitio en el año 1.987, en donde se observa que el crecimiento de vegetación cubre las estructuras de gaviones. (Fotos cortesía de Maccaferri).

Como se podrá observar en la Foto Nº I.8.-, esta solución se adapta a las necesidades del sitio y lo más importante es que este tipo de estructura se interrelacionada rápidamente con el ecosistema del sitio, propiciando el crecimiento de vegetación autóctona. En tal sentido, este tipo de solución, mantendrá como criterio fundamental la de preservar el ambiente que rodea al sitio estudiado, considerando soluciones de ingeniería naturalística que combine la protección hidráulica, con técnicas que propicien e induzcan el crecimiento de vegetación.

Es preciso indicar que en algunas ocasiones, el flujo con altas velocidades y con contenidos de sedimentos cargados con arenas y gravas, pueden tener un efecto abrasivo que deterioraría las estructuras de gaviones. En este caso es imprescindible diseñar soluciones con revestimientos en roca cementada o similar, pues se ha podido verificar que revestimientos de concreto son vulnerables al efecto abrasivo de flujo con arenas y gravas.

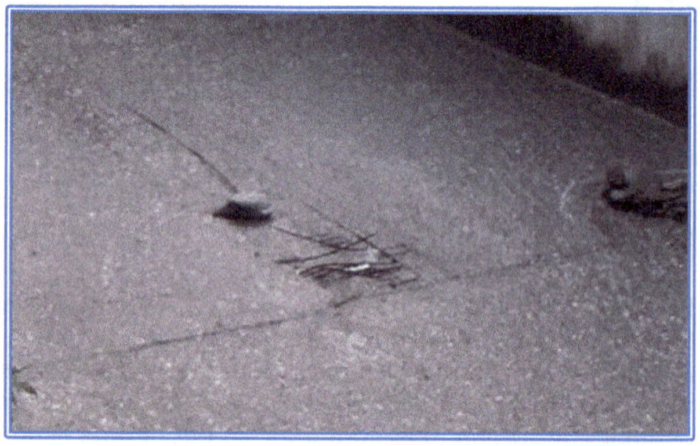

Foto Nº I.9.A.–

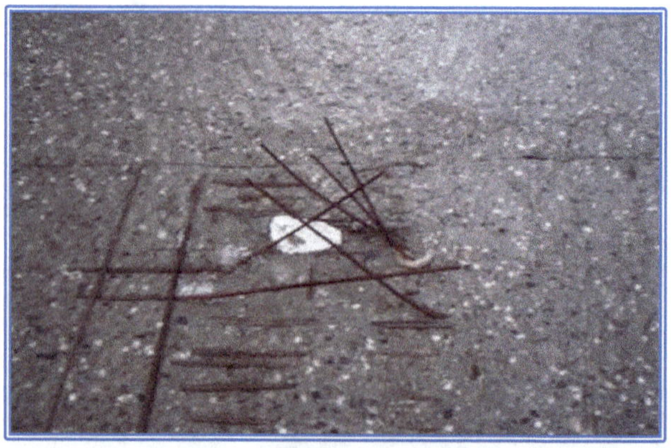

Foto Nº I.9.B.–

Foto Nº I.9.A y I.9.B.– En la foto superior se muestra la abrasión en el fondo de la canalización de concreto en la Quebrada Guanape ocurrida en el Evento de Febrero

de 2.005 en el Estado Vargas, Venezuela. En la foto inferior se observa en detalle la abrasión ocurrida. (Foto del Autor).

Foto Nº I.10.- Vista de la abrasión en el fondo de la canalización de concreto en el Rio Naiguatá ocurrida en el Evento de Febrero de 2.005 en el Estado Vargas, Venezuela. (Foto del Autor).

Se han tenido experiencias satisfactorias en revestimiento de márgenes de río con roca cementada, pues la roca expuesta al contacto con el flujo tiene una importante resistencia a la abrasión, con lo que se obtiene una adecuada protección a la abrasión por el paso de una crecida con un flujo con sedimentos de arenas y gravas. Es preciso indicar que en este tipo de revestimiento se debe cuidar que la cara expuesta al flujo tenga la mayor cantidad de área con roca, dejando que el mortero de unión entre las rocas sea el menor posible.

Foto I.11.- Vista del revestimiento de la margen con roca cementada. Canalización de concreto en el Rio San Julián, Estado Vargas, Venezuela. (Foto del Autor).

Foto I.12.- Vista en detalle del revestimiento de la margen con roca cementada. Canalización de concreto en el Rio San Julián, Estado Vargas, Venezuela. Obsérvese que la cara expuesta al flujo cuenta con mayor área de roca. (Foto del Autor).

I.7.- CONSIDERACIONES FINALES.-

Los riegos que se originan por la ocurrencia de los aludes torrenciales no pueden ser eliminados y no se pueden eliminar. Lo que sí se puede hacer es estar mejor preparados para evitar, en la medida de lo posible, que un nuevo alud torrencial origine afectaciones en las áreas urbanas ubicadas en los piedemontes de las serranías y a sus habitantes.

A lo largo de la historia, el hombre ha logrado interpretar una pequeña parte de los hechos, elementos o fenómenos que han transformado su relieve.

Es importante destacar que estos fenómenos, que ocurren generalmente en las áreas adyacentes a los piedemontes de las serranías, deben ser del conocimiento público. La población en general debe conocer los riesgos que corre cuando decide habitar determinado lugar. No obstante, los organismos públicos deben restringir las áreas de riesgo mediante la implementación de Planes de Desarrollo Urbano que limiten o circunscriban las áreas a desarrollar y que definan las áreas delimitadas como planicies inundables con riesgo potencial, en este caso con riesgo de eventuales inundaciones o desbordes de los cauces naturales.

La capacidad de la población para interpretar los hechos pasados ocurridos en la naturaleza es determinante para establecer áreas seguras para la implantación de desarrollos urbanos.

Todo ello se logra con algo muy simple............ con la educación de la población.

CAPITULO II

CONCEPTOS GENERALES

CAPITULO II

CONCEPTOS GENERALES.-

II.1.- INTRODUCCION.-

Los ríos de montaña al llegar al pie de monte sufren un cambio brusco en su pendiente y gradiente hidráulico, por lo cual, en época de crecientes tienden a depositar los sólidos arrastrados para formar lo que se conoce como el abanico aluvial del río. La falta de terrenos adecuados para urbanizar, ha hecho que numerosas ciudades y poblaciones se asienten sobre las laderas y abanicos aluviales de los ríos de montaña. Los deslizamientos, los flujos de detritos o aludes torrenciales, así como los desbordes y las inundaciones, ocurren natural y frecuentemente en estos ambientes, amenazando gravemente los desarrollos urbanos allí asentados. Es por estas razones que la ocupación de los abanicos aluviales tiene que ir acompañada de medidas de control y mitigación contra la amenaza torrencial.

En nuestro país, así como en otras áreas geográficas del mundo, entre las amenazas que afectan la geomorfología desde tiempos históricos, están las precipitaciones excepcionales. Estas precipitaciones se manifiestan en forma de inundaciones por el desborde de los cauces naturales, así como deslaves con un grado variable de afectación sobre las obras construidas por el hombre. Estos fenómenos ocurren esporádicamente y el resultado de su presencia son pérdidas de viviendas, obras civiles, zonas de cultivo y en algunas ocasiones, tristemente, pérdidas humanas.

Cuando los cauces naturales o, cursos de agua, aumentan de caudal como consecuencia de las precipitaciones en su cuenca, o el deshielo que ocurre en otras latitudes, el flujo de escorrentía reclama su territorio invadido por el hombre, produciéndose cada vez con mayor frecuencia catástrofes que involucran pérdidas económicas importantes y de vidas humanas, las cuales no tienen precio.

La naturaleza de una geografía abrupta, añadido a estas precipitaciones excepcionales, es un problema más en la tarea de los ingenieros para el diseño de obras civiles, tales como puentes, carreteras, estructuras hidráulicas, etc.. Por lo tanto, se deben tomar las medidas de seguridad contra posibles inundaciones provocados por estos desastres naturales.

Los torrentes tienen un importante potencial destructivo, producto de la gran energía del flujo, la cual tiene su origen principalmente en la elevada pendiente longitudinal de los cauces y en la presencia de materiales sólidos transportados por la corriente, los cuales, junto con el agua, pueden causar enormes daños en las planicies ubicadas aguas abajo, donde generalmente se concentran las actividades y la infraestructuras desarrollada por el hombre.

Este flujo originado por las precipitaciones y que tiene la energía de mezclar agua y materiales sólidos (arenas, gravas, grandes rocas y materiales sólidos en general), comúnmente se le denomina flujo de escombros, de detritos o de lodos y piedras. Este flujo demuestra su poderío destructivo enterrando estructuras y vehículos en su camino; cubriendo carreteras, campos, pastos con una gran manta de lodo, así como piedras y escombros de diversos tamaños.

Los pobladores que han vivido y presenciado un flujo de lodos y piedras, lo describen como: *"una pared de rocas y piedras de diferentes tamaños envueltas en una mezcla de barro, que aparece repentinamente a la salida de la quebrada, precedido por un ruido estrepitoso; el cauce permanece lleno de un torrente de escombros cargado de barro y cantos rodados rechinando y triturándose conjuntamente".* (Castillo, L. F., 2006)

El acontecimiento descrito es un flujo de lodos y piedras, y la forma de deposición y las características del movimiento, por mucho tiempo han sido estudiadas por geólogos e ingenieros; y a la vez ha despertado el interés de autoridades relacionados a la tarea de mitigación de desastres. (Castillo, L. F., 2006)

La definición y análisis de este flujo de lodos y piedras, deslaves o avalanchas, así como diversos componentes, es el tema fundamental de este Manual, con el objetivo de conocer sus propiedades, su dinámica y las diversas metodologías y elementos que existen para el control de estos fenómenos, así como diseñar las obras necesarias para la mitigación del riesgo destructivo que estos fenómenos producen.

Antes de conocer sobre la hidráulica de los flujos de lodos o escombros, debemos conocer el lugar o zona típica donde se desencadenan estos fenómenos naturales; nos referimos, a los cauces naturales o cursos de agua.

El interés de estudiar los cursos de agua, es porque en su entorno se realizan obras civiles, ya sea, carreteras o puentes que pueden quedar deshabilitadas por la presencia de este tipo de flujos. Es importante conocer los fenómenos que se desarrollan en las nacientes y el desenlace en la desembocadura. Un flujo de escombros provoca afectaciones y desequilibrio al medio ambiente.

Sin embargo, antes de adentrarnos en los cursos de agua, el flujo de escombros o las fallas de tipo geológico - hidráulico que se pueden producir por la simple combinación agua – suelo o suelo – agua, es preciso conceptualizar los diversos elementos que intervienen o que se originan de esta combinación.

II.2.- PRECIPITACIÓN.-

La precipitación tiene un efecto primordial en la estabilidad de los taludes ya que influencia la forma, incidencia y magnitud de los deslizamientos. En suelos residuales, generalmente no saturados, el efecto acumulativo puede llegar a saturar el terreno y activar un deslizamiento.

Con respecto a la precipitación hay tres aspectos importantes:

1.- El ciclo climático en un período de años, por ejemplo, alta precipitación anual comparativamente con baja precipitación anual.
2.- La acumulación de precipitación en un año determinado en relación con la acumulación normal.
3.- Intensidad de lluvia de una tormenta específica.

En la referencia (Guidicini and Iwasa, 1977), se describe el trabajo de estos autores, los cuales realizaron un estudio sobre la ocurrencia de deslizamientos en relación con la pluviosidad y establecieron el coeficiente del ciclo como parámetro fundamental que toma en cuenta la pluviosidad. El coeficiente del ciclo fue definido como la precipitación acumulada hasta el día de la falla en porcentaje del promedio de la precipitación anual. El estudio cubrió nueve áreas de la región montañosa costera de Brasil, la cual presenta un clima tropical caracterizado por una estación seca de junio hasta agosto y una estación húmeda desde enero hasta marzo.

Los resultados del estudio indican que la acumulación de la precipitación causa un incremento en la saturación del terreno que eleva el nivel freático, por lo tanto, una tormenta durante la estación seca o al comienzo de la estación húmeda tendría un efecto menor en la estabilidad del talud que una tormenta de la misma intensidad el final de la estación húmeda.

II.3.- EROSIÓN.-

La erosión puede ser causada por agentes naturales y humanos. Entre los agentes naturales se pueden incluir el agua de escorrentía, aguas subterráneas, oleaje, corrientes y viento. La erosión por agentes humanos incluye cualquier actividad que permite un incremento de la velocidad del agua, especialmente en taludes sin protección, como la tala de árboles u otro tipo de vegetación que ayuda a fijar el suelo y mejorar la estabilidad del talud (Suárez D. Jaime, 2001).

La erosión puede causar la pérdida de soporte de fundación de estructuras, pavimentos, rellenos y otras obras de ingeniería. En terrenos montañosos, vías u otras estructuras.

La erosión comprende el desprendimiento, transporte y posterior depósito de materiales de suelo o roca por acción de la fuerza del agua en movimiento. El proceso puede ser analizado iniciando por el desprendimiento de las partículas de suelo debido al impacto de las gotas de lluvia. Adicionalmente ocurre el proceso de flujo superficial en el cual las partículas removidas son incorporadas a la corriente y transportadas desde las laderas de la cuenca hacia el cauce.

La erosión por la precipitación ocurre por el impacto de las gotas de agua sobre una superficie desprotegida la cual produce el desprendimiento o remoción de capas delgadas de suelo. (Ver Figura N° II.1.-) (Suárez D. Jaime, 2001).

La erosión causada por la precipitación está determinada por la cantidad, intensidad y duración de la misma. La precipitación es en sí entonces, la fuente más importante de erosión medida en volumen de suelo desprendido. Al caer una gota de lluvia levanta partículas de suelo y las reparte en un área de aproximadamente un metro cuadrado. (Suárez D. Jaime, 2001).

En un suelo sin protección vegetal se calculan hasta cincuenta metros cúbicos de suelo removido por hectárea en una lluvia de alta intensidad de una hora de duración (Suárez D. Jaime, 2001), (UNESCO, 2010).

Sobre la base de lo anterior, conceptualmente se puede afirmar que la erosionabilidad de los suelos es la susceptibilidad o facilidad con que un suelo es desprendido y transportado por los fenómenos erosivos (Suárez D. Jaime, 2001).

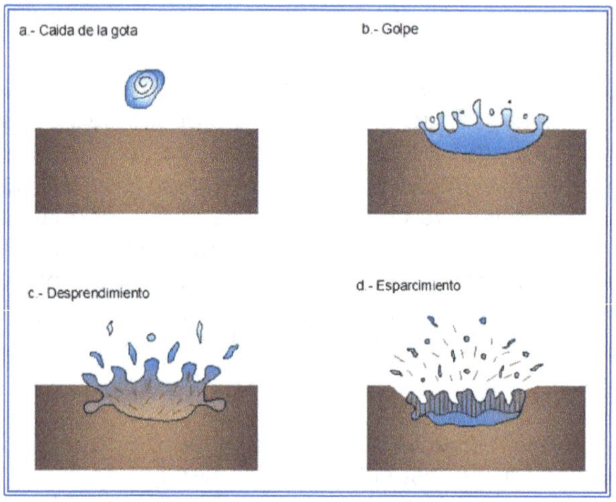

Figura N° II.1.- Representación esquemática de la erosión por gotas de lluvia. (Imagen obtenida de Suárez D. Jaime, 2001 y redibujada para este libro).

Algunos de los factores básicos que definen esta erosionabilidad son: tamaño y distribución de las partículas, resistencia al corte (cohesión), índice de plasticidad, contenido de arcilla, porcentaje de arena, limo y arcilla, humedad natural antes de la lluvia, intensidad de lluvia, pendiente de terreno, rata de escorrentía, características de la cobertura vegetal, entre otros.

Cuando las pendientes por donde circula el escurrimientos son menores del 2 %, la erosión es fundamentalmente de carácter laminar por la acción de la escorrentía que transporta el suelo desprendido. Por otra parte, cuando el terreno tiene pendiente mayor al 2 % se inicia la formación de pequeños surcos y en la medida que estos surcos aumentan de tamaño y profundidad se considera que se han convertido en cárcavas (Suárez D. Jaime, 2001).

En tal sentido, las cárcavas al principio son surcos ramificados que progresivamente van creciendo en tres dimensiones: vertical, longitudinal y lateralmente, hasta convertirse en torrentes (Ver Figura N° II.2.-).

Generalmente, poseen un perfil agudo en forma de "V"; sin embargo, al detenerse el crecimiento vertical y avanzar el desgaste lateral, el perfil deja de tener un fondo agudo y desarrolla una superficie plana, dando al conjunto una forma más de geometría trapecial. A medida que se va socavando el fondo del cauce que se va formando, las paredes o taludes laterales se van desmoronando debido a que se va perdiendo el apoyo. La rata de crecimiento dependerá de la intensidad de las lluvias y por ende de la magnitud del escurrimiento.

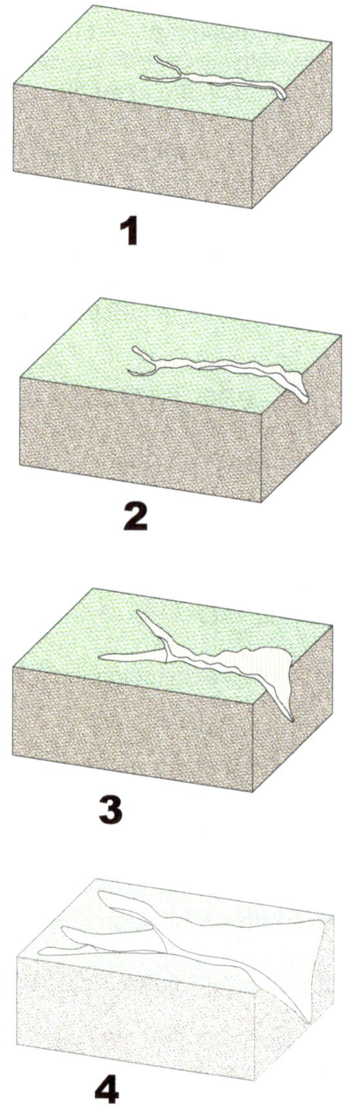

Figura N° II.2.- Representación esquemática de la evolución de un proceso erosivo desde la formación de un surco hasta la formación de una cárcava. (Imagen del Autor).

Los Surcos.- Según la literatura especializada (Suárez D. Jaime, 2001), se podría decir que se denominan surcos a aquellas hendiduras obradas en el suelo a causa de la escorrentía y que tienen una profundidad no mayor de treinta (30) centímetros. La mayor parte del volumen total de sedimentos transportados por procesos erosivos ocurre en forma de surcos, después de la acción de la lluvia. A medida que la longitud del flujo es mayor, los surcos se hacen más profundos y de menor densidad por unidad de área. El agua dentro del surco presenta considerable turbulencia y puede erosionar partículas relativamente grandes. La capacidad erosiva de los surcos es tal que si la cobertura vegetal y de raíces no es fuerte, puede desprender la vegetación.

Foto N° II.1.- Ilustración de surco que son cicatrices abiertas por el agua en suelos desnudos y mal protegidos por la vegetación. Cerro de la Puebla de Mula, Murcia, España. (Foto www.atlasdemurcia.com)

Las Cárcavas.- Al profundizarse y ampliarse los surcos de erosión se convierten en cárcavas. Las cárcavas son cauces de concentración y transporte de agua y sedimentos. Una vez que se forma una cárcava de erosión, ésta va ampliando en profundidad y en magnitud en función de la vulnerabilidad a la erosión del material del suelo.

La presencia de una cárcava indica una mayor agresividad erosiva debido a la concentración y mayor velocidad de los flujos hídricos. Las dimensiones son variables, pueden llegar a ser importantes, en donde la profundidad puede variar desde medio (0,5) metro hasta dos (2) metros, con perfiles casi siempre en forma de **"V"**, anchura de 5 a 10 metros y desarrollo longitudinal de 20 a 100 y más metros.

Foto N° II.2.- Ilustración de una cárcava. Obsérvese que las dimensiones son mucho mayores a las de un surco. Cárcava formada por escurrimiento en el Municipio de Comasagua, en el Departamento de La Libertad, El Salvador. (Foto www.elsalvadornoticias.net de fecha 23/10/2011)

Foto N° II.3.- Ilustración de una cárcava en la Vereda de Puebla, Guadalajara, México. Obsérvese que las dimensiones son mucho mayores a las de un surco. (Foto blog.laveredadepuebla.com).

II.4.- INFILTRACIÓN Y ESCORRENTÍA.-

La humedad del suelo antes de la lluvia es determinante, ya que, al iniciarse la precipitación, el agua trata de penetrar al suelo humedeciéndolo y creando una capa o estrato de saturación; y hasta que ésta capa no haya llegado a un punto de equilibrio, no se forma una escorrentía superficial ni una corriente de infiltración.

Las capacidades de infiltración varían dependiendo de la cobertura vegetal, pendiente, textura del suelo y humedad natural. En términos generales, los suelos cohesivos tales como limos y arcillas son menos permeables que los suelos no - cohesivos como las arenas y gravas, pues éstas poseen mayores oquedades o espacios vacíos entre sus granos y por ende poseen mayor capacidad de infiltración.

El agua en exceso que no puede infiltrarse se queda en la superficie generando una escorrentía, el agua corre laminarmente al comienzo, luego en concentraciones pequeñas, las cuales van creciendo ladera abajo hasta la formación de los cauces o cursos de agua.

II.5.- FORMACIÓN DE CURSOS DE AGUA.-

Los cursos de agua son el resultado de la erosión del suelo principalmente por la precipitación y la escorrentía. El elemento de transporte es el denominado cauce del río, arroyo o quebrada, cuya geometría o geomorfología generada por la dinámica fluvial depende de las características geológicas de los materiales por donde se alinea este cauce.

Para la formación de cursos de agua existen distintos mecanismos que permiten la ocurrencia del proceso de erosión, los cuales se describen a continuación (Suárez D. Jaime, 2001).

Primera Etapa.- (Etapa de formación o niñez)

En esta etapa del curso de agua se producen procesos de erosión laminar en surcos y cárcavas, formando pequeños canales aluviales en la superficie del suelo.

A este procedimiento, se le podría denominar lavado superficial, lo cual indica el desplazamiento de los materiales superficiales por acción del agua en movimiento. La mayor cantidad de sedimentos productos de la erosión proviene de esta área. Esta erosión causa a su vez inestabilidad general en las laderas.

Segunda Etapa.- (Corriente de agua joven)

El curso de agua empieza a crecer rápidamente en longitud, y en dirección opuesta al flujo del agua, producto de una erosión regresiva.

El concepto de erosión regresiva es el descenso en el fondo como consecuencia de fenómenos de dinámica fluvial o un desequilibrio en sus componentes, y por ende, la erosión regresiva avanza hacia aguas arriba.

En esta etapa se tienen pendientes medianas (entre 2 % y 9 %) y grandes velocidades del agua ($V \geq 7$ m/s), el cauce se profundiza muy rápidamente por la acción de la erosión regresiva y ocurren fenómenos de inestabilidad lateral de las laderas adyacentes.

La erosión es muy intensa debido a la velocidad del flujo de agua y de los materiales arrastrados, por lo que en un posible evento de precipitación extrema, se activará el curso de agua, produciéndose los flujos de lodos, escombros o eventualmente avalanchas.

Tercera Etapa.- (Corriente de agua madura)

En esta etapa, la corriente trata de ampliar su cauce y la energía la utiliza en procesos de erosión lateral presentando divagación, trenzamientos, y desarrollo de meandros. El curso de agua continúa ensanchándose y profundizándose como resultado de la erosión y socavación de las laderas.

Durante las crecidas extraordinarias, generalmente los cauces no son hidráulicamente capaces, por lo que se presentan desbordes buscando nuevos cauces o eventualmente recobrando los antiguos, los cuales se profundizan de abajo hacia arriba.

Cuarta Etapa.- (Etapa de vejez)

Cuando la corriente de agua va a entregar su caudal al mar o a un lago como receptor final, la pendiente del cauce es prácticamente cero y se forman deltas al dividirse en cauces menores, con velocidades de escorrentía tendientes a cero, perdiendo capacidad de arrastre de sedimentos y propiciando la deposición de los mismos. Es decir, que el proceso de erosión del lecho cesa gradualmente y pasa a ser la sedimentación mucho más importante que la erosión.

La formación de los cursos de agua pasa por un proceso de desarrollo de cuatro etapas bien definidas (ver Figura N° II.3.-).

Figura N° II.3.- Representación Esquemática de la formación de cursos de agua. (Imagen obtenida de Suárez D. Jaime, 2001 y redibujada para este libro).

II.6.- CAUCES NATURALES O CURSOS DE AGUA.-

En la literatura especializada (Martín V., J.P., 2008), se describen los cauces naturales o cursos de agua, tales como: arroyos, quebradas y ríos, como algunos de los nombres que se le dan al agua que escurre en la superficie de la tierra. Las quebradas son las más pequeñas de los tres categorías, los arroyos son los medianos y los ríos los más grandes.

Una quebrada, arroyo o río es, en esencia, agua superficial fluyendo sobre la tierra desde una altitud mayor hacia una altitud menor, cuyo movimiento es fundamentalmente debido a la gravedad. Cuando la lluvia cae sobre la tierra, se filtra adentro de ésta o se convierte en escurrimiento, el cual fluye hacia abajo y se deposita en ríos y lagos, en su tránsito hacia los mares.

En tal sentido, un curso de agua se inicia con el aporte de la cuenca contribuyente y comienza siendo un torrente en la zona montañosa, de allí se convierte en río de régimen torrencial en el piedemonte con pendientes medias (entre 3% y 5%) y se transforma en río de planicie con pendientes menores (entre 0% y 2%), hasta llegar a su descarga o desembocadura, sea ésta en un lago o en el mar. (Ver Figura N° II.4.-)

Dentro de este contexto, se puede inferir que las quebradas y arroyos en zonas montañosas y que se caracterizan por tener fuertes pendientes longitudinales (mayores del 5 %), se denominan torrentes.

Se entienden por torrentes a aquellos arroyos de montaña caracterizados por caudales inconstantes o intermitentes y que transportan grandes cantidades de acarreos que depositan en su tramo inferior. Los acarreos provienen del arrastre sobre las laderas laterales al cauce principal, de las socavaciones de las orillas y del lecho del cauce. Estos acarreos están formados por el producto de la descomposición atmosférica de las rocas, que se van acumulando en las laderas de la montaña, y que de vez en cuando el escurrimiento, producto de las altas precipitaciones, arrastra hasta el lecho del torrente.

En los cursos de agua de régimen torrencial se pueden distinguir tres partes bien diferenciadas: la Cuenca Contribuyente, la Garganta y el Cono de

Deyección (Suárez V. Luis M.,1993). Estas tres partes se ilustran en la Figura N° II.4.-

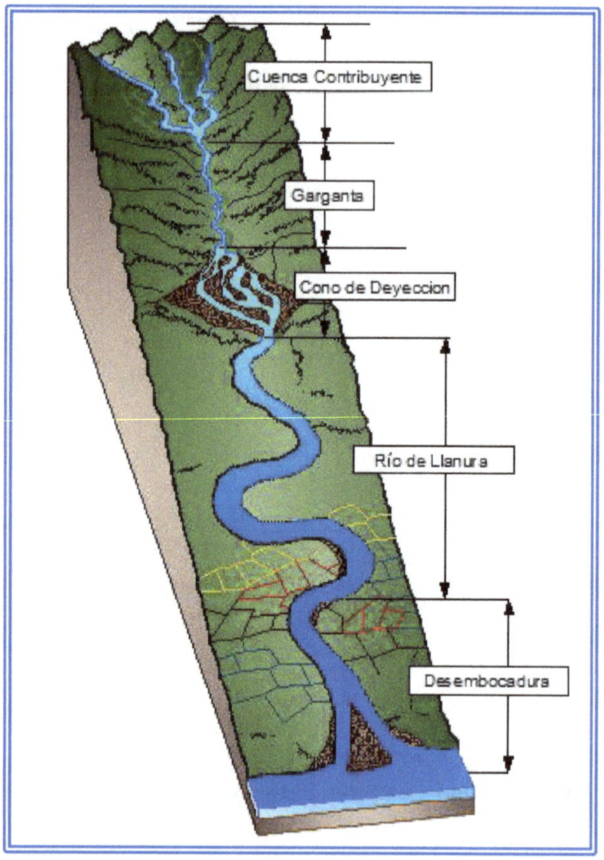

Figura N° II.4.- Visualización de las partes de un curso de agua.- (Imagen del Autor).

Cuenca Contribuyente.- La cuenca contribuyente es la parte más alta y más amplia del torrente, tiene una forma semejante a la de un embudo y es ella la responsable de captar las aguas provenientes de las precipitaciones. Los taludes son muy pronunciados, provocando que la erosión sea muy activa. En esta zona se producen los deslizamientos superficiales, y se puede identificar una red de cauces pequeños, inestables, que confluyen hacia aguas abajo.

Garganta.- También denominado Cauce de Transporte o Canal de Desagüe, es la zona de confluencia de la red de canales pequeños que bajan de la Cuenca Contribuyente, donde se forma un cauce encajonado y generalmente en forma de "V". Este tramo es el que comúnmente se denomina el torrente. A través de la garganta transitan el agua y los sedimentos provenientes de la cuenca contribuyente que posteriormente son descargados y depositados en la planicie ubicada aguas abajo.

La pendiente suele ser muy elevada y variable, aunque menor que la de los cauces ramificados de la cuenca. Las velocidades del flujo en creciente son muy altas. Este tramo identifica lo que comúnmente se denomina el torrente. La garganta tiene longitud muy variable, desde cero, hasta de varios kilómetros. El punto que identifica el comienzo de la garganta, se caracteriza por corresponder al estrechamiento de la cuenca y porque aguas abajo de este punto no existen afluentes importantes. El punto donde termina la garganta, corresponde al comienzo del cono de deyección. En la garganta predomina el transporte de los materiales, el cual a su vez puede originar procesos de erosión en el lecho y en las márgenes. Los bloques angulares provenientes de la cuenca chocan entre sí durante el transporte, se fragmentan y sus aristas se redondean. Si la garganta tiene la longitud suficiente, los bloques se transforman a lo largo del recorrido en cantos rodados, y estos en grava y arena. En la garganta es común encontrar materiales de todos los tamaños, la mayor parte de ellos provenientes de la cuenca y algunos de deslizamientos locales, de la erosión de las márgenes, o del fondo. Al ocurrir la próxima creciente importante estos materiales serán arrastrados y sustituidos por otros.

Cono de Deyección.- En la desembocadura del torrente en la planicie o en un valle transversal, la pendiente se reduce bruscamente, la corriente disminuye de velocidad y se produce la sedimentación de los materiales transportados, los cuales se acumulan formando una especie de cono, de ahí la denominación de cono de deyección para este componente del torrente. Se caracteriza por ser el tramo de menor pendiente y acumular todo el material transportado del resto de la cuenca. También se le denomina abanico aluvial, pues en planta tiene forma de abanico, y porque el material transportado es de origen aluvional. Una de sus características más importantes es su variabilidad geomorfológica debido a la deposición acumulativa de sedimentos.

Por efecto de las velocidades del escurrimiento, en cada creciente los bloques de mayor tamaño se depositan en primer lugar, hacia la parte más aguas arriba del cono, a continuación (hacia aguas abajo) los cantos rodados, seguidamente la grava y finalmente la arena. Sin embargo, como las crecientes son de diferentes magnitudes, una creciente que genere un gran caudal puede empujar todos los materiales hacia aguas abajo, mientras que otra menor tenderá a depositar sus arrastres sólidos más aguas arriba. Como resultado, es común encontrar en los conos de deyección una mezcla de materiales de diferentes tamaños sin una estratificación definida.

Otra de las características importantes del cono de deyección, es que es un área vulnerable a efectos de las crecidas, pues debido a que se trata de un área de deposición final de los sedimentos, el cauce tiende a ser atarquinado en cada crecida, y por efecto de los desbordes, se originan un nuevo cauce. Es por ello que se puede inferir que se trata de una de las áreas más vulnerables para efectos de desarrollos urbanos.

Foto N° II.4.- Vista de la parte final de la garganta y el cono de deyección de un afluente del Río Chama. Mérida, Venezuela. (Foto del Autor, 1.997)

En estos conos de deyección se asientan desarrollos urbanos y debido a la variabilidad espacial que se genera en los conos de deyección por efecto de la erosión en la cuenca y posterior deposición en estos conos de deyección, se originan importantes modificaciones de la geomorfología del área, motivo por el cual es una de las zonas o áreas donde se producen la mayor parte de los desastres naturales por deslaves o desbordes de los ríos, lo que genera pérdidas de vidas y gran afectación de viviendas. En las Fotos N° II.5.- y II.6.- se puede observar la modificación del cono de deyección del Río Cerro Grande durante el evento de Diciembre de 1.999 en el Estado Vargas.

Con la finalidad de ofrecer una idea de magnitudes de transporte de materiales por efecto de los deslaves y su posterior deposición en los conos de deyección, en la Foto N° II.6.- se puede apreciar un saliente en la forma de la costa la cual penetra en la plataforma marina de la costa de Venezuela. De las mediciones realizadas (Morassutti F., G.F. - A.U.A.E.V., 2006), se puede decir que este saliente cuenta con una longitud de unos 300 metros hacia adentro del mar, depositándose unos 700.000 m^3 de material, en donde se considera que lo más importante es que este cambio en la geomorfología se produjo en un lapso de solo tres días durante la ocurrencia del evento de Diciembre de 1.999 en el Estado Vargas en Venezuela.

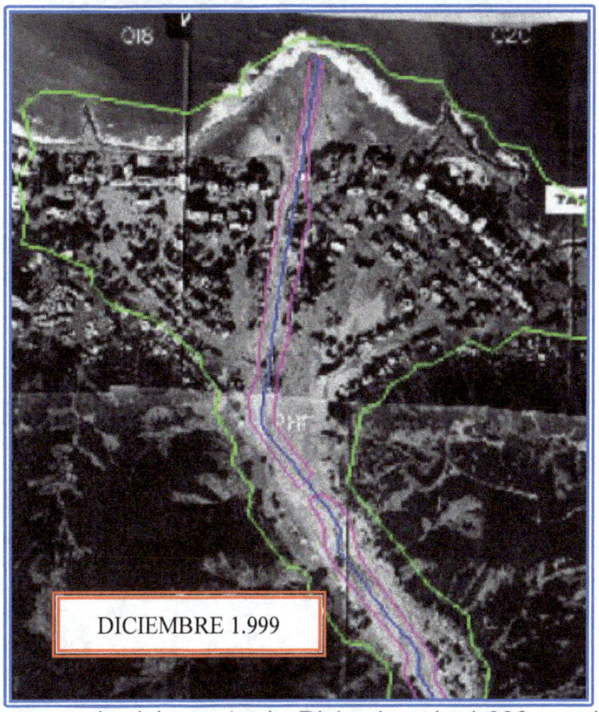

Foto N° II.5.- y N° II.6.- Vista de la modificación del Cono de Deyección del Río Cerro Grande después del Evento de Diciembre de 1.999. Vargas, Venezuela. (Imagen cortesía Ing. José Luis López)

Un ejemplo clásico de una cuenca torrencial donde el desarrollo urbano está asentado en el cono de deyección es la zona urbana de Caraballeda en el Estado Vargas, Venezuela. La zona urbana de Caraballeda está asentada en el cono de deyección del Río San Julián, cuya cuenca tiene 21,5 Km^2 y se estima (C.G.R. Ingeniería C.A., 2.000), que el evento de Diciembre de 1.999 escurrió un gasto de unos 450 m^3/s acompañado de un importante flujo de lodos y piedras, afectando prácticamente todo el desarrollo urbano. En la Foto Nº II.7.- se muestra parte de cuenca alta y la garganta de la cuenca, en donde es preciso resaltar las altas pendientes de las laderas y un gran número de cicatrices dejadas por los deslaves, así como la abundancia de material aluvional y coluvial en la superficie del lecho del canal.

Foto N° II.7.- Vista de parte de la cuenca alta y la garganta del Río San Julián, después del Evento de Diciembre de 1.999. Caraballeda, Estado Vargas, Venezuela. (Foto Archivos Corpovargas).

Foto N° II.8.- Vista de la salida de la garganta hacia el cono de deyección del río San Julián, en donde está asentada el desarrollo urbano de Caraballeda. Imagen después del Evento de Diciembre de 1.999. Estado Vargas, Venezuela. (Foto Archivos Corpovargas).

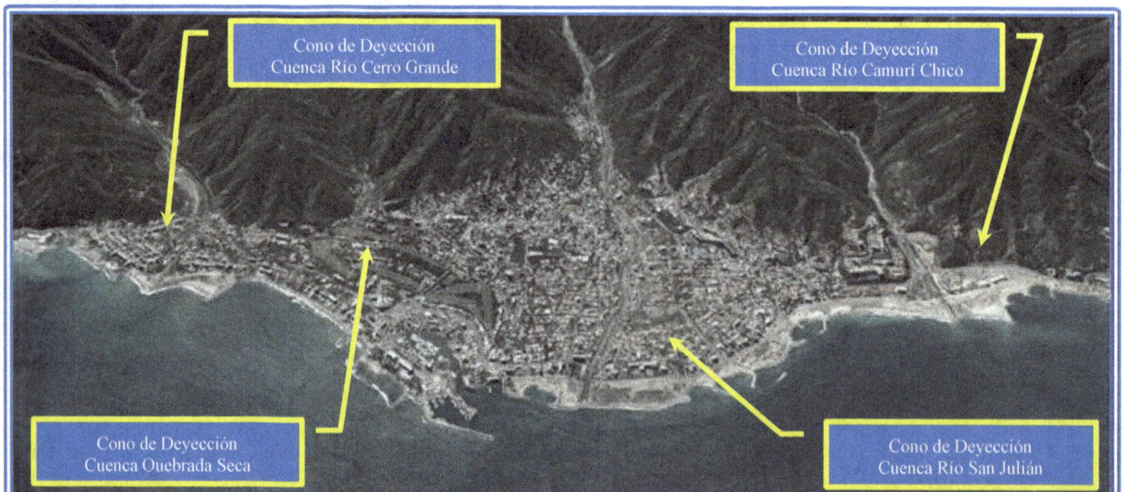

Foto N° II.9.- Vista de los conos de deyección de los Ríos Cerro Grande, San Julián y Camurí Chico en el Estado Vargas, Venezuela. (Imagen de Google Earth y acondicionada por el Autor).

Foto N° II.10.- Vista del cono de deyección del Río Camurí Grande, el cual está compuesto por el Río Camurí y el Río Migueleno, en el Estado Vargas, Venezuela. (Imagen de Google Earth y acondicionada por el Autor).

II.7.- PROCESO DE FORMACION DE UN TORRENTE.-

De una manera simplificada se puede describir el proceso de formación de un torrente, según se ilustra en la Figura N° II.5.- (Suárez V., Luis M., 1993).

El proceso es similar al descrito en el aparte II.3.- y se puede describir de la forma siguiente: supóngase que $\mathbf{P_0}$ es el perfil longitudinal original de la ladera de una montaña. El escurrimiento superficial de las lluvias tiende a concentrarse en alguna pequeña depresión de la ondulación de la superficie, donde ejerce su efecto erosivo, profundizando dicha depresión, hasta formar un surco y luego una cárcava o zanjón, esquematizado por el perfil $\mathbf{P_1}$.

Con el tiempo y mediante la escorrentía producida por las precipitaciones, el zanjón incrementa el efecto concentrador del escurrimiento superficial de las lluvias sucesivas, adoptando un nuevo perfil $\mathbf{P_2}$, posteriormente $\mathbf{P_3}$, y así sucesivamente.

Parte de los materiales erosionados en la ladera se depositan al pie de la misma, formado nuevos perfiles con las acumulaciones sucesivas $\mathbf{P_1}$, $\mathbf{P_2}$, $\mathbf{P_3}$, etc. De esta forma, las zonas superiores y media del zanjón tienden a ensancharse y profundizarse continuamente. A su vez, en las laderas del zanjón se van generando surcos y cárcavas formando una ramificación a partir del principal, ampliando la cuenca contribuyente del torrente en formación.

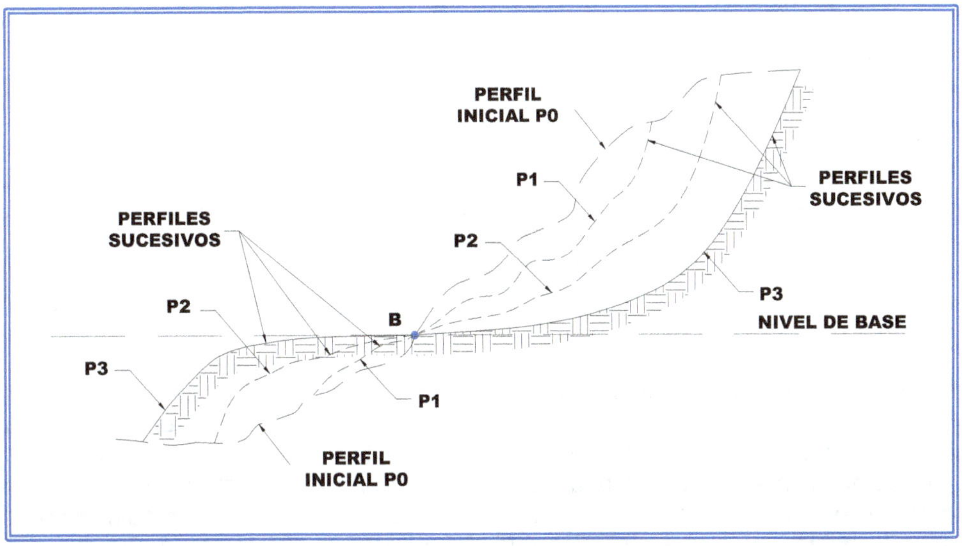

Figura N° II.5.- Proceso de Formación de un Torrente.- (Imagen Suarez V., L. M., 1993 y redibujada para ese libro).

En las primeras etapas de la formación del torrente pueden originarse rápidos de alta pendiente, e incluso cascadas si a lo largo del alineamiento del escurrimiento existe un estrato rocoso que la origine.

Durante todo este proceso pueden distinguirse dos zonas, separadas por una línea horizontal que se denomina nivel de base (Ver Figura N° II.5.-).

Aguas arriba del nivel base existe un proceso de erosión regresiva, responsable de la profundización y el ensanchamiento del cauce principal, así como de la formación de otros cauces secundarios ramificados. La erosión es cada vez más intensa a medida que se avanza desde la cima hacia aguas abajo, ya que el torrente aumenta de caudal en esa dirección. La erosión regresiva produce una prolongación constante del cauce hacia aguas arriba, remontando la ladera. Con el tiempo, a medida que el torrente va cortando la ladera y alcanza la divisoria, va disminuyendo su pendiente por lo que tiende a adoptar un perfil longitudinal de menor pendiente y más estable, con una forma cóncava hacia arriba, en el cual la pendiente se reduce progresivamente hacia aguas abajo.

Aguas abajo del nivel base se produce la deposición de los sólidos transportados por el flujo, formándose una acumulación de sedimentos que aumenta de volumen con el tiempo, y debido a su forma característica recibe el nombre de cono de deyección o abanico fluvial.

II.7.1.- CLASIFICACIÓN DE LOS TORRENTES.-

Los torrentes han sido clasificados según diferentes aspectos, sin embargo desde un punto de vista práctico, los torrentes pueden clasificarse en dos tipos fundamentales: depositantes y socavantes (Suarez V., Luis M, 1.993).

Esta clasificación es relativa, ya que muchos torrentes no son completamente de un tipo o del otro, pudiendo existir tramos socavantes y tramos depositantes en un mismo curso de agua. Estos torrentes pueden clasificarse como de tipo mixto. En otros casos la evolución natural que experimenta el curso de agua durante el proceso de su formación, puede hacer que el torrente se transforme de un tipo en otro.

II.7.1.1.- Torrentes Depositantes.-

Son aquellos en los que el aporte de materiales sólidos al torrente es de tal magnitud que la energía del flujo se utiliza íntegramente en el transporte de los mismos hacia aguas abajo; se dice que el flujo está saturado, y como consecuencia de un aporte de sedimentos superior al que puede ser transportado, el cauce tiende a elevarse por la acumulación de estos materiales, o tiende en todo caso a no profundizarse, ya que la erosión del fondo no es posible.

La existencia de esta situación en un torrente es indicativa de que la cuenca está sometida a un intenso proceso de erosión y degradación superficial. Cuando el transporte es muy elevado, estos torrentes pueden representar un peligro, ya que los materiales que se acumulan en el cauce pueden dar origen a la formación de lavas torrenciales al ocurrir una creciente. Adicionalmente causan problemas en el cono de deyección afectando las zonas urbanas, la obstrucción de puentes y la afectación de las vías de comunicación que lo cruzan, entre otros.

II.7.1.2.- Torrentes Socavantes.-

En estos torrentes la energía del flujo es suficiente para transportar hacia aguas abajo todos los materiales sólidos provenientes de la cuenca, quedando aún una capacidad de transporte adicional que tiende a erosionar el fondo y las márgenes del cauce torrencial, ya que la corriente no llega a saturarse con los aportes sólidos de la cuenca. El resultado es que el torrente ejerce un proceso continuo de profundización del cauce, lo que a su vez origina la desestabilización de las laderas, al ser socavadas en sus bases de apoyo, con los consiguientes deslizamientos de terreno, aún en el caso en que las laderas estén bien forestadas.

II.8.- CLASIFICACIÓN DEL TIPO DE FALLAS DE TALUDES.-

Aunque este documento tiene como finalidad analizar los fenómenos de flujo de lodos y piedras, originado por eventos extremos de precipitación y las obras necesarias para el control de estos, se considera oportuno presentar una clasificación de las diversas fallas de tipo geológico – geotécnico, así como sus orígenes, con la finalidad de ampliar el conocimiento sobre estos aspectos, pues los efectos de socavación en los torrentes pueden producir fallas como las que se describen en los próximos apartes.

En este aparte se presenta una clasificación de tipos de falla de taludes basada en el reconocimiento de los factores geológicos que condicionan la falla. Los deslizamientos de taludes ocurren de muchas maneras y aún persiste cierto grado de incertidumbre en su predictibilidad, rapidez de ocurrencia y área afectada. Sin embargo, existen ciertos patrones que ayudan a identificar y reconocer áreas potenciales de fallas, lo cual permite el tratamiento del talud para eliminar o reducir a un mínimo el riesgo de falla.

Esta información se ha obtenido de la referencia (Sánchez, M. M, 2.009).

En el Cuadro N° II.1.- se presenta una clasificación de fallas de taludes adaptada y obtenida de (González De Vallejo, L.I., Ferrer, M., Ortuño, L. Oteo, C., (2002).

CUADRO N° II.1.- CLASIFICACIÓN DE FALLAS.-

TIPO DE FALLA	FORMA	DEFINICIÓN
DESPRENDIMIENTOS	CAIDA LIBRE	DESPRENDIMIENTO REPENTINO DE UNO O MÁS BLOQUES DE SUELO O ROCA QUE DESCIENDE EN CAÍDA LIBRE
	VOLCADURA	CAÍDA DE UN BLOQUE DE ROCA CON RESPECTO A UN PIVOTE UBICADO DEBAJO DE SU CENTRO DE GRAVEDAD.
DERRUMBES	PLANAR	MOVIMIENTO LENTO O RÁPIDO DE UN BLOQUE DE SUELO O ROCA A LO LARGO DE UNA SUPERFICIE DE FALLA PLANA.
	ROTACIONAL	MOVIMIENTO RELATIVAMENTE LENTO DE UNA MASA DE SUELO, ROCA O UNA COMBINACIÓN DE LOS DOS, A LO LARGO DE UNA SUPERFICIE CURVA DE FALLA BIEN DEFINIDA.
	DESPARRAMAMIENTO LATERAL	MOVIMIENTO DE DIFERENTES BLOQUES DE SUELO CON DESPLAZAMIENTO DISTINTOS.
	DESLIZAMIENTO DE SUELOS Y ROCA	MEZCLA DE SUELOS Y PEDAZOS DE ROCA MOVIÉNDOSE A LO LARGO DE UNA SUPERFICIE DE ROCA PLANAR.
REPTEO		MOVIMIENTO LENTO E IMPERCEPTIBLE DE UNA MASA DE SUELO O SUELO - ROCA HACIA LA PARTE INFERIOR DEL TALUD.
AVALANCHAS		MOVIMIENTO RÁPIDO DE UNA MASA INCOHERENTE DE ESCOMBROS DE ROCA O SUELO - ROCA DONDE NO SE DISTINGUE LA ESTRUCTURA ORIGINAL DEL MATERIAL.
FLUJO		SUELO O MEZCLA SUELO - ROCA MOVIÉNDOSE COMO UN FLUIDO VISCOSO, DESPLAZÁNDOSE USUALMENTE HACIA DISTANCIAS LEJANAS AL DEL SITIO DE LA FALLA. USUALMENTE ORIGINADO POR EXCESO DE PRESIÓN DE POROS.

Fuente: Gonzalez De Vallejo, L.I., Ferrer, M., Ortuño, L. Oteo, C., (2002).

II.8.1.- DESPRENDIMIENTOS.-

Son fallas repentinas de taludes verticales o casi verticales que producen el desprendimiento de un bloque o múltiples bloques que descienden en caída libre (Ver Figura N° II.6.A.-). La volcadura de los bloques generalmente desencadena un desprendimiento (Ver Figura N° II.6.B.-). En suelos, los desprendimientos son causados por socavación de taludes debido a la acción del hombre o erosión de quebradas. En macizos rocosos, los desprendimientos son causados por socavación debido a la erosión. En algunos casos los desprendimientos son el resultado de meteorización diferencial.

Los desprendimientos o caídas son relevantes desde el punto de vista de la ingeniería porque la caída de uno o varios bloques puede ocasionar daños a estructuras o a otros taludes que se encuentran en la parte inferior y podría originar una destrucción masiva.

Los desprendimientos se producen comúnmente en taludes verticales a casi verticales en suelos débiles a moderadamente fuertes y en macizos rocosos fracturados. Generalmente, antes de la falla ocurre un desplazamiento, el cual puede ser identificado por la presencia de grietas de tensión.

En formaciones detríticas (terrazas aluviales) y en rocas blandas (arcillitas y limolitas) los desplomes suelen darse en taludes empinados que han sufrido excavaciones rápidas (por ejemplo, en las márgenes cóncavas de los meandros) a favor de grietas de tracción que se desarrollan paralelamente al acantilado.

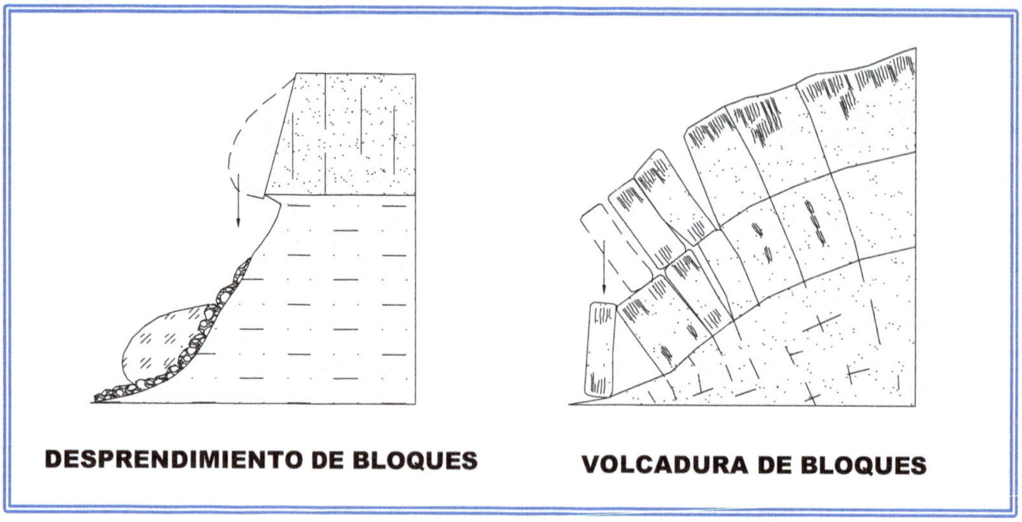

Figura N° II.6.A y II.6.B.- Visualización de Desprendimiento en Bloques y Volcadura en Bloques.- (Imagen obtenida de Gonzalez De Vallejo, L.I., Ferrer, M., Ortuño, L. Oteo, C., (2002) y redibujado para este libro).

II.8.2.- DERRUMBES.-

Los derrumbes se encuentran asociados en suelos y rocas, y de acuerdo con la forma de la superficie de falla se subdividen en planares y rotacionales.

Es un desplazamiento ladera abajo de una masa de suelo o roca, que tiene lugar predominantemente sobre una o más superficies de rotura, o zonas relativamente delgadas con intensa deformación de cizalla. Elementos característicos de este tipo de movimiento son la presencia de superficies de rotura definidas y la preservación a grandes rasgos de la forma de la masa desplazada.

La distinción entre deslizamientos rotacionales y translacionales es importante en lo que se refiere a los análisis de estabilidad y el diseño de medidas de control y estabilización. Este tipo de movimientos es el que dispone de métodos de análisis y modelización más desarrollados.

II.8.2.1.- DERRUMBES PLANARES.-

Los derrumbes planares consisten en el movimiento de un bloque (o bloques) de suelo o roca a lo largo de una superficie de falla plana bien definida. Estos derrumbes pueden ocurrir lenta o rápidamente.

Los deslizamientos planares en macizos rocosos consisten en el deslizamiento como una unidad o unidades (bloques) talud abajo, a lo largo de una o más superficies planas (Ver Figura N° II.7.A.-). También se puede generar una falla de cuña a lo largo de la intersección de dos planos, consistente de uno o varios bloques de pequeño a gran tamaño (Ver Figura N° II.7.B.-).

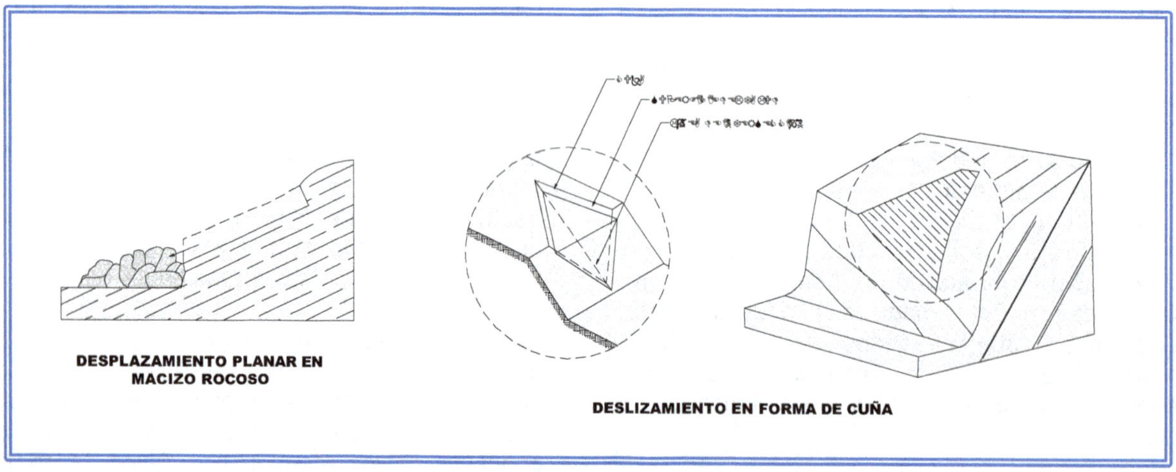

Figura N° II.7.A y II.7.B.- Visualización de Desplazamiento Planar en Macizo Rocoso y Deslizamiento en Forma de Cuña.- (Imagen obtenida de Gonzalez De Vallejo, L.I., Ferrer, M., Ortuño, L. Oteo, C., (2002) y redibujado para este libro).

Los deslizamientos en bloques pueden ser destructivos especialmente en regiones montañosas donde los deslizamientos masivos de roca resultan desastrosos y en muchos casos no pueden ser prevenidos.

Los deslizamientos planares suelen ocurrir en:

- Rocas sedimentarias que tengan un buzamiento similar o menor a la inclinación de la cara de talud.
- Discontinuidades, tales como fallas, foliaciones o diaclasas que forman largos y continuos planos de debilidad que interceptan la superficie del talud.
- Intersección de diaclasas o discontinuidades que dan como resultado la falla de un bloque en forma de cuña.

En general, durante los períodos iniciales de la falla se generan grietas de tracción con un pequeño desplazamiento, luego se pueden observar escarpes frescos que dejan los bloques con posterioridad al movimiento. En algunos casos, este movimiento deja sin vegetación la zona deslizada y los escombros quedan expuestos al pie del talud.

II.8.2.2.- DERRUMBES ROTACIONALES.-

Los derrumbes rotacionales tienden a ocurrir lentamente en forma de cuchara y el material comienza a fallar a lo largo de una superficie curvilínea y cóncava, aparecen grietas en la cresta del área inestable y abombamientos al pie de la masa deslizante (Ver Figura N° II.8.-). Al finalizar, la masa se desplaza sustancialmente y deja un escarpe en la cresta. Este escarpe puede conceptualizarse o visualizarse de la siguiente forma: el material de la cabecera de la masa movida, efectúa una inclinación contra ladera, es decir, se genera un plano en sentido contrario al plano general de falla, es decir, en forma pseudoperpendicular al plano de falla, generando depresiones donde se puede acumular agua de escorrentía, induciendo a nuevas reactivaciones y movimientos de la masa fallada, de esta forma de podría decir que el fenómeno es de características geológicas e hidráulicas.

Este tipo de mecanismo es característico de suelos cohesivos homogéneos y de macizos rocosos intensamente fracturados. En materiales arcillosos, especialmente si hay presencia de agua, el pie puede evolucionar hacia un deslizamiento de tierras o colada de tierras.

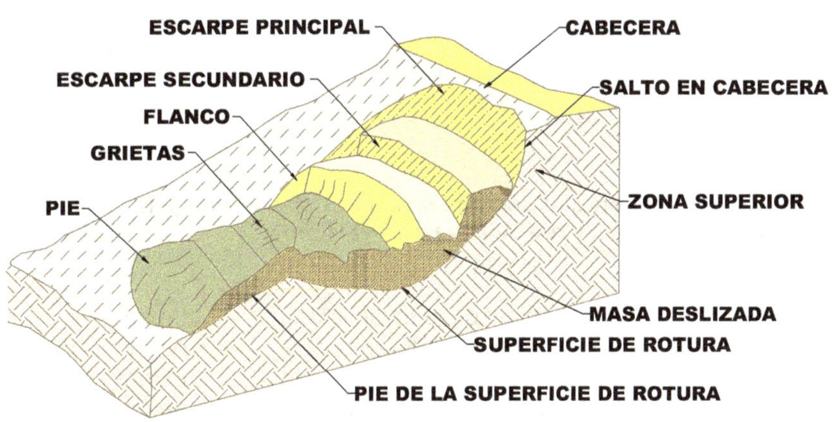

Figura N° II.8.- Ilustración de deslizamiento o derrumbe rotacional.- (Imagen obtenida de Gonzalez De Vallejo, L.I., Ferrer, M., Ortuño, L. Oteo, C., (2002) y redibujado para este libro).

La principal causa de este tipo de falla es el incremento de la inclinación del talud, meteorización y fuerzas de filtración; sus consecuencias no son catastróficas, a pesar de que el movimiento puede causar severos daños a estructuras que se encuentran en la masa deslizante o sus alrededores. Desde el punto de vista de la ingeniería, cuando se presentan algunos signos tempranos de falla los taludes pueden ser estabilizados.

En las etapas tempranas del deslizamiento se forman grietas de tensión, luego de la falla parcial se generan una serie de pequeños hundimientos y escarpes, y al momento de la falla total, se pueden apreciar varios escarpes en la superficie, además de grietas de tensión concéntricas y profundas, así como una gran masa de material incoherente al pie del talud.

II.8.2.3.- DESPARRAMAMIENTO LATERAL Y FALLA PROGRESIVA.-

Los desparramamientos laterales son una forma de falla planar que ocurre en suelos y rocas. La masa se deforma a lo largo de una superficie plana que representa una zona débil, tal y como se ilustra en la Figura N° II.9.-. Los bloques se separan progresivamente por tensión y retrogreden.

Este tipo de falla es común en valles de ríos y se asocia también con arcillas firmes y duras fisuradas, lutitas y estratos con buzamiento horizontal y una zona continua de debilidad. También se presentan en coluvios con pendientes suaves que se encuentran sobre suelos residuales o rocas.

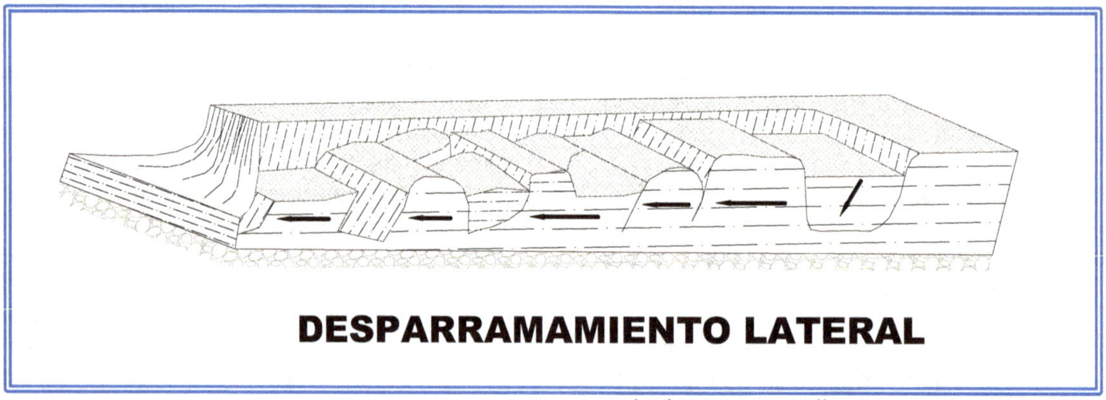

Figura N° II.9.- Ilustración de Desparramamiento Lateral.- (Imagen obtenida de Gonzalez De Vallejo, L.I., Ferrer, M., Ortuño, L. Oteo, C., (2002) y redibujado para este libro).

Los desparramamientos laterales pueden activarse repentinamente por eventos sísmicos. Sin embargo, bajo acciones gravitacionales se generan grietas de tensión. Durante la falla progresiva, las grietas de tensión se abren y los escarpes forman grandes bloques.

II.8.2.4.- DESLIZAMIENTOS DE SUELOS Y ROCA.-

En los deslizamientos de suelos y rocas, una masa de suelo o mezcla de suelo y fragmentos de roca se mueven como una unidad a lo largo de superficies planas con alta inclinación. Estos deslizamientos ocurren de manera progresiva y pueden convertirse en avalanchas o flujos. Las principales causas de los deslizamientos de suelos y rocas son el incremento de las fuerzas de filtración y la inclinación del talud. La ocurrencia de este tipo de deslizamiento es común en suelos residuales y depósitos coluviales que reposan sobre una superficie de roca.

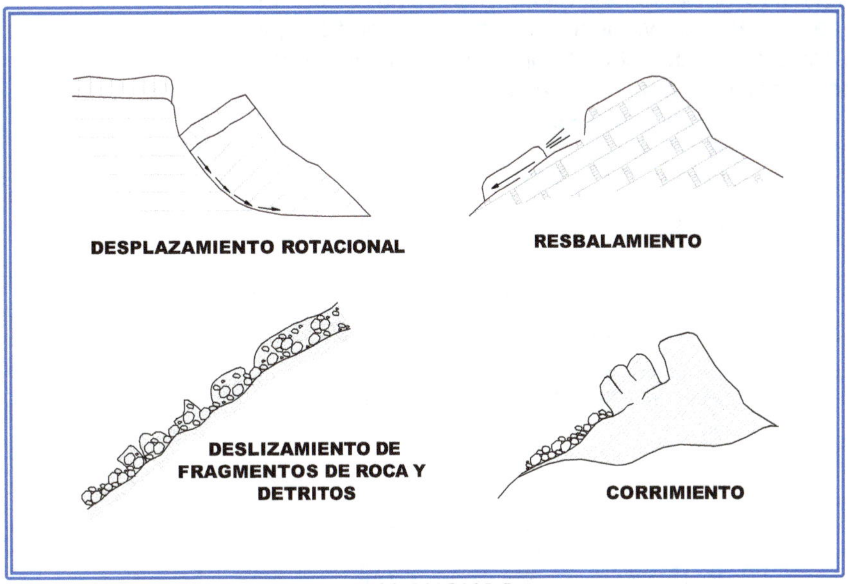

Figura N° II.10.- Tipos de Deslizamiento (Imagen obtenida de Corominas y García Yagüe (1.997) y redibujado para este libro).
.-

II.8.3.- REPTEO.-

El repteo consiste en un lento e imperceptible movimiento o deformación del material de un talud frente a bajos niveles de esfuerzos que generalmente afectan a las porciones más superficiales del talud, aunque también puede afectar a porciones profundas cuando existe un estrato poco resistente. El repteo es el resultado de la acción de fuerzas de filtración o gravitacionales y es un indicador de condiciones favorables para el deslizamiento.

El repteo es característico en materiales cohesivos y rocas blandas como lutitas y sales, en taludes moderadamente empinados o empinados.

Los rasgos característicos del repteo son la presencia de crestas paralelas y transversales a la máxima pendiente del talud.

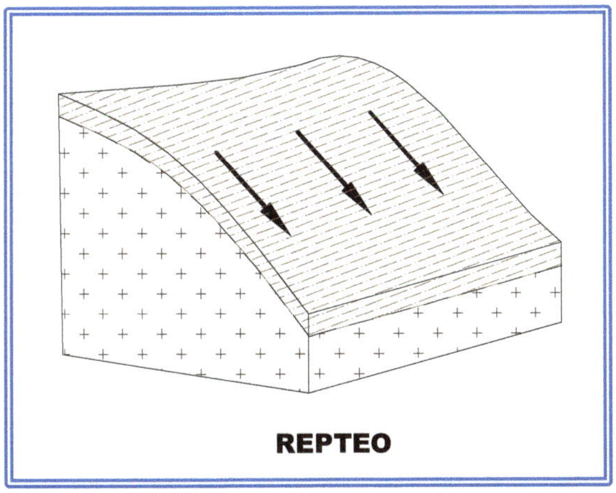

Figura N° II.11.- Ilustración de Repteo.- (Imagen obtenida de Corominas y García Yagüe (1.997) y redibujado para este libro).

II.8.4.- AVALANCHAS.-

Las avalanchas son el movimiento rápido de suelos y rocas y pueden o no comenzar con la ruptura a lo largo de una superficie de falla. Toda la vegetación, el suelo y la roca suelta pueden ser arrastrados.

Las principales causas de avalanchas son las altas fuerzas de filtración, alta pluviosidad, derretimiento de nieve, sismo o deslizamiento gradual en los estratos de roca. Las avalanchas ocurren de manera brusca sin previo aviso y generalmente son impredecibles. Los efectos pueden ser desastrosos y pueden sepultar extensas áreas al pie del talud.

Las avalanchas son características de zonas montañosas con pendientes muy inclinadas en suelos residuales sonde la topografía causa concentración de la escorrentía. También se puede presentar en zonas de roca muy fragmentada.

II.8.5.- FLUJO SE SUELOS Y ROCAS.-

Este tipo de falla es similar a las avalanchas, excepto que la cantidad de agua es mayor y por ello la masa fluye como lodo. La principal causa es el aporte de grandes lluvias y material suelto en la superficie.

Existe una gradación desde los deslizamientos a los flujos dependiendo del contenido de agua, movilidad y evolución del movimiento así como de la incorporación de agua a medida que escurre hacia aguas abajo.

Un deslizamiento de tierra y lodos puede convertirse en una corriente lodos y piedras o también denominado deslizamiento de derrubios o detritos, y siguiendo hacia aguas abajo puede convertirse en una corriente o avalancha de detritos a medida que el material pierde cohesión, incorpora agua y discurre por pendientes más empinadas.

Figura N° II.12.- Tipos de Deslizamiento (Imagen obtenida de Corominas y García Yagüe (1.997) y redibujado para este libro).

II.9.- LOS FLUJOS DE LODOS Y PIEDRAS.-

En términos generales se entiende como flujos de lodos y piedras como aquellos flujos con altas concentraciones de material pétreo y sedimentos (hiperconcentraciones) que se generan de los deslizamientos en las cuencas montañosas, cuyo origen está asociado a la ocurrencia de lluvias prolongadas y de alta intensidad, y que pueden estar conformados por agua, barro, rocas, y grandes restos de vegetación, así como por todo tipo de desperdicios y arrastres de materiales fabricados por el hombre.

Es lógico deducir que estos flujos, a lo largo de su paso a través del cauce natural en la garganta del torrente, originan erosiones y socavaciones en las márgenes, las cuales generan fallas de tipo geológico en los taludes de las laderas por donde circulan, cuyos materiales fallados se incorporan al flujo y a su vez incrementan el volumen del flujo y por ende el poder destructivo.

No existe una clasificación única para caracterizar a los aludes torrenciales, pues en la bibliografía especializada se puede conseguir a varios autores que clasifican los flujos de lodos y piedras.

Takahashi (Takahashi T., 1991) se refiere a flujos de detritos rocosos, flujos inmaduros de detritos, y flujos turbulentos de barro.

Wang y Shen (Wang, Z., y Shen, H.T., 1999) clasifica los flujos en viscosos, subviscosos, y no-viscosos, basándose en las características del flujo y la densidad de la mezcla de agua y sedimentos. También Wang los clasifica, en función de la composición del material sólido, en flujos de barro, flujos de barro y rocas, y flujos de agua y rocas.

O´Brien y Julien (O´Brien,J.S. & Julien, P.Y., 1985) se refiere a los flujos de sedimentos hiperconcentrados y los clasifican en flujos de agua y barros (*mud floods*), flujos de barro (*mudflows*), y flujos de detritos (*debris flows*).

De acuerdo a O´Brien y Julien, los flujos de agua y barros son hiperconcentraciones de partículas no-cohesivas, tales como las arenas y los limos. La concentración de sedimentos varía entre 20% y un máximo de 45% en volumen.

Los flujos de barros se caracterizan por altas concentraciones de limos y arcillas (tamaños de sedimentos menores que 0,0625 mm), lo cual cambia las propiedades de la matriz del fluido. En general se acepta que si más de la mitad de la fracción sólida está compuesta por granos mayores que las arenas, se usa el término de flujos de detritos, en lugar de flujo de barros.

Los flujos de detritos se refieren a una mezcla de agua y sedimentos compuestos por finos, arena, grava, cantos rodados y peñones, incluyendo restos vegetales como ramas y troncos de árboles, pudiendo incluir también a objetos como carros, restos de casas, y otros materiales antropogénicos. Los flujos de detritos tienen una consistencia similar a la del concreto húmedo y pueden desplazarse a velocidades cercanas a los 20 m/s, por lo que tienen un gran poder de destrucción.

A manera de acervo cultural, en (Castillo N., L. F., 2006), los flujos de detritos se conocen como Huaycos en Perú, Avenidas Torrenciales en Colombia y Mazamorras en Bolivia.

II.10.- CONSIDERACIONES FINALES.-

La posibilidad de que se originen flujos de lodos y piedras y se generen aludes o deslaves torrenciales depende de la cantidad e intensidad de la lluvia, del grado de saturación de los suelos, de la presencia de pendientes pronunciadas en la cuenca, así como de las características de los suelos para proveer el material sedimentario y aluvional para la formación de los aludes.

El análisis de estos flujos, así como el diseño de las estructuras necesarias para la mitigación de los efectos de estos flujos es el tema fundamental de este documento y que se tratará de explicar e ilustrar en los siguientes capítulos.

CAPITULO III

CALCULO DE LOS GASTOS DE DISEÑO

CAPITULO III

CALCULO DE LOS GASTOS DE DISEÑO.-

III.1.- INTRODUCCION.-

Este capítulo trata temas relacionados a las metodologías que permiten estimar los caudales de diseño que se requieren para el dimensionamiento de las estructuras hidráulicas tales como: estructuras de retención de sedimentos, así como estructuras para un sistema de drenaje urbano o de drenaje vial.

Es preciso indicar, que dentro del ámbito de los estudios hidrológicos que son necesarios para la definición de un gasto de diseño para así dimensionar una estructura hidráulica, sea esta para un sistema de drenaje urbano, un sistema de drenaje vial, una estructura de retención de sedimentos, o cualquier estructura hidráulica, se incluyen cuencas hidrográficas en general, que forman parte del gran sistema de drenaje, las cuales pueden abarcar un sistema de drenaje natural con cuencas de cauces naturales, cuencas con un sistema de drenaje vial o un sistema de drenaje urbano. Es por esta razón que en este capítulo se incluyen metodologías dirigidas a resolver este tipo de estudios hidrológicos y poder obtener gastos de diseño cónsonos con las necesidades en cada uno de los casos antes señalados.

Partiendo del análisis de la información hidrológica y meteorológica disponible en el área de estudio, se presentan criterios de diseño y límites de aplicación de los métodos considerados, a fin de que el especialista seleccione la alternativa más apropiada para cada caso en particular.

Este capítulo se ha enfocado en la determinación de los gastos de diseño de la manera más práctica posible con la finalidad de proporcionar al profesional métodos de cálculo sencillos que puedan ser resueltos fácilmente para la obtención de los gastos de diseño requeridos.

En el caso de las estructuras de retención de sedimentos, en general son obras que generan vasos de almacenamientos pequeños y de menor extensión planimétrica comparativamente con presas de embalse o de almacenamiento de agua.

En tal sentido, aunque si ocurre un efecto de almacenamiento y de amortiguación de la crecida, la amortiguación que sufre el gasto máximo de esta crecida, al pasar por el área de almacenamiento que se genera detrás de la presa, suele ser muy pequeña o prácticamente despreciable, de manera que el gasto máximo que se obtiene del estudio hidrológico no sufre modificaciones importantes por efecto de amortiguación a través del vaso de almacenamiento, de modo que este gasto máximo será el que se utiliza para los cálculos hidráulicos de la estructura de retención.

Con esta afirmación, se podría hacer innecesaria la obtención del hidrograma de la creciente, por lo que únicamente se requeriría el cálculo del gasto máximo de la mencionada creciente.

Se debe tener en cuenta que, las crecidas son fenómenos originados por el carácter aleatorio de las tormentas. La ocurrencia de crecidas en las cuencas naturales o en las cuencas urbanas, se describe en términos probabilísticos, es decir, que cada tormenta origina una crecida que va asociada a una probabilidad de ocurrencia y por ende a un periodo de retorno.

Es importante señalar que los métodos y procedimientos que se describen en la primera parte del presente capítulo abarcan únicamente la determinación de caudales líquidos provenientes de precipitaciones pluviales y que son el parámetro fundamental para el cálculo y dimensionamiento de estructuras hidráulicas.

III.2.- CICLO HIDROLOGICO.-

El ciclo hidrológico está compuesto por diferentes variables, las cuales se relacionan entre sí por medio de los procesos hidrológicos (Guilarte, R, J., 1.978). En general, se entiende por proceso, a una serie de acciones que producen un cambio o desarrollo en un sistema y para el caso particular de la hidrología, los procesos están asociados con aquellos fenómenos que intervienen tanto en el movimiento del agua como en los cambios que sufre ésta en sus características físicas, químicas y biológicas al desplazarse por diversos medios.

En términos generales, las precipitaciones caen sobre la vegetación, donde una pequeña parte es interceptada y el resto pasa a la fase de infiltración, la cual va a depender del tipo de suelo y su contenido de humedad. La cantidad de agua que no se infiltra se convierte en escurrimiento superficial, y de acuerdo a las condiciones topográficas, va a los cursos naturales más cercanos. Parte de ese escurrimiento se quedará en pequeñas depresiones y luego se infiltrará o evaporará.

En la fase de la infiltración, parte del agua es retenida por el suelo como humedad, hasta ser removida por evaporación y transpiración de las plantas, otra irá a estratos más profundos, donde se convierte en agua sub-superficial o subterránea, parte de la cual retorna a las corrientes naturales como gasto base o de estiaje. Las pérdidas debidas a la percolación en el lecho y a las márgenes de los cauces son muy pequeñas y por lo tanto, son generalmente ignoradas en los estudios hidrológicos.

Al considerar una escala a nivel del planeta tierra, el ciclo hidrológico se puede representar como un sistema global, es decir, como una estructura o volumen en el espacio, delimitada por una frontera, cuyos componentes internos interactúan entre sí o con otros sistemas adyacentes (Chow, V.T., Maidment D. y Mays L., 1.994). Los componentes del sistema serán las variables hidrológicas y los procesos que las relacionan entre sí.

Este sistema global se puede subdividir en tres subsistemas: un subsistema atmosférico, un subsistema de agua superficial y un subsistema de agua subterránea.

El Subsistema Atmosférico se abastece de la evaporación, es decir, de los volúmenes de vapor de agua que llegan a la atmósfera desde la superficie de los océanos, mares y lagos, así como desde la superficie terrestre; en donde en este último caso, si existe una cobertura vegetal, se presenta el efecto combinado que recibe el nombre de evapotranspiración.

El Subsistema del Agua Superficial tiene como principal aporte la precipitación la cual se considera como una entrada. Una vez que la precipitación cae sobre la superficie se inicia el proceso de infiltración a través del suelo, hasta que este se satura y se inicia el proceso de escorrentía sobre la superficie del terreno, el cual a su vez llegará a los cauces naturales; para que luego parte de estas escorrentías salgan del subsistema como aguas sub-superficiales que pertenecen al subsistema subterráneo que finalmente llegan a los sitios de disposición final en los lagos, en los mares o en los océanos.

El Subsistema del Agua Subterránea cuenta con el agua que proviene básicamente de la infiltración. Parte del volumen infiltrado al subsuelo percola a mayor profundidad, llegando al almacenamiento del agua subterránea; la otra parte se almacena en la región intermedia entre la superficie del terreno y el almacenamiento de agua subterránea de mayor profundidad. En las dos zonas mencionadas del subsuelo tiene lugar el desplazamiento del agua: en el primer caso, se trata del flujo subterráneo, y en el segundo caso se trata del flujo sub-superficial.

En resumen, el ciclo hidrológico es el proceso mediante el cual el agua evaporada de los diferentes cuerpos de agua (océanos, mares, lagos, etc.) y de la superficie es trasladada a la atmósfera y de allí, mediante las precipitaciones, vuelve nuevamente a los entes que la originaron. La Figura Nº III.1.- ilustra en forma esquemática este fenómeno.

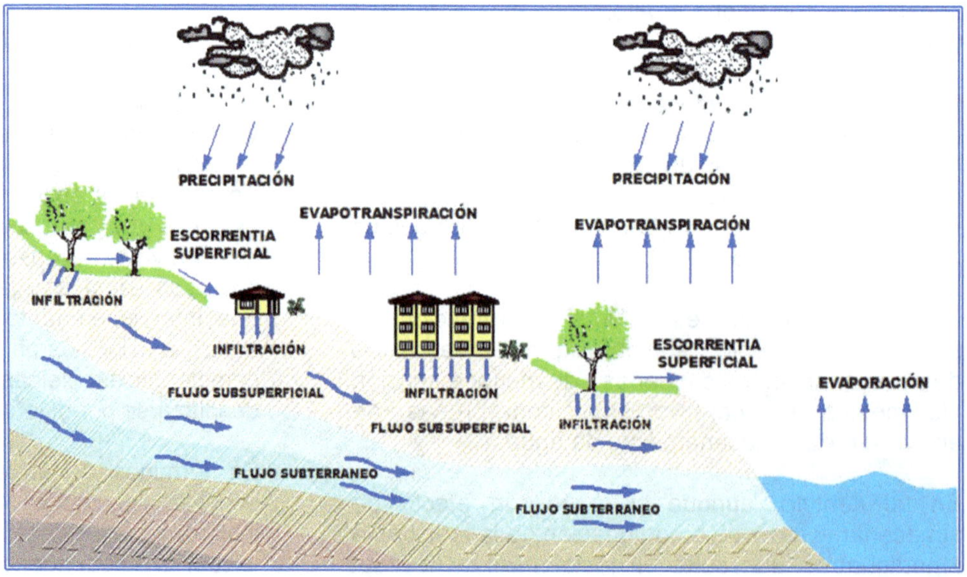

Figura Nº III.1.- Representación esquemática del Ciclo Hidrológico.- (Imagen del Autor).

El agua de los océanos, lagos y ríos, así como la humedad de las zonas con abundante vegetación se evapora debido al calor. Cuando este vapor de agua se eleva comienza a enfriarse y a condensarse en forma de nubes, hasta que finalmente precipita en forma de lluvia, nieve o granizo.

El ciclo se cierra con el retorno del agua de las precipitaciones al mar, la escorrentía, a través de las corrientes superficiales, los ríos, y el de los flujos subterráneos del agua infiltrada en el subsuelo hacia los acuíferos.

III.3.- MODIFICACION DEL CICLO HIDROLOGICO.-

Es prácticamente obvio que la modificación del ciclo hidrológico tiene un origen fundamentalmente antrópico, es decir, que prácticamente las modificaciones que pueden suceder en una cuenca se deben a las actividades que desarrolla el hombre.

Al urbanizarse una zona determinada en una cuenca, el ciclo hidrológico sufre dos grandes cambios.

El primer cambio se refiere al aumento del escurrimiento superficial al incrementarse las áreas impermeables. En vista de la impermeabilización, el escurrimiento fluirá a una velocidad mayor a los cursos naturales o artificiales de agua. Es por ello que sobre estas superficies impermeables, una tormenta de baja intensidad puede producir escurrimientos importantes, que no ocurren si dichas superficies fuesen vírgenes y ocurrieran infiltraciones o almacenamientos temporales a lo largo de la cuenca.

El segundo cambio que sufre el ciclo hidrológico en el medio urbano está motivado por la existencia de conductos artificiales para llevar las aguas, los cuales son, por lo general, más eficientes hidráulicamente que los cauces naturales, produciendo un aumento de la velocidad de las aguas, y por lo tanto, un incremento en los gastos máximos.

En definitiva, los incrementos de las extensiones de las áreas urbanizadas repercuten en un aumento de los volúmenes de escurrimiento y de los gastos máximos.

En la Tabla Nº III.1.- se resumen los aumentos y las reducciones de los parámetros hidrológicos en una cuenca urbana.

TABLA Nº III.1.-
AUMENTOS Y REDUCCIONES EN LOS PARAMETROS HIDROLOGICOS DE UNA CUENCA URBANA

AUMENTOS	REDUCCIONES
VOLUMEN DE ESCURRIMIENTO	INFILTRACIÓN AL SUBSUELO
GASTO MÁXIMO	ALMACENAMIENTO TEMPORAL
VELOCIDAD DE ESCURRIMIENTO	TIEMPO AL PICO DEL HIDROGRAMA

En la Figura Nº III.2.- se muestra los efectos de la modificación de un hidrograma de un área virgen al convertirse en un área urbana (Bolinaga, J.J., 1.979). En la gráfica se puede visualizar como el hidrograma del área urbana aumenta en su gasto máximo, aumenta el volumen de escurrimiento y se reduce el tiempo de ocurrencia al gasto pico del hidrograma.

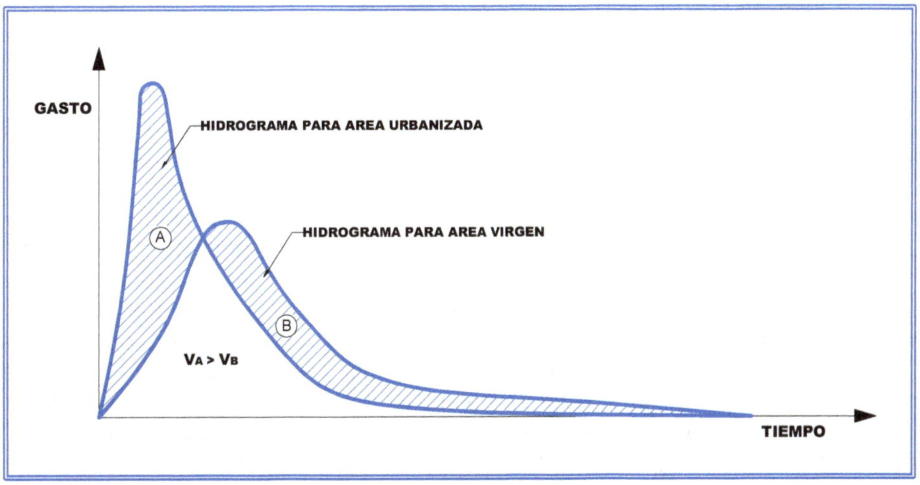

Figura Nº III.2.- Efectos de la urbanización sobre los hidrogramas.-

III.4.- INFORMACIÓN HIDROLÓGICA

NECESARIA PARA EL DISEÑO Y DIMENSIONAMIENTO DE ESTRUCTURAS HIDRAULICAS.-

La información necesaria para planificar y proyectar estructuras hidráulicas, sean estas estructuras de retención de sedimentos, estructuras para sistemas de drenaje urbano o sistemas de drenaje vial, está enfocada hacia la determinación de los gastos máximos instantáneos. Esta información está directamente ligada al método utilizado para lograr ese objetivo. Únicamente en el caso que se presenten lagunas o embalses de retención será necesario conocer el hidrograma ya que es importante estimar en éstas el volumen de agua y con ello se podrá estimar la eventual amortiguación de la crecida en su tránsito a través de este cuerpo de agua. También es importante conocer la amortiguación o tránsito de una crecida a través de una cuenca o una red de colectores, con la finalidad de conocer el gasto máximo que se generará en un punto determinado o de estudio, con la finalidad de optimizar dicho gasto de diseño y por ende el dimensionamiento de la estructura hidráulica a diseñar.

El escurrimiento superficial es un factor que influye de manera directa sobre el valor de los gastos máximos y depende tanto de las características físicas de la cuenca como de las precipitaciones. Se entiende por escurrimiento superficial como "*el flujo que ocurre por gravedad en la superficie del suelo, según la pendiente del terreno y la rugosidad hidrográfica de las aguas que no se han infiltrado, evaporado o almacenado superficialmente*". (Remenieras, G., 1.974)

La permeabilidad es un factor que diferencia la escorrentía superficial de las cuencas naturales con las cuencas urbanas. En el caso de las cuencas naturales el escurrimiento superficial es menor que en las urbanas, ya que el suelo en cuencas naturales es más permeable, por lo que el flujo superficial solo puede ocurrir cuando la intensidad de la lluvia es mayor que la capacidad de infiltración. En el caso de las cuencas urbanas, donde el uso de la tierra es mixto, el volumen de agua escurrido dependerá principalmente del porcentaje de áreas impermeables con respecto al área total.

En aquellas áreas donde existe un alto porcentaje de áreas impermeables, el escurrimiento dependerá fundamentalmente de la magnitud de la precipitación. En aquellas zonas urbanas donde exista un alto porcentaje de áreas permeables, tales como parques, jardines, áreas deportivas, etc., será condición necesaria conocer la precipitación efectiva para la determinación del escurrimiento superficial.

Una lluvia breve de baja intensidad, que precipite en terrenos permeables y secos producirá un escurrimiento superficial moderado, mientras que en terrenos impermeables saturados, la misma precipitación podrá generar un caudal relativamente importante, este escurrimiento superficial es el principal factor de los gastos pico de crecida.

En las zonas urbanas se produce un aumento de velocidad del flujo superficial, debido al encauzamiento de las aguas y la disminución de la rugosidad; esto trae como consecuencia que el pico en el hidrograma a la salida de la cuenca sea mayor comparado con los escurrimientos en los cauces naturales.

Es preciso indicar que existen factores que influyen en la obtención de diseños adecuados que garanticen el buen funcionamiento del sistema de drenaje proyectado. El primer factor a considerar se refiere al tamaño de la cuenca como factor hidrológico, donde el caudal aportado estará en función a las condiciones climáticas, fisiográficas, topográficas, tipo de cobertura vegetal, tipo de manejo de suelo y capacidad de almacenamiento. También existen factores geológicos e hidrogeológicos que influyen en el diseño, estos factores se refieren a la presencia de aguas subterráneas, naturaleza y condiciones de las rocas permeables y de los suelos: su homogeneidad, estratificación, conductividad hidráulica, compresibilidad, etc. y también a la presencia de zonas proclives de ser afectadas por fenómenos de geodinámica externa de origen hídrico.

III.5.- CUENCA HIDROGRÁFICA.-

Una cuenca hidrográfica es aquella superficie en la cual el agua precipitada escurre hacia las partes topográficas bajas por medio de la configuración del sistema de drenaje natural, concentrándose generalmente en cauces naturales a otras cuencas aledañas, o finalmente a los lagos, mares u océanos.

La escorrentía la constituyen las aguas que fluyen por la superficie terrestre cuando, tras producirse una precipitación pluvial o cualquier otro aporte de agua (deshielo por ejemplo), el agua comienza a desplazarse a favor de la pendiente hacia puntos de menor cota como consecuencia de la gravedad. Las aguas que no han sido infiltradas por el suelo y han quedado por lo tanto en la superficie generan la escorrentía superficial, mientras que aquéllas que sí han sido infiltradas por el suelo y discurren por su interior reciben el nombre de escorrentía sub-superficial.

Además, en algunas ocasiones, una fracción de las aguas de filtración penetra en la corteza terrestre por percolación hasta alcanzar los acuíferos subterráneos.

El agua que se mueve por toda la superficie o por el subsuelo de una cuenca hidrográfica hasta llegar a formar la red de canales, constituye el sistema fluvial o red de drenaje de la cuenca. (Ver Figura N° III.3.-).

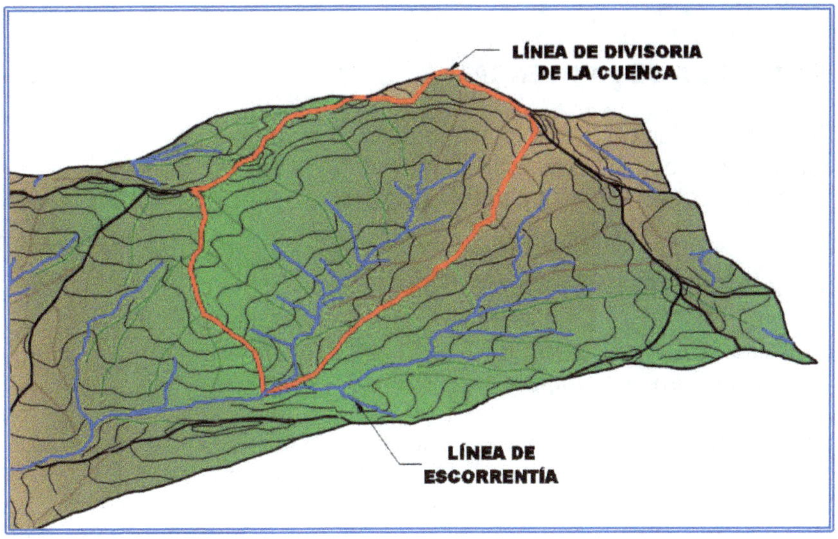

Figura N° III.3.- Ilustración de una cuenca hidrográfica. (Imagen preparada por el Autor).

Desde el punto de vista de la disposición final del escurrimiento, existen dos tipos de cuencas, las cuencas endorreicas (cerradas) y las cuencas exorreicas (abiertas). (Ver Figura N° III.4.- y N° III.5.).

a) En las cuencas endorreicas, el punto de descarga final se ubica dentro de los límites de la cuenca y generalmente es un lago.

b) En las cuencas exorreicas, el punto de descarga final se localiza en los límites de la cuenca y a su vez la descarga se vierte en una corriente mares u océanos.

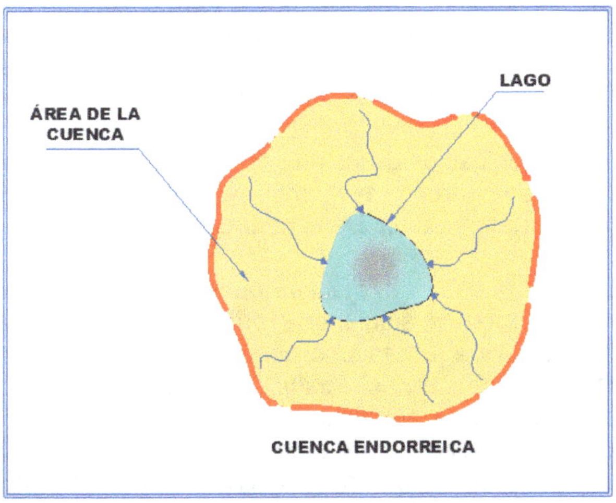

Figura N° III.4.- Ilustración de una Cuenca Endorreica.- (Imagen preparada por el Autor).

Figura N° III.5.- Ilustración de una Cuenca Exorreica.- (Imagen preparada por el Autor).

En general, para estudiar una cuenca hidrográfica se requieren métodos cuantitativos y cualitativos. Es fundamental definir parámetros que representen algunas características importantes, que pueden ofrecer una información relevante acerca de las variables y los procesos hidrológicos.

En la bibliografía especializada se definen y describen los parámetros característicos de una cuenca hidrográfica, sin embargo, para efectos de los métodos para la obtención de los gastos máximos que se tratan en el presente capítulo, a continuación se describen los que a juicio del autor son los más importantes para obtener los parámetros necesarios que se requieren para su aplicación en las metodologías de cálculo de los gastos máximos que más adelante se describen.

III.5.1.- ÁREA DE LA CUENCA.-

Es la proyección de la divisoria a un plano horizontal, caracterizándose así el tamaño de la cuenca. El valor del área se obtiene de los planos topográficos.

III.5.2.- DIVISORIA DE AGUAS.-

La divisoria de aguas es una línea imaginaria que delimita la cuenca hidrográfica.

Es una línea imaginaria formada por los puntos de mayor nivel topográfico que definen el parte aguas de las cuencas y que separa la cuenca en estudio de las cuencas adyacentes.

III.5.2.1.- TRAZADO DE DIVISORIAS DE CUENCAS NATURALES.-

El trazado de las divisorias en una cuenca natural puede hacerse a partir de un plano aerofotogramétrico o un plano topográfico con curvas de nivel de la zona de estudio. El trazado de las líneas divisorias a partir de curvas de nivel debe considerar lo siguiente:

1.- La línea divisoria corta ortogonalmente a las curvas de nivel.

2.- Cuando la divisoria va aumentando en altitud, corta a las curvas de nivel por su parte convexa.

3.- Cuando la altitud de la divisoria va disminuyendo, ésta corta a las curvas de nivel por su parte cóncava.

4.- La línea divisoria nunca debe cortar el cauce natural, sea este el cauce principal o un afluente, excepto en el punto seleccionado donde se requiere obtener el gasto de diseño.

Adicionalmente, el procedimiento convencional para la delimitación de las cuencas seria el siguiente:

1.- Se identifican y se resaltan las líneas de escorrentía superficial mediante una línea continua en color azul.

2.- Una vez identificadas las líneas divisorias, se sugiere marcar la divisoria de la cuenca en estudio y las divisorias de las eventuales sub-cuencas. La divisoria de la cuenca se puede identificar con un trazado en color rojo de línea y punto, mientras que las divisorias de las sub-cuencas se pueden identificar con un trazado en color rojo de línea segmentada.

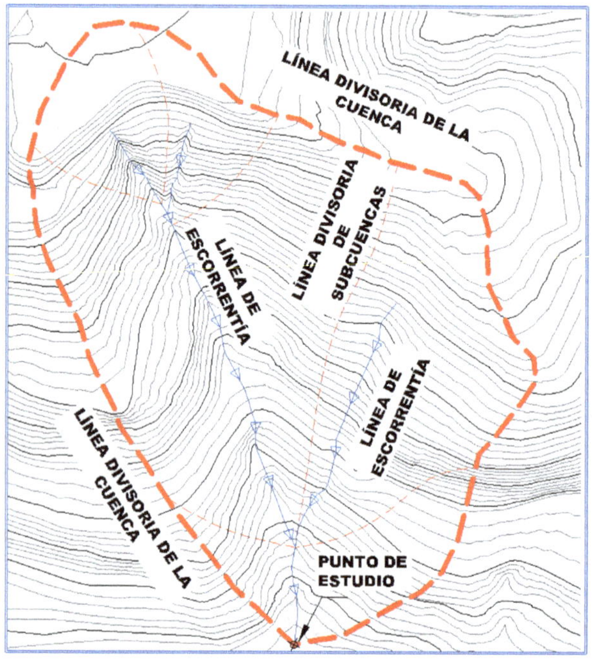

Figura N° III.6.- Ilustración de una cuenca hidrográfica y su divisoria. (Imagen preparada por el Autor).

III.5.2.2.- TRAZADO DE DIVISORIAS DE CUENCAS URBANAS.-

Una cuenca urbana cuenta con un desarrollo urbano que ha modificado la topografía natural del terreno, en donde el escurrimiento depende de las vialidades y de la topografía modificada. En tal sentido, se deberá establecer el sentido del escurrimiento superficial en las diferentes calles y avenidas, así como la ubicación de los puntos de entrada a las vías, del escurrimiento proveniente de zonas verdes o de cauces naturales en áreas no urbanizadas.

En base a esta información, pueden delimitarse las áreas tributarias, siguiendo el criterio de subdividir las manzanas del urbanismo por las bisectrices en las esquinas para zonas urbanizadas y considerando la topografía para aquellas zonas adyacentes que no fuesen urbanizadas, de manera de ubicar puntos de interés para captaciones de cauces naturales que puedan formar parte de la cuenca a estudiar. En la Figura Nº III.7.- se ilustra como delimitar las cuencas urbanas.

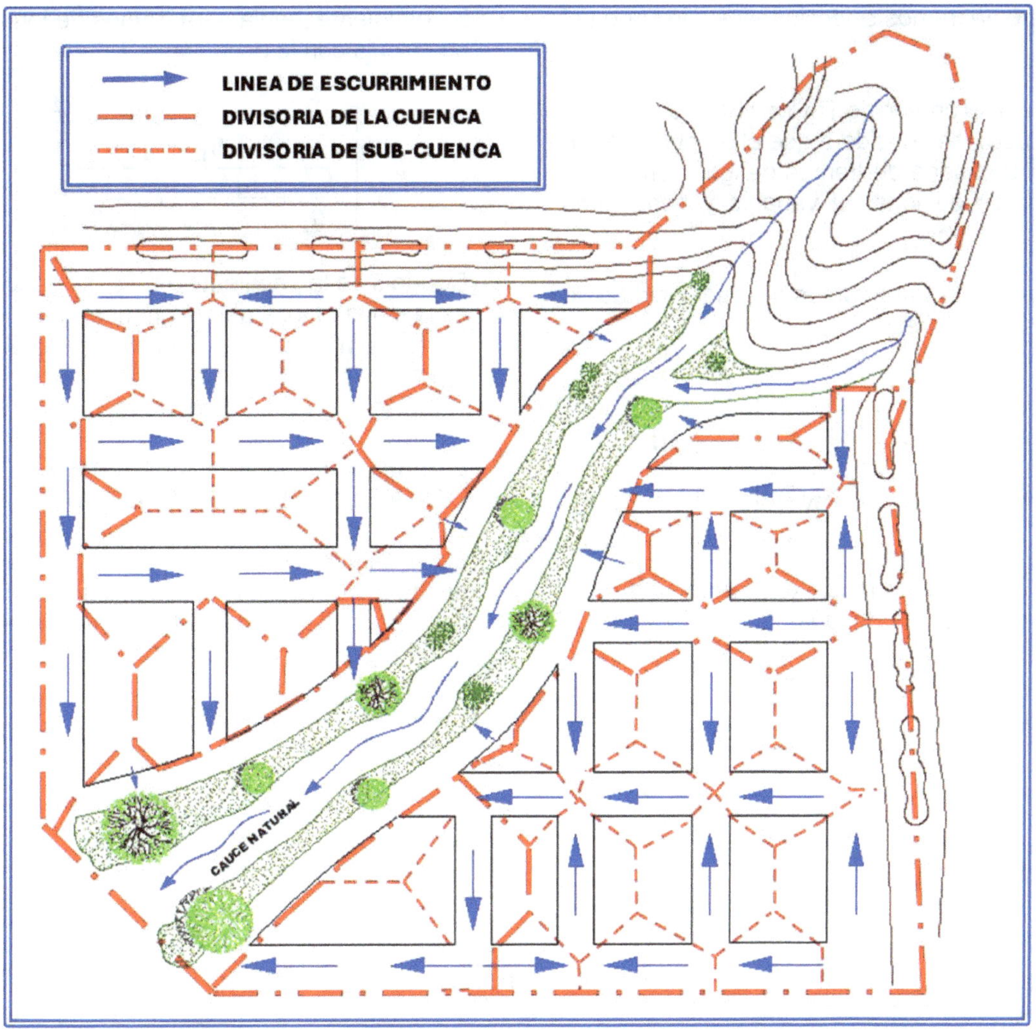

Figura N° III.7.- Determinación de áreas tributarias en una cuenca urbana. (Imagen preparada por el Autor).

Como se podrá observar en la Figura Nº III.7.-, el estudio hidrológico de una cuenca puede contener un área urbana y un área extraurbana que sea una cuenca natural, y ambas deben ser analizadas de manera global para así buscar una solución en donde se puedan obtener los gastos máximos para posteriormente elaborar el diseño del sistema de drenajes.

III.5.3.- PERFIL Y PENDIENTE DEL CAUCE.-

El perfil del cauce es la representación gráfica en un plano vertical de la curva de elevaciones a lo largo del recorrido del cauce principal de una cuenca hidrológica.

La pendiente de un tramo de un cauce natural es la relación que existe entre los extremos inicial y final y la distancia horizontal de dicho tramo.

Si se considera el cauce como un solo tramo, la pendiente se define como el desnivel, en metros, entre los extremos inicial y final de la cuenca, dividida entre la longitud horizontal, en metros, de dicho tramo, es decir:

$$S = \frac{\Delta H}{L} \qquad (III.1)$$

Donde S es la pendiente del tramo del cauce en m/m, ΔH es el desnivel entre los extremos del tramo de cauce, en metros y L es la longitud horizontal del tramo del cauce, en metros.

Ahora bien, la pendiente del cauce principal, se debe representar como un valor medio, ya que cada tramo del cauce tiene una pendiente propia.

En consecuencia, la pendiente media del cauce principal se aproximará más a la real, mientras mayor sea el número de tramos seleccionados a lo largo del cauce.

De acuerdo con el criterio de Taylor y Schwarz (Breña y Jaboco, 2.006), se considera que el río puede estar formado por una serie de tramos de igual longitud o bien por tramos de longitud variable y pendientes diversas.

La pendiente media para tramos de igual longitud se determina con la expresión:

$$S = \left[\frac{n}{\frac{1}{\sqrt{S_1}} + \frac{1}{\sqrt{S_2}} \ldots\ldots\ldots\ldots\ldots \frac{1}{\sqrt{S_n}}} \right]^2 \qquad \text{(III. 2)}$$

Donde **S** es la pendiente media del cauce en m/m; **n** es el número de tramos de igual longitud; y **Sn** es la pendiente del tramo **n**.

La pendiente media para tramos de longitud variable se calcula con la ecuación:

$$S = \left[\frac{L_T}{\frac{L_1}{\sqrt{S_1}} + \frac{L_2}{\sqrt{S_2}} + \ldots\ldots\ldots \frac{L_n}{\sqrt{S_n}}} \right]^2 \qquad \text{(III. 3)}$$

Donde **S** es la pendiente media del cauce en m/m; L_T es la longitud total del río en metros; **Ln** es la longitud del tramo **n** en metros; y **Sn** es la pendiente del tramo **n**.

EJEMPLO N° III.1.- CALCULAR LA PENDIENTE LONGITUDINAL DEL RÍO VIRTUAL.

En la Figura N° III.8.- se observa que el desnivel desde el inicio (2.450 m.s.n.m.) de la corriente hasta la estación de aforo (1.940 m.s.n.m.) del Río Virtual, y su longitud es de 30 Km.

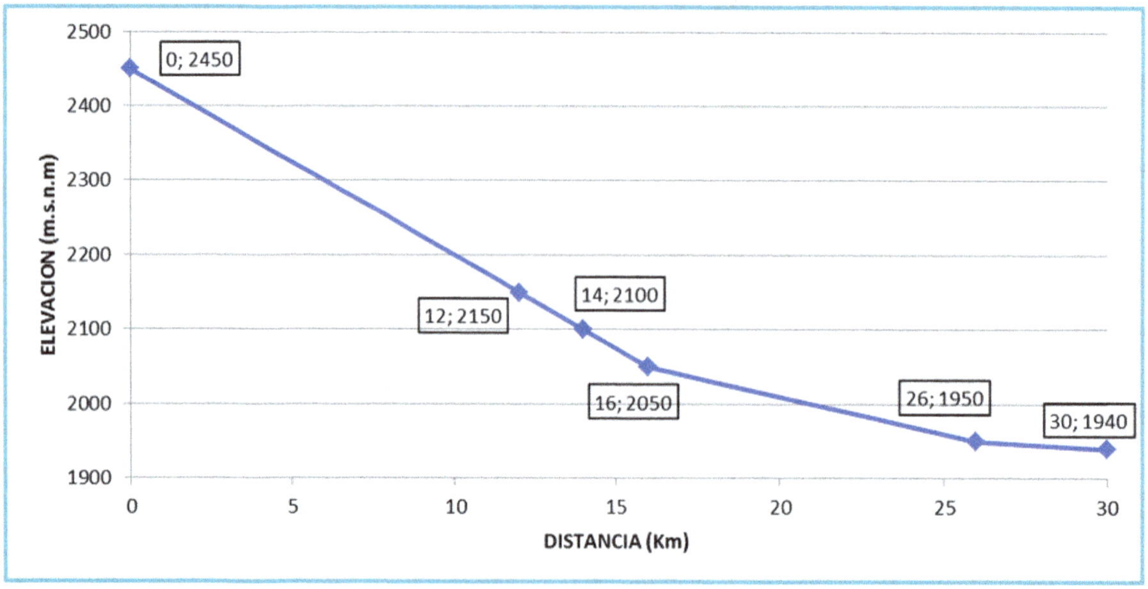

Figura N° III.8.- Perfil Longitudinal del Rio Virtual. (Imagen preparada por el Autor).

Solución:

Cálculo por pendiente promedio.-

Tal y como se describió anteriormente, si se considera el cauce como un solo tramo, la pendiente se define como el desnivel entre los extremos inicial y final dividida por la longitud horizontal. En tal sentido, la pendiente promedio del Río Virtual sería:

$$S = \frac{510}{30.000} = 0,017\ m/m$$

Lo que equivale a decir que:

$$S = 1,7\ \%$$

En el caso anterior, la pendiente que realmente se estaría calculado seria la que se muestra en la Figura N° III.9.-, que no representa la pendiente real del cauce del rio en estudio.

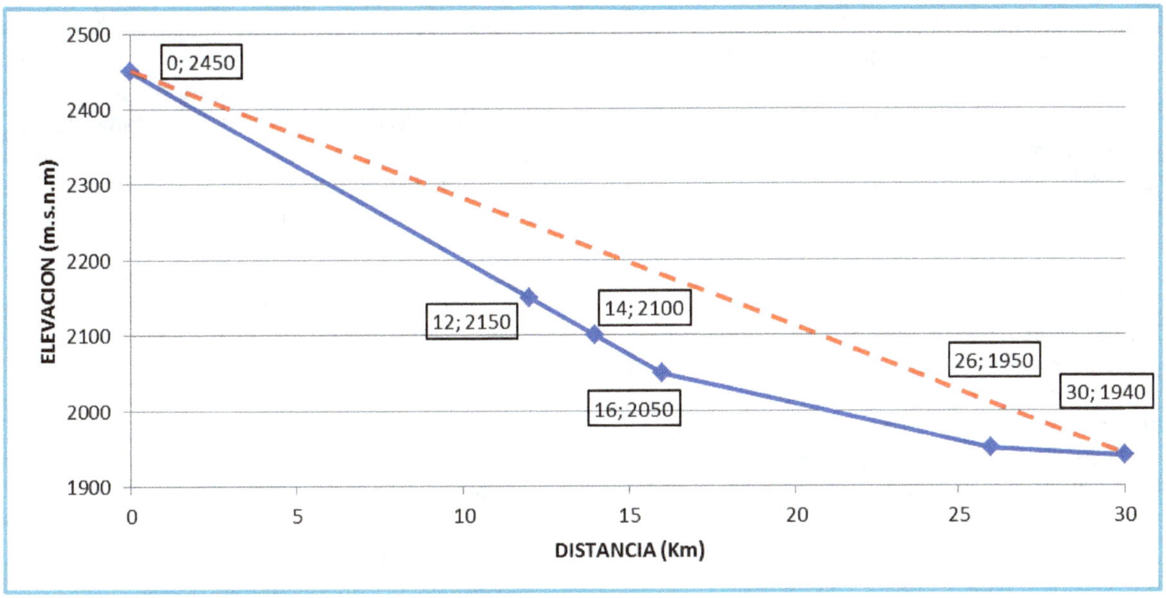

Figura N° III.9.- Pendiente Longitudinal Promedio del Rio Virtual. Obsérvese que la pendiente calculada y trazada con la línea discontinua en color rojo no representa la pendiente del cauce. (Imagen preparada por el Autor).

Calculo por el Método de Taylor y Schwarz.-

Aplicando el método de Taylor y Schwarz (Breña y Jacobo, 2.006), para el caso de tramos de longitud variable (ecuación III.3). La Tabla N° III.2.- indica el proceso de cálculo para cinco tramos.

TABLA N° III.2.-
METODO DE TAYLOR Y SCHWARZ
CALCULO DE LA PENDIENTE MEDIA DE UN CAUCE

PUNTOS	COTA (m.s.n.m.)	DISTANCIA (m)	TRAMO	LONGITUD DEL TRAMO (m)	DESNIVEL (m)	PENDIENTE PARCIAL S_n	$\sqrt{S_n}$	$\frac{L_n}{\sqrt{S_n}}$
1	2.450	0			0			
2	2.150	12.000	1	12.000	300	0,0250	0,1581	75.894,6638
3	2.100	14.000	2	2.000	50	0,0250	0,1581	12.649,1106
4	2.050	17.000	3	3.000	50	0,0167	0,1291	23.237,9001
5	1.950	26.000	4	9.000	100	0,0111	0,1054	85.381,4968
6	1.940	30.000	5	4.000	10	0,0025	0,0500	80.000,0000
			TOTALES	**30.000**	**510**			**277.163,1714**

Luego entonces:

$$S = \left[\frac{L_T}{\frac{L_1}{\sqrt{S_1}} + \frac{L_2}{\sqrt{S_2}} + \ldots\ldots \frac{L_n}{\sqrt{S_n}}} \right]^2 = \left[\frac{30.000}{277.163,1714} \right]^2 = 0,1172\ m/m$$

Lo que equivale a decir que: $S = 1,17\ \%$

Como se podrá observar con el Método de Taylor y Schwarz se puede obtener una pendiente más representativa del cauce en estudio.

III.6.- TIEMPO DE CONCENTRACIÓN.-

Conceptualmente el tiempo de concentración T_c es el tiempo que tarda una gota de agua en recorrer el trayecto desde el punto más alejado de la cuenca hasta el sitio de concentración o sitio de estudio. (Franceschi, L.,1.984).

Pueden haber casos en una cuenca natural o eventualmente en una cuenca urbana, donde exista más de un camino o alineamiento (varios cauces o colectores) para llegar al punto deseado; cada uno con diferente tiempo de concentración. Entonces debe elegirse como T_c el de mayor valor, con la finalidad de cumplir con el concepto esgrimido en el párrafo anterior.

Transcurrido el tiempo de concentración, se considera que todos los puntos de la cuenca estén aportando agua de escorrentía de forma simultánea al punto de salida, punto de desagüe o punto de cierre.

El tiempo de concentración real depende de muchos factores, entre otros, los que se pueden indicar son: la geometría en planta de la cuenca, pues una cuenca alargada tendrá un mayor tiempo de concentración; la pendiente longitudinal, ya que una mayor pendiente produce flujos más rápidos y un menor tiempo de concentración; el área; las características del suelo; cobertura vegetal; etc..

Las fórmulas más comunes solo incluyen el desnivel y la longitud del cauce mayor desde la divisoria hasta el punto de concentración o de estudio, en tal sentido, el tiempo de concentración depende fundamentalmente de la pendiente longitudinal del cauce o del colector.

Sobre la base de lo anterior, es preciso resaltar que, para la mejor estimación del tiempo de concentración, es preciso calcular la pendiente longitudinal del cauce considerando la pendiente más representativa del cauce en estudio o la pendiente del colector o canal, en el caso que se esté estudiando un sistema de drenaje urbano.

Para su determinación puede emplearse la expresión:

$$T_C = T_{CS} + T_V \qquad \text{(III.4)}$$

Donde T_{cs} es el tiempo de concentración de flujo superficial y T_v es el tiempo de viaje a través de los cauces o colectores hasta el sitio deseado.

En algunos casos, el tiempo de concentración superficial T_{cs}, es tan o más importante que el tiempo de viaje T_v. Tal es el caso de aquellas cuencas de pequeña extensión, donde no existe un sistema de drenaje natural bien definido o bien desarrollado, o donde existen extensas áreas relativamente planas cultivadas o sin cultivar y, en general, donde puede prevalecer un escurrimiento de tipo laminar, es decir, un escurrimiento en forma de lámina de agua de gran ancho y de poca profundidad.

Existen varias formas de cálculo que se han propuesto para poder determinar el tiempo de concentración superficial T_{cs}.

Este parámetro puede estimarse mediante el gráfico desarrollado por la Agencia Federal de Aviación de los EEUU, que da los valores en función de la pendiente promedio de la superficie y del coeficiente de escurrimiento C. La Figura Nº III.10.- es una versión del referido gráfico.

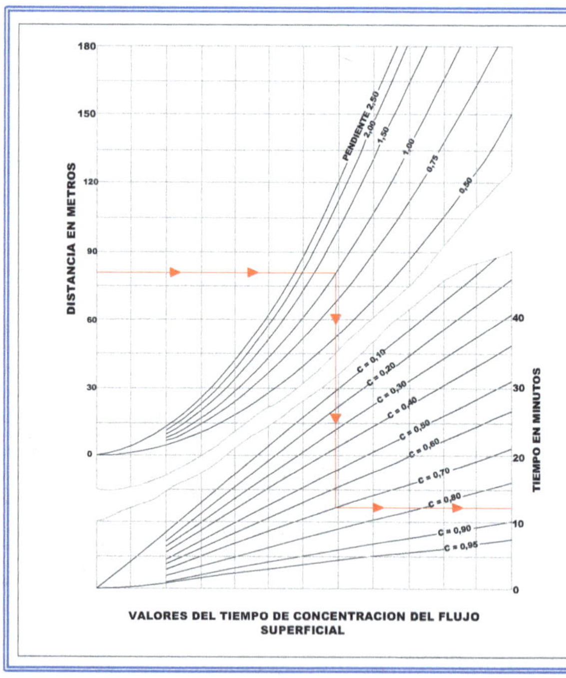

Figura Nº III.10.- Valores del Tiempo de Concentración Superficial. (Imagen obtenida de Franceschi, L., 1.984 y redibujada por el Autor). Para una mejor visualización ver al final del capítulo.

Por otra parte, el tiempo de concentración superficial T_{cs} se puede calcular sobre la base de las experiencias realizadas en otros países (Franceschi, L.,1.984). (Figura Nº III.11.-).

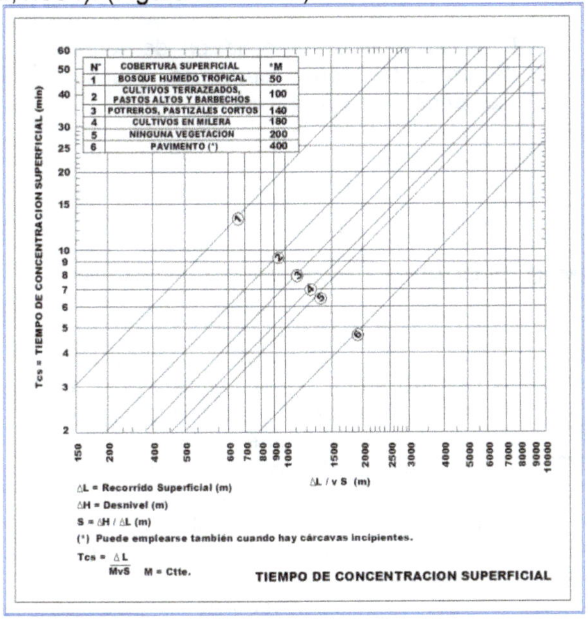

Figura N° III.11.- Tiempo de Concentración Superficial. (Imagen obtenida de Franceschi, L., 1.984 y redibujada por el Autor). Para una mejor visualización ver al final del capítulo.

Estas experiencias se basan en la hipótesis de que la velocidad a la cual escurre el agua es proporcional a la pendiente media de la ladera **S** según la siguiente expresión:

$$V_s = M\sqrt{S} \qquad (III.5)$$

Según esta experiencia, el tiempo de concentración superficial T_{cs}, se puede calcular analíticamente mediante la siguiente expresión:

$$T_{CS} = \frac{\Delta L}{M\sqrt{S}} \qquad (III.6)$$

Donde, **Vs** es la velocidad media en m/min, **M** es un coeficiente establecido para cada tipo de cobertura vegetal (Ver tabla en Figura N° III.11.-), y **S** la pendiente media de la ladera ($S = \Delta H/\Delta L$) expresada como la diferencia existente entre la cotas de las curvas de nivel **ΔH**, dividida entre el recorrido superficial a través de la ladera **ΔL** en metros, el cual sería la separación entre las mencionadas curvas de nivel, medido en un plano horizontal en los respectivos planos topográficos.

Una vez que las aguas se concentran en el curso de agua, por pequeño que este sea, se considera que se inicia el viaje hasta el punto de concentración. El tiempo de viaje T_v puede estimarse utilizando varias expresiones. En la Tabla Nº III.3.- se indican algunas de ellas.

TABLA Nº III.3.-
EXPRESIONES PARA ESTIMAR EL TIEMPO DE CONCENTRACION

MÉTODO Y FECHA	FORMULA PARA t_c (minutos)	OBSERVACIONES
(Kirpich (1.940) (*)	$t_c = 0.0194\ L^{0.77} S^{-0.385}$ L = Longitud del canal desde aguas arriba hasta la salida m. S = Pendiente promedio de la cuenca, m/m.	Desarrollada a partir de información del SCS (Soil Conservation Service) en siete cuencas rurales de Tenesse con canales bien definidos y pendientes empinadas (3 % a 10 %); para flujo superficial en superficies de concreto o asfalto se debe multiplicar t_c por 0,4; para canales de concreto se debe multiplicar por 0,2; no se debe hacer ningún ajuste para flujo superficial en suelo descubierto o para flujo en cunetas.

California Culverts Practice (1.942) (*)	$$t_c = 0.0195\left(\frac{L^3}{\Delta H}\right)^{0.385}$$ L = Longitud del curso de agua más largo, m. ΔH = Diferencia de nivel entre la divisoria de aguas y la salida, m.	Esencialmente es la ecuación de Kirpich; desarrollada para pequeñas cuencas montañosas en California.

TABLA N° III.3.-
EXPRESIONES PARA ESTIMAR EL TIEMPO DE CONCENTRACION (CONTINUACION)

Izzard (1.946) (*)	$$t_c = \frac{525\,(0.0000276\,I + C)\,L^{0.33}}{S^{0.333}\,I^{0.667}}$$ I = Intensidad de lluvia, mm/h. C = Coeficiente de retardo. L = Longitud de la trayectoria de flujo, m. S = Pendiente de la trayectoria de flujo, m/m.	Desarrollada experimentalmente en laboratorio por el Bureau of Public Roads para flujo superficial en caminos y áreas de céspedes, los valores del coeficiente de retardo varían desde 0,0070 para pavimentos muy lisos hasta 0,012 para pavimentos de concreto y 0,06 para superficies densamente cubiertas de pasto; la solución requiere de procesos iterativos; el producto de I por L debe ser ≤ 3800.
Federal Aviation Administration (1.970) (*)	$$t_c = 0.7035\,\frac{(1,1 - C)\,L^{0.50}}{S^{0.333}}$$ C = Coeficiente de escorrentía del método racional. L = Longitud del flujo superficial, m. S = Pendiente de la superficie, m/m.	Desarrollada con la información sobre el drenaje de aeropuertos recopilada por el Corps of Engineers; el método tiene como finalidad el ser usado en problemas de drenaje de aeropuertos, pero ha sido frecuentemente usado para flujo superficial en cuencas urbanas.
Ecuaciones de onda cinemática Morgali y Linsley (1.965) Aron y Erborge (1.973) (*)	$$t_c = \frac{7\,L^{0.6}\,\eta^{0.6}}{I^{0.4}\,S^{0.3}}$$ L = Longitud del flujo superficial, m. η = coeficiente de rugosidad de Manning. I = Intensidad de lluvia, mm/h. S = Pendiente promedio del terreno, m/m.	Ecuación para flujo superficial desarrollada a partir de análisis de ondas cinemática de la escorrentía superficial desde superficies desarrolladas; el método requiere iteraciones debido a que tanto I (Intensidad de lluvia) como t_c son desconocidos, la superposición de una curva de intensidad-duración-frecuencia de una solución grafica directa para t_c.
Ecuación de Retardo SCS (1.973) (*)	$$t_c = \frac{0.0136\,L^{0.8}\left(\frac{1000}{CN} - 9\right)^{0.7}}{S^{0.5}}$$ L = Longitud hidráulica de la cuenca (mayor trayectoria de flujo), m. CN = Número de curva SCS S = Pendiente promedio de la cuenca, m/m.	Adaptada a pequeñas cuencas urbanas con áreas inferiores a 800 Ha; se ha encontrado que generalmente es buena cuando el área se encuentra completamente pavimentada; para áreas mixtas tiene tendencia a la sobreestimación; se aplican factores de ajuste para corregir efectos de mejoras en canales e impermeabilización de superficies, la ecuación supone que t_c = 1.67 * retardo de la ecuación.

Ecuación de Ventura – Heras (**)	$$t_c = \frac{A^{0,5}}{S}$$ t_c = tiempo de concentración (horas) S = pendiente media del cauce principal (%) A = área de la cuenca (Km^2) L = longitud del cauce principal (Km) A = alejamiento medio, siendo $$a = \frac{L}{\sqrt{A}}$$	Desarrollada para cuencas mediterráneas en donde su aplicabilidad se limita a: **0,05 ≤ a ≤ 0,5**

TABLA N° III.3.-
EXPRESIONES PARA ESTIMAR EL TIEMPO DE CONCENTRACION
(CONTINUACION)

Ecuación de Passini (**)	$$t_c = a * \frac{A * L^{0,5}}{S^{0,5}}$$ t_c = tiempo de concentración (horas) S = pendiente media del cauce principal (%) A = área de la cuenca (Km^2) L = longitud del cauce principal (Km) A = alejamiento medio, siendo $$a = \frac{L}{\sqrt{A}}$$	Desarrollada para cuencas mediterráneas en donde su aplicabilidad se limita a: **0,04 ≤ a ≤ 0,13**
Ecuación de Giandotti (**)	$$t_c = \frac{4\sqrt{A} + 1,5 * L}{0,8\sqrt{H}}$$ t_c = tiempo de concentración (horas) A = área de la cuenca (Km^2) L = longitud del cauce principal (Km) H = diferencia de nivel entre el punto más alejado y el punto de descarga (m)	Desarrollada para cuencas mediterráneas en donde su aplicabilidad se limita a: L/3600 ≥ tc ≥L/3600 + 1,5
Dirección General de Carreteras de España (**)	$$t_c = \left[\frac{L}{S^{1/2}}\right]^{0,76}$$ t_c = tiempo de concentración (horas) L = longitud del cauce principal (Km) H = diferencia de nivel entre el punto más alejado y el punto de descarga (m) S = pendiente media de la cuenca (H/L)	Utilizada por la Dirección General de Carreteras de España
(*) Fuente: M.T.C.R.P., (s.f.). Manual de Hidrología, Hidráulica y Drenaje, Ministerio de Transporte y Comunicaciones, República del Perú.		
(**) Fuente: UNIVERSIDAD POLITÉCNICA DE VALENCIA, (s.f.). Métodos para la determinación del tiempo de concentración (tc) de una cuenca hidrográfica, Escuela Técnica Superior de Ingeniería Agronómica y del Medio Natural, Universidad Politécnica de Valencia, España.		

Como podrá observarse en la tabla anterior, todas las expresiones se denotan como tiempo de concentración T_c, aunque realmente se esté calculando el tiempo de viaje, en tal sentido, el usuario de este libro debe considerar que para estimar el tiempo de concentración total de una cuenca, sea esta natural o urbana, debe analizarse el tiempo de concentración superficial T_{cs} y el tiempo de viaje T_v.

Por otra parte, el valor de T_v depende de la velocidad de agua en los cauces, cuando se trata de cuencas naturales, o en los conductos, cuando se trata de cuencas urbanas, la cual es variable, tanto en el tiempo como a lo largo del conducto. En este sentido, resulta práctico escoger una velocidad media para cada tramo, igual a la del flujo a sección plena del conducto, comprobando luego esta suposición a nivel de proyecto, si ella se encuentra dentro de límites aceptables de exactitud, en donde este límite aceptable podría ser un margen de error no mayor de un 10%. Sobre la base de lo anterior, se puede decir que, con una suposición preliminar de velocidades medias y luego una verificación iterativa de las mismas, se podría llegar a unos resultados satisfactorios, en donde se podrían ajustar los tiempos de viaje con una comparación físico – analítica, en donde la física seria la velocidad media supuesta y la analítica sería el cálculo mediante las expresiones indicadas anteriormente.

Es preciso indicar que, aunque fuera de la recomendación de su aplicabilidad, por su sencillez y fácil aplicación, la expresión del California Culverts Practice es una de las más utilizadas tanto en cuencas naturales, así como en cuencas urbanas, sin embargo, los resultados generalmente son satisfactorios.

Pueden haber casos en una cuenca natural o eventualmente en una cuenca urbana, donde exista más de un camino o alineamiento (varios cauces o colectores) para llegar desde el punto más alejado hasta el punto deseado; cada uno con diferente tiempo de concentración. Entonces debe elegirse como T_c el mayor valor.

El cálculo del tiempo de concentración de una cuenca hidrográfica es uno de los aspectos básicos y fundamentales a determinar a la hora de calcular gastos máximos así como también gestionar los recursos agua y suelo, ya sea para su mejor aprovechamiento, así como para mejorar su manejo y conservación.

III.7.- FORMA DE LA CUENCA.-

Aunque este parámetro no es muy utilizado para la obtención de gastos máximos, es conveniente conocer que, dependiendo de la forma de la cuenca, los hidrogramas se pueden comportar de una u otra manera.

A manera de ejemplo se puede indicar que uno de los índices más utilizados para medir la forma de la cuenca es el factor o relación de forma de Horton

(Breña y Jacobo, 2.006), el cual viene expresado por:

$$Rf = \frac{A}{L_a^{\ 2}} \qquad (III.7)$$

Donde:

A = Área de la cuenca en Km^2 medida en el plano.
L_a = Longitud axial de la cuenca medida en Km.

En líneas generales, las cuencas más ensanchadas poseen mayor susceptibilidad a generar crecidas con gastos máximos mayores que las cuencas más alargadas, ya que el tiempo de recorrido del flujo a través de la cuenca ensanchada es mucho más corto que en cuencas alargadas.

En otras palabras, las cuencas ensanchadas tendrían menor tiempo de concentración y por ende mayor rapidez para la concentración de los flujos de aguas superficiales, propiciando una mayor coincidencia entre los picos de los afluentes y originando una mayor crecida. Mientras que en el caso de las cuencas alargadas, el tiempo de viaje del flujo es mucho más largo, contribuyendo a que los picos de crecidas de los afluentes sean menos coincidentes, lo que deriva en gastos de crecida menores.

En las figuras que se muestran a continuación (Bell, 1999), se ilustra la relación entre la morfología de algunas cuencas y el comportamiento de los hidrogramas de crecidas. En la Figura Nº III.12.- se muestra una cuenca alargada, en el que el hidrograma se caracteriza por tener gastos menores y de larga duración.

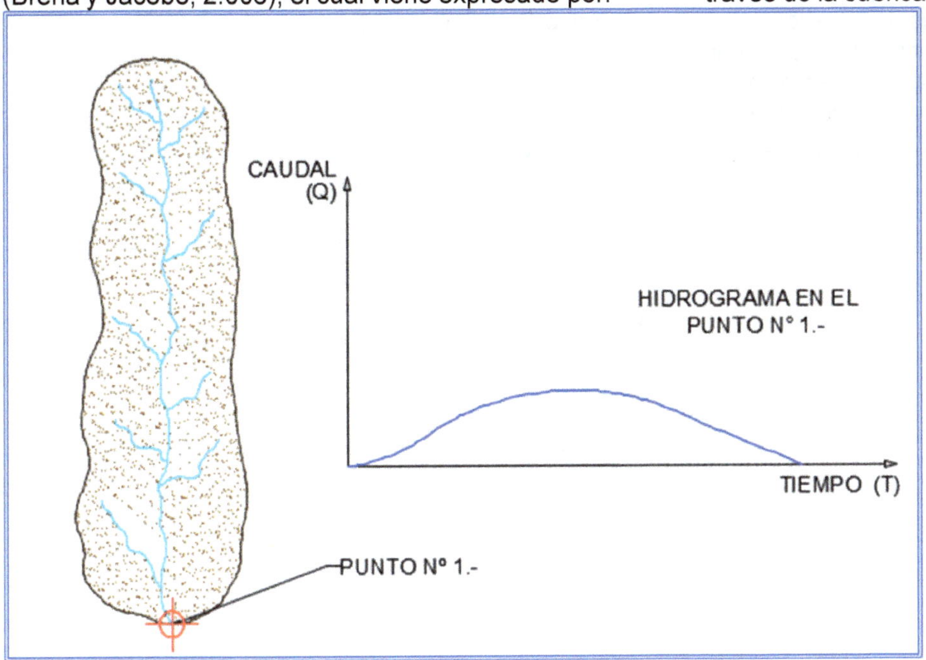

Figura N° III.12.- Relación entre la morfología de una cuenca alargada y el comportamiento del hidrograma de crecida. (Imagen preparada por el Autor).

En la Figura Nº III.13.- se muestra una cuenca ensanchada, si se supone que hasta el Punto Nº 1.- la cuenca es montañosa y tiene alta pendiente, el hidrograma cuenta con un pico en un tiempo corto, por efecto de las velocidades del escurrimiento debido a las altas pendientes.

Por su parte, si se supone que hacia el Punto Nº 2.-

se tiene una cuenca de llanura con bajas pendientes, lo que deriva en bajas velocidades de la escorrentía, se tendrá un hidrograma que al principio cuenta con un pico menor y luego un pico mayor proveniente del flujo aguas arriba del Punto Nº 1.- y de la coincidencia entre los picos de los afluentes y originando una mayor crecida.

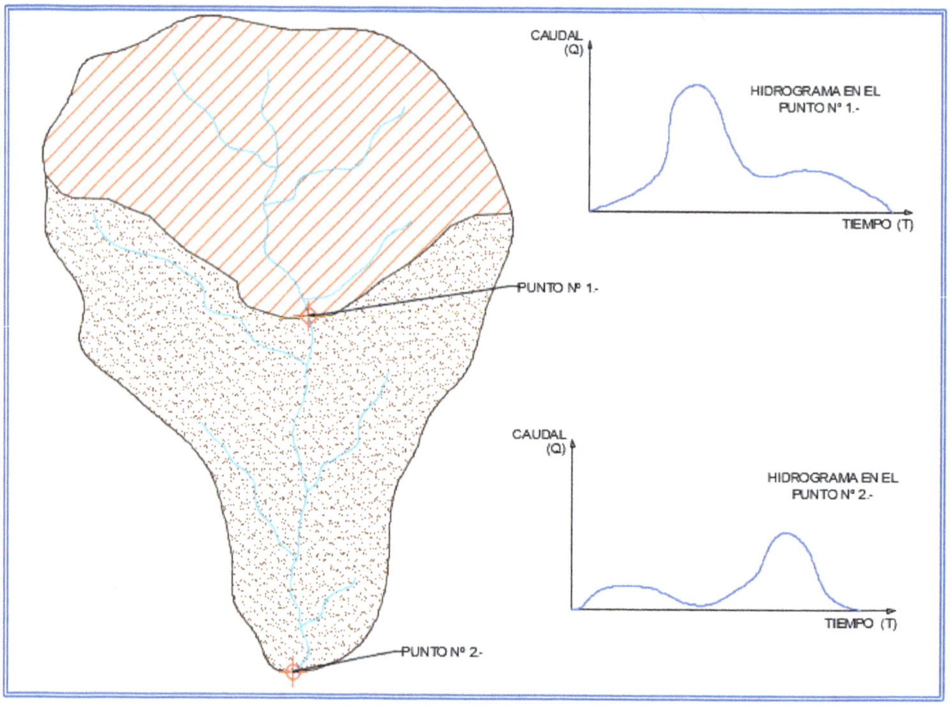

Figura N° III.13.- Relación entre la morfología de una cuenca ensanchada y el comportamiento del hidrograma de crecida. (Imagen preparada por el Autor).

III.8.- COMPORTAMIENTO DEL FLUJO EN UNA CUENCA.-

Una vez que la precipitación alcanza la superficie del suelo, el agua se infiltra hasta que las capas superiores del mismo se saturan. Posteriormente, se comienzan a llenar las depresiones del terreno y, al mismo tiempo, el agua comienza a escurrir sobre su superficie.

Este tipo de escurrimiento se produce mientras el agua no llegue a cauces bien definidos. En su trayectoria hacia la corriente más próxima, el agua que fluye sobre el terreno se puede seguir infiltrando, e incluso se evapora en pequeñas cantidades. Una vez que llega a un cauce bien definido, el escurrimiento se convierte en corriente.

El flujo sobre el terreno, junto con el escurrimiento en corrientes, forma el escurrimiento superficial. Una parte del agua de precipitación que se infiltra escurre cerca de la superficie del suelo y más o menos paralelamente a él, a esta parte del escurrimiento se le llama escurrimiento sub-superficial. La otra parte, que se infiltra hasta niveles inferiores al freático, se denomina escurrimiento subterráneo.

El escurrimiento sub-superficial puede ser casi tan rápido como el superficial o casi tan lento como el subterráneo, dependiendo de la permeabilidad de los estratos superiores del suelo; por ello es difícil distinguirlo de los otros dos. Cuando es relativamente rápido se le trata junto con el escurrimiento superficial, y cuando es relativamente lento se le considera parte del subterráneo.

De los tres tipos de escurrimiento, el superficial es el que llega más rápido hasta la salida de la cuenca, es por ello que se relaciona directamente con una tormenta particular y entonces se dice que proviene de la precipitación en exceso o efectiva y que constituye el escurrimiento directo. El escurrimiento subterráneo es el que de manera más lenta llega hasta la salida de la cuenca (puede tardar años en llegar), y, en general, difícilmente se le puede relacionar con una tormenta particular, a menos que la cuenca sea demasiado pequeña y su suelo muy permeable. Debido a que se produce bajo el nivel freático, es el único que alimenta a las corrientes cuando no hay lluvias y por eso se dice que forma el escurrimiento base.

Sobre la base de lo anteriormente descrito, se puede inferir que un hidrograma de crecida cuenta con un escurrimiento base permanente o semipermanente, y un escurrimiento directo que dependerá de la precipitación.

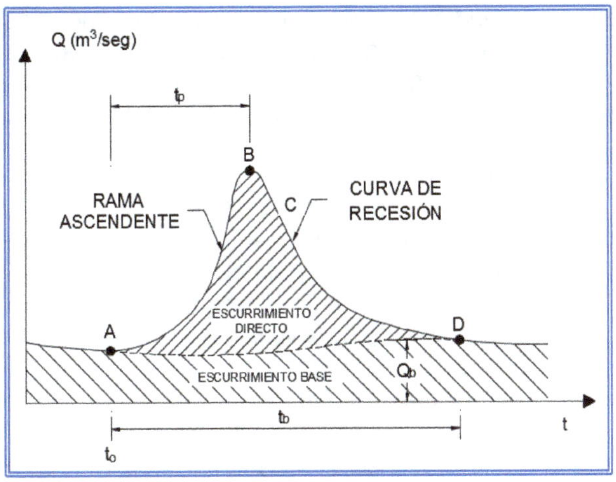

Figura N° III.14.- Hidrograma donde se diferencia el escurrimiento base y el escurrimiento directo. (Imagen preparada por el Autor).

III.9.- ANALISIS DE FRECUENCIA.-

Los grados de protección para los cuales hay que proyectar una estructura hidráulica, tal como una estructura de retención de sedimentos, un sistema de drenaje urbano o vial, están relacionados con el pronóstico del futuro; es decir, la predicción de las magnitudes de los eventos de precipitación o escorrentía, según fuese el caso. Estos eventos se definen en términos de su probabilidad de ocurrencia, comúnmente denominada frecuencia o periodo de retorno. Para estos análisis de frecuencia, la hidrología se basa en métodos estadísticos que proporcionan soluciones aceptables, dependiendo su precisión de la longitud del registro y de la calidad de los datos disponibles.

El objetivo de los análisis de frecuencia es establecer la probabilidad de que un evento de escurrimiento o de precipitación no sea superado en un periodo determinado.

La serie de datos base de todo estudio de frecuencias debe ser ***representativa, adecuada y precisa*** (Bolinaga, J.J., 1.979). ***Representativa***, en el sentido de que los datos utilizados concuerden con la realidad de la muestra (conjunto de datos disponibles) que se está analizando. En el caso de los gastos, la muestra debe consistir en picos máximos observados, que indiquen la realidad de lo que ha sucedido en el curso del agua bajo estudio. ***Adecuada***, se refiere principalmente a la longitud del registro, de forma tal que se pueda suponer que lo que ha sucedido volverá razonablemente a repetirse. ***Precisa***, de manera que la muestra sea homogénea, ya que cualquier cambio que se produzca en la lectura o en la estación de medición, va a repercutir en el análisis estadístico.

El error de un análisis de frecuencia está íntimamente relacionado con la longitud del periodo de registro. En general, el análisis debe evitarse para periodos de registro menores de 10 años, aunque en la bibliografía especializada se recomienda no usar períodos menores de 20 años, y exige que la frecuencia deseada nunca sea mayor que el doble de la longitud del registro analizado. Sin embargo, por limitaciones de información, este último tipo de rigurosidad a veces resulta inaplicable en la mayoría de los casos, aunque en principio, debe seleccionarse las estaciones con el periodo de registro más largo.

Aunque no se analice en detalle este tema, por estar fuera del alcance de este libro, conviene esgrimir dos puntos fundamentales al hacer uso de curvas de frecuencia de precipitaciones y escurrimientos. Estos dos puntos son los siguientes:

1. Las curvas de frecuencia serán más cercanas a la realidad mientras mayor sea el número de eventos registrados y disponibles, es decir: a mayor longitud del periodo de registros y mediciones, menor error. Este error será mayor mientras más grande sea la diferencia entre el número de años de registro y el periodo de retorno.

2. En la mayoría de los casos, al no poderse determinar directamente las frecuencias de los gastos máximos, el cual es el dato que se requiere para el cálculo y dimensionamiento de las estructuras hidráulicas objeto de este libro, hay que deducirlas de la serie de eventos de precipitación.

Lo esgrimido en el Punto 2.- del párrafo anterior, obliga a asignar la misma frecuencia a las precipitaciones y a los escurrimientos que de ellas se generan, lo cual no es necesariamente cierto, por cuanto los gastos de escurrimiento no son solo función de las lluvias, tal y como se describió en el aparte anterior.

La planificación, estudio y proyecto de una estructura hidráulica, están condicionados a los grados de protección que se desea proporcionar a las diferentes obras que lo componen, expresados estos bajo la forma de eventos de escorrentía o de precipitación. La definición de frecuencia se hace con base en un intervalo de recurrencia promedio sobre un largo periodo, que es lo que se denomina periodo de retorno.

El periodo de retorno se define como el intervalo de tiempo dentro del cual un evento de magnitud dada puede ser igualado o excedido por lo menos una vez en promedio. El periodo de retorno debe conceptualizarse como un término estadístico dependiente de la probabilidad de ocurrencia "**P**" de un evento en un año cualquiera, la cual se puede definir como el inverso del periodo de retorno, donde T_r es el periodo de retorno.

$$P = \frac{1}{T_r} \qquad (III.8)$$

Considerando la expresión anterior, en la Tabla N° III.4.- se indican las probabilidades de ocurrencia de un evento en un año cualquiera para diversos periodos de retorno.

TABLA N° III.4.-
PROBABILIDAD DE OCURRENCIA DE UN EVENTO EN UN AÑO CUALQUIERA PARA DIVERSOS PERÍODOS DE RETORNO

PERIODO DE RETORNO T_R (años)	PROBABILIDAD DE OCURRENCIA
2	50,00%
5	20,00%
10	10,00%
25	4,00%
50	2,00%
100	1,00%
200	0,50%
500	0,20%

De la tabla anterior se puede interpretar que, a medida que se considere un periodo de retorno mayor, la probabilidad de ocurrencia de un evento disminuye.

En la bibliografía especializada (Bolinaga, J.J., 1.979), (Breña y Jacobo, 2.006), (Chow, V.T., et al., 1.994), (Guevara y Cartaya, 1.991), se describen e ilustran los métodos estadísticos o métodos probabilísticos, los cuales permiten trabajar con periodos cortos de registro, para extenderlos de manera razonable, y así generar datos probabilísticos que permitan obtener los datos necesarios para la realización del diseño.

El análisis de frecuencias tiene la finalidad de estimar precipitaciones, intensidades o caudales máximos, según sea el caso, para diferentes períodos de retorno, mediante la aplicación de modelos probabilísticos. En la estadística existen diversas funciones de distribución de probabilidad teóricas; recomendándose utilizar las siguientes funciones:

1.- Distribución Normal
2.- Distribución Log Normal 2 parámetros
3.- Distribución Log Normal 3 parámetros
4.- Distribución Gamma 2 parámetros
5.- Distribución Gamma 3 parámetros
6.- Distribución Log Pearson III
7.- Distribución Gumbel
8.- Distribución Log Gumbel

Según la información bibliográfica existente, las Distribuciones de Gumbel y Log-Pearson III son las más utilizadas en los análisis de frecuencia, sin desconocer que las otras conllevan a resultados similares o de igual calidad estadística.

Para lograr realizar un análisis de frecuencia adecuado se necesita contar con registros pluviográficos de lluvia en el lugar de interés y seleccionar la lluvia más intensa de diferentes duraciones en cada año, con el fin de realizar un estudio de frecuencia con cada una de las series así formadas. Con los valores seleccionados se forman series anuales para cada una de las duraciones elegidas. Estas series anuales están formadas eligiendo, en cada año del registro, el mayor valor observado correspondiente a cada duración, obteniéndose un valor para cada año y cada duración.

Cada serie se somete a un análisis de frecuencia, mediante la utilización de los modelos probabilísticos antes indicados. Es preciso señalar que formar las series anuales es un proceso largo y laborioso, que involucra el examen cuidadoso de los rollos pluviográficos, la lectura de los valores, la digitalización de la información, la contrastación y verificación de los valores leídos con los registros pluviométricos cercanos y el análisis de las tormentas registradas para encontrar los máximos valores registrados para cada una de las duraciones seleccionadas. Es importante resaltar que, en la práctica de la ingeniería, este trabajo lo realizan los Ingenieros Hidrometeorologistas o eventualmente Ingenieros Civiles con Especialización en Ingeniería Hidráulica.

Ahora bien, todas las metodologías antes señaladas conducen a la elaboración de curvas de frecuencia de precipitaciones, intensidades o de escurrimientos, en donde se puede indicar que para la obtención de gastos máximos de las estructuras que se tratan en este libro, generalmente se recurre a los datos de precipitación que permitan la elaboración de Curvas de Intensidad – Duración – Frecuencia.

Sin embargo, estas metodologías pueden resultar costosas y tardías para las necesidades del diseño de la estructura hidráulica, es por ello que en la mayoría de las veces se recurre a Curvas de Intensidad – Duración – Frecuencia ya elaboradas de la zona donde se esté realizando el estudio.

III.10.- CURVAS DE INTENSIDAD - DURACION - FRECUENCIA.-

Las Curvas Intensidad – Duración – Frecuencia son un elemento de diseño que relacionan la intensidad de la lluvia, la duración de la misma y la frecuencia con la que se puede presentar, es decir su probabilidad de ocurrencia o el periodo de retorno.

En el caso de precipitaciones, es común que los resultados se visualicen bajo la forma de Curvas de Intensidad – Duración – Frecuencia, las cuales permiten obtener la máxima intensidad de precipitación, expresada generalmente en mm/hr o en lps/ha, según sea la conveniencia, correspondiente a una determinada duración de la lluvia en minutos u horas, teniendo como parámetro el período de retorno, tal como se muestra en el ejemplo que se ilustra en la Figura Nº III.15.-.

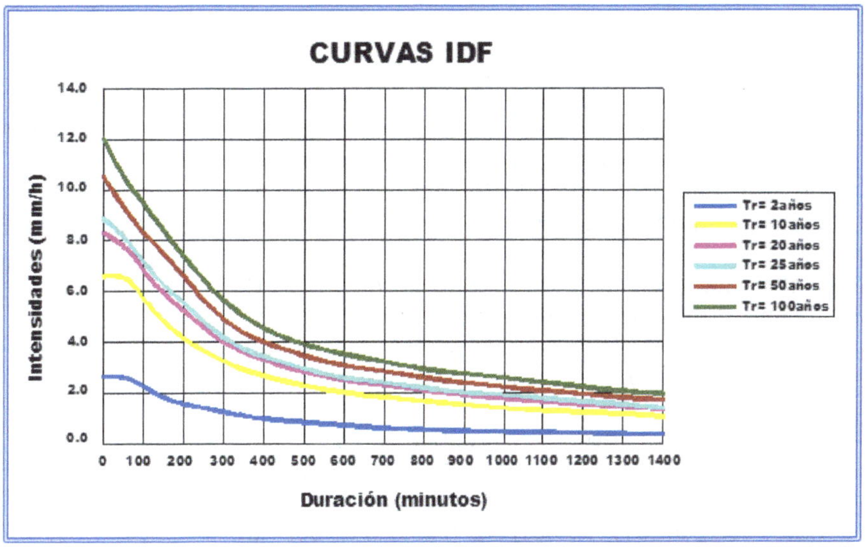

Figura Nº III.15.- Ejemplo de Curvas de Intensidades – Duración – Frecuencia. (Imagen preparada por el Autor).

III.11.- MÉTODO DE GUMBEL.-

La Distribución de Frecuencias de Gumbel, también conocida como el Método de Distribución Extrema de Probabilidades Tipo I, ha venido siendo utilizada con buenos resultados en el estudio de frecuencias de valores extremo de variables meteorológicas. Esta distribución se puede utilizar para la estimación de la precipitación máxima y también se puede aplicar a gastos máximos anuales en series suficientemente largas.

La Distribución de Frecuencias de Gumbel es ampliamente utilizada para el análisis de frecuencia, y fue en 1.941 (Gumbel, 1.941) cuando se empleó por primera vez la teoría de valores extremos para ese tipo de análisis. Luego en el año de 1.954, Chow (Chow, V.T., 1.954) demostró que la distribución utilizada por Gumbel es esencialmente una logarítmica normal con asimetría constante. De igual forma, Fisher y Tippett (Fisher y Tippett, 1.928) encontraron que la distribución de valor extremo seleccionado de muestras de tamaño **n** se aproxima a una distribución límite, cuando el tamaño de la muestra se aumenta Gumbel adapta su distribución a una función de tipo exponencial de la forma:

$$P = e^{-e^{-Y}} \qquad (III.9)$$

Siendo **P** la probabilidad de no ocurrencia de un evento $(P = 1 - 1/T_R)$, **e** la base logaritmos neperianos, e **Y** la variable reducida que es función del periodo de retorno.

Al tomar logaritmo neperiano de la Ecuación III.9 se obtiene:

$$Y = -\ln(-\ln P) \qquad (III.10)$$

Y si se muestra en función del periodo de retorno seria como sigue:

$$Y = -\ln\left[-\ln\left(1 - \frac{1}{T_R}\right)\right] \qquad (III.11)$$

Esta expresión permite calcular el valor de **Y** de acuerdo al periodo de retorno T_R deseado, (ver Tabla Nº III.5.-).

TABLA Nº III.5.-
VALORES DE LA VARIABLE REDUCIDA PARA DIVERSOS PERIODOS DE RETORNO

T_R = (años)	1,58	2,00	2,33	5	10	15	20	25	50	100	200	500
Y	0,000	0,367	0,579	1,500	2,250	2,674	2,970	3,199	3,902	4,600	5,296	6,214

Para el caso especial de los fenómenos hidrológicos que responden a una distribución teórica de valores extremos (crecidas y estiajes), no existe una función que se adapte a todos los casos sino que cada uno debe ser analizado individualmente para aplicar luego la ley que mejor se adapte.

No obstante, Ven Te Chow (Chow, V.T., 1.951) demostró que una variable aleatoria hidrológica **X**, puede ser representada por una combinación lineal de su valor medio y su desviación estándar S_x.

Para calcular el evento correspondiente a un determinado periodo de retorno, Gumbel utiliza la ecuación general análisis de frecuencia de Chow (Chow, V.T., 1.951), la cual se representa con la siguiente expresión:

$$X = X_m + K * S_X \qquad (III.12)$$

La expresión anterior es conocida como *"expresión general para el análisis hidrológico de frecuencias"*. Resulta evidente que ahora el problema consiste en determinar la función que mejor represente el valor de **K** para cada caso. En general depende del periodo de retorno T_R y del número de años de registro **n**.

En la expresión III.12, el valor medio aritmético X_m está representado por la siguiente expresión:

$$X_m = \frac{\sum_{i=1}^{i=n} X_i}{n} \qquad (III.13)$$

Donde X_i es cada evento de la muestra y **n** el número de eventos que ella contiene.

Por su parte, el factor de frecuencia **K** de la expresión III.12, se calcula de la fórmula:

$$K = \frac{Y - Y_n}{S_n} \qquad (III.14)$$

Siendo Y_n y S_n valores que dependen solamente de la longitud del registro de la muestra realizada, los cuales se indican en la Tabla Nº III.6.-.

La ecuación III.12 la completa la desviación típica de la muestra que puede expresarse con la siguiente ecuación:

$$S_X^2 = \frac{\sum_{i=1}^{i=n} (X_i - X_m)^2}{n - 1} \qquad (III.15)$$

TABLA N° III.6.-
VALORES DE Y_n Y S_n PARA LA DISTRIBUCIÓN DE GUMBEL

n (años)	Y_n	S_n	n (años)	Y_n	S_n	n (años)	Y_n	S_n
10	0,4967	0,9573	**40**	0,5436	1,1413	**70**	0,5548	1,1854
11	0,5008	0,9735	**41**	0,5442	1,1436	**71**	0,5550	1,1865
12	0,5043	0,9870	**42**	0,5448	1,1458	**72**	0,5552	1,1873
13	0,5075	0,9994	**43**	0,5453	1,1480	**73**	0,5555	1,1881
14	0,5103	1,0105	**44**	0,5458	1,1499	**74**	0,5557	1,1890
15	0,5128	1,0206	**45**	0,5463	1,1519	**75**	0,5559	1,1895
16	0,5152	1,0303	**46**	0,5468	1,1538	**76**	0,5561	1,1906
17	0,5175	1,0392	**47**	0,5473	1,1557	**77**	0,5563	1,1915
18	0,5196	1,0475	**48**	0,5477	1,1574	**78**	0,5565	1,1923
19	0,5214	1,0553	**49**	0,5481	1,1590	**79**	0,5567	1,1930
20	0,5236	1,0628	**50**	0,5485	1,1607	**80**	0,5569	1,1938
21	0,5252	1,0696	**51**	0,5489	1,1623	**81**	0,5570	1,1945
22	0,5268	1,0754	**52**	0,5493	1,1636	**82**	0,5572	1,1953
23	0,5283	1,0811	**53**	0,5497	1,1658	**83**	0,5574	1,1960
24	0,5296	1,0864	**54**	0,5501	1,1667	**84**	0,5576	1,1967
25	0,5309	1,0915	**55**	0,5504	1,1681	**85**	0,5578	1,1973
26	0,5320	1,0961	**56**	0,5508	1,1696	**86**	0,5580	1,1980
27	0,5332	1,1004	**57**	0,5511	1,1708	**87**	0,5581	1,1987
28	0,5343	1,1047	**58**	0,5515	1,1721	**88**	0,5583	1,1994
29	0,5353	1,1086	**59**	0,5518	1,1734	**89**	0,5585	1,2001
30	0,5362	1,1124	**60**	0,5521	1,1747	**90**	0,5586	1,2007
31	0,5371	1,1159	**61**	0,5524	1,1759	**91**	0,5587	1,2013
32	0,5380	1,1193	**62**	0,5527	1,1770	**92**	0,5589	1,2020
33	0,5388	1,1226	**63**	0,5530	1,1782	**93**	0,5591	1,2026
34	0,5396	1,1255	**64**	0,5533	1,1793	**94**	0,5592	1,2032
35	0,5403	1,1285	**65**	0,5535	1,1803	**95**	0,5593	1,2038
36	0,5410	1,1313	**66**	0,5538	1,1814	**96**	0,5595	1,2044
37	0,5418	1,1339	**67**	0,5540	1,1824	**97**	0,5596	1,2049
38	0,5424	1,1363	**68**	0,5543	1,1834	**98**	0,5598	1,2055
39	0,5430	1,1388	**69**	0,5545	1,1844	**99**	0,5599	1,2060

La expresión gráfica del Método de Gumbel es el llamado Papel de Probabilidades Extremas de Gumbel, en donde el eje de las abscisas cuenta con una escala logarítmica de base 10, mientras que el eje de las ordenadas cuenta con una escala lineal o proporcional.

EJEMPLO N° III.2.- CÁLCULO DE LLUVIAS E INTENSIDADES MÁXIMAS.

Se tienen los registros de una estación con 26 años de registro y se pretende calcular las lluvias máximas probables de 10; 20 y 30 minutos de duración y para frecuencias de 2; 5; 10; 25; 50 y 100 años de periodo de retorno.

TABLA N° III.7.-

VALORES MÁXIMOS DE LLUVIA REGISTRADOS EN EL PERÍODO 1.960 – 1.985

AÑO	X_i (mm)	AÑO	X_i (mm)
1960	18,80	1973	14,90
1961	16,00	1974	20,00
1962	13,50	1975	21,20
1963	14,00	1976	11,40
1964	18,00	1977	13,50
1965	15,50	1978	19,50
1966	17,70	1979	15,30
1967	14,00	1980	18,50
1968	16,90	1981	11,10
1969	14,00	1982	14,00
1970	20,40	1983	13,30
1971	18,50	1984	18,00
1972	16,40	1985	14,90
		TOTAL	**419,30**

Solución:

En primer lugar se calcula la sumatoria de los $\sum X_i$, obteniéndose un valor 419,30 mm, para luego calcular el valor medio aritmético X_m según la siguiente expresión:

$$X_m = \frac{\sum_{i=1}^{i=n} X_i}{n} = \frac{419,3}{26} = 16,13 \text{ mm} \qquad (III.13)$$

A continuación se calculan los valores $(X_i - X_m)^2$ y como ejemplo se calcula el valor para el año 1960 según se indica:

$$(X_i - X_m)^2 = (18,80 - 16,13)^2 = 7,1453$$

Según lo anterior, los valores auxiliares se indican en la Tabla N° III.8.-.

Con los valores de la Tabla N° III.8.- se calcula la desviación típica mediante la ecuación III.15.- según se indica:

$$S_X^2 = \frac{\sum_{i=1}^{i=n} (X_i - X_m)^2}{n-1} = \qquad (III.15)$$

$$S_X^2 = = \sqrt{\frac{190,5512}{26-1}} = 2,761 \qquad (III.15)$$

TABLA N° III.8.-
VALORES MÁXIMOS DE LLUVIA REGISTRADOS Y VALORES AUXILIARES

AÑO	X_i (mm)	$(X_i - X_m)^2$
1960	18,80	7,1453
1961	16,00	0,0161
1962	13,50	6,9007
1963	14,00	4,5238
1964	18,00	3,5084
1965	15,50	0,3930
1966	17,70	2,4746
1967	14,00	4,5238
1968	16,90	0,5976
1969	14,00	4,5238
1970	20,40	18,2592
1971	18,50	5,6315
1972	16,40	0,0746
1973	14,90	1,5053
1974	20,00	15,0007
1975	21,20	25,7361
1976	11,40	22,3438
1977	13,50	6,9007
1978	19,50	11,3776
1979	15,30	0,6838
1980	18,50	5,6315
1981	11,10	25,2700
1982	14,00	4,5238
1983	13,30	7,9915
1984	18,00	3,5084
1985	14,90	1,5053
TOTALES	**419,3**	**190,5512**

La Tabla III.9.- muestra los resultados obtenidos de los cálculos realizados, en donde los valores de **Y** se obtuvieron utilizando la expresión III.11.-, los valores de **X** se obtuvieron mediante la expresión III.12.-, mientras que el valor de **K** se obtiene de la expresión III.14.-, utilizando el valor de Y_n de 0,532 y de S_n de 1.0961, ambos obtenidos de la Tabla N° III.6.- para un número de años de registro **n** de 26 años.

El valor de la Intensidad de Lluvia para 10 minutos en mm/hr, se obtiene de dividir la Precipitación **P** entre el cociente de (10 min / 60 min), la de 20 minutos entre (20/60) y la de 30 minutos entre (30/60). Adicionalmente, si se requiere la Intensidad de Lluvia en Lps/Ha, se multiplica la Intensidad de Lluvia en mm/hr por el factor 2,78.

TABLA N° III.9.-

VALORES EXTREMOS

			PRECIPITACIÓN	INTENSIDAD DE LLUVIA PARA 10 MIN		INTENSIDAD DE LLUVIA PARA 20 MIN		INTENSIDAD DE LLUVIA PARA 30 MIN	
Tr	Y	K	P (mm)	I (mm/hr)	I (Lps/Ha)	I (mm/hr)	I (Lps/Ha)	I (mm/hr)	I (Lps/Ha)
2	0,3665	-0,1360	15,75	94,51	262,73	47,25	131,37	31,50	87,58
5	1,4999	1,0480	19,02	114,12	317,26	57,06	158,63	38,04	105,75
10	2,2504	1,8319	21,18	127,11	353,36	63,55	176,68	42,37	117,79
25	3,1985	2,4440	22,87	137,25	381,54	68,62	190,77	45,75	127,18
50	3,9019	2,8892	24,10	144,62	402,04	72,31	201,02	48,21	134,01
100	4,6002	3,3501	25,38	152,26	423,27	76,13	211,64	50,75	141,09
200	5,2958	3,9270	26,97	161,81	449,83	80,91	224,92	53,94	149,94
500	6,2136	4,6880	29,07	174,42	484,88	87,21	242,44	58,14	161,63

Con los valores de la Tabla N° III.9.- se puede obtener la Gráfica de Gumbel tal y como se ilustra en la Figura N° III.16.- para Precipitaciones Máximas y en la Figura N° III.17.- para Intensidades Máximas.

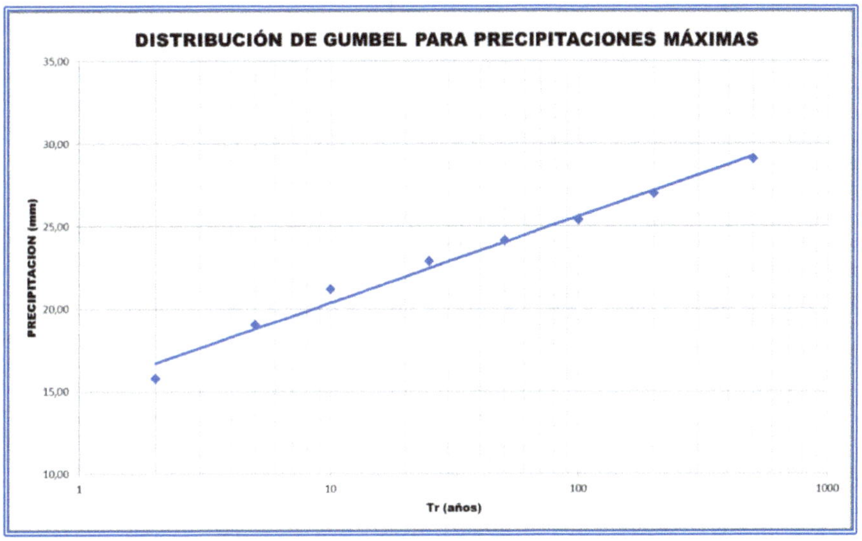

Figura N° III.16.- Gráfica de Distribución de Gumbel para Precipitaciones máximas.

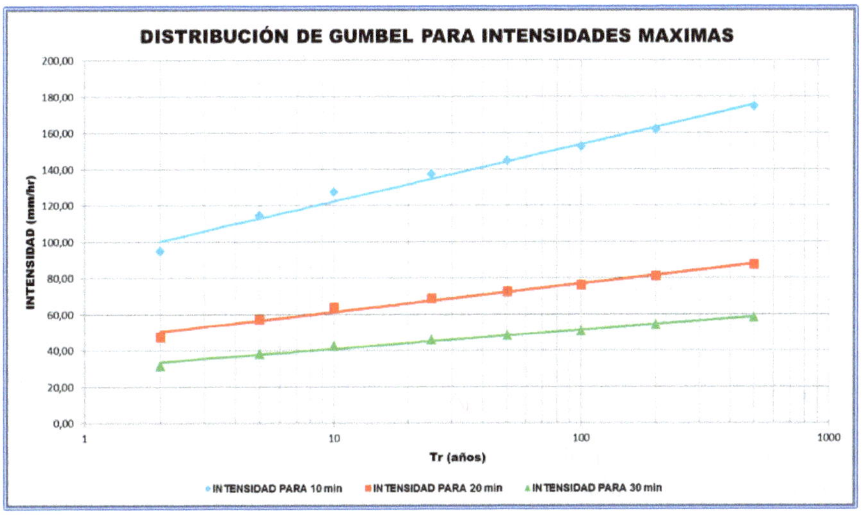

Figura N° III.17.- Gráfica de Distribución de Gumbel para Intensidades máximas.

EJEMPLO N° III.3.- CÁLCULO DE CAUDALES MÁXIMOS.-

Se tienen los datos de caudales instantáneos máximos en una estación de aforo del Río Virtual con 28 años de registro para una serie de años comprendidos entre 1.985 y 2.012. Se pretende calcular los gastos máximos probables para frecuencias de 2; 5; 10; 25; 50 y 100 años de periodo de retorno.

TABLA N° III.10.-
VALORES MÁXIMOS DE GASTOS MÁXIMOS REGISTRADOS EN EL PERÍODO 1.985 – 2.012

AÑO	X (m^3/s)
1985	15,58
1986	5,28
1987	4,14
1988	22,33
1989	49,17
1990	6,25
1991	4,49
1992	11,43
1993	6,91
1994	17,09
1995	6,05
1996	15,58
1997	7,35
1998	13,02
1999	6,69
2000	13,84
2001	10,66
2002	106,83
2003	32,22
2004	8,34
2005	5,90
2006	46,63
2007	16,91
2008	6,30
2009	80,50
2010	10,95
2011	0,76
2012	4,23
TOTALES	**535,43**

Solución:

En primer lugar se calcula la sumatoria de los $\sum X_i$, obteniéndose un valor 535,43 m³/s, para luego calcular el valor medio aritmético X_m según la siguiente expresión:

$$X_m = \frac{\sum_{i=1}^{i=n} X_i}{n} = \frac{535,43}{28} = 19,12\ m^3/s \qquad (III.13)$$

A continuación se calculan los valores $(X_i - X_m)^2$ y sus resultados se indican en la Tabla N° III.11.-.

TABLA N° III.11.-
VALORES MÁXIMOS DE GASTO REGISTRADOS Y VALORES AUXILIARES

AÑO	X_i (m^3/s)	$(X_i - X_m)^2$
1985	15,58	12,5493
1986	5,28	191,6148
1987	4,14	224,4753
1988	22,33	10,2881
1989	49,17	902,8523
1990	6,25	165,7013
1991	4,49	214,1101
1992	11,43	59,1746
1993	6,91	149,1452
1994	17,09	4,1311
1995	6,05	170,8903
1996	15,58	12,5493
1997	7,35	138,5918
1998	13,02	37,2405
1999	6,69	154,5671
2000	13,84	27,9048
2001	10,66	71,6139
2002	106,83	7692,6056
2003	32,22	171,5445
2004	8,34	116,2623
2005	5,90	174,8345
2006	46,63	756,6626
2007	16,91	4,8952
2008	6,30	164,4165
2009	80,50	3767,1975
2010	10,95	66,7898
2011	0,76	337,1814
2012	4,23	221,7866
TOTALES	**535,43**	**16.021,5757**

Con los valores de la tabla anterior se calcula la desviación típica según la ecuación III.15 según se indica a continuación.

$$S_X^2 = \frac{\sum_{i=1}^{i=n}(X_i - X_m)^2}{n-1} = \qquad (III.15)$$

$$S_X^2 = \sqrt{\frac{16.021,5757}{28-1}} = 24,36 \qquad (III.15)$$

La Tabla III.12.- muestra los resultados obtenidos de los cálculos realizados, en donde los valores de **Y** se obtuvieron utilizando la expresión III.10, los valores de **X** se obtuvieron mediante la expresión III.12, mientras que el valor de **K** se obtiene de la expresión III.14.-, utilizando el valor de **Yn** = 0,5343 y de **Sn** = 1,1047, ambos obtenidos de la Tabla N° III.6.- para un número de años de registro de **n** = 28 años.

VALORES EXTREMOS DE GASTOS MÁXIMOS DEL RÍO VIRTUAL

T_R	Y	K	Q (m^3/s)
2	0,3665	-0,1360	15,81
5	1,4999	1,0480	44,65
10	2,2504	1,8319	63,75
25	3,1985	2,4440	78,66
50	3,9019	2,8892	89,50
100	4,6002	3,3501	100,73
200	5,2958	3,9270	114,78
500	6,2136	4,6880	133,32

TABLA N° III.12.-

Con los valores de la Tabla N° III.12.- se puede obtener la Gráfica de Gumbel tal y como se ilustra en la Figura N° III.18.- para los gastos máximos del Río Virtual.

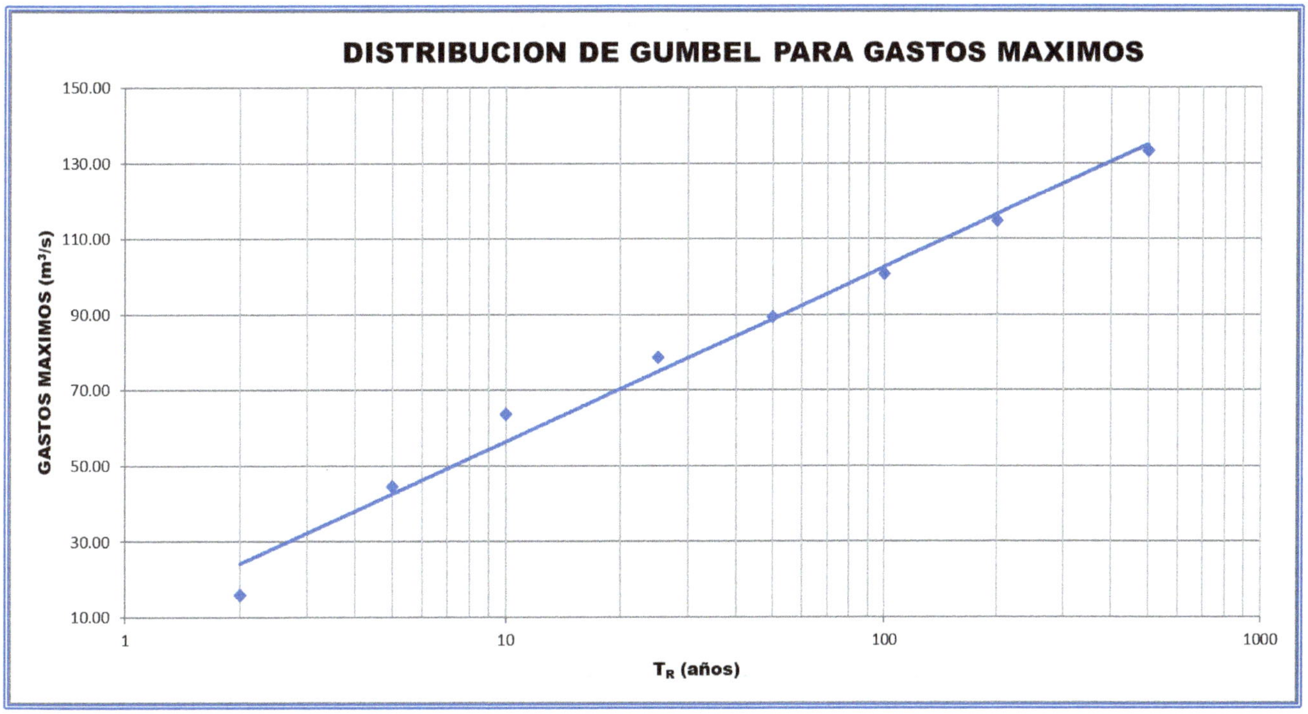

Figura N° III.18.- Gráfica de Distribución de Gumbel para Gastos Máximos del Río Virtual.

III.12.- GRÁFICAS DE PROBABILIDAD PARA INTERPOLACIÓN O EXTRAPOLACIÓN Y OBTENCIÓN DE DATOS.-

Para verificar que una función de distribución de probabilidades se ajusta a un conjunto de datos hidrológicos, estos se pueden graficar en un papel de probabilidad o utilizando una escala de graficación que linealice la función de distribución. Luego, los datos graficados se ajustan por medio de una línea recta con propósitos de interpolación y extrapolación.

Tal y como se describió en el aparte anterior, la expresión gráfica del Método de Gumbel es el llamado Papel de Probabilidades Extremas de Gumbel, en donde el eje de las abscisas cuenta con una escala logarítmica de base 10, mientras que el eje de las ordenadas cuenta con una escala lineal o proporcional.

El propósito del uso del papel de probabilidades de Gumbel es la de linealizar la relación de probabilidad de tal manera que los datos graficados puedan ser fácilmente utilizados para interpolación o extrapolación.

En tal sentido, el gráfico de probabilidad es una técnica gráfica, que permite obtener datos o resultados a partir de una serie de datos obtenidos previamente.

Uno de los casos que se puede utilizar un gráfico de probabilidades es cuando se obtienen intensidades o gastos máximos a partir de Curvas de Intensidad – Duración – Frecuencia, que tengan información hasta un periodo de retorno de 25 años y se requiera verificar las intensidades o los gastos para periodos de retorno mayores.

EJEMPLO N° III.4.- CALCULAR LA INTENSIDADES DE LLUVIA PARA 10, 20, 30, 40, 50 Y 60 MINUTOS PARA 50 Y 100 AÑOS DE PERIODO DE RETORNO A PARTIR DE LA CURVA DE INTENSIDAD - DURACIÓN - FRECUENCIA.

Para poder calcular las intensidades requeridas, se debe tener una Curva de I-D-F, en este caso se tiene como dato la Curva de I-D-F de la Región VII.- "Centro" de la Figura N° III.19.-, con datos para 2, 5, 10 y 25 años de período de retorno.

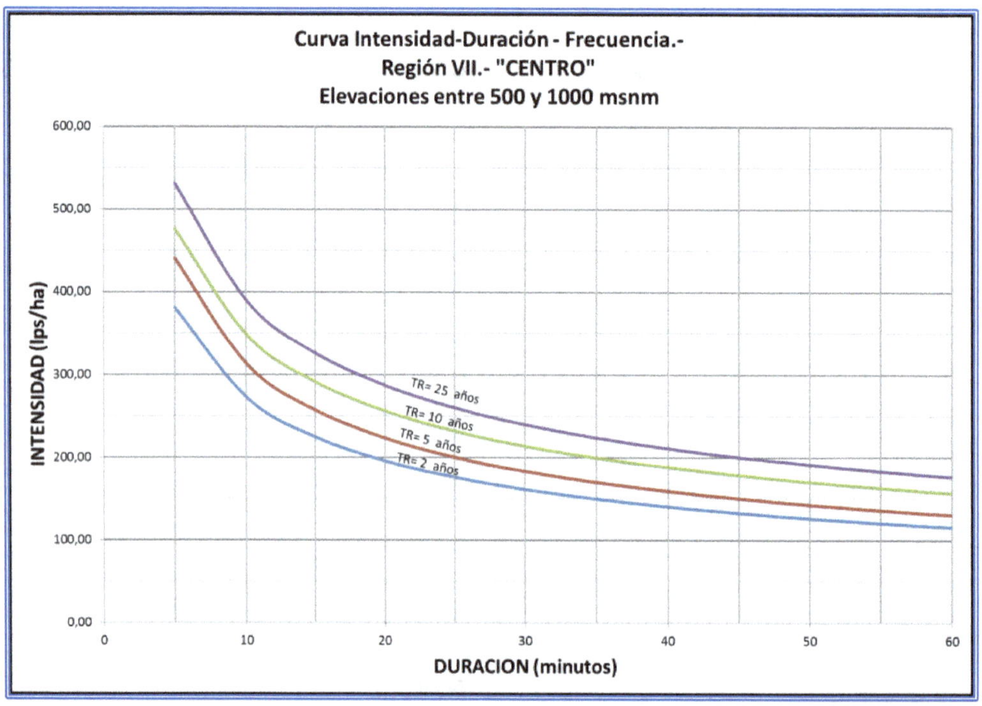

Figura N° III.19.- Curva de Intensidad - Duración - Frecuencia de la Región VII.- "Centro" de 2, 5, 10 y 25 años de período de retorno

A partir de las Curvas de I-D-F de la Figura N° III.19.- se pueden obtener los valores de 10, 20, 30, 40, 50 y 60 minutos, para 2, 5, 10, 25 años de período de retorno, los cuales se indican en la Tabla N° III.13.-

TABLA N° III.13.-
VALORES DE INTENSIDAD DE LLUVIA OBTENIDOS DE LA CURVA I-D-F – REGIÓN VII.-

DURACIÓN (min)	PERIODO DE RETORNO (AÑOS)			
	2	5	10	25
10	272,94	313,47	348,81	390,29
20	195,69	223,20	255,88	286,90
30	161,08	182,98	213,46	239,63
40	140,31	158,92	187,70	210,90
50	126,05	142,46	169,88	191,01
60	115,49	130,29	156,59	176,15

Con los datos de la Tabla N° III.13.- se elabora la Gráfica en Papel Semilogarítmico de la Figura N° III.20.-, que representa Papel de Probabilidades Extremas de Gumbel. Con los datos obtenidos de 2, 5, 10 y 25 años se puede dibujar una línea de tendencia y extrapolarla hasta 50 y 100 años de período de retorno. De igual forma se puede elaborar esta curva con apoyo de una hoja de cálculo y así obtener una línea de tendencia del tipo logarítmico.

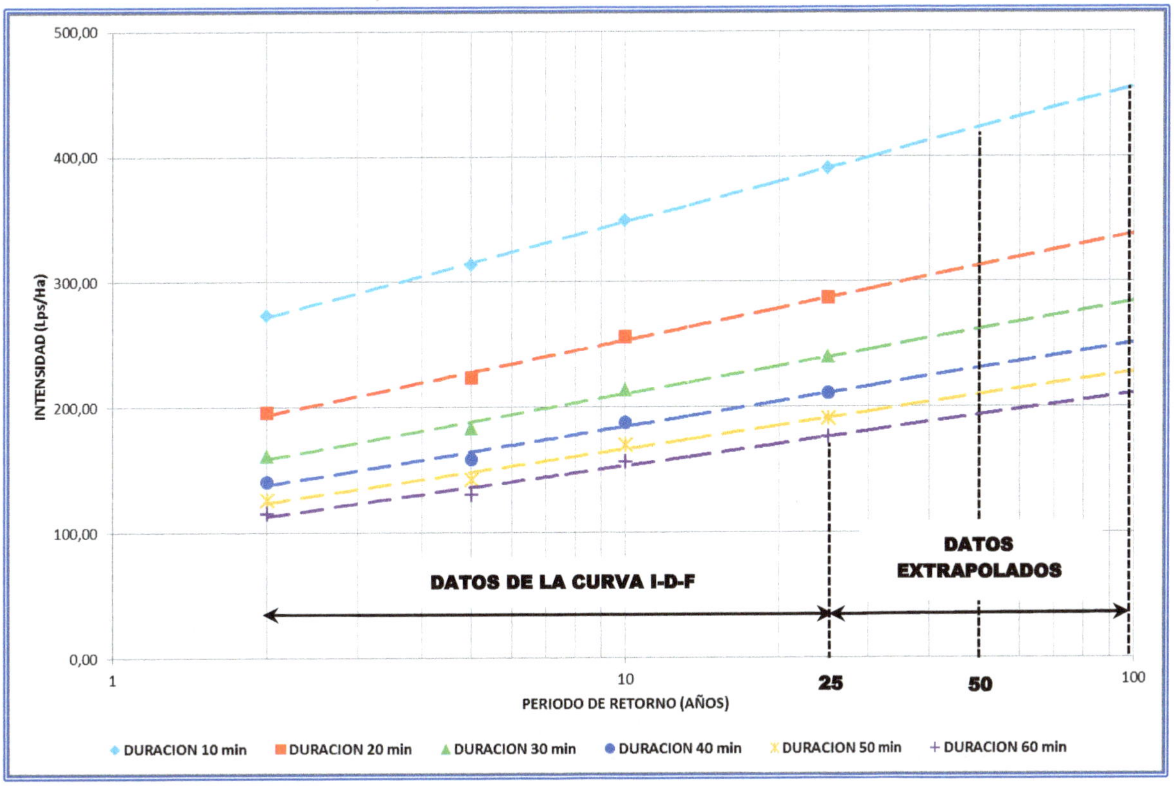

Figura N° III.20.- Papel de Probabilidades de Gumbel en donde se puede obtener los datos para 50 y 100 años de período de retorno mediante la extrapolación de los datos de 2, 5, 10 y 25 años de período de retorno.

A partir de la gráfica de la Figura N° III.20.- se obtienen los datos de intensidades para 50 y 100 años de período de retorno que se muestra en la Tabla N° III.14.-

TABLA N° III.14.-
VALORES DE INTENSIDAD DE LLUVIA PARA 50 Y 100 AÑOS OBTENIDOS DE LA EXTRAPOLACIÓN DEL PAPEL DE PROBABILIDADES DE GUMBEL DE LA FIGURA N° III.20.-

DURACIÓN (min)	PERIODO DE RETORNO (AÑOS)					
	2	5	10	25	50	100
10	272,94	313,47	348,81	390,29	**423,20**	**455,02**
20	195,69	223,20	255,88	286,90	**312,82**	**337,74**
30	161,08	182,98	213,46	239,63	**262,13**	**283,71**
40	140,31	158,92	187,70	210,90	**231,23**	**250,69**
50	126,05	142,46	169,88	191,01	**209,79**	**227,76**
60	115,49	130,29	156,59	176,15	**193,76**	**210,58**

Finalmente, a partir de los valores obtenidos de la extrapolación, se pueden dibujar las curvas para 50 y 100 años de período de retorno y así completar la Curva de Intensidad – Duración – Frecuencia de la Región VII.-, la cual se muestra en la Figura N° III.21.-

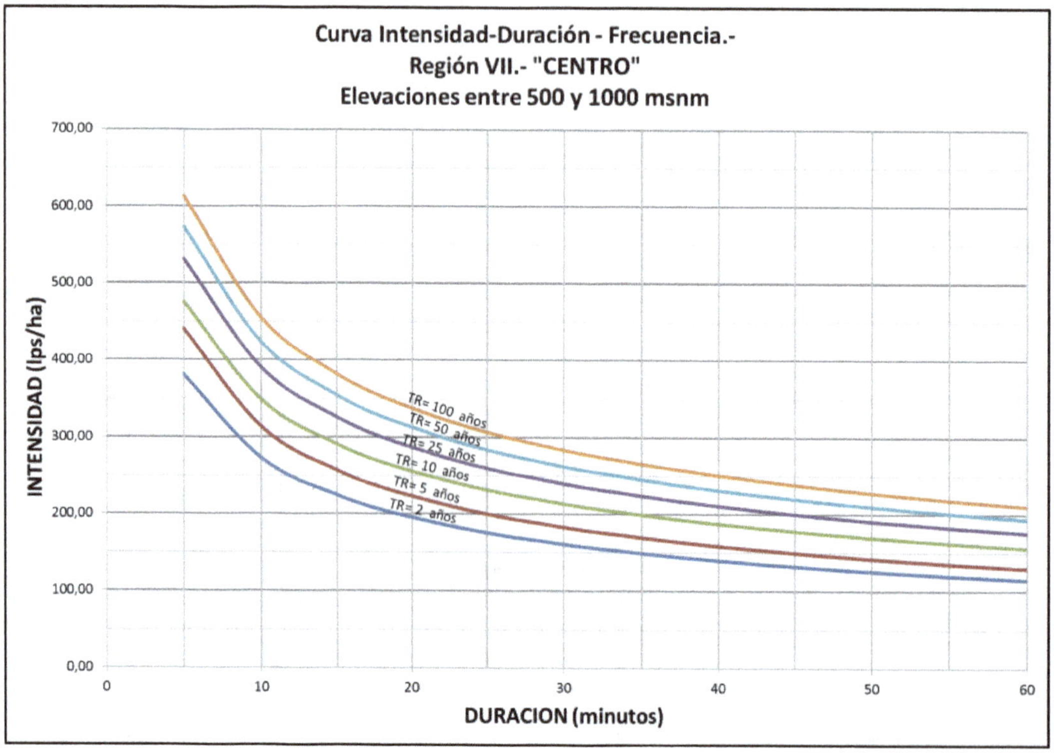

Figura N° III.21.- Curva de Intensidad - Duración - Frecuencia de la Región VII.- "Centro" para 2, 5, 10, 25, 50 y 100 años de período de retorno

III.13.- DETERMINACIÓN DE LA TORMENTA DE DISEÑO.-

Uno de los primeros pasos en muchos proyectos de diseño es la determinación del evento de lluvia a utilizar. Una tormenta de diseño es un patrón de precipitación definido para utilizarse en un estudio hidrológico. Usualmente la tormenta de diseño conforma la entrada al sistema, y los caudales resultantes a través de éste, se calculan utilizando procedimientos de lluvia - escorrentía y tránsito de caudales.

Las tormentas de diseño pueden basarse en información histórica de precipitación de una zona o pueden construirse utilizando las características generales de la precipitación en regiones adyacentes.

Su aplicación va desde el uso de valores puntuales de precipitación en el método racional para determinar los caudales máximos, hasta el uso de hietogramas de diseño para ser usados en modelos de lluvia - escorrentía cuando se quiere obtener mejor detalle del comportamiento de los flujos y así optimizar el dimensionamiento de las estructuras hidráulicas.

En los apartes siguientes se describen algunos métodos de obtención de gastos máximos para el dimensionamiento de estructuras hidráulicas, en donde se especifica cómo se estima la tormenta de diseño y como se utiliza en cada método.

III.14.- MÉTODOS CONVENCIONALES UTILIZADOS PARA LA ESTIMACIÓN DE GASTOS MÁXIMOS.-

Existe una gran variedad de métodos desarrollados para la estimación de los gastos máximos de crecidas. Con la finalidad de obtener los gastos máximos que sean el punto de partida para el dimensionamiento de las estructuras hidráulicas, se han desarrollado una serie de métodos o técnicas de cálculo. Estos métodos pueden clasificarse de la siguiente forma:

- **MÉTODOS TRADICIONALES.**
- **MODELOS DE SIMULACIÓN DE ESCORRENTÍA.**

A.- MÉTODOS TRADICIONALES.-

Esos métodos se agrupan de la siguiente forma:

1.- Métodos basados en registros de escurrimiento.

Estos métodos son aquellos que tienden a calcular el caudal máximo que producirá la máxima lluvia esperada, en la cuenca considerada. Este se determina a partir del estudio estadístico de los caudales máximos registrados y requiere, por lo tanto, una muestra extensa de dichos caudales ya sea registrada o generada mediante modelos de simulación. Estos métodos son muy limitados, ya que no se cuenta, en la mayoría de los casos, con amplios registros de escurrimientos. (Remenieras, 1.974), (Bolinaga, J.J., 1.979), (Linsley R., Kohler M. Y Paulhus J., 1.981).

2.- Métodos basados en el hidrograma unitario.

Estos métodos al igual que los anteriores, tiene la misma limitación, es decir, éstos pueden obtenerse si se dispone de suficientes registros o por medio de hidrogramas unitarios sintéticos, los cuales han sido desarrollados principalmente para cuencas naturales (Remenieras, 1.974), (Linsley, et al., 1.981).

3.- Métodos basados en fórmulas empíricas.

Desde hace muchos años ha sido práctica usual, para el dimensionamiento de estructuras hidráulicas de drenaje, el uso de fórmulas empíricas para la estimación de gastos máximos. Existe una gran variedad de fórmulas desarrolladas en diversos países, siendo la más antigua, la desarrollada en el año de 1.850 por Mulvaney conocida mundialmente como la formula o Método Racional. (Remenieras, 1974), (Guillarte, 1978).

B.- MODELOS DE SIMULACIÓN DE ESCORRENTÍA.-

Un modelo de simulación de escorrentía es una representación matemática del ciclo hidrológico de una cuenca hidrográfica, de manera de representar y entender el proceso de escurrimiento, con la finalidad de obtener gastos de escorrentía, y con ellos diseñar obras hidráulicas sea para la captación o regularizar del uso del agua, así como también para el control de inundaciones.

Un modelo hidrológico es la simulación del ciclo hidrológico como tal, utilizando suposiciones y ecuaciones matemáticas complejas (Bolinaga, J.J., 1.999). Estos modelos no alcanzan a representar el ciclo hidrológico en forma exacta, debido a la cantidad de variables involucradas, pero utilizando los avances de la informática se pueden abarcar un número mucho mayor de esas variables y una magnitud a la que sería imposible manejarlos por las técnicas tradicionales.

Se han desarrollado un buen número de métodos de simulación de escurrimiento, que en líneas generales existen dos tipos:

1.- Modelos de simulación continua.-

Son aquellos que reproducen o generan los elementos de un ciclo hidrológico (precipitación, evaporación, infiltración, escorrentía, etc.). Este tipo de modelos son utilizados para el diseño de embalses de almacenamiento de agua, en el cual se pueda simular la variabilidad de los gastos de escurrimiento a lo largo de un periodo largo de tiempo, generalmente mayor de 20 o 30 años, y con ello obtener estimaciones de volúmenes de agua.

2.- Modelos de simulación de eventos.-

Son aquellos concebidos para el estudio de un solo evento específico, como por ejemplo la generación del hidrograma ocasionado por una tormenta, y, por lo general, trabajan con frecuencia de lluvia y no de escorrentía. Este tipo de modelos son los más utilizados para la estimación de gastos máximos y con ellos poder dimensionar las estructuras hidráulicas de drenaje urbano y drenaje vial.

En el caso de la hidrología de cuencas naturales y cuencas urbanas, la reproducción total o parcial del ciclo hidrológico, iría desde la caída de la lluvia hasta la llegada de la escorrentía al sitio final de descarga (Chow, et al., 1.994), etapa que está comprendida por los siguientes pasos:

1.- Caída de la precipitación en la superficie.

2.- Retenciones que se originan debido a la interceptación por parte de la vegetación, evapotranspiración, infiltración y retención en pequeñas depresiones superficiales. Es decir, desarrollo de todos aquellos eventos que no contribuyan al flujo superficial, al menos significativamente.

3.- Inicio del flujo superficial, el cual ocurre después que el agua supera una altura inicial mínima.

4.- Modificación, por almacenamiento, del flujo superficial en su trayecto a través de los cursos naturales o artificiales, lo cual podría denominarse "tránsito superficial", hasta el punto de estudio o su descarga final.

III.15.- MODELOS DE SIMULACIÓN HIDROLÓGICA DE CUENCAS.-

Existen diversos modelos de simulación hidrológica de cuencas que han sido desarrollados en las últimas tres décadas. Con la finalidad de ofrecer al lector algunos de los estos modelos hidrológicos que se han desarrollado se pueden enumerar seis de ellos, tres de simulación de eventos aislados y tres de simulación continua.

Los modelos de simulación de eventos aislados son:

1.- HEC-1, desarrollado y respaldado por el Centro de Ingeniería Hidrológica (HEC), Armada de Estados Unidos, Cuerpo de Ingenieros.

2.- TR-20, respaldado por el Servicio de Conservación de Suelos USDA.

3.- SWMM (Modelo de Gestión de Agua de Tormenta), desarrollado bajo los auspicios de la Agencia de Protección Ambiental de los Estados Unidos.

El HEC-1 y el TR-20 son utilizados para la generación de hidrogramas de crecidas en el análisis y diseño de esquemas de control de flujo. El SWMM se adapta a los análisis y las aplicaciones de diseño que involucran determinaciones simultáneas de cantidad y calidad de agua.

Los modelos de simulación continua son:

1.- SSARR, desarrollado y respaldado por el Cuerpo de Ingenieros de la Armada de los Estados Unidos División Pacífico Norte,

2.- Modelo de Cuenca Stanford (STANFORD WATERSHED MODEL_SWM) desarrollado en la Universidad de Standford.

3.- El Modelo Sacramento desarrollado conjuntamente por el Servicio Meteorológico Nacional de Estados Unidos y el Departamento de California de Recursos Hídricos.

Los modelos anteriormente indicados son considerados representativos en la práctica del modelado en los Estados Unidos, sin embargo, su descripción en detalle escapa del alcance del presente libro. Es preciso indicar que existen muchos otros modelos que no pueden ser incluidos aquí por limitaciones de espacio y así como los modelos indicados, su descripción escapa del alcance del presente libro.

III.16.- MÉTODOS DE ESTIMACIÓN DE GASTOS MÁXIMOS RECOMENDADOS PARA EL DIMENSIONAMIENTO DE ESTRUCTURAS HIDRÁULICAS.-

Con la finalidad de ofrecer al usuario de este libro la determinación de los gastos de diseño de la manera más práctica posible, a continuación se describen dos métodos de cálculo sencillos que puedan ser resueltos fácilmente con la utilización de información relativamente fácil de obtener.

III.16.1.- MÉTODO RACIONAL.-

Tal y como se describió anteriormente el Método Racional fue desarrollado en el año de 1.850 por Mulvaney en Irlanda y es comúnmente aplicado para la determinación de gastos de escurrimientos a partir de lluvias de una recurrencia dada y así poder dimensionar las estructuras de los sistemas de drenaje. (Remenieras, 1.974), (Bolinaga, 1.979), (Linsley, et al., 1.981).

Pareciera que la designación de "Racional" implica que el método no es empírico, sin embargo, esto no es completamente cierto debido a que se usan coeficientes empíricos que dependen del juicio y la experiencia del profesional, para estimar el coeficiente de escorrentía y así obtener el gasto de escurrimiento.

La fórmula supone que si sobre un área impermeable cae una precipitación de intensidad uniforme en el tiempo y en el espacio, llega un momento en que la cantidad de agua precipitada alcanza un equilibrio con la cantidad de agua efluente del área. El tiempo en el cual se alcanza ese equilibrio se denomina tiempo de concentración T_c, que usualmente se supone igual al tiempo de traslación del escurrimiento superficial de la cuenca (Ver Tabla Nº III.3.-). A pesar que exista el caso de un área totalmente impermeable, existirán pérdidas por evaporación y almacenamientos temporales en depresiones, lo cual induce el empleo de un coeficiente de escorrentía, C, que ajuste la relación entre el volumen precipitado y el escurrido por unidad de tiempo.

Como concepto básico, el Método Racional asume que la máxima tasa de escurrimiento de una cuenca ocurre cuando toda la cuenca está contribuyendo, y que esa tasa de escurrimiento es igual a un porcentaje C de la tasa promedio de la lluvia.

Implícitamente, en la determinación de la Intensidad I, en el establecimiento de *"cuando toda la cuenca está contribuyendo"*, está la determinación del tiempo de concentración.

Sobre la base de lo anterior, las hipótesis básicas del método son las siguientes:

a) El gasto máximo producido por una lluvia determinada, de intensidad uniforme, ocurre cuando ésta tiene una duración igual o mayor que el tiempo de concentración de la cuenca y es linealmente proporcional a la intensidad.

b) El tiempo de concentración es independiente de la tormenta de cálculo seleccionada y del gasto máximo que ocurre.

c) El coeficiente de escorrentía es únicamente función de las características físicas de la cobertura superficial de la cuenca e independiente de la lluvia de proyecto.

d) El área que contribuye al escurrimiento es el total de la cuenca.

El cálculo del gasto se hace de acuerdo a la siguiente fórmula:

$$Q = C * I * A \qquad (\text{III.16})$$

Donde:

Q	=	Gasto máximo en litros por segundo (lps).
C	=	Coeficiente de escorrentía.
I	=	Intensidad de la lluvia en lps/Ha, para una duración igual al tiempo de concentración, Tc, del área tributaria.
A	=	Área tributaria de la cuenca en hectáreas.

Este cálculo del gasto se puede hacer también con la siguiente expresión:

$$Q = \frac{C * I * A}{360} \qquad (\text{III.17})$$

Donde:

Q	=	Gasto máximo en metros cúbicos por segundo (m^3/seg).
C	=	Coeficiente de escorrentía.
I	=	Intensidad de la lluvia en mm/hr, para una duración igual al tiempo de concentración, Tc, del área tributaria.
A	=	Área tributaria de la cuenca en hectáreas.

Dependiendo de la duración de la lluvia respecto al tiempo de concentración de la cuenca, los hidrogramas resultantes de la aplicación del método racional podrían representarse gráficamente tal y como se muestra en la Figura Nº III.22.- y Figura N° III.23.-

En el caso a) (Figura N° III.22.-) se ilustran los hidrogramas resultantes en un Área Impermeable Sin Pérdidas, en donde el Coeficiente de Escorrentía sería igual a uno, por lo que toda el agua proveniente de la precipitación originaría escurrimiento.
En el caso b) (Figura N° III.23.-) se ilustran los hidrogramas resultantes en un Área Impermeable Con Pérdidas, en donde el Coeficiente de Escorrentía sería un valor menor que uno y por lo tanto el gasto máximo sería menor.

En ambos casos se puede observar que cuando la duración de la lluvia es igual al tiempo de concentración se obtendría un hidrograma en forma de triángulo, mientras que si la duración de la lluvia es mayor al tiempo de concentración de la cuenca, el hidrograma resultante tendría forma de trapecio.

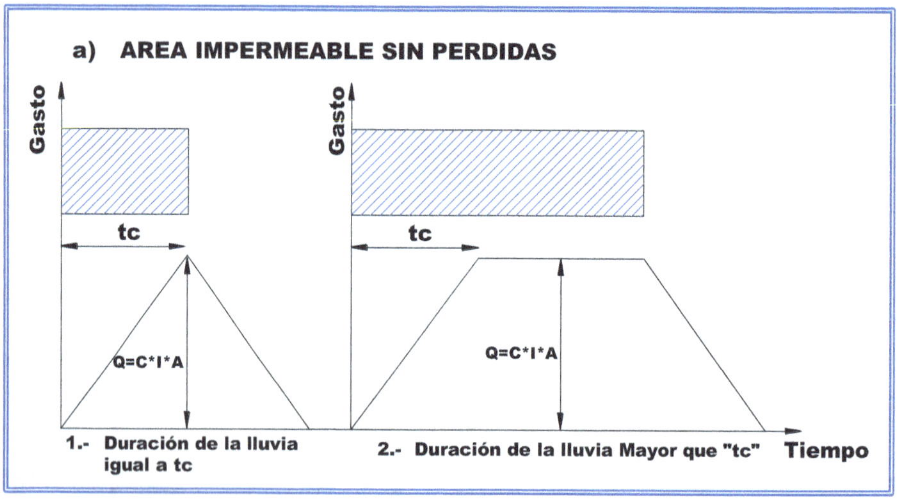

Figura N° III.22.- Hidrogramas resultantes de la aplicación del Método Racional. Caso a).- (Imagen obtenida de Bolinaga, J.J., 1979 y redibujada por el Autor).

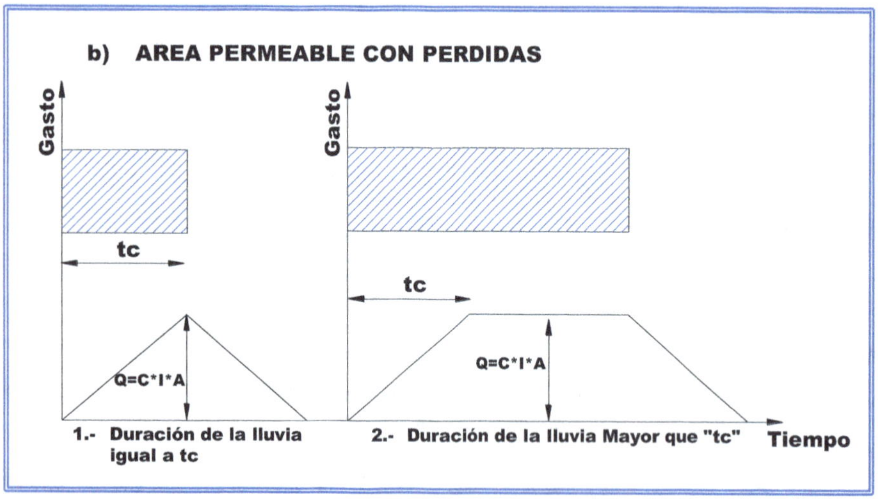

Figura N° III.23.- Hidrogramas resultantes de la aplicación del Método Racional. Caso b).- (Imagen obtenida de Bolinaga, J.J., 1.979 y redibujada por el Autor).

III.16.1.1.- INTENSIDAD DE LA LLUVIA.-

La intensidad de la lluvia se puede obtener de la Curva de Intensidad – Duración – Frecuencia, que se corresponda con el sitio o con la región a estudiar.

Se seleccionará el período de retorno adecuado y se considerará la duración de la lluvia igual al tiempo de concentración **T_c**.

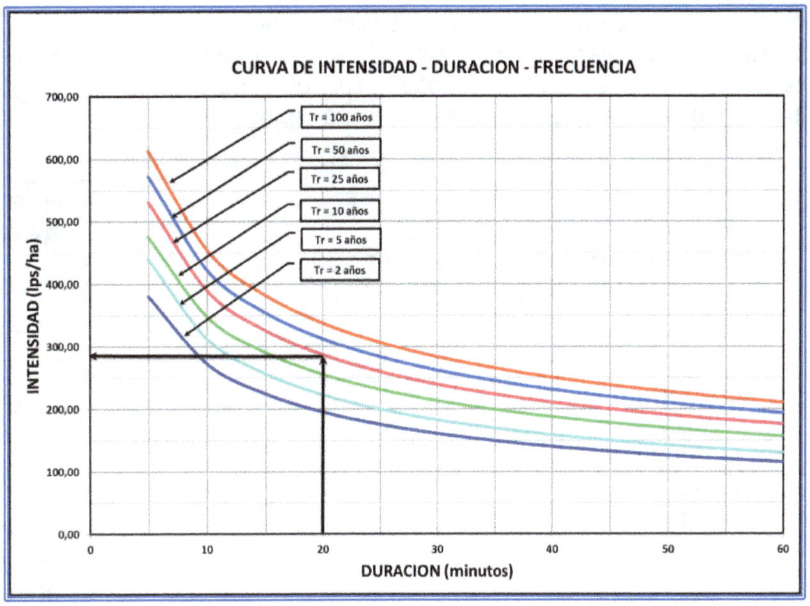

Figura N° III.24.- Obtención de la Intensidad de lluvia en una Curva de Intensidad - Duración – Frecuencia.

III.16.1.2.- COEFICIENTE DE ESCORRENTÍA.-

Las cuencas hidrográficas presentan gran variedad de suelos, de pendientes y de cobertura vegetal. El procedimiento recomendado para seleccionar el coeficiente de escorrentía consiste en obtener un promedio ponderado después de haber dividido la cuenca en zonas homogéneas en cuanto al tipo de suelo, pendiente y cobertura vegetal. Los coeficientes representativos recomendados se presentan en la Tabla Nº III.15.- de coeficientes de escorrentía. Para la apropiada determinación del coeficiente de escorrentía C, se recomienda recurrir a los planos topográficos, ortofotoplanos y visitas al sitio del estudio.

TABLA Nº III.15.-
COEFICIENTES DE ESCORRENTÍA

COBERTURA VEGETAL	TIPO DE SUELO	PENDIENTE DEL TERRENO				
		PRONUNCIADA	ALTA	MEDIA	SUAVE	DESPRECIABLE
		50 %	20 %	5 %	1 %	
SIN VEGETACION	IMPERMEABLE	0,80	0,75	0,70	0,65	0,60
	SEMIPERMEABLE	0,70	0,65	0,60	0,55	0,50
	PERMEABLE	0,50	0,45	0,40	0,35	0,30
CULTIVOS	IMPERMEABLE	0,70	0,65	0,60	0,55	0,50
	SEMIPERMEABLE	0,60	0,55	0,50	0,45	0,40
	PERMEABLE	0,40	0,35	0,30	0,25	0,20
PASTOS VEGETACION LIGERA	IMPERMEABLE	0,65	0,60	0,55	0,50	0,45
	SEMIPERMEABLE	0,55	0,50	0,45	0,40	0,35
	PERMEABLE	0,35	0,30	0,25	0,20	0,15
HIERBA GRAMA	IMPERMEABLE	0,60	0,55	0,50	0,45	0,40
	SEMIPERMEABLE	0,50	0,45	0,40	0,35	0,30
	PERMEABLE	0,30	0,25	0,20	0,15	0,10
BOSQUES VEGETACION DENSA	IMPERMEABLE	0,55	0,50	0,45	0,40	0,35
	SEMIPERMEABLE	0,45	0,40	0,35	0,30	0,25
	PERMEABLE	0,25	0,20	0,15	0,10	0,05
PARA PAVIMENTOS DE ASFALTO O DE CONCRETO C = 0,95						
NOTA: PARA ZONAS DONDE SE ESPERA PUEDAN SER QUEMADAS SE DEBEN AUMENTAR LOS COEFICIENTESEGUN SE INDICA: PARA CULTIVOS MULTIPLICAR POR 1,1 PARA PASTOS Y VEGETACION LIGERA, HIERBA Y BOSQUES Y VEGETACION DENSA MULTIPLICAR POR 1,3						
FUENTE: KIRPICH, (1940). KIRPICH, P.Z., TIME OF CONCENTRATION OF SMALL AGRICULTURAL AREAS, CIVIL ENGINNERING, JUNE 1.940. (15)						

Por otra parte, para cuencas urbanas, en la Tabla N° III.16.- se presentan los coeficientes de escorrentía C recomendados, en donde se ofrecen valores para usos indicativos de la tierra y para tipos de superficies.

TABLA N° III.16.-
COEFICIENTES DE ESCORRENTÍA SEGÚN TIPO DE AREA Y TIPO DE SUPERFICIE

TIPO DE AREA	VALOR DE "C"
COMERCIAL	
CENTRO DE LA CIUDAD	0,70 - 0,95
ALREDEDORES	0,50 0,70
RESIDENCIAL	
UNIFAMILIAR	0,30 - 0,50
MULTIFAMILIAR SEPARADO	0,40 - 0,60
MULTIFAMILIAR AGRUPADO	0,60 - 0,75
SUB URBANA	0,25 - 0,40
INDUSTRIAL	
LIVIANA	0,50 - 0,60
PESADA	0,60 - 0,90
OTROS	
PARQUES Y CEMENTERIOS	0,10 - 0,25
PARQUES PARA JUEGOS	0,20 - 0,35
TIPO DE SUPERFICIE	**VALOR DE "C"**
PAVIMENTOS	
ASFALTO O CONCRETO	0,70 - 0,95
LADRILLOS	0,70 - 0,85
TECHOS Y AZOTEAS	0,70 - 0,95
CAMINOS DE GRAVA	0,30 -
AREAS DE SUELO ARENOSO	
LLANA (2 %)	0,05 - 0,10
MEDIANAS (2 % - 7 %)	0,10 - 0,15
INCLINADAS (≥ 7 %)	0,15 - 0,20
AREAS DE SUELO PESADO	
LLANA (2 %)	0,13 - 0,17
MEDIANAS (2 % - 7 %)	0,18 - 0,22
INCLINADAS (≥ 7 %)	0,25 - 0,35

Según algunos autores (Wright y Mclaughlin, 1.971), los coeficientes indicados en la Tabla N° III.16.-, deben modificarse de acuerdo al grado de protección. Sobre la base del criterio anterior, en la Tabla N° III.17.- se muestra el factor por el cual podrían ser multiplicados los referidos coeficientes.

TABLA N° III.17.-
FACTOR DE INCREMENTO DEL COEFICIENTE DE ESCORRENTÍA
DE ACUERDO AL GRADO DE PROTECCIÓN.

PERIODO DE RETORNO (AÑOS)	FACTOR DE INCREMENTO
2 - 10	1,00
25	1,10
50	1,20
100	1,25
NOTA: SI EL VALOR DE "C" DA MAYOR QUE 1,00, SE ADOPTA ESTE ULTIMO VALOR	

En la Tabla N° III.18.- que se muestra en la siguiente página, se combinan las características de la superficie, la pendiente y el periodo de retorno. En esta tabla se puede observar que a medida que el periodo de retorno es mayor, el coeficiente de escorrentía es mayor. La razón de lo anterior se argumenta bajo el concepto de que en la medida de que aumenta el periodo de retorno de la tormenta, esta tendrá una intensidad que provocará mayor saturación de las superficies y por lo tanto se generará mayor escorrentía.

En vista de la variabilidad que puede existir en las características de la superficie, sea en áreas desarrolladas o en áreas no desarrolladas, en lo que se refiere a las coberturas vegetales o antrópicas en una cuenca natural o en una cuenca urbana, la asignación de un coeficiente de escorrentía varía de un área delimitada a otra. Con la finalidad de uniformizar el valor de dicho coeficiente y reflejarlo de la mejor manera, es una práctica común la obtención de un coeficiente de escorrentía ponderado.

Para ello se ha preparado el Ejemplo N° III.5.- en donde se ilustra el procedimiento de cálculo para la obtención del coeficiente ponderado de un área contribuyente con diversos tipos de cobertura.

TABLA N° III.18.-

COEFICIENTES DE ESCORRENTÍA SEGÚN TIPO DE SUPERFICIE

CARACTERISTICA DE LA SUPERFICIE	PERIODO DE RETORNO EN AÑOS						
	2	**5**	**10**	**25**	**50**	**100**	**500**
AREAS DESARROLLADAS							
ASFALTO	0,73	0,77	0,81	0,86	0,90	0,95	1,00
CONCRETO/TECHO	0,75	0,80	0,83	0,88	0,92	0,97	1,00
ZONAS VERDES (JARDINES, PARQUES, ETC.)							
Condición Pobre (Cubierta de pasto menor del 50% del área)							
Pendiente entre 0% y 2%.-	0,32	0,34	0,37	0,40	0,44	0,47	0,58
Pendiente entre 2% y 7%.-	0,37	0,40	0,43	0,46	0,49	0,53	0,61
Pendiente superior a 7%.-	0,40	0,43	0,45	0,49	0,52	0,55	0,62
Condición Promedio (Cubierta de pasto entre 50% y 75% del área)							
Pendiente entre 0% y 2%.-	0,25	0,28	0,30	0,34	0,37	0,41	0,53
Pendiente entre 2% y 7%.-	0,33	0,36	0,38	0,42	0,45	0,49	0,58
Pendiente superior a 7%.-	0,37	0,40	0,42	0,46	0,49	0,53	0,60
Condición Buena (Cubierta de pasto mayor del 75% del área)							
Pendiente entre 0% y 2%.-	0,21	0,23	0,25	0,29	0,32	0,36	0,49
Pendiente entre 2% y 7%.-	0,29	0,32	0,35	0,39	0,42	0,46	0,56
Pendiente superior a 7%.-	0,34	0,37	0,40	0,44	0,47	0,51	0,58
AREAS NO DESARROLLADAS							
ÁREAS DE CULTIVOS							
Pendiente entre 0% y 2%.-	0,31	0,34	0,36	0,40	0,43	0,47	0,57
Pendiente entre 2% y 7%.-	0,35	0,38	0,41	0,44	0,48	0,51	0,60
Pendiente superior a 7%.-	0,39	0,42	0,44	0,48	0,51	0,54	0,61
PASTIZALES							
Pendiente entre 0% y 2%.-	0,25	0,28	0,30	0,34	0,37	0,41	0,53
Pendiente entre 2% y 7%.-	0,33	0,36	0,38	0,42	0,45	0,49	0,58
Pendiente superior a 7%.-	0,37	0,40	0,42	0,46	0,49	0,53	0,60
BOSQUES							
Pendiente entre 0% y 2%.-	0,22	0,25	0,28	0,31	0,35	0,39	0,48
Pendiente entre 2% y 7%.-	0,31	0,34	0,36	0,40	0,43	0,47	0,59
Pendiente superior a 7%.-	0,35	0,39	0,41	0,45	0,48	0,52	0,58
FUENTE: (Chow, et al., 1994) Chow, Maidment y Mays. "Hidrología Aplicada". Mc. Graw-Hill Interamericana, Santa Fe de Bogotá, Colombia. 1994. (1)							

EJEMPLO N° III.5.- CÁLCULO DEL COEFICIENTE PONDERADO.-

En el ejemplo que se muestra en la Figura N° III.25.- se ilustra cómo se puede obtener el coeficiente de escorrentía ponderado y tomaremos un periodo de retorno de 25 años.

El Área 1.- tiene 7 Ha. con superficie de área no desarrollada de características de colinas con pasto menor con pendiente entre 2% y 7%, luego se establece C_1 = **0,42**, el Área 2.- tiene 3 Ha. con superficie de área desarrollada, luego se establece C_2 = **0,88**, el Área 3.- tiene 3 Ha. con superficie de jardines y parques con pasto menor con pendiente entre 0% y 2%, luego se establece C_3 = **0,40**, el Área 4.- tiene 5 Ha. con superficie de área no desarrollada de características de bosques colinas con pasto menor con pendiente entre 0% y 2%, luego se establece C_4 = **0,31**, y el Área 5.- tiene 9 Ha. con superficie de área no desarrollada de características de cultivos con pendiente entre 0% y 2%, luego C_5 = **0,40**.

Figura N° III.25.- Cuenca Modelo para ilustrar los Coeficientes de Escorrentía de cada área y la obtención del Coeficiente de Escorrentía Ponderado. (Imagen preparada por el Autor).

El coeficiente de escorrentía se puede obtener mediante la siguiente expresión:

$$C_P = \frac{C_1 * A_1 + C_2 * A_2 + C_3 * A_3 + C_4 * A_4 + C_5 * A_5}{A_T} \quad (III.18)$$

Siendo:

C_P	=	Coeficiente de Escorrentía Ponderado
$C_{1\text{-}5}$	=	Coeficiente de Escorrentía de las Áreas 1.-, 2.-, 3.-, 4.- y 5.-.
$A_{1\text{-}5}$	=	Magnitud de las Áreas 1.-, 2.-, 3.-, 4.- y 5..
A_T	=	Magnitud del Área Total (Sumatoria las Áreas 1.-, 2.-, 3.-, 4.- y 5.-.)

Para el ejemplo de la Figura Nº III.25.- el coeficiente ponderado seria como se indica a continuación.

$$C_P = \frac{0,42 * 7 + 0,88 * 3 + 0,40 * 3 + 0,31 * 5 + 0,40 * 9}{(7 + 3 + 3 + 5 + 9)}$$

Luego el coeficiente ponderado seria:

$$C_P = \frac{11,93}{27} = 0,44$$

III.16.1.3.- VENTAJAS Y LIMITACIONES DEL MÉTODO RACIONAL.-

La ventaja del Método Racional radica fundamentalmente en su simplicidad y en la relativamente poca información que requiere, sin embargo presenta una serie de limitaciones que disminuyen su efectividad, las cuales son:

a) La lluvia se supone uniforme en el tiempo y en el espacio, es decir, su intensidad es constante e igual en toda el área tributaria, lo cual es válido únicamente para duraciones muy cortas y áreas pequeñas.

b) No se toma en cuenta el efecto de almacenamiento o retención temporal en superficies, conductos, cauces, etc., el cual es mayor mientras más permeable sea el área. En resumen, no considera el tránsito de la crecida o de la escorrentía a través de la cuenca.

c) Asigna un coeficiente de escorrentía constante para toda el área, lo cual es solo cierto para áreas impermeables.

d) Supone que el gasto calculado tiene la misma frecuencia de la precipitación, lo cual es más cierto en áreas impermeables, donde las condiciones previas de humedad del subsuelo no influyen significativamente en la escorrentía.

En las cuencas con tiempos de concentración largos, la Fórmula Racional no considera el hecho de que las lluvias cortas de gran intensidad puedan producir picos (no volúmenes) mayores que las lluvias largas de menor intensidad, a pesar de que en el primer caso sólo una porción de la cuenca contribuye a la descarga.

En la determinación del coeficiente de escorrentía para su aplicación en la Fórmula Racional, existe cierta dificultad, ya que en su valor influyen una serie de factores difíciles de ponderar que van desde condiciones climáticas hasta características geográficas, los cuales pueden conllevar a errores.

Las limitaciones antes mencionadas llevan a la conclusión que la Fórmula Racional puede arrojar resultados aceptables sólo si el área es pequeña, con un alto porcentaje de impermeabilidad y además tiempos de concentración cortos, ya que, de otra forma, la fórmula tiende a dar magnitudes mayores a las reales. Sin embargo, no existen criterios fijos en cuanto a los rangos de valores dentro de los cuales deben encontrarse los límites de aplicabilidad del método.

La consideración de las premisas señaladas y el conocimiento del comportamiento de las lluvias tropicales, distinguidas por sus intensidades tan fuertes y tan variables, lleva a la conclusión de que las limitaciones de aplicación del método deben ser severas.

Los principales criterios que limitan la aplicación de la Fórmula Racional son el área y el tiempo de duración de la lluvia.

Un área pequeña no está claramente definida, ya que depende del juicio del proyectista. Algunos autores adoptan valores que van de 20 a 50 hectáreas, otros recomiendan hasta 200 hectáreas, mientras que otros llegan hasta 500 hectáreas, como valores máximos para el área. Por su parte el tiempo de concentración ha sido limitado a un tiempo de 15 minutos, pero no existe ningún criterio específico que plantee tal limitante.

Tales limitaciones impedirían casi totalmente la utilización del método racional en la obtención de gastos máximos para el diseño de estructuras de retención o en estructuras de drenaje vial o drenaje urbano.

En el caso de estructuras de retención o en sistemas de drenaje urbano o vial esa importancia es menor, en especial si se analiza dentro del contexto global de la protección de personas y propiedades en el caso de las estructuras de retención o del contexto amplio de un proyecto de una vialidad, lo cual podría permitir aceptar límites de aplicabilidad mayores, pues la sobreestimación de los gastos de diseño que ello acarrearía tendría una influencia aceptable en el costo de una estructura de retención o en una estructura de drenaje vial, en donde en esta última se podría inferir que sería despreciable, si se considera que el costo de las estructura de drenaje vial puede oscilar entre un 10 % y un 15 % del costo de una obra de vialidad, lo cual se podría considerar irrelevante.

De acuerdo a lo descrito en los párrafos anteriores, para drenaje vial, los limites recomendables según la referencia (Franceschi, L., 1.984) serían: área tributaria máxima, 200 Ha. y una duración máxima de las lluvias de 30 minutos. Si una de las dos limitaciones no se satisface en el estudio, se recomienda buscar otros métodos.

Sin embargo, aunque su empleo debe hacerse con cierta reserva, debe considerarse que la variable gasto en sistemas de drenaje urbano es determinante en el establecimiento del dimensionamiento y costos.

En el caso de drenaje urbano se considera imprescindible un análisis más detallado, pues si se trata de un urbanismo, es posible que el análisis utilizando el Método Racional se justifique fundamentalmente por el tamaño del área. Sobre la base de la experiencia, se podría sugerir que se podría utilizar el Método Racional en urbanismos con un área no mayor de 25 hectáreas. Sin embargo, en el estudio de cuencas que involucran cuencas naturales y urbanizadas, para áreas no mayores de 30 hectáreas, se ha podido verificar que la utilización de modelos de simulación de lluvia – escorrentía, comparativamente con el Método Racional, permiten la optimización de los gastos de diseño y por ende el dimensionamiento de los colectores.

Ahora bien, para urbanismos de mayores dimensiones o eventualmente para estudios de Planes Rectores de índole Municipal o Regional, el sistema de drenaje puede tener un costo importante dentro del costo global del desarrollo urbano, en tal sentido, se sugiere utilizar modelos de simulación de lluvia – escorrentía de manera de obtener gastos más ajustados y así optimizar el dimensionamiento de los colectores del mencionado sistema.

Sobre estos criterios es imprescindible indicar que el criterio del Proyectista es insustituible en cada caso particular, pues cada proyecto puede tener condiciones particulares.

III.17.- HIETOGRAMA DE DISEÑO.-

En los métodos directos para la obtención de gastos máximos sólo se utiliza una intensidad de diseño puntual y así se obtiene el gasto máximo o caudal al pico.

Por su parte, los modelos hidrológicos que simulan el fenómeno lluvia – escorrentía, los cuales utilizan el análisis de flujo no permanente, permiten obtener la distribución del caudal en el tiempo (hidrograma de caudal o hidrograma de gastos).

Para ello se requiere no sólo del valor de lluvia o intensidad de diseño, sino de una distribución temporal de la tormenta (hietograma de precipitación), es decir, que el método estudia la distribución en el tiempo, de las tormentas observadas.

Sobre la base de lo anterior, se puede inferir que un hietograma de lluvia es una gráfica de profundidad de lluvia o intensidad de lluvia en función del tiempo, a manera de un histograma (Chow, et al., 1.994).

Una de las maneras de obtenerlo es a partir de las Curvas Intensidad - Duración - Frecuencia, dentro de ellas el Método de los Bloques Alternos, es una manera sencilla propuesta por Chow (Chow, et al., 1.994).

III.17.1.- MÉTODO DE LOS BLOQUES ALTERNOS.-

El método de los bloques alternos permite desarrollar de una forma simple un hietograma de diseño utilizando una Curvas Intensidad - Duración – Frecuencia y se puede obtener una gráfica de Precipitación en función del Tiempo o una gráfica de Intensidad de lluvia en función del Tiempo.

El hietograma de diseño obtenido mediante este método, especifica la profundidad de precipitación o intensidades de lluvia en **n** intervalos de tiempo sucesivos de duración **Δt**, sobre una duración total del hietograma definido como $Td = n * \Delta t$.

Para obtener un hietograma de diseño se inicia con la elección de la Curva Intensidad - Duración - Frecuencia y se selecciona el periodo de retorno deseado, o una ecuación que refleje dicha curva. En cualquiera de los casos, se podrá leer gráficamente, u obtener de la ecuación, la intensidad de precipitación para diversos incrementos de tiempo.

Tomando diferencias entre valores sucesivos de intensidad de lluvia, se encuentra la cantidad de intensidad de lluvia que debe añadirse por cada unidad adicional de tiempo, así como también la cantidad de precipitación si se multiplica la intensidad por la duración.

Estos valores o bloques se reordenan en una secuencia temporal de modo que el valor máximo ocurra en el centro de la duración requerida y que los demás bloques queden en orden descendente alternativamente hacia la derecha y hacia la izquierda del bloque central para formar el hietograma de diseño.

EJEMPLO Nº III.6.- ELABORACIÓN DE UN HIETOGRAMA DE LLUVIA.-

En el ejemplo que se ilustra a continuación se desea elaborar un hietograma de diseño de una tormenta de tres horas y media, con incrementos de tiempo de 30 minutos, a partir de una Curva de Intensidad – Frecuencia – Duración, En tal sentido, se trata de una tormenta de 210 minutos repartidos en 7 intervalos de 30 minutos.

En la Figura Nº III.26.- se ilustra una Curva Intensidad - Duración - Frecuencia para un periodo de retorno de 100 años.

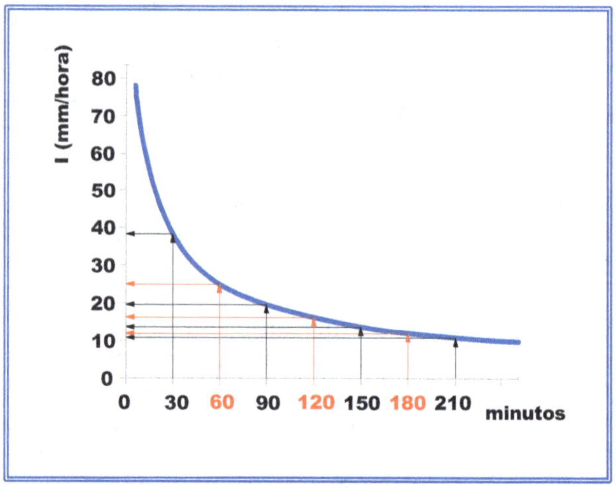

Figura N° III.26.- Curva de Intensidad – Duración – Frecuencia para un Tr = 100 años.-

En esta curva se pueden leer los valores de intensidad en mm/hr que se indican en las dos primeras columnas de la Tabla Nº III.19.A.- En la tercera columna se calcula la precipitación en mm caída en cada intervalo.

Para 30 minutos, si en 0,5 horas ocurrió una precipitación con una intensidad de 37,2 mm/hora, luego entonces precipitaron 0,5 horas * 37,5 mm/hr =

18,60 mm. Análogamente para todos los intervalos hasta 210 minutos (3,5 horas).

TABLA Nº III.19.A.-
CÁLCULO DEL HIETOGRAMA DE LLUVIA

T (minutos)	I (mm/hr)	P (mm)
30	37,2	37,2*0,5 = 18,60
60	24,5	24,5*1 = 24,50
90	19,5	19,5*1,5 = 29,50
120	16,0	16,0*2 = 32,00
150	13,5	13,5*2,5 = 33,75
180	11,7	11,7*3 = 35,10
210	10,4	10,4*3,5 = 36,40

En Tabla Nº III.19.B.- se calcula el valor **ΔP** a partir de la anterior, se debe suponer que dentro de los 60 minutos más lluviosos se encuentran los 30 minutos más lluviosos y se razona tal y como sigue:

Se calcula la precipitación ocurrida en los primeros 30 minutos según la Curva de Intensidad – Duración - Frecuencia, es decir 18,60 mm, en los segundos treinta minutos la precipitación sería la de los 60 minutos menos la de los primeros 30 minutos, es decir 24,50 – 18,60 = 5,90 mm, en los terceros 30 minutos la precipitación sería la de los 90 minutos menos la de los primeros 60 minutos, es decir 29,25 – 24,50 = 4,75 mm, y así sucesivamente hasta los 210 minutos, con lo que se obtendría la precipitación caída en incrementos de 30 minutos en orden decreciente.

TABLA Nº III.19.B.-
CÁLCULO DEL HIETOGRAMA DE LLUVIA

T (minutos)	I (mm/hr)	ΔP (mm)
30	37,2	18,60
60	24,5	24,50 - 18,60 = 5,90
90	19,5	29,25 - 24,50 = 4,75
120	16,0	32,00 - 29,25 = 2,75
150	13,5	33,75 - 32,00 = 1,75
180	11,7	35,10 - 33,75 = 1,35
210	10,4	36,40 - 35,10 = 1,30

Para construir el hietograma que se ilustra en la Figura Nº III.27.- con los valores de la última columna de la Tabla Nº III.19.-, se debe proceder como se describe a continuación.

En el centro de la duración total de la tormenta se coloca la precipitación registrada en los 30 minutos más lluviosos. A su derecha se coloca la precipitación registrada en el segundo intervalo más lluvioso, es decir, 5,90 mm, a la izquierda la registrada en el tercer intervalo más lluvioso, es decir, 4,75 mm, a la derecha el cuatro intervalo, es decir 2,75, y así sucesivamente.

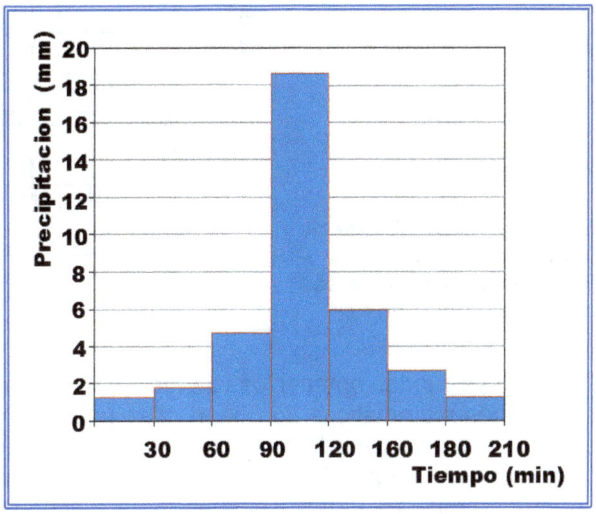

Figura N° III.27.- Hietograma de Diseño de Precipitación en función del tiempo.-

EJEMPLO Nº III.7.- ELABORACIÓN DE UN HIETOGRAMA DE LLUVIA – MÉTODO DE LOS BLOQUES ALTERNOS.-

Si deseamos obtener un hietograma expresado en intensidades (mm/hr) o (lps/Ha) y los intervalos utilizados son en minutos, se puede proceder tal y como se describe a continuación.

En el ejemplo que se ilustra a continución se elaborará el hietograma de una tormenta para 25 años de periodo de retorno e intervalos de lluvia de 10 minutos.

En esta curva se pueden leer los valores de intensidad en lps/Ha para 10, 20, 30, 40, 50 y 60 minutos

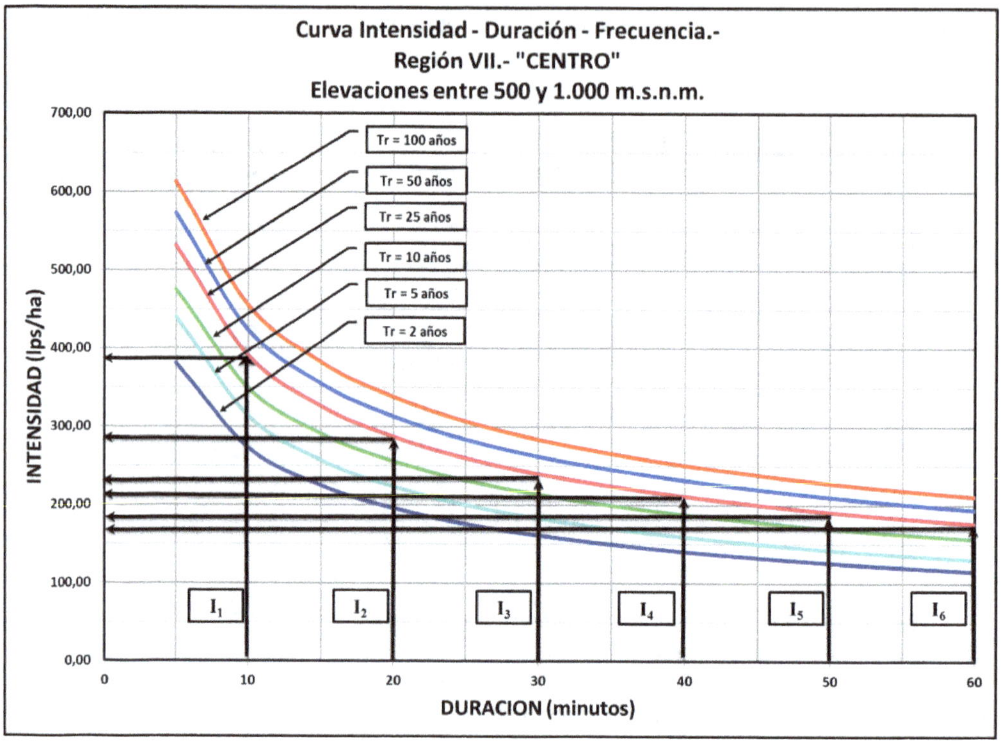

Figura N° III.28.- Curva de Intensidad – Duración – Frecuencia para diversos periodos de retorno.-

También se pueden obtener los valores a partir de las ecuaciones matemáticas que rigen cada una de las curvas para cada período de retorno. Para el caso de las curvas de la Figura Nº III.28.-, las ecuaciones son las que se muestran en la Tabla Nº III.20.-, donde **y** es la intensidad de lluvia en lps/Ha y **x** es la duracion en minutos.

TABLA Nº III.20.-
ECUACIONES DE LAS CURVAS DE INTENSIDAD – DURACIÓN – FRECUENCIA

PERIODO DE RETORNO (AÑOS)	ECUACIÓN DE LA CURVA
2	$y = 824{,}26\ x^{-0{,}480}$
5	$y = 968{,}71\ x^{-0{,}490}$
10	$y = 976{,}32\ x^{-0{,}447}$
25	$y = 1084{,}9\ x^{-0{,}444}$
50	$y = 1154{,}9\ x^{-0{,}436}$
100	$y = 1224{,}7\ x^{-0{,}430}$

Considerando la ecuación para un periodo de retorno de 25 años, se obtienen los valores que se muestran en la Tabla Nº III.21.-

TABLA Nº III.21.-
INTENSIDADES DE LLUVIA CADA 10 MINUTOS PARA UN T_R = 25 AÑOS

TIEMPO	INTENSIDAD (lps/Ha)
10	390,29
20	286,90
30	239,63
40	210,90
50	191,01
60	176,15

En este caso, la intensidad que se registra en la tormenta en el primer intervalo de tiempo de 10 minutos seria 390,29 lps/Ha, en el segundo intervalo sería la diferencia entre el valor de 10 minutos y el valor de 20 minutos, es decir, 390,29 – 286,90 = 103,39 lps/Ha, en el tercer intervalo sería la diferencia entre el valor de 20 minutos y el valor de 30 minutos, es decir, 286,90 – 239,63 = 47,27 lps/Ha, y así sucesivamente hasta los 60 minutos, con lo que se obtendría la intensidad de lluvia en cada intervalo en incrementos de 10 minutos en orden decreciente.

Sobre la base de lo anterior, en la Tabla Nº III.22.- se muestran los valores de las intensidades en intervalos de 10 minutos, tanto en lps/Ha, así como en mm/hr.

TABLA Nº III.22.-

INTENSIDADES DE LLUVIA EN INTERVALOS DE 10 MINUTOS PARA UN T_R = 25 AÑOS

DURACIÓN	DIFERENCIA DE INTENSIDADES		
(MINUTOS)	DIFERENCIA	(lps/Ha)	(mm/hr)
0 - 10	I_1	390,29	140,39
10 - 20	$I_1 - I_2$	103,39	37,19
20 - 30	$I_2 - I_3$	47,27	17,00
30 - 40	$I_3 - I_4$	28,73	10,33
40 - 50	$I_4 - I_5$	19,89	7,15
50 - 60	$I_5 - I_6$	14,86	5,35

Para construir el hietograma según el método propuesto por Chow (Chow, et al., 1.994) y que se ilustran en las Figuras Nº III.29.- y Nº III.30.-, con los valores de la última columna de la Tabla Nº III.22.-, se debe proceder como se describe a continuación.

En el centro de la duración total de la tormenta se coloca la Intensidad registrada en los 10 minutos más lluviosos. A su derecha se coloca la precipitación registrada en el segundo intervalo más lluvioso, a la izquierda la registrada en el tercer intervalo más lluvioso, a la derecha el cuatro intervalo y así sucesivamente.

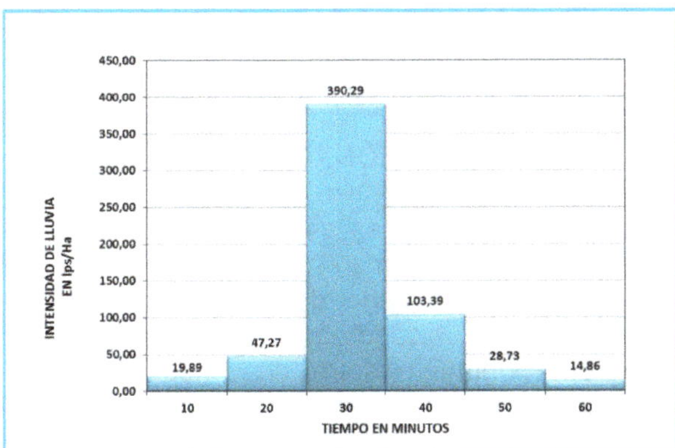

Figura N° III.29.- Hietograma de diseño de Intensidad de lluvia en lps/Ha en función del tiempo, considerando la Intensidad máxima en el centro de la duración de la tormenta.

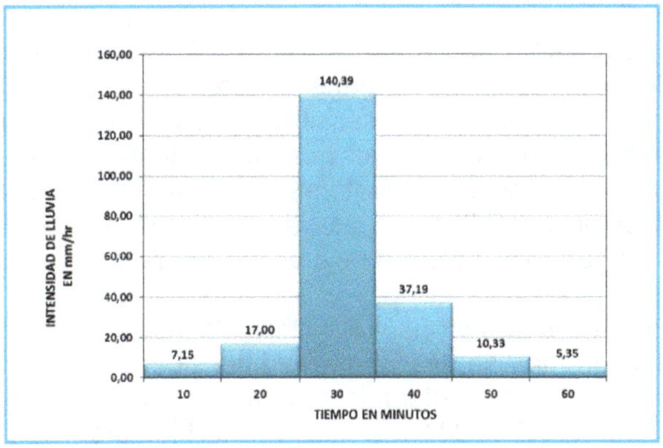

Figura N° III.30.- Hietograma de diseño de Intensidad de lluvia en mm/hr en función del tiempo, considerando la Intensidad máxima en el centro de la duración de la tormenta.

Es preciso indicar que no necesariamente el gasto máximo en una cuenca se obtiene considerando la intensidad máxima en el centro de la duración de la tormenta, pues la forma de la cuenca, así como la variable tiempo de concentración y en especial la configuración de la red de drenaje natural o urbana, son parámetros importantes que inciden en la coincidencia de las escorrentías a lo largo de la mencionada red de drenaje.

Si se desea un hietograma de intensidades que represente la tormenta que genera el mayor gasto máximo en la cuenca en estudio, se sugiere redistribuir los bloques y elaborar una distribución que al realizar los cálculos, se obtenga el mayor gasto máximo.

Este planteamiento se hace en virtud de que la ocurrencia de una tormenta se puede considerar aleatoria, en el sentido de que una tormenta podría tener una intensidad máxima al inicio de la misma, en el punto medio o al final de la misma, así como en cualquier posición a lo largo de la duración del evento de la tormenta, pues su aleatoriedad, y en especial las tormentas de las regiones tropicales, así lo han demostrado en los registros a lo largo de los años.

El planteamiento anteriormente descrito induce a pensar que, dependiendo de la configuración de la red de drenaje natural o urbana, fundamentalmente depende de la forma de la cuenca, el gasto máximo de la cuenca puede variar con el establecimiento del hietograma con las intensidades máximas en alguna de las posibles posiciones antes indicadas.

En tal sentido, para poder analizar de manera integral la ocurrencia de un gasto máximo en una determinada cuenca, se sugiere realizar los cálculos considerando diversas alternativas de posicionamiento de la intensidad máxima a lo largo de la duración de la tormenta, con ello se lograría tener un análisis de sensibilidad del valor de los gastos máximos, cuyas variables fundamentales serían la forma de la tormenta y la forma de la cuenca, considerando las variables que definen la configuración de la red de drenaje natural o urbana.

En las Figuras N° III.31.- y N° III.32.-, se ilustran los hietogramas de diseño con la intensidad máxima al inicio de la tormenta, mientras que en las Figuras N° III.33.- y N° III.34.-, se ilustran los hietogramas de diseño con la intensidad máxima al final de la tormenta.

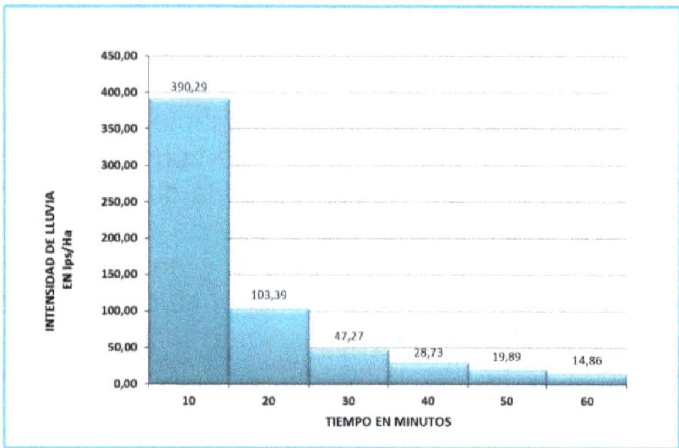

Figura N° III.31.- Hietograma de diseño de Intensidad de lluvia en lps/Ha en función del tiempo, considerando la Intensidad máxima al inicio de la duración de la tormenta.

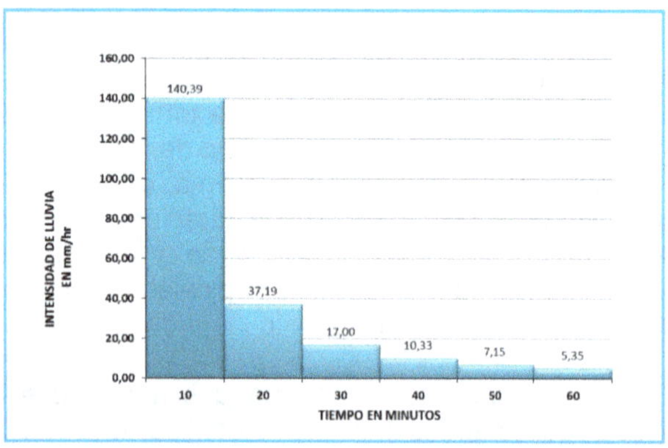

Figura N° III.32.- Hietograma de diseño de Intensidad de lluvia en mm/hr en función del tiempo, considerando la Intensidad máxima al inicio de la duración de la tormenta.

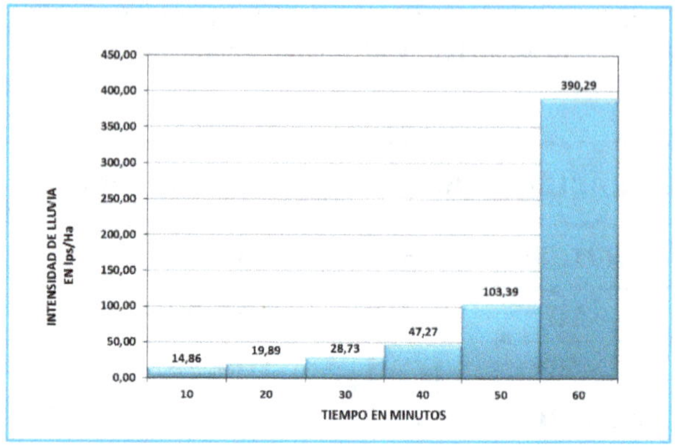

Figura N° III.33.- Hietograma de diseño de Intensidad de lluvia en lps/Ha en función del tiempo, considerando la Intensidad máxima al final de la duración de la tormenta.

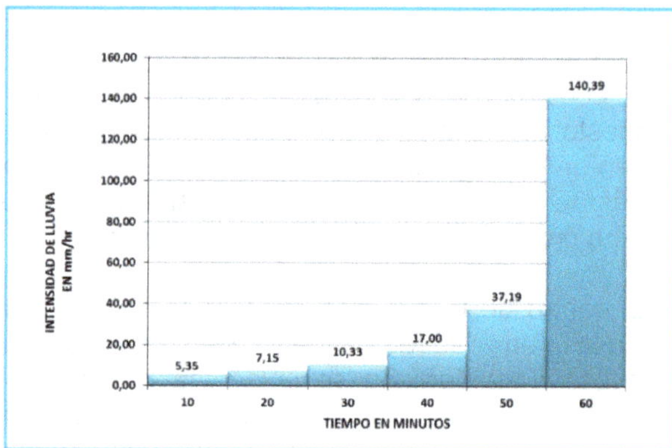

Figura N° III.34.- Hietograma de diseño de Intensidad de lluvia en mm/hr en función del tiempo, considerando la Intensidad máxima al final de la duración de la tormenta.

III.18.- TRÁNSITO DE CRECIENTES.-

III.18.1.- INTRODUCCIÓN.-

El tránsito de crecientes es un procedimiento para determinar el hidrograma en un punto en una red de drenaje, natural o urbana, desde un punto de la red hasta otro punto ubicado aguas abajo del primero. El hidrograma obtenido sufre una modificación que puede ser tanto en forma como en desplazamiento en el tiempo. Este tránsito puede considerarse como un análisis para seguir la onda de crecida a través de un sistema hidrológico.

Ahora bien, para predecir las variaciones temporal y espacial de una onda de crecida a través de un tramo de cauce natural, colector urbano o en un vaso de almacenamiento, o bien para determinar el hidrograma de salida de una cuenca sobre la que se presentó una determinada lluvia, se usan los procedimientos de tránsito de crecidas, el cual se realiza a través del tránsito del hidrograma.

A lo largo del tiempo, se han desarrollado varios procedimientos para llevar a cabo el tránsito de crecientes y comúnmente se distinguen dos categorías (Chow, et al., 1994):

- **Tránsito hidrológico.** El transito hidrológico utiliza la ecuación de continuidad y una relación entre el almacenamiento y el gasto de salida. Asimismo, este método se emplea para calcular la capacidad de un vertedero de una presa o bien para conocer el cambio en la forma y avance de la onda decrecida en un tramo de río.

- **Tránsito hidráulico.** En el tránsito hidráulico se utilizan las ecuaciones diferenciales de continuidad y de conservación de la cantidad de movimiento (ecuaciones de Saint - Venant), para flujo no permanente. La solución numérica de estas ecuaciones permite conocer la variación detallada de las características hidráulicas (velocidad y tirante) con respecto al tiempo. En conclusión, con este proceso se conoce la evolución del nivel de agua del cauce de un río o en la zona de planicie.

Los métodos de tránsito hidrológicos son evidentemente menos precisos que los métodos hidráulicos, pero su facilidad de aplicación ha contribuido a su utilización y extensión.

III.18.2.- CONCEPTOS BÁSICOS.-

Si en el depósito de la Figura Nº III.35.- se produce un aumento brusco del gasto de entrada, ese aumento se reflejara en la salida, pero de forma atenuada por el efecto del almacenamiento temporal en el depósito, generando una disminución del gasto máximo de salida, así como también sufrirá un retardo en el tiempo.

En la Figura Nº III.36.- se ilustra el efecto de atenuación y de retardo en el gasto máximo en un Hidrograma entre la entrada y la salida.

A lo largo de un cauce de una cuenca natural, así como a lo largo de un canal o colector de una cuenca urbana, el efecto es similar.

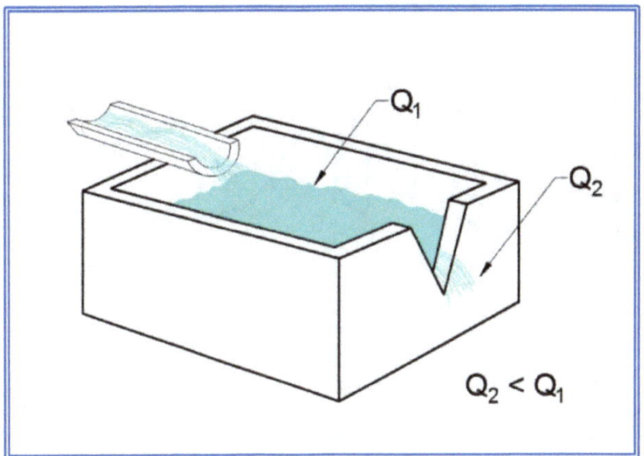

Figura N° III.35.- Ilustración de la disminución del gasto de salida por efecto de almacenamiento temporal en un depósito. (Imagen preparada por el Autor).

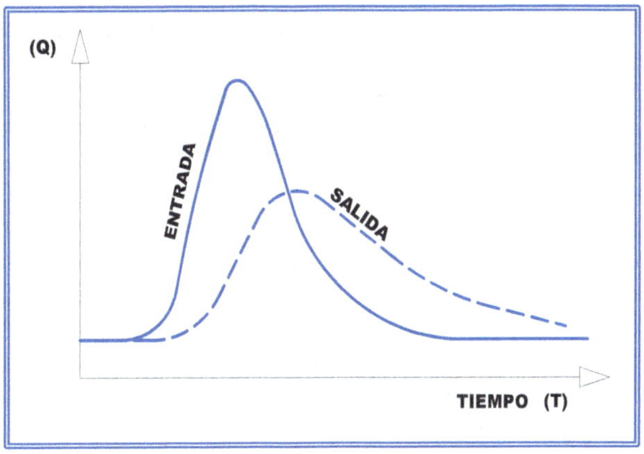

Figura N° III.36.- Ilustración del efecto de atenuación y de retardo en un Hidrograma entre la entrada y la salida. (Imagen preparada por el Autor).

Si suponemos que en el extremo aguas arriba de un canal seco arrojamos un volumen de agua (Ver Figura Nº III.37.-), el hidrograma generado en el Punto "A" será inicialmente más alto (gasto máximo mayor) y de menor duración. A medida que avanza, el mismo volumen escurrirá por los Puntos "B" y "C" cada vez con un hidrograma más atenuado, es decir, de menor gasto máximo y de mayor duración. Si suponemos que no existe pérdida de volumen (por infiltración o por evaporación), se puede inferir que el área comprendida bajo los tres hidrogramas será idéntica, por ende el volumen de agua vertido en el Punto "A" será igual al del Punto "C", pero escurrirá de diferente manera. En este caso, el retardo será el correspondiente al tiempo que tarde el agua en su recorrido a lo largo del canal.

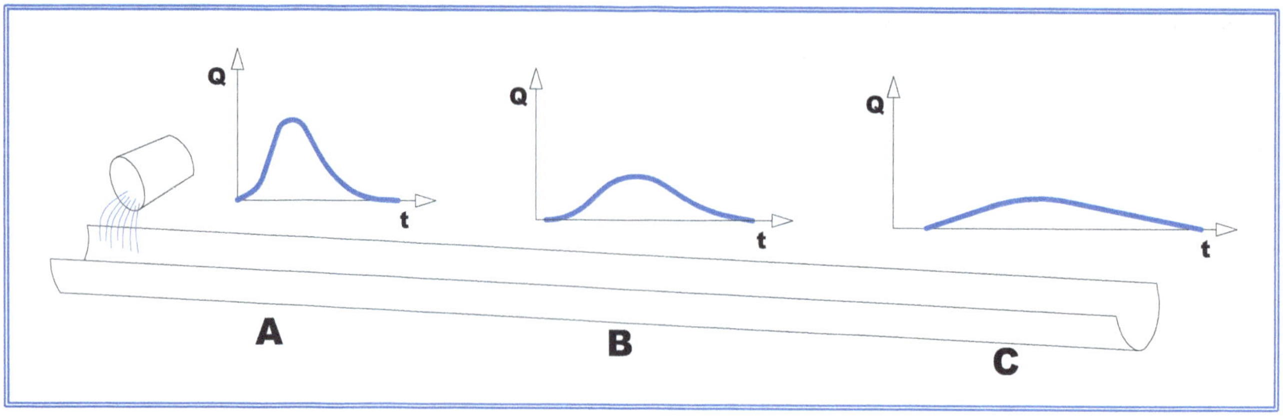

Figura N° III.37.- Efecto del tránsito a lo largo de un cauce de una cuenca natural o un canal o colector de una cuenca urbana. (Imagen preparada por el Autor).

Conceptualmente, el cálculo del tránsito de un hidrograma es la obtención del hidrograma del Punto "C" a partir del hidrograma del Punto "A", es decir, obtener el hidrograma de salida a partir del hidrograma de entrada.

La utilidad práctica del procedimiento es evidente: por ejemplo, el carácter de afectación al desarrollo urbano de una creciente está relacionado directamente con la altura del pico del hidrograma, es decir, con el gasto máximo, de modo que es fundamental calcular y conocer cómo ese pico del hidrograma va disminuyendo o se va atenuando a medida que la escorrentía se desplaza hacia aguas abajo.

En sistemas de drenaje urbano o drenaje vial, su utilidad estriba en el hecho de que en la medida que se obtengan los gastos máximos atenuados a lo largo de la red de drenaje, el dimensionamiento de los colectores podrá ser optimizado y por ende se lograran menores costos de inversión.

En la bibliografía especializada también se habla de tránsito de crecientes o tránsito de avenidas, y se utilizan las expresiones para transitar una avenida o transitar un hidrograma.

Es una práctica común que en todos los modelos hidrológicos que simulan el fenómeno lluvia – escorrentía, que han sido modelados como programas de computadora, y que son utilizados en Hidrología Superficial, incluyen el cálculo del tránsito de hidrogramas. No obstante, para efectos de aprendizaje, siempre conviene saber realizar a mano, aunque sea para casos sencillos, las tareas que después encomendaremos a los equipos de computación, pues esta tarea nos permite tener esa sensibilidad con los procesos, magnitudes y dimensiones que lo ingenieros que se dedican a este tipo de actividad requieren y maduran con la experiencia.

Considerando de nuevo el depósito de la Figura N° III.34.-, para un **Δt** considerado se cumple que:

$$\textbf{Volumen de entrada} - \textbf{Volumen de salida} = \Delta V$$
(Siendo ΔV el Almacenamiento)

dividiendo por Δt:

$$Q_{entrada} - Q_{salida} = \Delta V/\Delta t \qquad (III.19)$$

En la Figura N° III.38.- se ilustra el almacenamiento temporal en un depósito entre dos tiempos consecutivos t_1 y t_2.

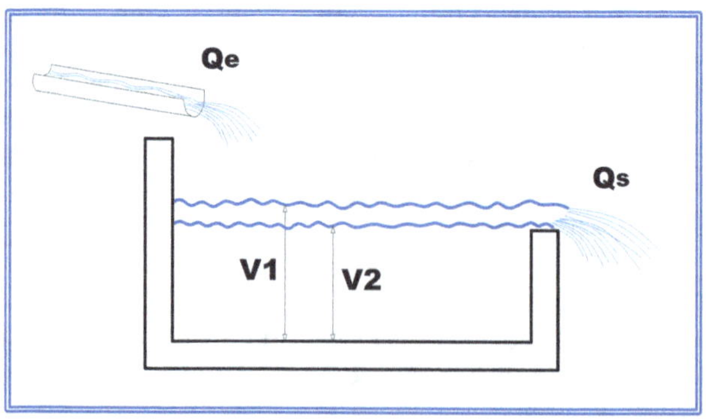

Figura N° III.38.- Visualización del almacenamiento temporal ΔV en un depósito entre dos tiempos consecutivos t_1 y t_2. (Imagen preparada por el Autor).

Con las variables indicadas en la Figura N° III.38.-, la igualdad (III.19) se puede expresar así:

$$Q_e - Q_s = \frac{V_1 - V_2}{\Delta t} \qquad (III.20)$$

Siendo:

Δt	=	Intervalo de tiempo entre los tiempos t_1 y t_2
V_1	=	Volumen almacenado en el tiempo t_1
V_2	=	Volumen almacenado en el tiempo t_2
Q_e	=	Gasto medio de entrada durante el intervalo Δt
Q_s	=	Gasto medio de salida durante el intervalo Δt

Es posible que el caudal de entrada Q_e o el de salida Q_s no sean constantes a lo largo del Δt considerado (Ver Figura Nº III.39.-). Para ello, se considera el caudal de entrada como la media de los valores al principio Q_{e1} y al final Q_{e2} es decir:

$$Q_e = \frac{Q_{e1} + Q_{e2}}{2} \qquad (III.21)$$

Y análogamente se considera el caudal de salida. De modo que la expresión (III.20) resultaría:

$$\frac{Q_{e1} + Q_{e2}}{2} - \frac{Q_{s1} + Q_{s2}}{2} = \frac{V_1 - V_2}{\Delta t} \qquad (III.22)$$

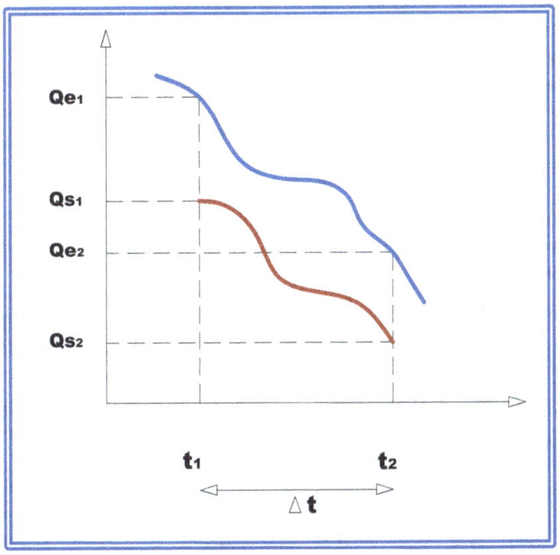

Figura N° III.39.- Visualización de la posible variación en el gasto entre dos tiempos consecutivos t1 y t2. (Imagen preparada por el Autor).

III.18.3.- TRÁNSITO MEDIANTE EL MÉTODO DE MUSKINGUM.-

Posiblemente el método de tránsito de crecientes más utilizado, por su sencillez, sea el de Muskingum. Es preciso indicar que Muskingum no es el nombre de su autor, sino que el método fue desarrollado en la década de los años 30 por el Servicio de Conservación del Distrito de Muskingum, en Ohio, U.S.A., para prevención de crecidas. (Chow, et al., 1.994).

Los hidrogramas que se obtienen para cada una de las sub-cuencas a partir del Método Racional se modifican por almacenamiento desde la salida hasta el punto donde se desea calcular el gasto de salida. Esta modificación se realiza mediante el Método de Muskingum, el cual es un método de tránsito hidrológico que se usa comúnmente para manejar relaciones variables caudal - almacenamiento.

El tránsito de un hidrograma en un tramo de un cauce natural o un colector urbano (Ver Figura Nº III.40.-), responde a la misma idea básica que se describió para un estanque o depósito.

Este método modela el almacenamiento volumétrico de la creciente en un cauce natural o un colector urbano mediante la combinación del almacenamiento de cuña y prisma.

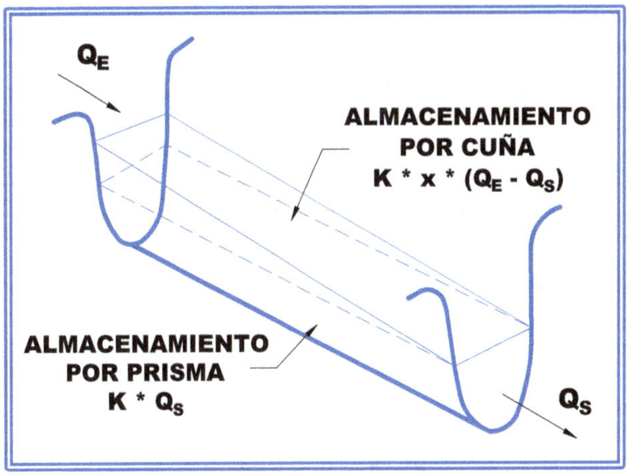

Figura N° III.40.- Visualización del almacenamiento por prisma y el almacenamiento por cuña. (Imagen preparada por el Autor).

El almacenamiento ΔV en un tramo del cauce natural o un colector urbano, puede descomponerse en dos partes: almacenamiento en prisma, que sería proporcional al caudal de salida Q_s y almacenamiento en cuña, que sería función de la diferencia entre el caudal de entrada y el de salida ($Q_e - Q_s$), ya que cuanto mayor sea esa diferencia, más pronunciada será la cuña. Al principio la cuña es positiva ($Q_e > Q_s$), como se refleja en la Figura Nº III.40.- y se suma al almacenamiento en prisma. Cuando la punta del hidrograma ha pasado ($Q_e < Q_s$), la cuña es negativa, se resta al almacenamiento en prisma.

Durante el avance de la onda de creciente, el caudal de entrada es mayor que el caudal de salida, siendo un almacenamiento en forma de "*cuña*", que es igual a:

$$\textbf{Almacenamiento por Cuña} = K * x * (Q_e - Q_s)$$

Durante la recesión, el caudal de salida es mayor que el caudal de entrada resultando en una cuña negativa. Adicionalmente, existe un almacenamiento por prisma que está formado por un volumen de sección transversal constante a lo largo de la longitud del canal prismático, que se expresa como:

$$\textbf{Almacenamiento por Prisma} = K * Q_s$$

El almacenamiento total es por consiguiente la suma de estos dos componentes, donde "**K**" es un coeficiente de proporcionalidad y "**x**" es un factor de ponderación.

El método de Muskingum se basa en la siguiente ecuación:

$$Q_{s2} = C_0 * Q_{e2} + C_1 * Q_{e1} + C_2 * Q_{s1} \quad (III.23)$$

Donde "Q_s" es el gasto a la salida, bien sea de la sub-área o del tramo que va de la sub-área al punto final de cálculo; "Q_e" es el gasto propio de la sub-área para la modificación dentro de la misma o en la salida de ella para la modificación en el tramo. Los subíndices numéricos se refieren a distintos instantes de tiempo (Chow, et al., 1.994).

Los coeficientes "C_0", "C_1" y "C_2", llamados coeficientes de almacenamiento se expresan mediante:

$$C_0 = \frac{(-K * X + 0,5 * \Delta t)}{(K - K * X + 0,5 * \Delta t)} \quad (III.24)$$

$$C_1 = \frac{(K * X + 0,5 * \Delta t)}{(K - K * X + 0,5 * \Delta t)} \quad (III.25)$$

$$C_2 = \frac{(K - K * X - 0,5 * \Delta t)}{(K - K * X + 0,5 * \Delta t)} \quad (III.26)$$

Y se debe cumplir que:

$$C_0 + C_1 + C_2 = 1 \quad (III.27)$$

Donde:

K	=	Constante de Almacenamiento, es la relación de proporcionalidad entre almacenamiento y la descarga. Tiene dimensiones de tiempo.
X	=	Factor de Ponderación o de Peso Adimensional. Constante que expresa la importancia relativa de las entradas y salidas del tramo, en el almacenamiento del mismo.
Δt	=	Es el intervalo de tránsito del hidrograma en las mismas unidades de **K**.

La principal limitación del método radica en la dificultad de estimación de los coeficientes "**K**" y "**X**", pues de estos valores van a depender la mayor o menor amortiguación del hidrograma a lo largo del tramo del cauce.

Sin embargo, estos coeficientes se pueden adaptar a valores conocidos, en donde, por una parte, se puede tomar la constante "**K**" como un valor igual al tiempo de viaje "t_v" de la cuenca (Chow, et al., 1.994). Por su parte, el valor de "**X**" depende de la forma de almacenamiento por cuña modelado.

El coeficiente "**X**" expresa la importancia relativa de las entradas y las salidas al tramo, así como el almacenamiento en el tramo. Si el valor de la entrada al tramo, que sería el afluente al tramo, no tiene peso en la capacidad de almacenamiento del tramo como en el caso de un embalse, entonces se le asigna un valor de cero ($X = 0$). Cuando los caudales afluente y efluente tiene el mismo peso y no hay atenuación del pico de la crecida, entonces el valor sería $X = 0,5$.

Las observaciones realizadas en corrientes naturales indican que para el tránsito en cauces naturales o colectores urbanos comúnmente se utiliza un valor de coeficiente "**X**" mayor que cero y menor que **0,5** dependiendo del tipo de conducto. En cauces naturales, el coeficiente "**X**" oscila entre **0** y **0,3** con un valor medio cercano a **0,2**. Para colectores urbanos, debido a su simetría a lo largo del colector, se puede utilizar un valor de hasta **0,3**.

Si conocemos estas dos constantes, **K** y **X**, podemos calcular los caudales de salida a partir de los caudales de entrada.
Si $K = t_v$ y $X = 0,5$, el hidrograma de salida es idéntico al de entrada pero desplazado a la derecha un tiempo igual a **K**.

De acuerdo con Chow (Chow, et al., 1.994), el intervalo de tiempo Δt que se debe usar para realizar el tránsito debe estar comprendido entre $2KX < \Delta t < K$, ya que si no se respetan estos límites se pueden tener errores de aproximación importantes en los resultados.

Luego de realizar diversos cálculos y análisis, se puede indicar que, la afirmación de Chow (Chow, et al., 1.994) es válida para tránsitos con tiempos de viaje largos (días), pero si se está trabajando con cuencas con tiempos de viaje cortos (minutos), la utilización de un intervalo de tiempo Δt comprendido entre $2KX < \Delta t < K$, genera el retardo en el tiempo del gasto máximo, pero no genera la atenuación del gasto máximo.

Dentro de los márgenes antes indicados, cuanto menor sea el Δt, mayor es la precisión del método.

Ahora bien, sobre la base de los diversos cálculos realizados en cuencas de diversa geomorfología, se puede afirmar que la utilización del Método de Muskingum genera un retardo del gasto máximo desplazado a la derecha un tiempo igual a K y se puede esperar una atenuación que puede variar entre el 20 % y el 30 % del gasto máximo del hidrograma de entrada.

III.18.4.- TRÁNSITO MEDIANTE EL MÉTODO DE MUSKINGUM - CUNGE.-

Este método, desarrollado por Cunge (Cunge, 1.969) introdujo una mejora al método Muskingum. La mejora radica en que, si los intervalos de simulación son adecuados, en función de la longitud del tramo en estudio, el método Muskingum adquiere precisión comparable a la de algunos métodos hidráulicos. Es decir, Cunge combinó métodos hidráulicos con la simplicidad del método de Muskingum.

Es preciso indicar que la propuesta de Cunge es fundamentalmente para cauces naturales.

El método propone el cálculo de las dos constantes utilizadas en el Método de Muskingum, K y X, mediante parámetros hidráulicos del cauce y utilizando las expresiones que se indican a continuación.

Según lo propuesto por Cunge, la Constante de Almacenamiento se propone como:

$$K = \frac{\Delta x}{c} \qquad (III.28)$$

Donde:

Δx	=	Longitud del tramo del cauce considerado
c	=	Celeridad de la onda difusiva = velocidad media * m
m	=	Aproximadamente 5/3 para cauces naturales amplios

En donde la velocidad media se obtiene con la expresión de Manning:

$$V = \frac{1}{\eta} * R^{2/3} * S_0^{1/2} \qquad (III.29)$$

Con lo que la celeridad seria:

$$c = \frac{5}{3} * \frac{1}{\eta} * R^{2/3} * S_0^{1/2} \qquad (III.30)$$

Según lo propuesto por Cunge, el Factor de Ponderación se propone como:

$$X = \frac{1}{2} * \left[1 - \frac{Q}{B * S_0 * c * \Delta x}\right] \qquad (III.31)$$

Donde:

Δx	=	Longitud del tramo del cauce considerado
c	=	"Celeridad" = velocidad media * m
m	=	Aproximadamente 5/3 para cauces naturales amplios
S_0	=	Pendiente media del cauce (adimensional)
Q	=	Gasto medio
B	=	Ancho medio del cauce.

Por lo tanto, los parámetros necesarios para aplicar el Método de Muskingum - Cunge son:

- Longitud del tramo
- Pendiente media del tramo
- Coeficiente de rugosidad del tramo
- Forma y dimensiones de la sección

EJEMPLO Nº III.8.- TRANSITO POR EL METODO DE MUSKINGUM.-

Se desea realizar el tránsito por el Método de Muskingum de un hidrograma a través de un tramo de cauce natural con un tiempo de viaje de 6 minutos. Para el cálculo se establece un valor del coeficiente **K** igual al tiempo de viaje, es decir **K** = **8** minutos, mientras que el coeficiente $\mathbf{X = 0{,}2}$ por tratarse de un cauce natural. Según lo anterior, y utilizando las ecuaciones III.24.-; III.25.- y III.26.- se tiene:

$C_0 = -0{,}16$	$C_1 = 0{,}30$	$C_2 = 0{,}86$	$C_0 + C_1 + C_2 = 1$

El cálculo del hidrograma de salida se realiza mediante una metodología sencilla con empleo de ecuaciones lineales descritas anteriormente. A continuación se presenta la metodología en forma literal, acompañada de un ejemplo numérico.

	Tiempo (min)	QE (m^3/s)	$C0*QE_2$	$C1*QE_1$	$C2*QS_1$	QS (m^3/s)
PASO 1.-	0	QE_1	-	-	-	QS_1
	1	QE_2	$C0*QE_2$	$C1*QE_1$	$C2*QS_1$	QS_2

	Tiempo (min)	QE (m^3/s)	$C0*QE_2$	$C1*QE_1$	$C2*QS_1$	QS (m^3/s)
PASO 2.-	0	0,00	-	-	-	0,00
	1	QE_1	-0,02	0,00	0,00	QS_1
	2	QE_2	$C0*QE_2$	$C1*QE_1$	$C2*QS_1$	QS_2

	Tiempo (min)	QE (m^3/s)	$C0*QE_2$	$C1*QE_1$	$C2*QS_1$	QS (m^3/s)
PASO 3.-	0	0,00	-	-	-	0,00
	1	0,14	-0,02	0,00	0,00	-0,02
	2	QE_1	-0,04	0,04	-0,02	QS_1
	3	QE_2	$C0*QE_2$	$C1*QE_1$	$C2*QS_1$	QS_2

	Tiempo (min)	QE (m^3/s)	$C0*QE_2$	$C1*QE_1$	$C2*QS_1$	QS (m^3/s)
PASO 4.-	0	0,00	-	-	-	0,00
	1	0,14	-0,02	0,00	0,00	-0,02
	2	0,29	-0,04	0,04	-0,02	-0,01
	3	QE_1	-0,06	0,09	-0,01	QS_1
	4	QE_2	$C0*QE_2$	$C1*QE_1$	$C2*QS_1$	QS_2

	Tiempo (min)	QE (m^3/s)	$C0*QE_2$	$C1*QE_1$	$C2*QS_1$	QS (m^3/s)
PASO 5.-	0	0,00	-	-	-	0,00
	1	0,14	-0,02	0,00	0,00	-0,02
	2	0,29	-0,04	0,04	-0,02	-0,01
	3	0,47	-0,06	0,09	-0,01	0,03
	4	QE_1	-0,09	0,15	0,02	QS_1
	5	QE_2	$C0*QE_2$	$C1*QE_1$	$C2*QS_1$	QS_2

Los pasos antes descritos deben seguirse sucesivamente hasta que la rama descendente del hidrograma de salida tienda a cero, tal y como se indica en la Tabla N° III.23.- que se muestra a continuación.

Si se observan los valores del hidrograma de salida en los cuadros anteriores, así como en la Tabla Nº III.23.-, en el minuto 1, así como en el minuto 2, se obtienen valores negativos del gasto de salida. En la Tabla Nº III.24.- que se presenta posteriormente, desde el minuto 1, hasta el minuto 7, también se obtienen valores negativos.

Es obvio que valores negativos de gasto físicamente no son correctos, pues gastos negativos no existen. Estos valores son el resultado de los cálculos mediante el método descrito y no tiene ningún efecto en el retardo del gasto máximo, así como tampoco en la atenuación del dicho gasto máximo.

Para efectos de cálculo y de presentación, con la finalidad de no presentar resultados con valores negativos, se podrían colocar una condicionante en la hoja de cálculo, que cuando el valor es negativo, se coloque el valor de cero "0", y se siga el cálculo con un valor de cero, en cambio de un valor negativo. Esta condicionante no genera ningún cambio en los resultados, pues como se indicó anteriormente, no tiene ningún efecto en el retardo del gasto máximo, así como tampoco en la atenuación del dicho gasto máximo.

TABLA Nº III.23.-
EJEMPLO DE CALCULO DE UN TRANSITO POR EL METODO DE MUSKINGUM

Tiempo (min)	QE (m^3/s)	$C0*QE_2$	$C1*QE_1$	$C2*QS_1$	QS (m^3/s)
0	0,00	-	-	-	0,00
1	0,14	-0,02	0,00	0,00	-0,02
2	0,29	-0,05	0,04	-0,02	-0,02
3	0,47	-0,07	0,09	-0,02	0,00
4	0,68	-0,11	0,14	0,00	0,03
5	0,94	-0,15	0,21	0,02	0,08
6	1,14	-0,18	0,29	0,07	0,18
7	1,31	-0,21	0,35	0,15	0,29
8	1,46	-0,23	0,40	0,25	0,41
9	1,54	-0,24	0,44	0,35	0,55
10	1,60	-0,25	0,47	0,47	0,68
11	1,80	-0,29	0,49	0,59	0,78
12	2,06	-0,33	0,55	0,67	0,89
13	2,36	-0,38	0,63	0,76	1,01
14	2,69	-0,43	0,72	0,87	1,16
15	3,07	-0,49	0,82	0,99	1,32
16	3,36	-0,54	0,93	1,13	1,53
17	3,61	-0,58	1,02	1,30	1,75
18	3,84	-0,61	1,10	1,50	1,98
19	3,95	-0,63	1,17	1,70	2,23
20	4,04	-0,64	1,20	1,91	2,47
21	6,06	-0,97	1,23	2,11	2,38
22	8,81	-1,40	1,84	2,03	2,47
23	12,15	-1,94	2,68	2,11	2,86
24	15,98	-2,55	3,70	2,44	3,59
25	20,48	-3,26	4,86	3,07	4,67
26	23,89	-3,81	6,23	3,99	6,42
27	26,89	-4,29	7,27	5,49	8,47
28	29,56	-4,71	8,18	7,24	10,71
29	30,86	-4,92	9,00	9,16	13,24
30	31,94	-5,09	9,39	11,32	15,62
31	31,26	-4,98	9,72	13,36	18,09
32	29,78	-4,75	9,52	15,47	20,24
33	27,64	-4,41	9,06	17,31	21,96
34	24,97	-3,98	8,41	18,78	23,21
35	21,64	-3,45	7,60	19,85	24,00
36	19,15	-3,05	6,59	20,52	24,05

Tiempo (min)	QE (m^3/s)	$C0*QE_2$	$C1*QE_1$	$C2*QS_1$	QS (m^3/s)
36	19,15	-3,05	6,59	20,52	24,05
37	16,93	-2,70	5,83	20,57	23,70
38	14,93	-2,38	5,15	20,26	23,03
39	14,04	-2,24	4,54	19,70	22,00
40	13,30	-2,12	4,27	18,81	20,97
41	12,23	-1,95	4,05	17,93	20,03
42	11,12	-1,77	3,72	17,12	19,07
43	9,98	-1,59	3,38	16,31	18,10
44	8,82	-1,41	3,04	15,48	17,11
45	7,57	-1,21	2,68	14,63	16,11
46	6,61	-1,05	2,30	13,77	15,02
47	5,78	-0,92	2,01	12,85	13,93
48	5,05	-0,80	1,76	11,92	12,87
49	4,65	-0,74	1,54	11,00	11,80
50	4,31	-0,69	1,41	10,09	10,82
51	3,95	-0,63	1,31	9,25	9,93
52	3,61	-0,58	1,20	8,49	9,12
53	3,29	-0,52	1,10	7,80	8,37
54	2,99	-0,48	1,00	7,16	7,68
55	2,68	-0,43	0,91	6,57	7,05
56	2,44	-0,39	0,82	6,03	6,46
57	2,23	-0,36	0,74	5,52	5,91
58	2,06	-0,33	0,68	5,05	5,40
59	1,95	-0,31	0,63	4,62	4,94
60	1,86	-0,30	0,59	4,22	4,52
61	1,70	-0,27	0,57	3,86	4,16
62	1,52	-0,24	0,52	3,56	3,83
63	1,32	-0,21	0,46	3,27	3,53
64	1,12	-0,18	0,40	3,01	3,24
65	0,89	-0,14	0,34	2,77	2,97
66	0,71	-0,11	0,27	2,54	2,69
67	0,56	-0,09	0,22	2,30	2,43
68	0,42	-0,07	0,17	2,08	2,18
69	0,35	-0,06	0,13	1,87	1,94
70	0,29	-0,05	0,11	1,66	1,72
71	0,24	-0,04	0,09	1,47	1,52
72	0,20	-0,03	0,07	1,30	1,34

A manera de ejemplo, si a este caso se le modificara el tiempo de viaje y se colocara un **Tv = 20 minutos** y por ende el coeficiente **K = 20 minutos**, el hidrograma de salida sería como se muestra en la Tabla N° III.24.- Según lo anterior los coeficientes de almacenamiento seria como se indica.

$C_0 = -0{,}21$	$C_1 = 0{,}27$	$C_2 = 0{,}94$	$C_0 + C_1 + C_2 = 1$

TABLA N° III.24.-
EJEMPLO DE CÁLCULO DE UN TRÁNSITO POR EL MÉTODO DE MUSKINGUM

Tiempo (min)	QE (m^3/s)	C0*QE₂	C1*QE₁	C2*QS₁	QS (m^3/s)
0	0,00	-	-	-	0,00
1	0,14	-0,03	0,00	0,00	-0,03
2	0,29	-0,06	0,04	-0,03	-0,05
3	0,47	-0,10	0,08	-0,05	-0,07
4	0,68	-0,14	0,13	-0,06	-0,08
5	0,94	-0,20	0,18	-0,08	-0,09
6	1,14	-0,24	0,26	-0,08	-0,07
7	1,31	-0,28	0,31	-0,07	-0,03
8	1,46	-0,31	0,36	-0,03	0,02
9	1,54	-0,33	0,40	0,01	0,09
10	1,60	-0,34	0,42	0,08	0,16
11	1,80	-0,38	0,44	0,15	0,20
12	2,06	-0,44	0,49	0,19	0,25
13	2,36	-0,50	0,56	0,23	0,29
14	2,69	-0,57	0,64	0,28	0,35
15	3,07	-0,65	0,73	0,33	0,41
16	3,36	-0,71	0,84	0,38	0,51
17	3,61	-0,77	0,92	0,48	0,63
18	3,84	-0,81	0,98	0,59	0,76
19	3,95	-0,84	1,05	0,72	0,92
20	4,04	-0,86	1,08	0,87	1,09
21	6,06	-1,28	1,10	1,02	0,84
22	8,81	-1,87	1,65	0,79	0,57
23	12,15	-2,58	2,40	0,54	0,36
24	15,98	-3,39	3,31	0,34	0,26
25	20,48	-4,34	4,36	0,25	0,26
26	23,89	-5,07	5,59	0,25	0,76
27	26,89	-5,70	6,51	0,72	1,53
28	29,56	-6,27	7,33	1,44	2,50
29	30,86	-6,55	8,06	2,35	3,86
30	31,94	-6,78	8,42	3,63	5,27
31	31,26	-6,63	8,71	4,95	7,03
32	29,78	-6,32	8,53	6,60	8,81
33	27,64	-5,86	8,12	8,28	10,54
34	24,97	-5,30	7,54	9,90	12,14
35	21,64	-4,59	6,81	11,41	13,62
36	19,15	-4,06	5,90	12,80	14,64

Tiempo (min)	QE (m^3/s)	C0*QE₂	C1*QE₁	C2*QS₁	QS (m^3/s)
36	19,15	-4,06	5,90	12,80	14,64
37	16,93	-3,59	5,22	13,75	15,38
38	14,93	-3,17	4,62	14,45	15,90
39	14,04	-2,98	4,07	14,94	16,03
40	13,30	-2,82	3,83	15,06	16,07
41	12,23	-2,59	3,63	15,09	16,13
42	11,12	-2,36	3,33	15,15	16,13
43	9,98	-2,12	3,03	15,15	16,06
44	8,82	-1,87	2,72	15,09	15,94
45	7,57	-1,61	2,40	14,98	15,78
46	6,61	-1,40	2,06	14,82	15,48
47	5,78	-1,23	1,80	14,54	15,12
48	5,05	-1,07	1,58	14,20	14,71
49	4,65	-0,99	1,38	13,82	14,21
50	4,31	-0,92	1,27	13,35	13,70
51	3,95	-0,84	1,18	12,87	13,21
52	3,61	-0,77	1,08	12,41	12,72
53	3,29	-0,70	0,99	11,95	12,23
54	2,99	-0,63	0,90	11,49	11,76
55	2,68	-0,57	0,81	11,04	11,29
56	2,44	-0,52	0,73	10,61	10,82
57	2,23	-0,47	0,67	10,16	10,36
58	2,06	-0,44	0,61	9,73	9,90
59	1,95	-0,41	0,56	9,30	9,45
60	1,86	-0,39	0,53	8,88	9,01
61	1,70	-0,36	0,51	8,47	8,61
62	1,52	-0,32	0,46	8,09	8,23
63	1,32	-0,28	0,41	7,73	7,87
64	1,12	-0,24	0,36	7,39	7,51
65	0,89	-0,19	0,30	7,06	7,17
66	0,71	-0,15	0,24	6,74	6,83
67	0,56	-0,12	0,19	6,42	6,49
68	0,42	-0,09	0,15	6,10	6,16
69	0,35	-0,07	0,12	5,79	5,83
70	0,29	-0,06	0,10	5,48	5,51
71	0,24	-0,05	0,08	5,18	5,20
72	0,20	-0,04	0,07	4,89	4,91

En la Figura N° 41.- se ilustra la atenuación del pico del hidrograma de entrada para el caso de que el coeficiente **K = 8 minutos** y en el caso de que el coeficiente **K = 20 minutos**.

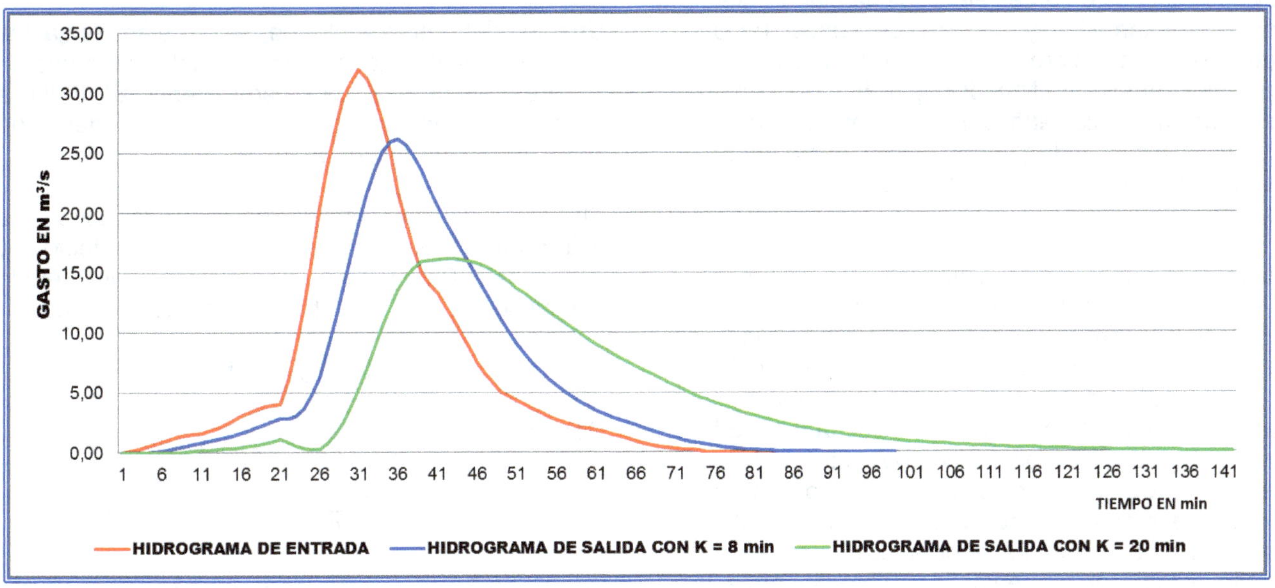

Figura N° III.41.- Visualización de la atenuación del pico del hidrograma de entrada para el caso de que el coeficiente K = 8 minutos y en el caso de que el coeficiente K = 20 minutos. (Imagen preparada por el Autor).

En la figura anterior se puede observar como el retardo, así como la atenuación del hidrograma, considerando el coeficiente **K = 20 minutos** es mayor que la atenuación con **K = 8 minutos**. Lo anterior se puede explicar en el sentido de que, si el tiempo de viaje es mayor, debe haber mayor almacenamiento a lo largo del cauce natural y por ende mayor atenuación del pico de la crecida

III.19.- MÉTODO DEL AREA EFECTIVA.-

III.19.1.- DESCRIPCIÓN CONCEPTUAL DEL MÉTODO DEL ÁREA EFECTIVA.-

El Método Racional ha sido ampliamente usado en Venezuela y el mundo, debido a su simplicidad y a la relativa poca información que se necesita para la estimación del caudal máximo.

Es importante destacar que este método engloba en el coeficiente de escorrentía, "C", las pérdidas por infiltración, evaporación, etc., cuyas estimaciones representan el principal problema para el desarrollo de la mayoría de los modelos, habiéndose demostrado que sus resultados son satisfactorios en la medida en que las áreas sean más pequeñas.
Por otra parte se hace notar que, por lo general, el uso de los modelos de simulación en zonas urbanas está limitado a cuencas de cierta magnitud y donde el nivel de daños a personas y propiedades, debidas a un mal diseño, justifique el costo que representa la calibración de estos modelos, en zonas donde no se cuenta con registros suficientes.

En la búsqueda de aprovechar las ventajas del Método Racional y a su vez, tratando de resolver sus limitaciones fue creado el Método del Área Efectiva (Bolinaga, J.J., 1.979).

Basado en la formula racional y con el fin de minimizar sus limitaciones, el Ingeniero Juan José Bolinaga I. desarrolló, en el año 1.976, para el *"Plan Rector de Drenaje Primario de la Ciudad de Barcelona, Estado Anzoátegui, Venezuela"* (Bolinaga, J.J., 1.977), el Método del Área Efectiva, el cual ha sido modificado a lo largo de los años siguientes, evolucionando con la finalidad de representar cada vez mejor los gastos máximos a lo largo de la configuración de una red de drenaje.

La razón fundamental por la que se crea el Método del Área Efectiva se basa en que, como en la mayoría de las ciudades que se ubican al piedemonte de una cordillera, las cuencas contribuyentes tienen un parte en régimen montañoso con altas pendientes y una parte en planicie con bajas pendientes, la generación de los gastos máximos depende de la forma de la tormenta en el tiempo y en el espacio, así como de la coincidencia de los hidrogramas de las diversas áreas que contribuyen a un mismo punto, así como la amortiguación de los hidrogramas que provienen del área montañosa y transitan a través de la planicie ubicada aguas abajo.

El método consiste fundamentalmente en dividir el área de la cuenca en áreas efectivas parciales o sub-cuencas de tamaños y tiempos de concentración pequeños cuyos hidrogramas son triangulares o trapeciales (Ver Figura Nº III.21.- y N° III.22.-), con un gasto máximo calculado con base en la fórmula racional. Estos hidrogramas son debidamente desfasados en el tiempo y transitados hasta el lugar deseado.

Este método puede, en principio, aplicarse a cuencas de cualquier magnitud y a amplias duraciones de lluvia, pues pretende eliminar dos de las limitaciones básicas del Método Racional, a saber: el área a cubrir y la uniformidad de la lluvia en el tiempo y en el espacio. Para ello se hace la suposición que no toda el área contribuye al mismo tiempo, sino en áreas efectivas parciales. En relación a lo anterior, una de las ventajas importantes del Método del Área Efectiva estriba en el hecho de que la formulación del método permite establecer tormentas de diferente forma y características en una o en varias de las sub-cuencas que componen la cuenca a estudiar, de manera de simular la tormenta de la manera más realista posible.

III.19.2.- EVOLUCIÓN DEL MÉTODO DEL ÁREA EFECTIVA.-

Desde su creación y a través de los diez años siguientes, el Método del Área Efectiva evolucionó con la finalidad de ofrecer al usuario un modelo de simulación de lluvia – escorrentía que sea de fácil aplicación y que permita obtener gastos de diseño cónsonos con las necesidades para el dimensionamiento de estructuras hidráulicas como las que se tratan en este libro, pero bajo la premisa de obtener gastos de diseño lo más ajustados a la realidad. Existen varias versiones de este método, las cuales se diferencian entre sí en la forma de realizar el tránsito de crecidas.

III.19.2.1.- MÉTODO DEL ÁREA EFECTIVA, VERSIÓN 1.-

Esta primera versión tiene sus bases en otros tres métodos: el Método de C. O. Clark, en el Método del Sumidero y en el propio Método Racional (Bolinaga, J.J., 1.979).
Para el cálculo de los gastos iniciales se procede a subdividir, mediante líneas isócronas, el área total de la cuenca en áreas parciales efectivas, de tal manera que estas áreas sean menores o iguales a veinte hectáreas, y que contribuyan dentro de tiempos de concentración iguales o menores que el intervalo uniforme de la lluvia.

Una vez determinada el área, se calculan los gastos iniciales aplicando la fórmula racional a cada una de las áreas efectivas y para cada intensidad de lluvia resultando tantos hidrogramas como intensidades de lluvia existan para cada área.

El paso siguiente consiste en modificar todos los hidrogramas, antes mencionados, por efecto de almacenaje. Para ello se utiliza la fórmula del método del sumidero, sólo aplicable a conductos cerrados.

$$Q_a = K_a * Q_i \qquad (III.32)$$

Donde:

$$K_a = \frac{2 * t_c}{(2 * t_c + 0,8 * t_v)} \qquad (III.33)$$

Donde "Q_a" es el gasto máximo amortiguado por tránsito a lo largo de la longitud "L" del colector, que separa el punto donde se calculó "Q_i", del sitio donde se desea calcular el gasto total.

Una vez en disposición de los hidrogramas amortiguados de cada área efectiva, se procede a sumarlos debidamente ordenados y desfasados en los tiempos de viaje, "t_v", respectivos. (Chow, et al., 1994)

III.19.2.2.- MÉTODO DEL ÁREA EFECTIVA, VERSIÓN 2.-

Este método surge como resultado de la búsqueda por solventar las limitaciones de la primera versión del método.

Estructuralmente el método es el mismo, sufriendo modificaciones en dos puntos:

1.- El área total de la cuenca no es dividida mediante líneas isócronas, sino que las áreas efectivas ahora son sub-cuencas pequeñas que se definen sobre la base de la homogeneidad de sus características (topografía, cobertura vegetal, etc).

2.- El tránsito de crecientes se realiza mediante el Método de Muskingum. (Chow, et al., 1.994), (Bolinaga, J.J., 1.979), (Franceschi, L., 1.984) (Linsley, et al., 1.981).

Los hidrogramas que se obtienen para cada una de las sub-cuencas a partir del Método Racional se modifican por almacenamiento desde la salida hasta el punto donde se desea calcular el gasto de salida.

Esta modificación se realiza mediante el Método de Muskingum.

III.19.2.3.- MÉTODO DEL ÁREA EFECTIVA, VERSIÓN 3.-

Esta es la versión más reciente del método, y fue realizada como Trabajo Especial de Grado con el título de "Método Modificado del Área Efectiva para la determinación de hidrogramas en sistemas de drenaje", realizado por Carolina León y Elena Martín. (León y Martín, 1.985)

Siguiendo el esquema de la versión anterior, en cuanto a la subdivisión de las áreas efectivas, con la diferencia que el tránsito de crecientes se realiza mediante la onda cinemática producto de la simplificación de las ecuaciones de Saint - Venant, que gobiernan el movimiento no permanente y variado con superficie libre.

El concepto de onda cinemática se utiliza para resolver problemas de movimientos unidimensionales gradualmente variados en corrientes libres (Chow, et al., 1.994). Las ecuaciones propuestas por Barre de Saint - Venant en 1.871 constituyen un balance de materia y de cantidad de movimiento a escala diferencial y describen el flujo unidimensional no permanente en un canal abierto. Partiendo de estas ecuaciones se resolvería cualquier problema de flujo eligiendo correctamente las condiciones de borde o frontera. La ecuación de balance de cantidad de movimiento implica la consideración de la aceleración local y convectiva, así como de fuerzas de presión, gravitacional y de fricción. En la práctica, la resolución de las ecuaciones completas implica utilizar métodos numéricos. No obstante, para algunos casos se puede simplificar la ecuación de balance de cantidad de movimiento

La expresión general de estas ecuaciones es: (1)

Ecuación de continuidad:

$$\frac{\partial Q}{\partial x} + \frac{\partial A}{\partial t} - q = 0 \qquad (III.34)$$

Ecuación dinámica:

$$S_0 - S_f = \frac{\partial y}{\partial x} - \frac{1}{g} * \frac{V * \partial V}{\partial x} + \frac{1}{g} * \frac{\partial V}{\partial t} \qquad (III.35)$$

La simplificación de la onda cinemática se produce cuando los términos dinámicos de la ecuación se consideran despreciables en comparación con aquellos referentes a la pendiente de fondo (gravedad) y a la fricción (esfuerzo cortante). De acuerdo a esto, la ecuación III.35.- se convierte en:

$$S_0 = S_f \qquad (III.36)$$

El valor de S_f se calcula normalmente con la fórmula de Manning, la cual puede en una forma general expresarse así:

$$Q = \alpha * A^{\beta} \qquad (III.37)$$

Donde α y β se relacionan con la geometría y la rugosidad para flujo uniforme (Chow, et al., 1994). Si a esta ecuación de aplica derivadas parciales respecto al tiempo y se sustituye en la ecuación de continuidad (III.34), se tiene:

$$q = \frac{\partial A}{\partial t} + \alpha * \beta * A^{(\beta-1)} \frac{\partial A}{\partial x} \qquad (III.38)$$

La ecuación anterior es la que gobierna la onda cinemática y se resuelve normalmente por diferencias finitas, lo cual es obviamente laborioso.

Es relevante destacar que la onda cinemática considera la traslación de la onda con deformación, pero sin atenuación.

Tal vez el hecho que la validez de las suposiciones que involucra la onda cinemática queda sujeta a la velocidad del flujo sea la más importante de sus limitaciones, es decir, que es función de la rugosidad y de la pendiente de los conductos en consideración, lo cual posiblemente impida su aplicación razonable a flujos con muy baja pendiente.

III.19.3.- ANÁLISIS COMPARATIVO DE LAS VERSIONES DEL MÉTODO DEL ÁREA EFECTIVA.-

La primera versión del Método del Área Efectiva puede resultar un procedimiento muy laborioso para áreas grandes, debido a la dificultad que representa el trazado de las líneas isócronas. Esto acompañado por el hecho que, debido a la utilización del método del sumidero, el método sólo puede ser utilizado para conductos cerrados. Sobre la base de lo anterior se puede inferir que este método se puede descartar.

La estimación de los gastos máximos (hidrogramas iniciales) de cada sub-cuenca, constituye una de las principales ventajas de la segunda y tercera versión del Método del Área Efectiva, debido a la simplicidad que presenta esta estimación frente a los modelos de simulación existentes, pues el uso de la Fórmula Racional, dentro de los límites satisfactorios de aplicabilidad, obvia los obstáculos presentes en la consideración de la infiltración y de la atenuación en el flujo superficial.

Una de las principales ventajas de la segunda versión del Método del Área Efectiva es que el área total de la cuenca no es dividida mediante líneas isócronas, sino más bien en sub-áreas efectivas, las cuales son definidas como sub-cuencas basándose en la homogeneidad de sus características, considerando la topografía, la cobertura vegetal, etc.. Esto permite que la determinación de los datos principales de cada sub-cuenca necesarios para el cálculo sea mucho más rápido y eficiente. También permite aproximar en términos más reales el comportamiento de la escorrentía del flujo sobre cada sub-área sin que las características topográficas (pendientes, tipo de suelo, cobertura vegetal, rugosidades, etc.) sean un obstáculo a la hora de realizar los cálculos, lo que conlleva a representar físicamente la configuración de la red de drenaje de una cuenca lo más real posible.

El Método de Muskingum que se utiliza en la segunda versión, ofrece dos ventajas sobre los métodos estándares de onda cinemática. En primer lugar, la solución se obtiene a través de una ecuación algebraica lineal (III.23) en lugar de una aproximación por diferencias finitas o por el método de las características de la ecuación diferencial parcial; esto permite que el hidrograma completo se obtenga en los puntos seleccionados a lo largo de la cuenca en estudio, en lugar de requerir la solución a lo largo de todo el canal completo para cada intervalo de tiempo. En segundo lugar, la solución utilizando la ecuación (III.23) tenderá a mostrar una menor atenuación de la onda, permitiendo escoger los incrementos de espacio y tiempo para los cálculos más flexiblemente, en comparación con el método de la onda cinemática. Las desventajas de este método radican en que no puede manejar efectos de perturbaciones aguas abajo que se propagan hacia aguas arriba y que no puede predecir en forma exacta el hidrograma de caudal de salida en una frontera aguas abajo cuando existen grandes variaciones en la velocidad de la onda cinemática, como las que resultan en crecientes sobre planicies de inundaciones grandes.

La bondad tanto en la Versión 2.- como en la Versión 3.- del Método del Área Efectiva, queda muy ligada al conocimiento apropiado, al correcto cálculo y a la correcta selección de las variables de la Fórmula Racional.

En resumen, sobre la base de lo anteriormente descrito y analizado, se puede inferir que el Método del Área Efectiva más práctico y que ofrece resultados satisfactorios es la Versión 2.-

En tal sentido, este método considera las siguientes premisas:

a) El área total de la cuenca es dividida mediante áreas efectivas o también denominadas sub-cuencas pequeñas que se definen sobre la base de la homogeneidad de sus características (topografía, cobertura vegetal, etc.).

b) El tránsito de crecientes se realiza mediante el Método de Muskingum.

Los hidrogramas que se obtienen para cada una de las sub-cuencas a partir del Método Racional se transitan mediante el Método de Muskingum desde la salida de cada sub-cuenca hasta el punto donde se desea calcular el gasto máximo.

De acuerdo a estudios comparativos realizados entre el Método Racional y las dos siguientes versiones del Método del Área Efectiva (Pérez y Vivas, 1.986), se establece que para cuencas de 500 hectáreas como área máxima, los resultados obtenidos por cada método no difieren en más de un 30% entre sí. Se debe tener presente que para cuencas mayores de 500 hectáreas, la suposición de que la lluvia puntual puede aplicarse a toda el área va perdiendo validez, y en consecuencia, es probable que la Fórmula Racional tienda a dar valores sensiblemente mayores que los que se obtendrían de la segunda y tercera versión del Método del Área Efectiva. Esta conclusión se ve reforzada sí se considera el hecho de que en cuencas grandes la capacidad de amortiguación es mayor.

III.19.4.- PASOS A SEGUIR PARA LA OBTENCIÓN DEL GASTO MÁXIMO MEDIANTE EL MÉTODO DEL ÁREA EFECTIVA.

En virtud de lo anteriormente descrito, a continuación se describen los pasos a seguir para el cálculo de los gastos máximos mediante el Método del Área Efectiva.

PASO 1.- DELIMITACIÓN DE SUB-CUENCAS.-

El primer paso es realizar la delimitación de la cuenca a estudiar en diversas sub-cuencas. Con la finalidad de seguir las premisas del Método Racional, lo recomendable es delimitar las sub-cuencas, considerando sus características geomorfológicas o topográficas, logrando delimitar áreas preferiblemente con dimensiones no mayores de 90 Hectáreas.

A modo de ejemplo ilustrativo se muestra una cuenca dividida en sub-cuencas con sus respectivas áreas, coeficiente de escorrentía, intensidad de lluvia, tiempos de concentración y gastos calculados por el método racional.

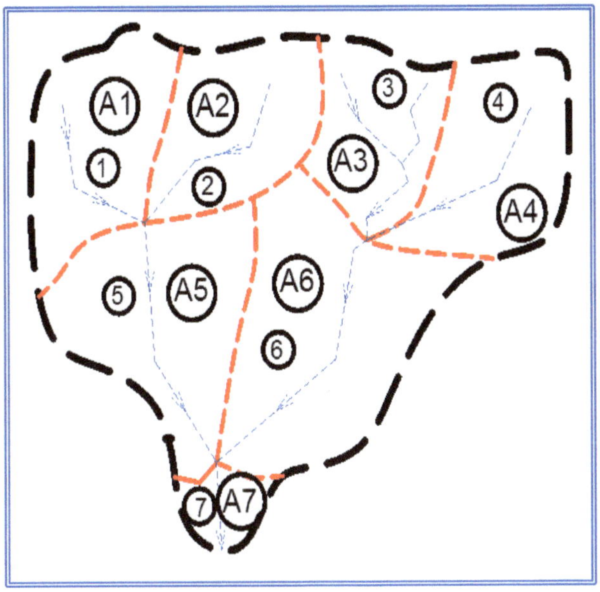

Figura N° III.42.- Delimitación de una cuenca en sub-cuencas. En el cuadro se identifica el tramo, el área el coeficiente de escurrimiento la intensidad, el tiempo de concentración y el gasto de cada tramo.

Tramo	Área (ha)	C	I (lps/Ha)	Tc (min)	Q (m^3/s)
1	25	0,5	450	4	3,9
2	30	0,5	450	4	4,7
3	20	0,5	350	10	2,5
4	35	0,6	450	5	6,5
5	42	0,75	370	8	8,5
6	38	0,75	450	5	8,8
7	5	0,8	430	6	1,2

PASO 2.- DEFINICIÓN DE TORMENTA DE DISEÑO.-

En el caso el Método del Área Efectiva la tormenta de diseño se define mediante hietogramas de diseño elaborados a partir de datos de intensidad de lluvia.

El hietograma se puede elaborar a partir de Curvas I-D-F, tal y como se describió en el aparte III.7.-.

La duración del intervalo de lluvia en el hietograma se debe igualar al mayor tiempo de concentración de cualquier tramo de la cuenca. Considerando la cuenca de la Figura N° III.42.-, el intervalo del hietograma sería de 10 minutos (Tramo 3).

Lo anterior se puede ilustrar utilizando el caso de la cuenca de la Figura N° III.42.-, en donde se establece una tormenta definida con un intervalo del hietograma de 10 minutos, el cual se establece debido a que es el mayor tiempo de concentración de todos las sub-cuencas. Si se utilizara una Curva I-D-F con información hasta 60 minutos el hietograma sería similar al que se ilustra en la Figura N° III.43.-

Figura N° III.43.- Hietograma ejemplo.-

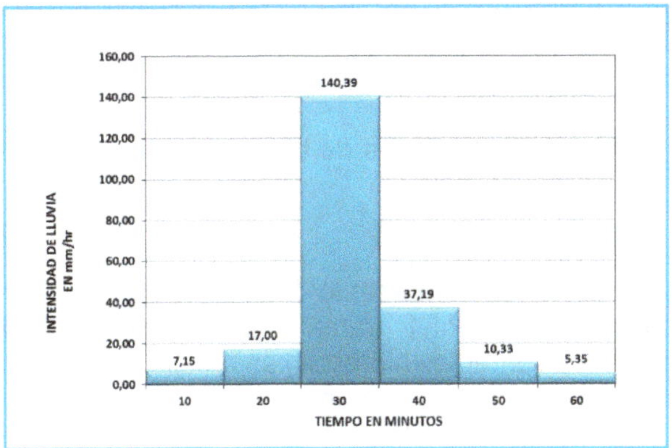

PASO 3.- CÁLCULO DE LOS HIDROGRAMAS INICIALES.-

Con el hietograma anterior y la cuenca de la Figura N° III.42.-, se pueden elaborar los hidrogramas iniciales de las sub-cuencas, es decir, los hidrogramas desde el momento de la ocurrencia en el tiempo cero hasta el final de la tormenta en el tiempo 60 minutos en este caso. Obsérvese en la Figura N° III.44.- como el hidrograma de la sub-cuenca 3.- tiene forma triangular por contar con el mayor tiempo de concentración de la cuenca, mientras que los otros hidrogramas son de forma trapecial por tener el tiempo de concentración menor que el máximo de la cuenca.

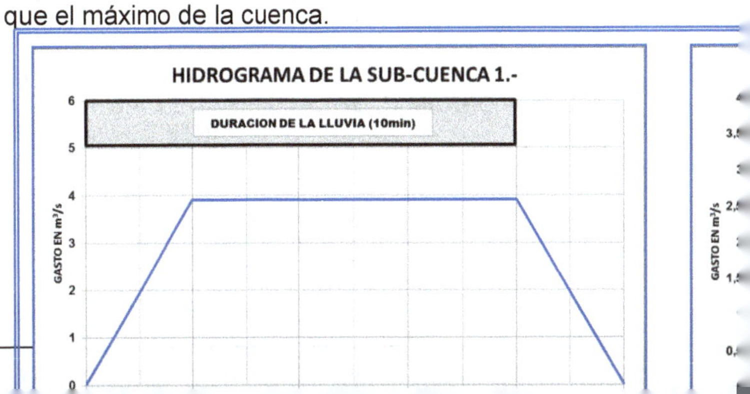

Figura N° III.44.- Tipos de hidrograma (triangular y trapecial).-

Ahora bien, en el momento de calcular el hidrograma considerando el hietograma con todos los intervalos, se deben sumar los hidrogramas resultantes de cada intervalo desfasados en un intervalo del hietograma.

Con el hietograma de la Figura N° III.43.-, se calculan los hidrogramas para cada intervalo del hietograma, es decir que se calculará un hidrograma con la intensidad del intervalo de 0 - 10 minutos, otro con la intensidad del intervalo de 10 - 20 minutos, otro con la intensidad del intervalo de 20 - 30 minutos y así sucesivamente hasta el intervalo 50 – 60 minutos. Como ejemplo, en la Tabla N° III.25.- se muestran los hidrogramas parciales de cada intervalo y la sumatoria para obtener el hidrograma de la sub-cuenca 1.- y de la sub-cuenca 3.-. En la Figura N° III.45.- se muestra el hidrograma de la sub-cuenca 1.-, en el cual se puede observar que todos los hidrogramas parciales de cada intervalo tienen forma trapecial, pues el tiempo de concentración es menor que el intervalo de lluvia, mientras que la Figura N° III.46.- se muestra el hidrograma de la sub-cuenca 3.-, en donde los hidrogramas parciales de cada intervalo tienen forma triangular, pues el tiempo de concentración es igual que el intervalo de lluvia.

TABLA N° III.25.-
HIDROGRAMAS DE LAS SUB-CUENCAS 1.-Y 3.- CONSIDERANDO LOS HIDRORAMAS PARCIALES EN CADA INTERVALO GENERADO EN EL HIETOGRAMA.-

Tiempo	Area A1						
(min)	0 - 10'	10' - 20'	20' - 30'	30' - 40'	40' - 50'	50' - 60'	Total
0	0,00	0,00	0,00	0,00	0,00	0,00	0,00
1	0,05	0,00	0,00	0,00	0,00	0,00	0,05
2	0,10	0,00	0,00	0,00	0,00	0,00	0,10
3	0,15	0,00	0,00	0,00	0,00	0,00	0,15
4	0,20	0,00	0,00	0,00	0,00	0,00	0,20
5	0,20	0,00	0,00	0,00	0,00	0,00	0,20
6	0,20	0,00	0,00	0,00	0,00	0,00	0,20
7	0,20	0,00	0,00	0,00	0,00	0,00	0,20
8	0,20	0,00	0,00	0,00	0,00	0,00	0,20
9	0,20	0,00	0,00	0,00	0,00	0,00	0,20
10	0,20	0,00	0,00	0,00	0,00	0,00	0,20
11	0,15	0,12	0,00	0,00	0,00	0,00	0,27
12	0,10	0,24	0,00	0,00	0,00	0,00	0,34
13	0,05	0,35	0,00	0,00	0,00	0,00	0,40
14	0,00	0,47	0,00	0,00	0,00	0,00	0,47
15	0,00	0,47	0,00	0,00	0,00	0,00	0,47
16	0,00	0,47	0,00	0,00	0,00	0,00	0,47
17	0,00	0,47	0,00	0,00	0,00	0,00	0,47
18	0,00	0,47	0,00	0,00	0,00	0,00	0,47
19	0,00	0,47	0,00	0,00	0,00	0,00	0,47
20	0,00	0,47	0,00	0,00	0,00	0,00	0,47
21	0,00	0,35	0,97	0,00	0,00	0,00	1,33
22	0,00	0,24	1,95	0,00	0,00	0,00	2,19
23	0,00	0,12	2,92	0,00	0,00	0,00	3,04
24	0,00	0,00	3,90	0,00	0,00	0,00	3,90
25	0,00	0,00	3,90	0,00	0,00	0,00	3,90
26	0,00	0,00	3,90	0,00	0,00	0,00	3,90
27	0,00	0,00	3,90	0,00	0,00	0,00	3,90
28	0,00	0,00	3,90	0,00	0,00	0,00	3,90
29	0,00	0,00	3,90	0,00	0,00	0,00	3,90
30	0,00	0,00	3,90	0,00	0,00	0,00	3,90
31	0,00	0,00	2,92	0,26	0,00	0,00	3,18
32	0,00	0,00	1,95	0,52	0,00	0,00	2,47
33	0,00	0,00	0,97	0,77	0,00	0,00	1,75
34	0,00	0,00	0,00	1,03	0,00	0,00	1,03
35	0,00	0,00	0,00	1,03	0,00	0,00	1,03
36	0,00	0,00	0,00	1,03	0,00	0,00	1,03
37	0,00	0,00	0,00	1,03	0,00	0,00	1,03
38	0,00	0,00	0,00	1,03	0,00	0,00	1,03
39	0,00	0,00	0,00	1,03	0,00	0,00	1,03
40	0,00	0,00	0,00	1,03	0,00	0,00	1,03
41	0,00	0,00	0,00	0,77	0,07	0,00	0,85
42	0,00	0,00	0,00	0,52	0,14	0,00	0,66
43	0,00	0,00	0,00	0,26	0,22	0,00	0,47
44	0,00	0,00	0,00	0,00	0,29	0,00	0,29
45	0,00	0,00	0,00	0,00	0,29	0,00	0,29
46	0,00	0,00	0,00	0,00	0,29	0,00	0,29
47	0,00	0,00	0,00	0,00	0,29	0,00	0,29
48	0,00	0,00	0,00	0,00	0,29	0,00	0,29
49	0,00	0,00	0,00	0,00	0,29	0,00	0,29
50	0,00	0,00	0,00	0,00	0,29	0,00	0,29
51	0,00	0,00	0,00	0,00	0,22	0,04	0,25
52	0,00	0,00	0,00	0,00	0,14	0,07	0,22
53	0,00	0,00	0,00	0,00	0,07	0,11	0,18
54	0,00	0,00	0,00	0,00	0,00	0,15	0,15
55	0,00	0,00	0,00	0,00	0,00	0,15	0,15
56	0,00	0,00	0,00	0,00	0,00	0,15	0,15
57	0,00	0,00	0,00	0,00	0,00	0,15	0,15
58	0,00	0,00	0,00	0,00	0,00	0,15	0,15
59	0,00	0,00	0,00	0,00	0,00	0,15	0,15
60	0,00	0,00	0,00	0,00	0,00	0,15	0,15
61	0,00	0,00	0,00	0,00	0,00	0,11	0,11
62	0,00	0,00	0,00	0,00	0,00	0,07	0,07
63	0,00	0,00	0,00	0,00	0,00	0,04	0,04
64	0,00	0,00	0,00	0,00	0,00	0,00	0,00
65	0,00	0,00	0,00	0,00	0,00	0,00	0,00
66	0,00	0,00	0,00	0,00	0,00	0,00	0,00
67	0,00	0,00	0,00	0,00	0,00	0,00	0,00
68	0,00	0,00	0,00	0,00	0,00	0,00	0,00
69	0,00	0,00	0,00	0,00	0,00	0,00	0,00
70	0,00	0,00	0,00	0,00	0,00	0,00	0,00

Tiempo	Area A3						
(min)	0 - 10'	10' - 20'	20' - 30'	30' - 40'	40' - 50'	50' - 60'	Total
0	0,00	0,00	0,00	0,00	0,00	0,00	0,00
1	0,01	0,00	0,00	0,00	0,00	0,00	0,01
2	0,02	0,00	0,00	0,00	0,00	0,00	0,02
3	0,03	0,00	0,00	0,00	0,00	0,00	0,03
4	0,04	0,00	0,00	0,00	0,00	0,00	0,04
5	0,05	0,00	0,00	0,00	0,00	0,00	0,05
6	0,06	0,00	0,00	0,00	0,00	0,00	0,06
7	0,07	0,00	0,00	0,00	0,00	0,00	0,07
8	0,08	0,00	0,00	0,00	0,00	0,00	0,08
9	0,09	0,00	0,00	0,00	0,00	0,00	0,09
10	0,10	0,00	0,00	0,00	0,00	0,00	0,10
11	0,09	0,02	0,00	0,00	0,00	0,00	0,11
12	0,08	0,05	0,00	0,00	0,00	0,00	0,13
13	0,07	0,07	0,00	0,00	0,00	0,00	0,14
14	0,06	0,09	0,00	0,00	0,00	0,00	0,15
15	0,05	0,12	0,00	0,00	0,00	0,00	0,17
16	0,04	0,14	0,00	0,00	0,00	0,00	0,18
17	0,03	0,17	0,00	0,00	0,00	0,00	0,20
18	0,02	0,19	0,00	0,00	0,00	0,00	0,21
19	0,01	0,21	0,00	0,00	0,00	0,00	0,22
20	0,00	0,24	0,00	0,00	0,00	0,00	0,24
21	0,00	0,21	0,19	0,00	0,00	0,00	0,41
22	0,00	0,19	0,39	0,00	0,00	0,00	0,58
23	0,00	0,17	0,58	0,00	0,00	0,00	0,75
24	0,00	0,14	0,78	0,00	0,00	0,00	0,92
25	0,00	0,12	0,97	0,00	0,00	0,00	1,09
26	0,00	0,09	1,17	0,00	0,00	0,00	1,26
27	0,00	0,07	1,36	0,00	0,00	0,00	1,44
28	0,00	0,05	1,56	0,00	0,00	0,00	1,61
29	0,00	0,02	1,75	0,00	0,00	0,00	1,78
30	0,00	0,00	1,95	0,00	0,00	0,00	1,95
31	0,00	0,00	1,75	0,05	0,00	0,00	1,81
32	0,00	0,00	1,56	0,10	0,00	0,00	1,66
33	0,00	0,00	1,36	0,15	0,00	0,00	1,52
34	0,00	0,00	1,17	0,21	0,00	0,00	1,38
35	0,00	0,00	0,97	0,26	0,00	0,00	1,23
36	0,00	0,00	0,78	0,31	0,00	0,00	1,09
37	0,00	0,00	0,58	0,36	0,00	0,00	0,95
38	0,00	0,00	0,39	0,41	0,00	0,00	0,80
39	0,00	0,00	0,19	0,46	0,00	0,00	0,66
40	0,00	0,00	0,00	0,52	0,00	0,00	0,52
41	0,00	0,00	0,00	0,46	0,01	0,00	0,48
42	0,00	0,00	0,00	0,41	0,03	0,00	0,44
43	0,00	0,00	0,00	0,36	0,04	0,00	0,40
44	0,00	0,00	0,00	0,31	0,06	0,00	0,37
45	0,00	0,00	0,00	0,26	0,07	0,00	0,33
46	0,00	0,00	0,00	0,21	0,09	0,00	0,29
47	0,00	0,00	0,00	0,15	0,10	0,00	0,26
48	0,00	0,00	0,00	0,10	0,11	0,00	0,22
49	0,00	0,00	0,00	0,05	0,13	0,00	0,18
50	0,00	0,00	0,00	0,00	0,14	0,00	0,14
51	0,00	0,00	0,00	0,00	0,13	0,01	0,14
52	0,00	0,00	0,00	0,00	0,11	0,01	0,13
53	0,00	0,00	0,00	0,00	0,10	0,02	0,12
54	0,00	0,00	0,00	0,00	0,09	0,03	0,12
55	0,00	0,00	0,00	0,00	0,07	0,04	0,11
56	0,00	0,00	0,00	0,00	0,06	0,04	0,10
57	0,00	0,00	0,00	0,00	0,04	0,05	0,10
58	0,00	0,00	0,00	0,00	0,03	0,06	0,09
59	0,00	0,00	0,00	0,00	0,01	0,07	0,08
60	0,00	0,00	0,00	0,00	0,00	0,07	0,07
61	0,00	0,00	0,00	0,00	0,00	0,07	0,07
62	0,00	0,00	0,00	0,00	0,00	0,06	0,06
63	0,00	0,00	0,00	0,00	0,00	0,05	0,05
64	0,00	0,00	0,00	0,00	0,00	0,04	0,04
65	0,00	0,00	0,00	0,00	0,00	0,04	0,04
66	0,00	0,00	0,00	0,00	0,00	0,03	0,03
67	0,00	0,00	0,00	0,00	0,00	0,02	0,02
68	0,00	0,00	0,00	0,00	0,00	0,01	0,01
69	0,00	0,00	0,00	0,00	0,00	0,01	0,01
70	0,00	0,00	0,00	0,00	0,00	0,00	0,00

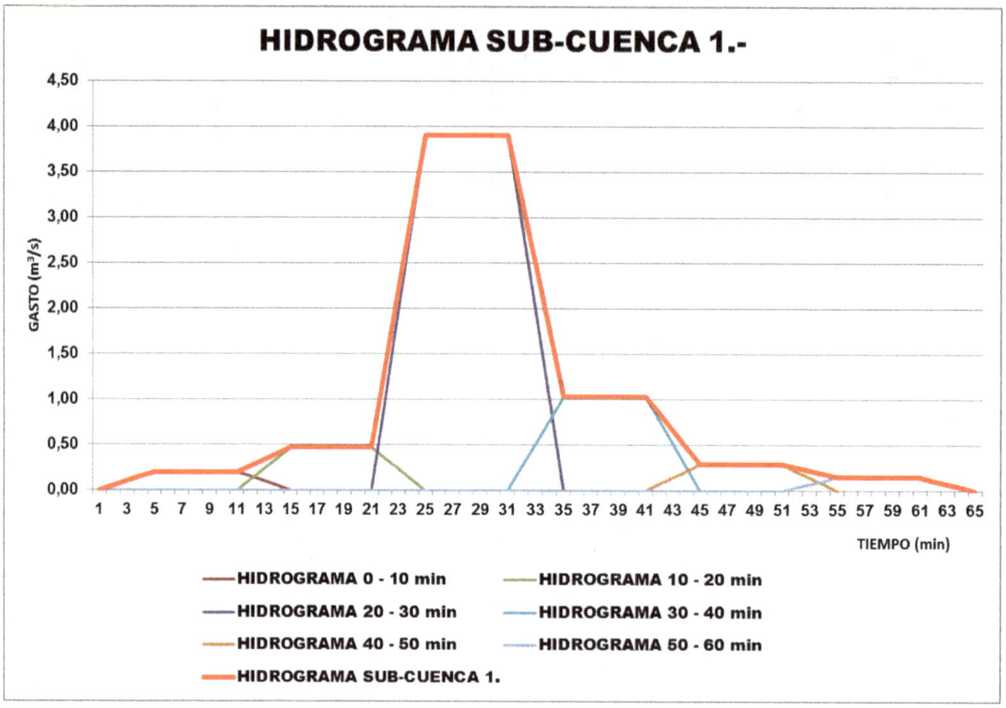

Figura N° III.45.- Hidrograma de la sub-cuenca 1.- donde se incluyen los hidrogramas parciales de cada intervalo del hietograma.-

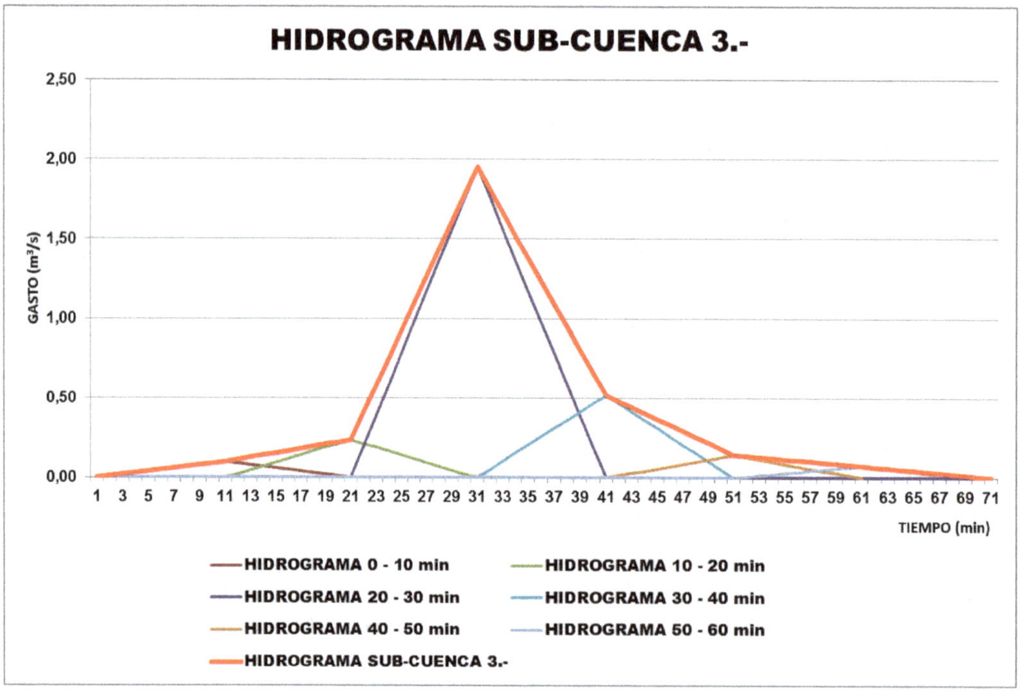

Figura N° III.46.- Hidrograma de la sub-cuenca 3.- donde se incluyen los hidrogramas parciales de cada intervalo del hietograma.-

PASO 4.- CÁLCULO DE LOS HIDROGRAMAS RESULTANTES A LA SALIDA DE DOS CUENCAS CONFLUENTES.-

En este paso del método se deben sumar aquellos hidrogramas resultantes de cuencas confluentes para unificar el hidrograma y poder seguir con el transito del mismo hacia aguas abajo.

Estos hidrogramas se suman linealmente en el tiempo y en el caso de la cuenca de la Figura N° III.42.- serían los hidrogramas de las sub-cuencas 1.- y 2.-, así como de las sub-cuencas 3.- y 4.-. De igual forma sería en el caso de las sub-cuencas 5.-y 6.-, pero una vez transitados los hidrogramas.

PASO 5.- TRÁNSITO DE LOS HIDROGRAMAS A TRAVÉS DE LOS TRAMOS DE LA CUENCA.-

Una de las premisas fundamentales del Método de Área Efectiva es el tránsito de los hidrogramas a través de los diversos tramos de la cuenca, mediante el Método de Muskingum.

El hidrograma resultante de la suma de las sub-cuencas 1.- y 2.-, es transitado a través del tramo de la sub-cuenca 5.- mientras que el de las sub-cuencas 3.- y 4.-, es transitado a través del tramo de la sub-cuenca 6.-

La metodología para la realización del cálculo se ha descrito en el aparte III.18.3.-

PASO 6.- SUMATORIA DEL HIDROGRAMA TRANSITADO CON EL HIDROGRAMA PROPIO DE LA SUB-CUENCA.-

Una vez transitados los hidrogramas provenientes de las sub-cuencas aguas arriba a través de los tramos aguas abajo hasta la salida de la sub-cuenca, se debe sumar el hidrograma propio de la sub-cuenca en donde se está realizando el tránsito. Esta sumatoria debe realizarse en orden cronológico con la finalidad de representar el desfase en el tiempo entre el hidrograma propio, el cual se inicia en el tiempo cero, y el hidrograma transitado, el cual estará desfasado en el tiempo debido al tránsito a través del tramo.

Es preciso indicar que el hidrograma resultante dependerá de la coincidencia o el desfase entre los picos del hidrograma propio y del hidrograma transitado.

En la Figura N° III.47.- se presenta un caso ejemplo en donde el hidrograma transitado se desfasa unos pocos minutos del hidrograma propio, obteniendo como resultado un hidrograma con un gasto máximo de unos 13 m^3/s.

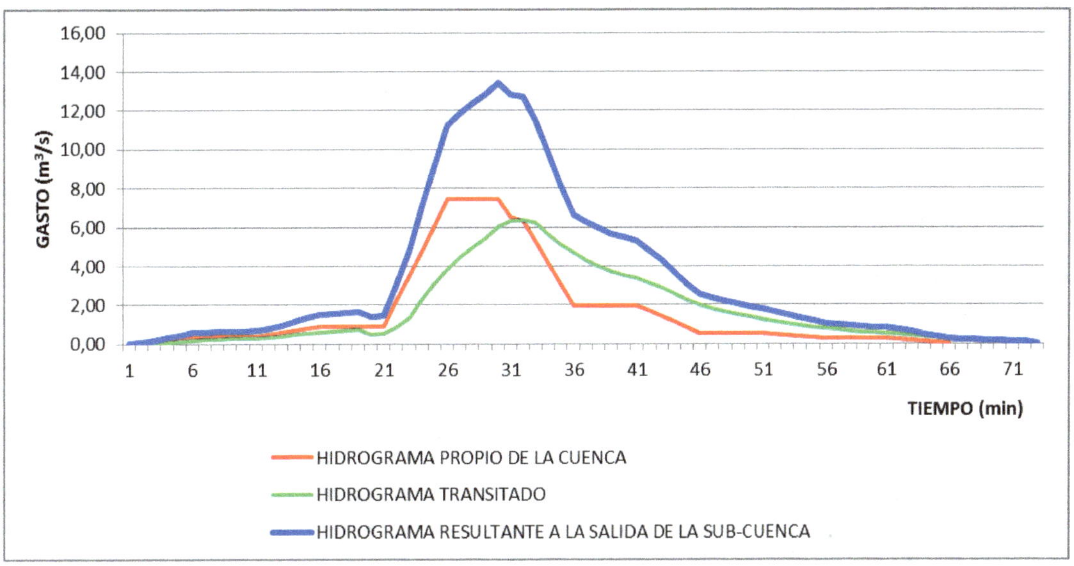

Figura N° III.47.- Hidrograma Resultante con desfase de unos pocos minutos entre el hidrograma propio y el hidrograma transitado.

En la Figura N° III.48.- se presenta un caso ejemplo en donde el hidrograma transitado se desfasa en varios minutos del hidrograma propio, obteniendo como resultado un hidrograma con dos picos, ambos con un gasto máximo de unos 8 m^3/s.

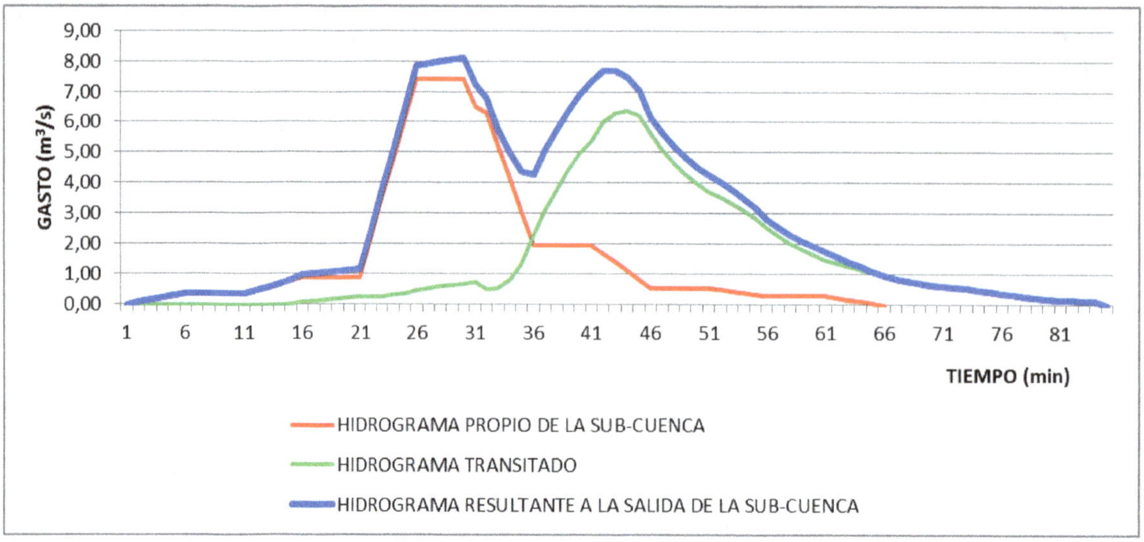

Figura N° III.48.- Hidrograma Resultante con desfase de varios minutos entre el hidrograma propio y el hidrograma transitado.

PASO 7.- TRANSITO Y SUMATORIA EN LAS SUB-CUENCAS UBICADAS AGUAS ABAJO.-

Una vez que se obtienen los hidrogramas resultantes entre los hidrogramas propios y los hidrogramas transitados, estos deben ser transitados aguas abajo a través de los tramos de su recorrido y sumarse a los propios ubicados aguas abajo. Este procedimiento se sigue progresivamente hacia aguas abajo hasta llegar al punto en estudio.

III.19.5.- CONSIDERACIONES FINALES.-

Una de las ventajas de este método es que se puede establecer una distribución espacial de la tormenta, es decir, una tormenta variable, en el espacio y en el tiempo, a lo largo y ancho de la cuenca en estudio. Según lo anterior, se puede fijar un hietograma para algunas sub-cuencas y otro hietograma para otro número de sub-cuencas. Por ejemplo estableciendo un hietograma con la intensidad máxima en el inicio de la tormenta y aplicarlo a algunas sub-cuencas y en luego utilizar un hietograma con la intensidad máxima en el centro de la tormenta y aplicarlo en otras sub-cuencas. De esta forma se estaría cumpliendo con una de las premisas del Método Racional, en cuanto a la uniformidad de la lluvia en la cuenca (en este caso en cada sub-cuenca), pero también se estaría modelando una tormenta de características variables en el espacio y en el tiempo a lo largo de toda la cuenca.

Otra de las ventajas de este método radica en que se pueden obtener hidrogramas y gastos picos, considerando la configuración de la red de drenaje natural o urbana, en diversos puntos a lo largo de la cuenca para ser utilizados en el cálculo de estructuras hidráulicas y obtener dimensiones optimizadas.

III.20.- ANÁLISIS DE SENSIBILIDAD

Las inseguridades en la práctica del modelado de cuencas naturales o urbanas, aunado a la utilización de modelos de cálculo con el uso de la computadora, ha llevado al ingeniero a la utilización cada vez mayor de un análisis de sensibilidad, definido como el proceso por el cual un modelo es probado para establecer una medida del cambio relativo en los resultados del modelo causado por un cambio correspondiente en los parámetros del modelo. (Lagrost L.E., Depettris C. A. y Ruberto A.,, s.f.).

Este tipo de análisis es un complemento necesario para el ejercicio del modelado, especialmente porque provee información sobre el nivel de certeza (o no) para asegurar los resultados del modelado y así obtener los gastos de diseño lo más ajustado a lo que podría ser la realidad.

La sensibilidad del resultado en la obtención del gasto máximo en una determinada cuenca es analizada usualmente aislando el efecto de un cierto parámetro. Si un modelo es altamente sensible a un parámetro dado, pequeños cambios en el valor de ese parámetro podrían producir cambios grandes en los resultados que arroje el modelo. Por ello, es necesario concentrar el esfuerzo del modelado en obtener buenas estimaciones de este parámetro. Por otro lado, los parámetros poco sensibles pueden ser relegados a un rol secundario.

En el modelado de cuencas, la elección de parámetros para el análisis de sensibilidad es función de la escala de problema. Por ejemplo, en cuencas pequeñas, el rendimiento del modelo es altamente sensible al parámetro abstracción o perdida, esto es el coeficiente de escorrentía en el método racional. Por ello, es imperativo que el coeficiente de escorrentía sea estimado de la mejor manera posible. Para eventos de baja frecuencia, valores altos del coeficiente de escorrentía están generalmente justificados. En el modelado de cuencas de tamaño medio, la sensibilidad del modelo usualmente gira sobre la distribución temporal de la lluvia, los parámetros de infiltración, y la forma del hidrograma unitario.

De cualquier modo, una evaluación cuidadosa de la sensibilidad del modelo es necesaria para incrementar la confianza en los resultados del modelado.

En lo que se refiere al Método del Área Efectiva, es recomendable realizar un análisis de sensibilidad variando los diversos parámetros de diseño que intervienen. En la actualidad, con la ayuda de los modelos de cálculo y con el uso de la computadora, este análisis de sensibilidad se puede realizar en pocos minutos, con lo que el ingeniero proyectista tiene la posibilidad de tener una importante variabilidad de resultados para poder seleccionar el valor más apropiado del gasto máximo y así poder realizar el dimensionamiento de la estructura hidráulica a diseñar, considerando la posible variación de los diversos parámetros que interviene en la generación de un gasto máximo para un periodo de retorno establecido.

III.21.- ESTUDIO HIDROLÓGICO DE UNA CUENCA.-

En el presente aparte se desarrolla un ejemplo de estudio hidrológico de dos cuencas, con la finalidad de obtener los gastos máximos en diversos puntos de la cuenca.

Se ha realizado el estudio de dos cuencas virtuales, con la finalidad de analizar los diversos parámetros que intervienen en el cálculo de los gastos máximos y poder realizar algunas comparaciones.

Los cálculos se han realizado para 2, 5, 10 y 25 años de periodo de retorno, considerando las curvas de Intensidad – Duración – Frecuencia de la Región VII.- "Centro".- que se ilustra en la Figura N° III.50.-.

El estudio se ha realizado en dos cuencas de diferente forma pero con la misma área. La primera identificada como Cuenca "A".- tiene una forma ensanchada y la segunda identificada como Cuenca "B".- tiene una forma más alargada. La finalidad de esta comparación es la de analizar cómo, dependiendo de la forma de la cuenca, los hidrogramas y por ende los gastos máximos pueden variar.

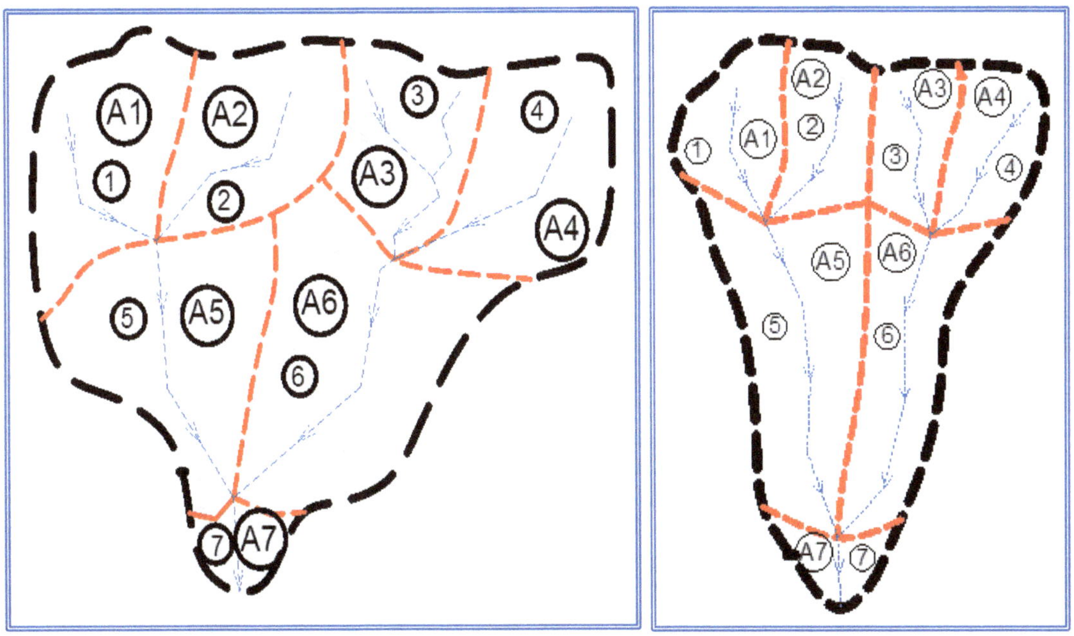

Figura N° III.49.- Ilustración de las Cuencas a estudiar. A la izquierda la Cuenca "A".- de forma ensanchada y a la derecha la Cuenca "B".- de forma alargada.

En primer lugar, se realizarán los cálculos utilizando el Método Racional, bajo la premisa de que el área de la cuenca es de 195 Ha., de modo que, según diversa bibliografía especializada, el Método Racional se podría utilizar para la obtención del gasto máximo.

En segundo lugar, se han realizado los cálculos utilizando el Método del Área Efectiva, subdividiendo la cuenca en siete (7) sub-cuencas. Adicionalmente, se han realizado los cálculos considerando en la Cuenca N° 7.- dos tipos de escurrimiento. Una primera opción con un cauce natural y con ello establecer un coeficiente de Muskingum **x** = 0,2; y luego, una segunda opción considerando una laguna y con ello establecer un coeficiente de Muskingum **x** = 0,0; de manera de poder ilustrar la diferencia de resultados.

Sobre la base de lo anterior, en la Tabla N° III.26.- se indican los datos de las cuencas. Es preciso indicar que se han asignado las mismas áreas y los mismos coeficientes de escurrimiento, con la finalidad de que a los resultados que se obtengan se les pueda realizar un análisis comparativo. Adicionalmente, la Cuenca "A" cuenta con unos tiempos de concentración, mientras que la Cuenca "B", debido a que tiene una forma más alargada, se le ha asignado tiempos de concentración mayores.

TABLA N° III.26.-
PARAMETROS DE DISEÑO DE LAS CUENCAS

			CUENCA "A"	CUENCA "B"	
Tramo	Área (ha)	C	t_c (min)	t_c (min)	X (Muskingum)
1	25	0,40	4	10	0,3
2	30	0,35	4	10	0,3
3	20	0,25	10	10	0,3
4	35	0,70	5	10	0,3
5	42	0,62	8	15	0,2
6	38	0,50	5	15	0,2
7	5	0,50	6	6	0,0 - 0,2

En la tabla anterior se puede verificar que el área total es de 195 Hectáreas.

Es preciso recordar que el tiempo de concentración total de la cuenca debe elegirse el mayor valor de todos los caminos o cauces que exista para llegar desde el punto más alejado hasta el punto deseado en este caso desde la cabecera de la cuenca en las sub-cuencas 1.-; 2.-; 3.- y 4.-, hasta la salida de la sub-cuenca 7.-

En los casos a estudiar, se puede verificar que el tiempo de concentración total de la Cuenca "A" es de 21 minutos si se suman los tiempos de concentración de las sub-cuencas 3.-; 6.- y 7.-. En la Cuenca "B", el tiempo de concentración total es de 31 minutos si se suman los tiempos de concentración de las sub-cuencas 3.-; 6.- y 7.- (Igual que el tiempo 1.-; 5.- y 7.- o 2.-; 5.- y 7.- o 4.-; 6.- y 7.-).

Para el cálculo se utilizará la Curva de Intensidad - Duración – Frecuencia de la Región VII.- "Centro" de la Figura N° III.50.-

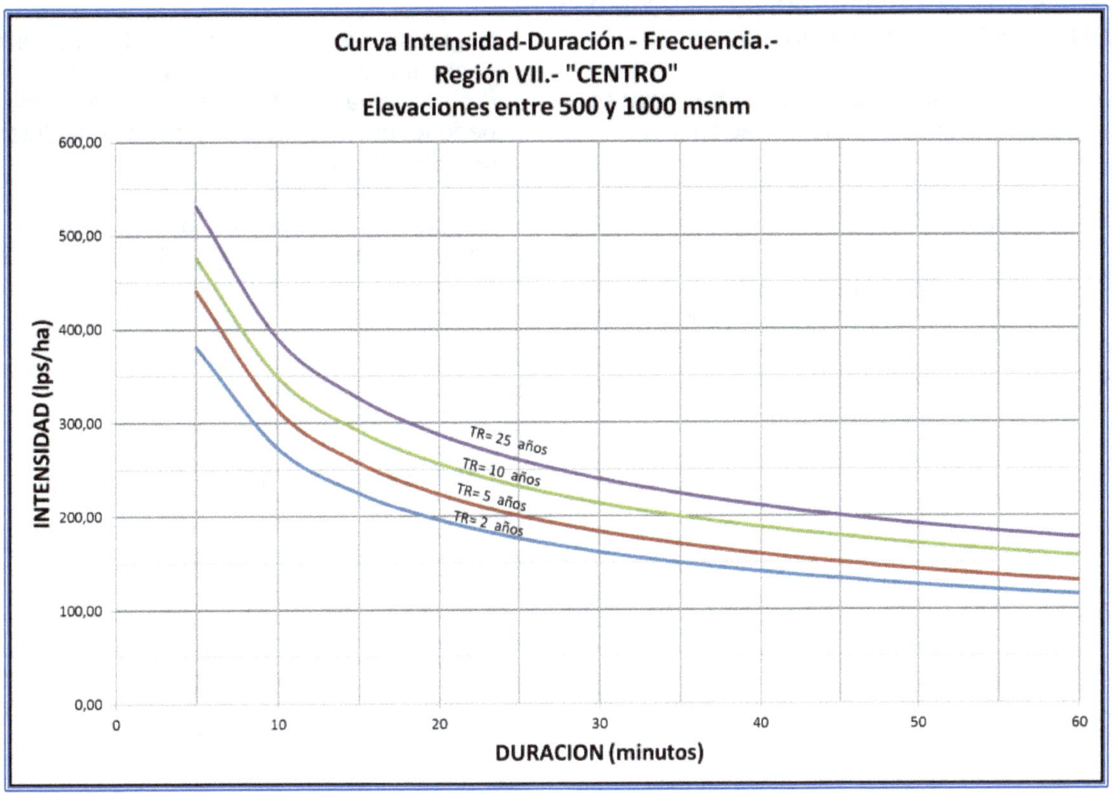

Figura N° III.50.- Curva de Intensidad - Duración - Frecuencia de la Región VII.- de 2, 5, 10 y 25 años de período de retorno

Considerando el tiempo de concentración de la Cuenca "A" (t_c = 21 minutos) y el tiempo de concentración de la Cuenca "B" (t_c = 31 minutos), y utilizando la Curva de I-D-F de la Figura N° III.50.-, se pueden obtener las ecuaciones de las curdas de I-D-F y así calcular las intensidades de lluvia para los tiempos de concentración de cada cuenca, tal y como se muestra en la Tabla N° III.27.- y en la Tabla N° III.28.-.

TABLA N° III.27.-
INTENSIDADES PARA LA CUENCA "A".-

PERIODO DE RETORNO (AÑOS)	ECUACIÓN DE LA CURVA	t_c (min)	I (lps/Ha)	I (mm/hr)
2	$y = 824{,}26\,x^{-0{,}480}$	21	191,16	68,76
5	$y = 968{,}71\,x^{-0{,}490}$	21	217,92	78,39
10	$y = 976{,}32\,x^{-0{,}447}$	21	250,36	90,06
25	$y = 1084{,}9\,x^{-0{,}444}$	21	280,75	100,99
50	$y = 1154{,}9\,x^{-0{,}436}$	21	306,24	110,16
100	$y = 1224{,}7\,x^{-0{,}430}$	21	330,75	118,97

TABLA N° III.28.-
INTENSIDADES PARA LA CUENCA "B".-

PERIODO DE RETORNO (AÑOS)	ECUACIÓN DE LA CURVA	t_c (min)	I (lps/Ha)	I (mm/hr)
2	$y = 824{,}26\,x^{-0{,}480}$	31	158,57	57,04
5	$y = 968{,}71\,x^{-0{,}490}$	31	180,06	64,77
10	$y = 976{,}32\,x^{-0{,}447}$	31	210,36	75,67
25	$y = 1084{,}9\,x^{-0{,}444}$	31	236,17	84,95
50	$y = 1154{,}9\,x^{-0{,}436}$	31	258,41	92,95
100	$y = 1224{,}7\,x^{-0{,}430}$	31	279,75	100,63

III.21.1.- CÁLCULO DEL GASTO MÁXIMO MEDIANTE EL MÉTODO RACIONAL.-

Como se mencionó anteriormente, en primer lugar se calcula el gasto utilizando el Método Racional.

III.21.1.1.- CUENCA "A".-

Se realiza un cálculo como ejemplo para un periodo de retorno de 2 años y posteriormente se calculan los gastos para diversos periodos de retorno, los cuales se presentan en la Tabla N° III.29.-

Según se indicó en párrafos anteriores, el tiempo de concentración es de 21 minutos y con ello se obtiene de las Curvas I-D-F de la Figura N° III.50.- para un periodo de retorno de 2 años, una Intensidad de 68,76 mm/hora.

A partir de los valores de la Tabla N° III.26.- y utilizando la ecuación (III.18), se puede obtener el coeficiente de escurrimiento ponderado según se indica.

$$C_P = \frac{25 * 0,40 + 30 * 0,35 + 20 * 0,25 + 35 * 0,70 + 42 * 0,62 + 38 * 0,50 + 5 * 0,50}{195}$$

Resolviendo se obtiene:

$C_P = 0,50$

Utilizando la ecuación (III.17), el gasto máximo seria:

$$Q = \frac{C * I * A}{360} = \frac{0,50 * 68,76 * 195}{360}$$

$$Q = \frac{C * I * A}{360} = 18,62\ m^3/s$$

Mediante el mismo procedimiento se calculan los gastos para diversos periodos de retorno.

Es preciso indicar que el valor del coeficiente de escurrimiento **"C"** se debería incrementar a medida que se incremente al período de retorno, según se recomienda en la Tabla III.17.-, de modo que el valor de "C" para 25 años de período de retorno debería multiplicarse por 1,10; luego el coeficiente se escurrimiento sería **C = 0,55**.

Si se calculara el gasto máximo de la cuenca para un periodo de retorno de 25 años con el coeficiente de escurrimiento de 0,50 el valor sería de **Q** = 27,16 m³/s, mientras que con el valor del coeficiente de escurrimiento incrementado el valor sería **Q** = 29,87 m³/s, tal y como se indica en la Tabla N° III.29.-, con lo que se puede inferir que el incremento del 10% en el valor del coeficiente, sugerido según la Tabla N° III.17.-, es lineal en el valor del gasto máximo.

TABLA N° III.29.-
GASTOS MÁXIMOS POR EL MÉTODO RACIONAL PARA LA CUENCA "A"

	PERIODO RETORNO					
	2 years	5 years	10 years	25 years	50 years	100 years
INTENSIDAD (mm/hora)	68,76	78,39	90,06	100,99	110,16	118,97
GASTO MAXIMO (m³/s)	18,62	21,23	24,39	30,09	35,80	40,28

III.21.1.2.- CUENCA "B".-

Al igual que en la Cuenca "A", se realiza un cálculo como ejemplo para un periodo de retorno de 2 años y posteriormente se calculan los gastos para diversos periodos de retorno, los cuales se presentan en la Tabla N° III.30.-.

Según se indicó en párrafos anteriores, el tiempo de concentración es de 31 minutos y con ello se obtiene de las Curvas I-D-F de la Figura N° III.42.- para un periodo de retorno de 2 años, una Intensidad de 57,04 mm/hora.

El coeficiente de escurrimiento ponderado es igual al de la Cuenca "A", es decir:

$$C_P = 0,50$$

Utilizando la ecuación (III.17), el gasto máximo seria:

$$Q = \frac{C * I * A}{360} = \frac{0,50 * 57,04 * 195}{360}$$

$$Q = \frac{C * I * A}{360} = \; = 15,45 \text{ m}^3/\text{s}$$

Mediante el mismo procedimiento se calculan los gastos para diversos periodos de retorno y considerando el incremento en el coeficiente de escurrimiento para el período de retorno de 25 años.

TABLA N° III.30.-
GASTOS MÁXIMOS POR EL MÉTODO RACIONAL PARA LA CUENCA "B".-

	PERIODO RETORNO					
	2 años	5 años	10 años	25 años	50 años	100 años
INTENSIDAD (mm/hora)	57,04	64,72	75,67	84,95	92,95	100,62
GASTO MAXIMO (m³/s)	15,45	17,54	20,49	25,31	30,21	34,07

Como se podrá verificar en los cálculos realizados para ambas cuencas, independientemente que el área de la cuenca sea la misma, en la medida que aumenta el tiempo de concentración el gasto disminuye.

III.21.2.- CÁLCULO DEL GASTO MÁXIMO MEDIANTE EL MÉTODO DEL ÁREA EFECTIVA.-

En este aparte se realizarán los cálculos para la obtención del gasto máximo de las cuencas en estudio mediante el Método del Área Efectiva.

III.21.2.1.- CUENCA "A".-

La Cuenca "A" cuenta con los parámetros de diseño que se indican en la Tabla N° III.31.-.

TABLA N° III.31.-
PARÁMETROS DE DISEÑO DE LA CUENCA "A"

Tramo	Área (ha)	C	t_c (min)	X (Muskingum)
1	25	0,40	4	0,3
2	30	0,35	4	0,3
3	20	0,25	10	0,3
4	35	0,70	5	0,3
5	42	0,62	8	0,2
6	38	0,50	5	0,2
7	5	0,50	6	0,2

Para poder realizar el estudio, lo primero que se debe establecer es la tormenta de diseño, la cual se define con el hietograma de diseño. La duración del intervalo de lluvia en el hietograma se considerará igual al mayor tiempo de concentración de cualquier tramo de la cuenca. En este caso sería 10 minutos (Tramo 3), de manera que de las Curvas I-D-F de la Figura N° III.42.- se obtienen las intensidades dada 10 minutos para el cálculo del hietograma de diseño.

TABLA N° III.32.-
INTENSIDADES DE LLUVIA EN lps/Ha

	INTENSIDAD (lps/ha) para cada período de retorno			
DURACIÓN (min)	2 años	5 años	10 años	25 años
10	272,94	313,47	348,81	390,29
20	195,69	223,20	255,88	286,90
30	161,08	182,98	213,46	239,63
40	140,31	158,92	187,70	210,90
50	126,05	142,46	169,88	191,01
60	115,49	130,29	156,59	176,15

Una vez obtenidas las intensidades de lluvia, a continuación se calculan las intensidades netas de lluvia para los intervalos de lluvia para 10 minutos y para cada período de retorno, las cuales se indican en la Tabla N° III.33.-.

TABLA N° III.33.-
INTENSIDADES DE LLUVIA EN INTERVALOS DE 10 MINUTOS EN lps/Ha

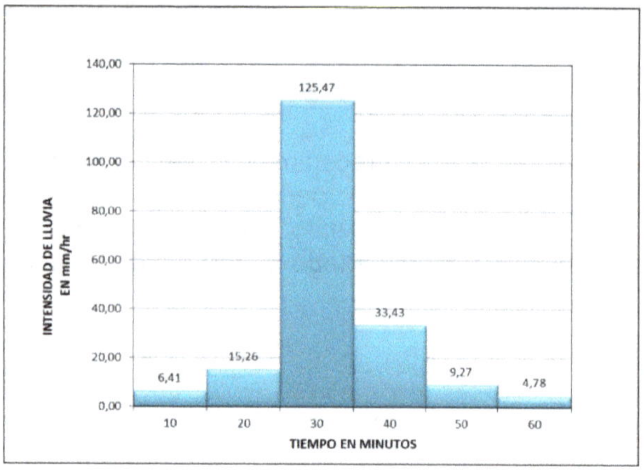

DURACIÓN (min)	2 años	5 años	10 años	25 años
10	272,94	313,47	348,81	390,29
20	77,25	90,27	92,94	103,39
30	34,61	40,22	42,42	47,27
40	20,78	24,06	25,76	28,73
50	14,25	16,46	17,82	19,89
60	10,56	12,18	13,30	14,85

Posteriormente se convierte en intensidad de lluvia en mm/hr según se indica en la Tabla N° III.34.-

TABLA N° III.34.-
INTENSIDADES DE LLUVIA EN INTERVALOS DE 10 MINUTOS EN mm/hr

DURACIÓN (min)	2 años	5 años	10 años	25 años
10	98,18	112,76	125,47	140,39
20	27,79	32,47	33,43	37,19
30	12,45	14,47	15,26	17,00
40	7,47	8,65	9,27	10,34
50	5,13	5,92	6,41	7,16
60	3,80	4,38	4,78	5,34

Mediante los valores de intensidades de lluvia de la tabla anterior, se puede elaborar el Hietograma de diseño. Considerando el Método de los Bloques Alternos, se pueden desarrollar múltiples formas de comportamiento de la tormenta. En este caso se han diseño tres hietogramas, el primero con la intensidad mayor en el centro de la tormenta y disminuyendo progresivamente hacia ambos lados, el segundo con la intensidad mayor al inicio de la tormenta y el
Una vez obtenidos los hietogramas de lluvia, se calculan los gastos máximos que se pueden obtener

tercero con la intensidad mayor al final de la tormenta. A continuación se ilustran los tres hietogramas.

El ejemplo que se desarrolla a continuación se elaborará para un período de retorno de 10 años.

Figura N° III.51.- Hietograma de diseño de Intensidad de lluvia en mm/hr un Tr = 10 años, considerando la Intensidad máxima en el centro de la duración de la tormenta.

Figura N° III.52.- Hietograma de diseño de Intensidad de lluvia en mm/hr para un Tr = 10 años, considerando la

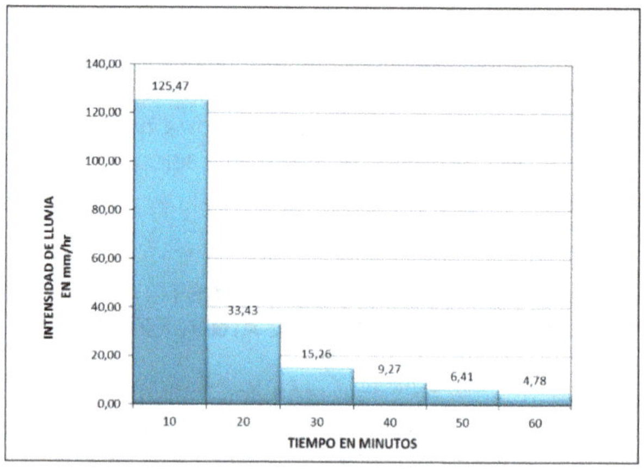

Intensidad máxima al inicio de la duración de la tormenta.

Figura N° III.53.- Hietograma de diseño de Intensidad de lluvia en mm/hr un Tr = 10 años, considerando la

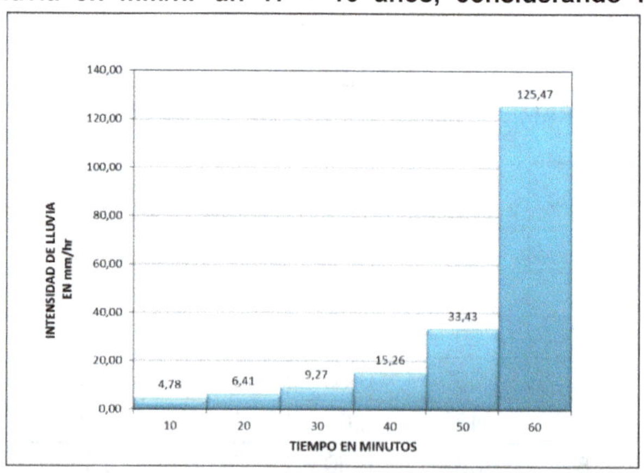

Intensidad máxima al final de la duración de la tormenta.

para cada sub-cuenca de la cuenca en cada intervalo de lluvia. En la Tabla Nº III.35.- se muestran los gastos máximos considerando la intensidad máxima en el centro de la tormenta según se muestra en la Figura N° III.51.-

TABLA N° III.35-
GASTOS MÁXIMOS EN m^3/s PARA CADA SUB - CUENCA Y PARA CADA INTERVALO DE LLUVIA DE 10 MINUTOS

AREA CONTRIBUYENTE	Q= (C * I * A)/360 (m^3/seg)					
	INTERVALOS DE LLUVIA					
	0 - 10'	10 - 20'	20 - 30'	30 - 40'	40 - 50'	50 - 60'
A1	0.18	0.42	3.49	0.93	0.26	0.13
A2	0.19	0.45	3.66	0.98	0.27	0.14
A3	0.09	0.21	1.74	0.46	0.13	0.07
A4	0.44	1.04	8.54	2.28	0.63	0.33
A5	0.46	1.10	9.08	2.42	0.67	0.35
A6	0.34	0.81	6.62	1.76	0.49	0.25
A7	0.04	0.11	0.87	0.23	0.06	0.03

El caso en estudio se ha desarrollado considerando la intensidad máxima en el centro de la tormenta (Ver Figura N° III.51.-),

Para el cálculo de los hidrogramas iniciales y propios de cada Sub-cuenca, se adopta un intervalo de tiempo de 1 minuto. Todos los hidrogramas son de forma trapecial, pues el intervalo de lluvia (10 min) es mayor que el tiempo de concentración t_c, a excepción de la Sub-cuenca A3 que es de forma triangular.

La metodología para el cálculo del hidrograma de cada Sub-cuenca, se debe realizar calculando un hidrograma para cada intervalo de lluvia, desplazándolo en el tiempo en función del intervalo, es decir, el hidrograma del primer intervalo inicia en el tiempo 0, el segundo intervalo en el tiempo 10 minutos, el tercero en el tiempo 20 minutos y así sucesivamente, para luego sumar linealmente y obtener el hidrograma de la sub – cuenca.

En la Tabla N° III.36.- se indican los valores de los hidrogramas de cada intervalo y el hidrograma inicial total de cada Sub-cuenca.

Una vez obtenidos los hidrogramas propios de cada sub – cuenca, se suman los hidrogramas de las Sub-cuencas 1.- y 2.-, así como los hidrogramas de las Sub-cuencas 3.- y 4.-, obteniéndose los hidrogramas de entrada en las Sub-cuencas 5.- y 6.- (Ver Tabla N° III.37.-)

El hidrograma que se obtiene de la sumatoria de los hidrogramas de las Sub-cuencas 1.- y 2.-, sería el hidrograma de entrada de la Cuenca 5.-, mientras que el hidrograma que se obtiene de la sumatoria de los hidrogramas de las Sub-cuencas 3.- y 4.-, sería el hidrograma de entrada de la Cuenca 6.-, los cuales deben ser transitados a través de estas cuencas hasta su punto de salida. Este cálculo se realiza mediante el Método de Muskingum según se describió en el aparte III.18.3.-

Para la Sub-cuenca 5.- el valor de **K** se hace igual al tiempo de concentración, es decir, 8 minutos, mientras que para la Sub-cuenca 6.- el valor de **K** es 5 minutos.

El intervalo de tiempo **Δt** para el cálculo se ha seleccionado 1 minuto y para el coeficiente de Muskingum **X** se ha considerado un tránsito a través de un cauce por que se establece un valor de 0,2.

Los valores de C_0; C_1 y C_2 se calculan a partir de las ecuaciones III.24.-; III.25.- y III.26.- y verificando que su sumatoria sea igual a 1.

Los parámetros para el cálculo del tránsito (**K**; **Δt**; **X**; C_0; C_1 y C_2) a través de las sub - cuencas A5.- y A6.-, se indican en la Tabla N° III.38.-

TABLA N° III.36.-
GASTOS MÁXIMOS EN m^3/s PARA CADA SUB-CUENCA Y PARA CADA INTERVALO DE LLUVIA DE 10 MINUTOS

Tiempo	Area A1							Area A2						
(min)	0 - 10'	10' - 20'	20' - 30'	30' - 40'	40' - 50'	50' - 60'	Total	0 - 10'	10' - 20'	20' - 30'	30' - 40'	40' - 50'	50' - 60'	Total
0	0	0	0	0	0	0	0,00	0	0	0	0	0	0	0,00
1	0,04	0	0	0	0	0	0,04	0,05	0	0	0	0	0	0,05
2	0,09	0	0	0	0	0	0,09	0,09	0	0	0	0	0	0,09
3	0,13	0	0	0	0	0	0,13	0,14	0	0	0	0	0	0,14
4	0,18	0	0	0	0	0	0,18	0,19	0	0	0	0	0	0,19
5	0,18	0	0	0	0	0	0,18	0,19	0	0	0	0	0	0,19
6	0,18	0	0	0	0	0	0,18	0,19	0	0	0	0	0	0,19
7	0,18	0	0	0	0	0	0,18	0,19	0	0	0	0	0	0,19
8	0,18	0	0	0	0	0	0,18	0,19	0	0	0	0	0	0,19
9	0,18	0	0	0	0	0	0,18	0,19	0	0	0	0	0	0,19
10	0,18	0	0	0	0	0	0,18	0,19	0	0	0	0	0	0,19
11	0,13	0,11	0	0	0	0	0,24	0,14	0,11	0	0	0	0	0,25
12	0,09	0,21	0	0	0	0	0,30	0,09	0,22	0	0	0	0	0,32
13	0,04	0,32	0	0	0	0	0,36	0,05	0,33	0	0	0	0	0,38
14	0	0,42	0	0	0	0	0,42	0	0,45	0	0	0	0	0,45
15	0	0,42	0	0	0	0	0,42	0	0,45	0	0	0	0	0,45
16	0	0,42	0	0	0	0	0,42	0	0,45	0	0	0	0	0,45
17	0	0,42	0	0	0	0	0,42	0	0,45	0	0	0	0	0,45
18	0	0,42	0	0	0	0	0,42	0	0,45	0	0	0	0	0,45
19	0	0,42	0	0	0	0	0,42	0	0,45	0	0	0	0	0,45
20	0	0,42	0	0	0	0	0,42	0	0,45	0	0	0	0	0,45
21	0	0,32	0,87	0	0	0	1,19	0	0,33	0,91	0	0	0	1,25
22	0	0,21	1,74	0	0	0	1,95	0	0,22	1,83	0	0	0	2,05
23	0	0,11	2,61	0	0	0	2,72	0	0,11	2,74	0	0	0	2,86
24	0	0	3,49	0	0	0	3,49	0	0	3,66	0	0	0	3,66
25	0	0	3,49	0	0	0	3,49	0	0	3,66	0	0	0	3,66
26	0	0	3,49	0	0	0	3,49	0	0	3,66	0	0	0	3,66
27	0	0	3,49	0	0	0	3,49	0	0	3,66	0	0	0	3,66
28	0	0	3,49	0	0	0	3,49	0	0	3,66	0	0	0	3,66
29	0	0	3,49	0	0	0	3,49	0	0	3,66	0	0	0	3,66
30	0	0	3,49	0	0	0	3,49	0	0	3,66	0	0	0	3,66
31	0	0	2,61	0,23	0	0	2,85	0	0	2,74	0,24	0	0	2,99
32	0	0	1,74	0,46	0	0	2,21	0	0	1,83	0,49	0	0	2,32
33	0	0	0,87	0,70	0	0	1,57	0	0	0,91	0,73	0	0	1,65
34	0	0	0	0,93	0	0	0,93	0	0	0	0,98	0	0	0,98
35	0	0	0	0,93	0	0	0,93	0	0	0	0,98	0	0	0,98
36	0	0	0	0,93	0	0	0,93	0	0	0	0,98	0	0	0,98
37	0	0	0	0,93	0	0	0,93	0	0	0	0,98	0	0	0,98
38	0	0	0	0,93	0	0	0,93	0	0	0	0,98	0	0	0,98
39	0	0	0	0,93	0	0	0,93	0	0	0	0,98	0	0	0,98
40	0	0	0	0,93	0	0	0,93	0	0	0	0,98	0	0	0,98
41	0	0	0	0,70	0,06	0	0,76	0	0	0	0,73	0,07	0	0,80
42	0	0	0	0,46	0,13	0	0,59	0	0	0	0,49	0,14	0	0,62
43	0	0	0	0,23	0,19	0	0,43	0	0	0	0,24	0,20	0	0,45
44	0	0	0	0	0,26	0	0,26	0	0	0	0	0,27	0	0,27
45	0	0	0	0	0,26	0	0,26	0	0	0	0	0,27	0	0,27
46	0	0	0	0	0,26	0	0,26	0	0	0	0	0,27	0	0,27
47	0	0	0	0	0,26	0	0,26	0	0	0	0	0,27	0	0,27
48	0	0	0	0	0,26	0	0,26	0	0	0	0	0,27	0	0,27
49	0	0	0	0	0,26	0	0,26	0	0	0	0	0,27	0	0,27
50	0	0	0	0	0,26	0	0,26	0	0	0	0	0,27	0	0,27
51	0	0	0	0	0,19	0,03	0,23	0	0	0	0	0,20	0,03	0,24
52	0	0	0	0	0,13	0,07	0,20	0	0	0	0	0,14	0,07	0,20
53	0	0	0	0	0,06	0,10	0,16	0	0	0	0	0,07	0,10	0,17
54	0	0	0	0	0	0,13	0,13	0	0	0	0	0	0,14	0,14
55	0	0	0	0	0	0,13	0,13	0	0	0	0	0	0,14	0,14
56	0	0	0	0	0	0,13	0,13	0	0	0	0	0	0,14	0,14
57	0	0	0	0	0	0,13	0,13	0	0	0	0	0	0,14	0,14
58	0	0	0	0	0	0,13	0,13	0	0	0	0	0	0,14	0,14
59	0	0	0	0	0	0,13	0,13	0	0	0	0	0	0,14	0,14
60	0	0	0	0	0	0,13	0,13	0	0	0	0	0	0,14	0,14
61	0	0	0	0	0	0,10	0,10	0	0	0	0	0	0,10	0,10
62	0	0	0	0	0	0,07	0,07	0	0	0	0	0	0,07	0,07
63	0	0	0	0	0	0,03	0,03	0	0	0	0	0	0,03	0,03
64	0	0	0	0	0	0	0,00	0	0	0	0	0	0	0,00
65	0	0	0	0	0	0	0,00	0	0	0	0	0	0	0,00
66	0	0	0	0	0	0	0,00	0	0	0	0	0	0	0,00
67	0	0	0	0	0	0	0,00	0	0	0	0	0	0	0,00
68	0	0	0	0	0	0	0,00	0	0	0	0	0	0	0,00
69	0	0	0	0	0	0	0,00	0	0	0	0	0	0	0,00
70	0	0	0	0	0	0	0,00	0	0	0	0	0	0	0,00
71	0	0	0	0	0	0	0,00	0	0	0	0	0	0	0,00
72	0	0	0	0	0	0	0,00	0	0	0	0	0	0	0,00
73	0	0	0	0	0	0	0,00	0	0	0	0	0	0	0,00

Tiempo	Area A3							Area A4						
(min)	0 - 10'	10' - 20'	20' - 30'	30' - 40'	40' - 50'	50' - 60'	Total	0 - 10'	10' - 20'	20' - 30'	30' - 40'	40' - 50'	50' - 60'	Total
0	0	0	0	0	0	0	0,00	0	0	0	0	0	0	0,00
1	0,01	0	0	0	0	0	0,01	0,09	0	0	0	0	0	0,09
2	0,02	0	0	0	0	0	0,02	0,17	0	0	0	0	0	0,17
3	0,03	0	0	0	0	0	0,03	0,26	0	0	0	0	0	0,26
4	0,04	0	0	0	0	0	0,04	0,35	0	0	0	0	0	0,35
5	0,04	0	0	0	0	0	0,04	0,44	0	0	0	0	0	0,44
6	0,05	0	0	0	0	0	0,05	0,44	0	0	0	0	0	0,44
7	0,06	0	0	0	0	0	0,06	0,44	0	0	0	0	0	0,44
8	0,07	0	0	0	0	0	0,07	0,44	0	0	0	0	0	0,44
9	0,08	0	0	0	0	0	0,08	0,44	0	0	0	0	0	0,44
10	0,09	0	0	0	0	0	0,09	0,44	0	0	0	0	0	0,44
11	0,08	0,02	0	0	0	0	0,10	0,35	0,21	0	0	0	0	0,56
12	0,07	0,04	0	0	0	0	0,11	0,26	0,42	0	0	0	0	0,68
13	0,06	0,06	0	0	0	0	0,13	0,17	0,62	0	0	0	0	0,80
14	0,05	0,08	0	0	0	0	0,14	0,09	0,83	0	0	0	0	0,92
15	0,04	0,11	0	0	0	0	0,15	0	1,04	0	0	0	0	1,04
16	0,04	0,13	0	0	0	0	0,16	0	1,04	0	0	0	0	1,04
17	0,03	0,15	0	0	0	0	0,18	0	1,04	0	0	0	0	1,04
18	0,02	0,17	0	0	0	0	0,19	0	1,04	0	0	0	0	1,04
19	0,01	0,19	0	0	0	0	0,20	0	1,04	0	0	0	0	1,04
20	0	0,21	0	0	0	0	0,21	0	1,04	0	0	0	0	1,04
21	0	0,19	0,17	0	0	0	0,36	0	0,83	1,71	0	0	0	2,54
22	0	0,17	0,35	0	0	0	0,52	0	0,62	3,42	0	0	0	4,04
23	0	0,15	0,52	0	0	0	0,67	0	0,42	5,12	0	0	0	5,54
24	0	0,13	0,70	0	0	0	0,82	0	0,21	6,83	0	0	0	7,04
25	0	0,11	0,87	0	0	0	0,98	0	0	8,54	0	0	0	8,54
26	0	0,08	1,05	0	0	0	1,13	0	0	8,54	0	0	0	8,54
27	0	0,06	1,22	0	0	0	1,28	0	0	8,54	0	0	0	8,54
28	0	0,04	1,39	0	0	0	1,44	0	0	8,54	0	0	0	8,54
29	0	0,02	1,57	0	0	0	1,59	0	0	8,54	0	0	0	8,54
30	0	0	1,74	0	0	0	1,74	0	0	8,54	0	0	0	8,54
31	0	0	1,57	0,05	0	0	1,61	0	0	6,83	0,46	0	0	7,29
32	0	0	1,39	0,09	0	0	1,49	0	0	5,12	0,91	0	0	6,03
33	0	0	1,22	0,14	0	0	1,36	0	0	3,42	1,37	0	0	4,78
34	0	0	1,05	0,19	0	0	1,23	0	0	1,71	1,82	0	0	3,53
35	0	0	0,87	0,23	0	0	1,10	0	0	0	2,28	0	0	2,28
36	0	0	0,70	0,28	0	0	0,98	0	0	0	2,28	0	0	2,28
37	0	0	0,52	0,33	0	0	0,85	0	0	0	2,28	0	0	2,28
38	0	0	0,35	0,37	0	0	0,72	0	0	0	2,28	0	0	2,28
39	0	0	0,17	0,42	0	0	0,59	0	0	0	2,28	0	0	2,28
40	0	0	0	0,46	0	0	0,46	0	0	0	2,28	0	0	2,28
41	0	0	0	0,42	0,01	0	0,43	0	0	0	1,82	0,13	0	1,95
42	0	0	0	0,37	0,03	0	0,40	0	0	0	1,37	0,25	0	1,62
43	0	0	0	0,33	0,04	0	0,36	0	0	0	0,91	0,38	0	1,29
44	0	0	0	0,28	0,05	0	0,33	0	0	0	0,46	0,50	0	0,96
45	0	0	0	0,23	0,06	0	0,30	0	0	0	0	0,63	0	0,63
46	0	0	0	0,19	0,08	0	0,26	0	0	0	0	0,63	0	0,63
47	0	0	0	0,14	0,09	0	0,23	0	0	0	0	0,63	0	0,63
48	0	0	0	0,09	0,10	0	0,20	0	0	0	0	0,63	0	0,63
49	0	0	0	0,05	0,12	0	0,16	0	0	0	0	0,63	0	0,63
50	0	0	0	0	0,13	0	0,13	0	0	0	0	0,63	0	0,63
51	0	0	0	0	0,12	0,01	0,12	0	0	0	0	0,50	0,07	0,57
52	0	0	0	0	0,10	0,01	0,12	0	0	0	0	0,38	0,13	0,51
53	0	0	0	0	0,09	0,02	0,11	0	0	0	0	0,25	0,20	0,45
54	0	0	0	0	0,08	0,03	0,10	0	0	0	0	0,13	0,26	0,39
55	0	0	0	0	0,06	0,03	0,10	0	0	0	0	0	0,33	0,33
56	0	0	0	0	0,05	0,04	0,09	0	0	0	0	0	0,33	0,33
57	0	0	0	0	0,04	0,05	0,09	0	0	0	0	0	0,33	0,33
58	0	0	0	0	0,03	0,05	0,08	0	0	0	0	0	0,33	0,33
59	0	0	0	0	0,01	0,06	0,07	0	0	0	0	0	0,33	0,33
60	0	0	0	0	0	0,07	0,07	0	0	0	0	0	0,33	0,33
61	0	0	0	0	0	0,06	0,06	0	0	0	0	0	0,26	0,26
62	0	0	0	0	0	0,05	0,05	0	0	0	0	0	0,20	0,20
63	0	0	0	0	0	0,05	0,05	0	0	0	0	0	0,13	0,13
64	0	0	0	0	0	0,04	0,04	0	0	0	0	0	0,07	0,07
65	0	0	0	0	0	0,03	0,03	0	0	0	0	0	0	0,00
66	0	0	0	0	0	0,03	0,03	0	0	0	0	0	0	0,00
67	0	0	0	0	0	0,02	0,02	0	0	0	0	0	0	0,00
68	0	0	0	0	0	0,01	0,01	0	0	0	0	0	0	0,00
69	0	0	0	0	0	0,01	0,01	0	0	0	0	0	0	0,00
70	0	0	0	0	0	0,00	0,00	0	0	0	0	0	0	0,00
71	0	0	0	0	0	0,00	0,00	0	0	0	0	0	0	0,00
72	0	0	0	0	0	0,00	0,00	0	0	0	0	0	0	0,00
73	0	0	0	0	0	0,00	0,00	0	0	0	0	0	0	0,00

TABLA N° III.36.-
(CONTINUACIÓN)
GASTOS MÁXIMOS EN m^3/s PARA CADA SUB-CUENCA Y PARA CADA INTERVALO DE LLUVIA DE 10 MINUTOS

Tiempo	Area A5							Area A6							Area A7						
(min)	0 - 10'	10' - 20'	20' - 30'	30' - 40'	40' - 50'	50' - 60'	Total	0 - 10'	10' - 20'	20' - 30'	30' - 40'	40' - 50'	50' - 60'	Total	0 - 10'	10' - 20'	20' - 30'	30' - 40'	40' - 50'	50' - 60'	Total
0	0	0	0	0	0	0	0,00	0	0	0	0	0	0	0,00	0	0	0	0	0	0	0,00
1	0,06	0	0	0	0	0	0,06	0,07	0	0	0	0	0	0,07	0,01	0	0	0	0	0	0,01
2	0,12	0	0	0	0	0	0,12	0,14	0	0	0	0	0	0,14	0,01	0	0	0	0	0	0,01
3	0,17	0	0	0	0	0	0,17	0,20	0	0	0	0	0	0,20	0,02	0	0	0	0	0	0,02
4	0,23	0	0	0	0	0	0,23	0,27	0	0	0	0	0	0,27	0,03	0	0	0	0	0	0,03
5	0,29	0	0	0	0	0	0,29	0,34	0	0	0	0	0	0,34	0,04	0	0	0	0	0	0,04
6	0,35	0	0	0	0	0	0,35	0,34	0	0	0	0	0	0,34	0,04	0	0	0	0	0	0,04
7	0,41	0	0	0	0	0	0,41	0,34	0	0	0	0	0	0,34	0,04	0	0	0	0	0	0,04
8	0,46	0	0	0	0	0	0,46	0,34	0	0	0	0	0	0,34	0,04	0	0	0	0	0	0,04
9	0,46	0	0	0	0	0	0,46	0,34	0	0	0	0	0	0,34	0,04	0	0	0	0	0	0,04
10	0,46	0	0	0	0	0	0,46	0,34	0	0	0	0	0	0,34	0,04	0	0	0	0	0	0,04
11	0,41	0,14	0	0	0	0	0,54	0,27	0,16	0	0	0	0	0,43	0,04	0,02	0	0	0	0	0,05
12	0,35	0,28	0	0	0	0	0,62	0,20	0,32	0	0	0	0	0,53	0,03	0,04	0	0	0	0	0,06
13	0,29	0,41	0	0	0	0	0,70	0,14	0,48	0	0	0	0	0,62	0,02	0,05	0	0	0	0	0,08
14	0,23	0,55	0	0	0	0	0,78	0,07	0,64	0	0	0	0	0,71	0,01	0,07	0	0	0	0	0,09
15	0,17	0,69	0	0	0	0	0,86	0	0,81	0	0	0	0	0,81	0,01	0,09	0	0	0	0	0,10
16	0,12	0,83	0	0	0	0	0,94	0	0,81	0	0	0	0	0,81	0	0,11	0	0	0	0	0,11
17	0,06	0,97	0	0	0	0	1,02	0	0,81	0	0	0	0	0,81	0	0,11	0	0	0	0	0,11
18	0	1,10	0	0	0	0	1,10	0	0,81	0	0	0	0	0,81	0	0,11	0	0	0	0	0,11
19	0	1,10	0	0	0	0	1,10	0	0,81	0	0	0	0	0,81	0	0,11	0	0	0	0	0,11
20	0	1,10	0	0	0	0	1,10	0	0,81	0	0	0	0	0,81	0	0,11	0	0	0	0	0,11
21	0	0,97	1,13	0	0	0	2,10	0	0,64	1,32	0	0	0	1,97	0	0,09	0,15	0	0	0	0,23
22	0	0,83	2,27	0	0	0	3,10	0	0,48	2,65	0	0	0	3,13	0	0,07	0,29	0	0	0	0,36
23	0	0,69	3,40	0	0	0	4,09	0	0,32	3,97	0	0	0	4,30	0	0,05	0,44	0	0	0	0,49
24	0	0,55	4,54	0	0	0	5,09	0	0,16	5,30	0	0	0	5,46	0	0,04	0,58	0	0	0	0,62
25	0	0,41	5,67	0	0	0	6,09	0	0	6,62	0	0	0	6,62	0	0,02	0,73	0	0	0	0,74
26	0	0,28	6,81	0	0	0	7,08	0	0	6,62	0	0	0	6,62	0	0	0,87	0	0	0	0,87
27	0	0,14	7,94	0	0	0	8,08	0	0	6,62	0	0	0	6,62	0	0	0,87	0	0	0	0,87
28	0	0	9,08	0	0	0	9,08	0	0	6,62	0	0	0	6,62	0	0	0,87	0	0	0	0,87
29	0	0	9,08	0	0	0	9,08	0	0	6,62	0	0	0	6,62	0	0	0,87	0	0	0	0,87
30	0	0	9,08	0	0	0	9,08	0	0	6,62	0	0	0	6,62	0	0	0,87	0	0	0	0,87
31	0	0	7,94	0,30	0	0	8,24	0	0	5,30	0,35	0	0	5,65	0	0	0,73	0,04	0	0	0,76
32	0	0	6,81	0,60	0	0	7,41	0	0	3,97	0,71	0	0	4,68	0	0	0,58	0,08	0	0	0,66
33	0	0	5,67	0,91	0	0	6,58	0	0	2,65	1,06	0	0	3,71	0	0	0,44	0,12	0	0	0,55
34	0	0	4,54	1,21	0	0	5,75	0	0	1,32	1,41	0	0	2,74	0	0	0,29	0,15	0	0	0,45
35	0	0	3,40	1,51	0	0	4,91	0	0	0	1,76	0	0	1,76	0	0	0,15	0,19	0	0	0,34
36	0	0	2,27	1,81	0	0	4,08	0	0	0	1,76	0	0	1,76	0	0	0	0,23	0	0	0,23
37	0	0	1,13	2,12	0	0	3,25	0	0	0	1,76	0	0	1,76	0	0	0	0,23	0	0	0,23
38	0	0	0	2,42	0	0	2,42	0	0	0	1,76	0	0	1,76	0	0	0	0,23	0	0	0,23
39	0	0	0	2,42	0	0	2,42	0	0	0	1,76	0	0	1,76	0	0	0	0,23	0	0	0,23
40	0	0	0	2,42	0	0	2,42	0	0	0	1,76	0	0	1,76	0	0	0	0,23	0	0	0,23
41	0	0	0	2,12	0,08	0	2,20	0	0	0	1,41	0,10	0	1,51	0	0	0	0,19	0,01	0	0,20
42	0	0	0	1,81	0,17	0	1,98	0	0	0	1,06	0,20	0	1,25	0	0	0	0,15	0,02	0	0,18
43	0	0	0	1,51	0,25	0	1,76	0	0	0	0,71	0,29	0	1,00	0	0	0	0,12	0,03	0	0,15
44	0	0	0	1,21	0,34	0	1,54	0	0	0	0,35	0,39	0	0,74	0	0	0	0,08	0,04	0	0,12
45	0	0	0	0,91	0,42	0	1,33	0	0	0	0	0,49	0	0,49	0	0	0	0,04	0,05	0	0,09
46	0	0	0	0,60	0,50	0	1,11	0	0	0	0	0,49	0	0,49	0	0	0	0	0,06	0	0,06
47	0	0	0	0,30	0,59	0	0,89	0	0	0	0	0,49	0	0,49	0	0	0	0	0,06	0	0,06
48	0	0	0	0	0,67	0	0,67	0	0	0	0	0,49	0	0,49	0	0	0	0	0,06	0	0,06
49	0	0	0	0	0,67	0	0,67	0	0	0	0	0,49	0	0,49	0	0	0	0	0,06	0	0,06
50	0	0	0	0	0,67	0	0,67	0	0	0	0	0,49	0	0,49	0	0	0	0	0,06	0	0,06
51	0	0	0	0	0,59	0,04	0,63	0	0	0	0	0,39	0,05	0,44	0	0	0	0	0,05	0,01	0,06
52	0	0	0	0	0,50	0,09	0,59	0	0	0	0	0,29	0,10	0,39	0	0	0	0	0,04	0,01	0,05
53	0	0	0	0	0,42	0,13	0,55	0	0	0	0	0,20	0,15	0,35	0	0	0	0	0,03	0,02	0,05
54	0	0	0	0	0,34	0,17	0,51	0	0	0	0	0,10	0,20	0,30	0	0	0	0	0,02	0,02	0,04
55	0	0	0	0	0,25	0,22	0,47	0	0	0	0	0	0,25	0,25	0	0	0	0	0,01	0,03	0,04
56	0	0	0	0	0,17	0,26	0,43	0	0	0	0	0	0,25	0,25	0	0	0	0	0	0,03	0,03
57	0	0	0	0	0,08	0,30	0,39	0	0	0	0	0	0,25	0,25	0	0	0	0	0	0,03	0,03
58	0	0	0	0	0	0,35	0,35	0	0	0	0	0	0,25	0,25	0	0	0	0	0	0,03	0,03
59	0	0	0	0	0	0,35	0,35	0	0	0	0	0	0,25	0,25	0	0	0	0	0	0,03	0,03
60	0	0	0	0	0	0,35	0,35	0	0	0	0	0	0,25	0,25	0	0	0	0	0	0,03	0,03
61	0	0	0	0	0	0,30	0,30	0	0	0	0	0	0,20	0,20	0	0	0	0	0	0,03	0,03
62	0	0	0	0	0	0,26	0,26	0	0	0	0	0	0,15	0,15	0	0	0	0	0	0,02	0,02
63	0	0	0	0	0	0,22	0,22	0	0	0	0	0	0,10	0,10	0	0	0	0	0	0,02	0,02
64	0	0	0	0	0	0,17	0,17	0	0	0	0	0	0,05	0,05	0	0	0	0	0	0,01	0,01
65	0	0	0	0	0	0,13	0,13	0	0	0	0	0	0	0,00	0	0	0	0	0	0,00	0,00
66	0	0	0	0	0	0,09	0,09	0	0	0	0	0	0	0,00	0	0	0	0	0	0	0,00
67	0	0	0	0	0	0,04	0,04	0	0	0	0	0	0	0,00	0	0	0	0	0	0	0,00
68	0	0	0	0	0	0	0,00	0	0	0	0	0	0	0,00	0	0	0	0	0	0	0,00
69	0	0	0	0	0	0	0,00	0	0	0	0	0	0	0,00	0	0	0	0	0	0	0,00
70	0	0	0	0	0	0	0,00	0	0	0	0	0	0	0,00	0	0	0	0	0	0	0,00
71	0	0	0	0	0	0	0,00	0	0	0	0	0	0	0,00	0	0	0	0	0	0	0,00
72	0	0	0	0	0	0	0,00	0	0	0	0	0	0	0,00	0	0	0	0	0	0	0,00
73	0	0	0	0	0	0	0,00	0	0	0	0	0	0	0,00	0	0	0	0	0	0	0,00

TABLA N° III.37.-
SUMATORIA DE HIDROGRAMAS DE LAS CUENCAS A1.- Y A2.- Y DE LAS CUENCAS A3.- Y A4.-

Tiempo	HIDROGRAMA CUENCA 1.-	HIDROGRAMA CUENCA 2.-	TOTAL A1 + A2
(min)	(m^3/s)	(m^3/s)	(m^3/s)
0	0.00	0.00	0.00
1	0.04	0.05	0.09
2	0.09	0.09	0.18
3	0.13	0.14	0.27
4	0.18	0.19	0.36
5	0.18	0.19	0.36
6	0.18	0.19	0.36
7	0.18	0.19	0.36
8	0.18	0.19	0.36
9	0.18	0.19	0.36
10	0.18	0.19	0.36
11	0.24	0.25	0.49
12	0.30	0.32	0.62
13	0.36	0.38	0.74
14	0.42	0.45	0.87
15	0.42	0.45	0.87
16	0.42	0.45	0.87
17	0.42	0.45	0.87
18	0.42	0.45	0.87
19	0.42	0.45	0.87
20	0.42	0.45	0.87
21	1.19	1.25	2.44
22	1.95	2.05	4.01
23	2.72	2.86	5.58
24	3.49	3.66	7.14
25	3.49	3.66	7.14
26	3.49	3.66	7.14
27	3.49	3.66	7.14
28	3.49	3.66	7.14
29	3.49	3.66	7.14
30	3.49	3.66	7.14
31	2.85	2.99	5.83
32	2.21	2.32	4.52
33	1.57	1.65	3.21
34	0.93	0.98	1.90
35	0.93	0.98	1.90
36	0.93	0.98	1.90
37	0.93	0.98	1.90
38	0.93	0.98	1.90
39	0.93	0.98	1.90
40	0.93	0.98	1.90
41	0.76	0.80	1.56
42	0.59	0.62	1.22
43	0.43	0.45	0.87
44	0.26	0.27	0.53
45	0.26	0.27	0.53
46	0.26	0.27	0.53
47	0.26	0.27	0.53
48	0.26	0.27	0.53
49	0.26	0.27	0.53
50	0.26	0.27	0.53
51	0.23	0.24	0.46
52	0.20	0.20	0.40
53	0.16	0.17	0.34
54	0.13	0.14	0.27
55	0.13	0.14	0.27
56	0.13	0.14	0.27
57	0.13	0.14	0.27
58	0.13	0.14	0.27
59	0.13	0.14	0.27
60	0.13	0.14	0.27
61	0.10	0.10	0.20
62	0.07	0.07	0.14
63	0.03	0.03	0.07
64	0.00	0.00	0.00
65	0.00	0.00	0.00
66	0.00	0.00	0.00
67	0.00	0.00	0.00
68	0.00	0.00	0.00
69	0.00	0.00	0.00
70	0.00	0.00	0.00

Tiempo	HIDROGRAMA CUENCA 3.-	HIDROGRAMA CUENCA 4.-	TOTAL A3 + A4
(min)	(m^3/s)	(m^3/s)	(m^3/s)
0	0.00	0.00	0.00
1	0.01	0.09	0.10
2	0.02	0.17	0.19
3	0.03	0.26	0.29
4	0.04	0.35	0.38
5	0.04	0.44	0.48
6	0.05	0.44	0.49
7	0.06	0.44	0.50
8	0.07	0.44	0.51
9	0.08	0.44	0.52
10	0.09	0.44	0.53
11	0.10	0.56	0.66
12	0.11	0.68	0.79
13	0.13	0.80	0.92
14	0.14	0.92	1.06
15	0.15	1.04	1.19
16	0.16	1.04	1.20
17	0.18	1.04	1.21
18	0.19	1.04	1.23
19	0.20	1.04	1.24
20	0.21	1.04	1.25
21	0.36	2.54	2.90
22	0.52	4.04	4.56
23	0.67	5.54	6.21
24	0.82	7.04	7.86
25	0.98	8.54	9.52
26	1.13	8.54	9.67
27	1.28	8.54	9.82
28	1.44	8.54	9.98
29	1.59	8.54	10.13
30	1.74	8.54	10.28
31	1.61	7.29	8.90
32	1.49	6.03	7.52
33	1.36	4.78	6.14
34	1.23	3.53	4.76
35	1.10	2.28	3.38
36	0.98	2.28	3.25
37	0.85	2.28	3.12
38	0.72	2.28	3.00
39	0.59	2.28	2.87
40	0.46	2.28	2.74
41	0.43	1.95	2.38
42	0.40	1.62	2.01
43	0.36	1.29	1.65
44	0.33	0.96	1.29
45	0.30	0.63	0.93
46	0.26	0.63	0.89
47	0.23	0.63	0.86
48	0.20	0.63	0.83
49	0.16	0.63	0.79
50	0.13	0.63	0.76
51	0.12	0.57	0.69
52	0.12	0.51	0.62
53	0.11	0.45	0.56
54	0.10	0.39	0.49
55	0.10	0.33	0.42
56	0.09	0.33	0.42
57	0.09	0.33	0.41
58	0.08	0.33	0.40
59	0.07	0.33	0.40
60	0.07	0.33	0.39
61	0.06	0.26	0.32
62	0.05	0.20	0.25
63	0.05	0.13	0.18
64	0.04	0.07	0.10
65	0.03	0.00	0.03
66	0.03	0.00	0.03
67	0.02	0.00	0.02
68	0.01	0.00	0.01
69	0.01	0.00	0.01
70	0.00	0.00	0.00

TABLA N° III.38.-
PARÁMETROS PARA EL CÁLCULO DEL TRÁNSITO A TRAVÉS DE LAS SUB - CUENCAS A5.- Y A6.-

TRANSITO A TRAVES DE LA SUB - CUENCA 5.-	
K	8
Δt	1
X	0,2
C_0	-0,16
C_1	0,30
C_2	0,86

TRANSITO A TRAVES DE LA SUB - CUENCA 6.-	
K	5
Δt	1
X	0,2
C_0	-0,11
C_1	0,33
C_2	0,78

Con los parámetros antes indicados se procede al cálculo del tránsito según se explicó en el aparte III.18.3.- y sus resultados se muestran en la Tabla N° III.39.-.

Lo que se denota como **QE5**, es el hidrograma de entrada en la Sub-cuenca 5.-, el cual se corresponde con el hidrograma proveniente de la sumatoria de los hidrogramas de las Sub-cuencas 1.- y 2.-, mientras que **QE6**, es el hidrograma de entrada en la Sub-cuenca 6.-, el cual se corresponde con el hidrograma proveniente de la sumatoria de los hidrogramas de las Sub-cuencas 3.- y 4.- y que se mostraron en la Tabla N° III.32.-.

Es preciso indicar que ambos cálculos se muestran hasta el minuto 50, pues desde este momento en adelante, los valores del hidrograma de salida en su rama descendente tienden a cero.

Obsérvese que en los primeros minutos se obtienen valores negativos en el gasto de salida, lo cual es producto del cálculo según la metodología. Ahora bien, tal y como se indicó anteriormente, es obvio que un valor de gasto o caudal negativo, físicamente no es posible, sin embargo, desde el punto de vista de la metodología de cálculo, es recomendable realizar los cálculos con esos valores. Una vez terminado el cálculo del tránsito, a estos valores negativos se le debe asignar un valor de cero para ser utilizados en las sumatorias con otros hidrogramas a lo largo del cálculo hasta obtener el gasto de diseño a la salida de la Sub-cuenca 7.-, objetivo de este estudio.

El hidrograma obtenido a la salida de la Sub-cuenca 5.- (**QS5**) y proveniente de la sumatoria de los hidrogramas de las Sub-cuencas 1.- y 2.- y transitados hasta el punto de salida de la Sub-cuenca 5.-, se le debe sumar el hidrograma propio de cada Sub-cuenca 5.-.

De igual forma, el hidrograma obtenido a la salida de la Sub-cuenca 6.- (**QS6**) y proveniente de la sumatoria de los hidrogramas de las Sub-cuencas 3.- y 4.- se le debe sumar el hidrograma propio de la Sub-cuenca 6.-.

Lo hidrogramas propios de las Sub-cuencas 5.- y 6.- son los obtenidos anteriormente y mostrados en la Tabla N° III.36.-.

En la Tabla Nº III.40.- se muestra la sumatoria de los hidrogramas transitados a través de las Sub-cuencas 5.- y 6.- con los hidrogramas propios de estas Sub-cuencas.

TABLA N° III.39.-
TRÁNSITO A TRAVÉS DE LAS SUB-CUENCAS A5.- Y A6.-

Tiempo (min)	QE5 (m^3/s)	C_0 * $QE5_2$ (m^3/s)	C_1 * $QE5_1$ (m^3/s)	C_2 * $QS5_1$ (m^3/s)	QS5 (m^3/s)
0	0,00	-	-	-	0,00
1	0,09	-0,01	0,00	0,00	-0,01
2	0,18	-0,03	0,03	-0,01	-0,01
3	0,27	-0,04	0,06	-0,01	0,00
4	0,36	-0,06	0,08	0,00	0,03
5	0,36	-0,06	0,11	0,02	0,07
6	0,36	-0,06	0,11	0,06	0,12
7	0,36	-0,06	0,11	0,10	0,15
8	0,36	-0,06	0,11	0,13	0,18
9	0,36	-0,06	0,11	0,16	0,21
10	0,36	-0,06	0,11	0,18	0,23
11	0,49	-0,08	0,11	0,20	0,23
12	0,62	-0,10	0,15	0,20	0,25
13	0,74	-0,12	0,19	0,21	0,28
14	0,87	-0,14	0,23	0,24	0,33
15	0,87	-0,14	0,26	0,28	0,41
16	0,87	-0,14	0,26	0,35	0,47
17	0,87	-0,14	0,26	0,41	0,53
18	0,87	-0,14	0,26	0,45	0,58
19	0,87	-0,14	0,26	0,50	0,62
20	0,87	-0,14	0,26	0,53	0,66
21	2,44	-0,39	0,26	0,56	0,44
22	4,01	-0,64	0,74	0,37	0,48
23	5,58	-0,89	1,22	0,41	0,74
24	7,14	-1,14	1,70	0,63	1,19
25	7,14	-1,14	2,17	1,02	2,05
26	7,14	-1,14	2,17	1,76	2,79
27	7,14	-1,14	2,17	2,39	3,42
28	7,14	-1,14	2,17	2,93	3,96
29	7,14	-1,14	2,17	3,39	4,42
30	7,14	-1,14	2,17	3,78	4,82
31	5,83	-0,93	2,17	4,12	5,36
32	4,52	-0,72	1,78	4,59	5,64
33	3,21	-0,51	1,38	4,82	5,69
34	1,90	-0,30	0,98	4,86	5,54
35	1,90	-0,30	0,58	4,74	5,01
36	1,90	-0,30	0,58	4,29	4,56
37	1,90	-0,30	0,58	3,90	4,18
38	1,90	-0,30	0,58	3,57	3,85
39	1,90	-0,30	0,58	3,29	3,57
40	1,90	-0,30	0,58	3,05	3,32
41	1,56	-0,25	0,58	2,84	3,17
42	1,22	-0,19	0,47	2,71	2,99
43	0,87	-0,14	0,37	2,56	2,79
44	0,53	-0,08	0,27	2,39	2,57
45	0,53	-0,08	0,16	2,20	2,27
46	0,53	-0,08	0,16	1,94	2,02
47	0,53	-0,08	0,16	1,73	1,80
48	0,53	-0,08	0,16	1,54	1,62
49	0,53	-0,08	0,16	1,38	1,46
50	0,53	-0,08	0,16	1,25	1,33

Tiempo (min)	QE6 (m^3/s)	C_0 * $QE6_2$ (m^3/s)	C_1 * $QE6_1$ (m^3/s)	C_2 * $QS6_1$ (m^3/s)	QS6 (m^3/s)
0	0,00	-	-	-	0,00
1	0,10	-0,01	0,00	0,00	-0,01
2	0,19	-0,02	0,03	-0,01	0,00
3	0,29	-0,03	0,06	0,00	0,03
4	0,38	-0,04	0,10	0,03	0,08
5	0,48	-0,05	0,13	0,06	0,14
6	0,49	-0,05	0,16	0,11	0,21
7	0,50	-0,06	0,16	0,17	0,27
8	0,51	-0,06	0,17	0,21	0,32
9	0,52	-0,06	0,17	0,25	0,36
10	0,53	-0,06	0,17	0,28	0,40
11	0,66	-0,07	0,18	0,31	0,41
12	0,79	-0,09	0,22	0,32	0,45
13	0,92	-0,10	0,26	0,35	0,51
14	1,06	-0,12	0,31	0,40	0,59
15	1,19	-0,13	0,35	0,46	0,68
16	1,20	-0,13	0,40	0,53	0,79
17	1,21	-0,13	0,40	0,61	0,88
18	1,23	-0,14	0,40	0,68	0,95
19	1,24	-0,14	0,41	0,74	1,01
20	1,25	-0,14	0,41	0,79	1,06
21	2,90	-0,32	0,42	0,82	0,92
22	4,56	-0,51	0,97	0,71	1,18
23	6,21	-0,69	1,52	0,91	1,74
24	7,86	-0,87	2,07	1,36	2,55
25	9,52	-1,06	2,62	1,99	3,55
26	9,67	-1,07	3,17	2,76	4,86
27	9,82	-1,09	3,22	3,78	5,91
28	9,98	-1,11	3,27	4,60	6,76
29	10,13	-1,13	3,33	5,26	7,46
30	10,28	-1,14	3,38	5,80	8,04
31	8,90	-0,99	3,43	6,25	8,69
32	7,52	-0,84	2,97	6,76	8,89
33	6,14	-0,68	2,51	6,91	8,74
34	4,76	-0,53	2,05	6,80	8,31
35	3,38	-0,38	1,59	6,47	7,68
36	3,25	-0,36	1,13	5,97	6,74
37	3,12	-0,35	1,08	5,24	5,98
38	3,00	-0,33	1,04	4,65	5,36
39	2,87	-0,32	1,00	4,17	4,85
40	2,74	-0,30	0,96	3,77	4,42
41	2,38	-0,26	0,91	3,44	4,09
42	2,01	-0,22	0,79	3,18	3,75
43	1,65	-0,18	0,67	2,91	3,40
44	1,29	-0,14	0,55	2,65	3,05
45	0,93	-0,10	0,43	2,38	2,70
46	0,89	-0,10	0,31	2,10	2,31
47	0,86	-0,10	0,30	1,80	2,00
48	0,83	-0,09	0,29	1,56	1,75
49	0,79	-0,09	0,28	1,36	1,55
50	0,76	-0,08	0,26	1,20	1,38

TABLA N° III.40.-
SUMATORIA DEL HIDROGRAMA PROPIO DE LA SUB-CUENCA 5.- Y EL HIDROGRAMA TRANSITADO PROVENIENTE DE LAS SUB-CUENCAS 1.- Y 2.- (Q5 TRANSITADO)

SUMATORIA DEL HIDROGRAMA PROPIO DE LA SUB-CUENCA 6.- Y EL HIDROGRAMA DE TRANSITADO PROVENIENTE DE LAS SUB-CUENCAS 3.- Y 4.- (Q6 TRANSITADO)

TIEMPO (min)	Q5 (Propio) (m^3/s)	Q5 (Transitado) (m^3/s)	Q5 (Propio + transitado) (m^3/s)
0	0.00	0.00	0.00
1	0.06	0.00	0.06
2	0.12	0.00	0.12
3	0.17	0.00	0.17
4	0.23	0.03	0.26
5	0.29	0.07	0.36
6	0.35	0.12	0.46
7	0.41	0.15	0.56
8	0.46	0.18	0.65
9	0.46	0.21	0.67
10	0.46	0.23	0.70
11	0.54	0.23	0.78
12	0.62	0.25	0.87
13	0.70	0.28	0.99
14	0.78	0.33	1.11
15	0.86	0.41	1.27
16	0.94	0.47	1.42
17	1.02	0.53	1.55
18	1.10	0.58	1.68
19	1.10	0.62	1.73
20	1.10	0.66	1.76
21	2.10	0.44	2.54
22	3.10	0.48	3.57
23	4.09	0.74	4.83
24	5.09	1.19	6.28
25	6.09	2.05	8.14
26	7.08	2.79	9.87
27	8.08	3.42	11.50
28	9.08	3.96	13.04
29	9.08	4.42	13.50
30	9.08	4.82	13.89
31	8.24	5.36	13.61
32	7.41	5.64	13.05
33	6.58	5.69	12.27
34	5.75	5.54	11.29
35	4.91	5.01	9.93
36	4.08	4.56	8.64
37	3.25	4.18	7.43
38	2.42	3.85	6.26
39	2.42	3.57	5.98
40	2.42	3.32	5.74
41	2.20	3.17	5.37
42	1.98	2.99	4.98
43	1.76	2.79	4.55
44	1.54	2.57	4.11
45	1.33	2.27	3.60
46	1.11	2.02	3.13
47	0.89	1.80	2.69
48	0.67	1.62	2.29
49	0.67	1.46	2.13
50	0.67	1.33	2.00

TIEMPO (min)	Q6 (Propio) (m^3/s)	Q6 (Transitado) (m^3/s)	Q6 (Propio + transitado) (m^3/s)
0	0.00	0.00	0.00
1	0.07	0.00	0.07
2	0.14	0.00	0.14
3	0.20	0.03	0.24
4	0.27	0.08	0.35
5	0.34	0.14	0.48
6	0.34	0.21	0.55
7	0.34	0.27	0.61
8	0.34	0.32	0.66
9	0.34	0.36	0.70
10	0.34	0.40	0.73
11	0.43	0.41	0.84
12	0.53	0.45	0.98
13	0.62	0.51	1.13
14	0.71	0.59	1.30
15	0.81	0.68	1.48
16	0.81	0.79	1.59
17	0.81	0.88	1.68
18	0.81	0.95	1.76
19	0.81	1.01	1.82
20	0.81	1.06	1.87
21	1.97	0.92	2.89
22	3.13	1.18	4.31
23	4.30	1.74	6.04
24	5.46	2.55	8.01
25	6.62	3.55	10.17
26	6.62	4.86	11.48
27	6.62	5.91	12.53
28	6.62	6.76	13.38
29	6.62	7.46	14.08
30	6.62	8.04	14.66
31	5.65	8.69	14.34
32	4.68	8.89	13.57
33	3.71	8.74	12.45
34	2.74	8.31	11.05
35	1.76	7.68	9.44
36	1.76	6.74	8.50
37	1.76	5.98	7.74
38	1.76	5.36	7.12
39	1.76	4.85	6.61
40	1.76	4.42	6.18
41	1.51	4.09	5.60
42	1.25	3.75	5.00
43	1.00	3.40	4.40
44	0.74	3.05	3.80
45	0.49	2.70	3.19
46	0.49	2.31	2.80
47	0.49	2.00	2.49
48	0.49	1.75	2.24
49	0.49	1.55	2.04
50	0.49	1.38	1.87

Los hidrogramas de salida de la sub-cuenca 5.- y de la sub-cuenca 6.- deben ser sumados y se convierten en el hidrograma de entrada a la sub-cuenca 7.- (**QE7**). Este hidrograma debe ser transitado a través de la sub-cuenca 7.- hasta su punto de salida.

Para este tránsito, el valor de **K** se hace igual al tiempo de concentración de la sub-cuenca 7.-, es decir, 6 minutos, para el intervalo de tiempo **Δt** se ha seleccionado 1 minuto y para el coeficiente de Muskingum **X** se ha considerado un tránsito a través de un cauce por que se establece un valor de 0,2.

Los valores de C_0; C_1 y C_2 se calculan a partir de las ecuaciones III.24.-; III.25.- y III.26.- y verificando que su sumatoria sea igual a 1.

TABLA N° III.41.-
PARÁMETROS PARA EL CÁLCULO DEL TRÁNSITO A TRAVÉS DE LA SUB-CUENCA A7.-

TRANSITO A TRAVES DE LA SUB-CUENCA 7.-	
K	6
Δt	1
X	0,2
C_0	-0,13
C_1	0,32
C_2	0,81

Con los parámetros antes indicados se procede al cálculo del tránsito según se explicó en el aparte III.18.3.- y sus resultados se muestran en la Tabla N° III.42.-. Lo que se denota como **QE7**, sería el hidrograma proveniente de la sumatoria de los hidrogramas de salida de las sub-cuencas 5.- y 6.- y que se mostraron en la Tabla N° III.36.-. Ambos cálculos se muestran hasta el minuto 50, pues desde este momento en adelante, los valores del hidrograma de salida en su rama descendente tienden a cero.

TABLA N° III.42.-
TRÁNSITO A TRAVÉS DE LA SUB-CUENCA A7.-

Tiempo (min)	QE7 (m^3/s)	C0 * $QE7_2$ (m^3/s)	C1 * $QE7_1$ (m^3/s)	C2 * $QS7_1$ (m^3/s)	QS7 (m^3/s)
0	0.00	-	-	-	0.00
1	0.13	-0.02	0.00	0.00	-0.02
2	0.25	-0.03	0.04	-0.01	-0.01
3	0.41	-0.05	0.08	-0.01	0.02
4	0.61	-0.08	0.13	0.02	0.07
5	0.84	-0.11	0.19	0.06	0.14
6	1.01	-0.13	0.27	0.11	0.25
7	1.17	-0.15	0.33	0.20	0.37
8	1.31	-0.17	0.38	0.30	0.50
9	1.37	-0.18	0.42	0.41	0.65
10	1.43	-0.19	0.44	0.53	0.78
11	1.62	-0.21	0.46	0.63	0.88
12	1.85	-0.24	0.52	0.71	0.98
13	2.12	-0.28	0.59	0.80	1.11
14	2.41	-0.32	0.68	0.90	1.26
15	2.75	-0.36	0.77	1.02	1.43
16	3.01	-0.40	0.88	1.16	1.65
17	3.24	-0.43	0.97	1.34	1.88
18	3.44	-0.45	1.04	1.52	2.11
19	3.54	-0.47	1.10	1.71	2.35
20	3.63	-0.48	1.14	1.90	2.56
21	5.43	-0.72	1.16	2.08	2.52
22	7.88	-1.04	1.74	2.05	2.75
23	10.87	-1.44	2.53	2.23	3.32
24	14.29	-1.89	3.49	2.69	4.29
25	18.31	-2.42	4.58	3.48	5.65
26	21.35	-2.82	5.87	4.58	7.64
27	24.03	-3.17	6.85	6.20	9.87
28	26.42	-3.49	7.71	8.01	12.23
29	27.58	-3.64	8.48	9.92	14.75
30	28.55	-3.77	8.85	11.97	17.04
31	27.95	-3.69	9.16	13.83	19.30
32	26.62	-3.52	8.96	15.66	21.10
33	24.71	-3.26	8.54	17.12	22.40
34	22.34	-2.95	7.93	18.17	23.15
35	19.37	-2.56	7.16	18.78	23.39
36	17.14	-2.26	6.21	18.97	22.92
37	15.17	-2.00	5.50	18.60	22.09
38	13.39	-1.77	4.86	17.92	21.02
39	12.59	-1.66	4.29	17.05	19.69
40	11.93	-1.58	4.04	15.97	18.43
41	10.97	-1.45	3.83	14.96	17.33
42	9.98	-1.32	3.52	14.06	16.26
43	8.96	-1.18	3.20	13.20	15.21
44	7.91	-1.04	2.87	12.34	14.17
45	6.79	-0.90	2.54	11.50	13.14
46	5.93	-0.78	2.18	10.66	12.05
47	5.18	-0.68	1.90	9.78	11.00
48	4.53	-0.60	1.66	8.92	9.98
49	4.17	-0.55	1.45	8.10	9.00
50	3.87	-0.51	1.34	7.30	8.13

Una vez transitado el hidrograma a través de la sub-cuenca 7.-, se le debe sumar el hidrograma propio de la sub-cuenca 7.-. De esta sumatoria se obtendrá el hidrograma resultante a la salida de la cuenca y objeto del estudio.

TABLA N° III.43.-

SUMATORIA DEL HIDROGRAMA PROPIO DE LA SUB-CUENCA 7.- Y EL HIDROGRAMA TRANSITADO PROVENIENTE DE LAS SUB-CUENCAS 5.- Y 6.-

TIEMPO	Q7 (Propio)	Q7 (Transitado)	Q7 (Propio + transitado)
(min)	(m^3/s)	(m^3/s)	(m^3/s)
0	0.00	0.00	0.00
1	0.01	0.00	0.01
2	0.01	0.00	0.01
3	0.02	0.02	0.04
4	0.03	0.07	0.10
5	0.04	0.14	0.18
6	0.04	0.25	0.29
7	0.04	0.37	0.42
8	0.04	0.50	0.55
9	0.04	0.65	0.69
10	0.04	0.78	0.82
11	0.05	0.88	0.93
12	0.06	0.98	1.05
13	0.08	1.11	1.19
14	0.09	1.26	1.35
15	0.10	1.43	1.53
16	0.11	1.65	1.75
17	0.11	1.88	1.98
18	0.11	2.11	2.21
19	0.11	2.35	2.45
20	0.11	2.56	2.67
21	0.23	2.52	2.76
22	0.36	2.75	3.11
23	0.49	3.32	3.81
24	0.62	4.29	4.91
25	0.74	5.65	6.39
26	0.87	7.64	8.51
27	0.87	9.87	10.74
28	0.87	12.23	13.10
29	0.87	14.75	15.62
30	0.87	17.04	17.92
31	0.76	19.30	20.06
32	0.66	21.10	21.76
33	0.55	22.40	22.95
34	0.45	23.15	23.59
35	0.34	23.39	23.72
36	0.23	22.92	23.15
37	0.23	22.09	22.32
38	0.23	21.02	21.25
39	0.23	19.69	19.92
40	0.23	18.43	18.67
41	0.20	17.33	17.54
42	0.18	16.26	16.44
43	0.15	15.21	15.36
44	0.12	14.17	14.29
45	0.09	13.14	13.23
46	0.06	12.05	12.12
47	0.06	11.00	11.06
48	0.06	9.98	10.05
49	0.06	9.00	9.07
50	0.06	8.13	8.19

A manera de ejemplo, si en esta misma cuenca se establece que el tránsito a través de la sub-cuenca 7.- es como si fuera a través de una laguna o un embalse, es decir, que el coeficiente de Muskingum X tuviera un valor de 0,0, se obtiene el tránsito que se muestra en la Tabla N° III.44.-

TABLA N° III.44-
TRÁNSITO DEL HIDROGRAMA PROVENIENTE DE LAS SUB-CUENCAS 5.- Y 6.- A TRAVES DE LA SUB-CUENCA 7.-

Tiempo (min)	QE7 (m^3/s)	$C0 * QE7_2$ (m^3/s)	$C1 * QE7_1$ (m^3/s)	$C2 * QS7_1$ (m^3/s)	QS7 (m^3/s)
0	0.00	-	-	-	0.00
1	0.13	0.01	0.00	0.00	0.01
2	0.25	0.02	0.01	0.01	0.04
3	0.41	0.03	0.02	0.03	0.08
4	0.61	0.05	0.03	0.07	0.15
5	0.84	0.06	0.05	0.13	0.24
6	1.01	0.08	0.06	0.20	0.34
7	1.17	0.09	0.08	0.29	0.46
8	1.31	0.10	0.09	0.39	0.58
9	1.37	0.11	0.10	0.49	0.70
10	1.43	0.11	0.11	0.59	0.80
11	1.62	0.12	0.11	0.68	0.91
12	1.85	0.14	0.12	0.77	1.04
13	2.12	0.16	0.14	0.88	1.19
14	2.41	0.19	0.16	1.00	1.35
15	2.75	0.21	0.19	1.14	1.54
16	3.01	0.23	0.21	1.30	1.75
17	3.24	0.25	0.23	1.48	1.96
18	3.44	0.26	0.25	1.66	2.17
19	3.54	0.27	0.26	1.84	2.37
20	3.63	0.28	0.27	2.01	2.56
21	5.43	0.42	0.28	2.17	2.86
22	7.88	0.61	0.42	2.42	3.45
23	10.87	0.84	0.61	2.92	4.36
24	14.29	1.10	0.84	3.69	5.62
25	18.31	1.41	1.10	4.76	7.27
26	21.35	1.64	1.41	6.15	9.20
27	24.03	1.85	1.64	7.78	11.28
28	26.42	2.03	1.85	9.54	13.42
29	27.58	2.12	2.03	11.36	15.51
30	28.55	2.20	2.12	13.13	17.44
31	27.95	2.15	2.20	14.76	19.11
32	26.62	2.05	2.15	16.17	20.36
33	24.71	1.90	2.05	17.23	21.18
34	22.34	1.72	1.90	17.92	21.54
35	19.37	1.49	1.72	18.23	21.43
36	17.14	1.32	1.49	18.14	20.95
37	15.17	1.17	1.32	17.72	20.21
38	13.39	1.03	1.17	17.10	19.30
39	12.59	0.97	1.03	16.33	18.33
40	11.93	0.92	0.97	15.51	17.39
41	10.97	0.84	0.92	14.72	16.48
42	9.98	0.77	0.84	13.94	15.55
43	8.96	0.69	0.77	13.16	14.62
44	7.91	0.61	0.69	12.37	13.67
45	6.79	0.52	0.61	11.56	12.69
46	5.93	0.46	0.52	10.74	11.72
47	5.18	0.40	0.46	9.92	10.77
48	4.53	0.35	0.40	9.11	9.86
49	4.17	0.32	0.35	8.34	9.01
50	3.87	0.30	0.32	7.63	8.24

Adicionalmente, si al hidrograma transitado a través de la Sub-cuenca 7.- se le suma el hidrograma propio de esta Sub-cuenca, el hidrograma de salida de la cuenca en estudio seria como se indica en la Tabla N° III.45.- y como se podrá observar que el gasto máximo es menor.

TABLA N° III.45.-
SUMATORIA DEL HIDROGRAMA PROVENIENTE DE LAS SUB-CUENCAS 5.- Y 6.- (Q7 TRANSITADO) Y DEL HIDROGRAMA PROPIO DE LA SUB-CUENCA 7.-

TIEMPO	Q7 (Propio)	Q7 (Transitado)	Q7 (Propio + transitado)
(min)	(m^3/s)	(m^3/s)	(m^3/s)
0	0.00	0.00	0.00
1	0.01	0.01	0.02
2	0.01	0.04	0.05
3	0.02	0.08	0.10
4	0.03	0.15	0.18
5	0.04	0.24	0.27
6	0.04	0.34	0.39
7	0.04	0.46	0.50
8	0.04	0.58	0.62
9	0.04	0.70	0.74
10	0.04	0.80	0.85
11	0.05	0.91	0.97
12	0.06	1.04	1.11
13	0.08	1.19	1.26
14	0.09	1.35	1.44
15	0.10	1.54	1.64
16	0.11	1.75	1.85
17	0.11	1.96	2.07
18	0.11	2.17	2.28
19	0.11	2.37	2.48
20	0.11	2.56	2.67
21	0.23	2.86	3.10
22	0.36	3.45	3.81
23	0.49	4.36	4.85
24	0.62	5.62	6.24
25	0.74	7.27	8.01
26	0.87	9.20	10.07
27	0.87	11.28	12.15
28	0.87	13.42	14.29
29	0.87	15.51	16.38
30	0.87	17.44	18.31
31	0.76	19.11	19.87
32	0.66	20.36	21.02
33	0.55	21.18	21.73
34	0.45	21.54	21.99
35	0.34	21.43	21.77
36	0.23	20.95	21.18
37	0.23	20.21	20.44
38	0.23	19.30	19.53
39	0.23	18.33	18.56
40	0.23	17.39	17.62
41	0.20	16.48	16.68
42	0.18	15.55	15.73
43	0.15	14.62	14.77
44	0.12	13.67	13.79
45	0.09	12.69	12.79
46	0.06	11.72	11.78
47	0.06	10.77	10.84
48	0.06	9.86	9.92
49	0.06	9.01	9.08
50	0.06	8.24	8.31

Si se realiza el mismo procedimiento para los diversos periodos de retorno, y considerando en la Sub-cuenca 7.- un coeficiente de Muskingum de **X** = 0,2, se obtendrían los gastos máximos que se indican en la Tabla N° III.46.- En la misma tabla también se indican los gastos máximos en cada punto final de cada una de las siete (7) Sub-cuencas de la Cuenca "A".

TABLA N° III.46.-
GASTOS MÁXIMOS EN CADA SUB-CUENCA CON X = 0,2 EN LA SUB-CUENCA 7.-

GASTO POR SUB-CUENCA	PERIODO DE RETORNO			
	2 AÑOS	5 AÑOS	10 AÑOS	25 AÑOS
Q_1	2,73	3,13	3,49	3,90
Q_2	2,86	3,29	3,66	4,09
Q_3	1,36	1,57	1,74	1,95
Q_4	6,68	7,67	8,54	9,55
Q_5	10,88	12,50	13,89	15,54
Q_6	11,48	13,19	14,66	16,40
Q_7	18,64	21,43	23,72	26,54

En la Figura N° III.54.- se ilustran los hidrogramas en la Sub-cuenca 7.- para los diversos periodos de retorno.

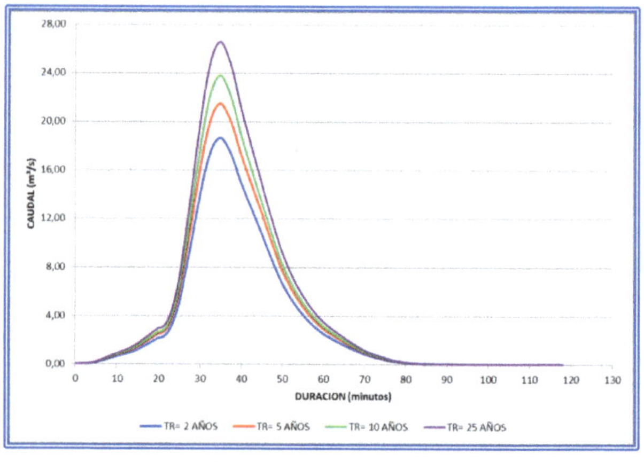

Figura N° III.54.- Hidrogramas de la sub-cuenca 7.- con un valor de X = 0,2 y para diversos periodos de retorno.-

Si se quisiera obtener los gastos máximos para 50 y 100 años de periodo de retorno, se podría recurrir a la elaboración de una Gráfica de Probabilidades de Gumbel (Ver Figura N° III.55.-) y así extrapolar los gastos máximos obtenidos según los cálculos realizados anteriormente.

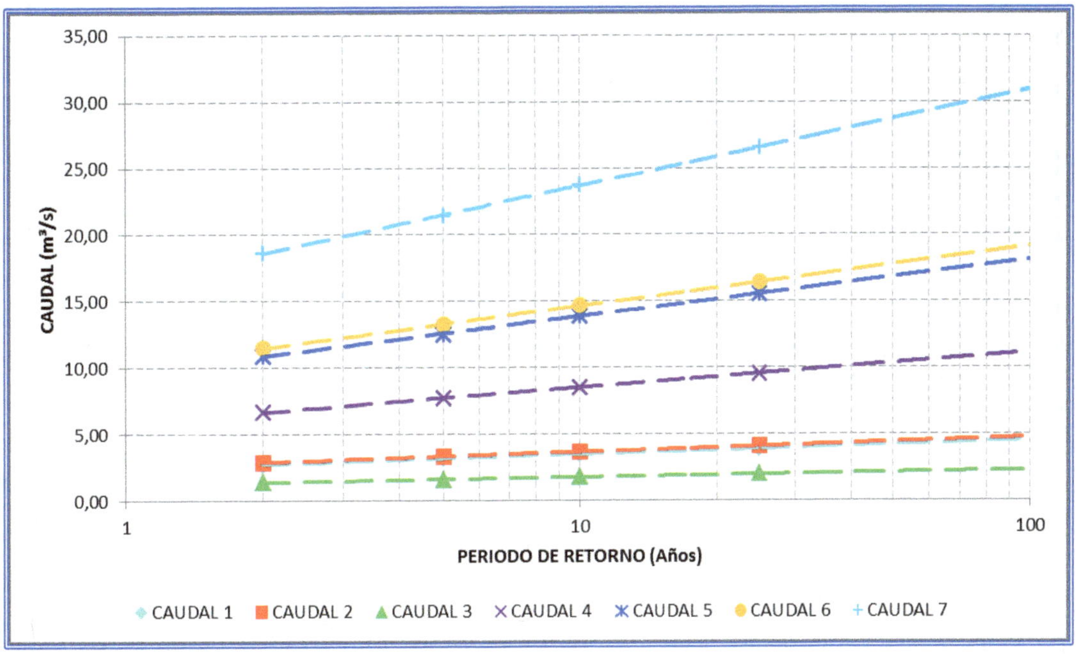

Figura N° III.55.- Gráfica de Probabilidades de Gumbel para los Gastos Máximos de las siete (7) sub – cuencas de la Cuenca "A", considerando x = 0,2 en la sub–cuenca 7.-

Si se realiza el mismo procedimiento para los diversos periodos de retorno, y considerando en la Sub-cuenca 7.- un coeficiente de Muskingum de **X** = 0,0, se obtendrían los gastos máximos que se indican en la Tabla N° III.47.- En la misma tabla también se indican los gastos máximos en cada punto final de cada una de las siete (7) Sub-cuencas de la Cuenca "A".

TABLA N° III.47.-
GASTOS MÁXIMOS EN CADA SUB – CUENCA CON X = 0,0 EN LA SUB-CUENCA 7.-

GASTO POR SUB-CUENCA	PERIODO DE RETORNO			
	2 AÑOS	5 AÑOS	10 AÑOS	25 AÑOS
Q_1	2,73	3,13	3,49	3,90
Q_2	2,86	3,29	3,66	4,09
Q_3	1,36	1,57	1,74	1,95
Q_4	6,68	7,67	8,54	9,55
Q_5	10,88	12,50	13,89	15,54
Q_6	11,48	13,19	14,66	16,40
Q_7	17,36	19,97	22,09	24,71

En la Figura N° III.56.- se ilustran los hidrogramas en la Sub-cuenca 7.- para los diversos periodos de retorno.

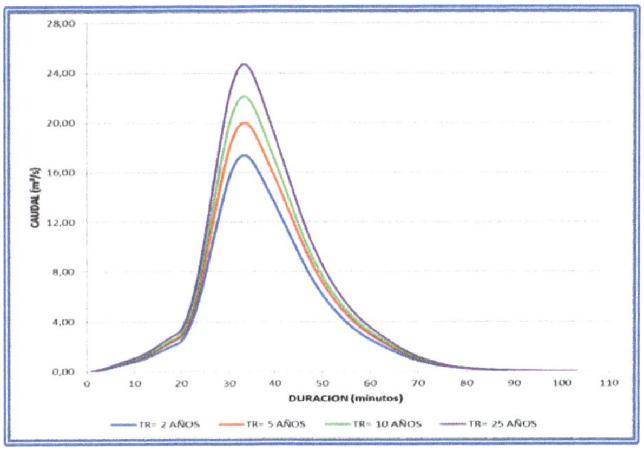

Figura N° III.56.- Hidrogramas de la Sub-cuenca 7.- con un valor de X = 0,0 y para diversos periodos de retorno.-

Si se quisiera obtener los gastos máximos para 50 y 100 años de periodo de retorno, se podría recurrir a la elaboración de una Gráfica de Probabilidades de Gumbel (Ver Figura N° III.57.-) y así extrapolar los gastos máximos obtenidos según los cálculos realizados anteriormente.

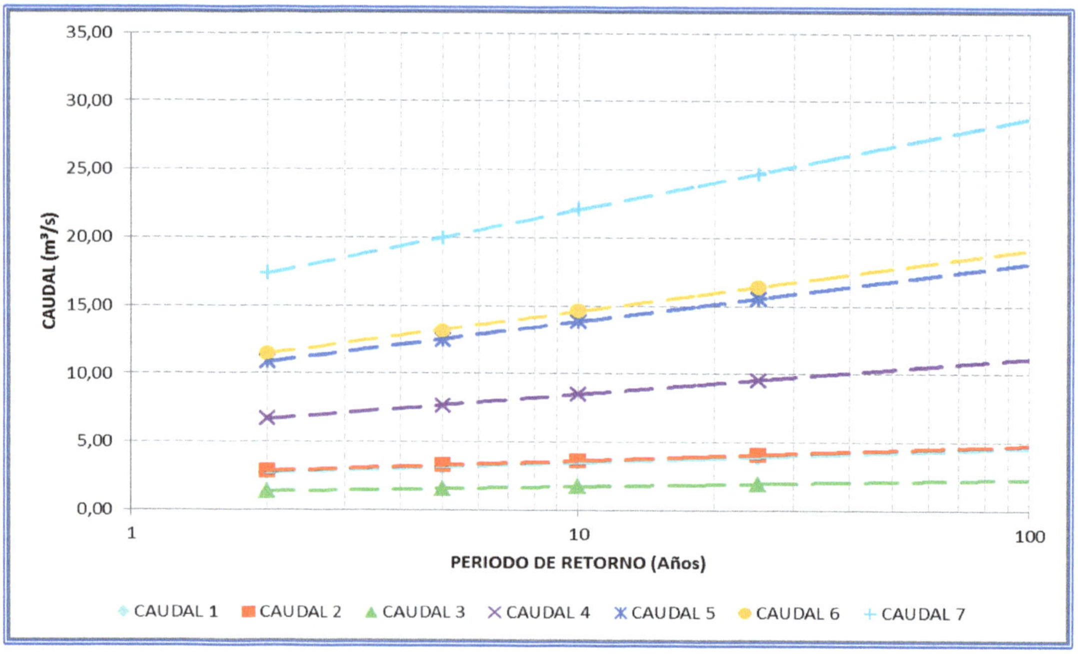

Figura N° III.57.- Gráfica de Probabilidades de Gumbel para los Gastos Máximos de las siete (7) Sub-cuencas de la Cuenca "A", considerando X = 0,0 en la Sub-cuenca 7.-

En la Tabla N° III.48.- que se muestra a continuación, se indican los gastos obtenidos mediante el Método Racional y mediante el Método del Área Efectiva para los diversos periodos de retorno y para los tres hietogramas de diseño establecidos en el estudio.

TABLA N° III.48.-
COMPARACION DE GASTOS MÁXIMOS EN LA CUENCA "A".-

		HIETOGRAMA DE DISEÑO CON LA MAYOR INTENSIDAD EN EL CENTRO DE LA TORMENTA		HIETOGRAMA DE DISEÑO CON LA MAYOR INTENSIDAD EN EL INICIO DE LA TORMENTA		HIETOGRAMA DE DISEÑO CON LA MAYOR INTENSIDAD AL FINAL DE LA TORMENTA	
PERIODO DE RETORNO	METODO RACIONAL	METODO DEL AREA EFECTIVA X = 0,2	METODO DEL AREA EFECTIVA X = 0,0	METODO DEL AREA EFECTIVA X = 0,2	METODO DEL AREA EFECTIVA X = 0,0	METODO DEL AREA EFECTIVA X = 0,2	METODO DEL AREA EFECTIVA X = 0,0
2	18,62	18,64	17,36	17,90	16,49	19,22	17,91
5	21,23	21,43	19,97	20,17	18,57	22,11	20,61
10	24,39	23,72	21,99	22,82	20,92	24,42	22,72
25	30,09	26,54	24,71	25,53	23,51	27,31	25,41

III.21.2.2.- CUENCA "B".-

La Cuenca "B" cuenta con los parámetros de diseño que se indican en la Tabla N° III.49.-.

TABLA N° III.49.-
PARÁMETROS DE DISEÑO DE LA CUENCA "B".-

Tramo	Área (ha)	C	tc (min)	X (Muskingum)
1	25	0,40	10	0,3
2	30	0,35	10	0,3
3	20	0,25	10	0,3
4	35	0,70	10	0,3
5	42	0,62	15	0,2
6	38	0,50	15	0,2
7	5	0,50	6	0,2

La duración del intervalo de lluvia se considerará igual al mayor tiempo de concentración de cualquier tramo de la cuenca. En este caso sería 15 minutos (Tramo 5.- y 6.-), de manera que de las Curvas I-D-F de la Figura N° III.50.- se obtienen las intensidades cada 15 minutos para el cálculo del hietograma de diseño.

TABLA N° III.50.-
INTENSIDADES DE LLUVIA EN lps/Ha.-

DURACIÓN (min)	INTENSIDAD (lps/ha) para cada período de retorno			
	2 años	5 años	10 años	25 años
15	224,67	256,99	290,99	325,99
30	161,08	182,98	213,46	239,63
45	132,59	150,01	178,08	200,15
60	115,49	130,29	156,59	176,15

Según se describió en el aparte III.17.- de Hietogramas de Diseño, a continuación se calculan los intervalos de lluvia para 15 minutos.

TABLA N° III.51.-
INTENSIDADES DE LLUVIA EN INTERVALOS DE 15 MINUTOS EN lps/Ha.-

DURACIÓN (min)	2 años	5 años	10 años	25 años
15	224,67	256,99	290,99	325,99
30	63,59	74,01	77,53	86,36
45	28,49	32,97	35,38	39,48
60	17,10	19,72	21,49	24,00

Posteriormente se convierte en intensidad de lluvia en mm/hr según se indica en la Tabla N° III.52.-, los cuales se han ordenado de manera de tener la mayor intensidad en el centro la tormenta.

TABLA N° III.52.-
INTENSIDADES DE LLUVIA EN INTERVALOS DE 15 MINUTOS EN mm/hr.-

DURACIÓN (min)	2 años	5 años	10 años	25 años
15	10,25	11,86	12,73	14,20
30	80,82	92,44	104,67	117,26
45	22,87	26,62	27,89	31,06
60	6,15	7,09	7,73	8,63

Con los valores de la tabla anterior se elabora el hietograma de diseño que se muestra en la Figura N° III.58.- para un periodo de retorno de 10 años.

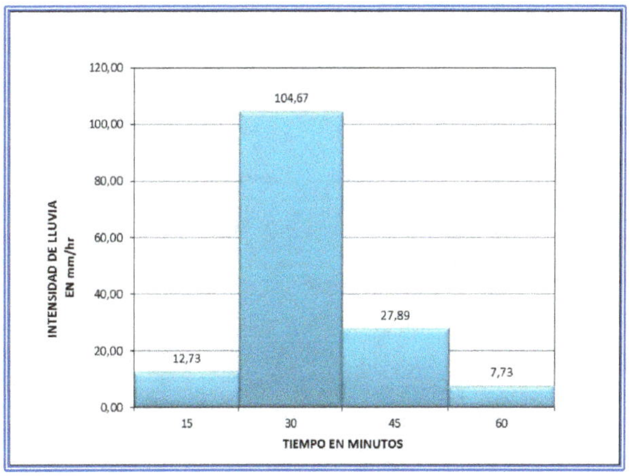

Figura N° III.58.- Hietograma de Diseño para un periodo de retorno de 10 años.-

Si se realiza el mismo procedimiento que en la Cuenca "A" para los diversos periodos de retorno, y considerando en la Sub-cuenca 7.- un coeficiente de Muskingum de **X** = 0,2, se obtendrían los gastos máximos que se indican en la Tabla N° III.53.- En la misma tabla también se indican los gastos máximos en cada punto final de cada una de las siete (7) Sub-cuencas de la Cuenca "A".

TABLA N° III.53.-
GASTOS MÁXIMOS EN CADA SUB – CUENCA CON X = 0,2 EN LA SUB-CUENCA 7.-

GASTO POR SUB-CUENCA	PERIODO DE RETORNO			
	2 AÑOS	5 AÑOS	10 AÑOS	25 AÑOS
Q_1	2,24	2,57	2,91	3,26
Q_2	2,36	2,70	3,05	3,42
Q_3	1,12	1,28	1,45	1,63
Q_4	5,50	6,29	7,12	7,98
Q_5	8,11	9,28	10,49	11,75
Q_6	7,81	8,94	10,08	11,29
Q_7	14,45	16,55	18,62	20,85

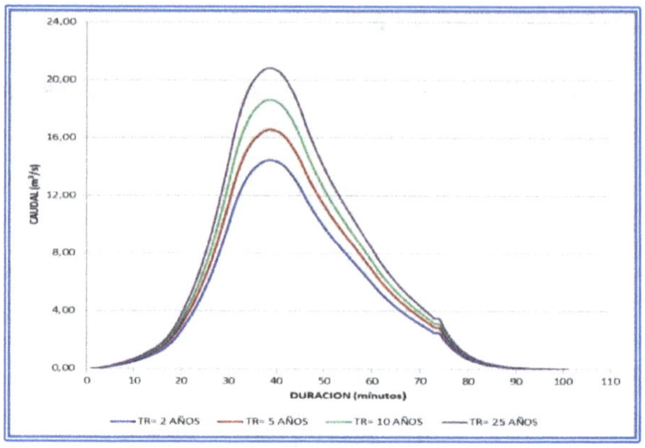

Figura N° III.59.- Hidrogramas de la Sub-cuenca 7.- para diversos períodos de retorno y para un X = 0,2 en la Sub-cuenca 7.-

En la Figura N° III.59.- se ilustran los hidrogramas en la Sub-cuenca 7.- para los diversos periodos de retorno.

Si se quisiera obtener los gastos máximos para 50 y 100 años de periodo de retorno, se podría recurrir a la elaboración de una Gráfica de Probabilidades de Gumbel (Ver Figura N° III.60.-) y así extrapolar los gastos máximos obtenidos según los cálculos realizados anteriormente.

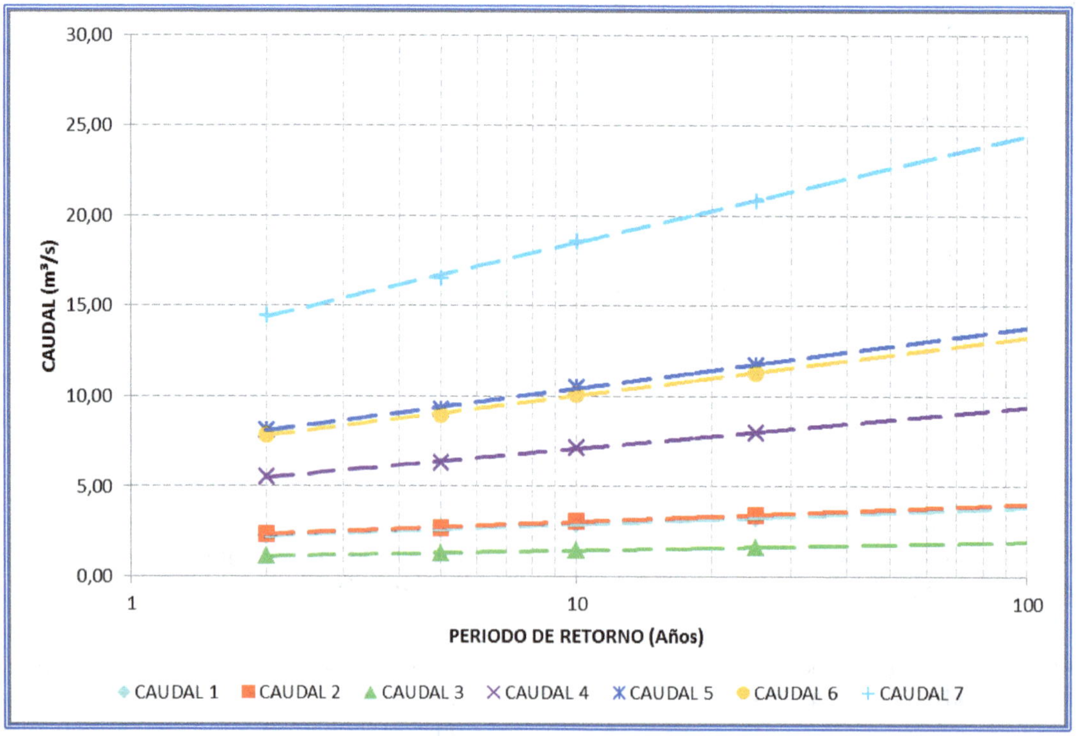

Figura N° III.60.- Gráfica de Probabilidades de Gumbel para los Gastos Máximos de las siete (7) Sub-cuencas de la Cuenca "B", considerando x = 0,2 en la Sub-cuenca 7.-

Si se realiza el mismo procedimiento para los diversos periodos de retorno, y considerando en la Sub-cuenca 7.- un coeficiente de Muskingum de **X** = 0,0, se obtendrían los gastos máximos que se indican en la Tabla N° III.54.- En la misma tabla también se indican los gastos máximos en cada punto final de cada una de las siete (7) Sub-cuencas de la Cuenca "B".

TABLA N° III.54.-
GASTOS MÁXIMOS EN CADA SUB-CUENCA CON X = 0,0 EN LA SUB-CUENCA 7.-

GASTO POR SUB-CUENCA	PERIODO DE RETORNO			
	2 AÑOS	5 AÑOS	10 AÑOS	25 AÑOS
Q_1	2,24	2,57	2,91	3,26
Q_2	2,36	2,70	3,05	3,42
Q_3	1,12	1,28	1,45	1,63
Q_4	5,50	6,29	7,12	7,98
Q_5	8,11	9,28	10,49	11,75
Q_6	7,81	8,94	10,08	11,29
Q_7	13,85	15,87	17,84	19,97

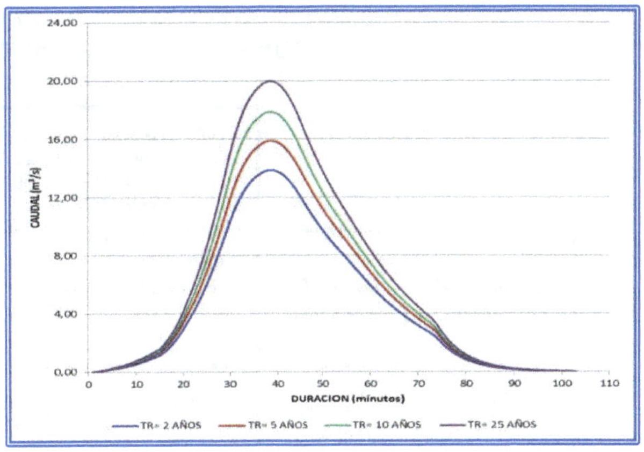

Figura N° III.61.- Hidrogramas de la Sub – cuenca 7.- para diversos periodos de retorno y para un X = 0,0 en la Sub-cuenca 7.-

En la Figura N° III.61.- se ilustran los hidrogramas en la Sub-cuenca 7.- para los diversos periodos de retorno.

Si se quisiera obtener los gastos máximos para 50 y 100 años de periodo de retorno, se podría recurrir a la elaboración de una Gráfica de Probabilidades de Gumbel (Ver Figura N° III.62.-) y así extrapolar los gastos máximos obtenidos según los cálculos realizados anteriormente.

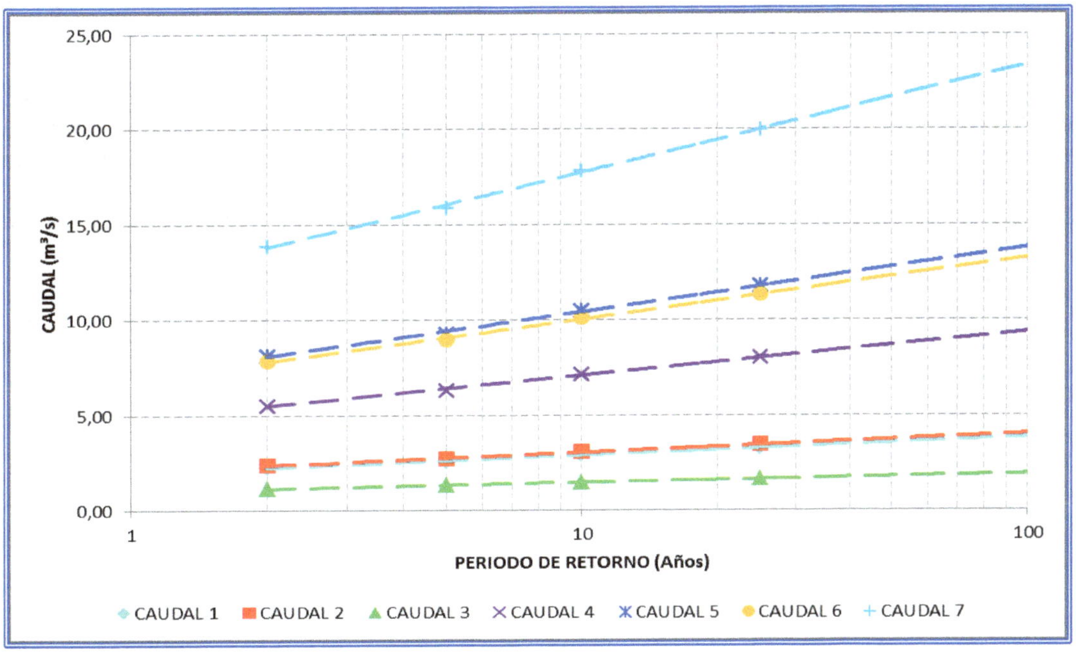

Figura N° III.62.- Gráfica de Probabilidades de Gumbel para los Gastos Máximos de las siete (7) Sub-cuencas de la Cuenca "B", considerando x = 0,0 en la Sub-cuenca 7.-

En la Table N° III.55.- que se muestra en la siguiente página, se muestran los caudales obtenidos mediante el Método Racional y mediante el Método del Área Efectiva para los diversos periodos de retorno ya para los tres hietogramas de diseño establecidos en el estudio.

TABLA N° III.55.-
COMPARACIÓN DE GASTOS MÁXIMOS EN LA CUENCA "B".-

		HIETOGRAMA DE DISEÑO CON LA MAYOR INTENSIDAD EN EL CENTRO DE LA TORMENTA		HIETOGRAMA DE DISEÑO CON LA MAYOR INTENSIDAD EN EL INICIO DE LA TORMENTA		HIETOGRAMA DE DISEÑO CON LA MAYOR INTENSIDAD AL FINAL DE LA TORMENTA	
PERIODO DE RETORNO	METODO RACIONAL	METODO DEL AREA EFECTIVA X = 0,2	METODO DEL AREA EFECTIVA X = 0,0	METODO DEL AREA EFECTIVA X = 0,2	METODO DEL AREA EFECTIVA X = 0,0	METODO DEL AREA EFECTIVA X = 0,2	METODO DEL AREA EFECTIVA X = 0,0
2	**15,45**	**14,45**	**13,85**	**13,93**	**13,31**	**14,71**	**14,10**
5	**17,54**	**16,55**	**15,87**	**15,45**	**15,25**	**16,86**	**16,16**
10	**20,49**	**18,62**	**17,84**	**17,98**	**17,16**	**18,94**	**18,12**
25	**25,31**	**20,85**	**19,97**	**20,13**	**19,22**	**21,20**	**20,29**

II.22.- CONSIDERACIONES FINALES.-

Sobre la base de los resultados obtenidos, lo que se quiere demostrar es que por efecto de la amortiguación de las crecidas a lo largo del recorrido del cauce natural, el Método del Área Efectiva logra optimizar los gastos de diseño comparativamente con el Método Racional.

Por otra parte, la morfología de la cuenca incide sobre el gasto de diseño en el punto de objeto del estudio, en el sentido de que, para un mismo tamaño de área (195 Hectáreas), en el caso de la Cuenca "A" los gastos de diseño son mayores que en la Cuenca "B", pues la Cuenca "B" tiene tiempos de viaje mayores, con lo que se puede inferir que, mientras la cuenca tenga una forma más alargada, los gastos de diseño serán menores que una cuenca de forma más ensanchada (Ver Figura N° III.12.- y Figura N° III.13.-)

Lo anterior incide en el hecho que para un mismo tamaño de área, en la Cuenca "B" se obtienen gastos de diseño en un 16 % en promedio menores que la Cuenca "A", si se calculan mediante el Método Racional y en un 22 % si se calculan mediante el Método del Área Efectiva.

Considerando lo expuesto en el presente capítulo, se puede inferir que con la aplicación del Método de Área Efectiva se logra simular, de manera satisfactoria, la configuración de la red de drenaje y obtener gastos de diseño optimizados que permiten el dimensionamiento de las estructuras hidráulicas necesarias para lograr el paso de las crecidas sin afectar las estructuras viales o proteger los desarrollos urbanos ante eventuales desbordes de los cauces naturales o drenajes urbanos.

CAPITULO IV

LOS ALUDES TORRENCIALES

CAPITULO IV

LOS ALUDES TORRENCIALES.-

IV.1.- INTRODUCCIÓN.-

Se entiende por *"Alud o Avalancha Torrencial"* como aquellos flujos con altas concentraciones de sedimentos que se generan en las cuencas montañosas, cuyo origen está asociado a la generación de deslizamientos durante la ocurrencia de precipitaciones prolongadas y de alta intensidad, y que pueden estar conformados por agua, barro, rocas, y grandes restos de vegetación, Así como por todo tipo de desperdicios y arrastres de materiales fabricados por el hombre. (López S. Jose Luis, 2.005).

Adoptando un esquema general, el agua se incorpora a la cuenca a través de las precipitaciones y éstas pueden ser moderadas o torrenciales. Las últimas suponen una abundancia de precipitación en un intervalo de tiempo reducido y, a su vez, pueden ser ordinarias o extraordinarias.

El comportamiento de la cuenca ante las precipitaciones torrenciales extraordinarias tiene implicaciones más allá del funcionamiento del ciclo del agua en dicha cuenca, pues al tratarse de importantes volúmenes de agua que se ponen en movimiento en un corto intervalo de tiempo, activan el fenómeno del *geo-dinamismo torrencial*; que se manifiesta, además de por un incremento del caudal líquido en el ciclo del agua, por la aparición de procesos de erosión del suelo en la cuenca vertiente por el efecto de las precipitaciones, de las escorrentías de ladera y por la abrasión de sus cauces de drenaje por los caudales de crecida, provocando un incremento de la descarga sólida en el ciclo de los sedimentos. (Unesco, 2.008).

Desde el punto de vista cronológico, estos sedimentos son transportados por las escorrentías en las laderas hasta concentrarlos en los cauces, desde donde se incorporan a los flujos de la crecida continuando su tránsito con ellos; para concluir depositándose, cuando la corriente pierde energía y con ello la capacidad suficiente para seguir transportándolos; generando normalmente conos de sedimentación cuandose trata de cursos torrenciales, o distintas formas de depósitos aluviales cuando se refiere a ríos de llanura.

Así como se describió en el Capítulo I.-, los ríos de montaña al llegar al pie de monte sufren un cambio brusco en su pendiente y gradiente hidráulico, por lo cual, en época de crecientes tienden a depositar los sólidos arrastrados para formar lo que se conoce como el abanico aluvial del río o cono de deyección. La falta de terrenos adecuados para urbanizar, además de otras consideraciones socio-económicas, ha hecho que numerosas ciudades y poblaciones se asienten sobre las laderas y abanicos aluviales de los ríos de montaña. Los deslizamientos, los flujos de detritos o aludes torrenciales, así como las eventuales inundaciones, ocurren natural y frecuentemente en estos ambientes, amenazando gravemente los desarrollos urbanos allí asentados. Es por estas razones que la ocupación de los abanicos aluviales tiene que ir acompañada de medidas de control y mitigación contra la amenaza torrencial.

IV.2.- CONCEPTOS DE MECÁNICA DE FLUIDOS PARA LA HIDRÁULICA DE LOS FLUJOS DE ALUDES TORRENCIALES.-

La hidráulica torrencial es el estudio de las crecidas en cauces con características de regímenes torrenciales en la que el transporte de sólidos es tan grande que las nociones de hidráulica fluvial se desvanecen. La fase sólida influye en el flujo, es decir, no puede separarse el flujo de agua por un lado, con sus ecuaciones de movimiento, y el transporte sólido por otro.

Debido al aporte y transporte de sólidos, el gasto o caudal de lodos alcanzado es mucho mayor que en un flujo de agua limpia.

Además, la densidad de la mezcla se eleva por encima de la densidad del agua. La densidad que alcanzan los flujos de lodos, escombros o detritos puede variar entre 2.100 kg/m^3 y 2.400 kg/m^3.

IV.2.1.- TIPOS DE FLUIDOS.-

Conceptualmente, un fluido es un líquido que se deforma continuamente por esfuerzos cortantes, es decir, que ofrece pequeña o nula resistencia a las fuerzas tangenciales o cortantes, que se le aplican. (Castillo N. L. F., 2.006).

En términos generales, a los fluidos que presentan una resistencia muy pequeña, o nula, a ser deformados se les conoce como fluidos Newtonianos, en tanto, a los fluidos que presentan mayor resistencia se les llama fluidos No-Newtonianos.

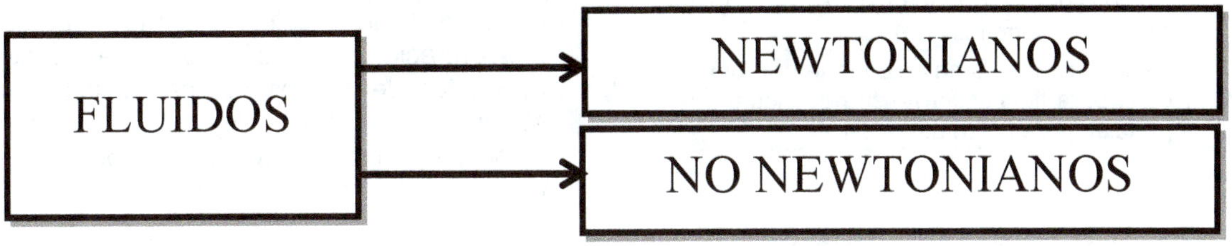

Figura N° IV.1.- Clasificación general de los fluidos.

Para un fluido Newtoniano, la relación entre el esfuerzo cortante y la tasa de deformación (gradiente de velocidades) es lineal, como lo indica la línea recta del caso (A) de la (Figura N° IV.2). Este tipo de fluido es el que se obtiene para todos los líquidos puros (por ejemplo "agua limpia") e incluye la mayor parte de los líquidos y gases concernientes a la ingeniería, cuyo comportamiento es Newtoniano con una muy buena aproximación. (Bolinaga, J.J., 1.985).

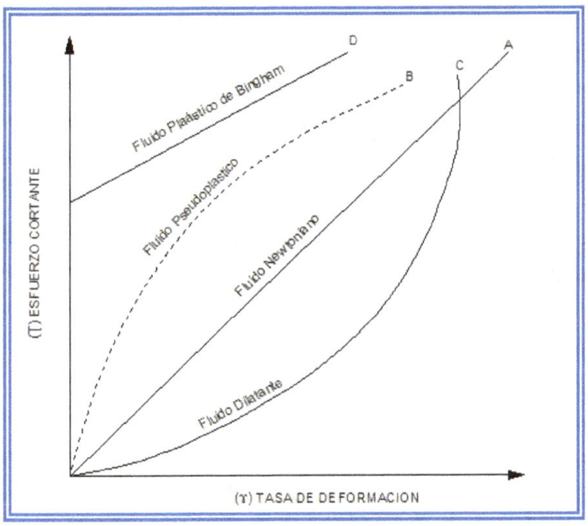

Figura N° IV.2.- Típica relación entre el esfuerzo cortante (τ) y la tasa de deformación (γ*) para fluidos No-Newtonianos. (Bolinaga, J.J., 1987).

En la Figura IV.2.- se presentan casos donde las curvas representativas del esfuerzo de corte versus $\partial v / \partial y$ no son líneas rectas (Curva B y C) e inclusive no pasan por el origen (Curva D), es decir, ofrecen una resistencia inicial al movimiento ante la presencia de esfuerzos cortantes. Este conjunto de fluidos se denomina fluidos No-Newtonianos, y estos se consideran en la rama de la ciencia llamada *reología*, que se trata de la ciencia física que estudia la relación entre el esfuerzo y la deformación en los materiales que son capaces de fluir.
En este tipo de fluidos se ubican, entre otros, las pinturas, los plásticos, el concreto, la suspensión de sólidos en líquidos y el flujo de arena en suspensión (Bolinaga, J.J., 1.985).

En resumen, los fluidos No-Newtonianos comprenden en general mezclas complejas, por lo que dentro de este tipo de fluido se analizan los flujos de lodo o escombros.

IV.2.1.1.- FLUIDO NEWTONIANO.-

Un fluido newtoniano es un fluido cuya viscosidad puede considerarse constante en el tiempo. (Bolinaga, J.J., 1.985).

En los fluidos Newtonianos la rata de deformación al corte o gradiente de velocidad (ν^*) es proporcional a los esfuerzos cortantes (τ), mostrando una relación lineal donde la pendiente de la línea recta es la viscosidad μ.

$$\tau = \mu \nu^* = \mu \frac{\partial v}{\partial y} \qquad (IV.1)$$

Donde τ es el esfuerzo cortante, y $\partial v / \partial y$ es la tasa de deformación al corte o gradiente de velocidades.

La representación hidráulica del flujo de agua de acuerdo a las características del flujo Newtoniano se ha realizado mediante el modelo de Manning, y para flujos con alto contenido de agua como los flujos de lodos y flujos hiperconcentrados, de características Newtonianas viscosas y turbulentas, el modelo de Manning es el que más se asimila a la realidad del flujo.

La ecuación de Manning también se puede expresar así:

$$Q = \frac{1}{\eta} * A * R_H^{\frac{2}{3}} * S_o^{\frac{1}{2}} \qquad (IV.2)$$

Donde:

Q	=	Caudal en m^3/s
η	=	Coeficiente de rugosidad de Manning
A	=	Área Hidráulica
R_H	=	Radio Hidráulico igual a A/P_m (Área mojada entre Perímetro mojado)
S_o	=	Pendiente de la línea de energía del flujo, la cual, para flujo uniforme se hace igual a la pendiente de fondo del canal

Otra característica es que el coeficiente de rugosidad η de Manning es proporcional al espesor o profundidad del flujo. A mayor espesor o profundidad, es mayor la cantidad de partículas sólidas y en consecuencia es mayor la disipación de energía potencial debida al movimiento de la carga transportada, y se debe aumentar el valor de la rugosidad de Manning para tener en cuenta esta disipación de energía.

Dentro de este campo podemos citar los conceptos de flujo laminar y turbulento. Cuando entre dos partículas en movimiento existe gradiente de velocidad, o sea que una se mueve más rápido que la otra, se desarrollan fuerzas de fricción que actúan tangencialmente a las mismas. Las fuerzas de fricción tratan de introducir rotación entre las partículas en movimiento, pero simultáneamente la viscosidad trata de impedir la rotación. Dependiendo del valor relativo de éstas fuerzas se pueden producir diferentes estados de flujo. (Bolinaga, J.J., 1.985).

Cuando el gradiente de velocidad es bajo, la fuerza de inercia es mayor que la de fricción, las partículas se desplazan pero no rotan, o lo hacen pero con muy poca energía, el resultado final es un movimiento en el cual las partículas siguen trayectorias definidas y relativamente paralelas, y todas las partículas que pasan por un punto en el campo del flujo siguen la misma trayectoria. Este tipo de flujo fue identificado por Reynolds y se denomina *"flujo laminar"*, queriendo significar con ello que las partículas se desplazan en forma de capas o láminas, donde las fuerzas de inercia del fluido en movimiento son muy bajas y la viscosidad es la fuerza dominante. (Bolinaga, J.J., 1.985).

Al aumentar el gradiente de velocidad se incrementa la fricción entre partículas dentro del fluido, y éstas adquieren una energía de rotación apreciable, la viscosidad pierde su efecto, y debido a la rotación, las partículas cambian de trayectoria. Al pasar de una trayectoria a otra, las partículas chocan entre sí y cambian de rumbo en forma errática. Éste tipo de flujo se denomina *"flujo turbulento"*, donde predominan las fuerzas de inercia el flujo. (Bolinaga, J.J., 1.985).

Entonces en un flujo turbulento hiperconcentrado, la distribución de velocidades, sigue la ley en la hidráulica tradicional (Figura N° IV.2.-). Debe tenerse en cuenta que el modelo de Manning no es completamente válido cuando aumentan las concentraciones de sólidos. Para concentraciones muy altas de sólidos (concentraciones cercanas o superiores a 1.000 kg/m^3), la distribución de velocidades es más uniforme y el flujo se asemeja más al modelo de Bingham.

IV.2.1.2.- FLUIDO NO NEWTONIANO.-

IV.2.1.2.1.- Fluido Plástico de Bingham.-

Una clase importante de fluidos No Newtonianos es el fluido viscoplástico. Este es un fluido que no fluye cuando un esfuerzo de corte muy pequeño es aplicado. Los esfuerzos de corte deben exceder un valor crítico conocido como esfuerzo de cedencia o límite de fluencia para que el fluido fluya. Por ejemplo, cuando abrimos una pasta dental, nosotros necesitamos aplicar una fuerza adecuada para hacer que la pasta dental fluya. Otro ejemplo ilustrativo es cuando tenemos un poco de mayonesa sobre una superficie, si esta superficie se inclina la mayonesa no fluirá, a menos que aumentemos la inclinación o apliquemos algún tipo de esfuerzo que produzca el escurrimiento. En tal sentido, los fluidos viscoplásticos se comportan como sólidos cuando el esfuerzo de corte aplicado es menor que el esfuerzo de corte límite.

Uno de los modelos viscoplásticos simples es el Modelo Plástico de Bingham, como se muestra en la Curva D, de la Figura N° IV.2.-)

Los fluidos plásticos de Bingham requieren que el esfuerzo al corte exceda alguna cantidad mínima, el cual puede denominarse esfuerzo de cedencia (τ_y), antes de observar una tasa de esfuerzo al corte ($\partial u/\partial y$), seguida por una relación en línea recta entre el esfuerzo de corte y la gradiente de velocidades y se representa por la siguiente ecuación:

$$\tau = \tau_y + \mu_p v \qquad (IV.3)$$

$$\tau = C + \sigma_\eta \tan\theta + \mu_p \left(\frac{\partial_v}{\partial_y}\right) \qquad (IV.4)$$

Siendo:

τ	=	Resistencia al cortante en la base del flujo
C	=	Cohesión
θ	=	Angulo de fricción interna
μ_P	=	Viscosidad Plástica

τ_y	=	Esfuerzo de cedencia

IV.2.1.2.2.- Fluido Pseudoplástico y Dilatante.-

En el caso de los fluidos pseudoplásticos hay menor resistencia al flujo para esfuerzos mayores, es decir, el fluido escurre más fácilmente cuanto mayor es el esfuerzo (ejemplo: la sangre, barro, etc.). El fluido pseudoplástico es también caracterizado por una pendiente progresivamente decreciente del esfuerzo cortante versus la tasa del esfuerzo al corte. (Castillo N. L. F., 2.006).

En el caso de los fluidos dilatantes hay mayor resistencia al flujo para esfuerzos mayores, los fluidos dilatantes no son tan abundantes como los pseudoplásticos (ejemplo: la arena movediza, etc.). Los fluidos dilatantes presentan la característica opuesta, la pendiente crece con el incremento de la tasa de esfuerzo al corte. Ésta pendiente ha estado definida en ambos casos como viscosidad aparente, η.

Para los flujos de detritos no se cumplen las condiciones de fluido Bingham o de fluido Newtoniano y se acude al modelo de fluido dilatante desarrollado por Takahashi (Takahashi, T., 1.991), con base en los trabajos de Bagnold (Bagnold, R. A., 1.954).

El modelo del flujo dilatante se puede expresar en forma general por la expresión:

$$\tau = \eta_c \left(\frac{\partial_v}{\partial_y}\right)^2 \qquad (IV.5)$$

Donde:

η_c= coeficiente de viscosidad

Takahashi (Takahashi, T., 1.991) demostró que para el caso de flujos de piedras o flujos no viscosos, en los cuales predomina el efecto de colisión entre partículas, el modelo de fluido dilatante es el apropiado.

De acuerdo al modelo de fluido dilatante (Takahashi, T., 1991):

$$q_T = \frac{2}{5} R * h^{5/2} * (\text{sen}\,\theta)^{1/2} \qquad (IV.6)$$

Donde q_T es el caudal unitario, **R** es una función de la concentración de sólidos, el diámetro de las partículas y otros factores, **h** es la profundidad del flujo y **θ** es la pendiente del canal.

Una vez que ocurre un fenómeno que genera una avalancha y se forma un flujo a lo largo de un canal, Takahashi consideró el flujo como compuesto por una fase líquida y una fase sólida y derivó ecuaciones de conservación de momentum para cada fase y suma los efectos de las dos fases, los esfuerzos de colisión entre partículas sólidas y los esfuerzos en el flujo intersticial, debidos a la turbulencia y la viscosidad. (Suárez D. Jaime, 2.001).

Muchos depósitos de corrientes de detritos muestran un aumento del tamaño de los clastos hacia la parte superior del depósito. Esta gradación inversa no es explicable mediante un comportamiento visco-plástico.

Se ha demostrado experimentalmente que cuando se cizalla un material granular (sin arcilla) poco seleccionado, los granos más gruesos tienden a ascender hacia la superficie libre. El desplazamiento ascensional tiene lugar por la transmisión de fuerzas entre partículas que colisionan mientras se deslizan. El esfuerzo ascensional debido a este efecto es conocido como presión dispersiva (**P**):

$$P = a\,\rho_s \lambda^2 D^2 \left(\frac{dv}{dz}\right)^2 \cos\theta \qquad (IV.7)$$

Donde **a** es una constante, ρ_s es la densidad de las partículas, **λ** la concentración lineal de sólidos, **D** el diámetro de la partícula, **θ** el ángulo de fricción dinámico.

La presión dispersiva ejercida sobre una partícula aumenta con el cuadrado de su diámetro. Así la presión dispersiva es mucho mayor en los granos de mayor tamaño, y causa que estos migren desde la zona de máximo esfuerzo de corte (la base del flujo) hacia arriba, pero también hacia los lados y hacia el frente. La presión dispersiva causa la dilatación del flujo y explica la gradación inversa observada en muchos depósitos. Según este modelo el esfuerzo cortante en la base de una corriente de detritos es:

$$\tau = P \tan\theta \qquad (IV.8)$$

$$\tau = a\,\rho_s \lambda^2 D^2 \sin\theta \left(\frac{dv}{dz}\right)^2 = \alpha \left(\frac{dv}{dz}\right)^2 \qquad (IV.9)$$

Según este modelo los bloques pueden ser sostenidos en la corriente simplemente por la presión dispersiva. Otro mecanismo de soporte adicional puede ser la turbulencia del flujo, sólo posible en corrientes de derrubios muy acuosas y de baja viscosidad.

A diferencia del modelo de Bingham, en un fluido dilatante la viscosidad (aparente) no es constante sino que aumenta con el gradiente de velocidad. Por otra parte, implica que no existe un "nivel rígido" en el flujo y que la resistencia al corte es nula o despreciable.

La mayoría de los investigadores están de acuerdo que el comportamiento de las corrientes de detritos varía mucho con la viscosidad. Tanto la viscosidad como la resistencia al corte están muy influidas por la proporción de arcilla y, especialmente, por el contenido en agua.

En el caso de avalanchas de materiales saturados o flujos de escombros cuando las concentraciones de sedimentos exceden un cierto valor crítico, o la disponibilidad de agua disminuye la concentración, las propiedades del flujo cambian en forma significativa no solamente en cuanto a las características del flujo, sino también en la forma como los sedimentos son transportados. Un flujo de detritos puede convertirse en flujo hiperconcentrado al disminuir la concentración de partículas sólidas o el flujo hiperconcentrado puede convertirse en flujo de detritos al aumentar la concentración (Sánchez, M. M., 2.009).

IV.3.- CARACTERISTICAS GENERALES DE AVALANCHAS O FLUJO DE ESCOMBROS.-

IV.3.1.- ETAPAS DEL FLUJO.-

Se pueden diferenciar tres etapas en un proceso de avalancha:

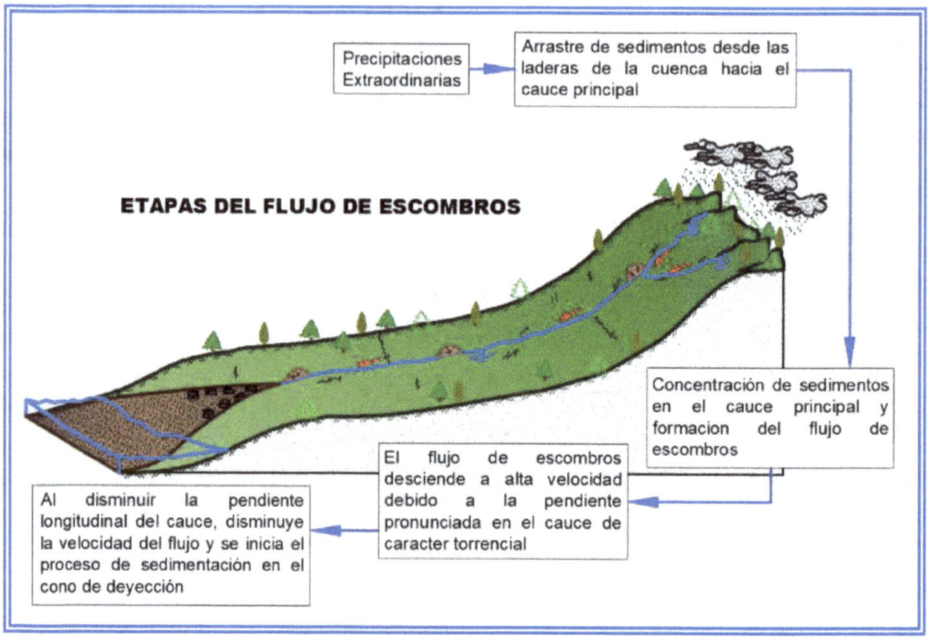

Figura N° IV.3.- Representación esquemática de las etapas de un flujo de escombros. (Imagen del Autor)

IV.3.1.1.- FORMACIÓN DEL FLUJO DE ESCOMBROS.-

Al ocurrir un evento anómalo como lluvias extraordinarias, sismos fuertes o deshielos rápidos, se pueden generar procesos de deslizamiento o erosión, los cuales producen una concentración de sedimentos o partículas sobre las laderas o cauces. Las masas que se sueltan pueden estar saturadas o puede haber aporte adicional de agua de acuerdo a las características del proceso activador. La concentración de sedimentos sueltos sobre una pendiente fuerte propicia su movimiento.

V.3.1.2.- TRANSPORTE.-

Es la etapa de avalancha propiamente dicha, la velocidad y el caudal aumentan bruscamente como en una especie de onda. En este proceso pueden incorporarse al flujo nuevos sedimentos por erosión y arrastre o por aportes de deslizamientos, corrientes de agua u otras avalanchas. En esta etapa el flujo puede comportarse como flujo de lodos, hiperconcentrado o de detritos, de acuerdo a la composición, concentración y velocidad. Después de esta primera avalancha pueden venir otras ondas de menor o mayor amplitud.

IV.3.1.3.- SEDIMENTACIÓN.-

Al disminuir la pendiente o aumentar el ancho del canal ocurre una disminución de la velocidad o frenado de la avalancha. La energía cinética disminuye y se produce sedimentación de las partículas.

IV.3.2.- MOVIMIENTO DE LA CARGA DE FONDO.-

El movimiento de partículas muy gruesas en el fondo del cauce es esencialmente el movimiento de partículas empujadas por una mezcla lechosa.

La mezcla lechosa o "Slurry" se diferencia del agua limpia en los siguientes aspectos (Chien N. , Wan Z., 1.999)

1. *El peso específico* es mayor que el del agua limpia, por lo tanto la fuerza de arrastre en la dirección del flujo es mayor, como también es mayor la fuerza de flotación.

2. La viscosidad de la mezcla lechosa es mayor. Por lo tanto una vez las partículas son incorporadas al flujo, su velocidad de sedimentación es menor que en agua limpia.

3. La turbulencia es menos intensa que en agua limpia, por lo tanto la resistencia al flujo con una superficie rugosa es menor, debido a que la subcapa laminar es más gruesa y por lo tanto la rugosidad relativa es menor.

El efecto sumado de los tres factores anteriores hace que la capacidad de carga de fondo de una mezcla lechosa sea mayor que el del agua limpia. El tamaño máximo de partículas que pueden ser movidas por la mezcla lechosa es generalmente, decenas de veces mayor que aquellas para agua limpia, y entre mayor sea la viscosidad efectiva de la mezcla lechosa y menor la velocidad de flujo, es mayor esta relación.

IV.3.3.- FRICCIÓN ENTRE EL FLUJO Y LA SUPERFICIE DEL TERRENO.-

En una superficie rugosa se presenta una deposición de una mezcla lechosa sobre la superficie, la pérdida de velocidad de un flujo hiperconcentrado es menor que el de aguas limpias. Entre mayor sea la concentración de sedimentos, se requiere un menor gradiente para obtener una determinada velocidad.

De acuerdo a experimentos realizados en China, si el número de Manning η para un canal era de 0,03 para flujo de agua limpia, a medida que la concentración de sólidos subió a 340 kg/m^3, se depositó una capa lisa de limos en el fondo del canal y el número de Manning η disminuyó a 0,014. (Chien N. , Wan Z., 1.999).

En ríos naturales si la pendiente del canal no es lo suficientemente fuerte para que todas las partículas gruesas sean transportadas por el flujo, se depositan partículas gruesas en el fondo del canal, produciéndose un gran aumento en su rugosidad. Por ejemplo, la rugosidad de Manning puede aumentar de 0,017 a 0,025, debido a la deposición de partículas gruesas (Chien N. , Wan Z., 1.999).

IV.3.4.- CAUDALES DEL FLUJO.-

La magnitud de los caudales depende de los volúmenes de agua y sólidos disponibles para fluir y de la concentración de los sedimentos. Takahashi (Takahashi, T., 1.991) encontró que para los flujos de detritos, los caudales aumentan con la concentración. El Caudal de una avalancha depende de tres factores:

a.- Disponibilidad de agua.-

La disponibilidad de agua incluye los volúmenes de agua debidos a la lluvia, la saturación de los suelos subsuperficiales susceptibles a deslizarse y los caudales base de la corriente, así como el volumen de nieve y hielo de los nevados susceptibles a deshielo.

b.- Disponibilidad de partículas sólidas.-

Estas partículas sólidas pueden ser bloques, gravas, arenas, limos o arcillas susceptibles a deslizarse o a ser incorporados al flujo durante la avalancha. Su disponibilidad depende principalmente de la susceptibilidad a los deslizamientos en la cuenca de drenaje, por acción de un determinado fenómeno activador.

c.- La Morfología y tamaño de la cuenca.-

Al iniciarse una avalancha, ésta posee un gran poder de erosión y puede cortar el cauce de la corriente en forma intensiva. A medida que va incorporando nuevos materiales sólidos y el agua de los poros, el caudal del flujo aumenta a lo largo de su curso.

Los caudales en una avalancha de tierra son generalmente muy superiores a los caudales calculados para el agua suministrada por la lluvia. La descarga máxima de una avalancha de tierra puede ser mucho mayor que el caudal inicial de agua limpia causado por la precipitación.

Takahashi (Takahashi, T., 1.991) reporta avalanchas en las cuales la descarga pico fue de

60 veces el pico estimado de inundación, asumiendo solo el caudal producido por las lluvias.

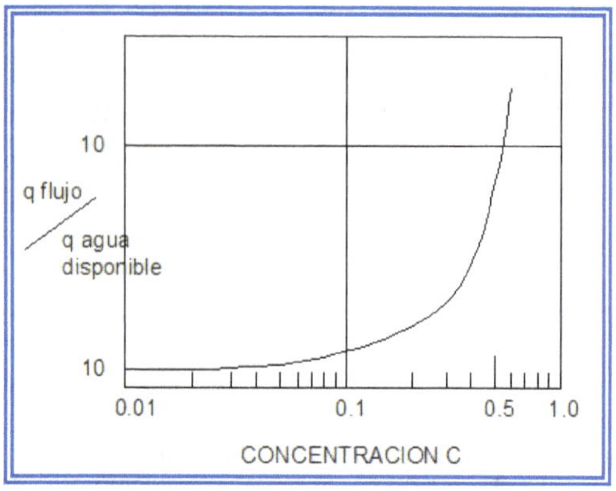

Figura N° IV.4.- Caudales de un flujo de detritos, de acuerdo al caudal de agua disponible. (Takahashi, T., 1.991).

IV.3.5.- TAMAÑO Y DISTRIBUCIÓN GRANULOMETRICA DE LOS SEDIMENTOS.-

El diámetro de las partículas depende principalmente de las características geológicas de las áreas de aportes de materiales a los flujos y de las características morfológicas de las cuencas. Entre mayores sean las pendientes de las vertientes, las partículas tienden a ser de mayor tamaño y entre más meteorizada y menos competente sea la roca, los perfiles de suelo residual son de mayor espesor y las partículas en los flujos y avalanchas son de menor tamaño.

En el caso de las avalanchas ocurridas en Venezuela en Diciembre de 1.999 (PNUD/CAF, 2.000), las partículas de gran tamaño fueron aportadas por formaciones de gneises duros fracturados, los cuales conformaban la parte alta de las cuencas en áreas de pendientes superiores al 50%; y las partículas finas fueron aportadas a los flujos por formaciones de esquistos muy meteorizados que conformaban las partes bajas de las cuencas.

Las avalanchas en las cuencas con más del 80 % del área en gneises duros, estaban conformadas por cantos de hasta cinco (5) metros de diámetro y partículas generalmente gruesas, y las avalanchas en cuencas donde predominaban los esquistos meteorizados estaban conformadas por partículas finas (arenas, limos y arcillas).

Las avalanchas en cuencas con porcentajes importantes de ambas formaciones están integradas por mezclas de partículas gruesas y finas con muy buena distribución granulométrica.

IV.3.6.- CONCENTRACIÓN DE SEDIMENTOS.-

En zonas de alta montaña las concentraciones de sedimentos de las corrientes de agua, en el momento de grandes avenidas pueden superar fácilmente los 500 Kg/m^3 y en muchos casos superar los 1.500 Kg/m^3.

La concentración de sedimentos tiende a ser mayor en el fondo que en la superficie, con excepción de las avalanchas en pendientes muy fuertes en las cuales, la concentración de sedimentos tiende a ser igual en toda la altura del perfil.

Existe una concentración de equilibrio o concentración máxima de sedimentos. Una vez la concentración alcanza el valor máximo, la velocidad disminuye y la avalancha tiende a frenarse.

IV.4.- CONCEPTO DE FLUJO DE LODOS Y PIEDRAS.-

Existen diversas definiciones sobre flujos de lodos y piedras, pero básicamente se trata de una mezcla de agua con sedimento que transita hacia aguas abajo, sobre una pendiente pronunciada y que aumenta su volumen debido a rocas, arbustos y troncos que encuentra en su camino, los cuales forman una masa de comportamiento hidráulico complejo y que pueden lograr velocidades muy altas con un gran poder destructivo y que corresponden generalmente, a fenómenos que afectan áreas relativamente grandes dentro de una cuenca de drenaje.

Estos flujos comúnmente se relacionan con precipitaciones de características excepcionales, deshielo de nevados o movimientos sísmicos en zonas de alta montaña, y la ausencia de vegetación, aunque es un factor influyente, no es un pre-requisito para que ocurran.

Según Hampton (Hampton, M. A., 1.972), "*Los flujos de lodos y piedras es el resultado de alguna forma de colapso en el talud. Los escombros que caen como un deslizamiento colectan humedad y se mueven a lo largo de la pendiente, éste se licúa o se dilata conforme avanza, aumentando la movilidad del fluido* ".

Según Takahashi (Takahashi, T., 1.980), "*Los flujos de lodos y piedras son flujos conformados por una mezcla viscosa y sedimentos de todos los tamaños con acumulaciones de cantos rodados que se vuelcan en el frente de la onda y forman lóbulos, detrás del cual siguen los granos más finos*".

Según Iverson (Iverson, R.M., 1.997), "*Los flujos de lodos y piedras ocurren cuando masas de sedimento pobremente graduadas, agitadas y saturadas con agua, caen precipitadamente por efecto de la atracción de la gravedad*".

En los flujos de lodos y piedras la falla es progresiva y muy rápida y el flujo desciende formando una especie de "ríos de roca y suelo" (Figura N° IV.5.-).

FIGURA N° IV.5.- Esquema de Flujos de lodos y escombros producidos por desprendimiento generalizado. (Imagen obtenida de Suárez D. Jaime, 2.001 y redibujada para este libro).

Los flujos de lodos y piedras pueden alcanzar velocidades de más de 20 metros por segundo (70 Km/hora) en algunos casos. Éstas constituyen uno de los desastres naturales que más vidas han cobrado y se presentan en aquellos desarrollos urbanos situados al pié de monte de áreas montañosas.

Los flujos de lodos y piedras, que también podría entenderse como *"Alud Torrencial"* ó *"Deslave Torrencial"*, pueden conceptualizarse como aquellos flujos con altas concentraciones de sedimentos (hiperconcentraciones) que se generan en las cuencas montañosas, cuyo origen está asociado a la ocurrencia de deslizamientos durante lluvias prolongadas y de alta intensidad, y que pueden estar conformados por agua, barro, rocas, y grandes restos de vegetación, sí como por todo tipo de desperdicios y arrastres de materiales fabricados por el hombre. (López, J.L., 2.005).

Foto N° IV.1.- Vista del tramo de la garganta de la cuenca del Río San Julián, Estado Vargas, Venezuela. Obsérvese los desprendimientos de material de las laderas hacia el cauce principal. Diciembre de 1.999. (Foto Archivos Corpovargas).

Foto N° IV.2.- Vista del tramo al final de la garganta e inicio del cono de deyección de la cuenca del Río San Julián, Estado Vargas, Venezuela. Obsérvese los desprendimientos de material de las laderas hacia el cauce principal, así como la colmatación del cauce y el desborde e inundación de las márgenes adyacentes. Diciembre de 1.999. (Foto Archivos Corpovargas).

Foto N° IV.3.- Vista del tamaño de las rocas arrastradas por la crecida de Diciembre de 1.999 en el Río San Julián, Estado Vargas, Venezuela. Obsérvese el edificio al fondo de la Fotografía. (Foto Archivos Corpovargas).

Foto N° IV.4.- Vista de la afectación en edificio de la Urb. Los Corales ubicada en la margen izquierda del Río San Julián, debido al impacto de las rocas arrastradas por la crecida de Diciembre de 1.999 Estado Vargas, Venezuela. (Foto del Autor)

Foto N° IV.5.- Vista del desborde del Río Camurí Grande en las adyacencias del puente de la Av. Costanera debido a la crecida de Febrero de 2.005, Estado Vargas, Venezuela. (Foto del Autor)

IV.4.1.- COMPOSICIÓN DE FLUJOS DE LODOS Y PIEDRAS.-

Muy a menudo los flujos de lodos y piedras son relacionados con el concreto fresco. Incluso aunque la apariencia es similar al mortero, la composición de los flujos de lodos y piedras varía enormemente debido a que éste es un flujo de múltiples fases de granos desordenados con aire y agua mezclados entre sí. El tamaño de partículas varía desde materiales finos hasta cantos rodados suspendidos en una matriz viscosa (Suárez D. Jaime, 2.001).

Por lo tanto, entre los principales componentes tenemos: el agua, la matriz fina (partículas de arcilla) y los granos gruesos. A continuación, se ofrece una breve descripción sobre cada uno de ellos (Suárez D. Jaime, 2.001), (Castillo N. L. F., 2.006).

AGUA.-

El agua como componente, es el principal agente de transporte para los flujos de lodos y piedras debido a su propiedad de contener a las partículas gruesas y finas, así como envolver a todo el material que se presente en su camino. El peso específico del agua γ es muy cercano a 1.000 Kg/m^3.

PARTÍCULAS DE ARCILLA.-

Las partículas de arcilla se originan de la desintegración física o mecánica de las rocas seguida por una transformación química. Existen varios tipos de arcilla como: caolinitas, ilitas, montomorillonitas, etc., asociadas con diferentes combinaciones. El peso específico de las partículas de arcilla es aproximadamente a 2.650 Kg/m^3. La consistencia de la arcilla seca es alta y cuando se encuentra húmeda es baja. La plasticidad del suelo depende del contenido de arcilla; a mayor cantidad de arcilla, mayor será la plasticidad. Por lo tanto, la presencia de gran cantidad de arcilla define a un tipo de flujo de lodo.

GRANOS.-

El grupo de granos incluye varios tipos de partículas consistiendo de mineral inerte y fragmentos de rocas el cual se diferencia apenas por sus tamaños. Se usa la siguiente clasificación simple: por debajo de los 2 µm, arcilla; de 2 µm a 20 µm, limo; de 20 µm a 200 µm, arena fina; de 0,2 mm a 2 mm, arena gruesa; de 2 mm a 20 mm, gravas; de 2 cm a 20 cm, guijarros; y por encima de 200 mm, cantos rodados (Ver Tabla N° IV.1.-). Estos granos son formados por la desintegración física o mecánica de las rocas pero conservan la estructura de sus rocas madres. Sus pesos específicos generalmente varían entre los 2.650 Kg/m^3 y 2.750 Kg/m^3.

TABLA N° IV.1.-
CLASIFICACIÓN GRANULOMÉTRICA DE LOS SUELOS

TIPO DE SUELO	(mm)
ARCILLA	< 0,002
LIMO	0,002 – 0,02
ARENA FINA	0,02 – 0,2
ARENA GRUESA	0,2 – 2,0
GRAVA FINA	2,0 – 5,0
GRAVA MEDIA	5,0 – 20,0
GRAVA GRUESA	20,0 – 60
GUIJARROS	60,0 – 200,0
CANTOS Y BLOQUES	> 200

IV.4.2.- FACTORES QUE INFLUYEN EN EL TIPO DE FLUJO.-

Los factores que influyen en el tipo de flujo y que ayudan a definir la probabilidad de ocurrencia del flujo son:

- **Área de la cuenca de recepción.-** A mayor área, mayor será la cantidad de agua que captará y por ende mayor el volumen del flujo.
- **Pendiente.-** A mayor pendiente, mayor será la velocidad del flujo y así habrá mayor posibilidad de erosión e inestabilidad de la zona.
- **Clima.-** Donde se produzcan intensas precipitaciones se activará el curso de agua y el flujo de escombros será el desenlace.
- **Tipo de suelo.-** Depende del tipo del suelo (presencia de material fino y grueso), la capacidad para soportar el efecto erosivo, la permeabilidad, la cobertura vegetal que serán aportes para el flujo.

IV.4.3.- ALGUNAS CONSIDERACIONES SOBRE FLUJO DE LODOS Y ESCOMBROS.-

Los flujos de escombros no pueden ser tratados normalmente dentro del campo de la hidráulica fluvial. Sus características marcadas grandemente por su alta concentración la hacen digna de un estudio especial.

Las diferencias de la hidráulica torrencial respecto a la hidráulica fluvial comienzan por el comportamiento del fluido. La viscosidad dinámica (μ) de los flujos torrenciales puede ser varias órdenes de magnitud mayor que la del agua.

El peso específico de una crecida de un flujo de lodo y escombros puede llegar a alcanzar entre 1,8 y 2,5 veces el peso específico del agua. Si el material dominante es fino (arcillas) un mecanismo importante es la floculación de las partículas, lo que explica que exista un umbral de tensión que debe superarse para que empiece a fluir. Si el material dominante es granular, el flujo puede ser turbulento.

Cabe destacar que las crecidas de agua, son flujos con una carga normal de transporte de sedimentos, que fluye por el cauce de una quebrada en régimen predominantemente turbulento, de modo que la cantidad de sedimento en suspensión es insuficiente para afectar el comportamiento del agua. En tal sentido, las propiedades del fluido Newtoniano son las que gobiernan a éste tipo de flujo.

Una clasificación para flujos de escombros se basa en el tipo del mecanismo de material, el movimiento, y la concentración del sedimento. Esta clasificación se enfoca principalmente en la banda de flujos de gravedad (mezclas de sedimento y agua) que fluyen a diversas tasas de concentraciones.

En el trabajo de Costa (Costa, J. E., 1.984; Costa, J. E., 1.988) se diferencian tres (3) tipos de flujo: flujo de agua (waterflood), flujos hiperconcentrados (hyperconcentrated flow) y flujos de detritos (debris flow).

La tabla de Costa es sumamente práctica para identificar estos tipos de flujo considerando la concentración. Costa clasifica los flujos desde el punto de vista reológico, además considera las fuerzas internas del flujo, la granulometría y el comportamiento laminar o turbulentopara caracterizar los diferentes tipos de flujo, en donde concluye que los flujos de detritos tienen un comportamiento laminar. (Ver Tablas N° IV.2.A.- y N° IV.2.B.-).

TABLA N° IV.2.A.- CLASIFICACIÓN SEGÚN COSTA (1988)

FLUJO	CONCENTRACIÓN DE SEDIMENTOS		TIPO DE FLUIDO

	EN PESO	EN VOLUMEN	DENSIDAD DE LOS SÓLIDOS (Kg/m^3)	
FLUJO DE AGUA	1 % - 40 %	0,4 % - 20 %	1.010 – 1.330	NEWTONIANO
FLUJO HIPERCONCENTRADO	40 % - 70 %	20 % - 47 %	1.330 – 1.800	NO NEWTONIANO
FLUJO DE DETRITOS	70 % - 90 %	47 % - 77%	1.800 – 2.300	VISCOPLÁSTICO
Fuente: Costa, J. E., 1.988				

TABLA N° IV.2.B.- CLASIFICACIÓN SEGÚN COSTA (1988)

FLUJO	MECANISMO DE SOPORTE DE LOS SEDIMENTOS	VISCOSIDAD μ (Kg/(m–s))	PERFIL DE CONCENTRACIÓN DE SEDIMENTOS	TIPO DE FLUJO PREDOMINANTE
FLUJO DE AGUA	FUERZA ELECTROSTÁTICA, TURBULENCIA	0.001 - 2	NO UNIFORME	TURBULENTO
FLUJO HIPERCONCENTRADO	EMPUJE, ESFUERZO DISPERSIVO, TURBULENCIA	2 - 20	NO UNIFRME A UNIFORME	TURBULENTO A LAMINAR
FLUJO DE DETRITOS	COHESIÓN, EMPUJE, ESFUERZO DISPERSIVO, SOPORTE ESTRUCTURAL	> 20	UNIFORME	LAMINAR
Fuente: Costa, J. E., 1.988				

Para la definición de los modelos de fluido se adaptaron los criterios de Chien y Wan (Chien N. & Wan Z., 1.999) y de Takahashi (Takahashi, T., 1.991), los cuales se resumen en la Tabla N° IV.3.- (Suárez D. Jaime, 2.001).

TABLA N° IV.3.-
MODELOS DE FLUIDO DE ACUERDO AL TIPO DE FLUJO

FLUJO	CARACTERÍSTICAS	FLUIDO	POROSIDAD	CONCENTRACIÓN EN VOLUMEN	PESO UNITARIO
DE LODOS	Viscoso	Bingham	0,3 – 0,8	> 20%	1,0 – 1,6
HIPERCONCENTRADO GRANULAR	Viscoso	Bingham o Manning	0,6 – 1,0	0 - 40%	1,0 – 1,8
	No Viscoso	Manning	0,7 – 1,0	0 - 30%	1,0 – 1,7
TURBULENTO DE DETRITOS	Inercial (No Viscoso)	Manning o Bagnold /Takahashi	0,25 – 0,7	> 30%	1,6 – 2,0
	Viscoso	Bagnold /Takahashi	0,1 – 0,6	>40%	1,7 – 2,2
LAMINAR DE DETRITOS		Bingham	< 0,1		
Fuente: Suárez D. Jaime, 2001					

En la Figura N° IV.6.- (Suárez D. Jaime, 2.001), se muestra el perfil longitudinal de los cauces naturales donde han ocurrido algunos deslaves y se puede observar el perfil característico de cada tipo de flujo. Los flujos de detritos ocurren generalmente en cauces naturales de gran pendiente (> 4%) y tienen una longitud de recorrido menor que los flujos hiperconcentrados y los flujos de lodo.

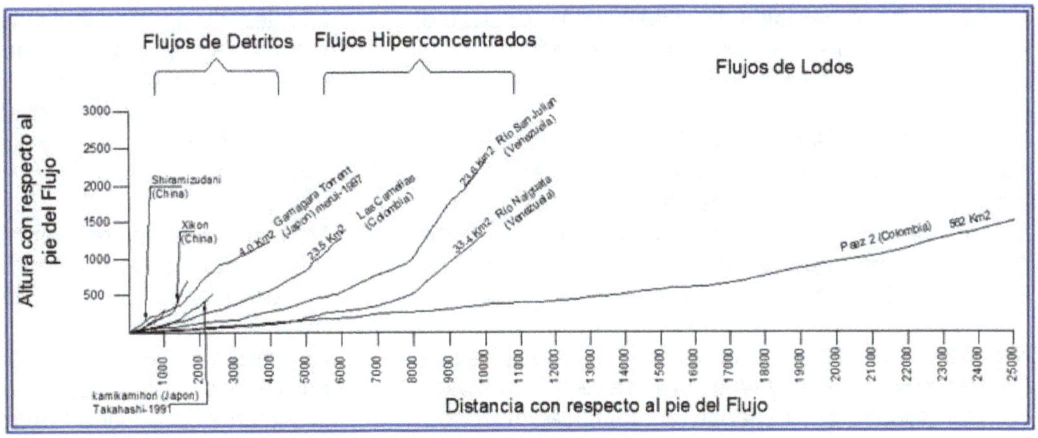

Figura N°IV.6.- Perfiles longitudinales del canal para diferentes tipos de flujo. Fuente: Suárez D. Jaime, (2001).

O´Brien y Julien (O'Brien,J.L. y Julien, P.Y, 1997), introducen una clasificación para flujos hiperconcentrados de sedimentos en la que definen cuatro categorías en función de la concentración de sólidos, pero que implícitamente considera otras propiedades relacionadas con la reología y el comportamiento mecánico e hidráulico del fenómeno. La Tabla N° IV.4.- resume las características de cada categoría propuesta por estos autores.

TABLA N° IV.4.-
CLASIFICACIÓN DE FLUJOS HIPERCONCENTRADOS

TIPO DE FLUJO	CONCENTRACIÓN DE SEDIMENTOS		CARACTERÍSTICAS DEL FLUJO
	EN VOLUMEN	EN PESO	
DESLIZAMIENTO	0,65 – 0,80	0,83 – 0,91	NO FLUYE, FALLA POR DESLIZAMIENTO DE BLOQUES.
	0,55 – 0,65	0,76 – 0,83	FALLA POR DESLIZAMIENTO DE BLOQUES CON DEFORMACIÓN INTERNA DURANTE EL DESLIZAMIENTO. REPTEO LENTO ANTES DE LA FALLA.
FLUJO DE LODOS	0,48 – 0,55	0,72 – 0,76	FLUJO EVIDENTE, FLUJO DE LODOS LENTO CON REPTEO SOSTENIDO, DEFORMACIÓN PLÁSTICA BAJO SU PROPIO PESO, COHESIVO, NO SE ESPARCE EN SUPERFICIE PLANA.
	0,45 – 0,48	0,69 – 0,72	FLUJO QUE SE ESPARCE EN SUPERFICIE LLANA, FLUJO COHESIVO, ALGO DE MEZCLA.
CRECIDA DE LODO	0,40 – 0,45	0,65 – 0,69	EL FLUJO SE MEZCLA FÁCILMENTE. EN LA DEFORMACIÓN MUESTRA CARACTERISTICAS DE UN FLUIDO. SE EXTIENDE EN SUPERFICIE HORIZONTAL PERO LA SUPERFICIE DEL FLUIDO MANTIENE CIERTA INCLINACIÓN, ASENTAMIENTO DE PARTÍCULAS GRANDES (CANTOS RODADO), CON APARICIÓN DE ONDAS QUE SE DISIPAN RÁPIDAMENTE.
	0,35 – 0,40	0,59 – 0,65	MARCADO ASENTAMIENTO DE GRAVAS, DESPARRAME CASI TOTAL EN SUPERFICIE HORIZONTAL, APARECEN DOS FASES FLUIDAS EN LA SUPERFICIE LÍQUIDA, LAS ONDAS VIAJAN EN SUPERFICIE.
	0,30 – 0,35	0,54 – 0,59	SEPARACIÓN DEL AGUA EN SUPERFICIE, LAS ONDAS VIAJAN FÁCILMENTE, LA MAYORÍA DE LA GRAVA Y LA ARENA HA ASENTADO Y SE MUEVE COMO CARGA DE FONDO.
	0,20 – 0,30	0,41	ACCIÓN DISTINTA DE LA ONDA, SUPERFICIE FLUIDA, TODAS LAS PARTÍCULAS DESCANSAN SOBRE EL LECHO EN CONDICIONES ESTÁTICAS DEL FLUIDO.
CRECIDA DE AGUA	< 0,20	< 0,41	CRECIDA DE AGUA CONVENCIONAL CON CARGA DE SUSPENSIÓN Y ARRASTRE DE FONDO.

Traducido por Sánchez Morles Mila (2.009) de O´Brien y Julien (1.997): On the importance of mudflow routing.-

En el trabajo de Hungr y otros, (Hungr, O., E, Boris M. y Hutchinson, J.N., 2.001) se realiza una minuciosa revisión de los sistemas de clasificación más usados y elaboraron uno nuevo tomando como punto de partida el de Varnes (Varnes, D. J., 1.978). Dicho sistema propone una diferenciación entre los materiales de los deslizamientos basada en aspectos geológicos y morfológicos, en la cual se distinguen dos grupos básicos de materiales: los materiales clasificados (sorted materials): grava, arena, limo y arcilla; y los materiales no clasificados (unsorted materials): derrubios o detritos, tierra, lodo, turba y roca.

Los Materiales Clasificados (Sorted Materials) son aquellos ordenados dentro de sistemas de clasificación estandarizados, es decir, las gravas, arenas, limos y arcillas. La descripción de estos materiales se puede obtener en la literatura especializada en geología o mecánica de suelos.

Mientras que los Materiales No Clasificados (Unsorted Materials), a fin de precisar sus principales características, se describe a continuación cada componente de este grupo.

Tierra.- Se refiere a coluviones arcillosos plásticos provenientes de arcillas o rocas meterorizadas ricas en arcilla de baja sensibilidad y de consistencia intermedia más cercana al límite plástico que al límite líquido. Tales materiales producen deslizamientos a lo largo de superficies de rotura muy lisas y definidas, con movimientos que van de lentos a rápidos.

Lodo.- Geológicamente el término se refiere a materiales arcillosos líquidos o semilíquidos. Algunos flujos de lodo proceden de fuentes volcánicas y puede tener cantidades de arcilla e índices de plasticidad de más del 10 %. Hungr y otros (Hungr et al., 2.001) propone que el término lodo sea usado para suelos arcillosos blandos, remoldeados con matriz (arena y finos) significativamente plástica (índice de plasticidad mayor de 5 %) y con índice de liquidez durante el movimiento mayor de 0,5. Una mezcla rápida del agua superficial con el material original de la ladera, constituido por tierra arcillosa rígida o seca, donde se alcance un contenido de humedad igual o mayor al límite líquido, conduce a la formación de un lodo.

Detritos.- Son materiales sueltos de baja plasticidad tales como los resultantes de procesos de desgaste o debilitamiento de la masa (coluviones), meteorización (suelos residuales), transporte glacial (morrenas o depósitos en contacto con hielo), erupciones volcánicas (depósitos piroclásticos granulares) o actividad antrópica, como por ejemplo desechos de minas.

En cuanto a su textura, los detritos son una mezcla de arenas, gravas, cantos rodados y bloques de roca, que frecuentemente contienen proporciones variables de limo y trazas de arcilla. También pueden estar presentes cantidades significativas de material orgánico, incluyendo troncos, restos de árboles, etc.. Usualmente no son plásticos o tiene una plasticidad ligera, son característicamente no clasificados y algunas veces con gradación discontinua.

Hungr y otros (Hungr et al., 2.001) plantean también, diez (10) clases diferentes de deslizamientos en forma de flujos. En la Tabla N° IV.5.- se encuentran resumidos los criterios empleados en el sistema y en los apartados siguientes se describen los tipos de materiales y las clases de movimiento.

TABLA N° IV.5.-
CLASIFICACIÓN DE DESLIZAMIENTOS EN FORMA DE FLUJOS

MATERIAL	CONTENIDO DE AGUA	CONDICION ESPECIAL	VELOCIDAD*	DENOMINACION	DENOMINACIÓN EN INGLÉS
LIMO, ARENA, GRAVA, DETRITOS	SECO, HÚMEDO O SATURADO	NO HAY EXCESO DE PRESIÓN INTERSTICIAL. VOLÚMEN LIMITADO.	VARIADA	FLUJO DE ARENAS (LIMO, GRAVA, DETRITOS) NO LICUABLES	NON – LIQUIFIED SAND (SILT, GRAVEL, DEBRIS) FLOW
LIMO, ARENA, DETRITOS, ROCA METEORIZADA, DÉBIL Y POCO RESISTENTE	SATURADO EN LA SUPERFICIE DE ROTURA	MATERIAL SUSCEPTIBLE A LICUEFACCIÓN CONTENIDO DE AGUA CONSTANTE	EXTREMADAMENTE RÁPIDA (> 5 m/s)	FLUJO DESLIZANTE DE ARENAS (LIMO, DETRITOS, ROCAS)	SAND (SILT, DEBRIS, ROCK) FLOW SLIDE
ARCILLA SENSITIVA	IGUAL O POR ENCIMA DEL LÍMITE LÍQUIDO	LIQUEFACCIÓN IN SITU. CONTENIDO DE AGUA CONSTANTE	EXTREMADAMENTE RÁPIDA (> 5 m/s)	FLUJO DESLIZANTE DE ARCILLAS	CLAY FLOW SLIDE
TURBA	SATURADO	EXCESO DE PRESIÓN INTERSTICIAL.	LENTA (13 m/mes a 1,6 m/año) A MUY RÁPIDA (5 m/s a 0,05 m/s)	FLUJO DE TURBAS	PEAT FLOW
ARCILLA O TIERRA	CERCANO AL LÍMITE PLÁSTICO	MOVIMIENTO LENTO. FLUJO RÍGIDO SIN DEFORMACIÓN CORTANTE.	MENOR QUE RÁPIDA (< 0,05 m/s)	FLUJO (ALUD) DE TIERRA	EARTH FLOW
DETRITOS	SATURADO	DESPLAZAMIENTO POR CANALES EXISTENTES. INCREMENTO EN EL CONTENIDO DE AGUA.	EXTREMADAMENTE RÁPIDA (> 5 m/s)	FLUJO DE DETRITOS	DEBRIS FLOW
LODO O BARRO	IGUAL O POR ENCIMA DEL LÍMITE LÍQUIDO	FLUJO DE DETRITOS DE GRANO FINO	MAYOR QUE MUY RÁPIDA (> 5 m/s)	FLUJO (ALUD) DE LODO O DE BARROS	MUD FLOW
DETRITOS	PRESENCIA DE AGUA LIBRE	MATERIALES FLUIDIZADOS POR EFECTO DE UNA CRECIDA	EXTREMADAMENTE RÁPIDA (> 5 m/s)	FLUJO DE DETRITOS	DEBRIS FLOOD
DETRITOS	PARCIAL O TOTALMENTE SATURADOS	SIN ENCAUZAMIENTO PRE-EXISTENTE. RELATIVAMENTE SUPERFICIALES, Y FUENTE EN ZONAS ALTAS. ORIGEN CON FUERTE PENDIENTE.	EXTREMADAMENTE RÁPIDA (> 5 m/s)	AVALANCHA DE DERRUBIOS	DEBRIS AVALANCHE
ROCA FRAGMENTADA	VARIOS, PRINCIPALMENTE SECOS	ROCA INTACTA EN EL ORIGEN. GRAN VOLÚMEN.	EXTREMADAMENTE RÁPIDA (> 5 m/s)	AVALANCHA DE ROCAS	ROCK AVALANCHE

*Criterio de Velocidad basado en la escala propuesta por Cruden y Varnes (1.996)

Traducido por Sánchez Morles Mila (2.009) de Hungr et al.(2.001): Review of the classification of landslide of the flow type.-

Las definiciones propuestas por Hungr y otros (Hungr et al., 2.001) para las diferentes formas de movimientos acentúan aspectos de significación práctica y tratan de no apartarse de las terminologías establecidas en Norteamérica e Inglaterra. Se basan en características observables para facilitar la traslación de conceptos a otros lenguajes.

El Flujo de Arenas (limo, grava, detritos) No Licuables (Non Liquified Sand Flow), es un movimiento en forma de flujo de materiales granulares, secos o húmedos, clasificados o no, sin un significativo ascenso de la presión intersticial por encima de la hidrostática, con lo cual, la tendencia es hacia una rotura planar y superficial, seguida de la fluidización del material y deformaciones en el índice de poros crítico.

El Flujo Deslizantes de Arenas (limo, detritos, rocas) (Sand Flow Slide), es un flujo entre muy rápido y extremadamente rápido de materiales granulares clasificados o no que ocurren en pendientes moderadas y que involucra un ascenso de las presiones intersticiales o licuefacción del material proveniente del deslizamiento de Iniciación. La licuefacción total o parcial de los materiales granularse sueltos debida al colapso interno durante la falla inicial produce un deslizamiento de alta movilidad y peligrosidad.

El Flujo Deslizantes de Arcillas (Clay Flow Slide) es un tipo de flujo entre muy rápido y extremadamente rápido de arcillas sensibles licuadas, en o cerca de su contenido de humedad natural. El colapso estructural de estas arcillas resulta en una pérdida de resistencia extrema y un rápido movimiento.

El Flujo de Turbas (Peat Flow) es el movimiento entre lento y muy rápido de turba saturada bajo presiones intersticiales muy altas.

El Flujo de Tierras (Earth Flow) es un movimiento rápido o lento e intermitente de tierra arcillosa plástica.

El Flujo de Detritos (Debris Flow) es un flujo entre rápido y extremadamente rápido de detritos saturados no plásticos en una cauce natural con fuerte pendiente. El índice de plasticidad es menor del 5 % en los tamaños correspondientes a las arenas y fracciones más finas.

El Flujo de Lodo (Mud Flow) es un flujo entre muy rápido y extremadamente rápido de detritos saturados plásticos dentro de un cauce natural, donde el contenido de humedad en el material originario es significativo (índice de plasticidad mayor de 5 %).

La Corriente de Detritos (Debris Flood), es un flujo muy rápido de agua en oledas en un cauce natural inclinado, con una gran carga de detritos.

La Avalancha de Detritos (Debris Avalanche), es un flujo superficial entre muy rápido y extremadamente rápido, de detritos saturados total o parcialmente, sobre un talud inclinado sin el confinamiento de un cauce natural establecido.

La Avalancha de Rocas (Rock Avalanche), es un movimiento extremadamente rápido en forma de flujo, de una masa de roca fragmentada proveniente de grandes deslizamientos o de desprendimientos de rocas.

IV.4.4.- EL TRANSPORTE DE GRANDES BLOQUES.-

Algunos testigos de avalanchas describen el transporte de grandes cantos o bloques de roca flotando como corchos encima de flujo; este fenómeno ha sido reportado en innumerables ocasiones (Suárez D. Jaime, 2.001).

El fenómeno es explicado dentro de un modelo de fluido dilatante como el de una fuerza dispersiva, debida a la colisión de una gran cantidad de partículas sobre la superficie del bloque (Figura N° IV.7.-).

Otra explicación hace un paralelo con la fuerza hidrodinámica o "surfing" que sostiene los aviones en el aire o los surfeadores sobre las olas del mar. La velocidad con que transitan estos grandes cantos es menor que la velocidad de la mezcla lechosa.

Figura N° IV.7.- Transporte de grandes bloques en la parte superior del flujo. (Figura tomada de Suárez D. Jaime, 2001 y redibujada para este libro).

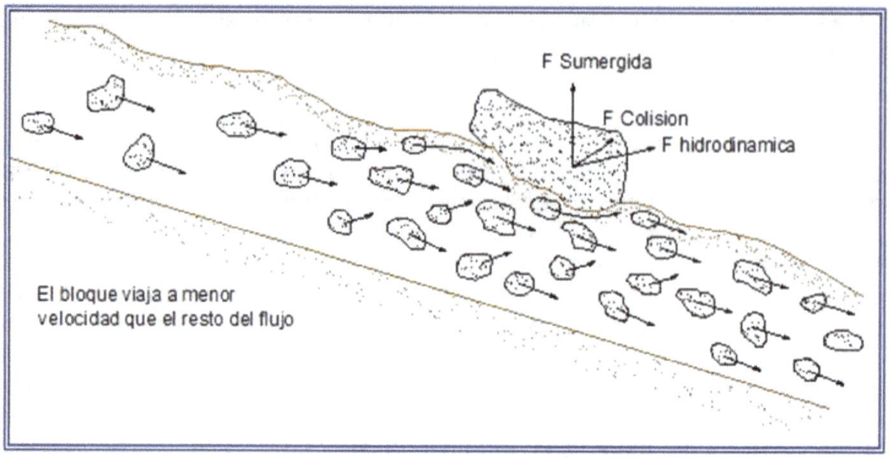

Foto N° IV.6.- Bloque de roca (11,3 x 5,0 x 3,5 m) depositada en el centro del cauce de Quebrada Camurí Chico, Estado Vargas, Venezuela. (Foto Archivos Corpovargas).

Foto N° IV.7.- depositados una pendiente Para el roca se lo m/s) y Costa Corpovargas).

Grandes cantos rodados (6m x 4,6m x 1,6m) dentro de una matriz de grava arena gruesa sobre del canal de 6 grados en la Quebrada El Cojo. transporte fluvial carga de fondo de este tipo de requiera una velocidad media de 7 - 11 m/s, según determinado por los métodos de Clarke (6,8 a 7,5 (10,9 m/s) respectivamente. (Foto Archivos

Foto N° IV.8.- Antiguo depósito de flujo de escombros (7,7 m de espesor) socavado por el flujo en el Rio San Julián, Estado Vargas, Venezuela. Obsérvese las grandes rocas depositadas sobre una matriz de arena. (Foto Archivos Corpovargas).

IV.4.5.- DESLIZAMIENTOS EN FORMA DE FLUJOS CON CARÁCTER DESTRUCTIVO.-

Los deslizamientos en forma de flujo que desarrollan altas velocidades durante su movimiento son capaces de causar daños de grandes dimensiones. Muchas de las catástrofes naturales ocurridas en el mundo en las últimas décadas, medidas por pérdidas de vidas humanas y/o perdidas económicas, han sido ocasionadas por estos fenómenos, como ejemplos se pueden citas los eventos de Colombia de 1.985, Italia

1.987, Nicaragua en 2.001 y en Venezuela 1.999 y luego en el 2.005.
En estos eventos se distinguen tres tipos principales de deslizamientos: avalanchas de rocas y materiales granulares y otros diversos tipos de flujos.

IV.4.5.1.- AVALANCHAS.-

Son movimientos muy rápidos de una masa de tierra, fragmentos de roca o detritos acompañados o no de nieve o hielo, que descienden de una ladera empinada o que caen de un escarpe. El movimiento se acelera por la inclusión de aire o de agua que disminuyen el rozamiento interno entre partículas.

Los factores que pueden incidir en este movimiento son el deshielo, la actividad sísmica o volcánica y las lluvias extraordinarias.

Las avalanchas de roca son el resultado de deslizamientos cuando se produce una falla en una ladera de roca. Fundamentalmente están compuestas por fragmentos rocosos que se rompen y pulverizan durante el movimiento. Estas avalanchas pueden alcanzar velocidades de hasta 25 m/s y propagarse por varios kilómetros de longitud.

Foto N° IV.9.- Avalancha de rocas en una ladera empinada cerca de Randa en Valais, Suiza.

Las avalanchas de detritos consisten en el movimiento muy rápido de una masa donde se mezclan materiales gruesos, tales como grandes bloques de roca, grava y arena, con ciertas cantidades de suelos finos como limo y arcilla, además de agua y/o aire atrapado. Pueden también contener material orgánico como restos de árboles otro tipo de vegetación, así como diversos materiales arrastrados a su paso.

Los casos que ocupa a la ingeniería hidráulica, se refieren a las avalanchas originadas por lluvias extraordinarias en donde el material de las laderas se desestabiliza por efecto la saturación que se genera por la precipitación, perdiendo fricción y produciéndose colapsos hacia el cauce natural que, aunado al escurrimiento, se producen flujos torrenciales con carácter destructivo.

Foto N° IV.10.- Deslizamiento en el Cerro Lec, Panajachel, Guatemala.
(Foto www.geologosdelmundo.org).

Foto N° IV.11.- Deslizamiento de ladera que destruyó el Barrio de Las Colinas en el Municipio de Santa Tecla, San Salvador.
(Foto www.geologosdelmundo.org)

IV.5.- TIPOS PRINCIPALES DE FLUJO DE LODOS Y PIEDRAS.-

Como ya se ha descrito, los flujos de lodos y piedras son aquellos flujos con altas concentraciones de sedimentos (hiperconcentraciones) que se generan en las cuencas montañosas, cuyo origen está asociado a la ocurrencia de deslizamientos durante lluvias prolongadas y de alta intensidad, y que pueden estar conformados por agua, barro, rocas, y grandes restos de vegetación, sí como por todo tipo de desperdicios y arrastres de materiales fabricados por el hombre.

Luego de investigar en la bibliografía especializada, existe una diversidad de conceptos, sin embargo, todos convergen en tres o cuatro tipos de flujos (López, J.L., 2.005). Sobre la base de lo anterior, se podría indicar que los flujos se pueden diferenciar en cuatro tipos principales:

- Flujos de agua ordinario.-
- Flujos de lodo.-
- Flujos hiperconcentrados granulares.-
- Flujos de detritos (Debris Flow).-

IV.5.1.- FLUJOS DE AGUA ORDINARIO.-

Los flujos de agua y sedimento con bajas concentraciones de sedimento; el flujo se comporta esencialmente como un fluido Newtoniano.

Debido a que las concentraciones del sedimento aumentan, la interacción entre partículas aumenta. Si las partículas de arcilla están presentes en el flujo, ellos empiezan a formar aglomeraciones debido a la presencia de fuerzas electroquímicas. Estas aglomeraciones tienden a dar esfuerzos al fluido y, como resultado, se introduce un esfuerzo de fluencia, es decir, el esfuerzo aplicado que tiende a romper estas cadenas y ordenarlas antes que cualquier deformación tenga lugar. Este esfuerzo inicial es el esfuerzo de cedencia típico en muchos fluidos no-Newtonianos.

Foto N° IV.12.- Vista de la una creciente observada en Enero del 2.001 sobre el aliviadero de la presa en la Quebrada Paso del Caballo, en el Estado Vargas. La concentración volumétrica medida en este sitio fue cercana a 7 %, por lo que clasifica como un flujo convencional de agua y sedimentos. (Foto tomada de López, J.L., 2005).

Foto N° IV.13.- Vista de la creciente de Febrero de 2.005 sobre el aliviadero de la Presa N° 3.- del Río Macuto, en el Estado Vargas. (Foto del Autor).

Foto N° IV.14.- Vista de la creciente de Febrero de 2.005 en la que se observa el escurrimiento sobre el aliviadero de la Presa N° 3.- y a lo largo de canalización del Río Macuto, en el Estado Vargas. (Foto del Autor).

IV.5.2.- FLUJOS DE LODO.-

Los flujos de lodo, también denominado flujo de barros, generalmente consisten en altas concentraciones de partículas finas (limos y arcillas). De acuerdo a experimentos de Wang y Shen (Wang, Z., y Shen, H.T., 1.999), un fluido se convierte en una mezcla lechosa o "*Slurry*" a una concentración de partículas finas de solamente 90 kg/m^3.

A medida que la concentración de finos aumenta, la estructura de los sedimentos se flocula formándose una especie de cohesión de mezcla suelo-agua. Según Varnes (Varnes, D. J., 1.978), los flujos de lodo son distinguidos por la presencia de al menos 50 % de arena, sedimento y partículas del tamaño de la arcilla.

Al formarse la mezcla lechosa de partículas finas y agua, este se comporta como un flujo No-Newtoniano, del tipo conocido como fluido Bingham. Cuando el contenido de partículas finas es bajo, puede ocurrir un flujo viscoso continuo en el cual no se forma una parte frontal ni ocurren pulsaciones y se asemeja más al modelo de fluido Newtoniano de Manning.

Foto N° IV.15.- Vista de la creciente de Diciembre de 1.999 en el Río Carmen de Uria, en la que pudo haber ocurrido un flujo de barros. (Foto Archivos Corpovargas).

IV.5.3.- FLUJOS HIPERCONCENTRADOS.-

El flujo hiperconcentrado está formado por una mezcla de partículas gruesas y agua. Predominan las partículas granulares (arenas, gravas, cantos rodados y bloques) por lo tanto la mezcla no tiene cohesión.

Se considera un flujo como hiperconcentrado si la concentración de sedimentos (igual al volumen de sedimentos entre el volumen de sedimentos más agua) varía entre 20 % y 60 % en volumen, valor que corresponde a un peso específico de 2,0 ton/m^3 de la mezcla aproximadamente. Cuando las concentraciones de sólidos son bajas, los materiales se concentran en la parte inferior del flujo, pero al aumentar la concentración, las partículas se dispersan a través de todo el flujo.

Al disminuir la velocidad, las partículas se van sedimentando; primero las más gruesas y luego las más finas, formando un depósito clasificado de partículas.

En todos los casos, los pesos específicos y las viscosidades son mayores en los flujos hiperconcentrados que en los flujos ordinarios de agua. Una pequeña cantidad de arcilla o limo fino en los flujos hiperconcentrados genera cambios importantes en sus propiedades geológicas y debido a estos cambios, la velocidad de caída de las partículas de sedimentos presenta características muy diferentes a las de un flujo ordinario de agua.

La intensidad de la turbulencia en flujos hiperconcentrados es normalmente débil y la turbulencia en pequeña escala prácticamente no existe. En las corrientes anchas siempre existe cierto grado de turbulencia. Cuando las concentraciones de sólidos son bajas los materiales se concentran en la parte inferior del flujo, pero al aumentar la concentración, las partículas se dispersan a través de todo el flujo.

Foto N° IV.16.- Vista de la creciente de Diciembre de 1.999 en el Río Cerro Grande, en la que pudo haber ocurrido un flujo hiperconcentrado. (Foto Archivos Corpovargas).

El fluido se comporta como Newtoniano y se puede aplicar el modelo de Manning de la hidráulica tradicional. Al aumentarse la concentración de sedimentos, los flujos hiperconcentrados dejan de comportarse como Newtonianos y se pueden convertir en flujos de detritos (Debris Flows). Los flujos hiperconcentrados pueden convertirse en laminares si las concentraciones de sedimentos son muy altas, especialmente en las corrientes pequeñas. Se puede considerar que el flujo permanece Newtoniano hasta una concentración de sólidos del 60 % del volumen.

IV.5.4.- FLUJOS DE DETRITOS (DEBRIS FLOWS).-

En los flujos de detritos los sedimentos controlan totalmente el flujo. El movimiento de los flujos de detritos se puede relacionar generalmente con "flujo turbulento de granos". El mecanismo de movimiento se produce por transferencia de momentum al colisionar las partículas o bloques que se mueven.

Los flujos son no-viscosos y son generalmente turbulentos de dos fases. La fase líquida es una mezcla lechosa o "*Slurry*" consistente (agua y partículas finas) y la fase propiamente sólida son las partículas gruesas. Aunque los flujos de detritos contienen partículas más gruesas, mayores concentraciones, mayores pesos específicos y menores cantidades de agua, la mecánica en algunos aspectos es similar a los de los flujos hiperconcentrados.

Cuando el cambio en el ancho del cauce es muy fuerte, o se presenta una disminución fuerte de la pendiente del cauce, la velocidad disminuye abruptamente y se deposita la mayoría del material sólido, formando abanicos o barras de grandes bloques. Primero se depositan las partículas de mayor tamaño, mientras las partículas finas tratan de recorrer una distancia mayor antes de producirse la sedimentación. Generalmente los flujos de detritos corren a lo largo de cañones estrechos con fuertes pendientes. En el caso de flujos de detritos canalizados, los flujos son llamados torrentes de escombros.

Un modelo generalmente aceptado para una onda del flujo de detritos es el que se muestra en la Figura IV.8.- (Hubl J. & Steinwendtner H., 2.000). En este modelo se distinguen tres partes en la onda: el frente, el cuerpo, y la cola. El frente de la onda consiste fundamentalmente de grandes clastos o rocas y es seguido por el cuerpo, donde la gran viscosidad de la mezcla puede dar origen a un flujo laminar.

En la cola de la onda, la concentración de finos decrece y el flujo es turbulento. Las tres fases forman un medio continuo donde el tamaño del sedimento, la concentración, y la viscosidad, decrecen desde el frente a la cola del flujo de detritos.

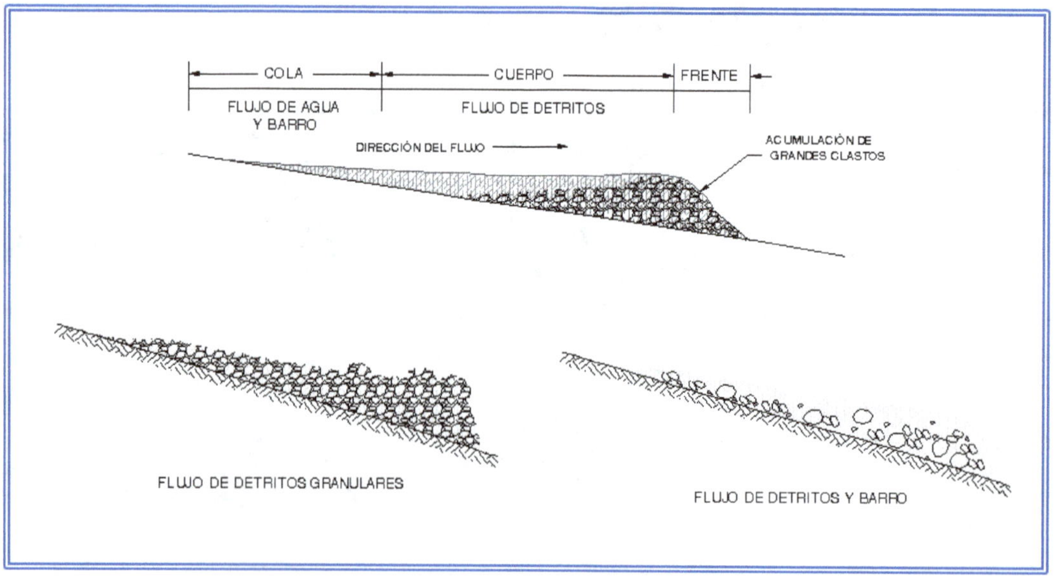

Figura N° IV.8.- Diversos tipos de flujos de lodos y piedras.- (Imagen tomada de Hubl J. & Steinwendtner H., 2.000 y redibujada para este libro).

Foto N° IV.17.- Vista de la creciente de Diciembre de 1.999 en el Río San Julián, ejemplo clásico de un flujo de detritos. (Foto Archivos Corpovargas).

Foto N° IV.18.- Vista de la creciente de Diciembre de 1.999 en el Río San Julián, en la que se puede observar la gran cantidad de peñones depositados en la Urbanización Los Corales, después del paso de un flujo de detritos. (Foto Archivos Corpovargas).

Foto N° IV.19.- Oleada de un flujo de detritos pasando por una estructura de control, donde se distingue el frente de grandes bloques de roca. Tomado de Takahashi (1991) Debris Flow.

En las fotografías que se muestran en la siguiente página (Cortesía de Geobrugg®, AG, Suiza) se ilustra en forma secuencial el frente de onda ocurrido en un torrente en Suiza, en donde se puede distinguir el frente de grandes bloques de roca “flotando” sobre el flujo.

Foto N° IV.20.- Frente de Onda de un flujo de detritos llegando a una estructura de control. (Foto cortesía Geobrugg®).

Foto N° IV.21.- Frente de Onda de un flujo de detritos iniciando el paso por una estructura de control. (Foto cortesía Geobrugg®)

Foto N° IV.22.- Frente de Onda de un flujo de detritos descargando sobre la estructura de control, donde se distingue el frente de grandes bloques de roca. (Foto cortesía Geobrugg®).

Foto N° IV.23.- Cuerpo y e inicio de la Cola de la Onda de un flujo de detritos pasando por una estructura de control, donde se uniformiza la granulometría del material arrastrado. (Foto cortesía Geobrugg®).

IV.6.- CONSIDERACIONES SOBRE LOS ALUDES TORRENCIALES.-

En referencia a los flujos anteriormente descritos, independientemente que todos deben ser estudiados y tratados para la mitigación del riesgo que ellos puedan generar, los flujos de detritos son elementos de riesgo para comunidades, infraestructuras y el medio ambiente, aunque no sean flujos que sucedan muy a menudo, si son flujos que, por su potencial destructivo, generan gran riesgo cuando ocurren.

Tal y como se ha indicado, en diversos países alrededor del mundo se han ido realizando estudios de este tipo de flujos con el fin de caracterizarlos. Muchos de estos estudios van dirigidos a determinar su reología y con esto sus características físicas. Los estudios más adelantados sobre flujo de detritos, se han llevado a cabo en Japón, país donde este tipo de flujos ocurren con más frecuencia. Se tienen estudios de este tipo flujo en Japón desde el siglo XIX.

Sobre la base de lo anteriormente descrito, existe una variedad importante de bibliografía que describen la actividad torrencial, y que tienen como objetivo el de obtener los elementos clave para la evaluación de riesgos hidrogeológicos en el cono de deyección.

Dada la amplitud de la bibliografía en este campo ha sido necesario imponer límites al desarrollo del este Manual y al establecimiento de criterios teórico y técnicos, de modo que lo que se expone en los siguientes capítulos tiene como finalidad ofrecer metodologías prácticas y sencillas para obtener los parámetros de diseño para el proyecto y construcción de estructuras de corrección, regulación y estabilización de los torrentes con el fin de regular el flujo de agua, la pendiente y los sedimentos transportados en sus diversas formas, tal y como se ha descrito en los apartes anteriores.

CAPITULO V

CONTROL Y ESTABILIZACION DE TORRENTES

CAPITULO V

CONTROL Y ESTABILIZACION DE TORRENTES.-

V.1.- ACCIONES CONTRA LA INESTABILIDAD HIDROGEOLOGICA.-

La evolución del medio ambiente, que da forma a la superficie terrestre, no puede ignorarse. Lo anterior es debido a que el hombre interactúa con el ambiente en sus diversas actividades, desde la tala de los bosques en las montañas, a las construcciones a lo largo de los cursos de agua; de la eliminación de material litoide a la modificación de las corrientes naturales, de la variación del uso del suelo a la ocupación de áreas de zonas afectadas por la dinámica fluvial (UNESCO, 2.008).

Para satisfacer sus necesidades el hombre busca, por un lado la defensa de los territorios ocupados y desarrollados, por otro, en la medida de lo posible, de modificar el desarrollo natural de la zona, limitando los efectos de la inestabilidad hidrogeológica.

De la inestabilidad hidrogeológica se presentan flujos de lodos que pueden ocurrir en zonas cuya cuenca está sujeta a erosión y deslizamientos, o al pie de taludes cuyo suelo superficial es muy erosionable.

En un torrente, una vez que el material se acumula y se encuentra disponible en el cauce, se requiere de una lluvia de magnitud suficiente para que la mezcla alcance concentraciones que originen el flujo de lodos.

En una ladera, se requiere que el material alcance la saturación necesaria, en volumen y profundidad, para que se desplace talud abajo.

El comportamiento del flujo de lodos es similar a un flujo viscoso, cuya resistencia a fluir varía con la rapidez de deformación del material. Prácticamente, esto se puede traducir como: "*A mayor velocidad del flujo se presenta mayor resistencia*". La propiedad que influye en este comportamiento es la viscosidad.

En términos generales se puede decir que el flujo de lodos y piedras es una combinación de factores entre los cuales se pueden resaltar la magnitud de la precipitación, la geología de la cuenca contribuyente, la vulnerabilidad a la erosión de los suelos, tanto en el cauce, así como en las laderas adyacentes, la pendiente longitudinal y todos ellos combinados en una dinámica fluvial propicia para la generación de este tipo de flujo.

En la Foto N° V.1.- se puede apreciar la combinación de factores que pueden influir en la generación de un flujo de lodos y piedras. En la figura se puede apreciar la falla y el deslizamiento en las laderas adyacentes (círculo rojo) al cauce natural, así como el flujo de lodos y piedras a raves del cauce.

Foto N° V.1.- Erosión y deslizamiento de tierra en laderas de la cuenca de la Quebrada Alcantarilla, Estado Vargas, Venezuela. (Foto del Autor).

Foto N° V.2.- Presa de retención de sedimentos construida en gaviones totalmente colmatada en la Quebrada Alcantarilla, Estado Vargas, Venezuela, durante el evento de Febrero de 2.005. (Foto del Autor).

Considerando como riesgo la posibilidad de que un peligro pueda llegar a materializarse, entonces el riesgo que implica un flujo de detritos es la combinación de que ocurra el fenómeno, y que además produzca un daño. Los flujos de lodos suceden periódicamente en la naturaleza.

En muchos casos no se tiene conocimiento de ellos, y sólo se advierten cuando provocan algún daño (como muestra la Foto N° V.3.-).

De ahí que el riesgo se origine principalmente cuando nos acercamos a sitios peligrosos y, en general, como consecuencia de consideraciones inadecuadas en la definición de algún proyecto o trabajo ubicado en esta clase de sitios, el riesgo es latente.

Foto N° V.3.- Daños causados por flujo de detritos a una estructura de un edificio ubicado en la Urb. Los Corales en Caraballeda, Edo. Vargas, Venezuela. (Foto del Autor).

Con apoyo de la experiencia de un Ingeniero Geólogo, por observación directa, se pueden detectar movimientos de talud de una ladera, o bien mediante fotografías de satélite. Una adecuada interpretación de dichas fotografías nos puede indicar en forma general la topografía, el tipo de suelo del que está conformada una ladera, y también si han existido deslizamientos o deslizamientos de un flujo de lodos, e incluso el número de esos eventos y con ello poder determinar la vulnerabilidad del área.

Foto N° V.4.- Vista del Cono de Deyección del Rio San Julián, donde se asienta la Urb. Los Corales en Caraballeda, Edo. Vargas, Venezuela. El desarrollo urbano de esta área fue seriamente afectado por el efecto del flujo de detritos en el evento de Diciembre de 1.999. (Foto Archivos Corpovargas).

Si se conoce un sitio susceptible de deslizamiento, ya sea por sus características o por la existencia de una falla, el fenómeno se puede monitorear. Es decir, pueden colocarse sensores que midan alguna magnitud física: esfuerzo, desplazamiento, cantidad de lluvia, etc.

Eventualmente, éstos podrían indicar la cercanía o el inicio de un evento. Algo parecido a un sistema de alerta temprana. Claro que entre más temprano se dé la voz de alarma, más posibilidades se tendrá de mitigar el daño.

Pero la mejor opción para protegerse del peligro es alejarse de la zona de riesgo. Esta sería una acción no estructural, como lo son también un sistema de alerta temprana o un plan de evacuación y seguimiento. La primera sería una medida preventiva, mientras que las otras dos serían medidas de mitigación.

También se pueden aplicar acciones estructurales, es decir, medidas correctivas, como colocar presas de retención de sedimentos, embalses, muros de contención, muros de canalización y rectificación de cauces, estanques de depósito, etc., que, si bien todas ellas pueden resultar costosas, en la mayoría de los casos son necesarias. Estas acciones en general se llevan a cabo en varios frentes y con distintos medios. Se habla de acciones de previsión, prevención y mitigación.

Foto N° V.5.- Causas que contribuyen a la formación de flujo de lodos. (Río Canoabo, Estado Carabobo, Venezuela). (Foto del Autor).

La previsión consiste en el estudio de las causas y de los mecanismos que pueden generar los sucesos desastrosos en un área específica (Foto N° V.5.-). Gracias al apoyo de la investigación científica y tecnológica, a las redes de monitoreo y a las bases de datos relacionados con los eventos ocurridos en el pasado, que permiten identificar las zonas peligrosas e inestables, que potencialmente están sujetos a los efectos de la inestabilidad hidrogeológica.

Este conocimiento nos permite estudiar las acciones encaminadas a la prevención del peligro, mediante la identificación de medidas e intervenciones destinadas a mitigar los efectos negativos de los cambios en el territorio con la infraestructura humana o cualquier intervención antrópica.

Estas acciones se deben aplicar a nivel normativo, dictando normas para la utilización del suelo y, a nivel operacional, con la construcción de las obras y objetos diseñados para contener y mitigar los daños causados por los desastres naturales. Con la planificación de las acciones a escala local y de la cuenca, se difunde la información para el crecimiento de una cultura adecuada en la zona entre los ciudadanos, y vivir de una manera consciente y madura con la evolución natural del medio.

Las acciones concretas de defensa contra la inestabilidad hidrogeológica, (los que técnicamente se denominan medidas estructurales) tienen dos objetivos, los cuales son:

- Contener y limitar la acción de la erosión y la degradación de las laderas en las partes altas de las cuencas, para frenar o por lo menos mitigar, el aporte de material sólido a lo largo de los cursos de agua.
- Proteger las áreas de valor significativo y estratégico de la tierra, y con presencia de infraestructura.

Estas acciones son de mitigación, se aplican generalmente en las cabeceras de las cuencas, en las zonas montañosas. Estas intervenciones tienen por objeto, el de reducir la erosión de la superficie de la tierra con las operaciones de restablecimiento de la vegetación y la regulación del agua de escorrentía superficial.

También intervienen en la estabilización de los taludes, en deslizamiento de tierra, cuando el tamaño de los movimientos es limitado y es posible acceder a los sitios. También producen intervención en los flujos, con el objetivo de reducir la erosión de fondo y la creación de zonas de acumulación y retención de sólidos.
Recordemos que las acciones estructurales se apoyan de aquellas medidas definidas como no estructurales, que incluyen medidas como: la planificación urbana y la restricción territorial de la utilización del suelo, medidas para proteger a las acciones civiles, la formación e información de los operadores y la población local.

V.2.- ACCIONES CORRECTIVAS EN LOS TORRENTES.-

Es preciso iniciar este aparte indicando que los procesos de deterioro del suelo, debido a la erosión generada por el escurrimiento incontrolado y la continua evolución de la degradación de las cuencas, por existir materiales susceptibles a ser erosionados erosión, debe ser controlado con acciones propias de la ingeniería.

Las acciones correctivas son según el sitio de aplicación, básicamente las siguientes:

- **Acciones en la cuenca de recepción**.- La acciones más comunes en la cuenca de recepción son la forestación, enfaginado, construcción de obras de drenaje, colocación de mallas ancladas, terraceado de laderas, estabilización de deslizamientos, construcción de muros, construcción de traviesas para el control de cárcavas, etc.

- **Acciones en el cauce de transporte (garganta).-** En este tramo es común la construcción de presas, construcción de umbrales de fondo o traviesas, protección de márgenes o la canalización de cauce.

- **Acciones en el cono de deyección.-** Esta área, por ser la más vulnerable, generalmente implica obras costosas como la protección de márgenes o la canalización de los cauces.

En general, las acciones indicadas deben ser acometidas de una manera integral en la estabilización de una determinada cuenca torrencial.

Estas acciones están enmarcadas dentro de las premisas para la protección del medio ambiente, con la finalidad de que los desarrollos urbanos puedan convivir con la naturaleza. Estas acciones pueden incluir obras de ingeniería civil o hidráulica, así como obras de ingeniería naturalística,

Entre los métodos de ingeniería naturalista se pueden mencionar:

- Forestación.
- Enfaginado.
- Mallas ancladas.
- Traviesas de control de cárcavas.
- Terraceado de laderas.

Foto N° V.6.- Estabilización de talud mediante ingeniería naturalista, utilizando troncos de árbol y formando elementos que consolidan el pie de la ladera. (Foto tomada de Schiechtl H., Stern R.,1.992).

Foto N° V.7.- Vista del control de erosión, estabilización de talud mediante ingeniería naturalista. (Foto tomada de Schiechtl H., Stern R.,1.992).

Foto N° V.8.- Vista en detalle la foto anterior. Obsérvese que el trabajo está realizado con troncos de árbol, relleno con material del sitio y reforestación. (Foto tomada de Schiechtl H., Stern R.,1.992).

ESTADO DEL TORRENTE EN 1.891

Foto N° V.9.- Resultados de trabajos sistemáticos de restauración de una cuenca torrencial en Austria. (Fotos tomadas de Suarez V., L.M., 1.993)

Entre los métodos de ingeniería hidráulica se pueden mencionar:

- Presas de retención de sedimentos.
- Protección de márgenes.
- Canalización de cauces.

En este documento se tratan las presas de retención de sedimentos y las traviesas para la estabilidad del fondo del cauce. La protección de márgenes y canalización de cauces escapa del alcance del mismo.

V.3.- METODOS ESTABILIZANTES.-

Es una idea común en la ingeniería fluvial que el fondo de un río puede estabilizarse mediante la construcción de obras transversales, de orilla a orilla, como presas de retención de sedimentos o como traviesas o umbrales de fondo.

De forma natural, los ríos tienden a buscar disminuir la pendiente del cauce, de modo que inicialmente el escurrimiento busca erosionar las márgenes laterales para aumentar su recorrido y tratar de disminuir la pendiente longitudinal. Cuando el escurrimiento no puede erosionar las márgenes, entonces erosiona el fondo para buscar el mismo objetivo, disminuir la pendiente longitudinal.

Para entender este fenómeno se puede decir que el escurrimiento de agua es un mecanismo hidrodinámico, en donde dicho escurrimiento dispone de energía cinética en el inicio de su movimiento en la cuenca alta del río, en la medida que este escurrimiento fluye hacia aguas abajo aumenta de velocidad debido a las altas pendientes de la garganta, para luego iniciar un proceso de disminución de la velocidad debido a la disminución de la pendiente longitudinal hasta llegar a tener velocidades que tienden a cero al llegar a los lagos, mares u océanos.

Desde el punto de vista geométrico, el escurrimiento tiende a generar alteraciones en la geomorfología del cauce, pues el escurrimiento siempre irá en búsqueda del estado de reposo, es decir desde las altas velocidades hasta llegar a cero. Ahora bien, las altas velocidades que se desarrollan en los torrentes generarán fuerzas erosivas que pueden poner en peligro las márgenes adyacentes alterando la geomorfología del cauce.

El proceso más utilizado para estabilizar los torrentes consiste en reducir la fuerza erosiva de la corriente, disminuyendo la velocidad del flujo mediante la construcción de presas escalonadas a lo largo del cauce, las cuales inicialmente frenan casi totalmente el flujo torrencial, almacenando los sedimentos transportados, que una vez colmatada regulan el flujo del agua y sedimentos mediante la reducción de la pendiente, el aumento del ancho del cauce y la disipación de la energía cinética del flujo en las caídas sucesivas al pie de cada presa.

Las presas en este caso se denominan de consolidación ya que fijan el fondo del cauce, una vez colmatadas modifican la pendiente original del terreno, creando la denominada pendiente de compensación, ya que con la misma se alcanza un estado de equilibrio entre la erosión y la sedimentación en el cauce.

Para estabilizar los cauces de características torrenciales, lo más importante es disminuir el aporte de sedimentos al cauce mediante trabajos de estabilización, los cuales pueden tomar años y se pueden aplicar las siguientes acciones:

- Construcción de presas de retención escalonadas a lo largo del torrente, cuya primera etapa de funcionamiento es la de almacenar los materiales arrastrados, que luego de colmatarse, regulan el flujo de sedimentos debido a la disminución de la pendiente del cauce (Ver Figura N° V.1.-). Estas presas deben ser construidas preferentemente aguas abajo de ampliaciones del valle torrencial para contar así con una mayor capacidad de almacenamiento de sólidos.

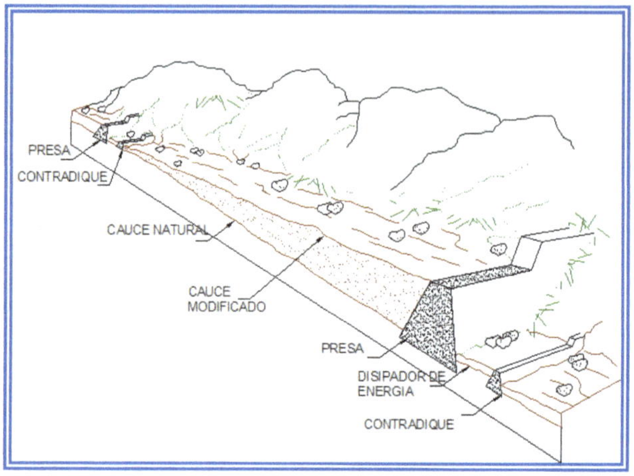

Figura N° V.1.- Representación esquemática de la construcción de presas de retención escalonadas a lo largo de un torrente. (Imagen tomada de Suarez V., L.M., 1.993 y redibujada para este libro).

- En algunos casos, en función de la importancia de la infraestructura existente aguas abajo, puede ser necesario excavar y remover con cierta periodicidad parte del volumen de sedimentos acumulados tras la presas, para así disponer nuevamente de la capacidad de almacenamiento de sólidos. En la mayoría de los casos, los materiales acumulados detrás de las presas pueden ser utilizados en construcción como bases granulares para vialidad, pavimentos o como agregados de concreto.

Foto N° V.10.- Conjunto de presas escalonadas construidas en gaviones en Bolivia. (Foto Cortesía Maccaferri).

- También es necesaria la construcción de presas abiertas, ya que retienen los sedimentos de mayor tamaño y dejan pasar los de tamaños medios y finos, efectuando una selección granulométrica beneficiosa, ya que los sedimentos de mayor tamaño son los que tienen el mayor potencial destructivo para las infraestructuras existentes aguas abajo. Estas presas se deben construir en el extremo aguas arriba del tramo a intervenir y estabilizar, para luego continuar hacia aguas abajo con presas de retención escalonadas a lo largo del cauce.

- Construcción de traviesas o umbrales de fondo, los cuales son obras transversales que no emergen sensiblemente del fondo del cauce. La principal utilización de las traviesas es para la estabilización de la pendiente longitudinal de los cauces torrenciales para evitar o mitigar la erosión.

- Revestimientos del cauce contribuyen a controlar la profundización de los cauces en los torrentes socavantes, ya que los hace no erosionables. Revestimientos comunes son el enrocado y el concreto. Esta solución puede utilizarse cuando sea necesario disminuir la profundidad del flujo para evitar desbordes sobre las márgenes adyacentes, pues con ello se disminuiría el coeficiente de rugosidad. La desventaja fundamental de las obras de revestimiento, es que están sujetas a la abrasión y al desgaste que producen los sedimentos arrastrados por el flujo. En este sentido es una práctica común construir las obras de canalización en el tramo inferior del torrente (cono de deyección), donde generalmente se encuentran las ciudades y zonas agrícolas, una vez concluidas las presas (garganta) y los trabajos de estabilización de laderas (cuenca), cuando el volumen de los sedimentos transportados por el flujo haya disminuido considerablemente, ya que de lo contrario los costos de mantenimiento de la canalización serían muy elevados, a causa de la abrasión.

En los apartes siguientes se describe los diferentes elementos que sirven propiciar la estabilización de los cauces torrenciales.

V.4.- PRESAS DE RETENCION DE SEDIMENTOS.-

Las presas de retención de sedimentos son fundamentalmente estructuras para la corrección y estabilización de torrentes o de cauces naturales en general.

El tipo de presa más común y utilizadas en corrección de torrentes son las presas de gravedad que reciben este nombre debido a que resisten los empujes a los que están sometidas, mediante la acción de su propio peso.

Existen distintos tipos de presas en tamaño y forma, en relación con el objetivo que debe lograrse, o las características geográficas del territorio.

Una presa está compuesta por un cuerpo principal que se ancla en las laderas laterales y cuenta con una abertura denominada vertedero, por donde se hace circular el flujo de la corriente de agua para evitar las erosiones y socavaciones en los estribos laterales.

El vertedero por lo general tiene forma trapecial y debe ser dimensionado para permitir el paso del flujo proyectado sin ser superado. Se debe considerar también que el caudal de diseño que pase por el vertedero debería ubicarse hacia el centro del curso del torrente, lejano de los márgenes, las cuales pueden ser fácilmente erosionadas.
Es importante que las alas sean ancladas a la misma cota, con el fin de evitar que, en el caso de inundaciones excepcionales la corriente de agua encuentre una vía preferencial distinta al vertedero, centrándose en la parte de las alas más baja donde una erosión acentuada puede provocar el debilitamiento del estribo y por lo tanto la falla o la eventual destrucción de la presa.

En la base de la estructura por lo general se encuentra un disipador de energía para evitar la socavación al pie de la presa provocado por el impacto de la lámina vertiente del salto del agua proveniente del vertedero.

Una presa de retención es una obra de corrección de los cursos de agua, la cual cumple con las siguientes funciones:

- Antes de la colmatación ejerce un control prácticamente total del transporte de sólidos y una mitigación apreciable de los picos de las crecientes, debido a su capacidad de almacenamiento. Su objetivo principal es por lo general retener el material sólido transportado por la corriente, creando sus propios vasos de almacenamiento

- Una vez que una presa esta colmatada, ejerce un efecto regulador del transporte de sólidos y la atenuación de los picos de las crecientes, por el efecto de la disminución de la pendiente longitudinal.

- Produce la consolidación del fondo del cauce, fijando el perfil longitudinal del mismo, lo que evita en muchos caso su degradación y erosión regresiva.

- Una vez colmatada, como producto de la formación de la cuña de material almacenado, se propicia el centrado del flujo, lo que disminuye la erosión lateral en los márgenes y propician el crecimiento de vegetación sobre los sedimentos acumulados, ambos efectos se traducen en una reducción de los aportes solidos a la corriente.
- El relleno progresivo detrás de la presa, disminuye la pendiente de la corriente, minimizando la capacidad erosiva favoreciendo la estabilización de los márgenes del mismo.
- Cumple la función de detener flujos de lodos y piedras, bien sea mediante impacto directo contra la presa antes de su colmatación, o una vez colmatada, por el efecto de disminución de la velocidad del flujo que produce el aumento del ancho del cauce y la disminución de la pendiente.

V.4.1.- TIPOS DE PRESAS DE RETENCION DE SEDIMENTOS.-

Las intervenciones mediante presas de retención pueden ser de consolidación del lecho del río o de reducción del transporte de sedimentos. En la buena práctica de la ingeniería se diseñan dos tipos de presas: las presas abiertas y las cerradas.

El término Presa de Retención, Dique de Retención o Estructura de Retención de Sedimentos, se utiliza para describir tanto las presas abiertas, así como las cerradas. Las presas cerradas son generalmente estructuras con un muro y están diseñadas para retener los sólidos que escurren por el lecho del cauce y con ello modificar el lecho del torrente, para disminuir la pendiente y así lograr la estabilización del lecho del cauce. La presa abierta cuenta con un área abierta diseñada para la retención de rocas de mediano a gran tamaño (rocas, cantos rodados, troncos, etc.) que son las que tiene el mayor poder de erosión sobre el cauce y de carácter destructivo en las áreas ubicadas aguas abajo.

Existen varias zonas geográficas del mundo caracterizadas por una topografía empinada, ocurrencia de altas precipitaciones e inestabilidad geológica, como puede ser Japón, la ladera Alpina en Italia, Austria o Suiza, las laderas de la Cordillera de los Andes, desde Venezuela, atravesando por Colombia, Ecuador, Bolivia, Perú, hasta Argentina y Chile, o eventualmente gran parte de las áreas de topografía con relieve abrupto en Centro América. En éstas zonas geográficas los flujos de escombros son frecuentes y han originado numerosos desastres.

En la bibliografía especializada (Chanson, H., 2.004) (Armanini A., y M. Larcher, 2.001), comúnmente se presenta la Presa *"SABO"* como una solución para la retención de sedimentos. El término *"SABO"* proviene de las experiencias japonesas, pues en japonés, la traducción directa de *"SABO"* (sa-bo) es la *"protección de arena"* (Chanson, H., 2.004). En general, el término *"obras sabo"* se refiere al sistema de protección a lo largo del cauce de carácter torrencial, las cuales pueden incluir presas de retención abiertas o cerradas, así como traviesas de control de la pendiente longitudinal. Esta nomenclatura se debe fundamentalmente a que los inicios del control y retención de sedimentos se llevaron a cabo en Japón con trabajos tipo *"SABO"* durante los siglos 17 y 18. De igual forma, durante la segunda mitad del siglo 19 y principios del siglo 20, numerosas obras sabo se construyeron bajo la dirección de ingenieros extranjeros y de los ingenieros japoneses educados en Europa, con importante influencia Austríaca. La primera presa de contención de concreto SABO se completó en 1915, denominada Presa Ashiyasu sobre el Río Fuji en la Prefectura de Yamanashi en Japón, aún sigue en pie y se muestra en la Foto Nº V.11.-.

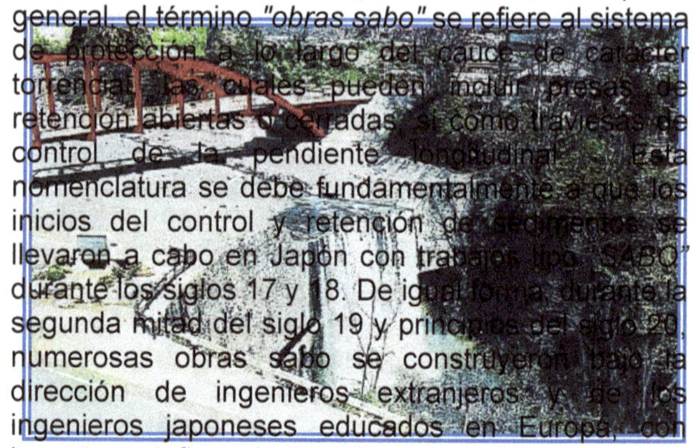

Foto N° V.11.- Presa Ashiyasu, Yamanashi, Japón, construida en 1.915. (Foto tomada de www.sabo-int.org).

V.4.1.1.- PRESAS CERRADAS.-

Las presas de retención cerradas se construyen con el propósito de retener el material transportado por la corriente y con ello modificar el lecho del torrente, para disminuir la pendiente y así lograr la estabilización del lecho del cauce.

Son por lo general presas aisladas y por lo tanto su dimensionamiento en particular el de las fundaciones y su empotramiento en los márgenes del rio, deben ser efectuados con mucha precisión.

El volumen que será creado por la construcción de presa y que será ocupado por el material sólido retenido detrás de la presa, será lo suficientemente grande como para garantizar la retención de los sedimentos producto de una o varias crecidas y así como también la validez de la inversión. Sin embargo, han ocurrido eventos, que, con solo una tormenta, puede generar un flujo de lodos y piedras, que produzca un volumen de sedimentos que puede colmatar el volumen detrás de una presa.

Estas estructuras generalmente están construidas de concreto armado, de gaviones, de roca cementada o de madera, de acuerdo con las técnicas de ingeniería que se seleccione utilizar.

Es preciso indicar que las presas cerradas, debido a que retiene prácticamente todos los sedimentos transportados, las aguas claras libres de sedimentos que escurren hacia aguas abajo pueden generar degradación en el lecho aguas abajo, originando una erosión regresiva del lecho del cauce. En tal sentido, es importante el diseño de estructuras de control de erosión longitudinal del cauce aguas abajo de estas presas, como por ejemplo traviesas estratégicamente ubicadas, de manera de controlar la erosión a lo largo de todo el cauce y así lograr la mejor estabilización del cauce.

Foto N° V.12.- Vista de una presa típica en concreto armado.

Foto N° V.13.- Vista de una presa típica roca cementada.

Foto N° V.14.- Vista de una presa típica con troncos de madera.

Foto N° V.15.- Vista de una presa típica en gaviones. (Foto del Autor).

V.4.1.2.- PRESAS CERRADAS CON PASOS DE AGUA.-

Son presas con el mismo concepto de las presas cerradas a las cuales se les añaden tuberías centrales como mechinales que permiten el paso progresivo del agua y los sedimentos.

Foto Nº V.16.- Vista de la Presa Akiyama, Nagano, Japón. (Foto tomada de www.pref.wakayama.lg.jp).

En un evento en que se produzca un flujo de detritos, la presa serviría como un obstáculo para el mismo, haciendo que los sedimentos sean atrapados temporalmente por la presa y se detenga su flujo hacia aguas abajo, pero por la configuración que tienen estas presas se permite el paso del agua hacia aguas abajo del río afectando en menor manera el aspecto ambiental.

Al terminar este tipo de flujo y con eventos posteriores de crecientes menores se va limpiando la presa de sedimentos, llevando cierta cantidad de sedimentos hacia aguas abajo pero en cantidades que no generan riesgos potenciales. Al suceder esto se logra llegar a una condición muy similar a la que se tenía antes del evento del flujo de detritos. (Gómez C. Diego A., 2.012).

En la Figura Nº V.2.- se ilustra la representación esquemática de cómo una presa SABO contribuye al control del transporte de sedimentos y se define en cuatro etapas.

- **Etapa 1.-**
Si no hay Presa una gran cantidad de sedimentos fluirá rápidamente hacia aguas abajo

- **Etapa 2.-**
La construcción de la presa contribuye a originar una pendiente suave del cauce, lo que genera una disminución de los deslizamientos de las márgenes orilla del río.

- **Etapa 3.-**
En el momento de la ocurrencia de precipitaciones de alta intensidad que originaría el flujo de sedimentos, la presa retendrá temporalmente los sedimentos.

- **Etapa 4.-**
En la medida que ocurran precipitaciones de baja o mediana intensidad, el flujo de la corriente arrastrará progresivamente los sedimentos y como resultado se obtendrá la Etapa 2.-

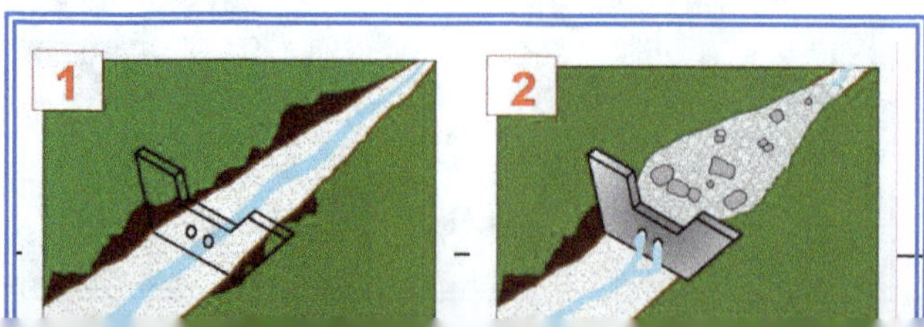

Figura Nº V.2.- Representación esquemática del funcionamiento de una presa SABO. (Imagen extraída de www.pref.wakayama.lg.jp y redibujada para este libro). (Gómez C. Diego A., 2.012).

Foto Nº V.17.- Vista de la Presa El Piache con tubos de concreto. Estado Vargas, Venezuela. (Foto del Autor).

Foto Nº V.18.- Vista de la Presa El Piache con tubos de concreto y descarga de agua con sedimentos finos. Estado Vargas, Venezuela. (Foto del Autor).

V.4.1.3.- PRESAS ABIERTAS.-

El principio básico de funcionamiento de este tipo de presas consiste en retener de manera selectiva los sedimentos transportados por la corriente, dejando pasar hacia aguas abajo los materiales más finos junto con el agua y reteniendo los sólidos de mayores dimensiones. (Suarez, L.M., 1.993).

A menudo las presas de retención son presas selectivas, es decir, presas construidas en modo que efectúe naturalmente una selección del material retenido de acuerdo a sus dimensiones. Se obtiene así un doble servicio: por una parte se evita retener el material más fino, tal como la arena y el limo que se necesitan aguas abajo para la regeneración de playas, por otra parte se extiende el funcionamiento de la obra en el tiempo. Este tipo de presas, llamadas como presas filtrantes o presas abiertas, son en la actualidad muy comunes y hay de diferentes tipos.

Las presas abiertas, también llamadas selectivas o filtrantes, se caracterizan por un cuerpo con una abertura central en la que se aloja un filtro, que tiene la función de operar una selección de tamaño de las partículas del material transportado por la corriente. Estas obras de tipo abierto han asumido valor ambiental, ya que al retener solo una cantidad de material seleccionado mejora la eficacia de la presa.

En el caso de intervenciones de consolidación, la posibilidad de transportar el material de pequeño y mediano tamaño aguas abajo, evita la profundización del fondo del lecho del rio por el efecto erosivo de las aguas claras y permite contribuir al mantenimiento del curso del agua.

En el caso de intervenciones de retención, la capacidad de la obra para poner en práctica una selección del material retenido maximiza la eficacia durante eventos de inundación, ya que la capacidad del depósito de aguas arriba de la presa sólo está disponible para la acumulación de material grueso.

Mediante la retención selectiva de los sólidos de mayor tamaño se logra una serie de ventajas que caracteriza el funcionamiento de las presas abiertas. A continuación, se describen algunas de ellas (Suarez, L.M., 1993).

- El volumen del embalse se utiliza en forma óptima, al retener en él los materiales solidos de mayores dimensiones, que son los que causan los mayores daños a la infraestructura existente aguas abajo, tales como zonas urbanas, puentes, canalizaciones, áreas agrícolas, etc..
- Los materiales de tamaños medios y finos quedan depositados temporalmente en el embalse debido al remanso que se produce como efecto de retención el flujo por la estructura de retención. Al disminuir la creciente, estos materiales más finos son arrastrados gradualmente hacia aguas abajo a través de las aberturas de la presa, con lo que se logra que el flujo tenga una menor concentración de sedimentos durante la ocurrencia del pico de la crecida.
- Estas obras retienen el material más grande, en particular troncos de árboles y piedras que flotan en el agua, que son los que pueden causar graves daños aguas abajo.
- Al permitir el tránsito hacia aguas abajo de los sedimentos medios y finos, estas presas no causan efectos de degradación importantes en el cauce, ni producen efectos de erosión regresiva en las playas fluviales, sean lacustres o marítimas, cuyo equilibrio está afectado por el caudal solido transportado por el río o torrente.
- Por su estructura abierta, este tipo de presas drenan la creciente más rápidamente que las presas cerradas, por lo que en un tiempo menor dejan disponible mayor capacidad de almacenamiento.
- Una de las ventajas más importantes de las presas abiertas es su efectividad en la detención de flujo de lodos y piedras, cuyos efectos son verdaderamente devastadores en la parte baja de la cuenca.

El uso y la búsqueda de mejores soluciones para la realización de estas obras se justifican en una serie de aspectos positivos que los caracterizan:

- Reducción de los costos incurridos por los materiales en comparación con una presa cerrada, una presa abierta tiene un volumen mucho más bajo. Sin embargo, existen presas abiertas para protección de grandes rocas que resultan muy robustas y costosas.
- Una mayor durabilidad, ya que el volumen disponible para la acumulación se agota con menor rapidez debido a la acción de los dientes o filtro que permiten el paso de material de medio-fino y que no se detenga aguas arriba de la obra.
- Aligeramiento de la presión en la parte posterior de la presa.

- Oportunidad de obtener beneficios inmediatos de la intervención.

Estas estructuras generalmente están construidas de concreto armado, concreto ciclópeo o con perfiles metálicos, así como con tuberías, y también en gaviones, de acuerdo con las técnicas de ingeniería que se seleccione utilizar y existen diversos modelos y geometrías que los ingenieros han diseñado utilizando diversos materiales.

Foto N° V.21.- Presa abierta N° 1.- en Río San Julián e inicio de canalización, Estado Vargas, Venezuela. (Foto del Autor).

Foto N° V.19.- Presa abierta en concreto armado, Quebrada Guanape, Estado Vargas, Venezuela. Obsérvese la retención de materiales. (Foto del Autor).

Foto N° V.22.- Presa abierta en concreto armado y perfiles metálicos, Quebrada Tacagua, Estado Vargas, Venezuela. (Foto cortesía Ing. Mario Mengual).

Foto N° V.20.- Presa abierta N° 1.- en Río San Julián, Estado Vargas, Venezuela. (Foto del Autor).

Foto N° V.23.- Presa abierta en concreto armado y perfiles tubulares, Japón. (Foto tomada de Suarez V., L.M., 1.993).

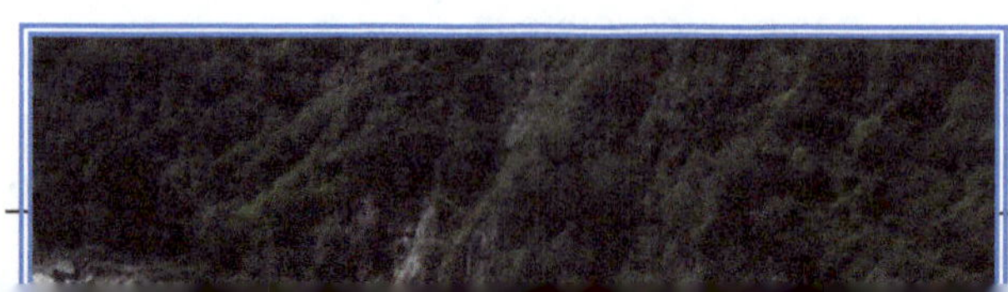

Foto N° V.24.- Presa abierta en concreto armado y perfiles metálicos, Alpes del Trento, Italia. (Foto cortesía Provincia Autónoma di Trento Azienda Speciale di Sistemazione Montana, Italia).

Foto N° V.25.- Presa abierta en concreto ciclópeo, Quebrada Curucutí, Estado Vargas, Venezuela. (Foto del Autor).

Foto N° V.26.- Presa abierta en gaviones y ventanas en concreto armado, Río Camurí Chico, Estado Vargas, Venezuela. (Foto del Autor).

Foto N° V.27.- Presa abierta en gaviones y revestimiento de concreto armado, Quebrada El Cojo, Estado Vargas, Venezuela. (Foto del Autor).

V.4.1.4.- ALGUNAS CONSIDERACIONES SOBRE LAS PRESAS ABIERTAS.-

Una de las zonas con mayor experiencia en eventos que involucre flujo de lodos y piedras (debris flow), es la región de los Alpes en Europa. En todo el arco alpino, tanto en su vertiente Norte, así como en vertiente Sur, existe un elevado riesgo de aluviones para las áreas urbanizadas ubicadas en el fondo de los valles y en los conos de deyección (Coali R., Manica A., 2.001).

En la Provincia Autónoma di Trento (PAT) en Italia, la actividad de corrección de torrentes y estabilización de laderas (*sistemazioni montane*) en los cursos de agua torrenciales empezó desde hace mucho tiempo. El término "*sistemazioni montane*" identifica las intervenciones de régimen hidráulico-forestal de tipo intensivo (corrección de torrentes y estabilización de laderas) y extensivo (ampliación y mejoramiento de la cobertura forestal, gestión cuidadosa de los bosques) en las cuencas de montaña de pequeña y media extensión (Cerato, M., 2.001).

En Italia, la obra de retención más antigua de la cual se tienen noticias históricas es el dique de Ponte Alto en el Torrente Fersina, aguas arriba de la Ciudad de Trento, en la Provincia del Trentino Alto Adige, ubicado al pie de los Alpes, el cual fue edificado en madera por primera vez en 1.537, luego destruido y reconstruido varias veces de mampostería en seco hasta su estructura actual que asciende a mitad del siglo XIX (Cerato, M., 2.001).

En 1882 hubo una inundación catastrófica, que afectó a un territorio muy amplio ubicado tanto en el Norte como en el Sur de los Alpes. Seguidamente a este evento meteorológico el Imperio Austro-Úngaro (al cual la PAT pertenecía en aquella época), impulsó la reestructuración del sector de las sistematización de montañas tanto que vino a crearse el modelo de organización que algunos llaman "*la escuela austríaca*" que siguiendo su actividad en el tiempo, permitió ejecutar importantes intervenciones de estabilización, como son trabajos y obras de muy buena calidad y de gran eficacia, que gran parte de las cuales desarrollan aún de manera eficiente su función (Cerato, M., 2001), (Coali R., Manica A., 2001).

Esta "*escuela*" se fundaba, y se funda todavía, sobretodo en un empirismo pragmático que involucraba a profesionales del mundo forestal, bajo la premisa de afrontar la solución de los problemas de la estabilización, a través del producto de meticulosas observaciones en el campo, del análisis de los fenómenos aluvionales y de sus consecuencias y en especial, en las evaluaciones de las experiencias y de los errores cometidos (Cerato, M., 2.001), (Coali R., Manica A., 2.001).

En relación al párrafo anterior, en donde se resalta el empirismo pragmático y la meticulosa observación de las experiencias y de los errores cometidos, es imprescindible citar una afirmación realizada por el denominado *"genio universal"* Leonardo Da Vinci y se cita: *"Cuando trates con el agua, consulta primero la experiencia y después la razón, la experimentación no yerra nunca, solo nuestro juicio se equivoca, al anticipar resultados que luego la experiencia no confirma"*

Las primeras estructuras diseñadas y construidas como diques *"filtrantes",* debido a la superficie inadecuada de las aperturas y al espacio reducido entre los elementos metálicos del filtro, se transformaban en auténticos diques de retención cerrados. Solamente en algunos cauces, donde el transporte de material vegetal era escaso y los sedimentos tenían granulometría no muy gruesa, el vaso de almacenamiento se mantenía libre, tanto que las estructuras funcionaban tal como diques abiertos, regulando la descarga del material transportado por las crecidas.

El estudio de los diques abiertos fue perfeccionándose en base a las experiencias desarrolladas por los expertos alpinos, los cuales introdujeron en este campo las más significativas innovaciones técnicas y funcionales. La utilización de este tipo de obras se intensificó y se desarrolló en muchas regiones el arco alpino, pero sobretodo en Suiza, Austria, Baviera y, para lo que concierne Italia, en las Provincia de Bolzano y de Trento (Cerato, M., 2001)

Los estudios tuvieron como premisa de proyecto que, estos diques "filtrantes", no se obstruyeran durante el evento de crecida, por los troncos flotantes y por los bloques de dimensión mayor que componen las lavas torrenciales. De igual forma, otra de las premisas fue la búsqueda de estructuras y de medidas de construcción para mejorar la inserción de las obras en el contexto ambiental, para reducir el impacto visual y mantener la continuidad biológica a lo largo del curso de agua.

Por lo general, la filosofía de estas nuevas estructuras se basa esencialmente en el funcionamiento de las fisuras, ventanas o aberturas centrales, las cuales determinan una selección de los materiales a ser arrastrados por las crecidas. Este fenómeno se exalta cuando se coloca el dique aguas abajo de un ensanchamiento del cauce, en un tramo de menor pendiente longitudinal, y se dimensionan las luces de las aberturas de manera de inducir la formación de un resalto hidráulico aguas arriba de la obra y, por consiguiente, el depósito de los sedimentos de diámetro mayor (Cerato, M., 2.001).

Los contrafuertes colocados aguas arriba de la obra, combinados con las aberturas, ofrecen mayor protección al cuerpo de la obra, disminuyen el impacto dinámico de las lavas torrenciales y del material transportado por la crecida permitiendo, en caso de que sea necesario, la aplicación de filtros para interceptar y controlar los troncos transportados por la corriente (Cerato, M., 2.001).

El estrechamiento de la sección de descarga y la inclinación variable de los contrafuertes, así como del enrejado con piezas de acero, favorece el efecto de flotación de los troncos, reduciendo de manera notable el riesgo de obstrucción de las aberturas (Cerato, M., 2.001).

Debido a sus peculiares características funcionales y versátiles, estos nuevos tipos de diques abiertos, oportunamente modificados en lo que concierne su estructura (anchura y número de las fisuras, altura e inclinación de los contrafuertes, estructura y forma de los elementos metálicos), pueden utilizarse en cuencas con diferentes formas de transporte sólido y, en particular, en los torrentes con acarreo hiperconcentrado (debris flood), con troncos flotantes, y también en cursos de agua donde se producen fenómenos de lavas torrenciales (debris flow) (Cerato, M, 2.001).

Foto N° V.28.- Torrente Chieppena, Provincia del Trento, Italia. Dique abierto de concreto armado con dientes robustos, construido en 1.992, para romper la lava torrencial. (Foto cortesía del Servizio Sistemazione Montana, Provincia Autónoma di Trento, Italia).

Foto N° V.29.- Torrente Artemont, Provincia del Trento, Italia. Dique abierto de concreto armado con dientes construidos con perfiles de acero inclinados que favorece el efecto de flotación de los troncos. (Foto cortesía del Servizio Sistemazione Montana, Provincia Autonoma di Trento, Italia).

Foto N° V.30.- Torrente Artemont, Provincia del Trento, Italia. Dique abierto de concreto armado con dientes construidos con perfiles de acero inclinados que favorece el efecto de flotación de los troncos. Obsérvese la retención de material acarreado por la crecida y troncos flotantes en la parte superior. (Foto cortesía del Servizio Sistemazione Montana, Provincia Autonoma di Trento, Italia).

V.5.- TRAVIESAS O UMBRALES DE FONDO.-

La principal utilización de las traviesas es para la estabilización de la pendiente longitudinal de los cauces torrenciales para evitar o mitigar la erosión, sin embargo, también se encuentran por ejemplo aguas abajo de puentes para proteger los estribos y pilas de éste, en el extremo final de encauzamientos, revestimientos y defensas, etc.

De forma natural, los ríos tienden a disminuir la pendiente longitudinal del cauce, de modo que inicialmente el escurrimiento busca erosionar las margenes laterales para aumentar su recorrido y así disminuir la pendiente longitudinal. Cuando el escurrimiento no puede erosionar las márgenes, entonces erosiona el fondo del cauce para disminuir la pendiente longitudinal.

En el caso de canalizaciones de cauces naturales con fondo móvil, donde se tenga como premisa la protección o consolidación de margenes, se condiciona el movimiento lateral, esta condicionante desencadena una tendencia al descenso del fondo, es decir, que se propicia la erosión del fondo para disminuir la pendiente longitudinal.

En líneas generales, la traviesa puede efectivamente actuar como un punto fijo del perfil longitudinal del río, controlando las cotas de fondo aguas arriba en su evolución a largo plazo. Es decir, cuando el río tiene tendencia a la erosión, los puntos fijos condicionarían el descenso del fondo, quedando progresivamente como puntos más sobresalientes, actuando como puntos de control de la pendiente longitudinal.

Aguas arriba de las traviesas, la pendiente tenderá a ser menor que la pendiente original del cauce, mientras que aguas abajo se produce un salto que generará socavación local por el efecto del impacto de la lámina vertiente del flujo.

Esta socavación local puede producir descensos del lecho del cauce de considerable magnitud, en profundidad y extensión, que podrían afectar la estabilidad de la propia traviesa o eventualmente de las estructuras ubicadas aguas abajo.

En términos generales el objetivo deliberado de una intervención del cauce con la ubicación estratégica de traviesas, es reducir la pendiente longitudinal. En los ríos de carácter torrencial el flujo circula a altas velocidades, generalmente en régimen supercrítico, con una gran capacidad erosiva y por ende con una gran capacidad de transporte de sólidos.

Las traviesas sirven como correción de la pendiente longitudinal de un río, pues generan puntos fijos que determinan pendientes parciales que dependen de la hidrodinámica del escurrimiento y de la granulometría del material del lecho del cauce. Es preciso indicar que cuando la traviesa sobresale del cauce no debe

La variable de mas influencia para reducir la velocidad del flujo y por ende, la erosión y así lograr la estabilidad geomorfológica del cauce, es la ubicación estratégica y la distancia entre las traviesas, de modo que el espaciamiento de una serie de traviesas se convierte en el parámetro ingenieril mas importante, tanto desde el punto de vista geomorfológico, así como desde el punto de vista económico.

confundirse con una presa de retención de sedimentos, ya que el volúmen de sólidos contenidos por las traviesas es insignificante comparativamente con el gasto sólido que puede transportar el río.

Sobre la base de lo anterior, en los próximos capítulos se describen algunos procedimientos que permiten diseñar el espaciamiento para la ubicación estratégica de traviesas a lo largo del cauce y así estabilizar .la pendiente longitudinal y minimizar la erosión del lecho del cauce.

En la Figura Nº V.3.- se ilustra el comportamiento de la pendiente, considerando un sistema de presas escalonadas y un sistema de traviesas estratégicamente ubicadas.

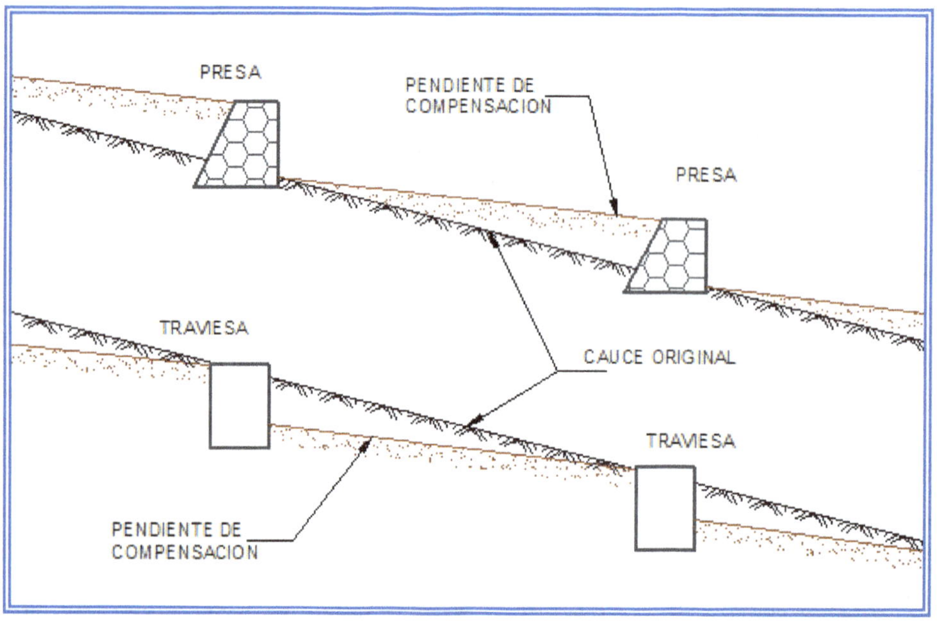

Figura N° V.3.- Comportamiento de la pendiente modificada de acuerdo a un sistema escalonado de presas y a un sistema escalonado de traviesas.

Sobre la base de conceptos de ingeniería hidráulica, se considera que la mejor solución para las canalizaciones en cauces torrenciales, es el planteamiento de elementos escalonados que, por una parte, disminuyen la pendiente del cauce lo que derivaría en una disipación de la energía cinética del flujo progresivamente desde aguas arriba hacia aguas abajo y por otra parte, es que con esta solución se podría plantear una solución con fondo móvil (sin revestimiento) con estructuras transversales, sean éstas presas o traviesas para el control de la pendiente longitudinal, que es más económica, de mejor adaptación con el medio ambiente y se corresponde con el establecimiento de una ingeniería naturalística que utilice los materiales existentes en el sitio.

A continuación, se muestran dos imágenes que ilustran la canalización en forma escalonada.

En la Figura Nº V.4.- se muestra cómo se encuentran la mayoría de los cauces torrenciales, es decir, cauces con altas pendientes (So ≈ 5 – 9 %) que originan altas velocidades con alta capacidad de arrastre de sedimentos.

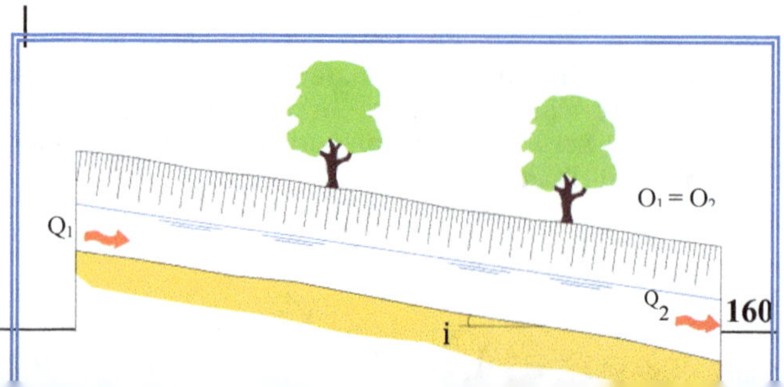

Figura N° V.4.- Perfil longitudinal de los cauces torrenciales con altas pendientes que generan altas velocidades del escurrimiento y que producen erosiones y socavaciones indeseables en las cuencas alta y media del cauce y arrastre de sedimentos hacia la cuenca baja

En la Figura Nº V.5.- que se presenta a continuación, se visualiza el proceso de escalonamiento que se debería establecer en los cauces, con la finalidad de disminuir la pendiente longitudinal, lo que a su vez disminuiría las velocidades del flujo y por ende el arrastre de sedimentos.

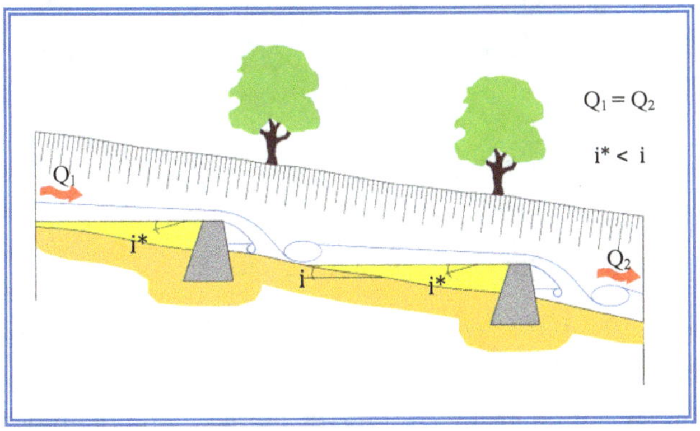

Figura N° V.5.- La colocación de traviesas en forma escalonada disminuye la pendiente longitudinal y reduce las velocidades del escurrimiento y a su vez reduce el arrastre de sedimentos.

Sobre la base de lo anteriormente descrito, se puede indicar que, la colocación de traviesas en el cauce genera la disminución de la pendiente longitudinal del cauce entre traviesas con respecto a la pendiente natural del cauce, originado por el solo hecho de colocar puntos duros o puntos de control no erosionables. Esta disminución de la pendiente generará la disminución de las velocidades del flujo, lo que derivará en una disminución del poder erosivo sobre márgenes y el fondo del cauce.

Con la finalidad de ilustrar la utilidad y la conveniencia de diseñar y construir traviesas a lo largo de un cauce torrencial, a continuación se describe el caso del Río Macuto en el Estado Vargas.

Durante la construcción de la canalización del Río Macuto en el Estado Vargas, en Noviembre de 2003 ocurrió una crecida que permite visualizar la conveniencia de la colocación de traviesas a lo largo de la canalización.

La sección típica de esta canalización es de forma trapecial con fondo móvil y revestimiento de las márgenes laterales con colchoneta de gavión y sendos muros longitudinales en los extremos de la base de la sección para apoyar la mencionada colchoneta. Adicionalmente cuenta con espigones de protección perpendiculares a la dirección del flujo, adosados al muro longitudinal para evitar la socavación y así proteger el revestimiento de las márgenes. Ver sección típica en la Figura Nº V.6.-.

Figura N° V.6.- Sección Típica de la Canalización Rio Macuto en el Estado Vargas.

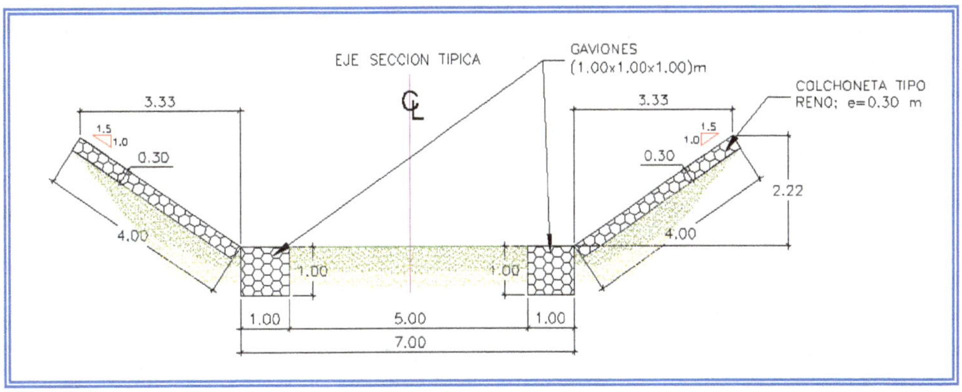

Uno de los aspectos más resaltantes del paso de la crecida, se refiere a que un tramo en donde aún no se habían terminado las traviesas y solo se habían construido los espigones de protección del muro que sirve de base de apoyo de la colchoneta que protegerá el talud, se produjo una importante socavación en el centro de la canalización (Ver Foto Nº V.31.-).

Foto N° V.31.- Canalización Rio Macuto en el Estado Vargas (Noviembre de 2.003). Obsérvese la socavación producida en el sector que no se había terminado las traviesas. (Foto del Autor).

En la Foto N° V.31.- se puede observar la erosión que se originó con el escurrimiento, en donde los espigones colocados en forma transversal a la dirección del flujo indujeron a que el flujo se concentrara en el centro de la canalización y no se produjera socavación al pie del muro longitudinal que sirve de soporte de la colchoneta colocada en el talud de la canalización. Es preciso comentar que en este tramo la socavación por arrastre del material fue de aproximadamente 1,2 metros.

Sin embargo, en el tramo en donde se habían terminado las traviesas, el comportamiento del fondo móvil resultó ser adecuado y conforme a los criterios de diseño establecidos, en donde se puede destacar que, por una parte, la socavación producida aguas abajo de cada traviesa donde impacta la lámina de caída del flujo fue la esperada según de los cálculos realizados, y por la otra, la estabilidad del fondo del canal aguas arriba de cada traviesa fue satisfactoria.

En la Foto Nº V.32.- se puede observar claramente la funcionabilidad de las traviesas, en donde aguas arriba de las mismas se produjo un acorazamiento del fondo del cauce y estabilidad de la pendiente longitudinal debido al control que ejerce la traviesa, mientras que en el tramo aguas abajo, en donde las traviesas no se habían terminado, la socavación resultó ser importante.

Foto N° V.32.- Canalización Rio Macuto en el Estado Vargas (Noviembre de 2.003). Obsérvese la socavación producida en el sector que no se había terminado las traviesas, mientras que aguas arriba de la traviesa se observa el fondo estable del cauce. (Foto del Autor).

En la Foto Nº V.33.- se observa en detalle la estabilidad y el acorazamiento del fondo del cauce aguas arriba de las traviesas, así como la socavación al pie de ellas, en donde se puede afirmar que las traviesas han tenido comportamiento satisfactorio para el control de la pendiente longitudinal del cauce.

Foto N° V.33.- Canalización Rio Macuto en el Estado Vargas (Noviembre de 2.003). Obsérvese la socavación producida aguas abajo de la traviesa por el impacto de la lámina de caída del flujo, mientras que el resto del tramo hasta la siguiente traviesa se encuentra estable. (Foto del Autor).

La Foto N° V.34.- se observa la canalización del Río Macuto complemente ejecutada y con un comportamiento satisfactorio.

Foto N° V.34.- Presa Nº 3.- y canalización con traviesas en el Rio Macuto, Estado Vargas, Venezuela. Una vez culminada su construcción (Enero 2.004). (Foto del Autor).

Una vez construida la canalización, se induce la estabilización el curso del río, minimizando la erosión y la socavación del lecho del cauce y propiciando el crecimiento de vegetación contribuyendo a la renaturalización del cauce del río.

En la Foto Nº V.35.- se muestra la canalización del Rio Macuto unos meses después de su construcción, en donde se puede observar el cauce estabilizado y el inicio del crecimiento de vegetación.

Foto N° V.35.- Canalización con traviesas en el Rio Macuto, Estado Vargas, Venezuela, unos meses después de su construcción (Abril 2.004). (Foto del Autor).

Existen ejemplos ilustrativos de estabilización de cauces, o parte ellos, con la construcción de traviesas como complemento a la estabilización integral del cauce. (Ver Foto Nº V.36.- y Nº V.37.-)

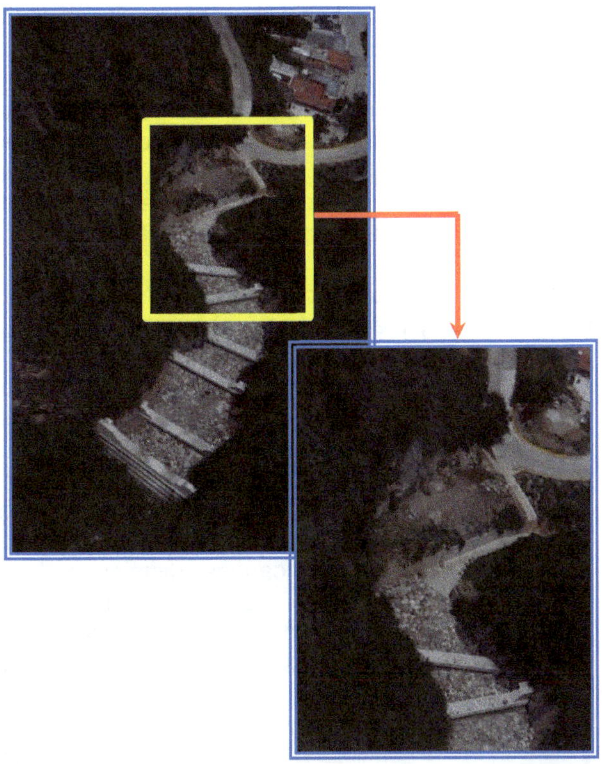

Foto N° V.36.- Colocación de traviesas en la Quebrada Galipán aguas abajo de la Presa y antes de la canalización de concreto. Estado Vargas, Venezuela. (Foto del Autor).

Foto N° V.37.- Colocación de traviesas en la Quebrada Osorio aguas abajo de la Presa. Funcionamiento durante la crecida de Febrero de 2.005. Estado Vargas, Venezuela. (Foto del Autor).

Con la finalidad de proteger las márgenes de un cauce natural, se pueden usar diversos tipos de materiales. Desde protecciones flexibles como muros de gavión o revestimientos con colchoneta de gavión, así como revestimientos más rígidos como por ejemplo la roca cementada.

En la Foto N° V.38.- de observa la protección en muros de gaviones y al fondo (aguas arriba) la protección con colchoneta de gavión.

Foto N° V.38.- Protección de márgenes y colocación de traviesas en la canalización de Quebrada Seca, Estado Vargas, Venezuela. (Foto del Autor).

Así como se ilustró en el caso de la canalización del Río Macuto, una práctica común es la colocación de pequeñas traviesas o espigones el pie del muro de gaviones para lograr alejar la corriente del álveo del río y proteger la base del muro de gaviones ante eventuales erosiones y socavaciones. (Ver Foto N° V.39.-)

Foto N° V.39.- Vista de la Protección de margen con muros de gaviones en la Canalización del Rio Cabriales, Estado Carabobo, Venezuela. Obsérvese los espigones al pie del muro. (Foto del Autor).

Foto N° V.40.- Vista de la Protección de margen con revestimiento de roca cementada en la Canalización del Rio San Julián, Estado Vargas, Venezuela. (Foto del Autor).

V.6.- PLANIFICACION ESTRATEGICA PARA EL CONTROL DE TORRENTES.-

Los aspectos relativos a la construcción de presas escalonadas a lo largo de cauces naturales comprenden solamente una parte de las acciones que se requieren para lograr la recuperación y estabilización integral de una determinada cuenca. La mayor parte de estos trabajos tiene por objetivo disminuir la erosión evitando, en la medida de lo posible, la producción y arrastre de los sedimentos. La planificación estratégica en el control de torrentes debe comprender obras de diversa índole que, como ya se ha indicado, deben comprender acciones de ingeniería civil o hidráulica, así como acciones de ingeniería naturalística.

Considerando que las obras de estabilización y de protección de las cuencas deben estar conceptualizadas con criterios ecológicos, ambientales y guardando aspectos de ingeniería naturalística, la construcción de estas obras deberían basarse en elementos propios del sitio, elaborados con los materiales del sitio y que no alteren el ecosistema del sitio, pero que a su vez garanticen la protección de las diversas estructuras a proteger, márgenes de los ríos y quebradas como primer objetivo, que a su vez sirvan para proteger las áreas pobladas ubicadas en la parte baja de las cuencas.

En tal sentido, con la colocación de presas en forma escalonada, control de la pendiente con traviesas, así como obras de reforestación y estabilidad de taludes, se estaría cumpliendo con uno de los objetivos de la ingeniería ambiental el cual se puede enunciar de la siguiente forma: *"el establecimiento, diseño y construcción de sistemas que procuren minimizar las alteraciones nocivas a la topografía que controlen los procesos de erosión, utilizando la aplicación de metodologías que compatibilicen las actividades humanas con el medio ambiente, procurando el menor deterioro del delicado balance de la naturaleza".* (Tekhne 1.997).

Ahora bien, sobre la base de estudios de riesgo, la planificación de las obras para el control de torrentes debería realizarse antes de la ocurrencia de un evento extraordinario, sin embargo, en varias ocasiones se planifican luego de la ocurrencia del mencionado evento y sus lamentables consecuencias en los desarrollos urbanos ubicados aguas abajo de una cuenca torrencial.

Luego de la ocurrencia de un evento que genere un flujo de lodos y piedras, la cuenca es sometida a un proceso de degradación continuo, pues luego de la crecida, tanto en el cauce, así como en las laderas de la cuenca, quedarán materiales sueltos, los cuales son susceptibles a nuevos procesos erosivos con la ocurrencia de precipitaciones de baja o mediana intensidad, por lo que el transporte de sedimentos hacia la cuenca baja seguirá ocasionando problemas de sedimentación en los cauces, disminuyendo su capacidad hidráulica, así como la reducción del gálibo de los puentes o su inminente atarquinamiento, factores que pueden originar desbordes sobre la márgenes adyacentes donde se ubican los desarrollos urbanos.

Desde el punto de vista estratégico y con la finalidad de proteger o de poder recuperar la estructura urbana estableciendo una Primera Etapa a corto plazo que se refiere a la construcción de presas cerradas para inicialmente retener los materiales finos (arenas y gravas), de manera de lograr retener estos materiales que son más propensos a ser arrastrados por precipitaciones de baja y mediana intensidad, con la finalidad de que a corto y mediano plazo se podría ir trabajando en la parte baja de la cuenca, es decir, en las canalizaciones, los puentes y otras obras de reconstrucción. Posteriormente, y a medida que se vaya reteniendo los materiales finos y estabilizando la cuenca, se debe establecer una Segunda Etapa a

ubicada en la cuenca baja, conceptualmente se debe planificar iniciando la estabilización de las cuencas desde aguas abajo hacia aguas arriba,

mediano plazo, en la cual se deberán construir otras presas, que podrían ser abiertas o seguir con las cerradas, hacia aguas arriba para ir conteniendo las rocas de mayor tamaño, para lograr la estabilización geomorfológica de la cuenca hasta donde constructivamente sea posible o hasta que financieramente sea justificable.

Sobre la base de lo anterior, en la Figura Nº V.7.- se ilustra la planificación estratégica de una estabilización de una cuenca torrencial.

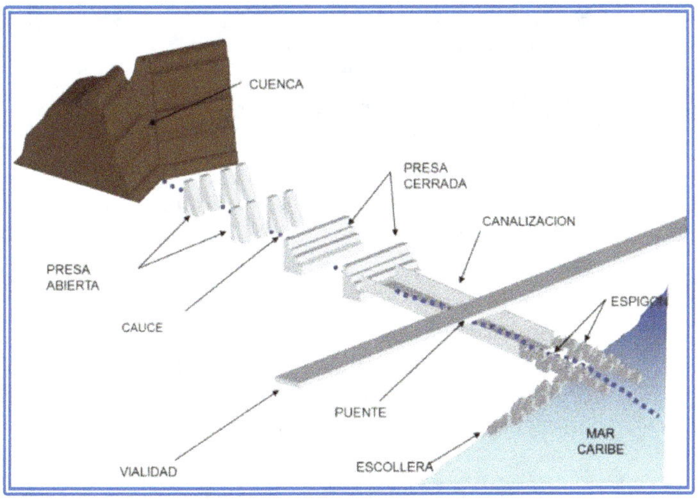

Figura N° V.7.- Sistema Integral para el Control de Torrentes (acciones correctivas en los torrentes).

Primera Etapa – Presas Cerradas y canalización del cauce en el tramo que escurre a través del cono de deyección.

Segunda Etapa – Presas Abiertas o Cerradas hasta donde constructivamente sea posible.

V.7.- ALGUNAS CONSIDERACIONES CONSTRUCTIVAS.-

La erosión y profundización de los cauces en los torrentes socavantes, se puede controlar con estructuras escalonadas como presas y traviesas bajo el concepto de controlar el cauce recurriendo a una solución de fondo móvil. También se pueden controlar haciéndolos no erosionables mediante su revestimiento rígido con enrocado o concreto (canalización). La desventaja fundamental de las obras de canalización con revestimiento de concreto, es que están sujetas a la abrasión y al desgaste que producen los sedimentos arrastrados por el flujo. Es común construir las obras de canalización en el tramo inferior del torrente (cono de deyección), donde generalmente están las zonas urbanas y zonas agrícolas. Sin embargo, la experiencia indica que las canalizaciones en concreto aguas abajo de cuencas con posibilidad de transporte de material con contenido de arenas y gravas, son propensas a ser objeto de abrasión, originándose el deterioro progresivo de la estructura hasta su total deterioro.

Esta experiencia se puede ilustrar con lo ocurrido en la Canalización de la Quebrada Guanape en el Estado Vargas, en donde la canalización construida en el año 2.001, donde es preciso resaltar su construcción con la buena práctica de la ingeniería, en el evento de Febrero de 2.005 sufrió una importante abrasión del revestimiento de la canalización.

Foto N° V.41.- Canalización de la Quebrada Guanape, Estado Vargas, Venezuela. En la foto de la derecha se ilustra la canalización recién construida (2.001). (Foto del Autor).

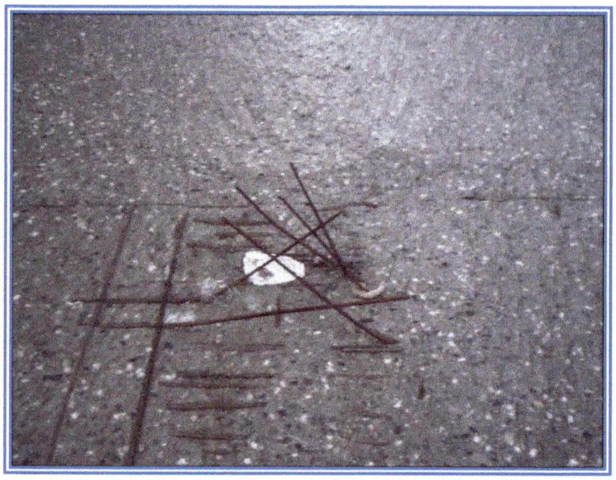

Foto Nº 42.A.- Nº 42.B.- En la Foto a la izquierda se ilustra la abrasión producida por el Evento de Febrero de 2.005. En la Foto a la derecha se ilustra en detalle la abrasión producida. (Foto del Autor).

Tal y como se indicó anteriormente, la construcción de presas de retención escalonadas a lo largo del torrente, tienden a regular el flujo de sedimentos por el efecto de almacenamiento y disminución de la energía cinética. Sin embargo, si estas estructuras se construyen en concreto, el efecto abrasivo del flujo con contenidos de gravas y arenas, podrían traer como consecuencia una vida útil insatisfactoria.

Foto N° V.43.A.- y Nº 43.B.- Presa Abierta en Quebrada El Cojo, Estado Vargas, Venezuela. En la foto de la izquierda se ilustra la presa recién construida (2.002). En la Foto de la derecha se ilustra la abrasión producida por el Evento de Febrero de 2.005. (Foto del Autor).

Foto N° V.44.- Estructura de concreto en un torrente en Suiza, en donde se puede observar la abrasión en el vertedero de la misma. (Foto cortesía de Geobrugg®)

Foto N° V.45.- Vista en detalle de la estructura de concreto en un torrente en Suiza, en donde se puede observar la abrasión en el vertedero de la misma. (Foto cortesía de Geobrugg®)

Uno de los retos para la protección de las estructuras de las presas ante la abrasión y al desgaste que producen los sedimentos arrastrados por el flujo con contenido de arenas y gravas, y así mitigar el deterioro progresivo de la estructura hasta su colapso, es la elaboración de un proyecto con detalles constructivos que garanticen una vida útil satisfactoria, si se piensa que una vida útil de una estructura de estas características no debería ser menor de 50 años.

En este caso es útil describir la experiencia vivida en el Deslave de Vargas de Diciembre del año 2.005, pues luego de la crecida se realizaron visitas a las obras construidas entre los años 2.000 y 2.003, luego del Deslave de Diciembre de 1.999, en donde se observaron importantes abrasiones en la canalización de la Quebrada Guanape mostrada en la Foto Nº V.42.A.- y Nº 42.B.- , o en los elementos de concreto que se habían colocado para la protección de las estructuras de gavión en la Quebrada El Cojo, tal y como se mostró en la Foto Nº V.43.A.- y Nº 43.B.-

En la Cuenca del Río Camurí Grande, se había construido una obra de toma de agua para abastecimiento urbano, cuyo cuerpo principal se había construido en concreto ciclópeo. En la visita realizada se pudo observar que, a pesar del deterioro sufrido por efecto del deslave, el vertedero de la estructura mostraba algo interesante, el mortero del concreto ciclópeo había sufrido un efecto abrasivo por el flujo, mas sin embargo se observaban una importante cantidad de rocas que afloraban sobre la superficie de concreto, las cuales habían resistido el efecto abrasivo del flujo, tal y como se puede observar en la Foto Nº V.46.-.

Foto N° V.46.- Vista en detalle de la obra de toma en el Río Camurí Grande, construida en concreto ciclópeo. Obsérvese del deterioro sufrido, pero al mismo tiempo la resistencia a la abrasión de las rocas embutidas en el concreto ciclópeo. (Foto del Autor).

Esta observación hizo añadir a los proyectos de las obras a construirse una protección a los revestimientos de las estructuras de gavión en el vertedero, así como evitar las canalizaciones en concreto y considerar las canalizaciones con fondo móvil y revestimiento de las márgenes laterales con roca cementada o *encachado hormigonado,* como lo denominó el Ing. Alfonso Palma (†) del Centro de Estudios y Experimentación de Obras Públicas (CEDEX) del Gobierno de España, cuando se proyectaron y planificaron las Obras de Control de Erosión y Canalización del Río San Julián en el Estado Vargas..

Este revestimiento de roca cementada o "*encachado hormigonado",* se trata de un revestimiento utilizando mortero de concreto con rocas embutidas y dejando la mayor área posible expuesta a la acción del flujo con rocas, bajo la premisa de la resistencia que demostraron las rocas a la acción abrasiva del flujo con contenido de arenas y gravas.

En el caso de las obras construidas en el Estado Vargas, se planificó que este revestimiento se ejecutara con rocas de diámetro medio de unos 30 centímetros, con la finalidad de que su peso promedio, de unos 37 kilogramos, fuera posible ser cargado por personal obrero sin mayores dificultades y así garantizar una buena colocación de estas rocas y lograr que el revestimiento tuviera la mayor proporción de roca expuesta. Adicionalmente, la propuesta de rocas de estas dimensiones fue la de utilizar la mayor mano de obra posible y generar un importante impacto social con las obras a construirse.

Sobre este particular se quiere sugerir que, en la mayoría de las estructuras de retención son construidas en cauces de características torrenciales, en donde el material pétreo se obtiene directamente del cauce de los ríos, de manera que, con la finalidad de minimizar el transporte del material y economizar la construcción de las obras, esta práctica tendría buenos resultados.

Además de lo anterior, se considera que el criterio que se sobrepone a todos los anteriores, es que al utilizar rocas de dimensiones como la anteriormente indicada, se lograría un mejor rendimiento y un mejor acabado, pues para darle el mejor acabado posible al "*encachado*", esta elaboración debería ser estrictamente manual, prácticamente en forma artesanal, lo que tendría un impacto social positivo sobre la población por la generación de empleo que se originaría. De modo que al ser las rocas de menores dimensiones, éstas pesarían menos y podrían ser manipuladas manualmente con mayor facilidad por el personal destinado a esta actividad y así poder lograr un acabado acorde con los requerimientos.

Se debe prever que la superficie final el "*encachado hormigonado*", sea la más uniforme posible, dejando vistas las caras más planas de las piedras con el mortero rodeándolas en todo su perímetro para evitar el contacto directo entre rocas y lograr una mejor adherencia de las piedras con el mortero.

El concreto que sirve para acoplar o embutir las piedras del "*encachado hormigonado*", debería ser de resistencia 210 Kg/cm^2, y se propone que se le añada fibra de polipropileno con la finalidad de lograr una mezcla con características apropiadas para el fin que se persigue.

Existe diversa bibliografía (A.C.I., 544.1 R) (A.S.T.M. C 1116), que indica que la adición de fibra de polipropileno a la mezcla de concreto proporciona las siguientes ventajas:

- Elimina la grietas por retracción.-
- Aumenta la resistencia a la abrasión.-
- Aumenta la resistencia al impacto.-
- Mejora la trabajabilidad de la mezcla.-

Los numerosos filamentos que conforman la fibra de polipropileno, se distribuyen en forma homogénea en todas direcciones formando una matriz tridimensional, proporcionando al concreto un efectivo refuerzo secundario, que minimizará las fisuras por retracción, virtud importante para evitar el descalce de las piedras del mortero. Además, esta matriz proporcionará una distribución tridimensional de los esfuerzos que le ofrecen a este tipo de revestimiento una efectiva resistencia a la abrasión y al impacto del flujo de lodo y piedras, lo que derivará en una obra que tendrá una vida útil satisfactoria.

En la Figura Nº V.8.- se muestra el "*encachado hormigonado*", mientras que en las fotografías N° V.47.-, N° V.48.- y N° V.49.-se ilustra el tipo de revestimiento descrito.

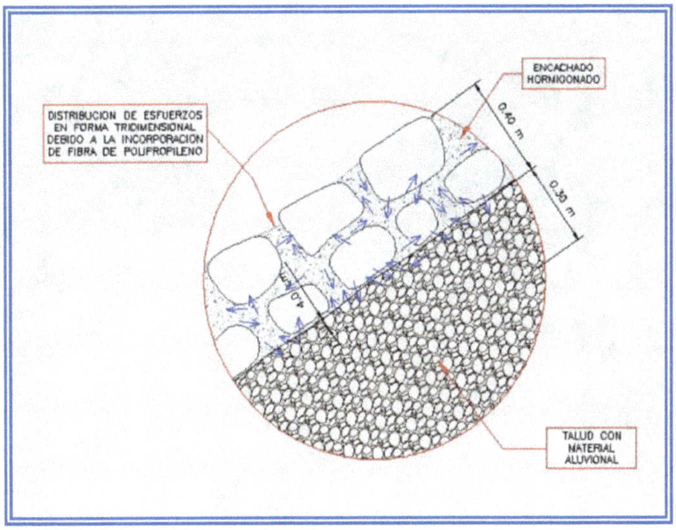

Figura N° V.8.- Vista en detalle del revestimiento de roca cementada o *encachado hormigonado* utilizado en la protección de márgenes del Río San Julián en el Estado Vargas. (Diseñado por el Autor)

Foto N° V.47.- Revestimiento con roca cementada o *encachado hormigonado* utilizado en la protección de márgenes del Río San Julián en el Estado Vargas. (Foto del Autor).

Foto N° V.48.- Vista de la canalización del Río San Julián con revestimiento de roca cementada o *encachado hormigonado*, Estado Vargas. (Foto del Autor).

Foto N° V.49.- Revestimiento con roca cementada o *encachado hormigonado* utilizado en la protección de márgenes del Río Camurí Grande en el Estado Vargas. (Foto del Autor).

Foto N° V.50.- Vista de la canalización del Río Camurí Grande con revestimiento con roca cementada o *encachado hormigonado,* Estado Vargas, Venezuela. (Foto del Autor).

V.8.- SISTEMA DE BARRERAS DE REDES DE ANILLOS FLEXIBLES.-

Aunque el estudio en detalle de este sistema está fuera del alcance del presente documento, es preciso ilustrar que otra de las formas para controlar o mitigar el flujo de lodos y piedras es con las barreras de redes de anillos flexible.

Estas barreras de redes de anillos flexibles han sido desarrolladas con éxito por la empresa suiza Geobrugg® y en los últimos años también ha sido desarrollada por la empresa italiana Maccaferri. Estas barreras se han desarrollado para el control de flujos de lodos y piedras en cuencas en la Cordillera de los Alpes tanto en Suiza, Austria e Italia, así como se han utilizado en otras partes del mundo. Estas barreras son capaces de soportar exigentes cargas dinámicas y estáticas causadas por flujos de escombros o flujos de lodos y piedras.

Estas barreras se han sometido a diversas pruebas que simulan las condiciones de la vida real y han demostrado sus habilidades como un sistema de mitigación y control de flujo de escombros. Esta empresa ofrece sistemas de barrera de flujo de escombros, en función de las propiedades del canal y los requisitos del proyecto del torrente.

En términos generales se trata de una red de anillos de acero interconectados, cuya virtud es la flexibilidad. Estas barreras se fijan en las laderas laterales mediante anclajes de cable de acero o cabezas de anclaje flexibles que aseguran la transmisión de carga al suelo y a los lados. Este tipo de estructura se puede utilizar para cauces con anchos de hasta unos 25 m de construcción y alturas de hasta 6 m.

Foto N° V.51.- Montaje de barrera de redes de anillos flexibles en Villavicencio, Bogotá, Colombia. (2.011) (Foto tomada de www.geobrugg.com)

Foto N° V.52.- Flujo de lodos y piedras atrapado por la barrera de redes de anillos flexibles en Villavicencio,

Bogotá, Colombia. (2.011). (Foto tomada de www.geobrugg.com)

En las Fotos Nº V.53.- y Nº V.54.- se muestra como se han colocado barreras de red de anillos aguas abajo de una presa cerrada de concreto colmatada en Merdenson, Suiza.

Foto N° V.53.- Vista desde la presa hacia aguas abajo de las barreras de redes de anillos flexibles en Merdenson, Suiza. (Foto tomada de www.geobrugg.com)

Foto N° V.54.- Vista hacia aguas arriba de las barreras de redes de anillos flexibles en Merdenson, Suiza, (Foto tomada de www.geobrugg.com)

En este caso se colocaron las barreras para eventuales flujos de lodos y piedras que no pudieran ser contenidos por la presa cerrada construida debido a su colmatación. En la Foto Nº 55.- se muestra como las barreras contuvieron el flujo de lodos y piedras luego de una crecida y mitigaron el efecto hacia aguas abajo.

Foto N° V.55.- Vista hacia aguas arriba de barrera de redes de anillos flexibles en Merdenson, Suiza, luego de la ocurrencia de una crecida. (Foto tomada de www.geobrugg.com)

Un ejemplo de la utilización de estas barreras fue luego del evento de Febrero de 2.005 en el Estado Vargas en Venezuela, en donde la denominada Presa Nº 1.- construida en gaviones en la Quebrada Osorio, se colmató con el paso de la crecida.

En este caso, la limpieza o la eventual sobreelevación de la presa se hacía complicada y onerosa desde el punto de vista constructivo. En tal sentido, se optó por la colocación de una barrera de redes de anillos flexibles para complementar la función de la presa de modo que, ante una eventual nueva crecida, la presa funcionara como punto de control de estabilización del cauce y que la barrera retuviera un eventual flujo de lodos y piedras.

Es preciso indicar que el argumento técnico más determinante en la decisión de colocar una barrera de red de anillos fue que las laderas del cauce son una roca competente idónea para el anclaje de la mencionada barrera.

En la Foto Nº V.56.- se muestra la Presa Nº 1.- de la Quebrada Osorio totalmente colmatada luego de la crecida de Febrero de 2.005.

Foto N° V.56.- Vista de la Presa Nº 1.- de la Quebrada Osorio, Estado Vargas, Venezuela. Obsérvese que la presa está totalmente colmatada después de la crecida de Febrero de 2005. (Foto del Autor).

En la Foto Nº V.57.- se muestra el inicio del armado de la barrera de red de anillos sobre la Presa Nº 1.- de la Quebrada Osorio en el Estado Vargas, Venezuela.

Foto N° V.57.- Vista del inicio del armado de la barrera de red de anillos en la parte superior de la Presa Nº 1.- de la Quebrada Osorio, Estado Vargas, Venezuela. (Foto del Autor).

Por su parte, en la Foto Nº V.58.- y Foto Nº V.59.- se muestra la barrera ya construida, en donde unos meses después, la vegetación se ha ido complementando con la presa de retención y la barrera de red de anillos, de modo que ambas estructuras propician la renaturalización del cauce

Foto N° V.58.- Vista desde aguas arriba de la barrera de red de anillos en la parte superior de la Presa Nº 1.- de la Quebrada Osorio, Estado Vargas, Venezuela. (Foto del Autor).

Foto N° V.59.- Vista desde aguas abajo de la barrera de red de anillos en la parte superior de la Presa Nº 1.- de la Quebrada Osorio, Estado Vargas, Venezuela. (Foto del Autor).

La colocación de una barrera de redes de anillos flexibles complementa la función de la presa de generar una disminución de la pendiente longitudinal, de manera que, al disminuir la pendiente, se disminuye la velocidad del flujo, ante una eventual nueva crecida, la presa funcionará como punto de control de estabilización del cauce, mientras que la barrera retendrá el flujo de lodos y piedras y dejará pasar los materiales más finos progresivamente.

CAPITULO VI

CALCULO DE PARAMETROS SEDIMENTOLOGICOS

CAPÍTULO VI

CÁLCULO DE PARÁMETROS SEDIMENTOLÓGICOS

VI.1.- ORIGEN Y TRANSPORTE DE LOS SEDIMENTOS.-

Los sedimentos son materiales fragmentados que se forman básicamente por la desintegración física y química de las rocas de la corteza terrestre. En los cauces naturales puede encontrarse una gran variedad de tamaños, formas y composiciones de las partículas, las cuales presentan distintos comportamientos ante la acción de un flujo, si se encuentran solas o si se encuentran formando parte del sedimento (Suárez, V. L. M., (1.993), (Suárez, D. J., 2.001).

Los sedimentos que conforman los lechos de los ríos se dividen en cohesivos (arcillas) y no cohesivos (arenas), aunque existe un rango relativamente amplio de transición. Los lechos con materiales no cohesivos están compuestos por partículas sueltas de distintos tamaños, siendo el peso y el tamaño las propiedades más importantes para el estudio de su movimiento y transporte. En lechos con material no cohesivo con granos de tamaño medio, el transporte se hace por saltos mientras que en lechos con tamaños gruesos, el transporte se hace por acarreo, y dicho material resbala hacia aguas abajo.

Todos los cuerpos sólidos que el agua de una corriente natural mueve hacia aguas abajo, reciben el nombre de arrastres. En tal sentido, la mayor parte de los ríos y torrentes transportan materiales sólidos junto con el agua. En general, el volumen transportado se incrementa durante la ocurrencia de las crecidas.

En términos generales, en el punto de origen, los acarreos son piedras con aristas vivas tal como resultan de la rotura de las rocas en las laderas por efecto de la erosión. Durante su trayecto por el río se redondean, se alisan y disminuyen su tamaño.

En tal sentido, considerando el origen y el transporte de los materiales acarreados, los principales elementos que contribuyen a la formación del caudal sólido son las siguientes

- La erosión de la cuenca.
- La erosión del cauce.
- Los deslizamientos de terreno.

Por su parte, las corrientes naturales transportan materiales sólidos con tres formas distintas.

Transporte en Solución.-

Este transporte es el proveniente de la disolución de los minerales de las diferentes formaciones de suelos y rocas y que escurren en solución a lo largo de los torrentes y ríos.

Transporte en Suspensión.-

El material que se transporta en suspensión corresponde a aquellas partículas relativamente más finas de los suelos (arcillas, limos y arenas finas), que están en suspensión por la acción de la turbulencia y que se mueven mezcladas con el fluido.

La capacidad de un flujo de transportar materiales en suspensión depende, además del tamaño de las partículas, de la velocidad de la corriente de agua. Todo el material en suspensión es lo que conforma la turbidez del agua. Este material se deposita en la medida en que disminuye la energía cinética del agua.

Transporte de Fondo.-

Este tipo de movimiento se refiere a las partículas de mayor tamaño (arenas gruesas, grava, cantos rodados y peñones) que son transportados por las corrientes como arrastre de fondo. Las partículas se desplazan rodando por el fondo o avanzan a saltos. Este movimiento se lleva a cabo en una capa cercana al fondo, con un espesor del orden de dos veces el valor del diámetro de las partículas.

Una característica particular es que en este movimiento pueden presentarse períodos en que el material permanece inmóvil, períodos de aguas bajas y medias, de manera que el continuo choque o impacto entre diferentes tipos de rocas, se genera un continuo desgaste de sus aristas y le da la forma característica de los cantos rodados.

En los cauces de características torrenciales, el transporte de fondo adquiere especial importancia. Tal y como ya se ha descrito en los capítulos precedentes, la ocurrencia de crecidas en regímenes torrenciales puede producir el transporte de un flujo de lodos y piedras, incluyendo grandes bloques de roca de varios metros de diámetro, que puede originar efectos devastadores en la parte baja de la cuenca.

En tal sentido, aunque el transporte en solución y en suspensión puede tener importancia en otras ramas de la ingeniería, en el tema de las estructuras de corrección de torrentes, no tiene mayor importancia.

De modo que el objetivo fundamental de las estructuras de control de torrentes es, en la medida de lo posible, minimizar el efecto destructivo de los flujos de lodos y piedras para la infraestructura y las actividades de los desarrollos urbanos generalmente ubicados en la parte baja de las cuencas.

VI.2.- CÁLCULO DEL GASTO SÓLIDO.-

Se define el gasto sólido **Qs**, como el volumen de sólidos (sedimentos) que pasa por una sección transversal de una corriente de agua en una unidad de tiempo. En general, el gasto sólido es función del caudal líquido del río, de la pendiente y del tamaño granulométrico de las partículas que pueden ser arrastradas.

En los cauces naturales existe una gran variedad en la forma y en el tamaño de los materiales de fondo, así como irregularidades en las secciones transversales, lo que trae como consecuencia que la profundidad no sea constante en las mismas, además, el ancho del cauce también es variable a lo largo del cauce y adicionalmente, el caudal varía con el tiempo, lo que complica aún más cualquier estimación, pues todo ello tiene influencia en la velocidad del flujo, principal parámetro para el arrastre y transporte de sedimentos.

Todo lo anterior permite afirmar que, cuando se trata de fenómenos naturales, no es posible obtener resultados precisos con las metodologías de cálculo existentes, sino estimaciones y muy buenas aproximaciones a la realidad.

Ahora bien, el gasto sólido que se estima en este documento se refiere a aquél que es generado por efectos de flujos de detritos o debris flow, originados por una creciente en la cuenca de estudio.

En la referencia (C.G.R. Ingeniería C.A., 2.000), se hace un extenso análisis de diversas metodologías para la estimación de los caudales máximos para flujos de detritos luego del Deslave de Vargas de 1.999.

De las metodologías analizadas, para la estimación de los volúmenes y caudales máximos de los hidrogramas de los flujos de detritos, resaltan tres metodologías de estimación a saber la utilizada en la referencia (JICA – MARNR, 2.000), basada en la ecuaciones desarrolladas por Takahashi (Takahashi T.,1.991), la del Institute of Mountain Hazards and Enviroment - Chinese Academy of Science (I.M.H.E. – C.A.S., 2.000) y la aplicada por O'Brien (O'Brien J., 2.000) para definir el hidrograma con el modelo de simulación de flujos FLO-2D.

En este mismo estudio (C.G.R. Ingeniería C.A., 2.000), se recomienda que para la estimación de los caudales máximos de los hidrogramas de flujo de detritos que salen de una cuenca tributaria, se puede utilizar la metodología basada en las ecuaciones desarrolladas por Takahashi (Takahashi T.,1.991), y la aplicada por O'Brien (O'Brien J., 2.000) para definir el hidrograma entrada al modelo FLO-2D, el cual es un modelo bidimensional que simula el flujo en canales, sobre topografía compleja que permite la simulación de inundación mediante la adición de precipitación, infiltración, transporte de sedimentos, edificios, diques, terraplenes, flujos de lodo, alcantarillas, puentes, estructuras hidráulicas y aguas subterráneas.

En los resultados obtenidos con la aplicación de las ecuaciones de Takahashi (Takahashi T., 1.991), el factor que debe multiplicar el caudal máximo del hidrograma de gastos líquidos a los fines de obtener el caudal máximo de flujo de detritos, se expresa como función del tamaño de la cuenca y tiene un valor mínimo del orden de 1,6.

La metodología que aplica O'Brien (O'Brien J., 2.000) recomienda que el factor que debe multiplicar el caudal líquido máximo será del orden de 1,8, a los fines de obtener el caudal máximo del hidrograma de flujo de detritos.

Sin embargo, O'Brien y Julien (O'Brien,J.L. y Julien, P.Y, 1.997) publicaron un trabajo sobre la importancia del tránsito de los hidrogramas de flujos detritos, donde demuestran a través de la aplicación del bidimensional FLO-2D, para un caso estudio donde el pico de hidrograma de caudales de flujo de detritos puede ser 2,7 veces el gasto máximo del hidrograma de caudales líquido.

Ahora bien, sobre la base de las experiencias en los estudios realizados después del Deslave de Vargas de 1999, y considerando una metodología eminentemente práctica, de sencilla aplicación y que permite obtener una muy buena estimación de los valores, se puede recomendar la utilización de la metodología de Takahashi (Takahashi T., 1.991), la cual ofrece resultados apropiados para el cálculo de gastos máximos y volúmenes de flujo de lodos y piedras, y que permiten el dimensionamiento de las estructuras de retención para que tengan comportamientos satisfactorios.

VI.2.1.- ESTIMACIÓN DE LOS GASTOS DE LODOS Y PIEDRAS POR EL MÉTODO DE TAKAHASHI.-

La expresión de Takahashi (Takahashi T., 1.991), para estimar el gasto de lodos y piedras que pueden ser arrastrados durante una crecida, considera como parámetro principal el gasto líquido obtenido del estudio hidrológico.

Las ecuaciones aplicadas siguiendo el Método de Takahashi, son las que permiten estimar el caudal máximo de lodos y piedras, y el caudal máximo de material fino; como función del caudal líquido.

Según esta metodología, el caudal máximo de lodos y piedras Q_s se estima en m^3/s, según la siguiente ecuación:

$$Q_s = (C^* / C^* - C_d) * Q_p \qquad (VI.1)$$

Donde:

C_d	=	Densidad volumétrica del flujo de lodo y piedras.
C^*	=	Densidad volumétrica máxima del flujo de lodo y piedras, la cual se puede tomar un valor de 0,60.
Q_p	=	Caudal líquido en m^3/s

Donde la densidad volumétrica C_d se estima según la siguiente ecuación:

$$C_d = \rho * \tan\theta / ((\sigma - \rho) * (\tan\phi - \tan\theta)) \qquad (VI.2)$$

Donde:

ρ	=	Densidad del flujo en detritos (t/m^3)
θ	=	Pendiente de fondo del río.
σ	=	Densidad de los lodos y piedras (t/m^3)
ϕ	=	Angulo de fricción interna del material compuesto por lodo y piedras.

El caudal máximo de material fino Q_f se estima en m^3/s, según la siguiente ecuación:

$$Q_f = ((\rho - 1)/(\sigma - \rho)) * Q_p \qquad (VI.3)$$

Por lo tanto, el caudal total, Q_t, estaría representado por la suma de Q_s y Q_f.

$$Q_t = Q_s + Q_f \qquad (VI.4)$$

EJEMPLO VI.1.-

Calcular el gasto máximo de flujo de detritos para el Río San Julián en el Estado Vargas, Venezuela, para los diversos períodos de retorno que se indican.

Qs	=		Caudal (máximo) de lodos y piedras en m^3/s
Qf	=		Caudal (máximo) de material fino en m^3/s
Qp	=		Caudal líquido (máximo) en m^3/s
C_d	=		Densidad volumétrica del flujo de lodo y piedras
C^*	=	0,6	Densidad volumétrica máxima del flujo de lodo y piedras
ρ	=	1,4	Densidad del flujo en detritos (t/m^3)
θ	=		Pendiente de fondo del río.
σ	=	2,6	Densidad de los lodos y piedras (t/m^3)
ϕ	=	30°	Angulo de fricción interna del material compuesto por lodos y piedras.

Sobre la base de la topografía del cauce natural, se puede obtener la pendiente longitudinal del tramo a estudiar, la cual se presenta en el cuadro que se muestra a continuación. El cálculo se ha realizado para el último tramo del cauce.

	PENDIENTE PROMEDIO	θ	PENDIENTE DEL ULTIMO TRAMO	θ
RÍO SAN JULIAN	0,062	3,548	0,045	2,58

En la Tabla N° VI.1.- que se muestra a continuación contiene los parámetros conocidos para la obtención del caudal de flujo de detritos a partir del gasto líquido.

TABLA N° VI.1.-
PARAMETROS DE CÁLCULO PARA LA OBTENCIÓN DE LOS GASTOS DE DETRITOS

PERIODO DE RETORNO	GASTO LIQUIDO	C*	ρ	θ	σ	ϕ
5	91,00	0,60	1,40	2,58	2,60	30,00
10	155,00	0,60	1,40	2,58	2,60	30,00
25	267,00	0,60	1,40	2,58	2,60	30,00
50	348,00	0,60	1,40	2,58	2,60	30,00
100	448,00	0,60	1,40	2,58	2,60	30,00
500	621,00	0,60	1,40	2,58	2,60	30,00

Este método se basa en la estimación del gasto de lodos y piedras y caudal de material fino que puede ser arrastrado durante una crecida, considerando el caudal líquido de la crecida.

Con la utilización de las ecuaciones VI.1, VI.2, VI.3 y VI.4, se logra calcular los gastos totales de detritos a partir de gastos líquidos, los cuales se indican en la Tabla N° VI.2.-.

TABLA N° VI.2.-
CÁLCULO PARA LA OBTENCIÓN DE LOS GASTOS DE DETRITOS

PERIODO DE RETORNO	GASTO LIQUIDO	Cd	C*/(C* - Cd)	Q_s	Q_f	Q_T	FACTOR DE INCREMENTO
5	91,00	0,099	1,197	108,90	30,33	139,23	1,53
10	155,00	0,099	1,197	185,49	51,67	237,15	1,53
25	267,00	0,099	1,197	319,52	89,00	408,52	1,53
50	348,00	0,099	1,197	416,45	116,00	532,45	1,53
100	448,00	0,099	1,197	536,12	149,33	685,45	1,53
500	621,00	0,099	1,197	743,15	207,00	950,15	1,53

VI.2.2.- ESTIMACIÓN DE LOS VOLÚMENES DE SEDIMENTOS POR EL MÉTODO DE TAKAHASHI.-

Para el caso de la estimación de los volúmenes de sedimentos que pueden ser transportados a lo largo del cauce de una cuenca, se puede utilizar el método de estimación de Takahashi (Takahashi T., 1.991).

La expresión de Takahashi para estimar el volumen de lodos y piedras que pueden ser arrastrados durante una crecida, considera como parámetro principal la precipitación total de la tormenta durante la descarga de lodos y piedras. Es decir que los parámetros principales para la estimación del volumen de lodos y piedras es la lámina de precipitación en milímetros registrada en una tormenta.

Según Takahashi, el volumen de lodo y piedras es igual a:

$$V = 1000 * R_t * A * F_r * (C_d / C^* - C_d) \qquad (VI.5)$$

Donde:

V	=	Volumen de lodo y piedras en m^3
R_t	=	Precipitación total durante la descarga de flujo de lodo y de piedras en mm.
A	=	Área de la cuenca en Km^2
F_r	=	Coeficiente de Escorrentía.
C_d	=	Densidad volumétrica del flujo de lodo y piedras.
C*	=	Densidad volumétrica máxima del flujo de lodo y piedras.

Donde la densidad volumétrica C_d se estima según la siguiente ecuación:

$$C_d = \rho * \tan\theta \,/\, ((\sigma - \rho) * (\tan\phi - \tan\theta)) \qquad (VI.6)$$

Donde:

ρ	=	Densidad del flujo en detritos (t/m^3)
θ	=	Pendiente de fondo del río.
σ	=	Densidad de los lodos y piedras (t/m^3)
ϕ	=	Angulo de fricción interna del material compuesto por lodo y piedras.

EJEMPLO VI.2.-

Calcular el volumen de lodos y piedras que produce el de gasto máximo de flujo de detritos para el Río San Julián a partir de la precipitación ocurrida en la tormenta de Diciembre de 1.999.

V	=		Volumen de lodos y piedras en m^3
Rt	=		Precipitación total durante la descarga de flujo de lodo y piedras en mm
A	=	21,5	Área de la cuenca en km^2
Fr	=	0,45	Coeficiente de escorrentía
C_d	=		Densidad volumétrica del flujo de lodo y piedras
C*	=	0,6	Densidad volumétrica máxima del flujo de lodo y piedras
ρ	=	1,4	Densidad del fluido de detritos (t/m^3)
θ	=		Pendiente de fondo del río.
σ	=	2,6	Densidad de los lodos y piedras (t/m^3)
ϕ	=	30°	Angulo de fricción interna del material compuesto por lodos y piedras.

Sobre la base de la topografía del cauce natural, se puede obtener la pendiente longitudinal del tramo a estudiar, la cual se presenta en el cuadro que se muestra a continuación.

	PENDIENTE PROMEDIO	θ	PENDIENTE DEL ULTIMO TRAMO	θ
RÍO SAN JULIAN	0,062	3,548	0,045	2,58

El método aplicado se basa en la estimación del volumen de lodos y piedras que puede ser arrastrado durante una crecida, considerando la precipitación total durante la descarga de lodos y piedras.

Este ejemplo se basa en la estimación del volumen de sedimentos considerando la tormenta de Diciembre de 1.999 en el Estado Vargas en Venezuela, la cual tuvo una duración de tres días, y cuyas láminas de lluvia de indican en la Tabla VI.3.-

TABLA N° VI.3.-
ESTACION MAIQUETIA
LAMINAS DE LLUVIAS MAXIMAS (mm)

	DURACION EN DIAS DE LA TORMENTA		
PERIODO DE RETORNO	1	2	3
2,33	72,00	92,00	100,00
5	123,00	177,00	201,00
10	164,00	246,00	283,00
25	217,00	334,00	387,00
50	255,00	399,00	463,00
100	294,00	463,00	540,00
500	383,00	613,00	717,00

NOTA: INCLUYE LOS VALORES DE LA TORMENTA DE DICIEMBRE DE 1.999.
FUENTE: C.G.R. INGENIERIA C.A., 2000.

Los cálculos se realizan para la estimación del volumen de sedimento para un día, dos días y tres días tormenta.

CALCULO DEL VOLUMEN DE SEDIMENTOS PARA UNA TORMENTA DE 1 DIA

PERIODO DE RETORNO	Rt	C*	ρ	θ	σ	ϕ
2,33	72,00	0,60	1,40	2,58	2,60	30,00
5	123,00	0,60	1,40	2,58	2,60	30,00
10	164,00	0,60	1,40	2,58	2,60	30,00
25	217,00	0,60	1,40	2,58	2,60	30,00
50	255,00	0,60	1,40	2,58	2,60	30,00
100	294,00	0,60	1,40	2,58	2,60	30,00
500	383,00	0,60	1,40	2,58	2,60	30,00

PERIODO DE RETORNO	Rt	Cd	C*/(C* - Cd)	VOLUMEN TOTAL	CONCENTRACION VOLUMETRICA	VOLUMEN DE SEDIMENTOS
2,33	72,00	0,099	1,197	833.617,51	17,00	141.714,98
5	123,00	0,099	1,197	1.424.096,58	18,00	256.337,38
10	164,00	0,099	1,197	1.898.795,44	19,00	360.771,13
25	217,00	0,099	1,197	2.512.430,55	20,00	502.486,11
50	255,00	0,099	1,197	2.952.395,35	21,00	620.003,02
100	294,00	0,099	1,197	3.403.938,17	22,00	748.866,40
500	383,00	0,099	1,197	4.434.382,03	23,00	1.019.907,87

CALCULO DEL VOLUMEN DE SEDIMENTOS PARA UNA TORMENTA DE 2 DIAS

PERIODO DE RETORNO	Rt	C*	ρ	θ	σ	ϕ
2,33	92,00	0,60	1,40	2,58	2,60	30,00
5	177,00	0,60	1,40	2,58	2,60	30,00
10	246,00	0,60	1,40	2,58	2,60	30,00
25	334,00	0,60	1,40	2,58	2,60	30,00
50	399,00	0,60	1,40	2,58	2,60	30,00
100	463,00	0,60	1,40	2,58	2,60	30,00
500	613,00	0,60	1,40	2,58	2,60	30,00

PERIODO DE RETORNO	Rt	Cd	C*/(C* - Cd)	VOLUMEN TOTAL	CONCENTRACION VOLUMETRICA	VOLUMEN DE SEDIMENTOS
2,33	92,00	0,099	1,197	1.065.177,93	18,00	191.732,03
5	177,00	0,099	1,197	2.049.309,71	19,00	389.368,85
10	246,00	0,099	1,197	2.848.193,16	20,00	569.638,63
25	334,00	0,099	1,197	3.867.059,01	21,00	812.082,39
50	399,00	0,099	1,197	4.619.630,37	22,00	1.016.318,68
100	463,00	0,099	1,197	5.360.623,71	23,00	1.232.943,45
500	613,00	0,099	1,197	7.097.326,86	24,00	1.703.358,45

CALCULO DEL VOLUMEN DE SEDIMENTOS PARA UNA TORMENTA DE 3 DIAS

PERIODO DE RETORNO	Rt	C*	ρ	θ	σ	ϕ
2,33	100,00	0,60	1,40	2,58	2,60	30,00
5	201,00	0,60	1,40	2,58	2,60	30,00
10	283,00	0,60	1,40	2,58	2,60	30,00
25	387,00	0,60	1,40	2,58	2,60	30,00
50	463,00	0,60	1,40	2,58	2,60	30,00
100	540,00	0,60	1,40	2,58	2,60	30,00
500	717,00	0,60	1,40	2,58	2,60	30,00

PERIODO DE RETORNO	Rt	Cd	C*/(C* - Cd)	VOLUMEN TOTAL	CONCENTRACION VOLUMETRICA	VOLUMEN DE SEDIMENTOS
2,33	100,00	0,099	1,197	1.157.802,10	19,00	219.982,40
5	201,00	0,099	1,197	2.327.182,22	20,00	465.436,44
10	283,00	0,099	1,197	3.276.579,94	21,00	688.081,79
25	387,00	0,099	1,197	4.480.694,12	22,00	985.752,71
50	463,00	0,099	1,197	5.360.623,71	23,00	1.232.943,45
100	540,00	0,099	1,197	6.252.131,33	24,00	1.500.511,52
500	717,00	0,099	1,197	8.301.441,04	25,00	2.075.360,26

VI.3.- CAPACIDAD DE TRANSPORTE DE SEDIMENTOS DE LA CANALIZACIÓN.-

Las ecuaciones de transporte de sedimentos cuantifican el caudal sólido que puede potencialmente transportar una corriente en función de la hidrodinámica del mismo, de las características geométricas del curso de agua y de las características granulométricas de los sedimentos.

La mayoría de las ecuaciones de transporte de fondo son fórmulas que relacionan el caudal sólido unitario q_s, que representa el volumen neto de material sólido que fluye a través de una sección recta por unidad de tiempo y anchura de cauce, y las características hidráulicas.

De todas las ecuaciones existentes en la literatura (A.S.C.E, 1.970), (Aguirre, J., 1.980), se ha preferido utilizar la ecuación de Meyer-Peter y Müller que es una ecuación empírica desarrollada en Suiza a partir de ensayos de laboratorio y permite obtener estimaciones apropiadas para el dimensionamiento de estructuras en los cauces naturales.

La ecuación de Meyer-Peter y Muller (Meyer-Peter, E. & Müller, R.,1.948), fue una de las primeras ecuaciones desarrolladas y es aún una de las más utilizadas en el cálculo de transporte de sedimentos.

Es estrictamente una ecuación de carga del lecho desarrollada con experimentos de aforación para arena y grava bajo condiciones de lecho plano. La mayoría de los datos fueron desarrollados utilizando sustratos uniformes de grava. Es una buena ecuación de aproximación para el cálculo con gravas ya que tiende a subestimar el transporte de materiales finos.

Para efectos de análisis de la capacidad de transporte de sedimentos de un determinado cauce natural, así como el dimensionamiento de canalizaciones de cauces torrenciales, el Método de Meyer – Peter & Müller (Meyer-Peter, E. & Müller, R.,1.948), permite estimar esta capacidad de transporte y diseñar secciones de la canalización con capacidad de transporte de sedimentos, bajo la premisa de diseñar secciones con mayor capacidad de transporte que lo que se pueda estimar como gasto de flujos de detritos.

La expresión general de Meyer - Peter y Müller es la siguiente:

VI.3.1.- MÉTODO DE MEYER – PETER & MÜLLER.-

$$\left[\frac{Q_b}{Q}\right] * \left[\frac{K_r}{K_r'}\right]^{\frac{3}{2}} \gamma * R_H * S_0 = 0,047(\gamma_s - \gamma)d_m + 0,25\left[\frac{\gamma}{g}\right]^{\frac{1}{3}}\left[\frac{\gamma_s - \gamma}{\gamma}\right]^{\frac{2}{3}} G_b^{\frac{2}{3}} \qquad \text{(VI. 7)}$$

Donde:

$$K_r = \frac{1}{\eta} \quad \text{(VI. 8)} \qquad K_r' = \frac{1}{\eta_f} \quad \text{(VI. 9)} \qquad \eta_f = \frac{d_{90}^{1/6}}{26} \quad \text{(VI. 10)}$$

Q_b	=	Porción del gasto líquido imputable al fondo del canal
Q	=	Gasto Total
K_r	=	Función de la rugosidad del cauce
K'_r	=	Función de la rugosidad del fondo
η	=	Rugosidad del cauce
η_f	=	Rugosidad del fondo del cauce
d_{90}	=	Diámetro medio del material de fondo para el cual el 90% es más fino
d_m	=	Diámetro medio del material de fondo
γ	=	Peso específico del agua (1.000 Kg/m^3)
γ_s	=	Peso específico del material de fondo
R_H	=	Radio hidráulico del cauce
S_o	=	Pendiente longitudinal del fondo
g	=	Aceleración de la gravedad
G_b	=	Transporte de material de fondo en (Kg/s/m)

EJEMPLO VI.3.-

En el presente ejemplo se muestra el cálculo de la capacidad de transporte de sedimentos de una propuesta de canalización de forma trapecial con un ancho en la base de 36 metros y taludes laterales con pendiente Z = 1,5; para el cauce del Río San Julián en el Estado Vargas, para un gasto de 448 m^3/s generado por una creciente de 100 años de período de retorno.

γ	=	1.000,00	Kg/m^3
g	=	9,81	m/s^2
Q	=	448,00	m^3
Q_b	=	448,00	m^3
B	=	36,00	m
y_n	=	1,91	m
Z	=	1,50	
d_{90}	=	0,0700	m
d_m	=	0,0250	m
γ_s	=	2.600,00	Kg/m^3
S_o	=	0,0473	m/m
η	=	0,0250	

Resultados parciales de cada uno de los parámetros de la ecuación:

ηf	=	0,0247	
Kr	=	40,0000	
K'r	=	40,5002	
Am	=	74,2322	m^2
Pm	=	42,8866	m
RH	=	1,7309	1/m
Qb/Q	=	1,0000	
$[Kr/K'r]^{3/2}$	=	0,9815	
$(\gamma/g)^{1/3}$	=	4,6714	
$(\gamma_s - \gamma/\gamma)^{2/3}$	=	1,3680	

CAPACIDAD DE TRANSPORTE DE SEDIMENTOS PARA UN GASTO GENERADO POR UNA CRECIENTE DE 100 AÑOS DE PERIODO DE RETORNO

Transporte de sedimentos por metro lineal de canal	G_b	=	344,52	Kg/s/m
Transporte de sedimentos Total	G_{bT}	=	12.402,85	Kg/s
Transporte de sedimentos Total al Año	G_b	=	12.402,85	Ton/año

VI.4.- PENDIENTE DE COMPENSACIÓN.-

Al construirse en un cauce una estructura de retención o de control de la pendiente longitudinal, como podría ser una traviesa, una vez producida la colmatación aguas arriba de la estructura, la pendiente longitudinal del cauce se irá ajustando y estabilizando en función de la granulometría del sedimento y a las nuevas condiciones impuestas por la obra.

La nueva pendiente aguas arriba de la estructura colmatada, siempre es menor que la del cauce natural en el mismo tramo. La pendiente se modifica tendiendo hacia el equilibrio entre los volúmenes de solidos extraídos del fondo y los depositados en el mismo, creando lo que se denomina la pendiente de compensación.

Según lo indicado por Suarez (Suarez, L.M., 1.993), resulta prácticamente imposible efectuar un cálculo preciso de la pendiente de compensación, a causa de la gran cantidad de variables involucradas en todos los problemas relativos a los cauces naturales; el inconveniente que presentan estas fórmulas para su aplicación práctica es que requieren de gran cantidad de datos que, en la mayoría de las veces, no suelen estar disponibles. Es por ello que no se realiza el cálculo de la pendiente, sino de la estimación de la misma, lo cual implica aceptar cierto error, muchas veces de magnitudes importantes.

Seguidamente se exponen cuatro métodos de estimación de la pendiente de compensación basadas en mediciones de campo:

Formula de Romiti.

En la referencia (Suarez L.M., 1.993) y (Benini G., 1.987), la pendiente de compensación S_c, viene expresada por:

$$S_c = \frac{1}{3 + \frac{1 - 1,5\, S_0}{S_0 + S_0^3}\left(\frac{d_{max}}{d_c}\right)^2 \left(\frac{b}{b_c}\right)^2} \qquad (VI.11)$$

Siendo:

S_0	=	Pendiente original del cauce en el tramo de la presa.
d_{max}	=	Tamaño máximo de las partículas del cauce (m)
d_c	=	Tamaño más común (d_{50}) de las partículas del cauce (m).
b	=	Ancho original del cauce creciente (m).
b_c	=	Ancho del cauce en creciente después de la colmatación de la presa. Se toma igual a la longitud de la cresta de la presa (m).

La determinación de d_{max} y d_c, son valores que afectan de manera importante el resultado, están sujetos a criterios del calculista.

Experiencia Japonesa.

La experiencia japonesa en labores de corrección de torrentes de cauces torrenciales (Suarez L.M., 1.993) (Ikeya H., 1.976), permite estimar la pendiente de compensación de la siguiente manera:

$$\frac{1}{2}\alpha \leq \alpha_c \leq \frac{2}{3}\alpha \qquad (VI.12)$$

Donde:

α	=	Angulo correspondiente a la pendiente original del cauce medido en grados (º)
α_c	=	Angulo correspondiente a la pendiente original de compensación medido en grados (º)

En la práctica se puede determinar el valor de la pendiente de compensación utilizando la siguiente expresión:

$$0,50\, S_0 \leq S_c \leq 0,67\, S_0 \qquad (VI.13)$$

Experiencia Italiana.

Según la experiencia italiana (Suarez L.M., 1.993) la expresión para pendiente de compensación se expresa:

$$S_c = 0,66\, S_0 \qquad (VI.14)$$

Experiencia Norteamericana.

En los Estados Unidos (Suarez, L.M., 1.993), (U.S. Department of Agriculture, 1.972), en base a observaciones de campo, se recomienda utilizar:

$$S_c = 0,70\, S_0 \qquad (VI.15)$$

Método de Cálculo Recomendado.

De acuerdo a lo indicado en (Suarez, L.M., 1993), se recomienda estimar el valor de la pendiente de compensación de una manera práctica, utilizando la ecuación:

$$S_c = 0,65\, S_0 \qquad (VI.16)$$

A modo de ejemplo, si se calcula la pendiente de compensación para el Río San Julián en el Estado Vargas, con una pendiente longitudinal del cauce de S_0= 0,0473 del ejemplo VI.3.-; la pendiente de compensación sería como sigue:

$$S_c = 0,65 * 0,0473 = 0,030745$$

VI.5.- ESTIMACIÓN DE LA PENDIENTE DE ESTABILIZACIÓN DEL CAUCE.-

En un cauce natural de características torrenciales, el lecho puede tener materiales sujetos a ser erosionados y tener márgenes con materiales rocosos con menor susceptibilidad a ser erosionados. De modo similar puede ocurrir en el caso de un cauce canalizado con fondo móvil, es decir, que tiene un confinamiento lateral que en teoría no es erosionable.

En ambos casos las erosiones sobre el fondo del cauce pueden ser significativas y pueden poner en peligro la cimentación de las presas de retención, de las traviesas o de los muros laterales en el caso de cauces canalizados.

La colocación de estructuras en forma perpendicular a la dirección del escurrimiento, como pueden ser presas de retención o la colocación de traviesas, ambos elementos aseguran que la erosión sea controlada, sin embargo no eliminan la erosión temporal durante el paso de la crecida, por lo tanto debe ser considerada.

Para ello se recomienda evaluar la variación de la pendiente longitudinal a partir de un punto de control fijo (presa o traviesa) obteniéndose una pendiente de equilibrio y la pendiente de compensación, con la finalidad de obtener la variabilidad de este movimiento y considerarlo en el diseño de estabilidad del cauce a ser intervenido.

A continuación, se describen algunos métodos para estimar la pendiente de equilibrio.

VI.5.1.- ESTIMACIÓN DE LA PENDIENTE DE EQUILIBRIO POR EL MÉTODO DEL ESFUERZO CORTANTE CRÍTICO.-

Un cauce es estable cuando no se producen movimientos en los elementos que lo conforman. La condición de inicio del movimiento del lecho del cauce, está definida por la tensión tangente que ejerce el flujo sobre el lecho del cauce (Shields, A., 1.936), de manera que el esfuerzo cortante es la tensión tangente ejercida por el flujo sobre el fondo del cauce el cual viene dado por

$$\tau_0 = \gamma_w * R_H * S_0 \qquad (VI.17)$$

Donde:

γ_w	=	Peso específico del flujo de agua (ton/m³)
R_H	=	Radio hidráulico (En un cauce amplio el radio hidráulico es igual a la profundidad normal del flujo Y_n.
S_0	=	Pendiente longitudinal del fondo del canal (m/m)

Para alcanzar la condición crítica de inicio del movimiento, se calcula el esfuerzo cortante crítico, para ello se define el parámetro adimensional de Shields, el cual viene dado por una constante igual a 0,056 (Shields, A., 1.936).

El esfuerzo cortante crítico viene dado por la siguiente expresión:

$$\tau_c = C^* * (\gamma_s - \gamma_w) * D_{50} \qquad (VI.18)$$

Donde:

γ_s	=	Peso específico del flujo (ton/m³)
D_{50}	=	Diámetro medio del material del fondo del cauce (m)
C*	=	Parámetro de Shields igual a 0,056.

El fondo del cauce resulta estable cuando la tensión tangente aplicada por el flujo sobre el fondo es menor o igual a la tensión tangente crítica que soporta el fondo del cauce. Como se podrá observar en esta metodología el diámetro medio de la partícula tiene una influencia importante.

El cálculo de la pendiente crítica se realiza con la siguiente expresión:

$$S_c = \frac{\tau_c}{\gamma_w * R_H} \qquad (VI.19)$$

Donde:

S_c	=	Pendiente crítica longitudinal del fondo del canal (m/m)
τ_c	=	Esfuerzo cortante crítico(ton/m²)
γ_w	=	Peso específico del flujo de agua (ton/m³)
R_H	=	Radio hidráulico (En un cauce amplio el radio hidráulico es igual a la profundidad normal del flujo Y_n)

EJEMPLO VI.4.-

En el presente ejemplo se muestra el cálculo del esfuerzo cortante crítico y la pendiente crítica, para el cauce del Río San Julián en el Estado Vargas para un gasto de 448 m³/s, generado por una creciente de 100 años de período de retorno.

Los valores del esfuerzo cortante crítico y la pendiente crítica, se han estimado para un flujo de agua clara y un flujo de lodos y para diversos diámetros medio de sedimento que pudieran estar presentes en el lecho del cauce.

TABLA Nº VI.4.-
ESFUERZO CORTANTE CRÍTICO Y PENDIENTE CRÍTICA

CALCULO PARA FLUJO DE AGUA CLARA

PESO ESPECIFICO AGUA	PESO ESPECIFICO LODO	PESO ESPECIFICO MATERIAL DEL LECHO	PENDIENTE DEL CAUCE	PROFUNDIDAD NORMAL	DIAMETRO MEDIO	ESFUERZO CORTANTE	ESFUERZO CORTANTE CRITICO	PENDIENTE CRITICA
γ_w	γ_L	γ_s	S_0	Y_n	D_{50}	τ_0	τ_c	Sc
(ton/m³)	(ton/m³)	(ton/m³)	(m/m)	(m)	(m)	(ton/m²)	(ton/m²)	(m/m)
1,00	1,40	2,60	0,0473	1,91	0,10	0,090	0,0090	0,0047
1,00	1,40	2,60	0,0473	1,91	0,15	0,090	0,0134	0,0070
1,00	1,40	2,60	0,0473	1,91	0,20	0,090	0,0179	0,0094
1,00	1,40	2,60	0,0473	1,91	0,25	0,090	0,0224	0,0117
1,00	1,40	2,60	0,0473	1,91	0,30	0,090	0,0269	0,0141
1,00	1,40	2,60	0,0473	1,91	0,40	0,090	0,0358	0,0188
1,00	1,40	2,60	0,0473	1,91	0,50	0,090	0,0448	0,0235

CALCULO PARA FLUJO DE AGUAS DE LODOS

PESO ESPECIFICO AGUA γ_w (ton/m³)	PESO ESPECIFICO LODO γ_L (ton/m³)	PESO ESPECIFICO MATERIAL DEL LECHO γ_s (ton/m³)	PENDIENTE DEL CAUCE S_0 (m/m)	PROFUNDIDAD NORMAL Y_n (m)	DIAMETRO MEDIO D_{50} (m)	ESFUERZO CORTANTE τ_o (ton/m²)	ESFUERZO CORTANTE CRITICO τ_c (ton/m²)	PENDIENTE CRITICA Sc (m/m)
1,00	1,40	2,60	0,0473	1,91	0,10	0,090	0,0090	0,0034
1,00	1,40	2,60	0,0473	1,91	0,15	0,090	0,0134	0,0050
1,00	1,40	2,60	0,0473	1,91	0,20	0,090	0,0179	0,0067
1,00	1,40	2,60	0,0473	1,91	0,25	0,090	0,0224	0,0084
1,00	1,40	2,60	0,0473	1,91	0,30	0,090	0,0269	0,0101
1,00	1,40	2,60	0,0473	1,91	0,40	0,090	0,0358	0,0134
1,00	1,40	2,60	0,0473	1,91	0,50	0,090	0,0448	0,0168

VI.5.2.- MÉTODO DE DEGRADACION Y ACORAZAMIENTO.-

Con la finalidad de ubicar estratégicamente la posición adecuada de una o varias estructuras de retención, así como la ubicación de varias traviesas a lo largo del cauce a estabilizar, desde el punto de vista de su pendiente longitudinal, el cálculo de la pendiente de compensación se puede estimar utilizando el Método de Degradación y Acorazamiento (Falcón M., 1.972).

VI.5.2.1.- CONCEPTOS GENERALES.-

La característica más importante de los sedimentos no cohesivos de granulometría extendida, cuando están sujetos a la acción de un flujo de agua, es su capacidad para desarrollar una coraza o armadura en la superficie del lecho, como un empedrado. Para que esto ocurra, es necesario que el flujo pueda arrastrar los granos finos del material del cauce, pero no los más gruesos; en este sentido, las partículas pequeñas, incapaces de resistir el paso del agua, van siendo lavadas o transportadas por la corriente, lo que hace que afloren partículas de mayor tamaño que sí pueden resistir a las fuerzas de arrastre y sustentación debidas al flujo; de este modo, por la permanencia de las partículas gruesas, se va formando una especie de empedrado o coraza en la superficie del lecho, que protege del arrastre o acarreo al material fino subyacente.

La Degradación y el Acorazamiento son dos fenómenos muy distintos mediante los cuales puede descender el lecho de un río o un canal del fondo móvil.

La degradación general ocurre cuando todas las partículas sólidas del lecho son arrastrables, lo cual conlleva a una disminución de la pendiente con descensos del lecho que pueden ser considerables, ya que el descenso será proporcional a la distancia desde el punto de control más cercano aguas abajo, entendiéndose como punto de control, un punto en el cauce del río, cuyo material de fondo sea firme, es decir, un afloramiento rocoso o que esté compuesto por rocas o peñones o puede ser un punto de control de origen antrópico como por ejemplo una traviesa estratégicamente ubicada o una presa.

En el proceso de degradación se supone que, para el caudal que se establezca como gasto de diseño, todas las partículas del lecho son arrastrables, es decir, que el diámetro máximo de las partículas de la granulometría inicial del lecho es inferior al diámetro crítico estimado según el criterio de Shields u otro cualquiera.

El proceso de acorazamiento ocurre para un cierto caudal cuando no todas las partículas sólidas del lecho son arrastrables, es decir, cuando el diámetro crítico D_c correspondiente a un caudal dado es inferior al máximo diámetro presente en la granulometría del lecho y por lo tanto no necesariamente ocurre un cambio de pendiente para que el lecho se estabilice.

El descenso total del lecho del cauce se puede calcular como la suma de los procesos de degradación general y el descenso por acorazamiento. La premisa fundamental en que se basa este método, es que todo proceso de degradación llega a un estado en que comienza a producirse el acorazamiento y cesa el proceso de cambio de pendiente.

El método aquí utilizado considera fundamentalmente un tamaño crítico por debajo del cual todas las partículas son arrastrables por el flujo, así mismo considera la altura normal del agua, la pendiente original, el gasto unitario y la rugosidad del cauce entre otras valores.

El cauce, o algunos tramos del cauce, disminuirán sus pendientes longitudinales y aumentarán sus tirantes hasta que el esfuerzo cortante sobre el fondo disminuya y se haga igual al esfuerzo cortante crítico para algún diámetro, D_{85} o D_{90} por ejemplo, de la granulometría inicial del lecho.

Debido a lo anterior, la degradación debería calcularse suponiendo que el esfuerzo cortante disminuye hasta hacerse crítico para un D_{99} del lecho, y de allí en adelante el descenso debería calcularse por acorazamiento. Normalmente, se recomienda calcular la degradación de tal forma que $Dc = D_{85}$ o $Dc = D_{90}$, lo cual puede conllevar a cambios de pendiente excesivos, sin embargo, con este planteamiento se obtienen resultados conservadores, pues debido a la variabilidad que puede tener la granulometría del cauce a lo largo de su recorrido, no siempre se sabe cuan verdadera es la granulometría que se tiene del lecho.

En la Figura Nº VI.1.- se ilustra el fenómeno de degradación y acorazamiento, mientras que en la Figura Nº VI.2.- se ilustra de manera esquemática el fenómeno. El proceso se inicia con el arrastre y transporte de las partículas más finas, mientras que las más gruesas se van asentando creando una coraza de partículas, para cuyo peso se requiera generar un esfuerzo cortante mayor al esfuerzo cortante crítico establecido y por ende no se origine el arrastre.

Este fenómeno inclusive puede producir que, al final, la granulometría acorazada contenga todos los tamaños originales, pero estando los granos más finos en una proporción menor, en donde estos granos finos permanecen debido al denominado fenómeno de *"escondimiento"*, el cual ha sido investigado por Einsten (Einsten A., 1.956). Sin embargo, dado el carácter aleatorio de la turbulencia en el flujo de agua, siempre existirá la posibilidad de que cualquier grano sea arrastrado por el flujo.

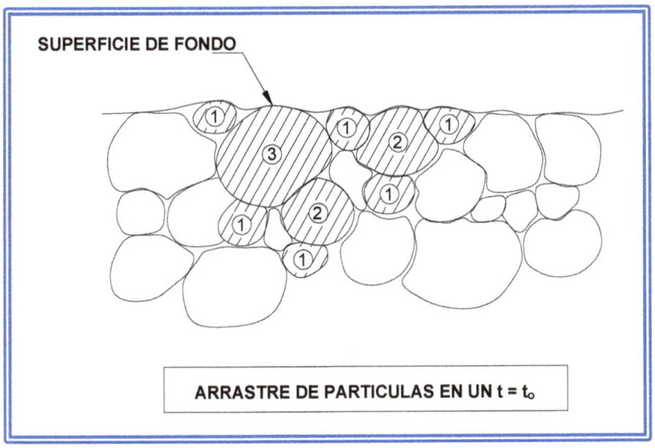

Paso 1.- ($t = t_0$).- Posición de las partículas antes del escurrimiento.

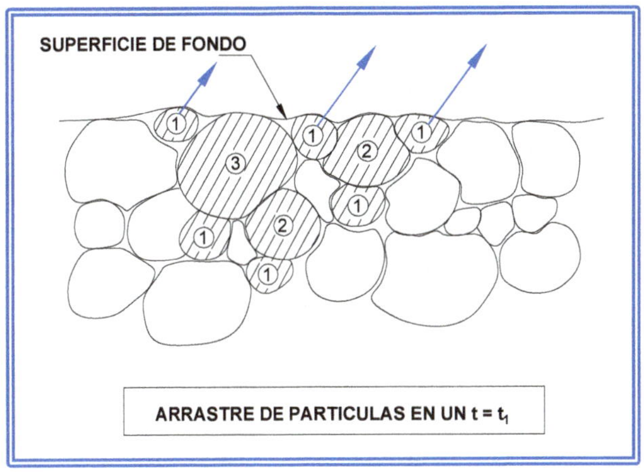

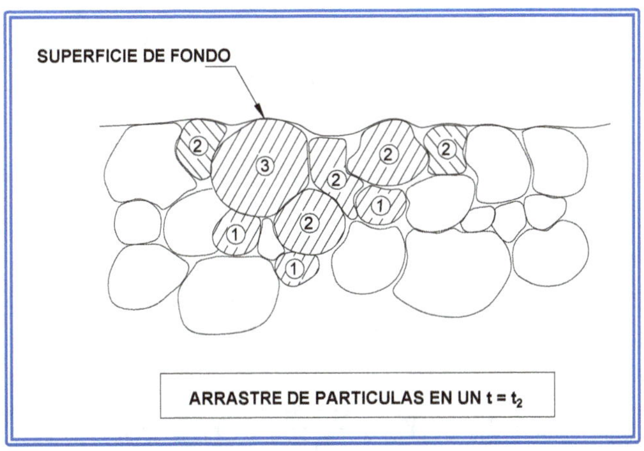

Paso 2.- ($t = t_1$).- En el momento del escurrimiento, las velocidades del flujo podrán arrastrar partículas de ciertos diámetros medios, quedándose las de mayor diámetro.

Paso 3.- (t = t_2).- En la medida que las partículas finas son arrastradas, las de mayor diámetro se irán acomodando y formando el denominado acorazamiento.

Figura N° VI.1.- Representación gráfica del movimiento de partículas que son arrastrables en el proceso de degradación y las partículas que no pueden ser arrastradas quedan formado el acorazamiento.

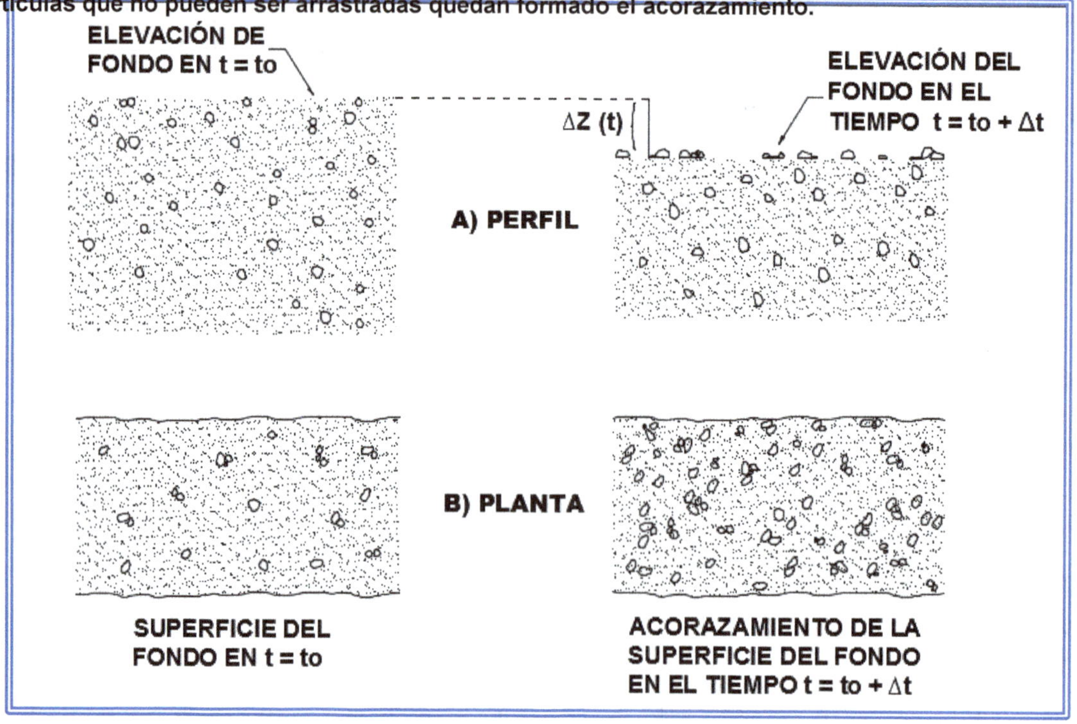

Figura N° VI.2.- Representación esquemática del acorazamiento en un cauce.

VI.5.2.2.- ANALISIS DEL DESCENSO POR DEGRADACION Y ACORAZAMIENTO DEL FONDO DEL CAUCE.-

El descenso por **Degradación** se calcula mediante el siguiente procedimiento:

1.- Se calcula el cambio de profundidad del flujo (**d**) por medio de la siguiente expresión:

$$\mathbf{d = 2,37 * Y_1 * \left(\frac{Y_1 * S_1}{D_c}\right)^{\frac{3}{7}} - Y_1 \qquad (VI.20)}$$

Donde:

Y_1	=	Tirante promedio de agua en la sección considerada.
S_1	=	Pendiente promedio del tramo considerado
D_c	=	Diámetro crítico de las partículas.

2.- Luego se tiene:

$$\mathbf{Y_2 = Y_1 + d \qquad (VI.21)}$$

Siendo Y_2 el nuevo tirante de agua.

3.- Se calcula la nueva pendiente mediante:

$$\mathbf{S_2 = \frac{(q * \eta_2)^2}{{Y_2}^{10/3}} \qquad (VI.22)}$$

Donde:

q	=	Gasto unitario ($m^3/s*m$).
η_2	=	Nuevo coeficiente de Manning.

Es preciso indicar que las investigaciones realizadas han demostrado que el cambio de rugosidad es muy pequeño, ya que el perfil granulométrico se conserva, de manera que el cambio puede ser despreciado, por lo que se puede inferir que:

$$\eta_2 \approx \eta_1 \qquad (VI.23)$$

4.- Se calcula el descenso por degradación con la siguiente expresión:

$$D = (S_1 - S_2) * L \qquad (VI.24)$$

Siendo **L** la distancia hasta la sección donde se encuentre el punto de control, que puede ser una presa o una traviesa.

El descenso por **Acorazamiento** se calcula como sigue:

$$A = \frac{D_e * P}{(100 - P)} \qquad (VI.25)$$

Siendo:

D_e	=	Diámetro de una partícula equivalente o representativa de todas las partículas arrastrables y se tomara como $D_{P/2}$
P	=	Porcentaje en peso del material erosionable o arrastrable.

La suposición de utilizar $D_{P/2}$, se basa en el hecho de que se puede imaginar que el proceso de acorazamiento ocurre por capas superficiales de espesor de una partícula equivalente o representativa que se tomara igual a $D_{P/2}$ por considerar que representa el promedio de los tamaños de partículas erosionables.

Este valor se lleva a la curva granulométrica y se encuentra cual es el porcentaje más fino de $D_{P/2}$ bajo la suposición de que la granulometría inicial del material es constante en la zona donde se va a erosionar.

También es preciso indicar que la curva granulométrica obtenida de una muestra puede variar a lo largo del cauce y en el tiempo, en función del arrastre que puede ocurrir a lo largo del cauce, en tal sentido se sugiere tomar un intervalo de valores de la curva granulométrica y luego calcular con varios diámetros medios de partículas, para así poder tener un análisis de sensibilidad que permita verificar la variabilidad de los resultados y seleccionar la ubicación de las traviesas en base a un valor promedio.

El Descenso Total del lecho se calcula como la suma del descenso por degradación más el descenso por acorazamiento.

$$D_T = D + A \qquad (VI.26)$$

EJEMPLO VI.6.-

A continuación se muestra un ejemplo de cálculo del Descenso por Degradación y Acorazamiento realizado para el Proyecto de Canalización y Estabilización del Río San Julián, Estado Vargas, Venezuela, para un gasto de diseño de 448 m^3/s originado por una creciente de 100 años de periodo de retorno.
Los cálculos se realizaron para distintos diámetros medios debido a la variabilidad de la gradación del material en el cauce natural, de tal forma que los resultados obtenidos ofrecen un intervalo de valores de la degradación total del lecho y con ello tener un análisis de sensibilidad de parámetros de diseño para la selección de la distancia y ubicación estratégica de las traviesas a lo largo de la canalización a proyectar.

Los cálculos se realizaron para obtener los valores de degradación total del lecho del cauce que pudiera ocurrir durante las crecidas para los distintos períodos de retorno analizados y para diversos diámetros medios de partículas y considerando que el 99 % del material del lecho es arrastrable.

Datos Iniciales.-

Y_1	=	1,91	m	ALTURA INICIAL DEL AGUA
B	=	36	m	ANCHO PROMEDIO DEL CAUCE
S_1	=	0,00473	m/m	PENDIENTE ORIGINAL DEL CAUCE
D_{c1}	=	100,00	mm	DIAMETRO CRITICO MEDIO DE LA PARTICULA (D_{99})
D_{c2}	=	200,00	mm	
D_{c3}	=	300,00	mm	
Q	=	12,44	(m^3/s.m)	GASTO UNITARIO
η	=	0,025		RUGOSIDAD DEL CAUCE
L_1	=	25,00	m	DISTANCIAS ENTRE EL PUNTO DE CONTROL Y LAS SECCIONES DE ESTUDIO
L_2	=	50,00	m	
L_3	=	75,00	m	
L_4	=	100,00	m	
L_5	=	125,00	m	
L_6	=	150,00	m	

D_{c1} = 100 mm	⇒	d_1=	2,425	m
D_{c2} = 200 mm	⇒	d_2=	1,311	m
D_{c3} = 300 mm	⇒	d_3=	0,797	m

Luego se tiene la profundidad final del flujo con la expresión **VI.21**:

$$Y_2 = Y_1 + d \qquad (VI.21)$$

d1 = 2,425 m	⇒	Y2.1=	4,335	m
d2 = 1,311 m	⇒	Y2.2=	3,221	m
d3 = 0,797 m	⇒	Y2.3=	2,707	m

Se calcula la nueva pendiente mediante la ecuación **VI.22**:

$$S_2 = \frac{(q * \eta_2)^2}{Y_2^{\frac{10}{3}}} \qquad (VI.22)$$

En este cálculo se asume $\eta_2 \approx \eta_1$

$Y_{2.1}$ = 4,335 m	⇒	$S_{2.1}$ =	0,00073	m
$Y_{2.2}$ = 3,221 m	⇒	$S_{2.2}$ =	0,00196	m
$Y_{2.3}$ = 2,707 m	⇒	$S_{2.3}$ =	0,00350	m

Se calcula el descenso por **Degradación** mediante la ecuación **VI.24**:

$$D = (S_1 - S_2) * L \qquad (VI.24)$$

Se calcula el cambio de profundidad del flujo (d) que sería el descenso por Degradación General del Cauce por medio de la expresión **VI.20:**

$$d = 2,37 * Y_1 * \left(\frac{Y_1 * S_1}{D_c}\right)^{\frac{3}{7}} * Y_1 \qquad (VI.20)$$

Con la finalidad de tener un análisis de sensibilidad del comportamiento del lecho, se sugiere utilizar tres valores del diámetro crítico medio de la partícula a ser arrastrada. En este caso se ha utilizado 100 mm, 200 mm y 300 mm.

		DISTANCIA DESDE EL PUNTO DE CONTROL Y LA SECCIÓN EN ESTUDIO (m)					
		25	50	75	100	125	150
D_{c1} = 100 mm	D_1=	1,16	2,33	3,49	4,66	5,82	6,99
D_{c2} = 200 mm	D_2=	1,13	2,27	3,40	4,54	5,67	6,80
D_{c3} = 300 mm	D_3=	1,10	2,19	3,29	4,38	5,48	6,57

El descenso por **Acorazamiento** se calcula mediante la ecuación **VI.25** como sigue:

$$A = \frac{D_e * P}{(100 - P)} \qquad (VI.25)$$

P_1=	99,00	Porcentaje en peso del material erosionable (%).
P_2=	99,00	
P_3=	99,00	
D_{e1}=	3,50	Diámetro de la partícula equivalente (mm) ($D_{p/2}$)
D_{e2}=	4,55	
D_{e3}=	7,00	

En este caso se ha considerado **P** (Porcentaje en peso del material erosionable o arrastrable) igual a 99%, de manera que **P/2** seria 49,5 %

D_{e1} =	3,50	mm	⇒	A_1=	0,347	m
D_{e2} =	4,55	mm	⇒	A_2=	0,450	m
D_{e3} =	7,00	mm	⇒	A_3=	0,693	m

El **Descenso Total** del lecho se calcula mediante la ecuación **VI.26** como la suma del descenso por degradación más el descenso por acorazamiento, y sería como sigue:

$$\mathbf{D_T = D + A} \qquad \text{(VI. 26)}$$

En la Tabla N° VI.5.- que se muestra a continuación, se ilustra la variabilidad en los cálculos realizados para la obtención del descenso del lecho por el efecto de Degradación y Acorazamiento en el Proyecto: Canalización y Estabilización del Río San Julián, Estado Vargas, Venezuela. Los valores resaltados en la tabla se corresponden con el ejemplo realizado.

		DISTANCIA DESDE EL PUNTO DE CONTROL Y LA SECCIÓN EN ESTUDIO (m)					
		25	**50**	**75**	**100**	**125**	**150**
$D_{c1} = 100$ mm	$D_{T1} =$	1,51	2,68	3,84	5,01	6,17	7,34
$D_{c2} = 200$ mm	$D_{T2} =$	1,58	2,72	3,85	4,99	6,12	7,25
$D_{c3} = 300$ mm	$D_{T3} =$	1,79	2,88	3,98	5,07	6,17	7,27

TABLA N° VI.5.-
VALORES DEL DESCENSO TOTAL DEL LECHO POR EFECTO DE DEGRADACION Y ACORAZAMIENTO EN EL RÍO SAN JULIAN, ESTADO VARGAS, VENEZUELA.

PERIODO DE RETORNO (Años)	GASTO (m^3/s)	LONGITUD DEL TRAMO (metros)	DIAMETRO DE LA PARTICULA (mm)		
			100 mm	200 mm	300 mm
100	**448**	*25*	**1,51 m**	**1,58 m**	**1,79 m**
		50	**2,68 m**	**2,72 m**	**2,88 m**
		75	**3,84 m**	**3,85 m**	**3,98 m**
50	**348**	*25*	1,50 m	1,55 m	1,73 m
		50	2,65 m	2,65 m	2,76 m
		75	3,80 m	3,75 m	3,79 m
25	**267**	*25*	1,50 m	1,55 m	1,72 m
		50	2,65 m	2,64 m	2,75m
		75	3,80 m	3,74 m	3,78 m

En las Figuras N° VI.3.- y N° VI.4.- se ilustra los descensos que pueden ocurrir a lo largo del lecho de un rio o un canal del fondo móvil en el ejemplo del Río San Julián.

En las mencionadas figuras se ilustra los diferentes descensos descritos en los apartes anteriores, que podrían ocurrir entre dos traviesas o entre dos presas, medidos a partir del punto de control, que en cualquier caso sería el tope superior de la traviesa o la rasante del vertedero en el caso de una presa. En tal sentido, la rasante del cauce oscilará a partir del punto de control ubicado aguas abajo y descenderá en función del arrastre que se pueda producir en una crecida extraordinaria (50 años ≤ **Tr** ≤ 100 años) o a lo largo del tiempo con la ocurrencia de crecidas con mayor probabilidad de ocurrencia (2 años ≤ **Tr** ≤ 25 años), en donde el cauce vaya en busca de la estabilización hasta lograr el acorazamiento del lecho con partículas que no sean arrastrables.

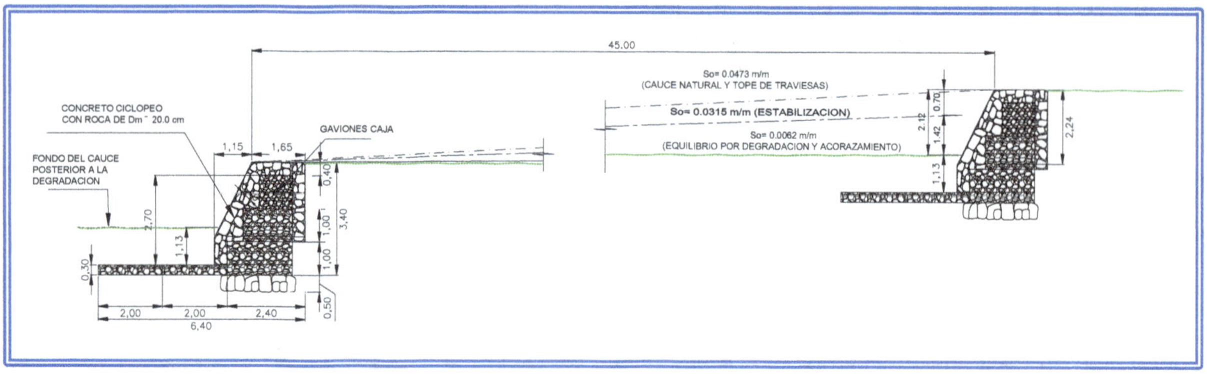

Figura N° VI.3.- Detalle de la solución para la ubicación de las traviesas de la canalización entre la PROG. 0 + 667 – PROG. 1 + 117, donde las traviesas se han colocado a 30 metros de distancia.-

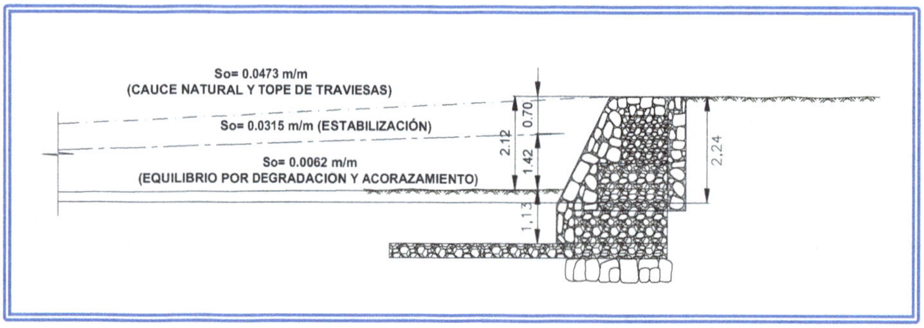

Figura N° VI.4.- Detalle de la traviesa de la canalización en el tramo entre la PROG. 0 + 667 – PROG. 1 + 117. Obsérvese los distintos niveles de la rasante junto con la ubicación de la traviesa.-

VI.6.- UBICACIÓN RELATIVA DE LAS PRESAS.-

En caso de requerirse un sistema escalonado de presas, la pendiente de compensación juega un papel importante en la ubicación relativa de las presas.

Con la finalidad de optimizar los costos, bajo la premisa de poder retener y almacenar la mayor cantidad de sedimentos en el tramo entre dos presas, resulta conveniente que la cota de fundación de cada una de las estructuras este por debajo de la intersección de la pendiente de compensación y la pendiente original del cauce.

Teóricamente, basándose en consideraciones exclusivamente geométricas, la separación $\mathbf{L}$ entre dos presas sucesivas debería ser la que se indica a continuación. (Suarez, L. M., 1.993).

$$\mathbf{L} = \frac{\mathbf{H}}{\mathbf{S_0} - \mathbf{S_c}} \qquad (\mathbf{VI.27})$$

Siendo $\mathbf{H}$, la altura medida entre la rasante original del lecho hasta la rasante del vertedero de la estructura ubicada aguas abajo, $\mathbf{S_0}$ la pendiente original del cauce y $\mathbf{S_c}$ la pendiente de compensación.

Figura N° VI.5.- Distancia estimada entre presas sucesivas considerando la pendiente de compensación. (Imagen tomada de Suarez V., L.M. 1.993 y redibujada para este libro).

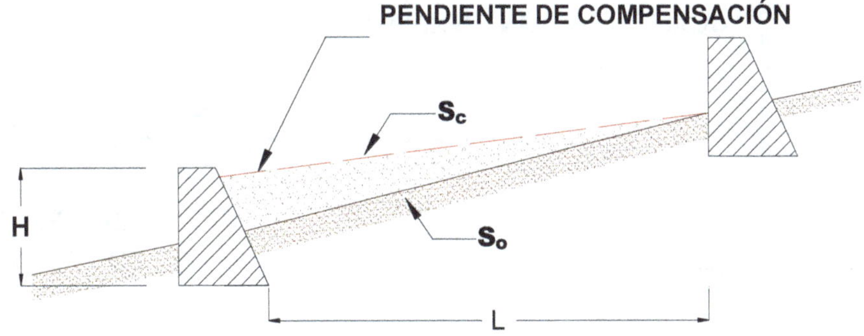

Teóricamente, con la construcción de las presas sucesivas de forma escalonada, se logra que de cierta manera la retención de la presa ubicada aguas abajo proteja contra la socavación de la presa ubicada inmediatamente aguas arriba, actuando en la práctica como un contradique.

Si la pendiente de compensación es estimada por defecto, la sedimentación invadirá parte de la presa de aguas arriba lo que se traducirá en una solución poco económica ya que las presas estarán más próximas entre si de lo necesario, construyéndose por lo tanto más presas de las realmente requeridas. (Suarez L. M., 1.993).

FIGURA N° VI.6.- Consecuencia de los errores en la sub-estimación de pendientes de compensación. (Imagen tomada de Suarez V., L.M. 1.993 y redibujada para este libro).

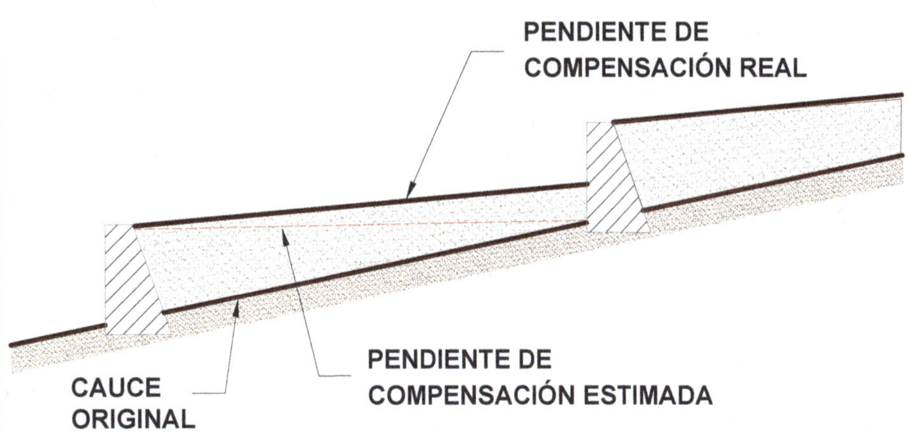

Si la pendiente de compensación se estima por exceso, la cuña de sedimentación no alcanzara la presa situada aguas arriba y podría producirse socavación al pie de la misma. Esta situación se podría corregir construyendo un disipador de energía, una presa intermedia o sobre elevando las de aguas abajo. (Suarez L. M., 1.993).

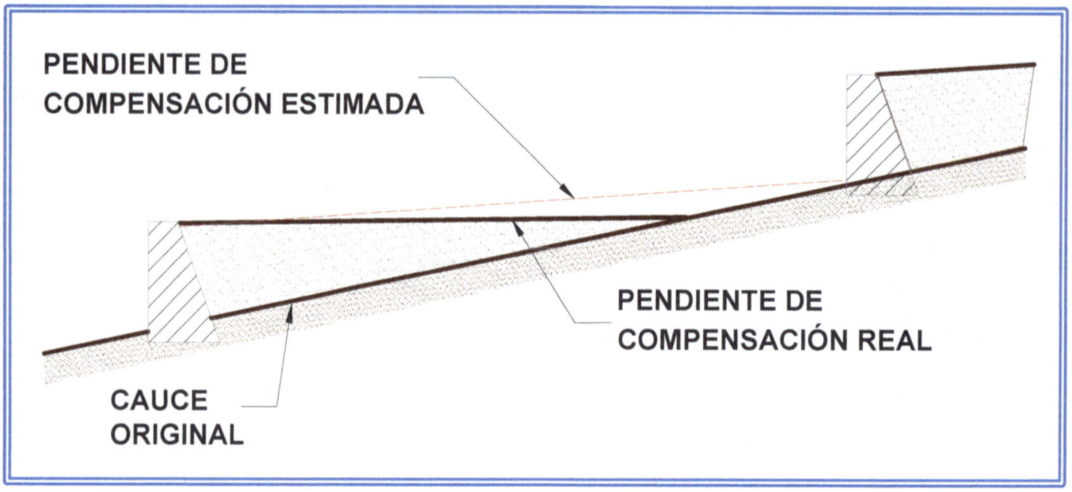

FIGURA N° VI.7.- Consecuencia de los errores en la sobreestimación de pendientes de compensación. (Imagen tomada de Suarez V., L.M. 1.993 y redibujada para este libro).

Para la ubicación de las presas deben seleccionarse de manera prioritaria aquellos sitios que presenten las mejores condiciones de emplazamiento, preferiblemente donde se puedan fundar en suelos rocosos en el cauce y en las laderas, estrechez del sitio, que la presa propicie un vaso de almacenamiento con la mejor relación altura de presa - capacidad, etc. Una vez emplazadas las presas en estos sitios seleccionados, se debe proceder a la estimación de las pendientes de compensación, con la finalidad de ubicar, si se considera necesario, presas intermedias de menores dimensiones en los sitios en donde la pendiente de compensación intersecta al cauce. Siguiendo este procedimiento se podrá complementar el escalonamiento del curso del agua, bajo la premisa de que ninguna de las presas quede excesivamente cubierta en su base, ni desprotegida respecto a la socavación.

Es preciso indicar que, si la pendiente de compensación se estimara por defecto, la base de la presa aguas arriba quedará cubierta, por lo que se estaría perdiendo un volumen de retención entre ambas presas, lo cual se podría remediar construyendo una sobre elevación de la presa aguas abajo.

Si la pendiente de compensación se estimara por exceso, la intersección entre la pendiente de compensación y el cauce quedaría lejos de la presa ubicada aguas arriba, por lo que además de quedar vulnerable ante una eventual socavación aguas abajo de la misma, también se estaría perdiendo un volumen de retención aguas arriba de esta presa.

En términos generales se puede indicar que, las alturas de las diferentes presas en un escalonamiento serán diferentes y dependerán de las características de los emplazamientos seleccionados, de la topografía de los sitios, del tipo de fundación, de las posibles afectaciones de terrenos adyacentes, de una posible descarga de un puente ubicado aguas arriba, en fin podrían presentarse diversas limitantes y condicionantes.

Sobre la base de lo anterior, se puede inferir que no se pueden aplicar, así como tampoco recomendar, criterios rígidos de emplazamiento, dimensionamientos o distancias entre presas. Cada cuenca o curso de agua debe estudiarse de manera integral y ser analizado como un caso particular, es decir, como cualquier obra hidráulica que esté relacionada con la hidráulica fluvial.

VI.7.- ETAPAS DE FUNCIONAMIENTO.-

Desde el punto de vista funcional existen dos etapas claramente definidas en la vida útil de una presa de retención de sedimentos, en las cuales actúan mecanismos diferentes de regulación de los caudales sólidos transportados por el curso de agua. (Suarez L. M., 1.993).

Estos mecanismos permiten una suerte de alternabilidad en la variación del comportamiento de la pendiente longitudinal del cauce, que dependerá de la ocurrencia de las crecidas y de la granulometría de los materiales arrastrados.

Cuando se planifica y se llevan a cabo proyectos integrales de estabilización de cuecas torrenciales, que además de las presas de retención y traviesas de estabilización y control de la pendiente longitudinal, se planifiquen y se construyan obras de ingeniería naturalística, que incluyan reforestación y control de erosión en laderas, se tendrá como resultado que con el transcurrir del tiempo, a medida que progresen los trabajos en la cuenca, se originará una disminución del aporte de sedimentos al cauce, así como la disminución de la granulometría del mencionado aporte. En consecuencia, el lavado de los materiales finos por el efecto de la degradación y el acorazamiento del lecho, originará que las pendientes de compensación de los diferentes tramos de los cauces equipados con presas disminuirán, siendo necesario construir presas intermedias o secundarias entre las existentes, para así evitar la socavación al pie de las mismas o para aumentar el volumen de retención. (Ver Figura Nº VI.8.-).

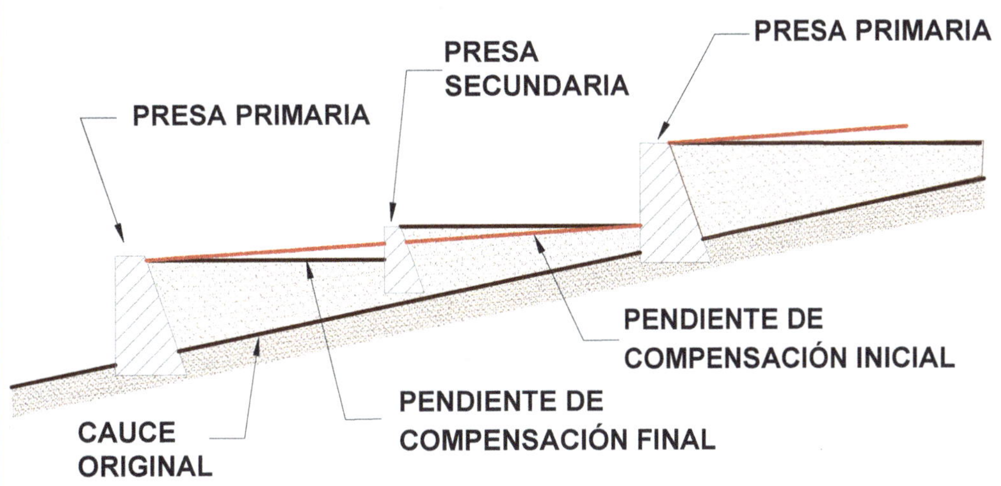

Figura Nº VI.8.- Modificación de la pendiente de compensación por efecto de colocación de una presa secundaria. (Imagen tomada de Suarez V., L.M. 1.993 y redibujada para este libro).

VI.7.1.- FUNCIONAMIENTO ANTES DE LA COLMATACIÓN.-

Después de la construcción de la presa, el vaso de almacenamiento que genera la misma, dispone de toda su capacidad para detener y almacenar los sedimentos transportados por el flujo. En esta etapa los sedimentos se van acumulando gradualmente en el mencionado vaso aguas arriba de la presa. Los sedimentos se van depositando progresivamente hasta llegar a la colmatación del vaso de almacenamiento, y seguidamente se va generando un nuevo cauce elevado con un punto de control o de inicio en el vertedero de la presa y que progresivamente va adquiriendo la pendiente de compensación. (Ver Figura Nº VI.9.-).

Esta etapa puede tomar tiempos muy diferentes, según las características de la cuenca, del cauce y del vaso de almacenamiento que origina la presa. En algunos casos, la colmatación puede ocurrir en varios años, mientras que en otros casos, esta colmatación puede ocurrir en una sola crecida.

En esta primera etapa se puede decir que la presa ejerce un control total sobre el transporte de sedimentos, ya que se retiene prácticamente todo el sedimento que es arrastrado por el curso de agua, hasta la total colmatación del vaso de almacenamiento.

Esta retención total de los sedimentos origina que las aguas que escurren hacia aguas abajo de la presa sean aguas claras, es decir, libre de sedimentos, por lo que estas aguas adquieren un importante poder erosivo que puede poner en peligro la fundación aguas abajo de la presa, así como también generar importantes erosiones y socavaciones en el cauce aguas abajo. En tal sentido, se deben tomar las previsiones necesarias para evitar o mitigar este fenómeno.

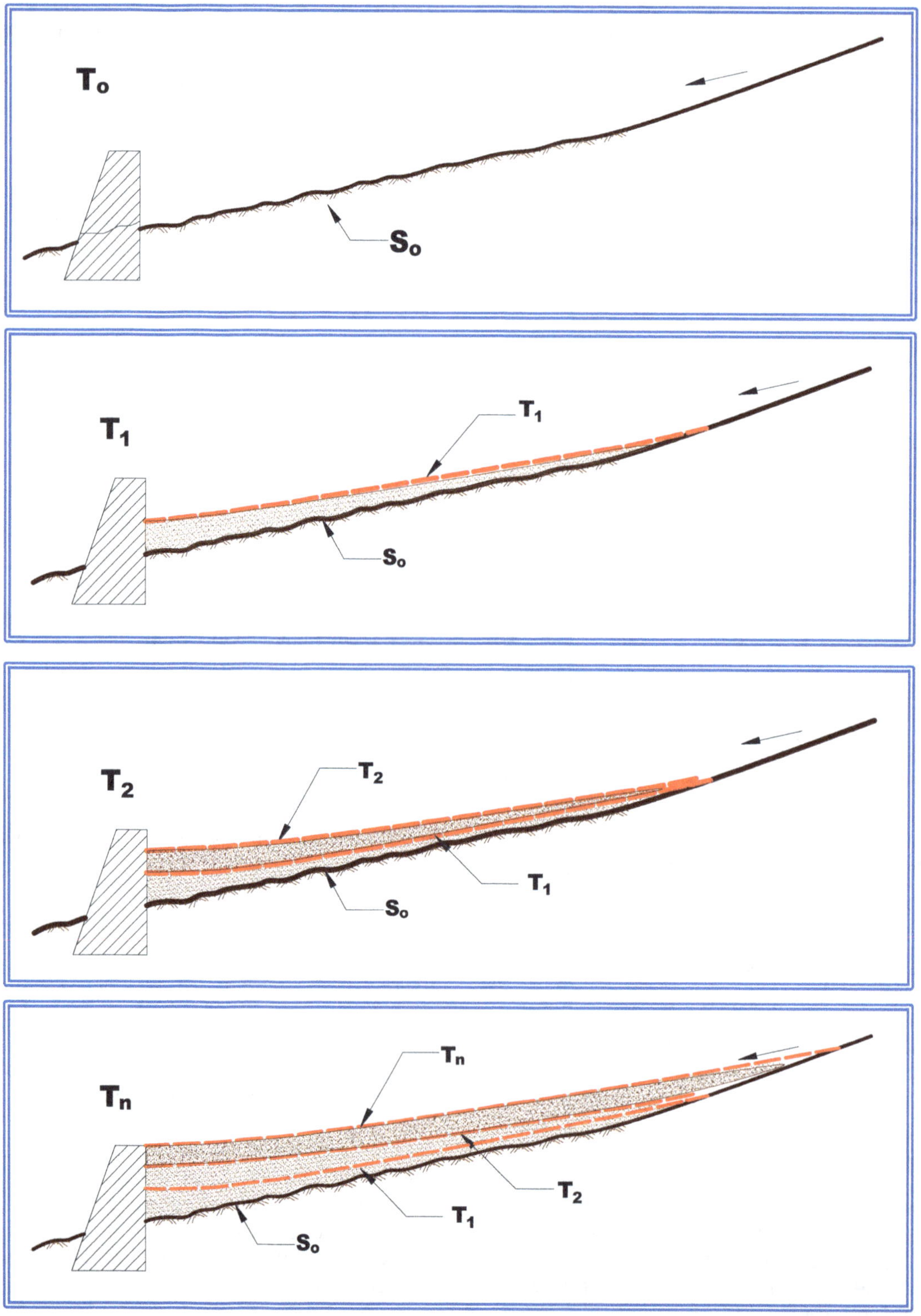

Figura N° VI.9.- Efecto de almacenamiento progresivo luego de construida la presa. (Imágenes del Autor)

Es preciso indicar que lo anteriormente descrito ocurre para presas cerradas. Esto no sucede para presas abiertas, provistas de aberturas de cualquier geometría, las cuales retiene solamente los sólidos de mayor tamaño (grandes rocas) y dejan pasar los materiales más finos (gravas y arenas).

VI.7.2.- FUNCIONAMIENTO DESPUÉS DE LA COLMATACIÓN.-

Una vez que se establece la pendiente de compensación, ésta ejerce un efecto regulador en el gasto sólido, pues debido a la disminución de la pendiente y al aumento del ancho, comparativamente con el cauce original, se genera una disminución de las velocidades de escurrimiento con respecto al comportamiento del cauce original. (Ver Figura N° VI.9.-)

Experiencias obtenidas en Japón (Suarez L.M., 1.993) (Ikeya H., 1.976), con un gran número de presas de estas características, han permitido llegar a la conclusión que el efecto regulador de los sedimentos en esta etapa se produce según el mecanismo que se describe a continuación.

- Al ocurrir una creciente con un considerable transporte de sedimentos, se produce una gran sedimentación aguas arriba de la presa, la cual ocupa un almacenamiento temporal en el que el lecho del cauce alcanza una pendiente mayor que la pendiente de compensación siendo la misma en ciertos casos cercana a la pendiente original del cauce, tal y como se ilustra en la Figura N° VI.10.-
- Posteriormente, con la ocurrencia de crecientes con escurrimientos de menor caudal y de menor transporte de sólidos, estos escurrimientos van arrastrando los sedimentos depositados, que progresivamente van generando la pendiente de compensación, tal y como se ilustra en la Figura N° VI.11.-.

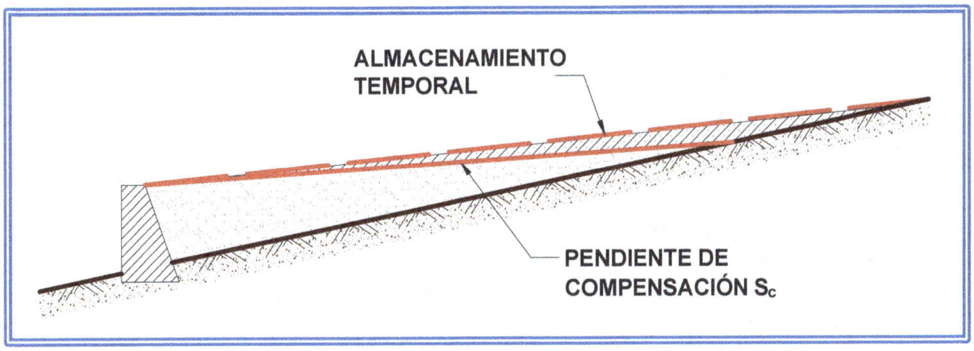

Figura N° VI.10.- Efecto de almacenamiento temporal luego de una crecida cuando ya existe una pendiente de compensación. (Imagen del Autor).

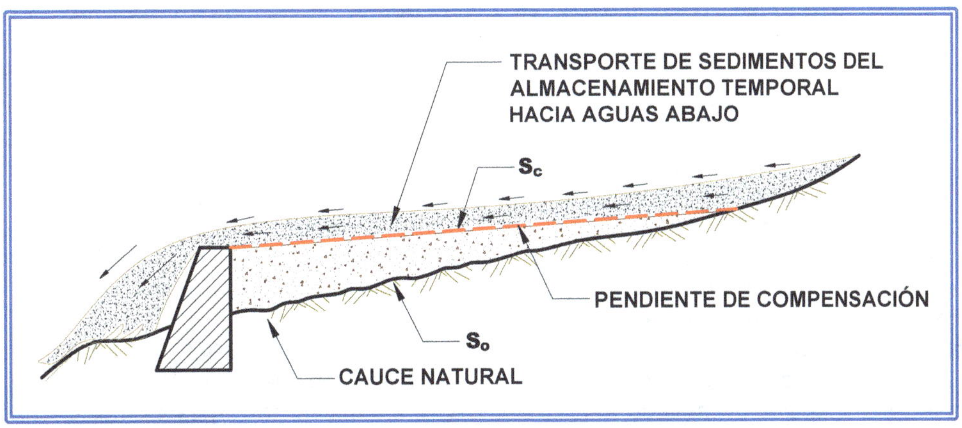

Figura N° VI.11.- Efecto de arrastre de los sedimentos temporalmente almacenados y regreso a la pendiente de compensación. (Imagen del Autor).

En esta etapa de funcionamiento las crecidas del curso de agua con mayor probabilidad de ocurrencia (2 años ≤ **Tr** ≤ 25 años), solo tienen capacidad para arrastrar las partículas de granulometría menor (gravas y arenas), por lo que se inicia un proceso de degradación y acorazamiento, que deriva en la retención de los materiales más gruesos, que son los que representan un mayor potencial destructivo en la infraestructura ubicada aguas abajo y produciéndose un arrastre de los materiales más finos, los cuales no suelen causar mayores inconvenientes.

VI.7.3.- ALGUNAS CONSIDERACIONES SOBRE LA UBICACIÓN DE LAS PRESAS.-

Pudiera pensarse que el desarrollo de la pendiente de compensación entre la presa ubicada aguas bajo y la inmediatamente aguas arriba, pudiera proteger la base de la presa aguas arriba ante eventuales erosiones y socavaciones.

Ahora bien, si se piensa en la evolución que pueda tener la pendiente longitudinal del cauce entre dos presas, existe una gran probabilidad que la pendiente de compensación se logre en varios años, de modo que pensar en que la pendiente de compensación proveniente de la presa ubicada aguas abajo proteja la base de la presa ubicada inmediatamente aguas arriba, sería riesgoso para la estabilidad estructural de la presa aguas arriba, pues no se debe olvidar que el escurrimiento de aguas claras aguas abajo de una presa, producto de la retención de sedimentos en la misma, tiene un alto poder erosivo que podría generar importantes erosiones y socavaciones al pie de la presa, sea por el poder erosivo de las aguas claras, así como también sea por efecto del impacto de lámina vertiente. En tal sentido, se considera más prudente diseñar y construir un disipador de energía al pie de cada presa y así evitar posibles afectaciones en las estructuras. (El diseño de obras de disipación de energía se trata en el Capítulo VII).

Luego de analizado lo anteriormente descrito, resulta obvio que el efecto regulador del arrastre de sedimentos solo se alcanzará en su máxima eficiencia en la medida que se coloquen la mayor cantidad de presas en el cauce, así como traviesas de control en la parte baja de la cuenca, formando un escalonamiento de la mayor parte del curso de agua, pues la disminución de la pendiente del lecho del cauce y la consecuente disminución de las velocidades de escurrimiento, disminuyen la capacidad de arrastre y transporte de sólidos hacia aguas abajo.

Desde el punto de vista de la operación y el mantenimiento de estas estructuras de retención, si aguas abajo de las presas existe un desarrollo urbano vulnerable al eventual efecto devastador de un flujo de lodos y piedras, podría ser conveniente remover los sedimentos almacenados con cierta periodicidad, para así disponer nuevamente de la capacidad total o parcial del vaso de almacenamiento detrás de la presa.

Esta práctica es evidentemente costosa, pues el volumen almacenado detrás de una presa puede ser de varios miles de metros cúbicos, aunque seguramente será más económico que los eventuales daños que se puedan originar en la infraestructura ubicada aguas abajo, además de la afectación desde el punto de vista social.

Sin embargo, ya se ha mencionado que el vaso de almacenamiento de una presa puede colmatarse en varios años o en una sola crecida, de modo que podría ocurrir que se realice la remoción de los sedimentos almacenados y volver a colmatarse con la próxima crecida, por lo que los costos de operación y mantenimiento se tornarían insostenibles, pero se considera que lo más importante siempre será la mitigación del riesgo de los desarrollos urbanos.

También es preciso indicar que los materiales que se retienen en estas presas, ubicadas en cauces de características torrenciales, en la mayoría de los casos, son materiales que contienen arenas, gravas y rocas de muy buena utilización en la construcción, sea para la construcción de terraplenes para vialidad, terraplenes de terrazas para uso urbanístico o como agregados para la fabricación de concreto. De manera que las labores de mantenimiento, con la extracción del material retenido en las presas, pudieran ser materiales utilizables en la construcción.

Ahora bien, una de las finalidades de las estructuras de retención, además de la estabilización de la pendiente del cauce, es que el efecto del almacenamiento propicia la estabilización de las laderas y por el efecto de la disminución de la erosión en el pie de las laderas, se propicia la disminución de la probabilidad de deslizamiento o falla del material de la ladera. Adicionalmente, el aumento del ancho del cauce, propicia la disminución de las velocidades de escurrimiento y la capacidad de arrastre, generando sedimentación y mitigando el transporte de sólidos hacia aguas abajo.

Sobre la base de lo anterior, se puede inferir que la estabilización geomorfológica de una cuenca de características torrenciales debe obedecer a una planificación estratégica, donde se contemplen las siguientes premisas:

- Planificación y construcción de presas cerradas desde el sitio más próximo a la descarga de la garganta en el cono de deyección, de manera de propiciar vasos de almacenamiento cónsonos con las necesidades.

- Planificar la ubicación y construcción de presas cerradas hasta donde, desde el punto de vista topográfico, permita obtener vasos de almacenamiento que se colmaten y que propicien la estabilización del cauce y de las laderas adyacentes.

- Planificar la ubicación y construcción de presas abiertas en la parte alta de la cuenca, hasta donde sea posible desde el punto de vista constructivo, de manera de retener los sólidos de mayores dimensiones.

- Planificar la estabilización del cauce en el tramo ubicado en la parte baja de la cuenca, mediante la canalización con fondo móvil y traviesas estratégicamente ubicadas en base a los métodos y procedimientos que contemplen la disminución de la pendiente por efecto de compensación o por efecto de la degradación y acorazamiento del cauce.

Es preciso indicar que todas las premisas descritas para lograr la estabilización de las cuencas torrenciales, siempre serán medidas de mitigación de las posibles afectaciones que puedan ocurrir en los eventuales desarrollos urbanos que puedan estar ubicados en la parte baja de la cuenca, por efecto de crecidas que generen los flujos de lodos y piedras.

Ahora bien, lo que si es cierto es que, si en una cuenca torrencial se logran construir las obras de estabilización, tal y como se han descrito, la probabilidad de ocurrencia de posibles afectaciones en la parte baja de la cuenca, disminuye en función del período de retorno seleccionado para el diseño de las obras.

VI.8.- SIMULACIÓN DEL FLUJO TORRENCIAL.-

En el aparte VI.2.- se describieron las metodologías para el cálculo del gasto sólido, en donde se resalta la practicidad de los cálculos considerando las expresiones de Takahashi (Takahashi, T.,1.991),sea para el cálculo del gasto de lodos y piedras, así como el volumen que puede generarse en una crecida.

De igual forma se han descrito diversas formas de estimación de la pendiente de compensación, colocación estratégica de presas o traviesas, comportamiento durante las crecidas, cálculos de erosión, capacidad de arrastre de sedimentos, etc..

Todas estas metodologías permiten obtener los dimensionamientos de las estructuras de control y la estabilización de un torrente.

Ahora bien, una vez que se han dimensionado estas estructuras, es interesante analizar su comportamiento con la modelación de estas estructuras mediante el Modelo FLO-2D.

Para poder ilustrar este comportamiento se ha tomado como ejemplo la simulación realizada en el "Proyecto de Control de Erosión de la Cuenca del Río Cerro Grande, Parroquia Caraballeda", Estado Vargas (Morassutti F., G.F. - A.U.A.E.V., 2003). La simulación del comportamiento hidráulico de las obras propuestas en el Río Cerro Grande fue realizada por el Instituto de Mecánica de Fluidos de la Universidad Central de Venezuela (I.M.F., 2003).

Con la finalidad de corregir y estabilizar el cauce principal del Río Cerro Grande, para regular el flujo de agua y los sedimentos transportados, en el proyecto indicado (Morassutti F., G.F. - A.U.A.E.V., 2003), se propuso el diseño y la construcción de dos (2) presas de diez (10) metros de altura en el cauce principal del Río y once (11) presas secundarias en los afluentes al Río Cerro Grande, así como la canalización del Río Cerro Grande, utilizando muros de gaviones en las márgenes y fondo móvil, con traviesas estratégicamente ubicadas a lo largo del alineamiento, desde su descarga al mar hasta la Presa Nº 1.- en una longitud de 1.462 metros.

VI.8.1.- SIMULACIÓN MEDIANTE MODELO MATEMÁTICO DEL FLUJO DE LODOS Y PIEDRAS (MODELO MATEMÁTICO FLO – 2D).-

Tal y como se indicó anteriormente, con la finalidad de ilustrar la utilización del Modelo FLO - 2D, se ha seleccionado como ejemplo el "Proyecto de Control de Erosión de la Cuenca del Río Cerro Grande, Parroquia Caraballeda, Estado Vargas", (Morassutti F., G.F. - A.U.A.E.V., 2.003), en el cual se realizó una simulación del flujo de lodos y piedras, utilizando un modelo matemático el cual permite la simulación en zonas urbanas y de topografía compleja.

La finalidad de esta simulación se basó en la necesidad de verificar, desde el punto de vista teórico, el comportamiento del flujo de lodos y piedras bajo la premisa de que la cuenca del Río Cerro Grande es una de las que más sedimentos puede arrastrar en el momento de la ocurrencia de las precipitaciones. Esta afirmación considerando el análisis comparativo realizado en el "Estudio de Crecidas del Litoral Central, D.F., Informe Final", (C.G.R. Ingeniería C.A., 2.000).

El modelo utilizado es el FLO - 2D (O'Brien, J. S., P. y Julien, and W. T. Fullerton, (1.993) (O'Brien, J., 2.000), el cual simula el flujo de lodos y piedras por el método de elementos finitos, obteniéndose como resultado las velocidades y profundidades en diversos puntos de la cuenca y del cono de deyección.

Es preciso indicar que aunque el desarrollo en detalle del Modelo FLO - 2D está fuera del alcance de este libro, a continuación, se describen los fundamentos de este modelo.

El modelo está basado en la solución por diferencias finitas de las ecuaciones en dos dimensiones de Saint Venant verticalmente integradas para fluidos No-Newtonianos, siendo las ecuaciones que gobiernan el flujo las siguientes:

Ecuación de continuidad

$$\frac{\partial h}{\partial t} + \frac{\partial h\, V_x}{\partial x} + \frac{\partial h\, V_y}{\partial y} = i$$

Ecuación de cantidad de movimiento en dos dimensiones:

$$S_{fx} = S_{ox} + \frac{\partial h}{\partial x} + \frac{V_x}{g}\frac{\partial V_x}{\partial x} - \frac{V_y}{g}\frac{\partial V_x}{\partial y} - \frac{1}{g}\frac{\partial V_x}{\partial t}$$

$$S_{fy} = S_{oy} + \frac{\partial h}{\partial y} + \frac{V_y}{g}\frac{\partial V_y}{\partial y} - \frac{V_x}{g}\frac{\partial V_y}{\partial x} - \frac{1}{g}\frac{\partial V_y}{\partial t}$$

Donde $\mathbf{h}$ es la profundidad del flujo, V_x y V_y son las componentes de la velocidad media en la dirección $\mathbf{x}$ y $\mathbf{y}$, $\mathbf{t}$ es el tiempo, $\mathbf{g}$ la aceleración de la gravedad, las componentes de la pendiente de fricción S_{fx} y S_{fy} son función de la pendiente del fondo S_{ox} y S_{oy}, e $\mathbf{i}$ es la intensidad de la lluvia.

El flujo hiperconcentrado, el flujo de barro y el alud torrencial se analizan mediante un modelo reológico cuadrático (O´Brien,J.S. & Julien, P.Y., 1.985):

$$\tau = \tau_y + \eta\left(\frac{\partial v}{\partial y}\right) + C\left(\frac{\partial v}{\partial y}\right)^2$$

Donde: $\mathbf{dv/dy}$ es el gradiente de velocidad, η es la viscosidad dinámica; τ es el esfuerzo cortante total, τ_y es el esfuerzo cortante inicial o esfuerzo de cedencia, y $\mathbf{C}$ es un coeficiente del esfuerzo cortante inercial.

El modelo cuadrático incluye términos que definen el flujo en regímenes inercial y viscoso. La suma del esfuerzo de cedencia y el esfuerzo viscoso define el esfuerzo cortante para un fluido cohesivo hiperconcentrado que fluye en un régimen viscoso (esfuerzo cortante de Bingham) y representa los esfuerzos resistivos de un fluido de Bingham. El último término representa la suma de esfuerzos cortantes dispersivos y turbulentos que dependen del cuadrado del gradiente de velocidad.

Según O´Brien (O'Brien, et. al., 1993), la pendiente de fricción se calcula como sigue:

$$S_f = \frac{\tau_y}{\gamma_m h} + \frac{K\,\eta\, V}{8\,\gamma_m h^2} + \frac{\eta^2 V^2}{h^{4/3}}$$

Donde: γ_m es el peso específico de la mezcla, η es la viscosidad cinemática y η es el coeficiente de fricción de Manning. Los valores del parámetro de resistencia $\mathbf{K}$, dependen de la forma, pendiente y condiciones de vegetación del canal.

El esfuerzo de cedencia τ_y y la viscosidad η varían con la concentración volumétrica de sedimentos, $\mathbf{Cv}$. Se recomiendan las siguientes relaciones empíricas para el análisis reológico del material:

$$\eta = \alpha_1 e^{\beta_1 C_v}$$

$$\tau_y = \alpha_2 e^{\beta_2 C_v}$$

Donde α y β son coeficientes empíricos.

Para el caso del Proyecto de canalización del Río Cerro Grande (Morassutti F., G.F. - A.U.A.E.V., 2.003), los parámetros característicos del sedimento se fijaron de acuerdo a la experiencia en otros países, donde se calibraron con cuencas experimentales (O'Brien, et.al., 1.993), de allí que:

Gravedad específica = 2,74
Resistencia al flujo laminar = 2,285
α_1= 6,02 x 10^{-4} (poises)
β_1 = 33,1
α_2 = 1,72 x 10^{-3} (dinas/cm^2)
β_2 = 29,5

Para la solución numérica, el modelo usa un esquema centrado de diferencias finitas explícito para la solución de las ecuaciones diferenciales de movimiento.

Este modelo permite analizar las inundaciones torrenciales y el efecto de las obras de control. Es un modelo de estructura bidimensional, el cual simula el flujo de fluidos No - Newtonianos en abanicos aluviales. El modelo permite determinar los patrones del flujo en topografías complejas, tales como áreas urbanizadas y planicies de inundación de cuerpos de agua, así como el intercambio de fluido entre el canal y la planicie de inundación.

El modelo permite considerar flujo de agua y flujo hiperconcentrados de sedimentos, tales como flujo de barros (aludes torrenciales). Como datos de entrada se requiere la topografía digital del terreno, la geometría del canal, valores estimados de la rugosidad del canal y la planicie de inundación, hidrogramas de entrada y/o lluvia y propiedades reológicas de la mezcla agua - sedimento.

La topografía de la superficie se discretiza en una malla formada por celdas o elementos cuadrados de tamaño uniforme para toda el área de estudio y a cada elemento se le asigna una posición en la malla, elevación, rugosidad, área y factores de reducción del flujo que atraviesa esta área, para simular bloqueo por edificaciones u obstrucciones.

A continuación, se hace una breve descripción de los casos de simulación realizados y sus resultados.

En el estudio se simularon seis (6) escenarios, los cuales se describen a continuación.

El primer escenario se refiere a la simulación de las condiciones actuales del cauce natural, a fin de establecer un patrón de referencia para poder comparar con los resultados que se obtengan de las simulaciones con obras de control.

Tal y como se indicó anteriormente, el proyecto propone la construcción de 2 presas de diez (10) metros de altura cada una, y de una canalización en gaviones de sección trapecial variable. El objeto de la simulación es el de evaluar el funcionamiento hidráulico de las obras propuestas, bajo diferentes escenarios de construcción de obras, en función de las condiciones sedimentarias en que estas se encuentren para el momento de la ocurrencia de la creciente de diseño.

Una vez obtenida la simulación de la situación actual, se simularon cinco (5) escenarios, los cuales se indican a continuación:

- **CASO 1.-** Presas Vacías (Sin Sedimentos) Sin Canalización.
- **CASO 2.-** Presas Vacías (Sin Sedimentos) Con Canalización.
- **CASO 3.-** Presas Sedimentadas Sin Canalización.
- **CASO 4.-** Presas Sedimentadas Con Canalización.
- **CASO 5.-** Canalización Sin Presas.

Las características más importantes de dichos escenarios se presentan a continuación:

- Área de estudio: 130 hectáreas.
- Rugosidad del terreno: variable entre 0,045 y 0,065 (η de Manning).
- Rugosidad de Manning del río en el tramo natural es de 0,045, y en el tramo canalizado 0,030.
- El porcentaje de obstrucción empleado para modelar las edificaciones se varió entre 15% y 30 %.
- Se modelaron las calles, el canal, las edificaciones y los sedimentos.
- Hidrograma de creciente de 100 años de período de retorno generado por C.G.R. Ingeniería C.A. (C.G.R. Ingeniería C.A., 2000).
- Se consideró una concentración uniforme (volumétrica) de sedimentos de 22% en la rama ascendente del hidrograma con un valor máximo de 25% en el intervalo anterior al pico en los casos en que existen presas. Cuando las presas están colmatadas de sedimentos, o cuando no existen, se supone un valor máximo de 35%, disminuyendo luego a 22% y permaneciendo constante hasta el final del hidrograma.

VI.8.1.1.- SIMULACIÓN DE LA SITUACIÓN ACTUAL.-

Como se mencionó anteriormente, el primer escenario se refiere a la simulación de las condiciones actuales del cauce natural, a fin de establecer un patrón de referencia para poder comparar con los resultados que se obtengan de las simulaciones con obras de control.

El modelo predijo para la zona inundable de la Urbanización Cerro Grande, profundidades máximas de flujo entre 1 metro y 2 metros en la garganta con velocidades entre 1,5 m/s y 3 m/s, mientras que en el cono de deyección (Urbanización Tanaguarena) profundidades máximas de flujo entre 0,5 metros y 1,5 metros y velocidades alrededor de 1 m/s, excepto en los puntos bajos donde el flujo alcanza profundidades máximas de 3,5 metros. En cuanto al cauce del río, las profundidades varían entre 5 metros y 8,5 metros con velocidades entre 5 m/s y 7 m/s. El modelo predijo un área inundada de 60,94 ha.

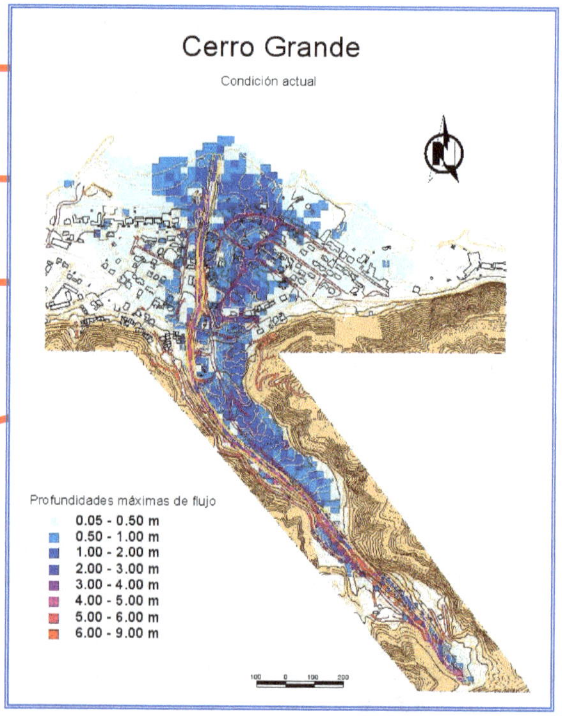

Figura N° VI.12.- Situación Actual. Mapa de profundidades máximas de flujo calculadas en el modelo de simulación.

El volumen total del hidrograma de entrada calculado por el modelo es de aproximadamente 6,5 millones de metros cúbicos, de los cuales 5 millones de metros cúbicos corresponden a agua y 1,5 millones de metros cúbicos a sedimento.

La Figura N° VI.12.- presenta la mancha de inundación y profundidades máximas calculadas por el modelo para la situación actual.

VI.8.1.2.- CASO 1.- PRESAS VACÍAS (SIN SEDIMENTOS) SIN CANALIZACIÓN.-

De acuerdo al modelo matemático, el cauce natural no tiene suficiente capacidad por lo que se desborda inundando una zona de la garganta aguas abajo de la Presa N° 1.-, con profundidades máximas de flujo inferiores a 1 m, luego el flujo discurre paralelo al cauce con profundidades máximas cercanas a 2 m hasta llegar al ápice del cono de deyección donde se amplía la zona inundada y el flujo alcanza profundidades máximas inferiores a 1 m. En el cono de deyección la profundidad máxima del flujo es inferior a 1 m, excepto en aquellos puntos bajos del terreno donde la profundidad máxima varía entre 1 m y 2 m. Aguas arriba de cada una de las presas se observa que el flujo alcanza profundidades máximas alrededor de 15 m.

En cuanto al cauce del río, las profundidades varían entre 2 y 6 m con velocidades entre 5 y 10 m/s. El área total inundada es de 51,32 ha.

Los resultados del modelo indican que el volumen total del hidrograma de entrada es de aproximadamente 6,29 millones de metros cúbicos, de los cuales 4,83 millones de metros cúbicos corresponden a agua y 1,47 millones de metros cúbicos a sedimento.

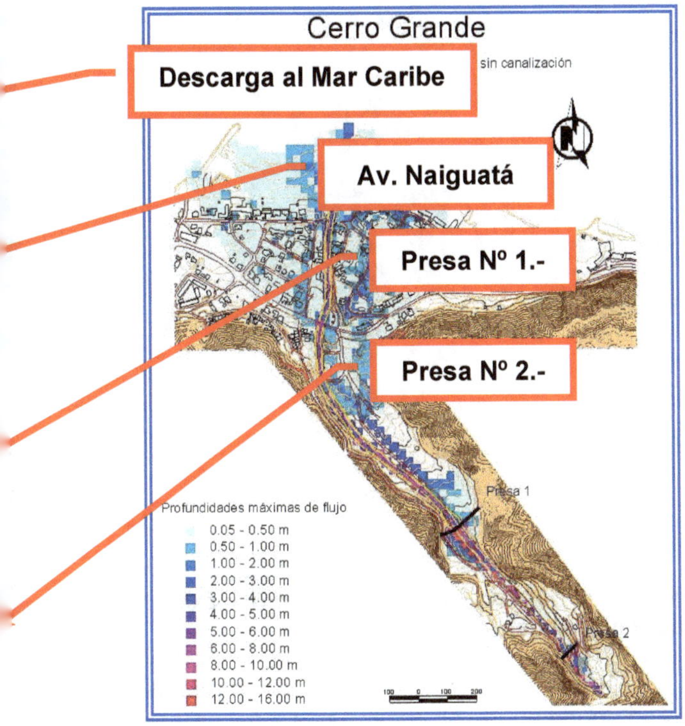

Figura Nº V.13.- Caso 1.-. Mapa de profundidades máximas de flujo calculadas en el modelo de simulación.

VI.8.1.3.- CASO 2.- PRESAS VACÍAS (SIN SEDIMENTOS) CON CANALIZACIÓN.-

Bajo estas condiciones, el modelo de simulación indica que la canalización es capaz de conducir la creciente hasta unos 150 metros aproximadamente antes de la descarga en el mar, donde se desborda e inunda un sector de la playa con profundidades de flujo inferior a 1 m; aguas arriba de las presas el flujo alcanza profundidades entre 14 y 15 m.

Las profundidades máximas en el canal varían entre 4 y 5 m con velocidades entre 6 y 8 m/s. El modelo predijo un área inundada de 13,17 ha.

Los resultados del modelo indican que el volumen total del hidrograma de entrada es de aproximadamente 6,29 millones de metros cúbicos, de los cuales 4,83 millones de metros cúbicos corresponden a agua y 1,47 millones de metros cúbicos a sedimento.

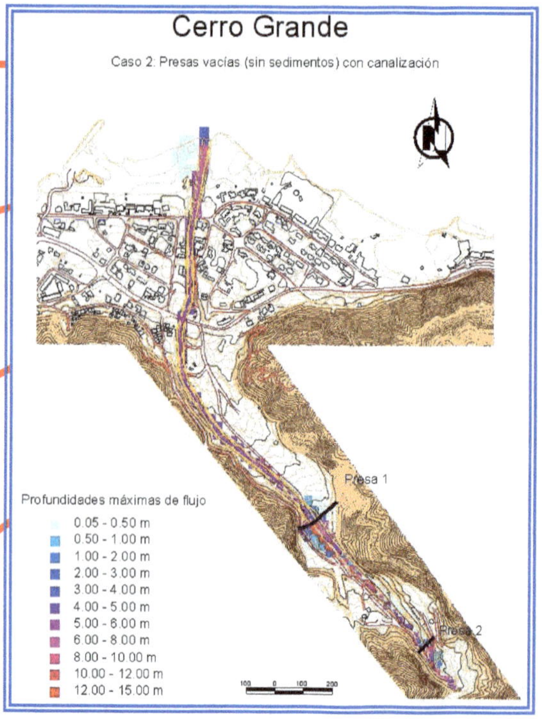

Figura Nº V.14.- Caso 2.-. Mapa de profundidades máximas de flujo calculadas en el modelo de simulación.

VI.8.1.4.- CASO 3.- PRESAS SEDIMENTADAS SIN CANALIZACIÓN.-

Bajo estas condiciones el modelo predice el desbordamiento del canal aguas abajo de la Presa N° 1, con profundidades entre 1 m y 1,5 m; luego el flujo discurre por el terreno paralelo al cauce, alcanzando profundidades máximas de 2 m hasta llegar al ápice del cono de deyección donde se amplía la mancha de inundación y disminuyen las profundidades máximas de flujo hasta 1 m, excepto en los puntos bajos del terreno donde puede alcanzar hasta 2 m.

La profundidad máxima del flujo en el cauce varía entre 5,5 m aguas abajo de la Presa N° 1 hasta 3 m en la descarga, con velocidades máximas entre 6 y 8 m/s. El área inundada es de 57,15 ha.

En este caso los resultados del modelo indican que el volumen total del hidrograma de entrada es de aproximadamente 6,47 millones de metros cúbicos, de los cuales 4,83 millones de metros cúbicos corresponden a agua y 1,64 millones de metros cúbicos a sedimento.

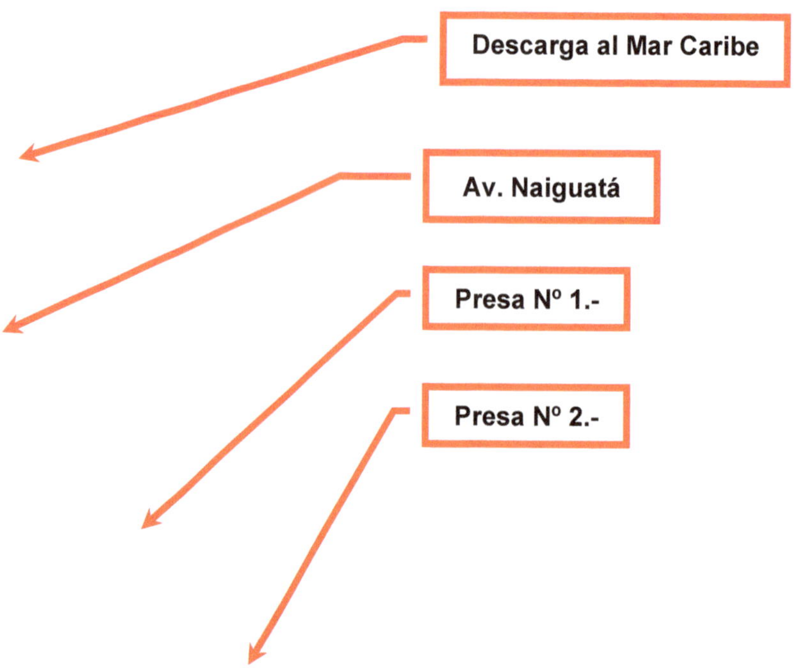

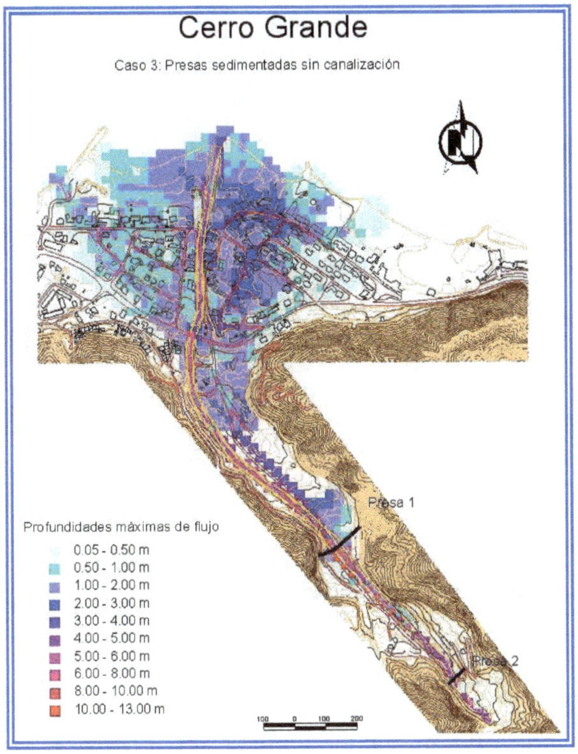

Figura Nº V.15.- Caso 3.-. Mapa de profundidades máximas de flujo calculadas en el modelo de simulación.

VI.8.1.5.- CASO 4.- PRESAS SEDIMENTADAS CON CANALIZACIÓN.-

En este caso la mancha de inundación se reduce notablemente, observándose el flujo concentrado en el canal hasta aguas abajo de la Avenida Naiguatá, donde el canal se desborda en una lámina de 0,5 m sobre un tramo de 75 m aproximadamente por la margen derecha; unos metros aguas abajo el canal se desborda por ambas márgenes inundando las edificaciones aledañas al canal y la playa, alcanzando en este sector profundidades máximas entre 1 m y 2 m.

En el canal, el flujo alcanza profundidades máximas entre 5 y 7 m con velocidades alrededor de 7 m/s en la garganta que se incrementan hasta 11 m/s y 14 m/s en la descarga. El área inundada es de 20,80 ha.

En este caso de estudio, el volumen total del hidrograma de entrada calculado por el modelo es de aproximadamente 6,47 millones de metros cúbicos, de los cuales 4,83 millones de metros cúbicos corresponden a agua y 1,64 millones de metros cúbicos a sedimento.

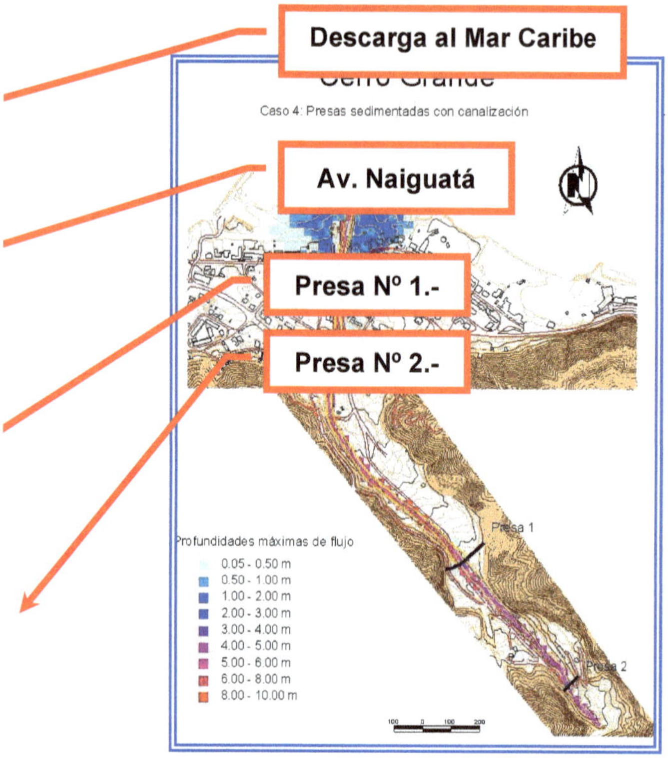

Figura Nº V.16.- Caso 4.-. Mapa de profundidades máximas de flujo calculadas en el modelo de simulación.

VI.8.1.6.- CASO 5.- CANALIZACIÓN SIN PRESAS.-

Este escenario se simuló, con la finalidad de analizar qué ocurre si se construye solo la canalización. En este caso el modelo predijo que el canal es capaz de conducir la creciente hasta la Avenida Naiguatá; a partir de aquí, aguas abajo el canal comienza a desbordarse por ambas márgenes con profundidades máximas de flujo y velocidades similares a las obtenidas en el caso anterior, donde se consideró que las presas estaban colmatadas de sedimentos.

Al igual que en el caso anterior, en el canal, el flujo alcanza profundidades máximas entre 5 y 7 m con velocidades alrededor de 7 m/s en la garganta que se incrementan hasta 11 m/s y 14 m/s en la descarga. El área inundada es 20,65 ha.

De acuerdo con el modelo, el volumen total del hidrograma de entrada es de aproximadamente 6,47 millones de metros cúbicos, de los cuales 4,83 millones de metros cúbicos corresponden a agua y 1,64 millones de metros cúbicos a sedimento.

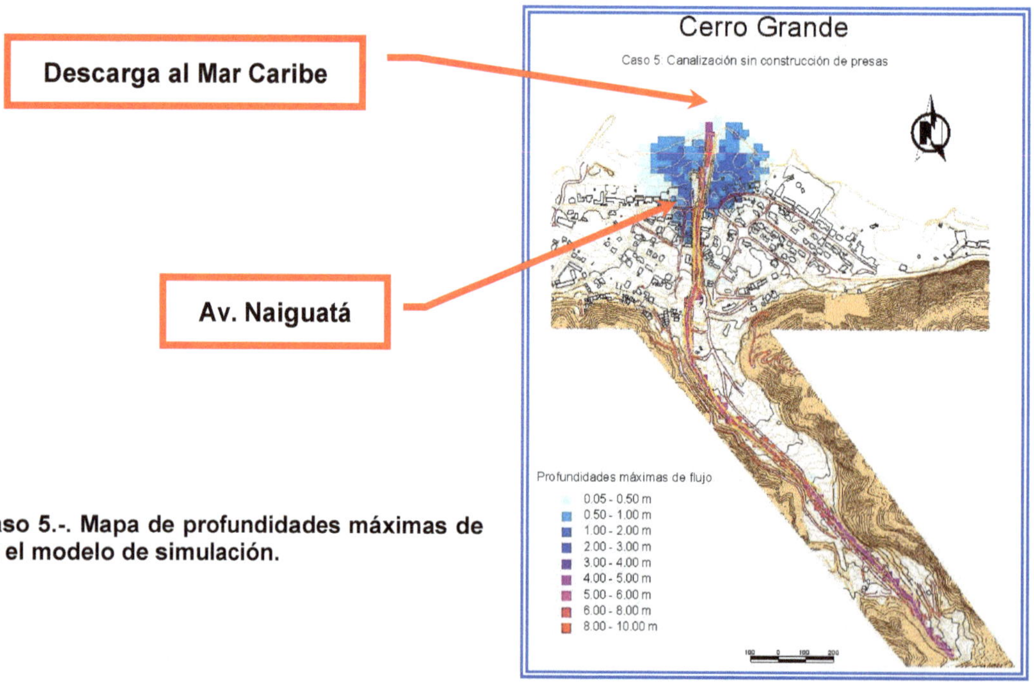

Figura Nº V.17.- Caso 5.-. Mapa de profundidades máximas de flujo calculadas en el modelo de simulación.

VI.8.2.- CONCLUSIONES.-

Sobre la base de las simulaciones realizadas (I.M.F., 2.003), se puede inferir que el conjunto de obras de control de sedimentos propuestas en el "Proyecto de Control de Erosión de la Cuenca del Río Cerro Grande, Parroquia Caraballeda, Estado Vargas", (Morassutti F., G.F. - A.U.A.E.V., 2.003), son adecuadas para reducir notablemente la mancha de inundación en la garganta y abanico aluvial del área de estudio, sin afectar mayormente las viviendas aledañas al canal.

El área inundada obtenida con el modelo bajo las condiciones actuales es de 60,94 ha, la cual se reduce a 13,17 ha en el caso de estudio que considera la construcción de la totalidad de las obras de control de sedimentos propuestas (Caso 2), en donde es preciso indicar que el área que se inundaría ante una eventual crecida generada por una tormenta de 100 años de período de retorno sería un área de playa en los terrenos ganados al mar durante el evento de Diciembre de 1.999.

De igual forma se puede inferir que la construcción del canal es de gran importancia, ya que en los casos estudiados que consideran tanto las presas vacías o presas sedimentadas con escurrimiento sobre el cauce natural (sin canalización), el área inundada es superior a 50 ha, reduciéndose ésta significativamente para el caso en que se incorpora la canalización.

De allí la necesidad de la construcción del conjunto de obras propuestas y del adecuado mantenimiento de la canalización y las dos presas, con la finalidad de conservarlas libres de sedimentos. En esta forma se garantiza la preservación de la capacidad de almacenamiento del conjunto de obras a construir, ya que si las presas están sedimentadas o sin construir, el canal no será capaz de conducir la creciente y se producirá el desbordamiento del mismo afectando las edificaciones ubicadas en las márgenes del canal aguas abajo de la Avenida Naiguatá.

VI.8.3.- CONSIDERACIONES FINALES.-

Sobre la base de lo ilustrado en los apartes anteriores, se puede inferir que la simulación del comportamiento del flujo de lodos y piedras por el método de elementos finitos, mediante el Modelo FLO-2D, permite visualizar el comportamiento de las estructuras diseñadas y analizar los eventuales desbordes en el caso de crecidas extraordinarias y tomar las medidas preventivas ante la ocurrencia de futuros eventos.

CAPITULO VII

CALCULO DE PARAMETROS HIDRAULICOS

CAPITULO VII

CÁLCULO DE PARÁMETROS HIDRÁULICOS

VII.1.- CARACTERÍSTICAS HIDRÁULICAS DE LAS ESTRUCTURAS DE RETENCIÓN.-

VII.1.1.- GENERALIDADES.-

En el diseño hidráulico de las presas de retención de sedimentos se analizan los elementos de la misma como lo son el vertedero, el disipador de energía y la erosión aguas abajo.

Se recomienda, en la medida de lo posible, diseñar un vertedero lo más largo posible, de manera de disminuir la altura de la lámina vertiente, con lo que se logra una profundidad menor que incide en los esfuerzos sobre la estructura y además un menor caudal por unidad de ancho, con lo que a su vez se logran menores velocidades de caída y así minimizar la socavación al pie de la presa.

Para el diseño del vertedero se supone la presa colmatada y la altura de agua sobre el vertedero corresponde a la altura de agua que se genera el gasto de diseño obtenido del estudio hidrológico.

En vista de que generalmente este tipo de estructuras se implantan en cauce con características torrenciales, a pesar de la abundante presencia de rocas y gravas gruesas, existen abundantes materiales finos en los sitios donde se pueden implantar las presas, por lo que se considera más seguro la implementación de un disipador de energía con enrocado concebido hasta la distancia de caída de la lámina vertiente, de manera que el enrocado limite la posible socavación regresiva que se pueda generar y acorace la fundación de las presas.

El disipador de energía se debe concebir considerando un contradique ubicado aguas debajo de la presa, cuya función es formar un estanque amortiguador entre él y la presa, donde se disipará la energía de la lámina vertiente por turbulencia, mediante la formación de un resalto hidráulico.

VII.1.2.- CRITERIOS PARA EL DISEÑO.-

El vertedero o aliviadero está ubicado generalmente sobre la presa y cumple la función de dar salida a los caudales de las crecientes en forma segura para la estabilidad de la obra.

El caudal de diseño del vertedero corresponde al pico de la creciente calculada mediante la elaboración de un estudio hidrológico para un cierto período de retorno, el cual es función de las características de la obra y de la importancia de la infraestructura existente aguas abajo.

Los diseños más utilizados consisten en vertederos trapeciales o rectangulares, situados sobre la presa y centrados sobre el cauce, con caída libre hacia aguas abajo.

VII.1.2.1.- CAPACIDAD DEL VERTEDERO.-

El vertedero se calcula para un cierto caudal de diseño, resultado de un estudio hidrológico que lleva implícito errores y apreciaciones subjetivas, que hacen que el resultado sea una buena aproximación a la realidad. En consecuencia, es preferible utilizar ecuaciones sencillas y aproximadas que faciliten el cálculo de la capacidad de estas obras (Suárez, L.M., 1.993).

Existen, desde el punto de vista hidráulico, dos condiciones de funcionamiento diferentes en la vida útil de las presas de retención de sedimentos: antes y después de la colmatación del embalse.

Según Suárez (Suárez, L.M., 1.993), aunque los resultados pueden obtenerse para una u otra etapa, no presentan diferencias significativas que afecten los resultados finales, por lo cual es habitual calcular la capacidad del vertedero para la etapa correspondiente al embalse sin sedimentar, ya que a causa del efecto de la curvatura de las líneas de corriente al aproximarse al vertedero, el flujo es menos eficiente que en el caso del embalse colmatado. (Ver Figura N° VII.1.- y Figura N° VII.2.-)

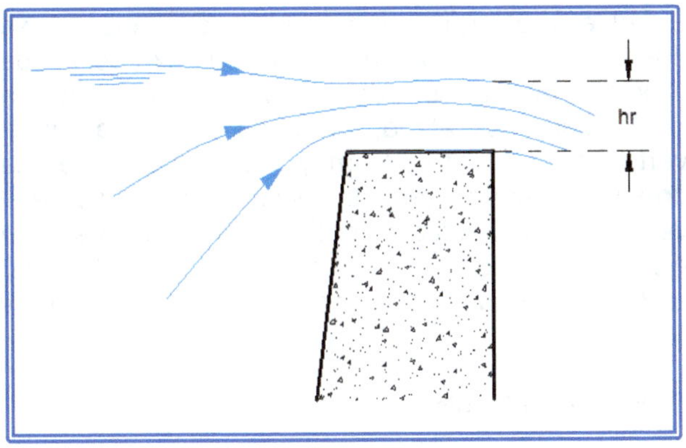

Figura N° VII.1.- Funcionamiento de un vertedero antes de la colmatación del dique.- (Imagen tomada de Suarez V., L.M. y redibujada para este libro).

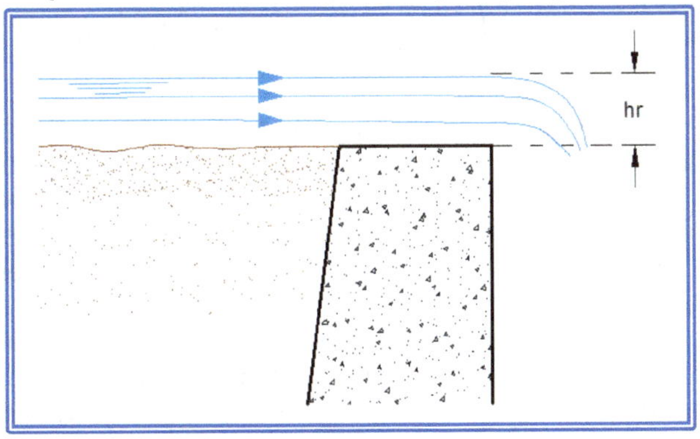

Figura N° VII.2.- Funcionamiento de un vertedero después de la colmatación del dique.- (Imagen tomada de Suarez V., L.M. y redibujada para este libro).

La situación más común es que la cresta del aliviadero tenga un ancho relativamente grande, lo que produce un comportamiento hidráulico como vertedero de pared gruesa. (Suárez, L.M., 1.993).

Según la bibliografía consultada (Suárez, L.M., 1.993), (Trueba, S., 1.986),es una práctica común calcular la capacidad del vertedero mediante la ecuación de Cipoletti, el cual determinó las inclinaciones de las paredes de los vertederos para compensar la reducción de la longitud por efecto de las contracciones laterales del flujo, de manera de obtener un vertedero de forma trapecial con la misma capacidad de descarga que uno rectangular de la misma longitud, sin contracciones, obteniedo como resultado que los taludes laterales tengan una inclinación de **14°** con la vertical, lo que representaría un valor de $\mathbf{Z = 0{,}25}$ en la inclinación del talud en la Figura N° VII.4.-. Con estas premisas y despreciando la velocidad de aproximación del flujo, la ecuación propuesta es la que sigue:

$$\mathbf{Q = 1{,}859 * Lv * hr^{3/2}} \qquad \mathbf{(VII.1)}$$

Siendo:

Q	=	Caudal de diseño (m^3/s)
hr	=	Altura de la lámina de agua sobre el vertedero (m)
Lv	=	Ancho del vertedero (m)

Por otra parte, según (CEDEX, 2.003), (King H. W., Wisler C. O., Woodburn J. G., 1.980), (López Cadenas De Llano, Filiberto, 1.965) y (Sotelo, G., 2.001), en estructuras de control de torrentes, con vertedero de cresta ancha y si se supone la presa colmatada, la altura de la lámina del flujo en el vertedero de la presa corresponde al régimen crítico, en tal sentido, desde el punto de vista hidrodinámico, se genera una energía crítica inmediatamente aguas arriba de la presa para el paso del flujo a través del vertedero y una profundidad crítica en la cresta del vertedero, tal y como se indica en la Figura N° VII.3.-

.

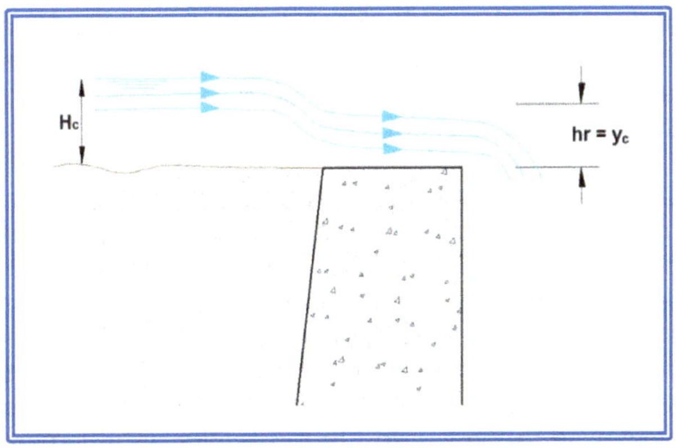

Figura N° VII.3.- Funcionamiento de un vertedero después de la colmatación del dique considerando la Energía Crítica aguas arriba del dique y profundidad crítica en la cresta del vertedero.- (Imagen del Autor).

En función de lo anterior, para un vertedero de forma rectangular, la altura **hr** de la lámina de agua por encima del nivel de la cresta viene expresada por la siguiente expresión:

$$\mathbf{hr = y_c = \left(\frac{Q^2}{g * Lv^2}\right)^{1/3}} \qquad \mathbf{(VII.2)}$$

Siendo:

y_c	=	Profundidad crítica sobre el tope del vertedero (m)
Q	=	Caudal de diseño (m^3/s)
g	=	Aceleración de gravedad (m/s^2)

Lv	=	Ancho del vertedero (m)

Por su parte, la altura del vertedero **hv** que se debe considerar aguas arriba para la definición de la altura de las alas y el resguardo de la presa, es la correspondiente a la energía crítica H_c y sería como se indica:

$$\mathbf{hv} = \mathbf{H_c} = \frac{3}{2} * \mathbf{y_c} \qquad \textbf{(VII.3)}$$

Siendo:

hv	=	Altura de las alas laterales (m)
y_c	=	Profundidad crítica sobre el tope del vertedero (m)

Resulta difícil establecer criterios que permitan definir la relación más conveniente entre el ancho del vertedero **Lv** y la altura de agua **hr**, pues el ancho del vertedero dependerá del ancho total de la estructura de retención en el tope de la misma. Cada caso debe ser analizado de manera individual y en general se recomienda establecer el ancho **Lv** máximo posible, bajo el criterio de centrar el flujo en el cauce natural, evitando que la lámina vertiente impacte sobre las laderas adyacentes para así evitar erosiones y socavaciones indeseables en ellas.

Desde el punto de vista hidrodinámico, se recomienda que el ancho del vertedero sea el mayor posible, bajo la premisa de considerar las recomendaciones indicadas en el párrafo anterior. Mientras más ancho sea el vertedero, se logra disminuir la velocidad y el caudal por unidad de ancho, de manera que, al disminuir la velocidad se disminuye la longitud de la trayectoria de la lámina vertiente y por ende se disminuiría la longitud del disipador aguas abajo, mientras que al disminuir el caudal por unidad de ancho se propiciaría una menor fuerza de impacto de la lámina en el pozo disipador, requiriendo así un disipador menos robusto, lo que se podría traducir en que si este disipador fuera con enrocado, la roca a utilizar tendría menor diámetro medio.

Tal y como se indicó anteriormente, desde el punto de vista hidráulico, en la vida útil de las presas de retención de sedimentos se pueden presentar dos condiciones de funcionamiento: antes y después de la colmatación del embalse. Sin embargo, lo recomendable es calcular la capacidad del vertedero para la etapa correspondiente al embalse sin sedimentar, ya que a causa del efecto de la curvatura de las líneas de corriente al aproximarse al vertedero, el flujo es menos eficiente que en el caso del embalse colmatado.

En el ejemplo que se muestra a continuación se puede verificar que utilizando la expresión de Cipoletti, la cual considera el vertedero sin que la presa esté colmatada, la altura de agua en el vertedero sería un 40 % mayor a si se considera la presa colmatada y se estableciera la altura sobre el vertedero igual al tirante crítico. Los cálculos se han realizado considerando un caudal de diseño $\mathbf{Q = 100\ m^3/s}$ y una longitud de la solera del vertedero de $\mathbf{Lv = 25\ m}$

Expresión de Cipoletti

$$\mathbf{hr} = \left[\frac{\mathbf{Q}}{(\mathbf{1,859 * Lv})}\right]^{2/3} \rightarrow \quad \mathbf{hr = 1,67\ m}$$

Expresión considerando el tirante crítico

$$\mathbf{hr} = \mathbf{y_c} = \left(\frac{\mathbf{Q^2}}{\mathbf{g * Lv^2}}\right)^{1/3} \rightarrow \quad \mathbf{hr = 1,18\ m}$$

Ahora bien, si se considera que la presa está colmatada y se produce una tormenta que pudiera generar un caudal con flujo de lodos y piedras, el cual se podría estimar utilizando la expresión de Takahashi (Takahashi T., 1.991), descrita en el aparte VI.2.1.-, la cual estima el gasto de lodos y piedras considerando como parámetro principal el gasto líquido obtenido del estudio hidrológico, el gasto podría aumentar hasta un 50 % del caudal líquido, de modo que los parámetros de diseño serían Q = 150 m^3/s y una longitud de la base del vertedero de L_v = 25 m. En este caso se calcularía la altura de agua solo con la expresión considerando el tirante crítico sería:

$$\mathbf{hv = 1{,}54\ m}$$

Sobre la base de los cálculos realizados y en los casos planteados, la altura de agua mayor obtenida es la obtenida con la expresión de Cipoletti.

Considerando lo anterior, es recomendable que el ingeniero proyectista evalúe los diversos casos a que podría estar sometida la presa y optar por las expresiones que mejor se adapten a su proyecto.

Con la finalidad de tener un margen de seguridad y garantizar la descarga del caudal de diseño en el caso de que el escurrimiento contenga materiales flotantes que puedan obstruir parcialmente el vertedero y generar una sobre elevación de la carga hidráulica sobre el vertedero, se recomienda adicionar un borde libre a la altura del vertedero **hr**, el cual podría ser entre un 10 % y un 20 % de esta altura. El diseño típico de un vertedero en una estructura de retención de sedimentos debe ser de sección geométrica sencilla a fin de facilitar la construcción. Es preciso indicar que la ecuación VII.2.- se refiere a un vertedero de forma rectangular, sin embargo, es muy común diseñar un vertedero de forma trapecial como el que se muestra en la Figura N° VII.4.-, sin embargo, el cálculo puede realizarse como vertedero rectangular, de manera que el área adicional que propicia la inclinación de los taludes de las alas laterales propiciará una capacidad mayor que estará del lado de la seguridad del diseño de la estructura.

También se puede diseñar un vertedero de sección compuesta como el que se muestra en la Figura N° VII.5., cuya conceptualización se basa en que la sección inferior tenga capacidad hidráulica para gastos originados por una tormenta de hasta 25 años de período de retorno y la sección completa que tenga una capacidad para un gasto generado por una tormenta de 100 años de período de retorno.

El cálculo de la capacidad de este tipo de vertedero puede realizarse con las ecuaciones VII.2.- y VII.3.-, dividiendo la sección en franjas verticales individuales, cuyos caudales parciales se sumen.

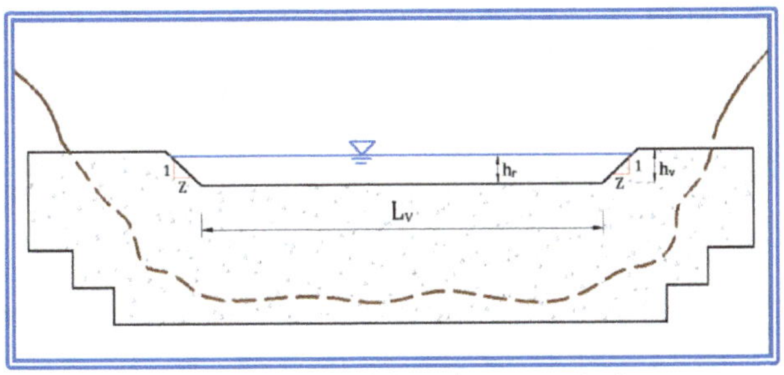

Figura N° VII.4.- Sección típica de un vertedero en una estructura de retención de sedimentos.- (Imagen del Autor).

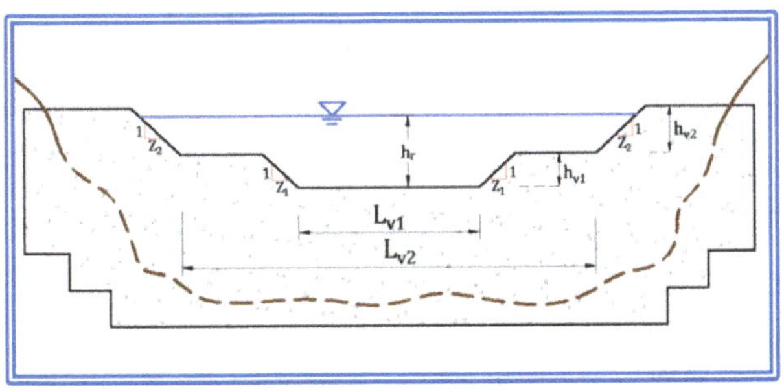

Figura N° VII.5.- Sección típica de un vertedero de sección compuesta en una estructura de retención de sedimentos.- (Imagen del Autor).

En otro orden de ideas, las presas abiertas tienen mayor capacidad de descarga antes de la colmatación ya que el agua puede fluir a través de las aberturas de la obra. Sin embargo, al obstruirse todas las aberturas; la etapa de funcionamiento final es igual a la de una presa convencional, por lo cual la capacidad del vertedero debe calcularse de igual manera que en el caso de una presa tradicional, sin considerar las aberturas de desagüe entre los dientes de la presa (Suárez, L.M., 1.993).

VII.1.2.2.- DISIPACIÓN DE LA ENERGÍA.-

La lámina de agua que vierte sobre la presa tiene una energía que es función de la altura de la caída y del caudal. Esa energía debe ser disipada adecuadamente a fin de evitar la erosión del cauce aguas debajo de la presa, lo que podría traer como consecuencia la socavación de la misma y su falla (Suárez L.M., 1993).,

VII.1.2.3.- LÁMINA VERTIENTE.-

El conocimiento de la trayectoria de la lámina vertiente sirve para determinar su energía y su zona de impacto en la fundación. Dicha trayectoria en caída libre corresponde a una parábola (Figura N° VII.6.-) (Suárez, L.M., 1.993).

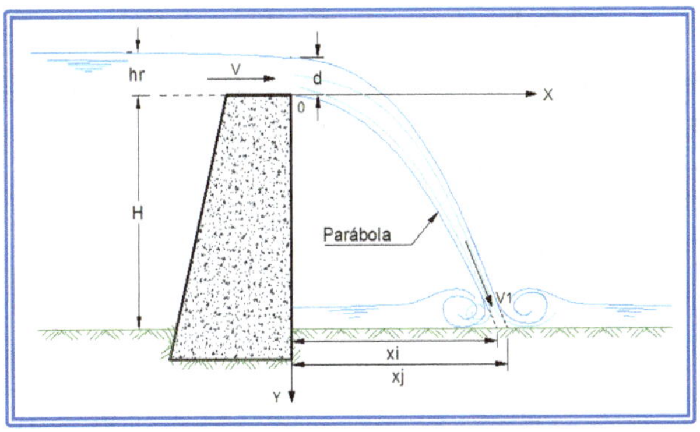

Figura N° VII.6.- Trayectoria de la lámina vertiente.- (Imagen tomada de Suarez V., L.M. y redibujada para este libro).

Para el cálculo de la Velocidad **V** en el borde de la caída sobre el vertedero, es necesario conocer el caudal unitario **q**, el cual viene dado por la siguiente ecuación:

$$q = \frac{Q}{Lv} \quad (VII.4)$$

Siendo:

Q	=	Caudal de diseño (m^3/s)
Lv	=	Longitud del vertedero (m)

Luego la Velocidad **V**, viene definida por la expresión:

$$V = \frac{q}{hr} \quad (VII.5)$$

Siendo:

q	=	Caudal unitario (m³/s/m)
hr	=	Altura de la lámina de agua sobre el vertedero (m)

Las distancias x_i y x_j que definen el área de impacto de la lámina, vienen expresadas como

$$x_i = V * \sqrt{\frac{2H}{g}} \quad (VII.6)$$

$$x_j = V * \sqrt{\frac{2(H+hr)}{g}} \quad (VII.7)$$

Siendo:

V	=	Velocidad horizontal del flujo en el borde la de la caída (m/s)
g	=	Aceleración de gravedad (m/s²)
hr	=	Altura de la lámina de agua sobre el vertedero (m)
H	=	Altura total del dique, medido desde la rasante del cauce (m)

Por su parte, la velocidad del flujo cuando impacta sobre el lecho del cauce se puede calcular con la siguiente expresión:

$$V_1 = \sqrt{2 * g * (H+hr)} \quad (VII.8)$$

Siendo:

g	=	Aceleración de gravedad (m/s²)
H	=	Altura total del dique, medido desde la rasante del cauce (m)
hr	=	Altura de la lámina de agua sobre el vertedero (m)

EJEMPLO VII.1.-

En el presente ejemplo se calcula la altura sobre el vertedero para un gasto de diseño de **Q** = 500 m³/s y una longitud de vertedero sobre una presa de **Lv** = 45 metros.
Utilizando la expresión VII.2.- se puede obtener la altura sobre la rasante del vertedero como **hr** = 2,33 metros.

$$hr = \left(\frac{500^2}{9,81 * (45)^2}\right)^{1/3} = 2,33\ m$$

Luego se puede calcular la velocidad en el borde de la caída sobre el vertedero mediante la expresión VII.5.-, para luego calcular las distancias de la lámina vertiente (x_i y x_j) utilizando las expresiones VII.6.- y VII.7.- y también calcular la velocidad del flujo cuando impacta sobre el lecho del cauce (V_1) utilizando la expresión VII.8.-. En el Tabla Nº VII.1.- se muestran los resultados de los cálculos utilizando estas expresiones para una presa de 9 metros de altura y una altura sobre el vertedero de 2,33 metros.

TABLA Nº VII.1.-
CALCULO DE DISTANCIA DE LA LAMINA VERTIENTE Y VELOCIDADES DE IMPACTO DEL FLUJO AL PIÉ DE UNA PRESA

Q (m³/s)	B (m)	q (m²/s)	h (m)	H (m)	V (m/s)	X_i (m³/s/m)	X_j (m)	V_1 (m/s)
500,00	45,00	11,11	2,33	1,00	4,77	2,15	3,93	8,08
500,00	45,00	11,11	2,33	2,00	4,77	3,05	4,48	9,22
500,00	45,00	11,11	2,33	3,00	4,77	3,73	4,97	10,23
500,00	45,00	11,11	2,33	4,00	4,77	4,31	5,42	11,14
500,00	45,00	11,11	2,33	5,00	4,77	4,81	5,83	11,99
500,00	45,00	11,11	2,33	6,00	4,77	5,27	6,21	12,78
500,00	45,00	11,11	2,33	7,00	4,77	5,70	6,58	13,53
500,00	45,00	11,11	2,33	8,00	4,77	6,09	6,92	14,24
500,00	45,00	11,11	2,33	9,00	4,77	6,46	7,25	14,91

De igual forma se pueden calcular las distancias de la lámina vertiente en una canalización de 25 metros de ancho promedio y alturas de la traviesa hasta 1,5 metros, considerando una profundidad del flujo de 3,80 metros.

TABLA Nº VII.2.-
CALCULO DE DISTANCIA DE LA LAMINA VERTIENTE Y
VELOCIDADES DE IMPACTO DEL FLUJO AL PIÉ DE UNA TRAVIESA

Q (m^3/s)	B (m)	q (m^2/s)	h (m)	H (m)	V (m/s)	X_i ($m^3/s/m$)	X_j (m)	V_1 (m/s)
500,00	25,00	20,00	3,80	0,50	5,26	1,68	4,93	9,19
500,00	25,00	20,00	3,80	0,75	5,26	2,06	5,07	9,45
500,00	25,00	20,00	3,80	1,00	5,26	2,38	5,21	9,70
500,00	25,00	20,00	3,80	1,25	5,26	2,66	5,34	9,95
500,00	25,00	20,00	3,80	1,50	5,26	2,91	5,47	10,20

Como se podrá observar en las tablas anteriores, para un caudal unitario mayor, como en el caso de la canalización (Tabla Nº VII.2.-) las velocidades en el borde la caída en el vertedero, así como las velocidades de impacto en el lecho son mayores que cuando en el caso de la presa, con lo que se puede inferir que mientras mayor sea el ancho del vertedero, así como mayor sea el ancho de la canalización, se obtendrán menores velocidades en el borde del vertedero o de la traviesa y también se obtendrán menores velocidades de impacto sobre el lecho del cauce.

VII.1.2.4.- SOCAVACIÓN AL PIE DE LA PRESA.-

Al caer al pie de la presa la lámina vertiente tiene una velocidad muy superior a la que corresponde al régimen uniforme en el cauce, por lo que hasta que se alcance dicho régimen una cierta distancia aguas abajo, existirá un flujo altamente turbulento, cuyas velocidades y remolinos producirán, en la mayoría de los casos, el arrastre del material de fondo y en consecuencia la socavación del lecho. (Suárez, L.M., 1993).

El comportamiento del flujo se caracteriza por la formación de dos remolinos de ejes aproximadamente horizontales y de sentidos inversos de rotación (Figura Nº VII.7.-).

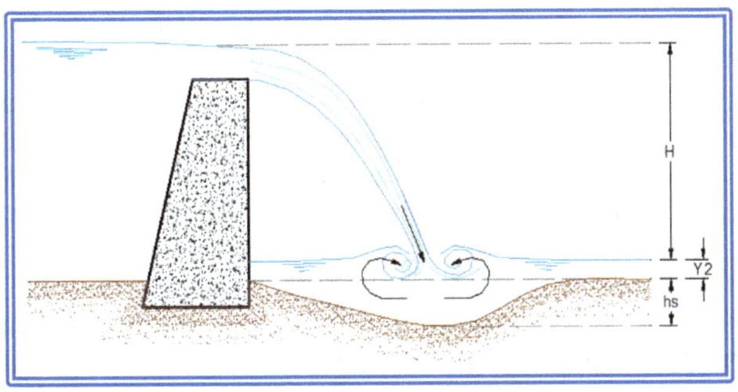

Figura Nº VII.7.- Socavación al pie de la presa.- (Imagen tomada de Suarez V., L.M., 1.993 y redibujada para este libro).

Al aumentar la profundidad de la socavación disminuyen las velocidades locales de los remolinos, hasta que se alcanza una velocidad límite incapaz de arrastrar las partículas del cauce, por lo que la socavación cesa. (Suárez, L.M., 1.993).

Si la profundidad a la que está fundada la presa es menor que la que alcanza la socavación máxima, se corre el peligro de que la obra pierda apoyo y falle.

Existen muchas fórmulas para el cálculo de la socavación que produce una caída de agua en los materiales aluvionales de los cauces. Una de las fórmulas más utilizadas es la de Schokiltsch (Schoklitsch, A., 1.961), (Suárez, L.M., 1.993).

$$\mathbf{h_s = 4,75 * \frac{\mathit{H}^{0,20} * q^{0,57}}{D_{90}^{0,32}} - Y_2} \qquad \textbf{(VII. 9)}$$

Siendo:

h_s	=	Socavación (m)
Y_2	=	Altura de agua, aguas abajo del dique (m)
H	=	Altura de la carga hidráulica desde la superficie del agua aguas arriba del vertedero hasta la superficie aguas abajo (m)
q	=	Caudal unitario ($m^3/s/m$)
D_{90}	=	Diámetro del material del cauce para el cual el 90% es más fino (mm)

Para analizar la posible profundidad de socavación del cauce, se debe considerar el D_{90} del material del cauce existente.

Una vez obtenida la profundidad de socavación en el cauce natural y teniendo como resultado la necesidad de proteger o revestir el sector aguas abajo de la presa, con esta metodología se puede estimar el diámetro de la roca que se debe colocar al pie de la presa para que no ocurra socavación y con ello diseñar y proponer el enrocado necesario para proteger el sector aguas abajo de la presa y que formará parte integral del disipador de energía.

EJEMPLO VII.2.-

En el presente ejemplo se calcula la socavación al pie de la presa de 9 metros de altura y un ancho de vertedero de 45 metros, para un gasto de 500 m³/s y variando la granulometría del material, en donde se ha variado el D_{90} desde 100 mm hasta 900 mm.. En el Tabla Nº VII.3.- se muestran los resultados de los cálculos, en donde se puede observar que en la medida que se aumenta el diámetro de la partícula la socavación al pie de la presa disminuye. Con este ejemplo se muestra como, con esta metodología, se puede obtener el diámetro de las rocas del enrocado a colocar al pie de la presa con que se logre la menor socavación y por ende la protección del pie de la presa.

TABLA Nº VII.3.-
CALCULO DE LA SOCAVACIÓN AL PIÉ DE UNA PRESA

Q (m^3/s)	ANCHO SECCIÓN (m)	H (m)	Y_2 (m)	d_{90} (mm)	q (m^3/s/m)	hs (m)
500,00	45,00	9,00	2,83	100,00	11,11	3,83
500,00	45,00	9,00	2,83	200,00	11,11	2,51
500,00	45,00	9,00	2,83	300,00	11,11	1,86
500,00	45,00	9,00	2,83	400,00	11,11	1,45
500,00	45,00	9,00	2,83	500,00	11,11	1,15
500,00	45,00	9,00	2,83	600,00	11,11	0,93
500,00	45,00	9,00	2,83	700,00	11,11	0,74
500,00	45,00	9,00	2,83	800,00	11,11	0,59
500,00	45,00	9,00	2,83	900,00	11,11	0,47

De igual forma se puede calcular la socavación al pie de una traviesa en una canalización de 25 metros de ancho promedio y alturas de la traviesa desde 0,50 metros hasta 1,5 metros, considerando una profundidad del flujo de 3,80 metros y diámetros de partícula desde 100 mm hasta 500 mm..

TABLA Nº VII.4.-
CALCULO DE LA SOCAVACIÓN AL PIÉ DE UNA TRAVIESA

Q (m^3/s)	Bm (m)	H (m)	Y_2 (m)	d_{90} (mm)	q (m^3/s/m)	h_s (m)
500,00	25,00	0,50	3,80	100,00	20,00	1,42
500,00	25,00	0,75	3,80	200,00	20,00	0,74
500,00	25,00	1,00	3,80	300,00	20,00	0,42
500,00	25,00	1,25	3,80	400,00	20,00	0,23
500,00	25,00	1,50	3,80	500,00	20,00	0,09

En la tabla anterior se puede observar como para un diámetro de roca de unos 500 mm, teóricamente no se presentarían socavaciones al pie de la traviesa.

VII.1.2.5.- DISIPADORES DE ENERGÍA.-

Tal y como se indicó anteriormente, la lámina de agua que vierte desde el vertedero tiene una energía que es función de la altura de la caída y del caudal. Esa energía debe ser disipada adecuadamente a fin de evitar la erosión del cauce aguas abajo de la presa, lo que podría traer como consecuencia la socavación del pie de la presa y su eventual falla (Suarez, L.M., 1.993).

Cuando estas estructuras se logran fundar sobre roca sana o sobre roca no fracturada, resistente al impacto de la lámina vertiente y a la erosión, no se requiere de obras especiales. Sin embargo, en los casos en que la estructura este fundada sobre roca fracturada o sobre materiales gravosos o arenosos, poco resistentes a la erosión, será necesario construir obras de disipación de energía.

Una forma de evitar la falla por socavación de la presa consiste en fundarla a una profundidad mayor que la erosión calculada para el caudal de diseño, con un cierto margen de seguridad para tomar en cuenta la imprecisión del método de cálculo. Esta solución es adecuada en el caso de las presas pequeñas (menores de 5 m de altura), especialmente cuando existe otra presa aguas abajo y se pueda garantizar que en el cauce se construyan varias presas de forma escalonada (Suárez, L.M., 1.993).

En el caso de presas con alturas superiores a los 5 metros, fundadas sobre material aluvional fino, roca muy fracturada o poco resistente a la erosión, en la mayoría de los casos es necesario construir disipadores de energía. El tipo de disipador más utilizado consiste en construir un pequeño dique aguas abajo, denominado contradique, cuya función es formar un estanque amortiguador entre él y la presa, donde se disipa la energía de la lámina vertiente por turbulencia, mediante la formación de un resalto hidráulico. (Figura N° VII.8.-) (Suárez, L.M., 1.993).

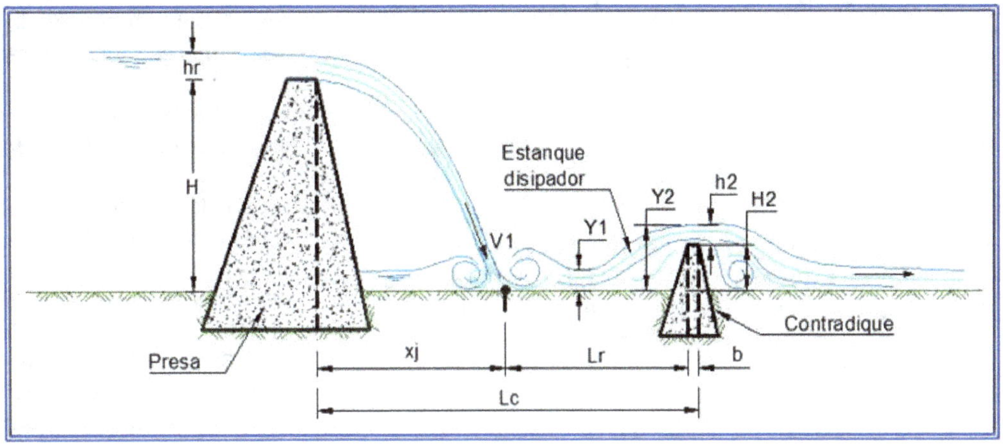

Figura N° VII.8.- Disipación con estanque amortiguador.- (Imagen tomada de Suarez V., L.M., 1.993 y redibujada para este libro).

Se obtiene un comportamiento hidráulico satisfactorio cuando la distancia **Lc** entre la presa y el contradique es:

$$Lc = x_j + Lr + b \qquad (VII.10)$$

Siendo:

x_j	=	Distancia horizontal de impacto de la lámina (m)
Lr	=	Longitud necesaria para alojar el resalto hidráulico (m)
b	=	Ancho de la cresta del vertedero del contradique (m)

La longitud **Lr** del resalto puede tomarse como $Lr = 5Y_2$

La profundidad inicial del resalto Y_1 puede calcularse mediante la ecuación:

$$V_1 = \sqrt{2g(H + h_r)} \qquad (VII.11)$$

$$Y_1 = \frac{q}{V_1} \qquad (VII.12)$$

La profundidad conjugada del resalto Y_2 es:

$$Y_2 = \frac{Y_1}{2}\left(\sqrt{1 + 8F_1} - 1\right) \qquad (VII.13)$$

Siendo F_1 el número de Froude del flujo al inicio del resalto:

$$F_1 = \frac{V_1}{\sqrt{g * Y_1}} \qquad (VII.14)$$

Por lo cual la altura necesaria H_2 del contradique sobre la fundación viene expresada por la ecuación:

$$H_2 = Y_2 - h_2 \qquad (VII.15)$$

Donde se asume que h_2 es la carga hidráulica sobre la cresta vertedora del contradique e igual a **hr**, si el vertedero del contradique es similar al de la presa principal.

Si H_2 resulta ser un valor negativo, indica que no es necesario que el contradique sobresalga por encima de la rasante del cauce, sin embargo para garantizar el pozo disipador o laguna de disipación, y que esta permita disipar la energía de la lámina vertedora y así proteger la fundación de la presa, se recomienda que el contradique posea la misma profundidad en la fundación que la presa de retención y al menos un nivel por encima de la rasante del cauce, el cual sería la cresta del contradique o base del vertedero.

EJEMPLO VII.3.-

En este ejemplo se muestra cómo se puede realizar el cálculo de las dimensiones del disipador de energía, considerando los mismos parámetros de los ejemplos VII.1.- y VII.2.-. La presa tiene 9 metros de altura y el gasto de diseño es de 500 m³/s, la altura sobre la cresta del vertedero es 2,33 metros.

En primer lugar se calcula la velocidad de impacto de la lámina vertiente $\mathbf{V_1}$ mediante la expresión VII.11.-, para luego calcular la profundidad inicial del resalto $\mathbf{Y_1}$ utilizando la expresión VII.12.-.

$$V_1 = \sqrt{2g(H+h)} = \sqrt{2*9,81*(9+2,33)}$$

$$V_1 = 14,91\ m/s$$

$$Y_1 = \frac{q}{V_1} = \frac{11,11}{14,91} = 0,75\ m$$

La profundidad conjugada del resalto $\mathbf{Y_2}$ se calcula utilizando la expresión VII.13.- y para ello se debe calcular el número de Froude $\mathbf{F_1}$ del flujo al inicio del resalto, el cual se puede obtener de la ecuación VII.14.- como sigue:

$$F_1 = \frac{V_1}{\sqrt{g*Y_1}} = \frac{14,91}{\sqrt{9,81*0,75}} = 5,51$$

$$Y_2 = \frac{Y_1}{2}\left(\sqrt{1+8F_1}-1\right) = \frac{0,75}{2}\left(\sqrt{1+5,51}-1\right) = 2,13\ m$$

Sobre la base de los resultados obtenidos, la altura necesaria $\mathbf{H_2}$ del contradique sobre la fundación viene expresada por la ecuación VII.15.-, donde se asume que $\mathbf{h_2}$ es la carga hidráulica sobre la cresta vertedora del contradique e igual a **hr**, si el vertedero del contradique es similar al de la presa principal.

$$H_2 = Y_2 - h_2 = 2,13 - 2,33 = -0,20\ m$$

Tal y como se indicó anteriormente, si $\mathbf{H_2}$ resulta ser un valor negativo, indica que no es necesario que el contradique sobresalga por encima de la rasante del cauce, sin embargo para garantizar el pozo disipador o laguna de disipación, y que esta permita disipar la energía de la lámina vertedora y así proteger la fundación de la presa, se recomienda que el contradique posea la misma profundidad en la fundación que la presa de retención y al menos un 1 metro por encima de la rasante del cauce, el cual sería la cresta del contradique o base del vertedero.

Se debe realizar el chequeo del contradique contra los factores de volcamiento y deslizamiento utilizando el mismo procedimiento aplicado para el diseño de la presa de retención. Este procedimiento se describe en el Capítulo VIII.-.

De igual manera que la presa, el contradique debe contar con las alas laterales a ambos lados y sobre la cresta del vertedero, de modo que abarquen la carga hidráulica correspondiente, asumida igual a la carga hidráulica que actúa sobre la presa de retención.

Adicionalmente a estas precauciones para evitar la socavación al pie de la presa, se recomienda la colocación de enrocado al pie de la presa y hasta la ubicación del contradique, con un espesor mínimo equivalente al doble de una roca que no pueda ser movida según el procedimiento de cálculo propuesto por Schokiltsch (Schoklitsch, A., 1.961) y descrito en el aparte VII.1.5.-.

En la Figura Nº VII.9.- se aprecia un ejemplo de contradique y enrocado de protección.

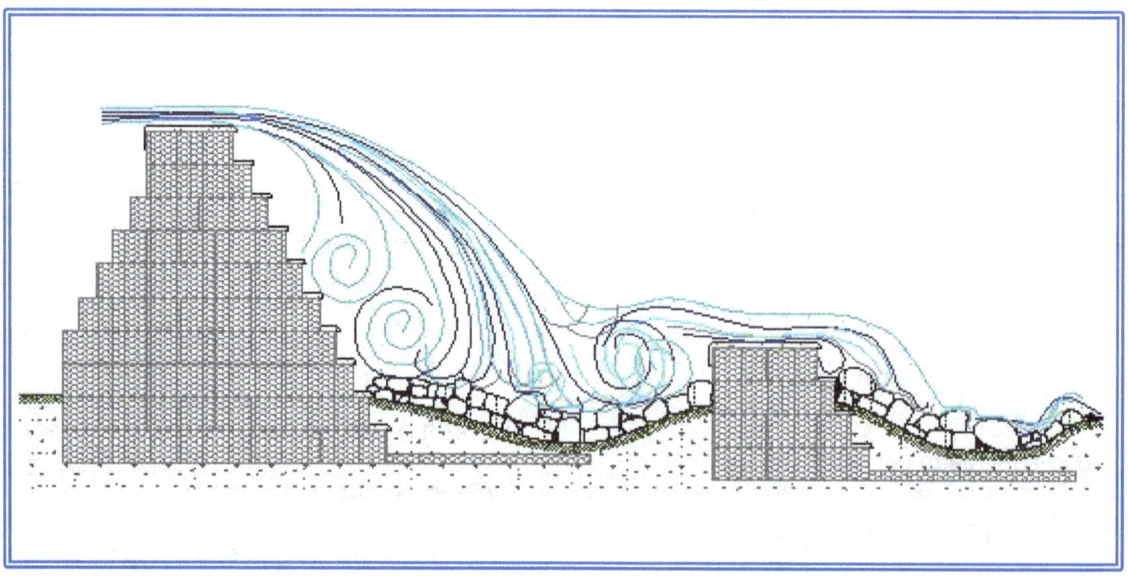

Figura N° VII.9.- Sección típica dique, contradique y enrocado de protección.- (Imagen preparada por el Autor).

En la figura anterior se puede observar que el espacio entre el dique y el contradique alojaría la lámina vertiente, así como la turbulencia que genera la lámina de caída. Este espacio debe ser protegido con el enrocado, cuyo diámetro de roca debe ser cuidadosamente calculado según se describió en el aparte VII.1.2.4.-.

De igual forma, aguas abajo del contradique es recomendable colocar un enrocado, cuyo diámetro podría ser menor que el diámetro de roca en el disipador, y que puede ser calculado en función de la caída que se genere desde el vertedero del contradique. Es preciso indicar que este enrocado en la mayoría de los casos es imprescindible, pues en vista de que los sedimentos son retenidos en la presa, el flujo hacia aguas abajo será de aguas claras que tendrán un importante poder erosivo, las cuales podrán poner en peligro la estabilidad del contradique.

Con la finalidad de ilustrar la importancia del disipador de energía y en especial el del contradique, así como del enrocado que debe colocarse aguas abajo del contradique, a modo de ejemplo, a continuación se ilustra el comportamiento de la Presa N° 1.- sobre la Quebrada Galipán en el Estado Vargas, diseñada con siete (7) metros de altura (dos (2) metros de fundación y cinco (5) sobre la rasante) y para un gasto de diseño de 100 años de período de retorno de Q = 58 m^3/s.

En la Foto N° VII.1.- y en la Foto N° VII.2.- se ilustra la presa recién construida en Agosto del 2.002.

Foto Nº VII.1.- Vista hacia aguas arriba de la Presa 1.- en la Quebrada Galipán, en el Estado Vargas. (Agosto 2.002). (Foto del Autor).

En la Foto Nº 1.2 se puede observar que la presa no cuenta con enrocado en el disipador de energía entre el dique y el contradique, así como tampoco aguas abajo del contradique. La colchoneta de gavión se encuentra enterrada en la base del dique y del contradique.

Foto Nº VII.2.- Vista de la Presa 1.- en la Quebrada Galipán, en el Estado Vargas. (Agosto 2.002). (Foto del Autor).

En este proyecto, en vista de la poca altura de la presa, y en especial por la vista de la carencia en la cuenca de rocas de diámetros medios mayores a 70 centímetros que permitieran construir un enrocado acorde con las necesidades, se propuso colocar una colchoneta de gaviones de 30 centímetros de espesor, tanto aguas abajo del dique, así como aguas abajo del contradique.

En la Figura N° VII.10.- se ilustra la concepción del proyecto de la Presa sobre la Quebrada Galipán, en donde se propone la colocación de una colchoneta de gavión, tanto aguas abajo del dique, así como aguas abajo del contradique.

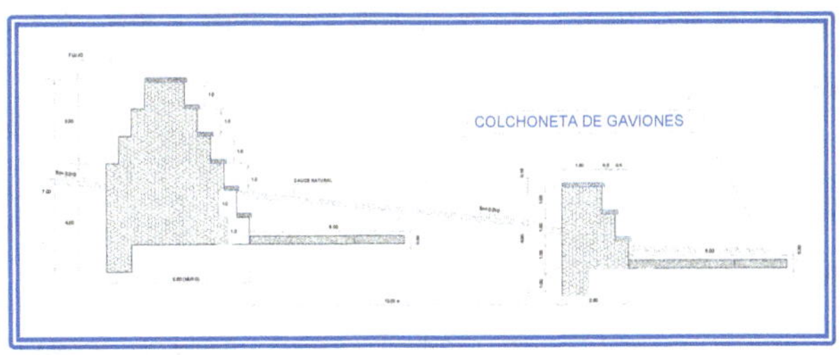

Figura N° VII.10.- Sección de la Presa N° 1.- sobre la Quebrada Galipán, Estado Vargas.-

La presa se terminó de construir en Agosto de 2.002. En Febrero de 2.005 ocurrió una crecida de características extraordinarias que puso a prueba el funcionamiento de la presa (Ver Foto N° VII.3.-). El flujo de lodos y piedras, colmató la presa en pocas horas, por lo que los sedimentos siguieron hacia aguas abajo llenando el área entre el dique y el contradique y generando una importante erosión y socavación en el cauce natural aguas abajo del contradique.

Foto N° VII.3.- Vista de la Presa 1.- en la Quebrada Galipán, en el Estado Vargas durante el Evento de Febrero de 2.005. (Foto del Autor).

En las fotografías que se muestran a continuación se puede observar la socavación producida aguas abajo del contradique de la Presa 1.- sobre la Quebrada Galipán durante la crecida de Febrero de 2005 en el Estado Vargas.

La Foto N° VII.4.- es una vista tomada desde el vertedero del dique de la Presa N° 1.-, en donde se observa que la presa se encuentra estable y no sufrió daños. Aguas abajo se puede observar la erosión del cauce a causa de la crecida de Febrero de 2005, en donde se puede inferir que el lecho del cauce de la quebrada sufrió un descenso de unos 2,00 metros por efecto de la erosión producido por la crecida.

Foto N° VII.4.- Vista hacia aguas abajo desde el vertedero del dique de la Presa 1.- en la Quebrada Galipán, en el Estado Vargas. Obsérvese que el concreto del vertedero del dique se encuentra en buen estado así como el del vertedero del contradique. Obsérvese la erosión y socavación producida en el cauce de la quebrada por efecto del paso de la crecida. (Foto del Autor).

En la misma fotografía se puede observar que el disipador de energía, a pesar de estar lleno de sedimentos se encuentra en perfectas condiciones, pudiéndose inferir que su comportamiento fue satisfactorio ante el paso de la crecida. En este caso, la colchoneta de gavión quedó protegida por los sedimentos depositados en el disipador.

Foto N° VII.5.- Vista desde agua abajo del dique y el contradique de la Presa 1.- en la Quebrada Galipán, en el Estado Vargas. Obsérvese que el dique se encuentra estable, mientras que el contradique sufrió una socavación de unos 2 metros al pie del mismo, originando la deformación del mismo por efecto de asentamiento. (Foto del Autor).

Foto N° VII.6.- Vista en detalle de la socavación producida aguas abajo del contradique de la Presa 1.- en la Quebrada Galipán, en el Estado Vargas. Obsérvese la deformación del mismo por efecto del asentamiento. (Foto del Autor).

A manera de anécdota, es preciso relatar que aguas abajo del contradique solo existía la colchoneta de gavión y aún no se habían construido las traviesas de estabilización del cauce hacia aguas abajo de la presa. Esta carencia condujo a la ocurrencia de una importante socavación hacia aguas abajo del contradique, sea por efecto de la crecida como tal, así como por el efecto de aguas claras con poder erosivo que escurrieron hacia aguas abajo de la presa, tal y como se muestra en las Fotos N° VII.5.- y N° VII.6.-, por lo que el flujo de lodos y piedras junto al impacto de la lámina vertiente, prácticamente destrozaron la colchoneta de gavión, a tal punto que no se consiguieron rastros de ella.

Con la finalidad de evitar que una nueva crecida perjudicara la estabilidad del contradique, se acometieron los trabajos de rehabilitación inmediatamente.

Para la rehabilitación de la presa afectada, se sugirió la colocación de roca de diámetro medio mayor o igual a 1 metro, colocada desde el pie del contradique en una longitud de unos 20 metros, de los cuales los primeros 10 metros, formando un enrocado y los segundos 10 metros acorazando el cauce natural de manera que sirviera de transición entre el contradique y el cauce natural.

Adicionalmente se sugirió la colocación de un geotextil no tejido permeable colocado de forma perpendicular a la dirección del flujo y hasta unos 2 metros por debajo de la fundación del contradique. La finalidad del geotextil sería la de dejar escurrir el flujo sub-superficial y contener el eventual lavado de materiales finos que pudieran ser arrastrados por el flujo, de manera de lograr una densificación del suelo y así mejorar la capacidad de soporte del mismo. En la Figura N° VII.11.- se muestra un croquis con lo que se sugirió y construyó para proteger el contradique de la Presa N° 1.- en la Quebrada Galipán.

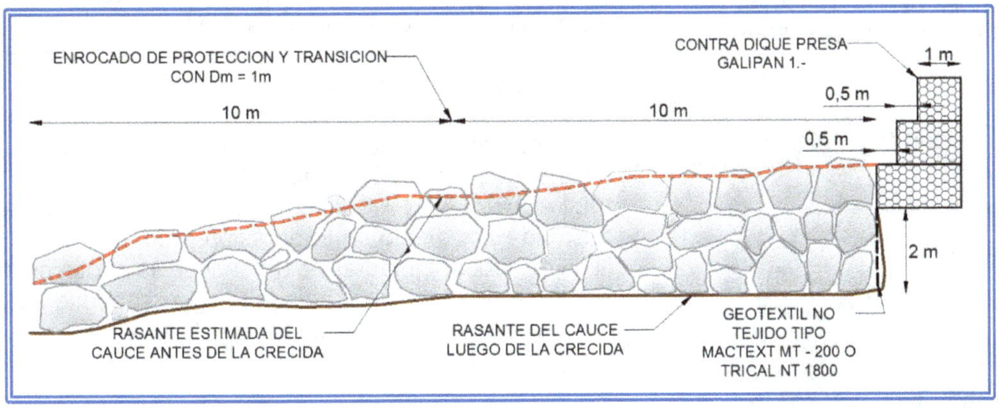

Figura N° VII.11.- Propuesta para proteger al área aguas abajo del contradique de la Presa N° 1.- en la Quebrada Galipán, Estado Vargas.-

En la Foto N° VII.7.- se muestra los trabajos de rehabilitación del área aguas abajo del contradique de la Presa Nº 1.- en la Quebrada Galipán.

Foto Nº VII.7.- Vista del inicio de la reparación del Contradique de la Presa Nº 1.- de Galipán. (Febrero del 2.005). Obsérvese la colocación del geotextil al pie del contradique. (Foto del Autor).

En la Foto N° VII.8.- se puede observar el comportamiento de la Presa N° 1.- de la Quebrada Galipán después de una tormenta en Marzo de 2006. En la foto se puede observar que el área aguas abajo del contradique tuvo un comportamiento satisfactorio, pues el enrocado propuesto impidió las eventuales erosiones y socavaciones que se pudieran haber generado.

Foto Nº VII.8.- Vista de la Presa Nº 1.- de Galipán después de la reparación. (Marzo del 2.006). (Foto del Autor).

Otro caso ejemplo que se podría citar es el de la Presa sobre la Quebrada El Ere, afluente del Río Macuto en el Estado Vargas, construida en Septiembre de 2.002. En este caso se construyó una presa de 5 metros medidos desde la base hasta el vertedero y se construyó un disipador con una colchoneta de gavión. Luego del evento de Febrero de 2.005, se pudo observar como la colchoneta sufrió algunos deterioros, pero soportó satisfactoriamente el impacto de la lámina vertiente.

Foto Nº VII.9.- Vista de la Presa sobre la Quebrada El Ere. Obsérvese el afloramiento rocoso. (Septiembre de 2.002). (Foto del Autor).

Foto Nº VII.10.- Vista de la Presa sobre la Quebrada El Ere. Obsérvese la afectación de la colchoneta de gavión. (Febrero de 2.005). (Foto del Autor).

Foto Nº VII.11.- Vista en detalle de la afectación de la colchoneta de gavión de la Presa sobre la Quebrada El Ere. Obsérvese (Febrero de 2.005). (Foto del Autor).

Es preciso indicar que, a diferencia de la Presa Nº 1.- de la Quebrada Galipán, En el sitio aguas abajo del contradique de la presa de la Quebrada El Ere, se contaba con un afloramiento rocoso, tal y como se puede observar en la Foto Nº VII.9.-

VII.2.- ALGUNAS CONSIDERACIONES ACERCA DE LA SOCAVACIÓN AL PIE DE LAS PRESAS.-

Sobre la base de lo ilustrado en las fotografías anteriores y del comportamiento de la Presa sobre la Quebrada Galipán, así como en otros casos, se puede determinar la importancia del disipador de energía y del contradique en la construcción de una presa de retención de sedimentos.

En el caso mostrado de la Presa N° 1.- de Galipán, la colchoneta de gaviones colocada aguas abajo del dique no tuvo mayores solicitaciones, pues el pozo disipador originó una amortiguación y una disipación por efecto del resalto hidráulico que no generó erosiones en el pie del dique.

Sin embargo, la colchoneta colocada al pie del contradique en la Quebrada Galipán (Ver Foto Nº VII.4.- Nº VII.5.- y Nº VII.6.-) quedo completamente destruida por efecto de la abrasión producida por el flujo de lodos y piedras, perdiéndose la protección aguas abajo del contradique y generándose las erosiones y socavaciones ilustradas en las fotografías anteriores.

Ahora bien, en el caso de la Presa en la Quebrada El Ere, la colchoneta de gavión se comportó de manera satisfactoria durante la crecida ocurrida en el evento de Febrero de 2.005. (Ver Foto Nº VII.9.- Nº VII.10.- y Nº VII.11.-). En este caso es preciso indicar que, por una parte, el gasto de escurrimiento de esta quebrada es muy bajo ($Q \approx 7\ m^3/s$), así como la altura de la Presa ($H = 5$ m), por lo que la lámina de caída no tiene un impacto importante, y por otra parte, que el afloramiento rocoso fungió de punto de control del cauce o de contradique, protegiendo así la colchoneta.

Sobre la base de lo anteriormente descrito e ilustrado, se puede inferir que el estudio hidráulico de las estructuras de retenciones es imprescindible y debe ser cuidadosamente elaborado para poder tomar las decisiones de proyecto ajustadas al sitio.

Una forma de evitar la falla por socavación de la presa consiste en fundarla a una profundidad mayor que la socavación calculada para el caudal de diseño, en donde se podría tomar un margen de seguridad para considerar la eventual imprecisión de los métodos de cálculo.

Seguramente la pregunta del lector sería *¿Cuál debería ser este margen de seguridad?*. Sobre la base de las experiencias observadas, se puede recomendar que el margen de seguridad podría establecerse en un 25 % de la profundidad de socavación calculada, es decir, si la profundidad de socavación calculada es de dos (2) metros, se debería colocar la fundación de la presa a 2,50 metros de profundidad.

Sin embargo, como se ha mencionado, la práctica común consiste en colocar un enrocado con roca de diámetro medio igual al que garantice su inamovilidad con el gasto de diseño y según la metodología de cálculo propuesta por por Schokiltsch (Schoklitsch, A., 1.961) y descrito anteriormente. Es preciso indicar que el enrocado es una buena solución, siempre y cuando en el cauce se consigan rocas del diámetro necesario para ello.

Sobre la base de las experiencias anteriormente descritas, se puede sugerir que, cuando en las inmediaciones de la obra no se consigan rocas con el diámetro adecuado para ser utilizados para la construcción del enrocado, y el transporte desde otro sitio sea muy oneroso, no se recomienda el empleo de la colchoneta de gavión, pues el gavión aunque es una estructura noble para múltiples utilizaciones en la hidráulica fluvial, en el caso de su colocación al pie de estructuras de retención, el impacto a la que pueden estar sometidas o la simple abrasión del flujo de lodos y piedras puede originar su total deterioro, tal y como se describió en el caso de la presa sobre la Quebrada Alcantarilla.

En estos casos, donde no se cuente con rocas de diámetro apropiado y cónsono con los requerimientos del proyecto, es preferible transportar la roca desde otros sitios, así como también fabricar cubos de concreto armado simulando el tamaño de roca necesario para evitar la socavación. También se puede proponer un disipador elaborado con concreto armado o concreto ciclópeo que seguramente garantizará la protección contra la erosión y socavación aguas abajo del dique y del contradique.

En la Foto Nº VII.12.- que se muestra a continuación se ilustra la Presa sobre la Quebrada El Piache en el Estado Vargas, en donde la presa se construyó en gaviones, mientras que el disipador se optó por construirlo en concreto armado. Los criterios de proyecto en este caso se basaron en que, por una parte, en la cuenca no se cuenta con rocas de diámetro idóneo para el enrocado y por otra parte, el disipador sería la transición desde la presa hacia la canalización con revestimiento de concreto propuesta para esta quebrada.

Foto Nº VII.12.– Presa sobre la Quebrada El Piache, Estado Vargas (Agosto del 2003). (Foto del Autor).

VII.3.- CARACTERÍSTICAS HIDRÁULICAS DE LAS CANALIZACIONES PARA CONTROL DE TORRENTES.-

En los capítulos precedentes, de una u otra forma, ya se ha descrito que los principios que establecen el diseño y uso de obras destinadas a la corrección y a la estabilización de cauces torrenciales, están dirigidos a la regulación y control, total o parcial, de los efectos que la dinámica de los caudales que circulan por los cauces producen en sus adyacencias en forma de procesos de erosión, transporte y sedimentación de los materiales que lo forman.

En tal sentido, todas las acciones que se propongan para la corrección del cauce fluvial, están orientadas a controlar estos procesos en el lecho y márgenes, evitando que se incorporen caudales sólidos a la corriente. Se trata, por tanto, de adoptar las medidas necesarias para que no lleguen a formarse estos caudales, o bien, si se han producido, para que queden reducidos al mínimo, por depósito o sedimentación de los materiales.

Considerando estas premisas, pareciera que la forma más apropiada de lograr la corrección de un cauce fluvial de características torrenciales, es colocando de manera estratégica traviesas o diques de retención con la finalidad de disminuir la pendiente longitudinal y así minimizar las velocidades del flujo. Con esto se lograría que los sedimentos se queden a lo largo del recorrido del cauce y no sean arrastrados hacia la cuenca baja donde el recorrido del cauce termina en el cono de deyección y donde generalmente están asentados los desarrollos urbanos que son vulnerables a eventos de deslaves como los que se han descrito a lo largo de los capítulos anteriores.

Ahora bien, en la cuenca baja, en el tramo de recorrido a lo largo del cono de deyección, debido a la disminución de la pendiente longitudinal y por ende la disminución de las velocidades del flujo, el cauce es vulnerable a eventuales efectos de sedimentación, con la consecuente pérdida de capacidad hidráulica de la sección del cauce, desborde sobre las márgenes adyacentes y que en algunos casos puede originar cambios de alineamientos del cauce fluvial. Este fenómeno de sedimentación del cauce y eventual desborde de las aguas hacia las márgenes adyacentes, es el que origina la afectación de desarrollos urbanos asentados en esta área.

Este tramo requiere de un estudio detallado de las condiciones hidráulicas que debe tener el cauce para lograr que, el eventual gasto sólido que logre llegar a este tramo del recorrido del cauce, tenga la capacidad de transporte adecuada para escurrir hacia aguas abajo sin afectar el normal desenvolvimiento de las actividades en el desarrollo urbano.

Todas las acciones destinadas a la corrección y estabilización de cauces en el tramo anteriormente descrito, tienen sus fundamentos teóricos en la Hidráulica Fluvial, la cual combina conceptos de Hidrología, Hidráulica General, Geomorfología y Transporte de Sedimentos.

La hidráulica fluvial estudia el comportamiento hidráulico de los ríos en lo que se refiere a los caudales y niveles mínimos, medios y máximos, las velocidades de flujo, las variaciones del fondo por socavación y sedimentación, la capacidad de transporte de sedimentos y los efectos erosivos sobre las márgenes.

Los diversos temas que trata la hidráulica fluvial es tan extensa que sería prácticamente imposible resumir en un solo aparte o en un solo capítulo todo lo abarca esta fascinante disciplina de la Ingeniería Hidráulica.

Lo singular de la hidráulica fluvial es que trata con elementos de la naturaleza y es por ello su inmensa diversidad y quizá ello explique su enorme empirismo, en donde expresiones y diversos métodos de estudio y cálculo se basan en trabajos de investigación y observaciones en sitio de diversos autores y de diversas latitudes y diversas áreas geográficas y que han conllevado a obtener una importante cantidad de expresiones empíricas que son las que comúnmente se utilizan para diseñar los diferentes elementos que de una u otra forma permiten proponer las acciones destinadas a la corrección y estabilización de los cauces.

En términos generales, el Ingeniero Hidráulico que tenga la responsabilidad de analizar y ofrecer una propuesta de canalización y estabilización de un cauce debe tener conocimiento del estado actual del estudio de los ríos y su aplicación a las obras de ingeniería. Sobre la base de lo anterior, el Ingeniero Hidráulico que se dedique a este tipo de estudio, debe tener las siguientes aptitudes:

- Tener amplio conocimiento de las principales leyes y formulaciones de mecánica de fluidos y su aplicación hidráulica de manera conceptual y totalmente práctica para ríos y sus sedimentos.
- Conocer y comprender las bases científicas y técnicas de la hidráulica fluvial y su aplicación en la ingeniería.
- Conocer sistemas y cálculo de corrección de cauces y protección de márgenes.
- Conocer sistemas de cálculo de los fenómenos del transporte de sedimentos.
- Tener la capacidad de analizar un cauce fluvial y proponer alternativas de solución para su estabilización y protección de las márgenes adyacentes.
- Todos estos conocimientos fundamentales propiciarán al Ingeniero Hidráulico la posibilidad de aplicar modelos matemáticos de flujos en cauces de forma unidimensional y bidimensional, con la ayuda del computador como por ejemplo el HEC-RAS. (USACE, 2.010).

Para que el lector pueda ampliar los conocimiento sobre hidráulica fluvial, existe diversa bibliografía especializada, entre los cuales se pueden recomendar "*Ingeniería de Ríos*" (Martin Vide, 2.008) o clásicos como *"Tratado de Arquitectura Hidráulica",* (Schoklitsch, 1.961), así como muchos otros autores que se han dedicado a la hidráulica fluvial o a la hidráulica de transporte de sedimentos.

Ahora bien, los estudios de hidráulica fluvial deben estar basados en amplios conocimientos de hidráulica de canales, de donde se pueden recomendar el clásico *"Hidráulica de los Canales Abiertos"* (Chow, V.T., 1.982), así como *"Elementos de Hidráulica de Canales"* (Méndez, M.V., 2.001) y también *"Hidráulica de los Canales Abiertos"*, (Aguirre, J., 1.974).
En el siguiente aparte se indican diversos términos fundamentales de la hidráulica de canales y de hidráuica fluvial, pero es preciso indicar que para una

mejor comprensión y estudio de este tema, el lector debe ampliar los conocimientos con bibliografía como la indicada anteriormente.

VII.4.- CARACTERÍSTICAS HIDRÁULICAS DE LOS CAUCES.-

La capacidad hidráulica de un cauce se corresponde con el caudal o gasto máximo que puede transportar. El cálculo de la capacidad de una canalización es fundamental para asegurar que el caudal de diseño escurrirá sin desbordarse sobre las márgenes adyacentes.

El análisis de la capacidad del cauce se puede realizar para una sección típica, en donde se puede estudiar la relación entre el caudal y la profundidad propia de un flujo permanente y uniforme. Con este tipo de flujo se puede obtener una sección que permita tener una primera aproximación a la sección hidráulica a proponer para la canalización.

Sin embargo, la capacidad de la canalización a lo largo de su recorrido no sólo puede estudiarse considerando flujo uniforme, sino también como flujo permanente gradualmente variado, de manera de determinar los perfiles de la superficie del flujo en todo su recorrido, estableciendo las condiciones de contorno y los puntos de control del flujo.

El estudio del perfil de la superficie del agua considerando flujo gradualmente variado, conduce a la necesidad de reconocer los diversas tipos de perfiles de flujo dependiendo si el flujo es subcrítico, crítico o supercrítico.

Para efectos de proponer el dimensionamiento de la sección transversal de una eventual canalización, se puede iniciar el análisis considerando flujo uniforme y así obtener diversas alternativas de canalización.

Para poder proponer alternativas de la geometría de la canalización, se deben considerar diversos parámetros de diseño, en los que se pueden indicar en primer lugar el espacio físico disponible para evitar, en la medida de lo posible, expropiaciones o disminución de los terrenos disponibles y adyacentes a la canalización.

También se debe considerar proponer una sección típica que reduzca las velocidades medias del cauce natural, cuidando que la profundidad de agua en el canal no genere desbordes sobre las márgenes adyacentes hasta para un gasto generado por una creciente de 100 años de período de retorno o el que se establezca en el proyecto, pero a su vez que las velocidades medias garanticen el transporte de sedimentos y no se produzca sedimentación que disminuya progresivamente la capacidad hidráulica de la sección propuesta.

De igual forma, a lo largo del alineamiento del cauce a canalizar pueden existir estructuras como puentes u otros elementos que condicionen la geometría de la sección transversal de la canalización.

A manera de ejemplo, en la Tabla Nº VII.5.- se indican las características geométricas y velocidades para una canalización propuesta para el Río San Julián en Caraballeda, Estado Vargas, Venezuela.

TABLA Nº VII.5.-
ALTERNATIVAS DE SECCION DE CANALIZACION

ANCHO DE LA BASE (m)	PENDIENTE DEL TALUD (Z)	PENDIENTE LONGITUDINAL So (m/m)	PROFUNDIDAD NORMAL (y_n) (m)	PROFUNDIDAD CRITICA (y_c) (m)	VELOCIDAD NORMAL V_N (m/s)	VELOCIDAD CRITICA V_N (m/s)	ANCHO TOTAL (m)
36	1.5	0,0062	2,98	3,20	5,44	5,31	48
34	1.5	0,0062	3,07	3,30	5,56	5,40	46
32	1.5	0,0062	3,22	3,42	5,69	5,48	44

El régimen hidráulico en un río con pendiente elevada consiste en una sucesión de rápidos y remansos, de tal modo que no es lo más recomendable calcular considerando solamente un flujo uniforme, en donde se obtendría un régimen rápido o supercrítico, con elevadas velocidades y profundidades uniformes reducidas. En estos casos lo más adecuado es considerar el régimen crítico como el más representativo para determinar resguardos y definir defensas y protecciones contra inundaciones.

Ahora bien, para obtener un adecuado conocimiento de la superficie del agua en el tramo de canalización que se proponga, es imprescindible realizar el cálculo considerando flujo gradualmente variado y así obtener la variabilidad de la superficie del agua y poder proponer obras de protección cónsonas con las necesidades.

VII.5.- CÁLCULO DE LA SUPERFICIE DEL AGUA.-

Ya se ha mencionado la necesidad de que la corrección y estabilización de cauces de características torrenciales, se fundamente en la disminución de la pendiente longitudinal, y por ende la disminución de las velocidades del flujo, mediante la colocación de traviesas estratégicamente ubicadas. Para ello se han mencionado algunos métodos para la ubicación y comportamiento de la pendiente longitudinal del cauce, con los cuales se han obtenido resultados satisfactorios, como el Método de Degradación y Acorazamiento descrito en el capítulo anterior.

Ahora bien, una vez propuestos los dimensionamientos de la canalización mediante flujo uniforme y definida la ubicación de las traviesas, es necesario el cálculo de la superficie del agua, considerando flujo gradualmente variado, con la finalidad de analizar, desde el punto de vista hidráulico, el comportamiento del flujo a través del eventual escalonamiento que genere la ubicación de las traviesas.

Para un proyecto de canalización es imprescindible el cálculo del perfil de la superficie del agua.

Dicho perfil se puede calcular utilizando un programa de computadora desarrollado con el objeto de determinar perfiles de la superficie del agua mediante la resolución de las ecuaciones que describen el flujo permanente no uniforme gradualmente variado en canales abiertos. Actualmente, el programa idóneo y más utilizado para estos cálculos es el HEC-RAS (Hidrological Engineering Center´s River Analysis System), (USACE, 2.010).

El HEC-RAS es un programa de dominio público, desarrollado por el Centro de Ingeniería Hidrológica del Cuerpo de Ingenieros de la Armada de los EE.UU (Hydrologic Engineering Center's U.S. Army Corps of Engineers). El programa permite la consideración de secciones irregulares o de geometría definida, pérdidas localizadas de energía y la división del cauce en subsecciones con diferentes coeficientes de rugosidad. Una vez que al programa se le han suministrado todos los datos requeridos, para un gasto establecido, éste proporciona las cotas de la superficie del agua a lo largo del tramo en estudio, así como también los gastos, profundidades del flujo y las velocidades medias en las distintas subsecciones señaladas anteriormente.

Foto N° VII.13.- Vista de la canalización del Río San Julián, Estado Vargas, Venezuela. (Foto del Autor).

El empleo de HEC-RAS, para la obtención de perfiles de la superficie del agua, conlleva la responsabilidad de conocer las limitaciones en el marco de su aplicación. Hay que entender que una solución calculada a través de HEC-RAS no es una única solución real, sino muestra un posible resultado.

Es preciso indicar que, a pesar de la simplicidad y versatilidad de la utilización de este modelo, es importante el correcto y amplio conocimiento de los conceptos de la hidráulica de canales por parte del usuario para lograr una correcta interpretación de los resultados.

También es preciso indicar que en la hidráulica torrencial, debido a lo abrupto del recorrido, a los continuos saltos y bruscos cambios de sección, a veces no es posible modelar el comportamiento de las aguas mediante ningún programa informático.

Se pueden calcular los parámetros hidráulicos considerando flujo uniforme, aplicando la ecuación de Manning, de acuerdo con la pendiente y longitud de los tramos del cauce y su rugosidad, de manera de obtener parámetros lo más ajustados a la realidad y poder ofrecer propuestas de control cónsonas con las necesidades de cada sitio.

CAPITULO VIII

PRESAS DE GRAVEDAD

CAPITULO VIII

PRESAS DE GRAVEDAD.-

VIII.1.- GENERALIDADES.-

Las presas de gravedad reciben este nombre debido a que resisten los empujes a los que están sometidas, mediante la acción de su propio peso.

Las presas de gravedad son las más utilizadas en la corrección de torrentes. Generalmente son de trazado recto y para su construcción se utiliza el concreto, el concreto ciclópeo, la mampostería hidráulica, todos ellos sin armadura de refuerzo. Adicionalmente se utilizan los gaviones, pero estos son tratados en el Capítulo IX.

La mampostería hidráulica tiene como característica principal que está construida colocando fragmentos de roca unidos entre sí por mortero de cemento.

El concreto ciclópeo es aquél que en cuya masa se incorporan grandes piedras o rocas y que no contiene armadura. Para elaborar este tipo de concreto, preferiblemente se deben utilizar rocas que puedan ser cargadas manualmente sin mayores esfuerzo, de manera que estas rocas deberían ser de diámetro medio máximo no mayor de Dm = 30 cm, en donde la práctica y la experiencia sugiere que el volumen de rocas no debe ser mayor de un 40 % del volumen total del vaciado.

La técnica de elaboración del concreto ciclópeo consiste en lanzar las piedras o rocas desde hacia la masa de concreto que se esté vaciando, de manera que cada piedra en su ubicación definitiva quede totalmente rodeada de concreto simple.

La forma geométrica generalmente utilizada para el dimensionamiento de las presas de gravedad se ilustra en la Figura Nº VIII.1.-.

En la Figura Nº VIII.1.- se puede observar que el vertedero se coloca en la parte central de la presa, a fin de que la lámina vertiente no impacte contra las laderas y las erosione.

Para evitar la socavación del lecho de la cauce, inmediatamente aguas abajo de la presa, se recurre a la construcción de una protección de concreto, mampostería o enrocado, en la zona de incidencia de la lámina vertiente, tal y como se describió en el Capítulo VII.-. También se puede construir un contradique aguas abajo de la presa, el cual tiene por función crear un estanque disipador de la energía del flujo.

A lo largo de la presa se construyen orificios llamados mechinales o barbacanas, destinados a drenar el agua almacenada por la presa, para así disminuir el eventual empuje hidrostático en la misma.

En la Figura Nº VIII.1.- se muestra la forma geométrica convencional de una presa de gravedad en mampostería o concreto ciclópeo.

En las Fotos Nº VIII.1.-; Nº VIII.2.- y Nº VIII.3.-, se muestran algunos diques de mampostería y concreto ciclópeo típicos.

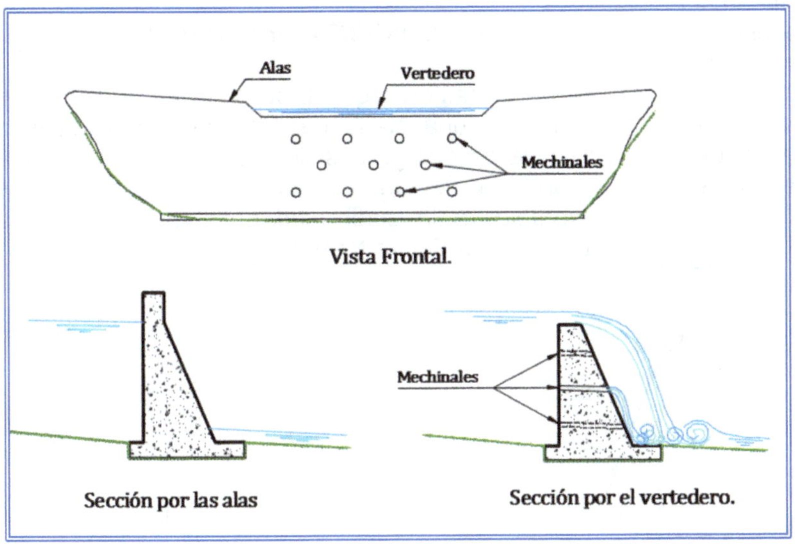

Figura N° VIII.1.- Forma geométrica usual de las presas de gravedad.-

Foto N° VIII.1.- Dique de mampostería típico. Murcia, España. (Foto tomada de www.magrama.gob.es)

Foto N° VIII.2.- Dique de mampostería típico. Santa Cruz de la Zarza, Toledo, España. (Foto tomada de www.magrama.gob.es)

Foto N° VIII.3.- Dique de mampostería típico. Río Nacimiento, Almería, España. (Foto tomada de www.magrama.gob.es)

La experiencia obtenida del diseño y construcción de estas obras, ha definido métodos de cálculos diferentes, sobre la base de que la altura de la presa sea mayor o menor de 15 metros. Las presas menores de 15 metros son las más comunes en la corrección de torrentes y se diseñan de una manera menos rigurosa que las de alturas mayores de 15 m, descartando algunas fuerzas actuantes y ciertas verificaciones que son necesarias en las últimas. Aunque la altura de 15 metros, elegida como separación de las presas en dos categorías parezca

arbitraria, en realidad responde a los resultados obtenidos en la práctica, en base a las experiencias de diseño y al comportamiento observado en las obras construidas (Suárez V. Luis M., 1.993).
Este capítulo está enfocado hacia el proyecto de presas de gravedad de menos de 15 metros de altura, aunque se proporcionan los elementos necesarios para diseñar presas mayores.

VIII.2.- FUERZAS ACTUANTES.-

Según el esfuerzo que produzcan las fuerzas que actúan en una presa de gravedad, estas pueden dividirse en dos grupos: fuerzas desfavorables a la estabilidad o desestabilizantes y las fuerzas favorables a la estabilidad o estabilizantes, y se ilustran en la Figura N° VIII.2.-.

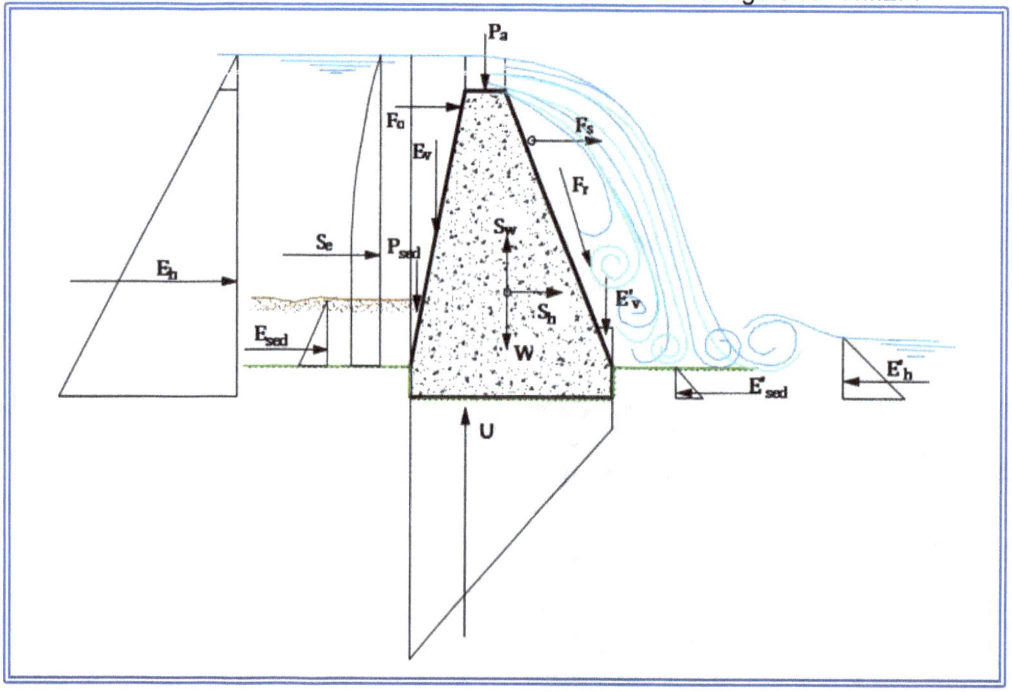

Figura N° VIII.2.- Fuerzas actuantes en una presa de gravedad.- (Imagen tomada de Suarez V., L.M., 1.993 y redibujada para este libro).

En los análisis de estabilidad se consideran las fuerzas actuantes sobre un elemento vertical de presa de largo unitario. Esta simplificación desprecia los efectos de empotramiento en los elementos vecinos de la presa, por lo que el diseño estará del lado de la seguridad.

VIII.2.1.- FUERZAS DESESTABILIZANTES.-

Las fuerzas desestabilizantes son las que se indican a continuación:

La magnitud del empuje combinado del agua y los sedimentos embalsados se modifica en el tiempo, desde que la presa está vacía hasta que se colmata (Suárez V. Luis M., 1993). A lo largo de este tiempo se pueden distinguir tres etapas diferenciadas en la evolución de estos empujes:

PRIMERA ETAPA.-

E_h	=	Empuje horizontal del agua en el parámetro de aguas arriba.
E_{sed}	=	Empuje horizontal del sedimento en el parámetro de aguas arriba.
U	=	Subpresión en la base de la presa, o en una sección intermedia.
S_h, S_v	=	Fuerzas sísmicas en la presa.
S_e	=	Fuerza sísmica en el embalse.
F_o	=	Empuje de olas y cuerpos flotantes en el parámetro de aguas arriba.
F_s	=	Fuerza de roce del flujo que vierte sobre el parámetro de aguas abajo.

Una vez construida la presa, el vaso de almacenamiento creado se mantiene libre de sedimentos. Si en estas condiciones ocurre una creciente, la fuerza actuante sobre sobre el paramento de aguas arriba de la presa será la generada por el empuje hidrostático.

En los períodos comprendidos entre la ocurrencia de dos crecientes sucesivas, el nivel del agua irá disminuyendo progresivamente debido al efecto de la infiltración y de los mechinales o sub-drenajes, los cuales se diseñan para evacuar los caudales de verano, así como también para evacuar el agua almacenada en el trasdós de presa, con la finalidad de ir disminuyendo progresivamente la presión hidrostática sobre la presa.

SEGUNDA ETAPA.-

Luego de la ocurrencia de varias crecientes, o tal vez con una sola creciente, el arrastre de sedimentos producirá la colmatación total del vaso de almacenamiento. En este momento, sobre el paramento de aguas arriba actuarán el empuje del agua, reducido por el efecto de las infiltraciones, y el empuje activo del sedimento.

TERCERA ETAPA.-

Luego de la colmatación del vaso de almacenamiento, se inicia un proceso de consolidación de los sedimentos y con ello una impermeabilización de los estratos superficiales de estos sedimentos, de modo que en esta etapa, sobre el paramento de aguas arriba, actuará el empuje activo de los sedimentos. Adicionalmente, en el momento de la crecida, también actuará la presión hidrostática sobre las alas laterales de cierre de la presa por encima de la rasante del vertedero.

Entre la Primera Etapa y la Segunda Etapa, pudiera ocurrir una creciente que genere un flujo de lodos y piedras, por lo que la colmatación de la presa podría ser prácticamente instantánea.

Este flujo de lodos y piedras formaría una onda como la mostrada en la Figura IV.8.- , en la que se distinguen tres partes en la onda: el frente, el cuerpo, y la cola. Tal y como se indicó en el Capítulo IV.-, el frente de la onda consiste fundamentalmente de grandes rocas, las cuales podrían impactar en el paramento aguas arriba de la presa. Este impacto representaría la fuerza dinámica de carácter desestabilizante sobre la presa y debe analizarse según se describe en el aparte VIII.3.5.-

En virtud de lo anteriormente descrito, a continuación se analizan los casos de carga que se pueden presentar a lo largo de los posibles comportamientos y variabilidad de los empujes sobre la presa.

VIII.2.1.1.- EMPUJE HORIZONTAL DEL AGUA EN EL PARÁMETRO DE AGUAS ARRIBA.-

Es una de las fuerzas principales en el análisis de estabilidad, pues se trata de una fuerza horizontal, perpendicular al paramento de aguas arriba.

$$P_h = \gamma_w * H \quad (VIII.1)$$

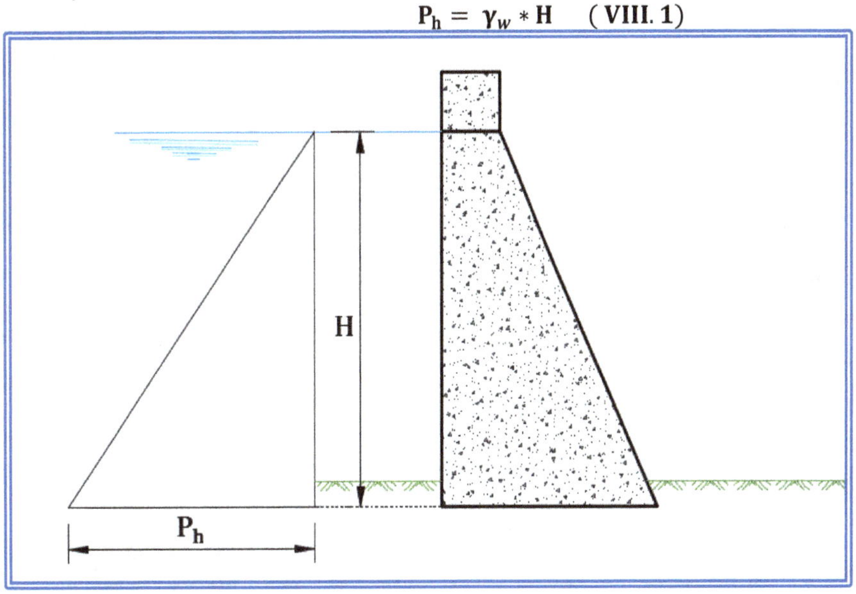

Figura N° VIII.3.- Presión hidrostática.- (Imagen tomada de Suarez V., L.M., 1.993 y redibujada para este libro).

A partir de la figura anterior se evidencia que la presión máxima hidrostática es:

Siendo:

P_h	=	Presión hidrostática máxima (Ton/m^2)
γ_w	=	Peso específico del agua (Ton/m^3)
H	=	Altura de la presa hasta la fundación (m)

Así mismo se obtiene la siguiente expresión para el cálculo de empuje hidrostático:

$$E_h = \gamma_w * H * \frac{1}{2}H$$

$$E_h = \gamma_w * \frac{1}{2}H^2 \qquad (VIII.2)$$

VIII.2.1.2.- EMPUJE DEL SEDIMENTO EN EL PARAMENTO DE AGUAS ARRIBA.-

El empuje activo de sedimento sobre el paramento de aguas arriba de la presa, expresado por la teoría de Coulomb, y suponiendo que un prisma cuneiforme desliza sobre una superficie plana, sería como se ilustra en la Figura N° VIII.4.-

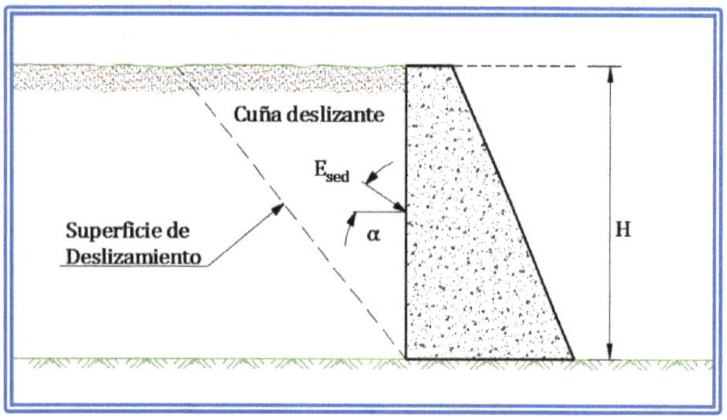

Figura N° VIII.4.- Empuje activo del sedimento.-

E_{sed}	=	Empuje activo del sedimento (Ton/m)
K_a	=	Coeficiente de empuje activo del sedimento.
γ_{sed}	=	Peso específico del sedimento (Ton/m^3)
H	=	Altura de la presa (m)

Cuya expresión es:

$$E_{sed} = \frac{1}{2} * K_a * \gamma_{sed} * H^2 \qquad (VIII.3)$$

Siendo:

Despreciando el roce entre el prisma de sedimento y la cara aguas arriba $(\delta = 0)$, y suponiendo que la superficie del sedimento es aproximadamente horizontal, se cumple que:

$$K_a = tg^2 * (45° - \emptyset/2) \qquad (VIII.4)$$

Siendo:

Ø	=	Ángulo de fricción interna del sedimento (°)

Cuando se carecen de ensayos geotécnicos y el proyecto se encuentre emplazado en un sitio en presencia de suelos de naturaleza granular (arenas, gravas, cantos rodados, peñones), el ángulo de fricción se puede adoptar con un valor entre 35° y 37°.

A continuación se muestra la Tabla Nº VIII.1.- que muestran los ángulos de fricción, en relación al grado de compacidad de los suelos, o dicho de otra forma, del grado de compactación de ellos:

TABLA Nº VIII.1.-
ANGULOS DE FRICCIÓN PARA DIVERSOS MATERIALES

CLASIFICACIÓN	ÁNGULOS DE FRICCIÓN			
	COMPACIDAD MEDIA		COMPACIDAD ALTA	
	Ø (°)	tg Ø	Ø (°)	tg Ø
Arcilla Media	15 - 20	0,27 - 0,36	20 - 30	0,36 - 0,58
Limo (no plástico)	28 - 32	0,53 - 0,63	30 - 34	0,58 - 0,68
Arena uniforme fina a media	30 - 34	0,58 - 0,68	32 - 36	0,68 - 0,73
Arena bien gradada	34 - 40	0,68 - 0,84	38 - 46	0,84 - 1,03
Arena y grava	36 - 42	0,73 - 0,90	40 - 48	0,90 - 1,11

En el caso de necesitarse el peso unitario sumergido del sedimento, este se puede determinar a partir del peso unitario seco del sedimento, mediante la siguiente expresión:

$$\gamma_{ss} = (\gamma_{sed} - \gamma_w) * (1 - n) \qquad (VIII.5)$$

Siendo:

γ_{ss}	=	Peso específico del sedimento sumergido del sedimento (Ton/m³)
γ_{sed}	=	Peso específico seco del sedimento (Ton/m³)
γ_w	=	Peso específico del agua (Ton/m³)
n	=	Porosidad del sedimento

A continuación se muestra la Tabla N° VIII.2.- que contiene un resumen sobre los pesos específicos del suelo seco y la porosidad (Lambe W. y Whitman Robert V., 1.969).

TABLA N° VIII.2.-
POROSIDADES Y PESOS ESPECÍFICOS DEL SUELO SECO.

DESCRIPCIÓN	Porosidad (%)		Peso específico del suelo seco (Ton/m³)	
	$n_{mín}$	$n_{máx}$	$\gamma_{s\,mín}$	$\gamma_{s\,máx}$
Arcilla Media	27	50	1,44	1,92
Arcilla - Limosa	28	51	1,54	2,10
Limo inorgánico	29	52	1,28	1,89
Arena limosa	23	47	1,39	2,03
Arena limpia uniforme	29	50	1,33	1,89
Arena fina a gruesa	17	49	1,36	2,21

De ser necesario el cálculo del peso específico saturado, se determina de la siguiente manera:

$$\gamma_{sat} = \gamma_{ss} + \gamma_w \qquad (VIII.6)$$

VIII.2.1.3.- SUB-PRESIONES.-

Teóricamente, el agua embalsada podría filtrarse a través del contacto presa - fundación, por las fisuras y poros del material de la fundación, o por las fisuras, poros y juntas de construcción del propio cuerpo de la presa.

En estos casos las aguas infiltradas crean una fuerza de sub-presión, definida por un diagrama triangular, correspondiente a una presión igual a la hidrostática del embalse en el extremo aguas arriba, y presión nula en el extremo aguas abajo de la presa (Figura N° VIII.5.-).

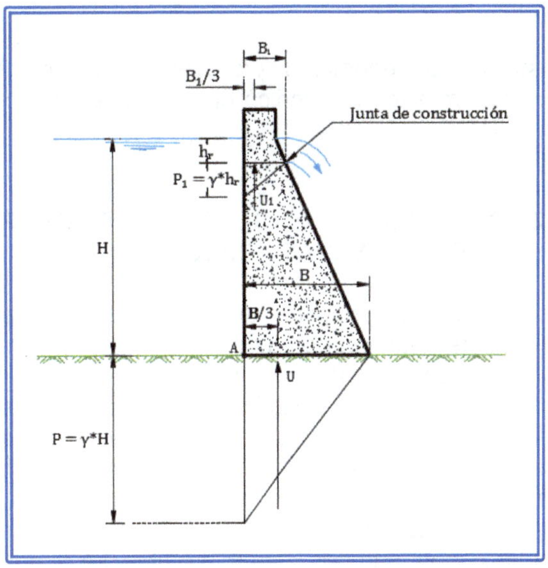

Figura N° VIII.5.- Sub-presión.-

La fuerza de sub-presión en la base de la presa, representada por el área del diagrama correspondiente, es:

$$U = \frac{1}{2} * \gamma_w * H * B \qquad (VIII.7)$$

En la expresión anterior, **H** es la altura de la presa y **B** es el ancho de la base de la misma. El punto de aplicación de esta fuerza de sub-presión está a una distancia B/3 del Punto A, tal y como se indica en la Figura N° VIII.5.-.

VIII.2.1.4.- FUERZAS SÍSMICAS EN LA PRESA Y EN EL EMBALSE.-

En general, las fuerzas sísmicas no se toman en cuenta en el cálculo de las presas de corrección de torrentes, con alturas menores a 15 metros. Ello se debe a que se ha comprobado que con los factores de seguridad que se adoptan para el cálculo de estas obras, existe un margen suficiente para absorber las cargas sísmicas moderadas sin comprometer la seguridad de las mismas (Suárez V. Luis M., 1.993).

VIII.2.1.5.- EMPUJE DE OLAS Y CUERPOS FLOTANTES EN EL PARÁMETRO DE AGUAS ARRIBA.-

Este empuje es difícil de evaluar y en general se desprecia. Es conveniente reforzar y construir cuidadosamente la coronación de la presa, de manera de proporcionar a esta parte de la obra una resistencia superior a la estrictamente necesaria por razones de cálculo de estabilidad (Suárez V. Luis M., 1.993).

En este caso se recomienda proteger el revestimiento del vertedero según se indicó en el aparte V.6.- del Capítulo V.-.

VIII.2.1.6.- FUERZA DE SUCCIÓN SOBRE EL PARAMENTO DE AGUAS ABAJO.-

Prácticamente la mayoría de las estructuras de retención de sedimentos no cuentan con vertederos diseñados con un perfil hidrodinámico que simule la curva parabólica que describe la lámina vertiente, pues este diseño se utiliza fundamentalmente en aliviaderos en grandes presas de embalse de almacenamiento de agua. En estos casos, cuando la lámina vertiente se separa del perfil de la base de aliviadero confinado con muros laterales, se pueden producir sub-presiones que generen fuerzas de succión que serían desfavorables a la estabilidad de la presa. (Suárez V. Luis M., 1.993).

En el caso de estructuras de retención de sedimentos, generalmente el vertedero no cuenta con muros laterales que confinen el flujo y se coloca en la parte central del ancho de la presa, dejando espacios entre los extremos del vertedero y los estribos laterales, de manera que el aire entra por los lados de la lámina vertiente, manteniendo la presión atmosférica en la parte inferior de la misma y evitando sub-presiones que originen fuerzas de succión.

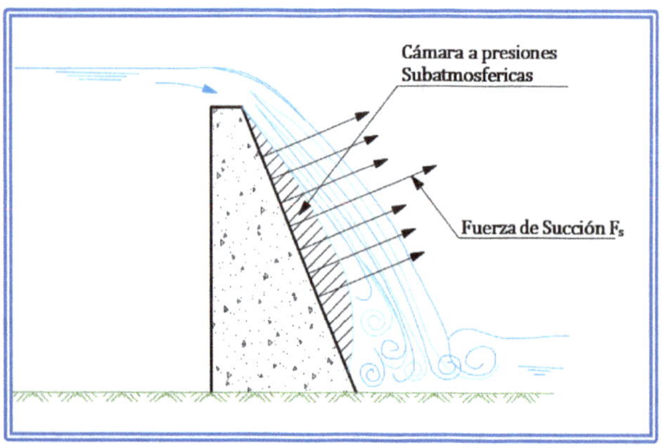

Figura N° VIII.6.- Fuerza de Succión en la parte inferior de la lámina vertiente.- (Imagen tomada de Suarez V., L.M., 1.993 y redibujada para este libro).

VIII.2.1.7.- FUERZA DE ROCE EN EL PARAMENTO DE AGUAS ABAJO.-

En las estructuras de control de sedimentos, es una práctica común evitar, en la medida de lo posible, que durante la ocurrencia de la crecida, la lámina vertiente escurra o impacte sobre el paramento de aguas abajo. Con ello se trata de evitar que los materiales arrastrados por el flujo (gravas, cantos rodados, peñones) choquen contra el mencionado paramento, generando daños por impacto o abrasión. Para evitar que el flujo entre en contacto con el paramento de aguas abajo de la presa, se dimensiona la presa proporcionando una inclinación lo más vertical posible.

W	=	Peso propio de la presa.
E_v	=	Peso del agua sobre el paramento de aguas arriba.
E'_v	=	Peso del agua sobre el paramento de aguas abajo.
P_a	=	Peso del agua que vierte sobre la cresta de la presa.
P_{sed}	=	Peso del sedimento sobre el paramento de aguas arriba
E'_{sed}	=	Empuje horizontal del sedimento en el paramento de aguas abajo.

En todo caso, el roce del flujo con el paramento produce una fuerza despreciable en comparación con las otras fuerzas en juego, por lo que se desprecia. (Suárez V. Luis M., 1.993).

VIII.2.2.- FUERZAS ESTABILIZANTES.-

Las fuerzas estabilizantes de una presa son las que se indican a continuación:

VIII.2.2.1.- PESO PROPIO DE LA PRESA.-

El peso propio de la presa constituye la principal fuerza estabilizante. Su magnitud, para un elemento de longitud unitaria, viene dada por el producto del área de la sección transversal por el peso unitario del material de la presa.

El punto de aplicación de esta fuerza es el centro de gravedad de la sección transversal. Cuando la sección transversal no es de geometría simple se recurre a dividirla en componentes geométricos cuyo centro de gravedad se pueda conocer fácilmente, como se evidencia en la Figura N° VIII.7.-

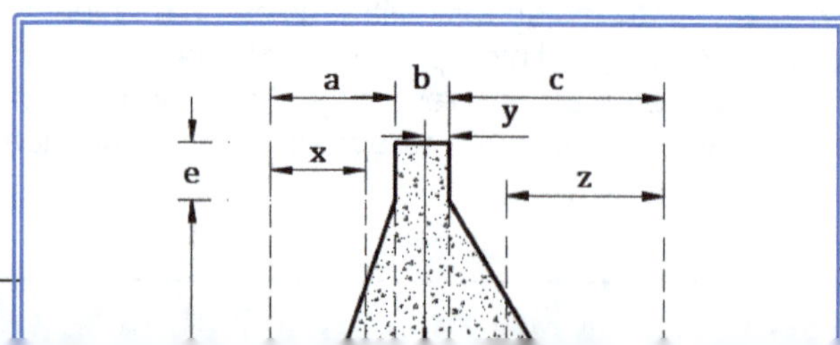

Figura N° VIII.7.- Peso Propio de la Presa.- (Imagen tomada de Suarez V., L.M., 1.993 y redibujada para este libro).

La sumatoria de los pesos de la presa sería como sigue:

$$W = W_1 + W_2 + W_3 \qquad (VIII.8)$$

$$W = \left[\frac{a * d}{2} + (d + e) * b + \frac{c * d}{2}\right] * \gamma_c \qquad (VIII.8)$$

Siendo:

W	=	Peso de la presa (Ton/m)
W_1 , W_2 , W_3	=	Peso de los elementos de la presa (Ton/m)
γ_c	=	Peso unitario del material de la presa (Ton/m^3)

Los puntos de aplicación de los pesos serían en los centros de gravedad y según las siguientes expresiones:

$$x = \frac{2}{3} * a \qquad y = \frac{b}{2} \qquad z = \frac{2}{3} * c$$

Es preciso indicar que las expresiones anteriormente indicadas, aplican para una geometría de presa como la indicada en la Figura N° VIII.7.-, en donde se han propuesto paramentos aguas arriba y abajo con cierta inclinación, formando elementos triangulares o rectangulares.

Debido a que el peso propio constituye la fuerza resistente de mayor importancia para la estabilidad de estas presas, se recomienda utilizar los materiales disponibles de mayor peso unitario, de manera de lograr un dimensionamiento optimizado y que garantice la estabilidad de la estructura. A continuación, se presenta la Tabla N° VIII.3.- en la que se indican los pesos específicos aproximados de materiales utilizados en la construcción de presas.

TABLA N° VIII.3.-
PESOS ESPECÍFICOS APROXIMADOS DE MATERIALES UTILIZADOS EN LA CONSTRUCCIÓN DE PRESAS

MATERIAL	Peso Específico γ_c (Ton/m^3)
Concreto	2,3
Concreto Ciclópeo (40% - 60% de piedra bruta en la mezcla)	2,4 – 2,5
Mampostería con roca de basalto	2,8
Mampostería con roca de granito	2,4
Mampostería con roca de caliza	2,4
Mampostería con roca de arenisca	2,1

VIII.2.2.2.- FUERZAS ESTABILIZANTES DEL AGUA.-

Las fuerzas estabilizantes que actúan sobre la presa debido a la acción del agua son la que se ilustran en la Figura N° VIII.8.-

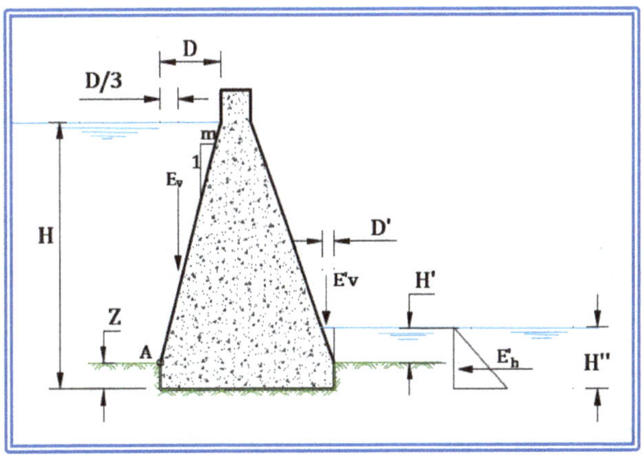

Figura N° VIII.8.- Pesos y Empujes Estabilizantes del Agua.- (Imagen tomada de Suarez V., L.M., 1.993 y redibujada para este libro).

VIII.2.2.2.1.- Peso del agua sobre el paramento de aguas arriba.-

Esta fuerza solo existe cuando el parámetro de aguas arriba de la presa es inclinado. En este caso, en donde el área de incidencia del peso del agua por metro lineal de presa es de forma triangular, se cumple que:

$$E_v = \frac{1}{2} * D * (H - Z) * \gamma_w \qquad (VIII.9)$$

El punto de aplicación está ubicado a una distancia **D/3** del Punto A (Ver Figura N° VIII.8.-).

VIII.2.2.2.2.- Peso del agua que vierte sobre la cresta del vertedero de la presa.-

Para esta fuerza se puede definir un primer criterio, el cual consiste en despreciar el peso de la lámina de agua que vierte sobre la presa. En este caso, dado que el peso de la lámina vertiente es una fuerza estabilizante y está directamente relacionada con el empuje hidrostático (fuerza desestabilizante), se toma para el cálculo el empuje hidrostático E_h, una profundidad de H y un diagrama triangular de presiones, tal y como se indica en la Figura N° VIII.9.-

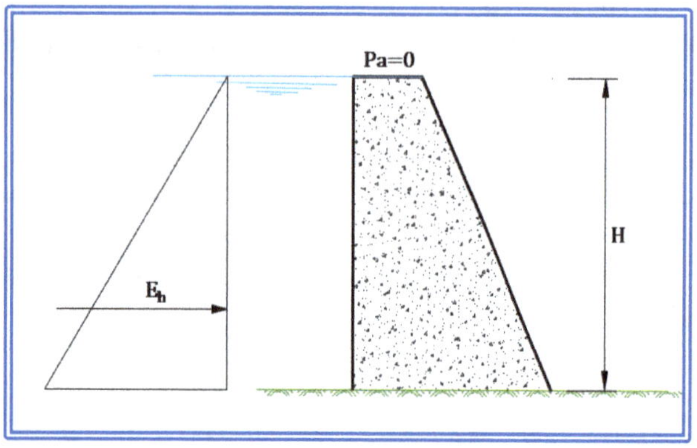

Figura N° VIII.9.- Lámina de agua vertiente despreciada.- (Imagen tomada de Suarez V., L.M., 1.993 y redibujada para este libro).

Otro criterio es considerar la altura máxima de la lámina vertiente $\mathbf{hr}$, la cual se calcula según la expresión VII.1.- indicada el aparte VII.1.2.1.- del Capítulo VII, y en contrapartida, el empuje hidrostático es calculado utilizando la sumatoria de la altura de la presa y la altura de la lámina de agua sobre la cresta del vertedero, es decir, una altura igual a $\mathbf{H + hr}$ y un diagrama trapecial de presiones, tal y como se indica en la Figura N° VIII.10.-

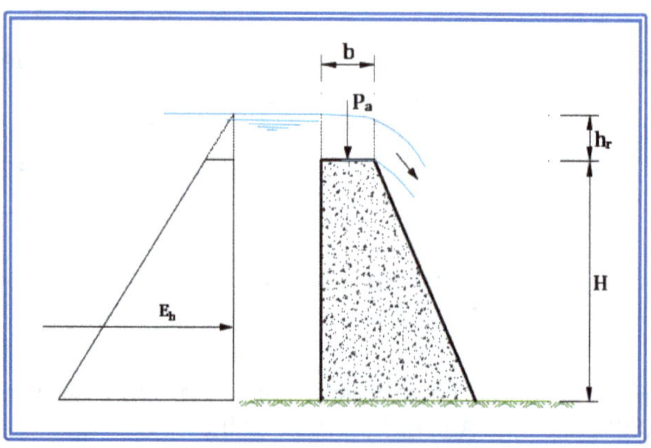

Figura N° VIII.10.- Lámina de agua vertiente considerada.- (Imagen tomada de Suarez V., L.M., 1.993 y redibujada para este libro).

Para efectos de dimensionamiento de una presa, el segundo criterio es el más utilizado por ser más favorable para la estabilidad, pues obviamente el diagrama de presiones es mayor y por ende la estructura diseñada sería más estable.

El peso del agua sobre la cresta de la presa es aproximadamente:

$$\mathbf{P_a = b * hr * \gamma_w} \qquad \mathbf{(VIII.10)}$$

Siendo:

$\mathbf{P_a}$	=	Peso del agua sobre la cresta $\mathbf{(Ton/m)}$
$\mathbf{b}$	=	Ancho de la cresta del vertedero de la presa $\mathbf{(m)}$
$\mathbf{hr}$	=	Altura de diseño de la lámina vertiente $\mathbf{(m)}$
$\mathbf{\gamma_w}$	=	Peso específico del agua $\mathbf{(Ton/m^3)}$

El punto de aplicación del peso del agua $\mathbf{P_a}$ está en la mitad del ancho $\mathbf{b}$ de la cresta del vertedero de la presa, según se indica en la Figura N° VIII.10.-.

VIII.2.2.2.3.- Peso del agua sobre el paramento de aguas abajo.-

Esta fuerza se expresaría de manera similar que el peso del agua en el paramento de aguas arriba y según la expresión (VIII.9), sustituyendo $\mathbf{(H - Z)}$ por $\mathbf{H'}$ y $\mathbf{D}$ por $\mathbf{D'}$ (Ver Figura N° VIII.8.-) y sería como se indica:

$$\mathbf{E'_v = \frac{1}{2} * D' * H' * \gamma_w} \qquad \mathbf{(VIII.11)}$$

Es preciso indicar que la presencia de agua en el sector aguas abajo de la presa no necesariamente es permanente, inclusive podría variar o desaparecer por completo con el tiempo. Para ello, solo bastaría con imaginar la presa sometida a los empujes de agua, con la lámina de agua sobre el vertedero a punto de verter, es decir, considerando el empuje hidrostático calculado utilizando la profundidad $\mathbf{H + hr}$ (Ver Figura N° VIII.10.-), de modo que en el sector aguas abajo no existiría agua que pudiera generar un peso o un empuje estabilizante sobre la presa. Según este argumento, despreciando esta eventual fuerza favorable a la estabilidad, se coloca el cálculo de la presa en condiciones más rigurosas, por lo que el dimensionamiento de la presa estará del lado de la seguridad de la obra.

VIII.2.2.2.4.- Empuje horizontal del agua en el paramento de aguas abajo.-

Esta fuerza se expresaría de manera similar que el empuje hidrostático del agua en el paramento aguas arriba y según la expresión (VIII.2), sustituyendo **H** por **H"** (Ver Figura N° VIII.8.-) y sería como se indica:

$$E'_h = \gamma_w * \frac{1}{2} H''^2 \qquad (VIII.12)$$

Por las razones expresadas en el aparte anterior, al igual que el peso del agua sobre el paramento de aguas abajo, esta fuerza no suele tomarse en cuenta en los cálculos, además de que, al despreciar esta fuerza, el dimensionamiento de la presa estará del lado de la seguridad de la obra.

VIII.2.2.3.- FUERZAS ESTABILIZANTES DE LOS SEDIMENTOS.-

VIII.2.2.3.1.- Peso del sedimento sobre el paramento de aguas arriba.-

El peso del sedimento sobre el paramento de aguas arriba, ocurrirá progresivamente en la medida de que el vaso de almacenamiento de la presa se vaya colmatando. Ahora bien, inmediatamente después de la puesta en servicio de la presa, al no haber ocurrido aún una sedimentación significativa, la fuerza que actuará sobre el parámetro de aguas arriba será solamente el peso del agua. Este peso es menor que el del sedimento, por lo que siendo ésta una fuerza estabilizante, es conservador no considerar este peso en los cálculos de la estabilidad.

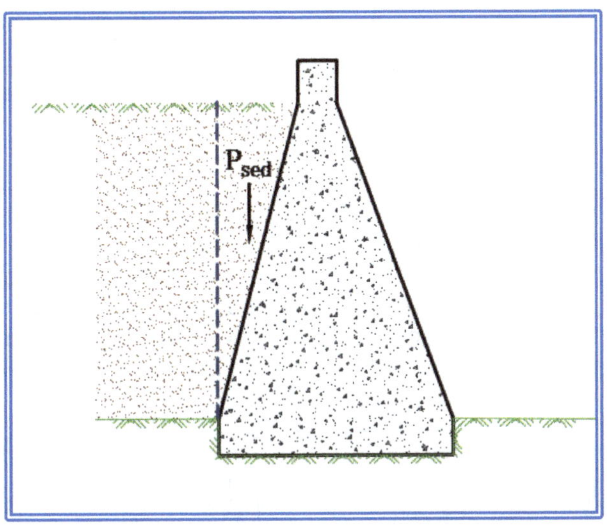

Figura N° VIII.11.- Peso del sedimento sobre el paramento de aguas arriba.-

VIII.2.2.3.2.- Empuje horizontal del sedimento en el paramento de aguas abajo.-

Este empuje podría actuar sobre la presa si se realiza la protección de la fundación en el parámetro de aguas abajo como se explica en el Capítulo VII, garantizando que la lámina vertiente no ocasionará socavación o erosión en este suelo.

Sin embargo, en vista de que este empuje es despreciable comparativamente con las otras fuerzas actuantes, generalmente no se considera en el cálculo de estabilidad.

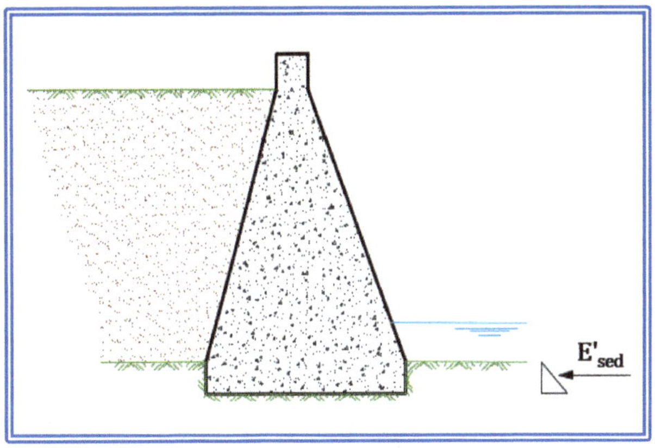

Figura N° VIII.12.- Empuje de sedimentos en el paramento de aguas abajo.-

VIII.3.- CASOS DE CARGA.-

Para diseñar una estructura de retención de sedimentos es necesario el estudio de los distintos parámetros que pueden afectarla, considerando las fuerzas estáticas y las fuerzas dinámicas que pueden actuar sobre ella.

Para el análisis de las fuerzas estáticas que actúan sobre la presa se debe considerar el comportamiento del agua y de los sedimentos que actúan aguas arriba de la presa. Las fuerzas dinámicas que pueden actuar sobre la presa ocurren cuando el flujo de lodos y piedras impacta sobre el paramento aguas arriba de la presa.

Tal y como se indicó en aparte VIII.2.1.-, la magnitud de los empujes combinados del agua y de los sedimentos varía en el tiempo, dependiendo del comportamiento de la cuenca en relación a los escurrimientos y el arrastre de sedimentos.

Desde su construcción hasta su total colmatación, se pueden distinguir las tres etapas y en virtud de lo anteriormente descrito, a continuación se analizan los casos de carga posibles a lo largo de los posibles comportamientos y variabilidad de los empujes sobre la presa.

VIII.3.1.- CASO DE CARGA A.-

Este caso de carga obedece a lo descrito en la Primera Etapa y consiste en la aplicación del empuje hidrostático sobre el parámetro de aguas arriba. En la Figura Nº VIII.13.- se ilustra el empuje hidrostático.

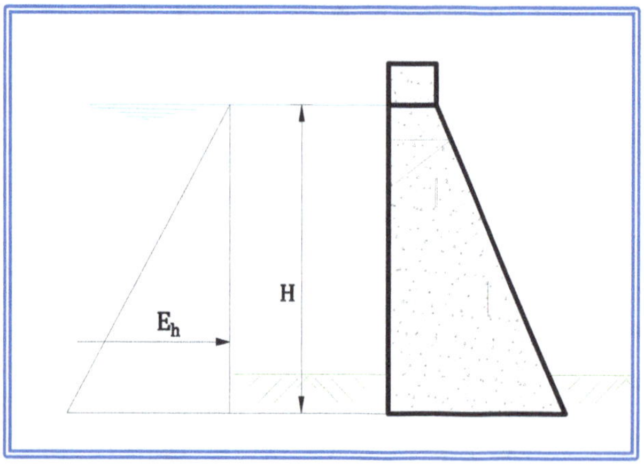

Figura N° VIII.13.- Caso de Carga A.- (Imagen tomada de Suarez V., L.M., 1.993 y redibujada para este libro).

Considerando la presión hidrostática, para el cálculo de empuje hidrostático se utiliza la ecuación VIII.2.- anteriormente enunciada.

$$E_h = \gamma_w * \frac{1}{2} H^2 \qquad (VIII.2)$$

VIII.3.2.- CASO DE CARGA B.-

Este caso de carga obedece a lo descrito en la Segunda Etapa y corresponde a la aplicación del empuje hidrostático y el empuje de los sedimentos sobre el parámetro de aguas arriba. En la Figura Nº VIII.14.- se ilustra estos empujes.

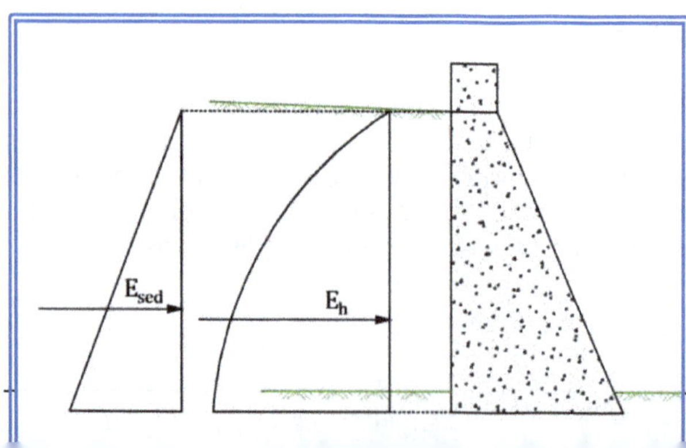

Figura N° VIII.14.- Caso de Carga B.- (Imagen tomada de Suarez V., L.M., 1.993 y redibujada para este libro).

En este caso es necesario considerar la red de flujo, en donde el agua que fluye sobre el sedimento tiende a infiltrarse a través de él y a través del material de la fundación, debido al gradiente hidráulico existente entre las zonas de aguas arriba y de aguas abajo de la presa (Suárez V. Luis M., 1.993).

Al analizar las pérdidas de carga que indican las líneas equipotenciales de la red de flujo de la Figura Nº VIII.15.-, se llega a la conclusión de que la presión máxima del agua al pie del paramento aguas arriba de la presa, es aproximadamente igual al 70% de la presión hidrostática correspondiente (Suárez V. Luis M., 1.993). La presión del agua podría ser mayor que el valor determinado en aquellos casos en que el material del cauce esté recubierto por una capa impermeable, o cuando la presa este fundada sobre roca sana sin fisuración significativa o sobre aluvión impermeable. En estos casos no se considera reducción alguna por el efecto de infiltración.

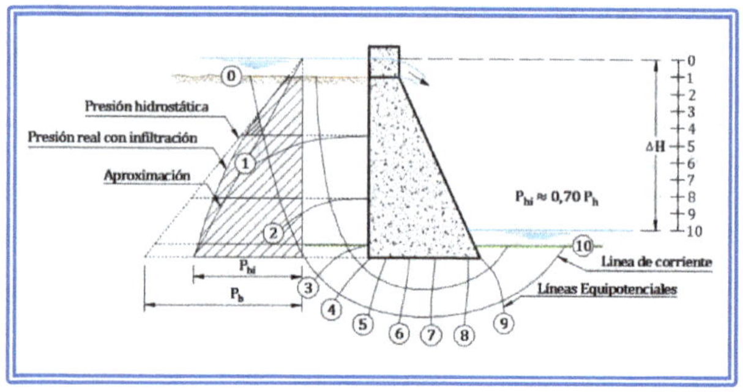

Figura N° VIII.15.- La Presión máxima con red de flujo puede ser un 70 % de la presión hidrostática.- (Imagen tomada de Suarez V., L.M., 1.993 y redibujada para este libro).

Adicionalmente a la reducción de las presiones por efecto de la infiltración e ilustrado en la Figura N° VIII.15.-, existe otra reducción debida al efecto de los mechinales. Cuanto mayor sea su número y área, tanto mayor será la reducción del diagrama de presiones, todo esto representado en la Figura N° VIII.16.-

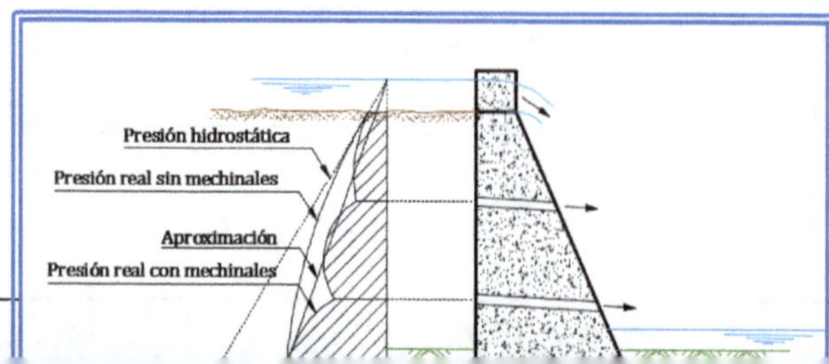

Figura N° VIII.16.- Efecto de los mechinales.- (Imagen tomada de Suarez V., L.M., 1.993 y redibujada para este libro).

La reducción en el diagrama de presiones del agua a causa de los mechinales es difícil de evaluar, debido a su carácter tridimensional. El diagrama de presiones adopta la forma de un *"embudo"* en torno a cada mechinal. Es preciso indicar que los mechinales pueden obstruirse, por lo que para estar del lado de la seguridad, se recomienda despreciar su efecto en la reducción del diagrama de presiones (Suárez V. Luis M., 1.993).

En resumen, en los cálculos de estabilidad de la presa después de la colmatación del embalse, y antes de la impermeabilización del sedimento, cuando tanto éste como la fundación puedan considerarse homogéneos e isotrópicos respecto a la permeabilidad, se acostumbra adoptar para el cálculo del empuje del agua sobre el parámetro aguas arriba de la presa, un diagrama triangular de presiones, con un valor máximo o igual al 70% de la presión hidrostática correspondiente (Suárez V. Luis M., 1.993).

Sobre la base de lo anterior, para el cálculo del empuje hidrostático en este caso de carga se calcula mediante la siguiente ecuación:

$$\mathbf{E_h = 0,70 * \left(\gamma_W * \frac{1}{2} H^2\right)} \qquad \mathbf{(VIII.13)}$$

Por su parte, el empuje se sedimentos aguas arriba de la presa como se ha explicado anteriormente viene dado según la siguiente ecuación (VIII.3):

$$\mathbf{E_{sed} = \frac{1}{2} * K_a * \gamma_{sed} * H^2} \qquad \mathbf{(VIII.3)}$$

En este caso de carga se asume que el sedimento aguas arriba de la presa se encuentra saturado por lo que se utiliza el peso unitario sumergido del mismo para el cálculo del empuje, el cual se puede calcular con la siguiente expresión:

$$\mathbf{\gamma_{ss} = (1 - n) * \gamma_s + (n * \gamma_w - \gamma_w)} \qquad \mathbf{(VIII.14)}$$

Siendo:

γ_{ss}	=	Peso específico del sedimento sumergido $(\mathbf{Ton/m^3})$
γ_s	=	Peso específico seco de los sólidos $(\mathbf{Ton/m^3})$
γ_w	=	Peso específico del agua $\approx \mathbf{1\ Ton/m^3}$
$\mathbf{n}$	=	Porosidad del sedimento

En donde la porosidad $\mathbf{n}$ es igual al volumen de vacíos entre el volumen total, es decir

$$\mathbf{n = \frac{VOLUMEN\ DE\ VACÍOS}{VOLUMEN\ TOTAL}} \qquad \mathbf{(VIII.15)}$$

Para obtener el peso específico sumergido del sedimento, se puede suponer una porosidad de un 30 % de vacíos, es decir, **n = 0,30**, y considerando un peso específico de los sólidos de 2,65 Ton/m^3, de manera que se tiene:

$$\mathbf{\gamma_{ss} = (1 - 0,30) * 2,65 + (0,30 * 1 - 1)}$$

$$\mathbf{\gamma_{ss} = 1,16\ Ton/m^3}$$

A continuación se muestra una Tabla N° VIII.4.- con un resumen sobre los pesos específicos del suelo seco y la porosidad de algunos materiales presentes en cauces torrenciales:

TABLA N° VIII.4.-
POROSIDAD Y PESOS ESPECÍFICOS DEL SUELO SECO DE MATERIALES

Descripción	Porosidad (%)		Peso específico seco (Ton/m³)	
	$n_{mín}$	$n_{máx}$	$\gamma_{s\,mín}$	$\gamma_{s\,máx}$
Arcilla Media	27	50	1,44	1,92
Arcilla - Limosa	28	51	1,54	2,10
Limo inorgánico	29	52	1,28	1,89
Arena limosa	23	47	1,39	2,03
Arena limpia uniforme	29	50	1,33	1,89

Arena fina a gruesa	17	49	1,36	2,21
Arena micácea	29	55	1,22	1,92
Arena limosa y grava	12	46	1,42	2,34
Gravas	14	48	1,45	2,46

Sustituyendo los valores obtenidos en la ecuación (VIII.3) se obtiene:

$$E_{sed} = \frac{1}{2} * 0,25 * 1,16 * H^2$$

$$E_{sed} = 0,30 * \frac{1}{2} * H^2$$

Considerando la fuerza resultante del empuje hidrostático, para un peso específico del agua $\gamma_w = 1$ Ton/m³ y sustituyendo los valores en la ecuación (VIII.2), se tiene:

$$E_h = 1 * \frac{1}{2} * H^2 \rightarrow E_h = \frac{1}{2} * H^2$$

De lo anterior se puede inferir que el empuje de los sedimentos es aproximadamente igual al 30 % del empuje hidrostático.

$$E_{sed} \approx 0,30 * E_h$$

Si se suma el empuje del agua (considerando la reducción por filtración y un peso específico del agua ($\gamma_w = 1$ Ton/m³) con el empuje activo del sedimento, el empuje total E_T sería:

$$E_T = 0,70 * \frac{1}{2} * H^2 + 0,30 * \frac{1}{2} * H^2 \rightarrow E_T = \frac{1}{2} * H^2$$

En virtud de lo anterior, para el Caso de Carga B.-, el empuje total que actúa en el paramento de aguas arriba de la presa, es aproximadamente igual al empuje hidrostático correspondiente al Caso de Carga A.-.

VIII.3.3.- CASO DE CARGA C.-

El Caso de Carga C.- corresponde a la etapa en la cual el sedimento en el vaso de almacenamiento se ha consolidado e impermeabilizado (Ver Figura N° VIII.16.-).

$$E_{sed} = \frac{1}{2} * K_a * \gamma_{sed} * H^2$$

Si se supone un ángulo de fricción interna para suelos de naturaleza granular (arenas, gravas, cantos rodados, peñones), de $\emptyset = 37°$, el valor de coeficiente de empuje activo, según la ecuación (VIII.4) sería:

$$K_a = tg^2 * \left(45° - \frac{37}{2}\right) \rightarrow K_a = 0,25$$

El cálculo del empuje activo de los sedimentos se podría realizar considerando el peso específico del material como una arena limpia ($\gamma_{sed} \approx$ 1,80 Ton/m³) o como una grava ($\gamma_{sed} \approx$ 2,40 Ton/m³) y sería como se indica continuación.

Para arena limpia ($\gamma_{sed} \approx$ 1,80 Ton/m³)

$$E_{sed} = 1/2 * 0,25 * 1,80 * H^2$$

$$E_{sed} = 0,45 * 1/2 * H^2$$

Para grava ($\gamma_{sed} \approx$ 2,40 Ton/m³)

$$E_{sed} = 1/2 * 0,25 * 2,40 * H^2$$

$$E_{sed} = 0,60 * 1/2 * H^2$$

Sobre la base de lo anterior, se puede inferir que el empuje activo de los sedimentos es aproximadamente entre un 45 % y un 60 % del valor del empuje hidrostático.

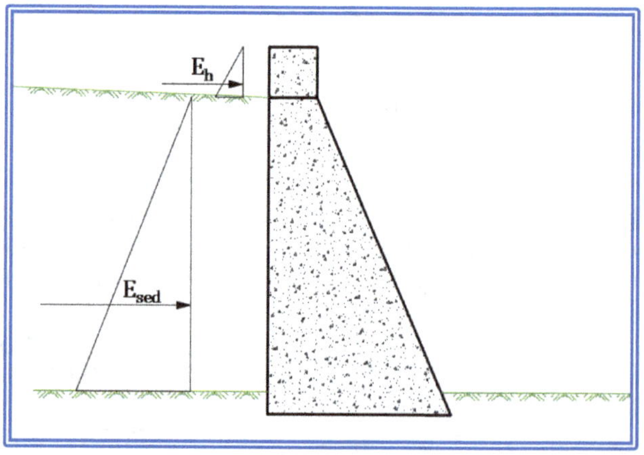

Figura N° VIII.17.- Caso de Carga C.- (Imagen tomada de Suarez V., L.M., 1.993 y redibujada para este libro).

VIII.3.4.- ANÁLISIS DE LOS CASOS DE CARGA.-

Sobre la base de lo anteriormente descrito, se puede inferir que el caso de carga más desfavorable entre las combinaciones de los empujes del agua y los sedimentos en la vida útil de una presa de corrección de torrentes corresponde al diagrama triangular de presiones hidrostáticas (Suárez V. Luis M., 1.993).

Es importante resaltar, que las consideraciones de cálculo expuestas en los apartes anteriores, tienen como fundamento que las presas a diseñar, en la mayoría de los casos, están ubicadas en cauces torrenciales, con presencia de materiales aluvionales principalmente compuestos por materiales arenosos o gravosos, no cohesivos y que permiten la generación de una red de flujo, en donde el agua que fluye a través del sedimento y se origina un flujo sub-superficial a través del material de la fundación, debido al gradiente hidráulico existente entre las zonas de aguas arriba y de aguas abajo de la presa, tal y como se ilustra en la Figura Nº VIII.15.-.

Sin embargo, es preciso señalar que cuando la colmatación del vaso de almacenamiento detrás de la presa está constituido por materiales muy arcillosos, la variación de volumen de estos materiales, debido a las alternativas de humedad, puede llegar a ocasionar situaciones más desfavorables que la acción del empuje de las aguas (Suárez V. Luis M., 1.993).

En tal sentido, se podrá presentar un caso más desfavorable que los casos de carga expuestos en los apartes anteriores, cuando estos materiales se saturen de agua. Esta situación deberá ser considerada, por lo que la presa podrá estar sometida a un empuje mayor que el hidrostático (Suárez V. Luis M., 1993).

Si en el sitio de ubicación de la presa exista una fundación impermeable, ya sea porque este constituida por una estrato rocoso a todo lo largo de la fundación de la presa, o bien por un estrato impermeable, como por ejemplo una arcilla compacta, al no poderse generar una red de flujo por infiltración bajo la presa, no se podrá asumir que el empuje por el agua es un 70% de la presión hidrostática correspondiente, por lo que el Caso de Carga B.- se convertirá en la sumatoria del empuje hidrostático y el empuje activo de los sedimentos sumergidos, y sería como se indica a continuación:

$$\mathbf{E_T = 1 * \frac{1}{2} * H^2 + 0,30 * \frac{1}{2} * H^2}$$

$$\mathbf{E_T = 1,30 * \frac{1}{2} * H^2}$$

Según la ecuación anterior, el empuje total en este caso será 1,30 veces el empuje hidrostático (Suárez V. Luis M., 1.993).

Este caso de carga extrema, se deberá utilizar únicamente con la certeza de que se presente la condición de una fundación impermeable (Suárez V. Luis M., 1.993).

En términos generales, debido a que estas presas estarán ubicadas en cauces de características de régimen torrencial con presencia de materiales aluvionales principalmente compuestos por materiales arenosos o gravosos, se recomienda que el dimensionamiento se realice considerando el empuje hidrostático como empuje principal y así poder optimizar el dimensionamiento de la estructura.

La resultante horizontal de la aplicación de este empuje será un diagrama triangular de presiones sobre el paramento de aguas arriba de la presa, tal y como se indica en la Figura Nº VIII.18.- y se calculará utilizando la ecuación (VIII.2)

$$\mathbf{E_h = \gamma_w * 1/2\, H^2} \qquad \mathbf{(VIII.2)}$$

Su punto de aplicación estará ubicado a una distancia $\mathbf{H/3}$ medidos desde la base de fundación de la presa.

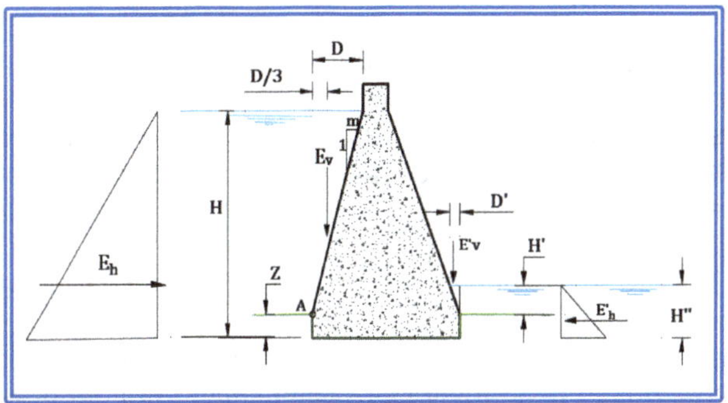

Figura N° VIII.18.- Empujes Hidrostáticos Horizontales y Verticales.- (Imagen tomada de Suarez V., L.M., 1.993 y redibujada para este libro).

Para el dimensionamiento de la sección donde se ubique el vertedero, se debe utilizar la carga de agua máxima que alcanza durante la ocurrencia de la creciente de diseño, de modo que a la altura de la presa se le debe sumar la altura **hr** de la lámina de agua por encima del nivel de la cresta del vertedero y que se obtiene mediante la ecuación (VII.1), de manera que el empuje hidrostático total se obtiene aplicando la ecuación

$$\mathbf{E_h = \gamma_w * 1/2 * (H + hr)^2} \qquad \mathbf{(VIII.16)}$$

En la Figura Nº VIII.19.- se ilustra el empuje hidrostático considerando la carga de agua máxima que alcanza durante la ocurrencia de la creciente de diseño, cuyo punto de aplicación estará a una distancia medida desde la base como se indica:

$$Y_{cg} = \frac{H * (H + 3 * hr)}{3 * (H + 2 * hr)} \quad (VIII.17)$$

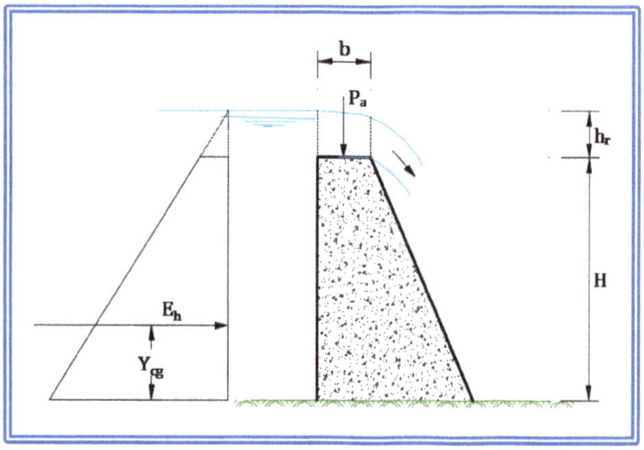

Figura N° VIII.19.- Empuje Hidrostático Horizontal durante una crecida.-

VIII.3.5.- IMPACTO DEL FLUJO DE LODOS Y PIEDRAS.-

Una vez analizadas las fuerzas de carácter estático que pueden actuar sobre las presas de retención de sedimentos, se considera oportuno analizar las fuerzas dinámicas que pueden actuar sobre estas estructuras.

Estas fuerzas dinámicas están representadas por el impacto de un eventual flujo torrencial, el cual se puede conceptualizar como un impacto instantáneo de un flujo de lodos y piedras calculado por cantidad de movimiento, el cual podría ocurrir durante el proceso de llenado del vaso de almacenamiento de la presa.

Sobre este particular es preciso describir cuando puede ocurrir este impacto. Considerando el proceso de colmatación del vaso de almacenamiento de las presas cerradas, desde el momento de su construcción, hasta el momento de su total colmatación, la presa podría estar sometida al eventual impacto de un flujo de lodos y piedras. El impacto podría producirse en cualquier punto a lo largo de la altura de la presa, pues dependerá del nivel de colmatación de la misma en el momento de la ocurrencia del mencionado flujo de lodos y piedras.

Una vez colmatada la presa, el efecto de ampliación de la base del cauce, genera un aumento del área disponible para el flujo y adicionalmente una disminución de la pendiente longitudinal por la generación de la pendiente de compensación, lo que deriva en una disminución de la velocidad del flujo, de modo que el efecto del impacto sobre la presa disminuye, ya que no puede haber impacto directo sobre la estructura. En este caso solo quedarían expuestas las alas que limitan el vertedero, las cuales deberían dimensionarse para resistir los esfuerzos que se originarían del impacto del flujo de lodos y piedras.

Si la presa se encuentra colmatada en el momento de la ocurrencia del flujo de lodos y piedras, los elementos vulnerables al impacto serían las alas que conforman el vertedero, pero adicionalmente, el efecto abrasivo de este flujo sobre el vertedero, podría generar la destrucción de estas alas y del tope del vertedero, pero la disminución de la velocidad del flujo, además de la disminución de la energía cinética por efecto de la caída desde el vertedero hacia el disipador, disminuirá el efecto erosivo y destructivo de este tipo de flujo hacia los sectores ubicados aguas abajo.

Para dimensionar y cuantificar la fuerza de impacto del flujo de lodos y piedras se debe partir del concepto de que la fuerza proviene de una distribución de presiones de forma triangular medida desde la rasante del cauce hasta la profundidad normal obtenida considerando un flujo uniforme.

En la Figura N° VIII.20.- se ilustra la Fuerza de Impacto por efecto de lodos y piedras, el cual se genera a partir de una distribución de presiones de forma triangular con una altura medida desde la superficie del flujo hasta la rasante del cauce e igual a la profundidad normal.

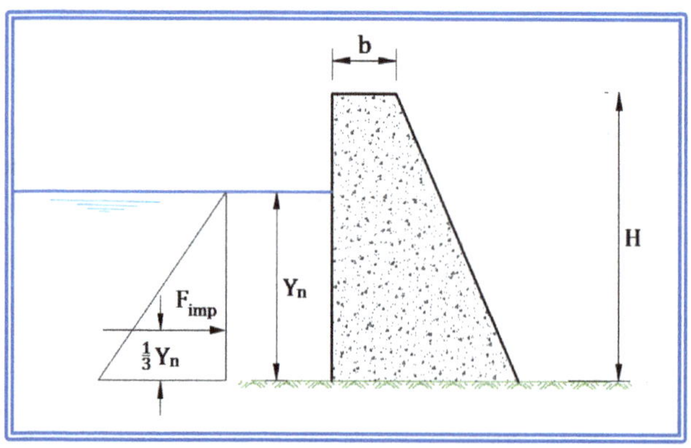

Figura N° VIII.20.- Fuerza de Impacto del Flujo de Lodos y Piedras.-

Para el cálculo de la profundidad normal se debe conocer la pendiente del cauce y la sección transversal del cauce natural aguas arriba de la presa, la cual sería de forma asimétrica. Para efectos de simplificación del cálculo, esta sección natural de forma asimétrica se puede simular a una sección simétrica de forma trapecial, sin incurrir en errores importantes en el cálculo de la fuerza resultante. En la Figura N° VIII.21.- se ilustra lo anteriormente descrito.

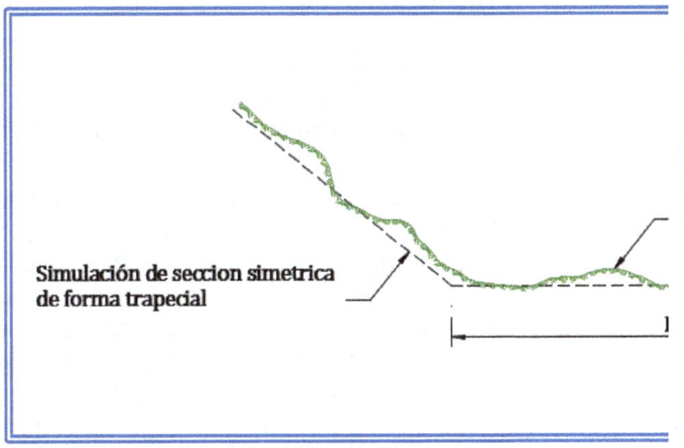

Figura N° VIII.21.- Simulación de una sección trapecial a partir de una sección natural de un cauce.-

Para el cálculo de la profundidad normal considerando flujo uniforme se puede utilizar la fórmula de Manning (Bolinaga J.J., 1.985) que a continuación se describe:

$$Q = \frac{A_n * R_n^{2/3} * S_0^{1/2}}{\eta} \qquad (VIII.18)$$

Donde Q es el gasto en m³/seg; A_n es el área mojada para la altura normal en m²; R_n es el radio hidráulico para la altura mencionada anteriormente en m; S_0 es la pendiente longitudinal de la rasante del cauce y η es el coeficiente de Manning, que en el caso de un cauce natural con material aluvional se podría asumir un valor de 0,030 para el lecho y de 0,022 para los taludes laterales.

La Fuerza de impacto del flujo de lodos se puede calcular considerando el principio físico de la cantidad de movimiento y según la siguiente expresión:

$$F_{imp} = \gamma_{lodo} * \frac{Y^2}{2} + \rho_{lodo} * q_{lp} * V \qquad (VIII.19)$$

Siendo:

γ_{lodo}	=	Peso específico del lodo (Ton/m^3)
Y	=	Altura del lodo aguas arriba del dique (m)
ρ_{lodo}	=	Densidad del lodo ($Ton*s^2/m^4$)
q_{lp}	=	Gasto de lodos y piedras por unidad de ancho del cauce ($m^3/s/m$)
V	=	Velocidad del flujo (m/s)

Para el peso específico del lodo se puede utilizar un valor entre **1,8 Ton/m³** y **2,2 Ton/m³**, mientras que para la densidad del lodo se puede usar un valor entre **0,18 Ton*s²/m⁴** y **0,22 Ton*s²/m⁴.**

Para el cálculo del gasto de lodos y piedras por unidad de ancho q_{lp}, se hace uso de la siguiente expresión:

$$q_{lp} = \frac{Q_{lp}}{B} \qquad (VIII.20)$$

Siendo:

Q_{lp} = Caudal de diseño considerando flujo de lodos y piedras (m³/s)

B = Ancho medio del cauce (m)

En este caso, el gasto Q_{lp} debe ser obtenido a partir del gasto líquido, el cual se multiplica por el factor de incremento que puede ser obtenido mediante la metodología de Takahashi (Takahashi T., 1.991) descrita en el Capítulo VI, y que según las experiencias (C.G.R. Ingeniería C.A., 2.000), este valor puede oscilar entre 1,53 y 1,82 el valor del caudal líquido obtenido mediante un estudio hidrológico.

VIII.4.- CÁLCULO DE LA ESTABILIDAD.-

La estabilidad de la presa debe garantizarse de forma que esté en condiciones de resistir las diferentes cargas que puedan actuar sobre ella durante su vida útil. Para ello las presas de gravedad deben de proyectarse para que cumplan con factores de seguridad que garanticen su estabilidad a los empujes que actuarán sobre ellas. Los factores de seguridad que debe cumplir son:

- El volcamiento.
- El deslizamiento y
- Tensiones transmitidas al terreno

Una presa de gravedad puede fallar por volcamiento alrededor de un punto situado en el parámetro de aguas abajo de la presa. También puede fallar por deslizamiento a lo largo de un plano ubicado dentro del cuerpo de la presa, así como también de la fundación del contacto presa – fundación. Para garantizar su estabilidad también deben verificarse las tensiones transmitidas al terreno de fundación y verificar que éstas no sobrepasen la capacidad portante del material que constituye la propia presa o su fundación.

VIII.4.1- VOLCAMIENTO.-

Para que se produzca el volcamiento de la presa, o de una parte de ella, es necesario que la suma de los momentos actuantes o desestabilizantes respecto al extremo de aguas abajo de una junta supere la suma de los momentos resistentes o estabilizantes correspondientes.

El factor de seguridad al volcamiento corresponde a la relación entre los momentos actuantes y los resistentes. Para obtener esta relación se establece un punto de rotación al volcamiento "O" ubicado al pie del muro del sector aguas abajo, y a partir de este punto, en sentido vertical y horizontal, se determinan las distancias hasta el punto de aplicación de cada fuerza actuante, a partir de las cuales se calculan los momentos.

Los momentos resistentes son producidos por el peso propio del muro **W** y la componente vertical del empuje activo E_v, mientras que los momentos actuantes, que generan volcamiento, son producidos por los empujes horizontales del agua o del sedimento, es decir, la componente horizontal del empuje activo E_h.

En tal sentido, el factor de seguridad al volcamiento FS_v sería:

$$FS_v = \frac{\sum Mr}{\sum Ma} \qquad (VIII.21)$$

Siendo:

FS_v	=	Factor de seguridad al volcamiento
$\sum Mr$	=	Suma de los momentos resistentes respecto al Punto "O" (Ton*m)
$\sum Ma$	=	Suma de los momentos actuantes respecto al Punto "O" (Ton*m)

En general se recomienda que el factor de seguridad al volcamiento sea como mínimo de 1,5 para suelos granulares y que sea del orden de 2,0 para suelos cohesivos y el punto de aplicación de los momentos se visualiza en la siguiente Figura Nº VIII.22.-.

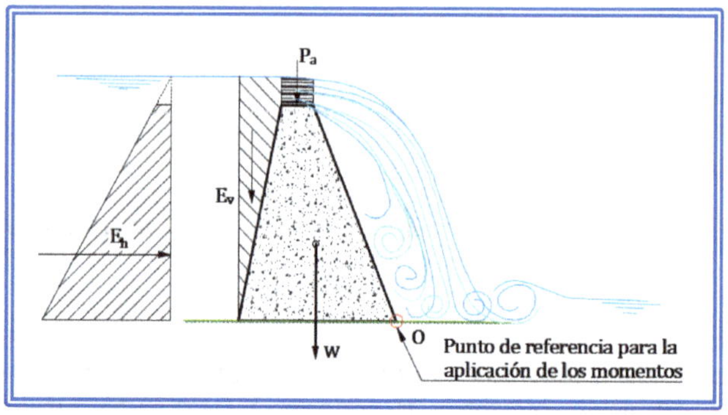

Figura N° VIII.22.- Punto de referencia para la aplicación de los momentos.- (Imagen tomada de Suarez V., L.M., 1.993 y redibujada para este libro).

VIII.4.2.- DESLIZAMIENTO.-

La presa debe ser estable respecto al posible deslizamiento sobre la fundación o sobre cualquier junta intermedia.

El deslizamiento de la presa o parte de ella, es causado por las fuerzas horizontales actuantes cuando se originan esfuerzos tangenciales mayores que los admisibles, o superiores a las fuerzas estáticas de roce.

El factor de seguridad es una medida de la resistencia al deslizamiento o al corte entre las superficies de contacto. Se aplica a cualquier sección de la presa o al contacto con la fundación. El factor de seguridad es la relación entre las fuerzas resistentes y las fuerzas actuantes y se calcula con la siguiente ecuación:

$$FS_d = \frac{\Sigma F_r}{\Sigma F_a} \qquad (VIII.22)$$

Siendo:

FS_d	=	Factor de seguridad al deslizamiento
$\sum Fr$	=	Suma de las fuerzas resistentes **(Ton)**
$\sum Fa$	=	Suma de las fuerzas actuantes **(Ton)**

Con respecto al factor de seguridad al deslizamiento FS_d, éste se evalúa en el plano de la base del muro, como una relación entre las fuerzas de roce y las fuerzas horizontales.

Se recomienda que el factor de seguridad sea superior a 1,5 en suelos granulares y a 2,0 en materiales cohesivos.

Considerando el plano perpendicular que pasa por la base del muro, tenemos:

$$F_{sd} = \frac{F_{roce}}{F_h} \qquad (VIII.23)$$

Donde:

F_{roce}	=	Fuerzas de roce
F_h	=	Fuerzas horizontales.

La fuerza de roce F_{roce} puede conceptualizarse como el producto de un coeficiente de roce o coeficiente de fricción suelo – muro f y la sumatoria de las fuerzas verticales, resultando:

$$F_{roce} = f * \Sigma F_v \qquad (VIII.24)$$

En función de lo anterior, el factor de seguridad al deslizamiento FS_d, sería:

$$FS_d = f * \frac{\sum F_v + c * B}{\sum F_h} \qquad (VIII.25)$$

Donde:

F_v	=	Fuerzas verticales.
F_h	=	Fuerzas horizontales.
f	=	coeficiente de roce o coeficiente de fricción suelo – muro
c	=	Cohesión, (t/m),
B	=	Ancho de la base del muro despreciando los escalones externos, (m)

Siendo;

$$f = \tan \delta \qquad (VIII.26)$$

Donde:

δ	=	Ángulo de fricción entre el suelo y la estructura a lo largo de la superficie de aplicación del empuje activo.

En la práctica se puede tomar este valor como igual al ángulo de fricción interno del suelo $\delta = \phi$. Esto es porque la superficie de la base de la presa que se logra con el vaciado es bastante rugosa, lo que permite un contacto firme entre el suelo y la estructura. Sin embargo, si por alguna circunstancia de índole geotécnica o hidráulica, se utiliza un manto geotextil entre la base de la presa y el suelo de fundación, se debe reducir el valor de ese ángulo de fricción entre un 5% y un 10%, de manera que el coeficiente de roce sería δ = 0,90 a 0,95 ϕ.

Sobre la base de lo anteriormente descrito, si consideramos $\delta = \phi$, el coeficiente de roce sería:

$$f = \tan \phi \qquad (VIII.27)$$

Y por lo tanto el factor de seguridad al deslizamiento sería:

$$FS_d = f * \frac{\sum F_v + c * B}{\sum F_h} \qquad (VIII.28)$$

En la mayoría de los casos de cálculo, es común no considerar la cohesión y hacerla igual a cero ($c = 0$). En el caso de que la presa esté fundada sobre materiales arenosos o gravosos, es obvio que la cohesión es nula, por lo que esto no requiere mayores explicaciones, a menos de que se trate de una fundación sobre una arcilla compacta, lo cual no es muy común en cauces de carácter torrencial.

Es preciso indicar que, durante la elaboración de los proyectos de presas de corrección de torrentes, no siempre se dispone de los recursos técnicos y económicos requeridos para estudiar en detalle las condiciones del suelo donde se fundarán las presas. Lo anterior se basa en el argumento de que las presas son de poca altura ($H < 15$ m) y en especial por la dificultad que representa el transporte de equipos de perforación para sondeos a sitios de difícil acceso. Es por estas razones que resulta más práctico y económico despreciar la cohesión en las fundaciones sobre suelos rocosos o suelos arenosos o gravosos, a menos que se disponga de información que indique lo contrario. Pero lo más importante es que como la cohesión es directamente proporcional al factor de seguridad y al considerarlo se mejoraría la resistencia al deslizamiento, al no considerar la cohesión y hacerla igual a cero ($c = 0$), el dimensionamiento de la presa estará del lado de la seguridad.

Sobre la base de lo anteriormente descrito, la expresión general del factor de seguridad al deslizamiento sería:

$$F_{sd} = f * \frac{\sum F_v}{\sum F_h} \qquad (VIII.29)$$

Considerando lo indicado anteriormente, acerca del coeficiente de fricción suelo – muro *f*, en el cual se puede tomar este valor como igual a **tan ϕ**, se ha elaborado la Tabla N° VIII.5.- que se presenta a continuación.

TABLA N° VIII.5.-
VALORES TÍPICOS DEL COEFICIENTE DE FRICCION DE CONCRETO Y MAMPOSTERÍA SOBRE VARIOS MATERIALES

MATERIAL	*f*
Concreto o mampostería	0,75
Roca dura con superficie irregular	0,80
Roca fisurada	0,70
Grava y peñones	0,60
Grava y arena gruesa	0,50
Arena angular, compacta	0,45
Arena redondeada, compacta	0,40
Arcilla	0,30
Limo	0,25

VIII.4.3.- DESLIZAMIENTO SOBRE UNA JUNTA.-

Es recomendable verificar el deslizamiento sobre una junta, sea esta de construcción o de una eventual fisuración.

EJEMPLO N° VIII.1.-

Se desea verificar el factor de seguridad al deslizamiento en la junta definida por los Puntos A y B.

Para ello utilizaremos el ejemplo que se ilustra a continuación.

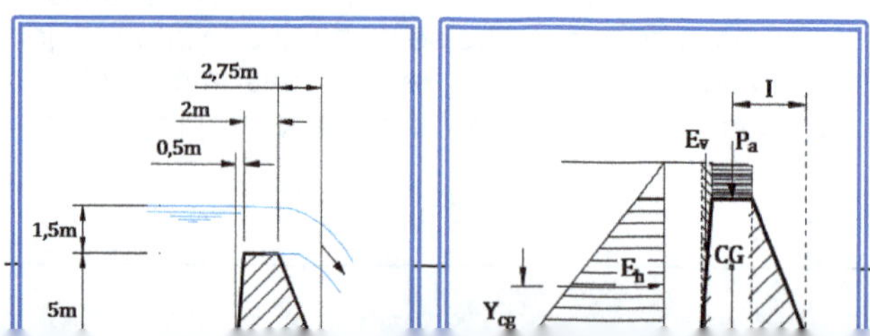

Figura N° VIII.23.- Ejemplo para ilustración de verificación de deslizamiento en la Junta A-B.- (Imagen tomada de Suarez V., L.M., 1.993 y redibujada para este libro).

Se desea verificar el factor de seguridad al deslizamiento en la junta definida por los Puntos A y B.

En este caso la fuerza actuante sería el empuje hidrostático, el cual se obtiene aplicando la ecuación VIII.14.

$$E_h = \gamma_w * \frac{1}{2} * (H + hr)^2 \qquad VIII.14$$

$$E_h = 1 * \frac{1}{2} * (5 + 1,5)^2 = 21,13 \text{ Ton}$$

El punto de aplicación estará a una distancia Y_{cg} medida desde la base, según la ecuación VIII.15 y sería como se indica:

$$Y_{cg} = \frac{H * (H + 3 * hr)}{3 * (H + 2 * hr)} \qquad (VIII.15)$$

$$Y_{cg} = \frac{5 * (5 + 3 * 1,5)}{3 * (5 + 2 * 1,5)} = 1,86 \text{ m}$$

Considerando un peso específico del concreto de **2,4 Ton/m³**, el peso del bloque sobre la junta A-B se obtendría calculando el volumen del bloque por metro lineal y multiplicado por el peso específico del concreto y sería como se indica:

$$W = \frac{5,25 + 2}{2} * 5 * 2,4 = 43,5 \text{ Ton}$$

El peso del agua sobre el paramento de aguas arriba de bloque analizado y sería como sigue:

$$E_v = \frac{1}{2} * D * (H - Z) * \gamma_w \qquad (VIII.9)$$

$$E_v = \left[(1,5 * 0,50) + \left(\frac{0,50 * 5}{2}\right)\right] * 1 = 2,0 \text{ Ton}$$

El peso del agua sobre la cresta del vertedero sería:

$$P_a = 2 * 1,5 * 1 = 3,0\ Ton$$

Lo más recomendable en estos casos es suponer que la junta esta fisurada y en consecuencia la fuerza resistente al deslizamiento es la del roce entre dos superficies de concreto. De igual forma se supondrá que a través de la fisura se puede generar filtraciones de agua y que se desarrolla un diagrama triangular de sub-presiones en la junta A-B.

En tal sentido, la resultante de la sub-presión sería:

$$U = \frac{1}{2} * \gamma_w * (H + hr) * B$$

$$U = 0,5 * 1 * (5 + 1,5) * 5,25 = 17,06\ Ton$$

Tal y como se indicó anteriormente, la fuerza de roce **F_{roce}** se pude expresar como:

$$F_{roce} = f * \Sigma F_v \qquad (VIII.24)$$

En donde el coeficiente f se puede obtener de la Tabla VIII.1.-, siendo en este caso f **= 0,75,** de manera que de la expresión VIII.24 se obtendría una fuerza de roce como se indica:

En este caso, el bloque superior sobre la junta A-B, está sometido a la acción de una fuerza horizontal **E_h**, la cual tiende a hacer deslizar el bloque superior sobre el bloque inferior, a lo largo de la mencionada junta A-B.

$$F_{roce} = f * \Sigma F_v = f * \Sigma (W + E_V + P_a - U)$$

$$F_{roce} = 0,75 * \Sigma (43,50 + 2,0 + 3,0 - 17,06)$$

$$F_{roce} = 23,58\ Ton$$

Al igual que en el caso del deslizamiento sobre la fundación, el factor de seguridad es la relación entre las fuerzas resistentes y las fuerzas actuantes y se calcula con la siguiente ecuación:

$$FS_d = \frac{\Sigma F_r}{\Sigma F_a} = \frac{f * \Sigma (W + E_V + P_a - U)}{E_h} = \frac{23,58}{21,13} = 1,12$$

Siendo:

FS_d	=	Factor de seguridad al deslizamiento
$\sum F_r$	=	Suma de las fuerzas resistentes **(Ton)**
$\sum F_a$	=	Suma de las fuerzas actuantes **(Ton)**

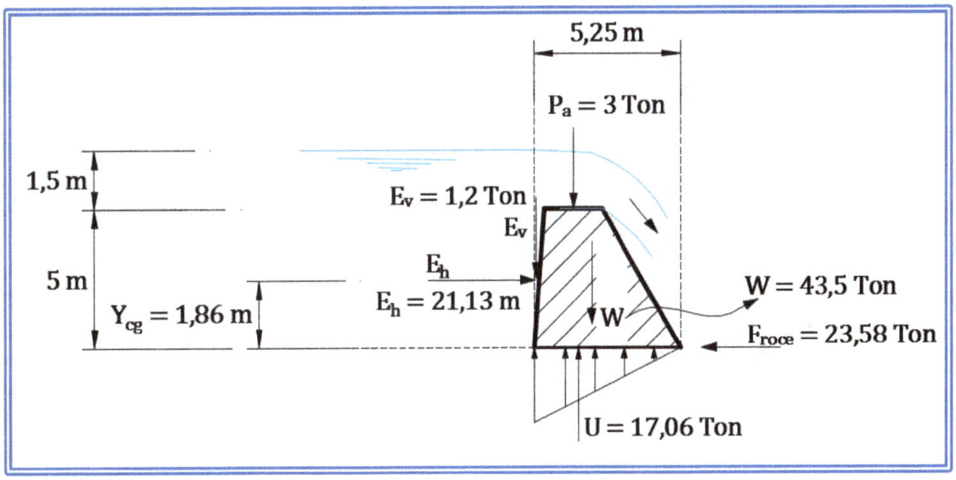

Figura N° VIII.24.- Fuerzas resultantes sobre el bloque superior a la junta A-B.- (Imagen tomada de Suarez V., L.M., 1.993 y redibujada para este libro).

La suposición de un diagrama triangular de sub-presiones es conservadora y simplifica el cálculo. Para el cálculo de estructuras de retención de sedimentos se considera adecuado utilizar el diagrama triangular de sub-presiones en una junta de concreto y verificar un factor de seguridad **$FS_d \geq$** 1. Ahora bien, si se deseara realizar una estimación más precisa se debe recurrir a la literatura especializada en el diseño de grandes presas de gravedad. (Suárez V. Luis M., 1.993).

VIII.4.4.- VERIFICACIÓN DE LAS TENSIONES TRANSMITIDAS AL TERRENO.-

Como principio ineludible, para garantizar la estabilidad de la presa, la capacidad admisible del suelo de fundación σ_{adm} debe ser mayor que el En presas de geometría convencional, para que toda el área de la base quede teóricamente sujeta a compresión, la fuerza resultante de la presión del suelo originada por el sistema de cargas debe quedar en el tercio central de esta base.

Para calcular la resultante de las fuerzas que actúan sobre la presa se puede recurrir a un simple análisis vectorial de las mismas, utilizando la siguiente expresión y según se muestra en la Figura N° VIII.17.-.

$$R_T = \sqrt{\sum(F_r)^2 + \sum(F_a)^2} \qquad (VIII.30)$$

esfuerzo de compresión máximo o presión de contacto σ_{max} transferido por la presa al terreno de fundación, para todas las combinaciones de carga:

$$\sigma_{adm} \geq \sigma_{max}$$

Siendo:

R_T	=	Fuerza Resultante Total (Ton)
$\sum F_r$	=	Suma de las fuerzas resistentes (Ton)
$\sum F_a$	=	Suma de las fuerzas actuantes (Ton)

El ángulo de aplicación de la Fuerza Resultante Total medido desde un plano vertical sería:

$$\tan \alpha = \frac{\sum F_a}{\sum F_r} \qquad (VIII.31)$$

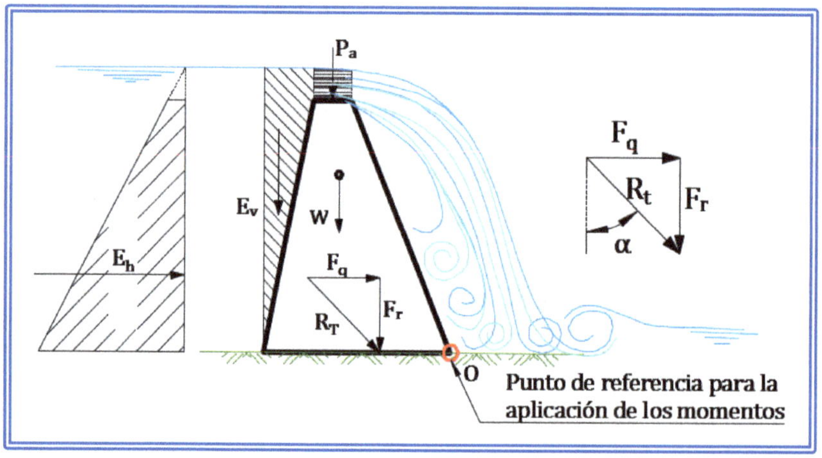

Figura N° VIII.25.- Fuerzas resultantes que actúan sobre la presa.-

Para los efectos de un mejor comportamiento de la estructura de la presa, es recomendable que la distribución de los esfuerzos sobre la fundación sea a compresión.

Es recomendable evitar los esfuerzos de tracción, de esta manera se tiene una condición de diseño, la cual establece que la Fuerza Resultante Total R_T debe pasar por el tercio central de la base de la presa, tanto para el caso cuando el vaso de almacenamiento esté lleno y con ello exista el empuje hidrostático sobre la presa (Empuje más desfavorable a la estabilidad), así como cuando el vaso de almacenamiento esté vacío.

Dependiendo del dimensionamiento que tenga la estructura de la presa, la Fuerza Resultante Total R_T puede pasar por diversos puntos de la base de la misma y dependiendo de ello, la distribución de esfuerzos normales en la base será como se ilustra en la Figura N° VIII.26.-

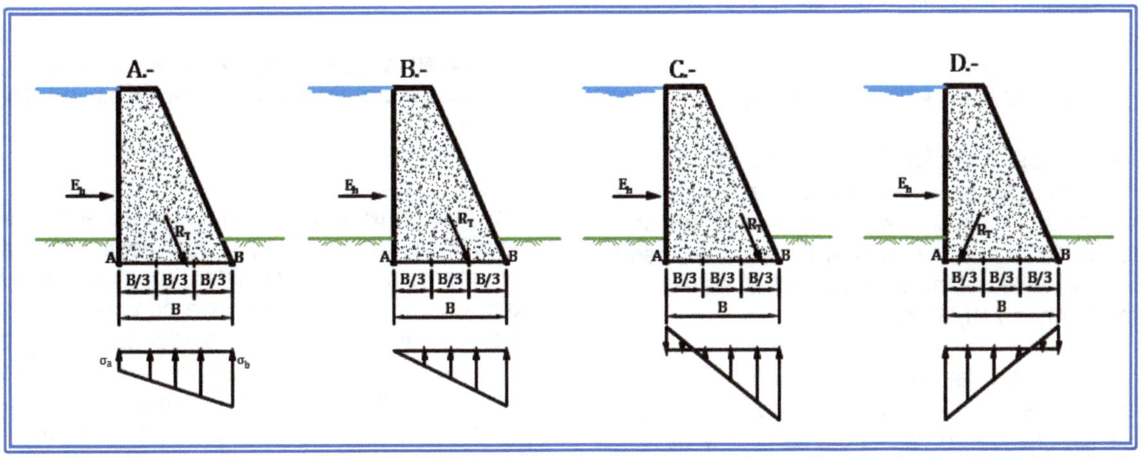

Figura N° VIII.26.- Distribución de esfuerzos en la base de una presa dependiendo de la ubicación de la Fuerza Resultante Total R_T.-

Al analizar la Figura VIII.26.- se pueden obtener las siguientes afirmaciones:

- Si la Fuerza Resultante Total R_T pasa por el tercio central de la base de la presa, todos los esfuerzos normales a la misma son de compresión. (Ver Figura N° VIII.26-A.-).

- Si la Fuerza Resultante Total R_T pasa por el extremo aguas abajo del tercio central de la base de la presa, se tendrá un caso límite en el cual no existe tracción y el esfuerzo normal en el Punto A es cero. Este caso representa la solución de dimensionamiento más optimizado y por ende la solución más económica. (Ver Figura N° VIII.26-B.-).

- Si la Fuerza Resultante Total R_T pasa fuera del tercio central de la base, sea hacia aguas arriba o hacia aguas abajo, se generarán esfuerzos de tracción en el tercio opuesto. (Ver Figura N° VIII.26-C.- y N° VIII.26-D.-).

Sobre la base de lo anteriormente descrito, se puede inferir que la solución más económica, con la que se obtiene la mejor optimización del dimensionamiento de la estructura de la presa y obtener el menor volumen de material en la presa, corresponde al caso en el que la Fuerza Resultante Total R_T pasa por el extremo aguas abajo del tercio central de la base de la presa, para la condición cuando el vaso de almacenamiento esté lleno y el empuje hidrostático sea el mayor.

Para efectos de cálculo de los esfuerzos admisibles en la fundación, así como en una junta de la estructura, se debe conocer la excentricidad de la fuerza resultante, la cual es la distancia medida entre el centro de la base de la estructura o el ancho de la junta en estudio y el extremo aguas abajo de la presa. En las expresiones que se utilizan para obtener la mencionada excentricidad, se utiliza la fuerza resultante vertical R_V.

Para calcular la excentricidad ex de la fuerza resultante vertical R_V, medida desde el centro de la base **B** de la presa, se puede utilizar la siguiente expresión:

$$e_x = \frac{B}{2} - X_r \qquad \text{(VIII.32)}$$

En donde X_r es la distancia medida entre el extremo aguas abajo de la estructura (Punto "O") (Ver Figura Nº VIII.27.-) y el punto donde pasa la resultante R_T y se puede conceptualizar como:

$$X_r = \left[\frac{(\sum M_r - \sum M_a)}{R_V}\right] \qquad \text{(VIII.33)}$$

En tal sentido la excentricidad e_x es:

$$e_x = \frac{B}{2} - \left[\frac{(\sum M_r - \sum M_a)}{R_V}\right] \qquad \text{(VIII.34)}$$

Donde:

B	=	Ancho de la base de la presa
X_r	=	Distancia horizontal medida entre el Punto "O" y la dirección de la Resultante R_V
∑Mr	=	Suma de los momentos resistentes respecto al Punto "O" (Ton*m)
∑Ma	=	Suma de los momentos actuantes respecto al Punto "O" (Ton*m)
R_V	=	Resultante de las fuerzas verticales.

La fuerza resultante vertical "R_v" se puede calcular como sigue:

$$R_v = W + E_V + P_a \qquad (VIII.35)$$

De los aspectos mencionados anteriormente, se puede decir que no se debe exceder la resistencia admisible del suelo ($\sigma_{adm} \geq \sigma_{max}$), si la excentricidad "$e_x$" de la fuerza resultante vertical R_v, medida desde el centro de la base del muro de ancho "B", no excede del sexto del ancho ($B/6$) de ésta.

Se puede asumir que existe una distribución lineal de tensiones sobre el terreno, cuando la fuerza resultante R_v, cae dentro del tercio central, y así las tensiones se pueden determinar con las siguientes expresiones:

$$\textbf{Para el caso de } \; e_x < \frac{B}{6}$$

$$\sigma_{max} = \frac{R_v}{B}\left(1 + \frac{6 * e_x}{B}\right) \qquad (VIII.36)$$

$$\sigma_{min} = \frac{R_v}{B}\left(1 - \frac{6 * e_x}{B}\right) \qquad (VIII.37)$$

Sobre la base de lo anterior, se puede inferir que se tendría una distribución lineal de las tensiones de forma trapecial con una tensión máxima en la parte delantera de la base de la presa (σ_{max}) y una tensión mínima en la parte posterior de la base de la presa (σ_{min}).

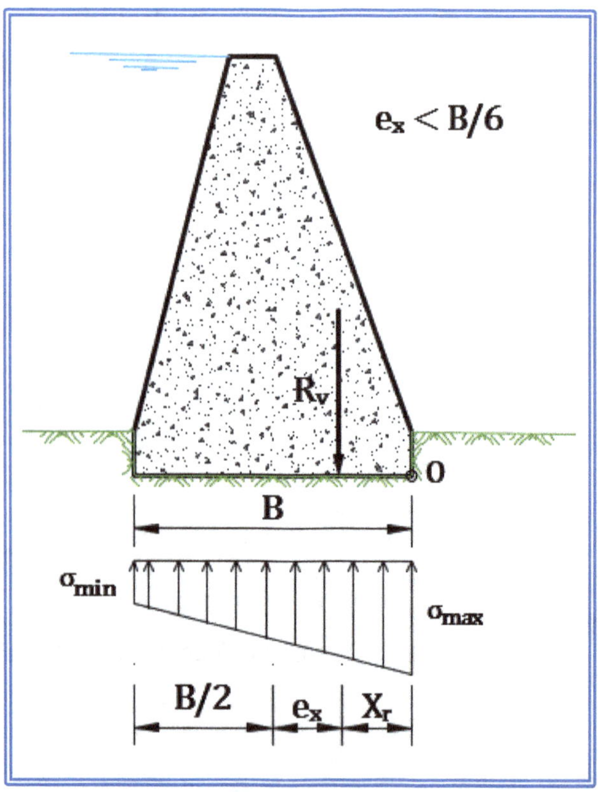

Figura N° VIII.27.- Esfuerzos de compresión en el contacto muro – suelo de fundación para el caso e_x < $B/6$.

Por otra parte, si la excentricidad excede un sexto del ancho de la base ($B/6$), es decir, que la fuerza resultante no pasa por el tercio central de la base, lo que ocurre es que no existe compresión en toda la base, pues en este caso el diagrama de presión es triangular, en donde la tensión máxima ocurre en la parte delantera del muro y la tensión mínima ocurre en algún punto antes del extremo posterior de la base, lo que implica que en la parte posterior del muro se generen tensiones de tracción. El resultado de esta situación es una mayor probabilidad de producirse asentamientos diferenciales entre la parte anterior y la parte posterior, así como la mayor probabilidad de un inminente volcamiento del muro. En este caso las tensiones se determinan con las siguientes expresiones

$$\textbf{Para el caso de } \; \frac{B}{6} \leq e_x \leq \frac{B}{6}$$

$$\sigma_{max} = \frac{2 * R_v}{3 * \left(\frac{B}{2} - e_x\right)} \qquad (VIII.38)$$

$$\sigma_{min} = 0$$

Sobre la base de lo anterior, se puede inferir que se tendría una distribución lineal de las tensiones de forma triangular con una tensión máxima en extremo agua abajo de la base de la presa (σ_{max}) y una tensión mínima igual a cero (σ_{min} = 0) a una distancia B' medida desde el extremo aguas abajo de la base de la presa y sería según la siguiente expresión:

$$B' = 3 * \left(\frac{B}{2} - e_x\right) \qquad (VIII.39)$$

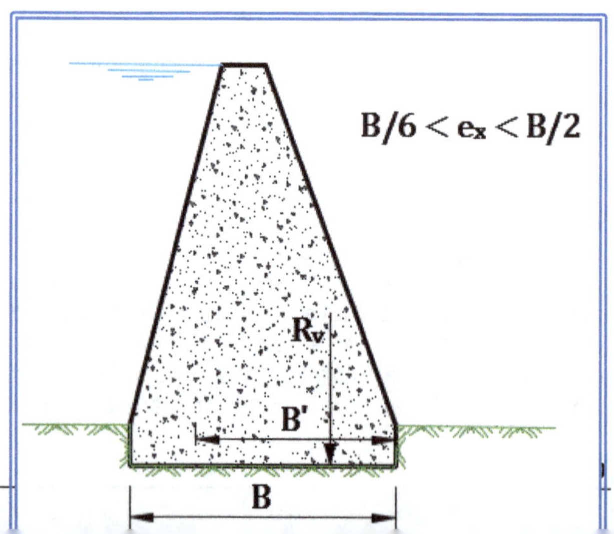

Figura N° VIII.28.- Esfuerzos de compresión en el contacto muro – suelo de fundación para el caso $B/6 \leq e_x \leq B/2$.

Es importante destacar que es absolutamente conveniente que los esfuerzos de compresión sean menores que la capacidad admisible del suelo, o dicho de otra forma, que el valor de la tensión resultante debe mantenerse por debajo de la tensión admisible del terreno. Este valor puede calcularse aplicando las expresiones de Terzaghi, Hansen, Meyerhoff, etc. (Lambe W. et. al., 1.969), y también se puede obtener de tablas que dan la resistencia del suelo en función del tipo y cuando se trate de arenas y arcillas, se determinan en función del SPT.

Para los suelos presentes en los cauces torrenciales, pudiera establecerse en un valor de $\sigma_{adm} \leq 20$ Ton/m^2, o dicho de otra forma $\sigma_{adm} \leq 2\ Kg/cm^2$, que se corresponde a un suelo areno - arcilloso. Sin embargo, y a manera de información general, en la Tabla N° VIII.6.- se indican algunos valores típicos de la tensión máxima admisible en diversos tipos de suelos.

TABLA N° VIII.6.-
VALORES TÍPICOS DE LA TENSIÓN MÁXIMA ADMISIBLE EN DIVERSOS TIPOS DE SUELOS

TIPO DE MATERIAL	σ_{adm} (kg/cm^2)
Roca, dura y sana (granito, basalto)	40
Roca, medio dura y sana (pizarras y esquistos)	20
Roca, blanda o fisurada	7
Gravas. Mezcla de arena y grava densas.	4 - 6
Gravas. Mezcla de arena y grava sueltas.	2 - 4*
Arena gruesa. Mezcla de grava y arena	2 - 3*
Arena fina a media. Arena media a gruesa, mezclada con limo o arcilla.	1,5 - 2*
Arena fina. Arena media a fina mezclada con limo o arcilla.	1,0*
Arcilla dura	2,5 - 4
Arcilla blanda.	1,5 – 2,5
Limo inorgánico, con o sin arena.	0,25 – 0,75

*** Reducir en 50 % en el caso de estar bajo el nivel freático.**

Fuente: Lambe W. y Whitman R. V., (1.969).

En resumen, es buena práctica lograr que la resultante se localice dentro del tercio medio, ya que las presiones de contacto son más uniformes, disminuyendo el efecto de asentamientos diferenciales entre la parte anterior y posterior del muro.

VIII.5.- DIMENSIONAMIENTO DE LA ESTRUCTURA.-

El dimensionamiento de una estructura de presa es un proceso de cálculo de aproximaciones sucesivas para lograr la mejor alternativa técnico – económica para el proyecto que se esté elaborando.

Desde el punto de vista técnico, y en función de los requerimientos del sitio de la obra, las características hidráulicas del cauce natural, así como las características geotécnicas del sitio de emplazamiento, la estructura debe tener un dimensionamiento que cumpla con los factores de estabilidad descritos en el aparte anterior, así como verificar de que la capacidad admisible del suelo de fundación sea mayor que el esfuerzo de compresión máximo transmitido por la presa al terreno de fundación, y en especial que estos factores de estabilidad y estas tensiones se cumplan para todas las combinaciones de empujes que puedan actuar sobre la estructura.

Desde el punto de vista económico, la estructura debe tener el menor volumen de material posible y cumplir con todos requerimientos técnicos, de manera de poder obtener un dimensionamiento con la mejor relación técnico – económica.

Una estructura de retención de sedimentos o una presa se puede representar como se ilustra en la Figura N° VIII.29.-

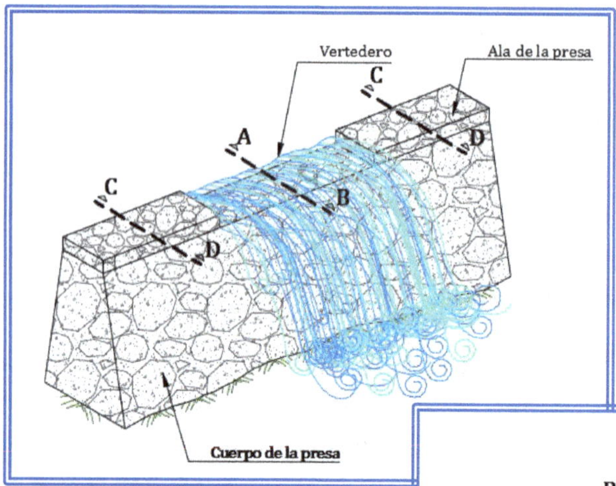

Figura N° VIII.29.- Ilustración de una estructura der retención o presa de sedimentos en mampostería o concreto ciclópeo.

Esta estructura típica consta de un cuerpo central identificado por la Sección A-B.- y dos alas laterales, identificadas por la Sección C-D.-, las cuales se ilustran en la Figura N° VIII.30-.

En la Figura N° VIII.30.- se puede observar que el cuerpo central (Sección A-B.-) es un trapecio que tiene taludes inclinados tanto aguas arriba, así como aguas abajo. Ahora bien, estos taludes podrían ser verticales en función del criterio del proyectista y del dimensionamiento que este disponga. En las alas laterales se puede continuar con la inclinación de los taludes hasta el tope de la presa, así como también podría continuarse en forma vertical.

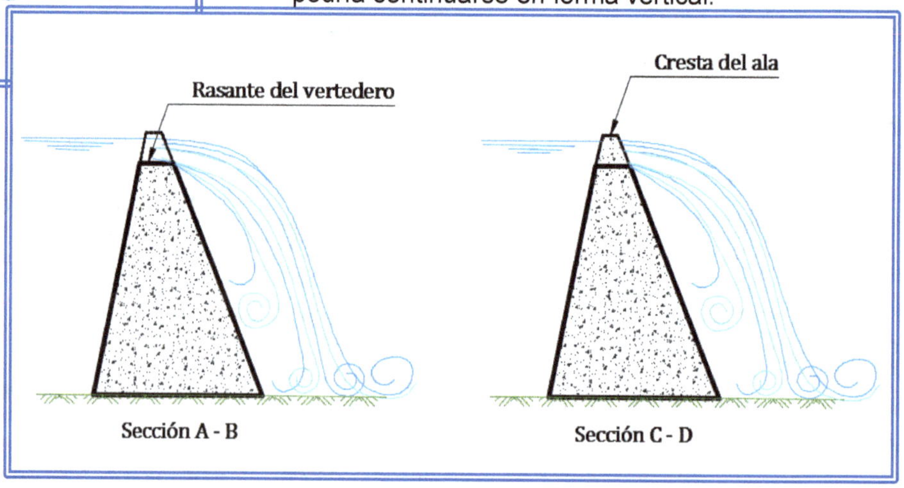

Figura N° VIII.30.- Sección típica en el cuerpo central de la presa (Sección A-B.-) y en las alas laterales (Sección C-D.-).-

VIII.5.1.- SECCIÓN TRANSVERSAL MÁS CONVENIENTE.-

Con la finalidad de determinar la sección más conveniente considerando el dimensionamiento más optimizado que requiere el menor volumen de material en la presa y por ende la más económica, a continuación se realiza un análisis de tres secciones típicas de presas de gravedad, fundadas sobre un plano horizontal.

En la Figura N° VIII.31.- se muestran las tres secciones de las presas a analizar, en las cuales actúan las fuerzas correspondientes al empuje hidrostático y al peso propio (Suárez V. Luis M., 1.993).

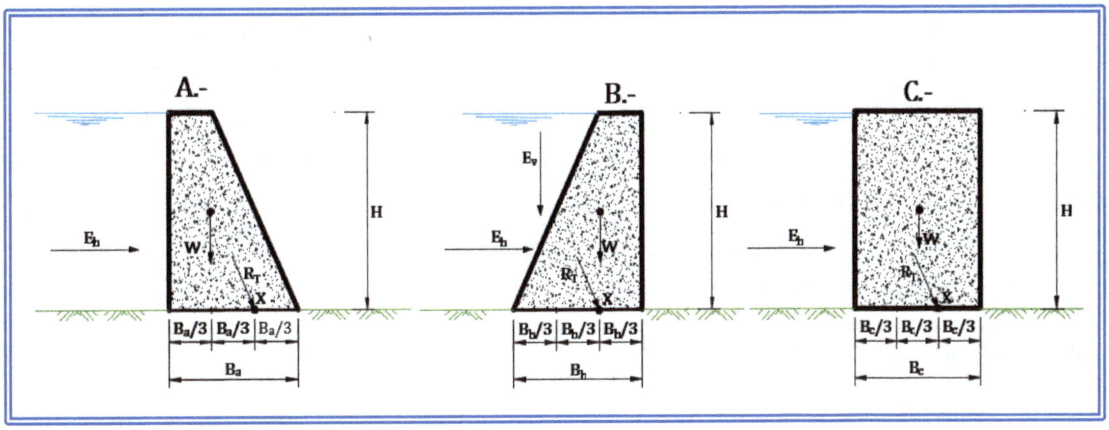

Figura N° VIII.31.- Secciones típicas simplificadas de una presa.- (Imagen tomada de Suarez V., L.M., 1.993 y redibujada para este libro).

En cada una de las tres secciones analizadas, el volumen mínimo de material requerido para garantizar la estabilidad de la presa, ocurre cuando la dirección de la fuerza resultante R_T pasa por el extremo aguas abajo del tercio central de la base de la presa identificado como **Punto X**. Para esta condición y suponiendo que no existe sub-presión, el momento resultante respecto al **Punto X** se anula, de manera que los volúmenes correspondientes de cada sección analizada de material serían como a continuación se indica:

En cada uno de los cuadros que se muestran a continuación, se especifican los siguientes parámetros:

B_A; B_B; B_C	=	Ancho de la base de la presa
H	=	Altura de la presa e igual a la carga hidráulica sobre la presa
γ_c	=	Peso específico del material de la presa.
γ_w	=	Peso específico del agua

SECCIÓN A.-

PARÁMETRO ANALIZADO	EXPRESIÓN
PESO PROPIO DE LA PRESA.-	$W_A = \frac{1}{2} * B_A * H * \gamma_c$
EMPUJE HIDROSTÁTICO.-	$E_h = \frac{1}{2} H^2 * \gamma_w$
MOMENTO RESPECTO AL PUNTO X.-	$M_X = \frac{1}{2} * B_A * H * \frac{B_A}{3} * \gamma_c - \frac{1}{2} * H^2 * \gamma_w * \frac{H}{3} = 0$
DE LA IGUALDAD ANTERIOR QUEDA	$B_A = H * \sqrt{\gamma_w / \gamma_c}$
VOLUMEN POR METRO LINEAL DE PRESA.-	$V_A = \frac{1}{2} * H^2 * \sqrt{\gamma_w / \gamma_c}$

SECCIÓN B.-

PARÁMETRO ANALIZADO	EXPRESIÓN

PESO PROPIO DE LA PRESA.-	$W_B = \frac{1}{2} * B_B * H * \gamma_c$
EMPUJE HIDROSTÁTICO.-	$E_h = \frac{1}{2} * H^2 * \gamma_w$ $E_v = \frac{1}{2} * B_B * \gamma_w$
MOMENTO RESPECTO AL PUNTO X.-	$M_X = \frac{1}{2} * B_B * H * \gamma_w * \frac{B_B}{3} - \frac{1}{2} * H^2 * \gamma_w * \frac{H}{3} = 0$
DE LA IGUALDAD ANTERIOR QUEDA	$B_B = H$
VOLUMEN POR METRO LINEAL DE PRESA.-	$V_B = \frac{1}{2} * H^2$

SECCIÓN C.-

PARÁMETRO ANALIZADO	EXPRESIÓN
PESO PROPIO DE LA PRESA.-	$W_C = B_C * H * \gamma_c$
EMPUJE HIDROSTÁTICO.-	$E_h = \frac{1}{2} * H^2 * \gamma_w$
MOMENTO RESPECTO AL PUNTO X.-	$M_X = B_c * H * \gamma_c * \frac{B_B}{6} - \frac{1}{2} * H^2 * \gamma_w * \frac{H}{3} = 0$
DE LA IGUALDAD ANTERIOR QUEDA	$B_C = H * \sqrt{\gamma_w/\gamma_c}$
VOLUMEN POR METRO LINEAL DE PRESA.-	$V_C = H^2 * \sqrt{\gamma_w/\gamma_c}$

Considerando el peso específico del material de la presa como $\gamma_c = 2{,}4$ Ton/m³ y el peso específico del agua como $\gamma_w = 1$ Ton/m³, los volúmenes de las tres secciones analizadas serían como se indica:

SECCIÓN A.-	SECCIÓN B.-	SECCIÓN C.-
$V_A = \frac{1}{2} * H^2 * \sqrt{\gamma_w/\gamma_c}$	$V_B = \frac{1}{2} * H^2$	$V_C = H^2 * \sqrt{\gamma_w/\gamma_c}$
$V_A = 0{,}32\ H^2$	$V_B = 0{,}50\ H^2$	$V_B = 0{,}65\ H^2$

Del análisis anterior se puede inferir que la sección que utiliza menos material es la Sección A.- que se refiere a la sección triangular con el paramento de aguas arriba vertical, donde es preciso destacar que el análisis se ha realizado considerando que están fundadas sobre un plano horizontal. En la práctica, por razones de índole constructivo y de estabilidad en la cresta del vertedero, la sección de forma triangular es sustituida por una sección de forma trapecial, dándole así un ancho a la rasante del vertedero.

Es importante señalar que, en la medida que la pendiente longitudinal del cauce natural se incrementa. En los cauces naturales de régimen torrencial, son frecuentes las pendientes longitudinales superiores al 10 %, por lo que en estos casos la utilización de presas con el paramento de aguas abajo en forma vertical podría representar una importante economía para la construcción de la obra.

En la Figura N° VIII.32.- se puede observar como en un cauce natural de alta pendiente, la presa **ABCD** tiene un volumen de material significativamente menor que la Presa **BCEF**, para una misma altura útil **H**.

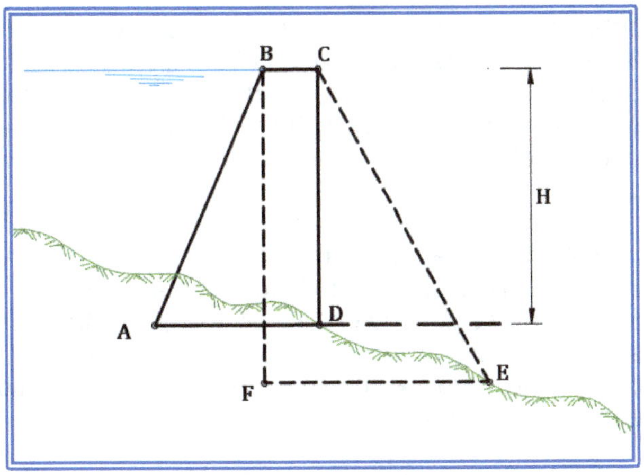

Figura N° VIII.32.- Secciones típicas de una presa en cauce con alta pendiente.- (Imagen tomada de Suarez V., L.M., 1.993 y redibujada para este libro).

VIII.5.2.- PREDIMENSIONAMIENTO DE LA ESTRUCTURA.-

VIII.5.2.1.- ANCHO DEL VERTEDERO Y RELACIÓN ENTRE LA ALTURA Y LA BASE.-

Con la finalidad de iniciar el proceso de dimensionamiento de una estructura de presa en la referencia (López Cadenas De Llano, Filiberto, 1.965) se describen algunos de los procedimientos de calculo que se utilizan en algunos paises. En este análisis, países como Austria, España, Francia y Portugal, consideran una metodología basada en una sección transversal típica de presa de forma trapecial con paramento aguas arriba vertical, mientras que la metodología utilizada en Italia considera una sección de forma trapecial con paramentos inclinados en ambos lados.

Para efecto de ilustrar una metodología, se ha seleccionado la de Austria, por considerarse la más sencilla. Tal y como se indicó, se establece una sección transversal típica de presa de forma trapecial con paramento aguas arriba vertical, como se ilustra en la Figura N° VIII.33.-.

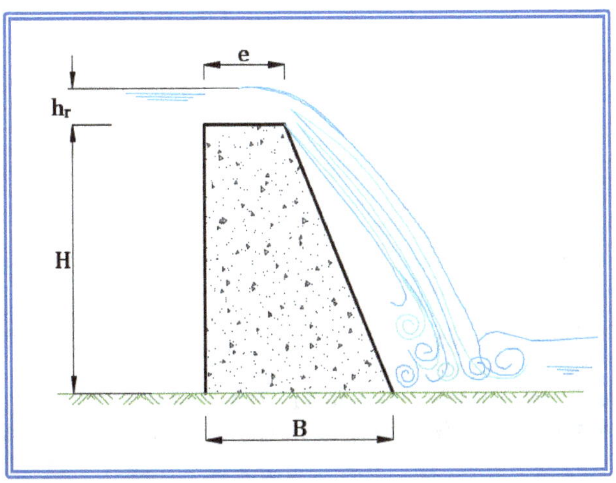

Figura N° VIII.33.- Sección típica con procedimiento utilizado en Austria.- (Imagen tomada de López Cadenas De Llano, Filiberto, 1.965 y redibujada para este libro).

El ancho del tope **e** del vertedero depende de la altura de la presa, adoptando valores que varían entre 0,70 metros y 1,50 metros, y en especial no debiendo ser superior a la mitad del ancho de la base. El ancho **e** se determina aplicando cualquiera de las expresiones empíricas siguientes:

$$\mathbf{e = 0,4 * H\ (metros)} \qquad \mathbf{(VIII.40)}$$

$$\mathbf{e = 1 + \frac{\mathit{H}}{10}\ (metros)} \qquad \mathbf{(VIII.41)}$$

En el caso del ancho de la base, esta se puede predimensionar utilizando la siguiente expresión:

$$\mathbf{B = \sqrt{\frac{5}{4} * e^2 + \frac{H + (H + 3h_r) * \gamma_w}{\gamma_c}} - \frac{e}{2}} \qquad \mathbf{(VIII.42)}$$

Siendo:

γ_w	=	Peso específico del agua ≈ **1 Ton/m³**
γ_c	=	Peso específico de la mampostería o concreto ciclópeo ≈ **2,4 Ton/m³**

Con este predimensionamiento, de los cálculos a realizar se estaría logrando que la fuerza resultante pase por el extremo aguas abajo del tercio central de la base.

De igual forma se puede recurrir a expresiones empíricas clásicas para un muro de gravedad y con este se podría iniciar los cálculos y su posterior optimización. La expresión sería la que se indica:

$$\mathbf{B \approx 0,7\ (H + h_r)} \qquad \mathbf{(VIII.43)}$$

VIII.5.2.2.- CARGAS ADMISIBLES EN LA FUNDACIÓN.-

Así como se indicó en el aparte VIII.4.4.-, como principio ineludible, para garantizar la estabilidad de la presa, la capacidad admisible del suelo de fundación σ_{adm} debe ser mayor que el esfuerzo de compresión máximo o presión de contacto σ_{max} transferido por la presa al terreno de fundación.

Cuando la capacidad admisible del suelo de fundación es sobrepasada por el esfuerzo de compresión de la estructura, es imprescindible y recomendable construir una zapata que distribuya las cargas sobre una mayor superficie, para así lograr

disminuir el esfuerzo de compresión sobre la fundación y de igual forma profundizar la fundación para alcanzar un material de fundación con mejor capacidad de soporte.
En virtud de que las presas se diseñan para que la fuerza resultante R_T pase por el extremo aguas abajo del tercio central de la base, conviene construir la zapata prolongando la base hacia agua abajo, con la finalidad de disminuir la excentricidad de la fuerza resultante.

En la referencia (Ministero dell' Agricoltura e delle Foreste, 1.972), se indica que para que la zapata no quede adyacente a la depresión del socavón producido por el impacto de la lámina vertiente, se recomienda que la proyección de la zapata hacia aguas abajo no supere el 40% de la altura de la zapata. Siendo **Z** la altura de la zapata, esta distancia sería :

$$B_{z1} \leq 0,40\,Z \qquad (VIII.44)$$

Cuando la prolongación de la zapata hacia aguas abajo, con una longitud máxima de $B_{z1} = 0,40 * Z$, no sea suficiente para garantizar que las cargas aplicadas a la fundación sean inferiores a los esfuerzos admisibles, entonces será necesario prologar la zapata hacia aguas arriba.

Esta prolongación de la zapata hacia aguas arriba modificaría la configuración de las fuerzas que actúan seguramente será preferible, desde el punto de vista constructivo, y más económico, optar por construir aguas abajo de la presa un dentellón o un disipador sobre la presa, pues se deberá considerar el peso del agua sobre la zapata aguas arriba y los sedimentos sobre ella, las cuales incidirán en las fuerzas estabilizantes de la estructura, de manera que se podrá optimizar el dimensionamiento del cuerpo principal de la presa.

El aumento de la zapata hacia aguas arriba no debe superar el 70% de la altura **Z** de la zapata, con lo que se evitaría la generación de esfuerzos de tracción superiores a la resistencia del concreto, mampostería o concreto ciclópeo, de manera que esta longitud debería ser como se indica:

$$B_{z2} \leq 0,70\,Z \qquad (VIII.45)$$

Para la determinación de la profundidad **Z** de la zapata de fundación, además del esfuerzo admisible del suelo, debe considerarse la socavación que se podría generar con el impacto de la lámina vertiente al pie de la presa, especialmente si el material en el cauce es de origen aluvional. En este caso, la fundación debería tener una profundidad mayor que la profundidad de socavación **S** máxima calculada por el Método de Schoklitsch (Schoklitsch A., 1.961) y descrito en el aparte VII.1.2.4.- del Capítulo VII.

La profundidad de la zapata tendrá un límite que obedecerá más a razones de tipo económico, ya que en el caso de requerirse fundaciones profundas a causa de la profundidad de socavación,
de energía dimensionado según se describió en el aparte VII.1.2.5.- del Capítulo VII.

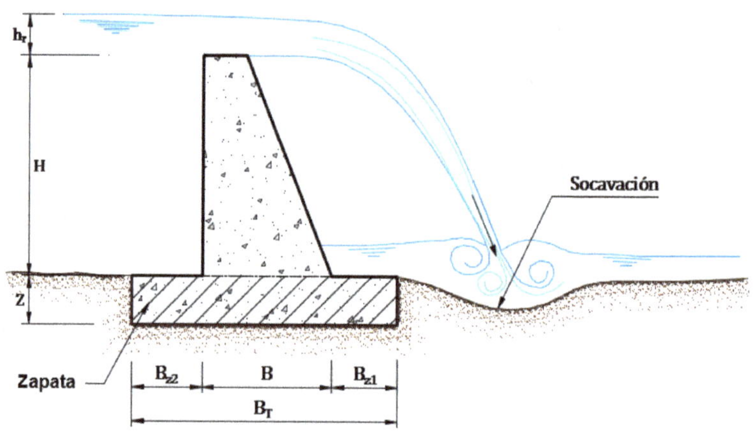

Figura N° VIII.34.- Sección típica de presa con zapata de fundación.- (Imagen tomada de Suarez V., L.M., 1.993 y redibujada para este libro).

VIII.5.2.3.- DIMENSIONAMIENTO DE LAS ALAS DE LA PRESA.-

Tal y como se ilustró en las Figura N° VIII.29 y N° VIII.30.-, las alas de la presa son las partes que están ubicadas por encima de la rasante del vertedero, a ambos lados de éste, y su función principal es retener temporalmente el agua en el sector aguas arriba de la presa durante la ocurrencia de las crecientes, evitando que el flujo se derrame sobre las laderas adyacentes a la presa y se puedan generar erosiones y socavaciones indeseables, que puedan poner en peligro la estabilidad de la estructura.

Tal y como se expuso en el aparte VII.1.2.1.-, la altura del ala de la presa dependerá de la altura **hv** sobre la rasante del vertedero y con la finalidad de tener un margen de seguridad, se recomienda adicionar un borde libre a la altura del vertedero **hv**, el cual podría ser entre un 10 % y un 20 % de esta altura.

Para efectos de estabilidad, el ala deberá ser analizada de manera independiente con el empuje de agua de la altura **hv** y de manera similar a lo ya expuesto para el caso del cuerpo de la presa. Al igual que en el caso del cuerpo de la presa, para que no existan esfuerzos de tracción en el sector aguas arriba de las alas, en el momento de la ocurrencia de la creciente, la dirección de la fuerza resultante debe pasar por el extremo aguas abajo del tercio central del ancho de la base **e** del ala (Ver Figura N° VIII.35.-). Para efectos de predimensionamiento, el ancho **e** del vertedero podría ser un 70 % de la altura del ala del vertedero **hv**, es decir:

$$\mathbf{e = 0,70 * hv} \qquad (\mathbf{VIII.45})$$

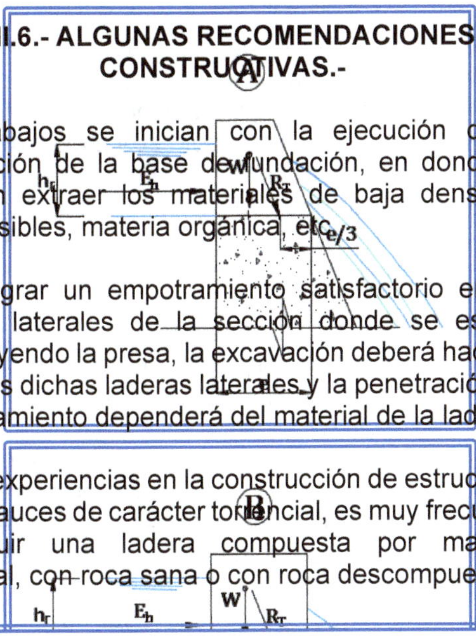

Figura N° VIII.35.- Estabilidad del ala de la presa.- (Imagen tomada de Suarez V., L.M., 1.993 y redibujada para este libro).

VIII.6.- ALGUNAS RECOMENDACIONES CONSTRUCTIVAS.-

Los trabajos se inician con la ejecución de la excavación de la base de fundación, en donde se deberán extraer los materiales de baja densidad, compresibles, materia orgánica, etc.

Para lograr un empotramiento satisfactorio en las laderas laterales de la sección donde se estaría construyendo la presa, la excavación deberá hacerse hacia las dichas laderas laterales y la penetración del empotramiento dependerá del material de la ladera.

De las experiencias en la construcción de estructuras sobre cauces de carácter torrencial, es muy frecuente conseguir una ladera compuesta por material aluvional, con roca sana o con roca descompuesta.

En el caso de material aluvional, se recomienda que el empotramiento no sea menor de tres (3) metros, pues de lo contrario podría generarse el riesgo de filtraciones que erosionen la ladera y originen fallas indeseables.

En el caso de roca sana o roca descompuesta, el empotramiento podría ser entre unos 0,75 metros y 1,00 metro, dependiendo de la posibilidad de excavar con medios mecánicos (Excavadora o similar).

En la Figura N° VIII.36.- se ilustran las recomendaciones de empotramiento en las laderas de en material aluvional o en rocas sana o descompuesta.

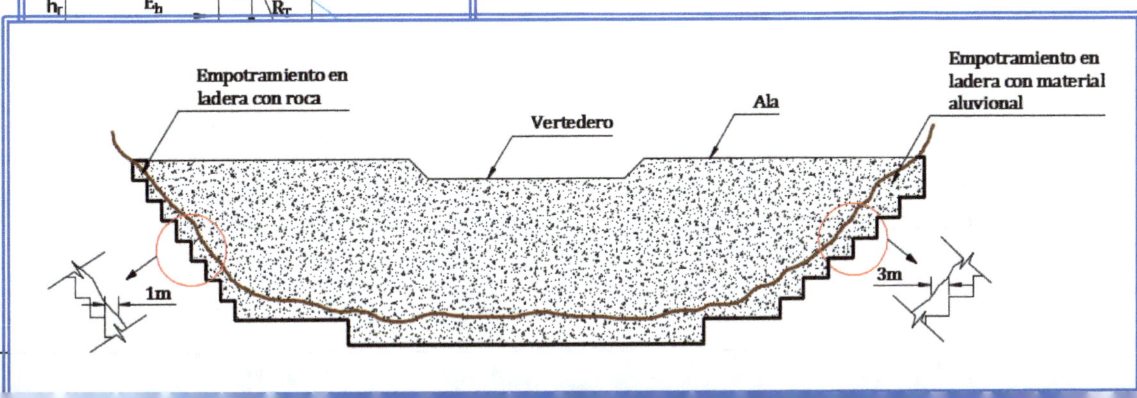

Figura N° VIII.36.- Empotramientos de la presa en las laderas.- En la imagen abajo a la izquierda se ilustra el empotramiento en ladera con roca. En la imagen abajo a la derecha se ilustra el empotramiento en ladera con material aluvional.

Con respecto al vaciado del concreto, generalmente se inicia con la fundación desde un extremo hacia el extremo opuesto, para luego seguir subiendo y empotrándose en las laderas laterales según lo especificado en el proyecto.

Cada cauce tendrá sus propias características, por lo que cada proyecto tendrá sus propias y respectivas recomendaciones y especificaciones, sin embargo, es muy frecuente que en proyecto se planifique la ejecución de la obra de una forma y cuando se inicia la obra se deben realizar modificaciones por diversas razones, entre las cuales se pueden indicar: socavación local en el sitio seleccionado, cambio del curso o álveo principal del río, etc..

A lo largo de la ejecución del vaciado es recomendable que las juntas de construcción entre un vaciado y otro sean los más rugosas e irregulares posible, de manera de propiciar una buena adherencia entre los diferentes vaciados y la estructura de la presa se comporte de manera monolítica. La eventual existencia de planos horizontales generados entre dos vaciados no es convenientes, pues estos planos tendrían la misma dirección de las fuerzas de empuje del agua, además de que se podrían generar subpresiones indeseables en la junta, por lo que la estructura podría tener problemas de estabilidad a lo largo del plano definido por la junta.

Para efectos de la construcción de una estructura de presa con concreto ciclópeo, se pueden indicar las recomendaciones que se describen a continuación.

La piedra debe ser limpia, libre de fracturas y no meteorizada ni sucia. Tendrá un tamaño entre 15 y 30 cm y se someterá a las especificaciones del agregado grueso, salvo en lo que se refiere a la gradación.

Todas y cada una de las piedras deberán quedar totalmente rodeadas de concreto sin que la distancia mínima entre dos piedras adyacentes o las piedras y la cara del bloque de concreto sea menor de 10 cm. Las piedras deben quedar perfectamente acomodadas dentro de la masa de concreto y colocadas en ésta de manera ordenada cuidando la recomendación anterior.

El concreto deberá vibrarse por métodos manuales al mismo tiempo que se agregan las piedras para obtener una masa uniforme y homogénea.

En términos generales, en los cauces naturales con régimen torrencial es muy frecuente conseguir material pétreo para la fabricación de elementos estructurales de concreto ciclópeo o de gaviones.

En vista de que el material pétreo se obtiene directamente del cauce de los ríos, se minimiza el transporte del material, y en general el material presente más abundante se encuentra entre unos 20 y 40 centímetros de diámetro medio. Sobre la base de la experiencia en construcción de este tipo de obra, con este dimensionamiento de roca se aumenta el rendimiento de esta actividad, pues la recolección

y selección de roca sería más rápida y de mayor cuantía.
Además de lo anterior, se considera que el criterio que se sobrepone a todos los anteriores, es que al utilizar rocas de estas dimensiones, se lograría un mejor rendimiento y un mejor acabado, pues en la mayoría de los casos y en virtud del difícil acceso a los sitios donde se requieren este tipo de estructura, esta elaboración es estrictamente manual, prácticamente en forma artesanal, lo que tendría un impacto social positivo sobre la población por la generación de empleo que se originaría. De modo que al ser las rocas de menores dimensiones, éstas pesarían menos y podrían ser manipuladas con mayor facilidad por el personal destinado a esta actividad.

A manera de ejemplo se puede indicar que una roca de 50 centímetros de diámetro medio tiene un peso de unos 170 Kg, que obviamente sería de difícil manipulación manual, mientras que una roca de diámetro medio 30 centímetros tiene un peso de unos 37 Kg, lo que resulta una roca con un peso más adecuado para ser manipulada manualmente y así poder lograr un acabado acorde con los requerimientos.

El concreto que servirá para acoplar las piedras se sugiere que tenga una resistencia de 210 Kg/cm^2, y se propone que se le añada fibra de polipropileno con la finalidad de lograr una mezcla con características apropiadas para el fin que se persigue.

Además de la experiencia que existe en obras similares, existe diversa bibliografía e información disponible (WWW.TECNOCONCRET.COM), (WWW.SIKA.COM) que indica que la adición de fibra de polipropileno a la mezcla de concreto proporciona las siguientes ventajas:

- Elimina la grietas por retracción.-
- Aumenta la resistencia a la abrasión.-
- Aumenta la resistencia al impacto.-
- Mejora la trabajabilidad de la mezcla.-

Los numerosos filamentos que conforman la fibra de polipropileno, se distribuyen en forma homogénea en todas direcciones formando una matriz tridimensional, proporcionando al concreto un efectivo refuerzo secundario, que minimizará las fisuras por retracción, virtud importante para evitar el descalce de las piedras del mortero. Además esta matriz proporcionará una distribución tridimensional de los esfuerzos y a su vez resistente a la abrasión y al impacto del flujo de lodo y piedras.

VIII.7.- CONSIDERACIONES FINALES.-

Sobre la base de lo descrito en los apartes de este capítulo se han desarrollado expresiones y criterios para el correcto dimensionamiento de estructuras con base a los métodos convencionales de construcción, fundamentalmente concreto, mampostería y concreto ciclópeo.

Será responsabilidad del ingeniero proyectista considerar todas las características presentes en el cauce donde se esté realizando el proyecto, de manera de lograr el mejor dimensionamiento desde el punto de vista técnico y económico.

Para efectos ilustrativos, en el Anexo Nº 1.- se incluye un ejemplo de cálculo de una presa de concreto ciclópeo.

CAPITULO VIII

PRESAS DE GRAVEDAD

CAPITULO IX

PRESAS DE GAVIONES.-

IX.1.- GENERALIDADES.-

Las presas de gaviones son estructuras de gravedad y por lo tanto están sometidas a la acción de las mismas cargas consideradas en el cálculo de estructuras de gravedad.

Sin embargo, los gaviones tienen diversas características que se considera preciso describirlas para la mejor comprensión del funcionamiento de una estructura de gaviones, para posteriormente describir la conformación de las fuerzas actuantes y resistentes y el comportamiento de este tipo de estructura.

IX.2.- LOS GAVIONES.-

IX.2.1.- INTRODUCCION.-

En su forma más simple los gaviones de alambre son esencialmente cestas llenas de rocas. La palabra de gaviones deriva del italiano "*gabbione*", que significa gran jaula.

Tradicionalmente en nuestro medio se ha considerado a los muros gaviones como obras artesanales, sin entrar en detalles sobre la alta resistencia a empujes activos que pueden desarrollar los mismos cuando son ejecutados con un sistema constructivo adecuado.

Por lo general el montaje del muro de gaviones se iniciaba con la colocación de una malla de alambre de bajo calibre y con poca protección de galvanizado, elaboradas manualmente con un trenzado manual de vueltas y separaciones aleatorias, las cuales culminan en una malla con orificios de dimensiones no adecuadas, que permiten deformaciones que no se corresponden con un elemento estructural adecuado a los requerimientos. Esto traía como consecuencia muros que transmitían al terreno presiones inadecuadas, generando asentamientos y colapsos del muro ante la presencia de cualquier empuje activo.

Desde hace varias décadas se dispone de cestas elaboradas con alambre de mayor calibre y fuertemente galvanizado, diseñadas y fabricadas con procesos y normativas industriales que permiten obtener un producto cónsono con las necesidades y normativas que cumpla con los requerimientos estructurales que se necesite.

En este capítulo se pretende resumir los aspectos relevantes sobre el diseño de estructuras de gaviones. Se ha tratado de enfatizar los principios que son particulares y propios de las estructuras flexibles de gaviones.

Si bien es cierto que las estructuras de gaviones pueden ser utilizadas en la ingeniería civil en general, es preciso indicar que las estructuras de gaviones son una solución idónea en diversos casos de la ingeniería hidráulica y específicamente en la hidráulica fluvial.

La disponibilidad de materiales juega un papel importante en el establecimiento de la propuesta de solución, de manera que, si tenemos la disponibilidad de material pétreo, seguramente la solución idónea desde el punto de vista técnico – económico será una estructura de gaviones.

Además, la permeabilidad de las estructuras de Gaviones favorece el crecimiento de vegetación, arbustos y árboles, con lo que no solo se restablece la apariencia del paisaje, sino que también le permite al ecosistema del río restaurar su propio equilibrio, eliminando aquellos factores que de otra forma limitarían todo tipo de crecimiento biológico.

La capacidad drenante y de características flexibles de las estructuras de Gaviones, no solo ofrece una excelente solución para asegurar su estabilidad estructural, sino que también contribuye, sin necesidad de medidas adicionales, a integrar la estructura al paisaje circundante, favoreciendo el crecimiento de la vegetación típica y devolviendo el equilibrio del ecosistema afectado. Este proceso de integración asegura una extensa vida útil a las estructuras de protección con gaviones, en donde el efecto drenante, la flexibilidad y el crecimiento de vegetación generan un equilibrio entre la obra construida y el terreno natural.

Es definitivamente imposible de alcanzar estos conceptos ecológicos y ambientales con estructuras de concreto, las cuales son un obstáculo insalvable para el crecimiento de vegetación y para la creación de pequeños elementos biológicos, integrados entre sí, que son esenciales para el desarrollo básico de la regeneración del ecosistema.

Ahora bien, este tipo de solución es una de las soluciones que mejor se adapta a los criterios de protección ambiental y de ingeniería naturalística, además que desde el punto de vista de protección hidráulica, este tipo de solución es flexible y susceptible a asentamientos producidos por las erosiones y socavaciones, de manera que se adapte con mayor facilidad a la dinámica geomorfológica de la mayoría de los cauces fluviales.

IX.2.2.- TIPOS DE GAVIONES.-

Conceptualmente son elementos modulares con formas variadas, generalmente de forma de paralelepípedo, a excepción de los gaviones "saco", confeccionados a partir de redes metálicas en malla hexagonal de doble torsión que, llenados con piedras de granulometría adecuada y cosidos juntos, forman estructuras destinadas a la solución de problemas geotécnicos, hidráulicos y de control de erosión. El montaje y el llenado de estos elementos pueden ser realizados manualmente o con equipos mecánicos comunes.

Para las estructuras de contención a gravedad pueden ser utilizados los diversos tipos que se describen a continuación (Maccaferri (1)).

IX.2.2.1.- GAVIONES TIPO CAJA.-

El gavión tipo caja es una estructura metálica, en forma de paralelepípedo, producida a partir de un único paño de malla hexagonal de doble torsión, que forma la base, la tapa y las paredes frontal y trasera. A este paño base son unidos, durante la fabricación, paneles que formarán las dos paredes de las extremidades y los diafragmas internos.

Son las estructuras flexibles más adecuadas para la construcción de obras de contención.

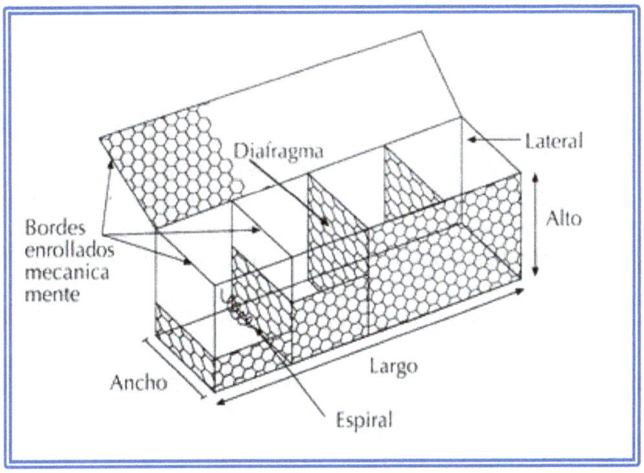

Figura N° IX.1.- Gavión Tipo Caja.-

Las dimensiones de los gaviones caja son estandarizadas y se indican en la Tabla N° IX.1.-. Sin embargo, sobre pedido pueden ser fabricados gaviones caja de medidas diferentes del estándar.

TABLA N° IX.1.-
DIMENSIONES TIPICAS DE GAVIONES TIPO CAJA

DIMENSIONES TIPICAS DEL MERCADO			VOLUMEN (m^3)	CANTIDAD DE DIAFRAGMAS
LARGO (m)	ANCHO (m)	ALTO (m)		
1,5	1,0	0,50	0,75	-
2,0	1,0	0,50	1,00	1
3,0	1,0	0,50	1,50	2
4,0	1,0	0,50	2,00	3
1,5	1,0	1,00	1,50	-
2,0	1,0	1,00	2,00	1
3,0	1,0	1,00	3,00	2
4,0	1,0	1,00	4,00	3

Foto N° IX.1.- Presa Macuto 3.- fabricada utilizando gaviones tipo caja. Estado Vargas, Venezuela. (Foto del Autor).

Foto N° IX.2.- Presa Camurí 3.- fabricada utilizando gaviones tipo caja. Estado Vargas, Venezuela. (Foto del Autor).

IX.2.2.2.- GAVIONES TIPO SACO.-

Los gaviones tipo saco son estructuras metálicas, con forma de cilindro, constituidos por un único paño de malla hexagonal de doble torsión que, en sus bordes libres, presenta un alambre especial que pasa alternadamente por las mallas para permitir el montaje del elemento en obra.

Es un tipo de gavión extremadamente versátil debido a su formato cilíndrico y método constructivo, siendo que las operaciones de montaje y llenado son realizadas en obra para su posterior instalación, con el auxilio de equipos mecánicos (grúa o similar).

Debido a su extrema facilidad de colocación, generalmente es empleado como apoyo para estructuras de contención, en presencia de agua o sobre suelos de baja capacidad de soporte, con la finalidad mejorar y estabilizar el suelo de fundación.

Estas características hacen del gavión saco una herramienta fundamental en obras de emergencia. Después de montado, es llenado con rapidez, cerca del lugar de utilización. Su llenado es realizado por el extremo (tipo saco) o por el costado (tipo bolsa). Después de concluidas estas etapas, los gaviones tipo saco pueden ser almacenados para su posterior aplicación o pueden ser inmediatamente colocados en el lugar de aplicación con el auxilio de una grúa.

El llenado con piedras no depende de una colocación tan cuidadosa como en los gaviones tipo caja, debido a las características y funciones que desempeñan en las obras en que son empleados. La menor dimensión de las piedras nunca debe ser menor que la abertura de la malla. Los amarres entre los gaviones tipo saco no son necesarios, pero el amarre entre ellos hace que su función de estabilización del suelo sea más satisfactoria.

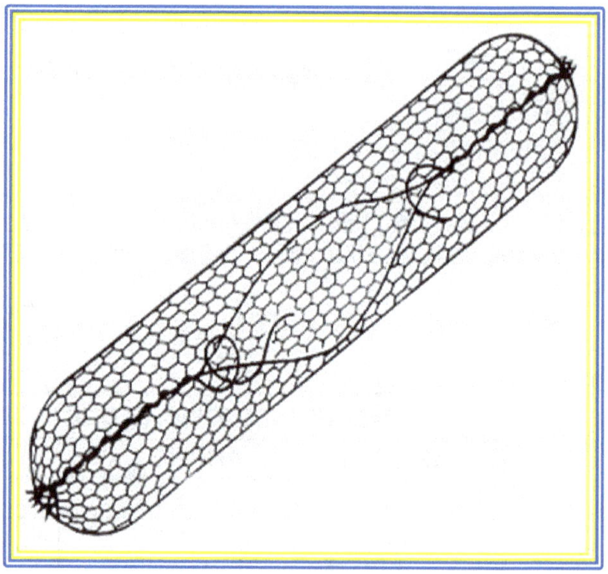

Figura N° IX.2.- Gavión Tipo Saco.-

Las dimensiones de los gaviones saco son estandarizadas y se indican en la Tabla N° IX.2-. A pedido, pueden ser fabricados gaviones tipo saco de medidas diferentes de las estándar.

TABLA N° IX.2.-
DIMENSIONES TIPICAS DE GAVIONES TIPO SACO

DIMENSIONES TIPICAS DEL MERCADO		
LARGO (m)	DIAMETRO (m)	VOLUMEN (m^3)
2,5	0,65	0,65
3,0	0,65	1,00
4,0	0,65	1,30
5,0	0,65	1,65
6,0	0,65	2,00

Foto N° IX.3-A.- Colocación de gaviones saco para estabilizar el fondo en descarga del Río Macuto al Mar Caribe, Estado Vargas, Venezuela. (Foto del Autor).

Foto N° IX.3-B.- Construcción de muros de gaviones para Canalización del Río Macuto sobre un lecho de gaviones saco. (Foto del Autor).

Foto N° IX.3-C.- Detalle de la foto anterior. (Foto del Autor).

IX.2.2.3.- GAVIONES TIPO COLCHÓN RENO.-

El colchón Reno es una estructura metálica, en forma de paralelepípedo, de gran área y pequeño espesor. Es formado por dos elementos separados, la base y la tapa, ambos producidos con malla hexagonal de doble torsión

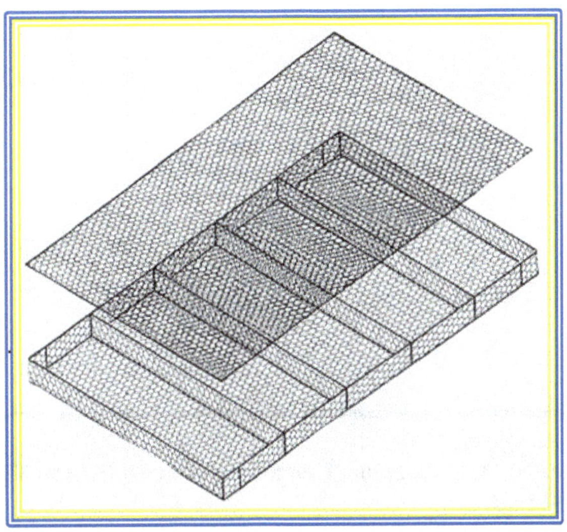

Figura N° IX.3.- Gavión Tipo Colchón Reno.-

Son estructuras flexibles adecuadas para la construcción de obras complementarias tales como plataformas de deformación para proteger la base de los muros, canaletas de drenaje, revestimiento de taludes, además de su función principal, que es actuar como revestimiento flexible de márgenes y fondos de cursos de agua.

Cuando sea necesario, los Colchones Reno® pueden ser montados, pre-armados y posteriormente colocados en agua, con el auxilio de equipos mecánicos.

Las dimensiones de los Colchones Reno® son estandarizadas y se indican en la Tabla N° IX.3.-. Su longitud, siempre es múltiplo de 1 metro, varía entre 3 metros y 6 metros, en cuanto a su ancho es siempre de 2 metros. Su espesor puede variar entre 0,17 metros, 0,23 metros y 0,30 metros. A pedido, pueden ser fabricados colchones Reno® de medidas diferentes de las estándar.

TABLA N° IX.3.-
DIMENSIONES TIPICAS DE COLCHONES RENO®

DIMENSIONES TIPICAS DEL MERCADO			AREA (m^2)	CANTIDAD DE DIAFRAGMAS
LARGO (m)	ANCHO (m)	ALTO (m)		
3,0	2,0	0,17	6,00	2
4,0	2,0	0,17	8,00	3
5,0	2,0	0,17	10,00	4
6,0	2,0	0,17	12,00	5
3,0	2,0	0,23	6,00	2
4,0	2,0	0,23	8,00	3
5,0	2,0	0,23	10,00	4
6,0	2,0	0,23	12,00	5
3,0	2,0	0,30	6,00	2
4,0	2,0	0,30	8,00	3
5,0	2,0	0,30	10,00	4
6,0	2,0	0,30	12,00	5

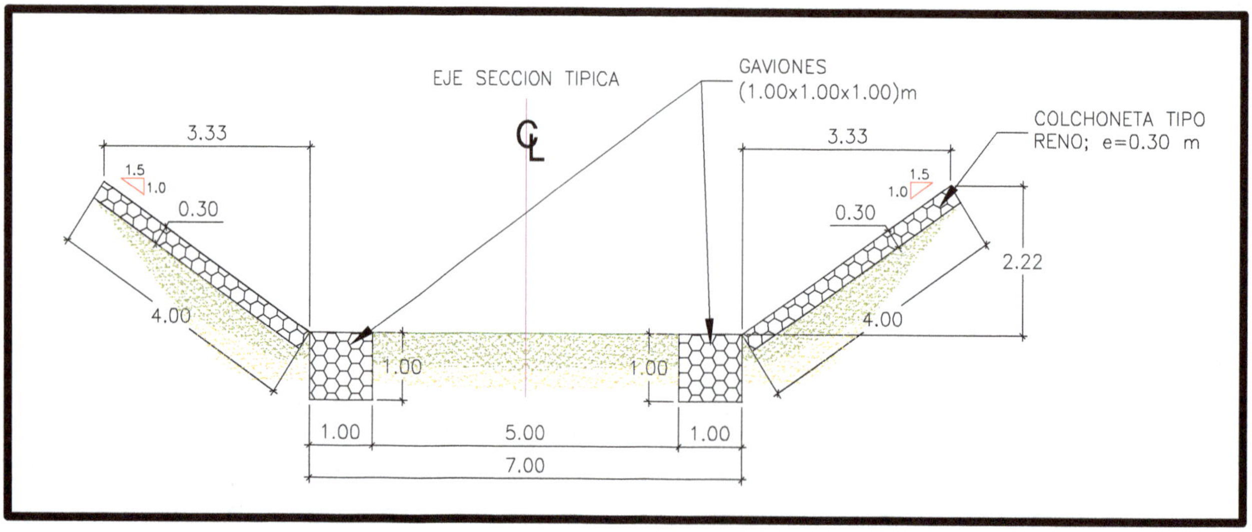

Figura N° IX.4.- Sección Típica de Muro con Gavión Tipo Colchón Reno en una protección de márgenes de un cauce fluvial.-

Foto N° IX.4.- Construcción con colchonetas Tipo Reno de la canalización del Río Macuto, Estado Vargas, Venezuela (año 2.003). (Foto del Autor).

X.3.- LOS COMPONENTES DE LOS GAVIONES.-

IX.3.1.- LA MALLA EL GAVION.-

IX.3.1.1.- EL ALAMBRE.-

En la industria metalmecánica, para la medición y control del diámetro del alambre se utiliza una unidad de medida denominada "*galga*" o calibre fijo.

La galga es una unidad de medida, ésta es utilizada para indicar el grosor o espesor de materiales muy delgados o extremadamente finos; la galga se define como el grosor de un objeto expresado en micras multiplicado por 4. Así, por ejemplo, una lámina de polietileno que tenga 25 micras (0,025 mm) de grosor será de 100 galgas; por tanto, la galga equivale a un cuarto de millonésima de metro ($2,5 \times 10^{-7}$ metros).

El tamaño, espesor o diámetro de los alambres, durante muchos años, ha sido indicado en la práctica comercial casi enteramente por números de calibre o galga, especialmente en América e Inglaterra. La galga o calibre más comúnmente utilizado en los Estados Unidos para alambres de acero es la Birmingham Wire Gage (B.W.G), sin embargo, en Francia se basan en parte en la antigua galga de París (Jauge de París de 1.857). En otros países europeos (Alemania, Italia, Austria y otros) no se utiliza prácticamente ninguna galga o calibre para alambres o similares, sino que se especifica directamente el tamaño de los alambres en milímetros.

En Venezuela es más común la utilización del Galga de París, sin embargo, es recomendable indicar el diámetro del alambre en milímetros para evitar confusiones respecto a la denominación que se está utilizando.

En la Tabla N° IX.4.- se indican las denominaciones antes descritas.

**TABLA N° IX.4.-
DENOMINACIONES PARA DIÁMETROS DE ALAMBRES.**

DENOMINACION GALGA DE PARIS							
Calibre N°	13	14	15	16	17	18	19
Diámetro (mm)	2.00	2.20	2.40	2.70	3.00	3.40	3.90

A finales del siglo XIX, en los inicios del gavión industrializado en Italia, el gavión tenía, en ese entonces, la forma de un cilindro, era fabricado con malla eslabonada, como la de las cercas, el revestimiento de los alambres, si existía, no superaba los 50-60 gr. de zinc/ m^2, pues era lo máximo que permitía la tecnología de la época (Maccaferri (1)).

Posteriormente, se estudió la manera de aumentar la durabilidad del alambre, para la producción de los gaviones, y se empezó a utilizar el alambre galvanizado pesado (245-270 gr/m^2) que en condiciones normales garantiza una vida útil de aproximadamente 25 años. (Maccaferri (1)).

La necesidad de ofrecer un producto que pudiera garantizar la misma vida útil, en condiciones más severas, se estudiaron nuevos materiales. La primera respuesta a esta necesidad fue en los años 60, y el resultado fue el revestimiento del alambre galvanizado con una vaina de P.V.C. (Polivinilo de Cloruro)

Con la finalidad de seguir mejorando la resistencia del alambre a las condiciones adversas que le serían impuestas, tales como los ambientes de carácter corrosivo como el salitre del ambiente marino o el flujo de aguas servidas domésticas o industriales, condujo a estudiar varias soluciones y productos (alambre inoxidable, alambre cobrizado, alambre aluminizado, etc.) y se optó por el recubrimiento con la aleación zinc - aluminio [(galfan), también llamada zincalum] de los alambres usados para la fabricación de los gaviones.
Los primeros estudios sobre la aleación 95% zinc / 5% aluminio, remontan al año 1970, cuando la ILZRO

(International Lead-Zinc Research Organization) consiguió un producto con excelentes características técnicas que fue denominado galfan® (*galvanization fantastique* - galvanización fantástica). (Maccaferri (1)).

En lo que se refiere a su revestimiento, todo el alambre utilizado en la fabricación del gavión en sus diferentes tipos, así como en las operaciones de amarre y atirantamiento durante su construcción, debe ser un alambre con revestido con aleación 95% zinc -5% aluminio (Zn 5 Al MM) de acuerdo con las especificaciones de la ASTM A856M-98 (Alambres de acero Carbono revestidos con Aleación de 95% Zinc-5% Aluminio – Mischmetal), esto es: la cantidad mínima de revestimiento Galfan® (*Galvazation Fantastique*) en la superficie de los alambres es de 244 gr/m^2. (Maccaferri (1)). (A.S.T.M. (A-856/A 856M–98)),

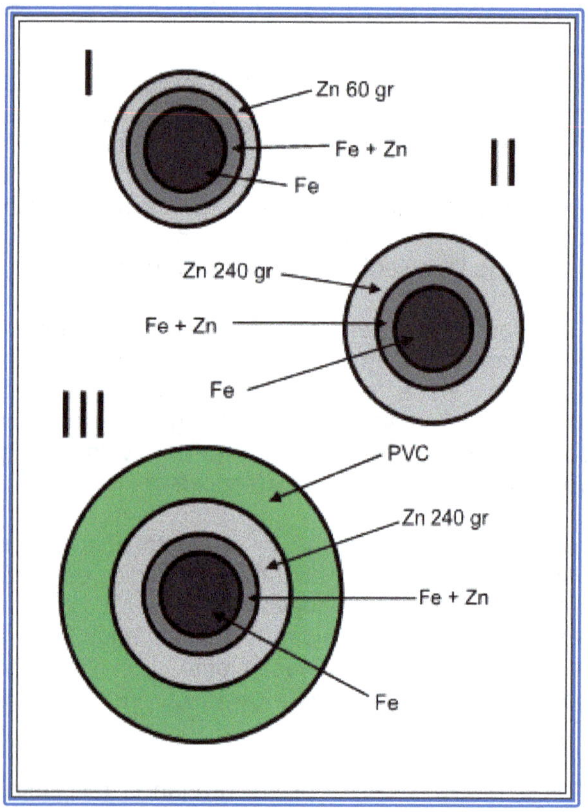

Figura N° IX.5.- Evolución del alambre para la fabricación de gaviones.-

- **I. Alambre con galvanizado sencillo.**
- **II. Alambre con galvanizado pesado.**
- **III. Alambre con galvanizado pesado y revestimiento de P.V.C.**

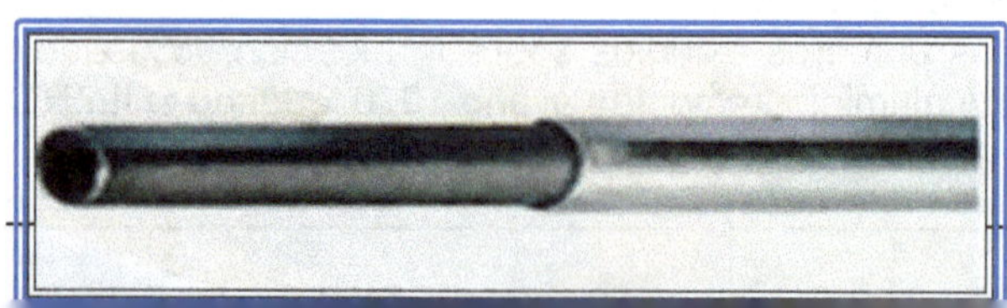

Figura N° III.6.- Vista de alambre con galvanizado y con galvanizado y revestimiento de P.V.C..

Sobre la base de lo anteriormente descrito, se puede entonces afirmar que la vida útil del alambre del gavión si se fabrica con las normas antes descritas, es de 30 a 45 años. Esta duración caracteriza al gavión como una estructura definitiva, y no como una obra temporal o provisional, no solamente apta para obras de emergencia, provisionales, como algunos piensan.

Todo el alambre usado en la fabricación de los gaviones, así como para las operaciones de amarre y atirantamiento durante la colocación en obra, debe ser fabricado según las normas antes indicadas, y deben ser del mismo diámetro y calidad que el alambre de la malla.

IX.3.1.2.- LA MALLA.-

La red debe ser en malla hexagonal de doble torsión, obtenida entrelazando los alambres por tres veces media vuelta. (Maccaferri (1)), (A.S.T.M. (A-856/A 856M–98)), (A.S.T.M. (A-975–97)).

La abertura del hexágono formado, medido en centímetros, es de tipo 8 x 10 para los gaviones tipo caja y saco; y de tipo 6 x 8 para los gaviones tipo colchón.

Todos los bordes libres de las mallas que conforman el gavión caja o el colchón, incluso el lado superior de las laterales y de los diafragmas, deben ser enrollados mecánicamente en el alambre de diámetro mayor que componen las aristas del paralelepípedo, para que la red no se desarme, adquiera mayor resistencia y se distribuyan los esfuerzos de tensión a lo largo de todo el alambre de las aristas.

La malla que conforman los gaviones debe cumplir con los lineamientos establecidos en la norma ASTM A 975 – 97 (Especificación estándar para doble trenzado gaviones de malla hexagonal).

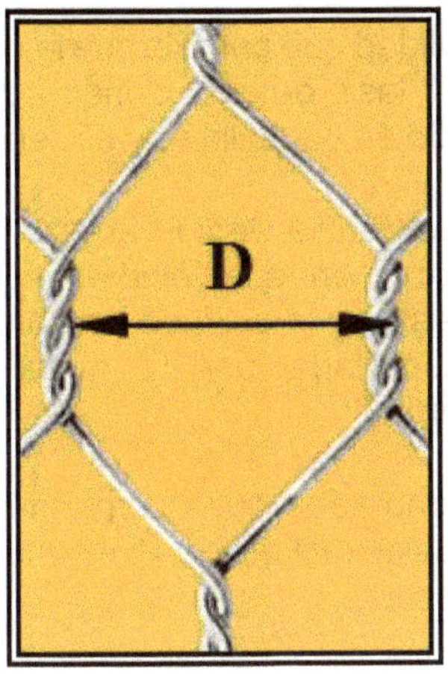

DIMENSIONES DEL HEXAGONO DE LA MALLA DE GAVION	DISTANCIA ENTRE LAS TORSIONES (D)
TIPO 6 X 8 (Centímetros)	D = 60 mm
TIPO 8 X 10 (Centímetros)	D = 80 mm
TIPO 10 X 12 (Centímetros)	D = 100 mm

El alambre de las aristas es dos calibres superior al alambre de la malla. En el caso de mal||la de diámetro de 2,40 mm se utiliza alambre de borde de 3,00 mm, para la malla de 2,70 mm el alambre de borde es de 3,40 mm

El amarre de la malla hexagonal con los bordes se realiza mecánicamente para una mejor distribución de esfuerzos entre la malla y las aristas del paralelepípedo.

Figura N° IX.7.- Malla Doble Torsión. Obsérvese el amarre entre la malla y el alambre de borde o arista del paralelepípedo.-

Las mallas hexagonales permiten tolerar esfuerzos en varias direcciones sin que se produzca rotura, lo cual las hace más flexibles ante movimientos en cualquier dirección. Otra ventaja de este tipo de mallas consiste en que al romperse un alambre en un punto determinado, la malla no se abrirá por completo como ocurre con la eslabonada

A las cestas se le ha incorporado un diafragma vertical, que sujeto a la base de la misma, tienen como propósito limitar el movimiento interno del relleno de piedras y reforzar más el armazón.

El alambre utilizado en el cosido de los gaviones, los tirantes interiores y las uniones entre unidades, deben ser del mismo diámetro y calidad que el alambre de la malla y la cantidad de alambre depende con que tipo de malla de gavión se esté trabajando, la cual se indica a continuación:

- 8 % EN PESO PARA LOS GAVIONES H = 1.0 m.
- 6 % EN PESO PARA LOS GAVIONES H = 0.5 m.
- 5 % EN PESO PARA LOS COLCHONES RENO.
- 2 % EN PESO PARA LOS GAVIONES SACO.

IX.3.1.3.- EL MATERIAL DE RELLENO.-

El relleno de las cestas se debe efectuar con fragmentos de roca o cantos rodados, resistentes y durables. La dimensión de cada fragmento de roca o canto rodado debe estar entre 10 y 30 cm.. No se deben utilizar materiales descompuestos, fracturados o agrietados, así mismo, es recomendable evitar la utilización de fragmentos de rocas descompuesta, roca meteorizada, o que tenga características deleznables.

IX.4.- CARACTERISTICAS DE LOS GAVIONES.-

IX.4.1.- VENTAJAS DE LA UTILIZACIÓN DE GAVIONES.-

Una de las principales ventajas de los gaviones, respecto a otro tipo de estructuras, es la flexibilidad intrínseca del armazón, que sujeto a tensión y comprensión alternantes, le permite trabajar sin romperse, y sin perder su eficacia estructural. Como estructura deformable, todo cambio en su forma por hundimiento de su base o por presión interna es una característica funcional y no un defecto. Así pues, se adapta a los pequeños movimientos de la tierra y, al deformarse, conserva su solidez estructural sin fracturas.

Como los gaviones se amarran entre sí, la malla metálica resiste la tensión a la tracción. Una estructura de gaviones soporta un grado de tensión que comprometería mucho a una estructura de piedra cementada o concreto ciclópeo y sería francamente peligrosa para el concreto y la mampostería simple. El armazón de tela metálica no es sólo un recipiente para el relleno de piedras, sino un especial refuerzo de toda la estructura.

Las piedras de relleno ofrecen un mayor grado de permeabilidad en toda la estructura, lo que elimina la necesidad de un sistema de drenaje. En las obras hidráulicas también se eliminan así las presiones hidrostáticas ejercidas en las orillas de los ríos por la variación de la profundidad del flujo del agua debido a las crecientes y los estiajes.

Otra ventaja radica en que los costos de mano de obra son mínimos ya que es posible capacitar rápidamente trabajadores no calificados, con supervisión de algunos calificados, para armar los gaviones, rellenarlos y amarrarlos entre sí.

Las estructuras de gaviones se pueden hacer sin equipo mecánico y la obra puede iniciarse enseguida porque las primeras etapas de excavación y colocación de las fundaciones son mínimas y se pueden realizar a mano. Al terminar, los gaviones pueden recibir de inmediato toda su carga sin los eventuales periodos de espera de un muro de concreto, que podrían ser de un mínimo de 21 días. Además, resulta relativamente fácil lograr una buena calidad de construcción por la simplicidad de los materiales utilizados, pues solo se requiere las cestas, el alambre y las piedras.

Aunque es más bien fácil fabricar gaviones, siempre hay que respetar las reglas básicas de la ingeniería para asegurar la estabilidad de la estructura, y así, su sostenibilidad y durabilidad en el tiempo. En particular, los gaviones a menudo se asocian a los cortes y rellenos de los terrenos y, por ende, debe garantizarse la estabilidad y la resistencia intrínseca de la estructura en conjunto y de todas sus partes por separado.

En nuestro país, se han empleado gaviones para la construcción de estructuras de contención de hasta 12 m de altura y en la construcción de estribos para puentes con alturas de 10 m, los cuales se han comportado de manera satisfactoria. También se han empleado como recubrimientos de hasta 35 m en taludes reforzados mediante distintos sistemas. Lo anterior nos da una idea de las capacidades de éste tipo de estructuras para soportar cargas importantes y servir como recubrimiento de grandes áreas, siendo un sistema comparativamente más económico que las estructuras en concreto reforzado y con resultados igualmente competentes.

Las características más destacadas de las obras en gaviones se resumen en las siguientes:

- Gran flexibilidad que permite que la estructura se adapte a las deformaciones del terreno manteniendo su estabilidad y eficiencia.
- Elevada resistencia debido al gran peso de la obra, la fricción entre las piedras, su resistencia a la compresión y la elevada tensión de tracción que es soportada por la malla (con baja deformación).
- Permeabilidad adecuada que permite el drenaje de las aguas de infiltración eliminando el empuje hidrostático.
- La puesta en obra es extremamente sencilla y económica y no requiere de equipos sofisticados ni mano de obra especializada. Para el relleno se puede usar piedra de canto rodado o piedra partida. El llenado se puede realizar manualmente o con el auxilio de equipo normal de obra.
- Se integra armónicamente con el paisaje, permitiendo el desarrollo de vegetación sin que esto traiga inconvenientes, asegurándose que la estructura construida se integre al paisaje circundante.

Las características anteriormente descritas se detallan a continuación.

IX.4.1.1.- FLEXIBILIDAD.-

Son capaces de absorber asentamientos sin perder su eficiencia, permaneciendo seguras desde el punto de vista estructural.

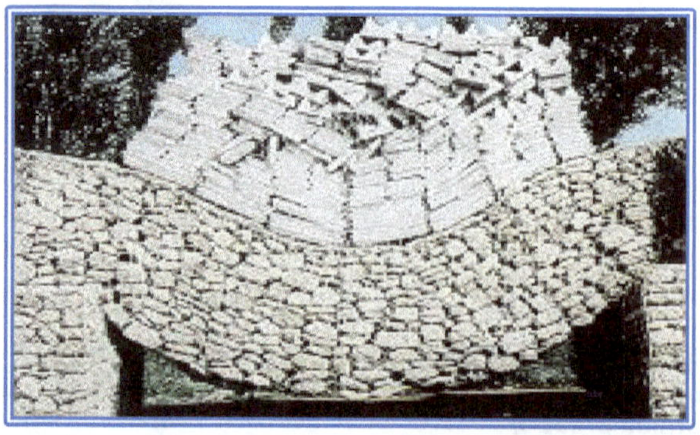

Foto IX.5.- Italia - Prueba de carga realizada por la Maccaferri, en donde se ilustra la flexibilidad de la estructura de gavión. (Foto cortesía de Maccaferri)

Esta flexibilidad permite que las estructuras de gaviones se ajusten a pequeños asentamientos del terreno sin perder su funcionalidad, además que permiten su construcción en terrenos con baja capacidad de soporte evitando así la necesidad de fundaciones profundas y obviamente más costosas.

Esa característica también permite, en la mayoría de los casos, que la estructura se deforme mucho antes del colapso, permitiendo la detección anticipada del problema y dando oportunidad de realizar intervenciones de recuperación, minimizando gastos y evitando accidentes de mayores proporciones.

Foto IX.6.- Río Cerro Grande, Estado Vargas, Venezuela. Vista de en la margen derecha del río, el cual ha fallado la base por el proceso de socavación, sin embargo, el muro no ha colapsado y permite su recuperación. La socavación originada se debió a la falta de colocación de traviesas que servirían para evitar la socavación general del cauce y la socavación puntual en la base del muro. (Foto del Autor).

IX.4.1.2.- PERMEABILIDAD.-

Las estructuras de gavión, por las características intrínsecas de los materiales que las componen, son altamente permeables y actúan como drenes, permitiendo el escurrimiento de las aguas de filtración, eliminando de este modo los efectos de la presión hidrostática y eliminando los esfuerzos por sub-presiones.

Un eficiente sistema de drenaje es indispensable para lograr un buen comportamiento y vida útil de las estructuras de contención. Es preciso indicar que los problemas con drenaje son la causa más común de inestabilidad de estructuras de contención.

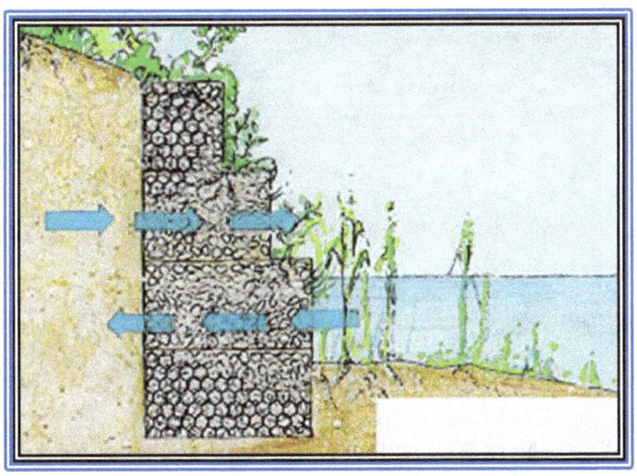

Figuras N° IX.8 y N° IX.9.- Imágenes que ilustran la permeabilidad de las estructuras de gaviones. (Imágenes cortesía de Maccaferri).

IX.4.1.3.- MONOLITICIDAD Y DURABILIDAD.-

Las estructuras de gaviones son capaces de resistir los empujes, por su peso y su carácter monolítico. Tal y como se ha descrito, todos los elementos que forman las estructuras en gaviones son unidos entre sí a través de amarres ejecutados a lo largo de todas las aristas en contacto. El resultado es un bloque homogéneo y monolítico que tiene las mismas características de resistencia en cualquier punto de la estructura.

La ventaja de este tipo estructura es que tiene la posibilidad de continuar un muro existente con el simple amarre con alambre de las cestas viejas o existentes y las cestas nuevas, a diferencia de una estructura de concreto, en donde se debería diseñar y ejecutar el empalme entre la estructura nueva y la existente, considerando la ejecución de perforaciones en el concreto viejo para poder realizar el empotramiento del acero de refuerzo con elementos epóxicos o juntas especiales.

Foto N° IX.7.- Presa Macuto 3.- Sección robusta donde se observa la monoliticidad del conjunto, Estado Vargas, Venezuela. (Foto del Autor).

De igual forma, si se requiere ejecutar una reparación de una estructura de gaviones, esta se puede realizar con el simple desmantelamiento de la parte afectada, se recupera el material pétreo para ser nuevamente utilizado, se empalma las cestas a reponer y se realiza el armado nuevamente.

Este caso se puede ilustrar con lo ocurrido en el evento de febrero de 2.005 en el Estado Vargas, Venezuela, en donde la Presa Nº 3.-, la cual se había diseñado y construido con escalones hacia aguas abajo. Estos escalones fueron seriamente deteriorados por el paso del flujo de lodos y piedras, pues el impacto de las rocas prácticamente destruyó el concreto que los protegía y posteriormente las cestas de gaviones.

Foto N° IX.8.- Presa Macuto 3.- Vista de los deterioros ocurridos en el paramento aguas abajo durante la crecida de Febrero de 2.005, Estado Vargas, Venezuela. (Foto del Autor).

Fotos N° IX.9.- y N° IX.10.- Trabajos de reparación de las cestas de gaviones en la Presa Macuto 3.- luego de los deterioros ocurridos durante la crecida de Febrero de 2.005, Estado Vargas, Venezuela. (Foto del Autor).

Foto N° IX.11.- Presa Macuto 3.- Vista de la reparación del paramento de aguas abajo, Estado Vargas, Venezuela. (Foto del Autor).

IX.4.1.4.- DE BAJO IMPACTO AMBIENTAL.-

Actualmente las obras de ingeniería deben causar el menor impacto posible al medio ambiente necesitando la aprobación, sobre este enfoque, por parte de los órganos competentes.

Las estructuras en gaviones se adaptan muy bien a este concepto, durante su construcción y a lo largo de la vida útil de la obra. Debido a su composición no interponen una barrera impermeable para las aguas de infiltración y percolación. Con eso, principalmente en obras de protección hidráulica, las líneas de flujo no son alteradas y el impacto para la flora y fauna local es el mínimo posible. Se integran rápidamente al medio circundante, posibilitando que el ecosistema, anterior a la obra, se recupere casi totalmente.

En las situaciones en que el impacto visual de la estructura pueda causar perjuicio al medio, se puede fomentar el crecimiento de vegetación sobre la misma, haciendo que los gaviones se integren perfectamente a la vegetación local. Esta técnica es bastante común en las obras de contención en áreas residenciales.

Otras situaciones exigen un aspecto arquitectónico y paisajístico agradable de la obra y, las estructuras en gaviones, por los materiales utilizados, presentan texturas y colores que, según la situación, se pueden mezclar con el medio circundante integrándose visualmente al lugar o generando un destaque impactante.

Tales características hacen que las estructuras en gaviones sean preferidas y ampliamente utilizadas en obras con gran preocupación paisajística y ambiental.

Foto N° IX.12.- y N° IX.13.- Venezuela, Estado Vargas – Presa Macuto 3.-. En la foto superior se observa la presa recién construida en el año 2.003, en la foto inferior se observa la presa en al año 2.006 en donde la recuperación de la vegetación forma parte de la estructura de la presa. (Foto del Autor).

IX.4.1.5.- PRACTICIDAD Y VERSATILIDAD.-

Presentan extrema facilidad constructiva ya que los materiales utilizados son secos, pues las cestas de gaviones son fardos metálicos, piedras y tablas (para encofrados), y la mano de obra necesaria para el montaje y llenado de los elementos está formada básicamente por obreros no calificados, dirigidos por maestros de obras. Debido a estas características, pueden ser construidas sobre cualquier condición ambiental, con o sin equipamiento mecánico aun en lugares de difícil acceso.

Foto N° IX.14.- Bolivia. La versatilidad de los gaviones permite la construcción en sitios de difícil acceso. (Foto cortesía de Maccaferri).

Toda estructura en gaviones entra en funcionamiento apenas los elementos son llenados, esto es, inmediatamente, no siendo necesarios tiempos de fraguado y desencofrado. Eso permite que el relleno sea efectuado simultáneamente a la construcción del muro. Para ciertas aplicaciones, esa característica puede ser muy importante en la operatividad y avance de la obra. Sin embargo, una de las características más importante es que permiten la construcción en agua y bajo cualquier condición climática.

Foto N° IX.15.- Permiten la construcción en agua y bajo cualquier condición climática. (Foto cortesía de Maccaferri).

Otro punto a ser destacado es que una eventual modificación o ampliación de la estructura, necesaria en función de las variaciones en la configuración local o en el comportamiento hidráulico o estático de la obra, puede ser realizada con solo adicionar o retirar elementos de la estructura original.

En caso de que sea necesario, eventuales servicios de mantenimiento en elementos con redes dañadas pueden ser realizados de manera fácil y rápida, superponiendo y amarrando un nuevo panel a aquel que ha sido dañado, tal y como se ilustró en la Fotos Nº IX.8.-; IX.9.-; IX.10.- y IX.11.-.

IX.4.1.6.- ALTO IMPACTO SOCIAL.-

Por no exigir mano de obra especializada, son extremadamente ventajosas en lugares con pocos recursos, pudiendo también ser construidas bajo el régimen comunitario, trayendo, en ambos casos, beneficios sociales a la comunidad local.

Las estructuras de gaviones utilizan mano de obra disponible en el lugar y requiere utilizar un importante número de trabajadores, lo que contribuye a la generación de empleo y lo que se podría denominar un Impacto Social Positivo.

Foto N° IX.16.- Construcción de canalización en Quebrada El Cojo, Estado Vargas, Venezuela. (Foto del Autor).

Se conocen experiencias en que las estructuras en gaviones requieren de aproximadamente el doble de mano de obra que una estructura convencional de concreto, lo que refuerza lo descrito en el párrafo anterior. Inclusive se puede citar la experiencia satisfactoria con mano de obra femenina en la construcción de las Presas en la Quebrada El Cojo, Estado Vargas, Venezuela, la cual fue un éxito desde el punto de vista laboral.

Sin embargo, es preciso destacar que, a pesar de esta demanda de mano de obra, las estructuras de gaviones son más económicas.

Foto N° IX.17.- Utilización de personal femenino en el armado de cestas de gaviones en la construcción de la Presa en la Quebrada El Cojo, Estado Vargas, Venezuela. (Foto del Autor).

IX.4.1.7.- ECONÓMICAS.-

Cuando son comparadas a otros tipos de soluciones, con las mismas resistencias estructurales, presentan costos directos e indirectos más bajos. Pero una de las ventajas más importantes es que se puede construir en etapas, adecuando cada etapa al balance financiero de la obra y a la disponibilidad presupuestaria.

En el caso de muros de protección de márgenes o de presas de retención de sedimentos, se conocen experiencias en que las estructuras en gaviones requieren entre un 30 % y un 40 % menos de recursos económicos para lograr la misma meta física, lo que refuerza lo descrito en el párrafo anterior (Morassutti F., G.F., 2.010).

IX.4.2.- PRINCIPALES TIPOS DE DETERIOROS EN GAVIONES.-

Los principales tipos de deteriores en estructuras de gaviones son los que a continuación se describen.

IX.4.2.1.- IMPACTO MECÁNICO.-

Este deterioro es provocado por materiales de arrastre en suspensión (piedras, árboles, etc.), lo que genera el "aplastamiento" del alambre y su eventual fractura.

Foto N° IX.18.- Estructura de gaviones que puede ser objeto de deterioro por impacto del material de arrastre del cauce fluvial. (Foto cortesía de Maccaferri).

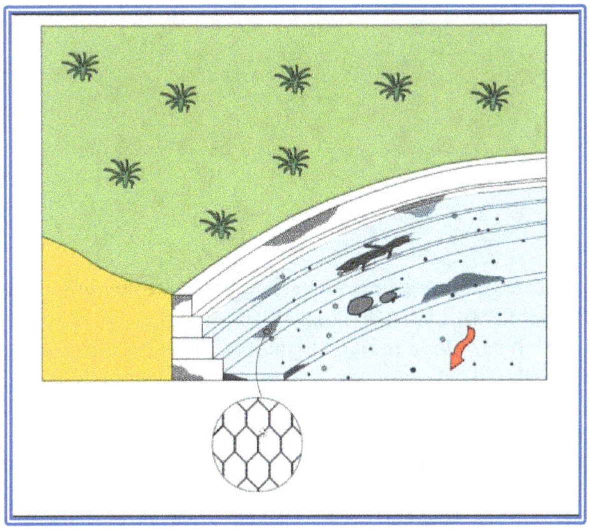

Figura N° IX.10.- Imagen que simula el impacto mecánico (Imagen Cortesía de Maccaferri).

IX.4.2.2.- ABRASIÓN.-

Este deterioro es causado por la fricción o la acción abrasiva de las partículas sólidas arrastradas por la corriente del cauce fluvial (arena, grava etc.).

Este tipo de acción abrasiva, va desgastando el alambre de manera progresiva hasta la pérdida de su área transversal y, por ende, de su capacidad. (Ver Figura N° IX.11.-).

Foto N° IX.19.- Estructura de gavión sometida a la acción abrasiva del flujo de arenas y gravas. (Foto cortesía de Maccaferri).

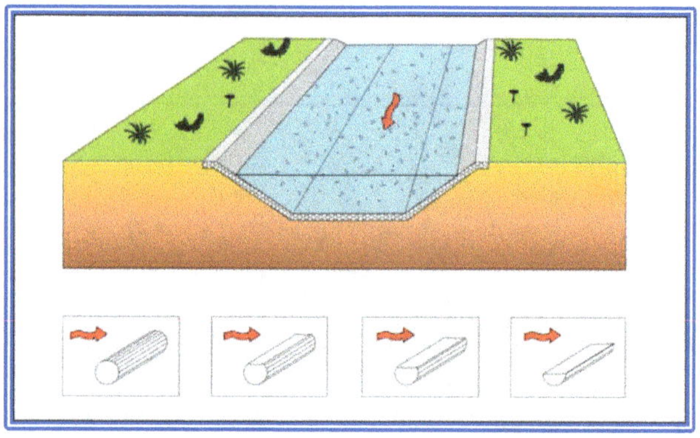

Figura N° IX.11.- Simulación del proceso de abrasión del alambre de la malla de gavión. (Imagen Cortesía de Maccaferri).

IX.4.2.3.- CORROSIÓN.-

Este tipo de deterioro se origina del proceso químico provocado por la presencia de aguas corrosivas o contaminadas de tipo doméstico o industrial.

Foto N° IX.20.- Estructura de gavión sometida a la acción de corrosión del flujo contaminado. (Foto cortesía de Maccaferri).

Al igual que la abrasión, este tipo de acción abrasiva, va desgastando el alambre de manera progresiva hasta la pérdida de su área transversal y, por ende, de su capacidad. (Ver Figura N° IX.12.-).

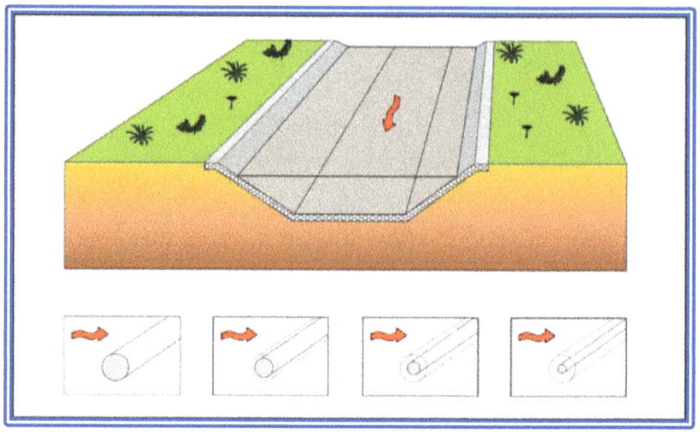

Figura N° IX.12.- Simulación del proceso de corrosión con disminución progresiva del diámetro del alambre de la malla de gavión. (Imagen Cortesía de Maccaferri).

IX.4.2.4.- VANDALISMO.-

Lamentablemente las estructuras de gavión son vulnerables ante la acción del vandalismo, pues cualquier acción de manera deliberada que genere la corte o rotura del alambre de las cestas de gaviones, puede comprometer la integridad de la estructura de gavión, debido a la pérdida progresiva del material pétreo que conforma la cesta y por ende la pérdida de su integridad estructural.

IX.5.- PROCESO CONSTRUCTIVO DE LOS GAVIONES.-

Las estructuras de gaviones sean estas del tipo caja, saco o tipo colchón Reno, tienen un procedimiento constructivo particular para cada uno ellos. A continuación, se describen las actividades a realizar durante la construcción de una estructura de gaviones.

Es preciso destacar que los procedimientos que se describen a continuación han sido obtenidos de los Manuales Técnicos de Maccaferri®, empresa con más de cien años de experiencia en la elaboración de gaviones y que gentilmente otorgaron el permiso para la reproducción de este material.

En el presente aparte se describe el procedimiento para gaviones caja, por ser las utilizadas en la construcción de estructuras de gaviones para retención de sedimentos y control de torrentes. Para el resto de los elementos de gaviones se sugiere visitar la página web *www.maccaferri.com.*

IX.5.1.- GAVIONES CAJA.-

PASO 1.-

Preparar convenientemente la superficie de asiento. Colocar sobre ésta la estructura metálica: desdoblarla, extenderla en el suelo y pisar la malla hasta eliminar las irregularidades.

PASO 2.-

Doblar los paneles, levantando los laterales y el diafragma para formar una caja y unir las cuatro aristas con alambre galvanizado de la misma calidad que el empleado en la malla.

PASO 3.-

Cortar un pedazo de alambre de 1,5 m de largo y fijarlo con un amarre de dos vueltas consecutivas en la parte inferior de la unión de las aristas. Amarre los paneles en contacto, alternando vueltas simples y dobles en los orificios de la malla, (estas costuras se ejecutaran en forma continua). Repetir la operación con los diafragmas. En la imagen inferior se ilustra el amarre entre paneles, obsérvese el alternando de vueltas simples y dobles en los orificios de la malla.

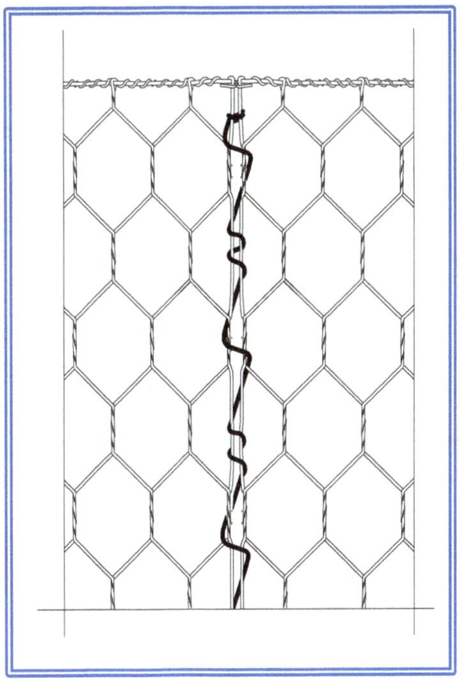

PASO 4.-

Amarre las cestas en forma individual y luego amarre varias cestas en grupos, siempre con el mismo tipo de costura. Lleve los grupos de cestas hasta el lugar determinado en el diseño y amárrelos a las cestas ya colocadas, por medio de resistentes costuras similares a las descritas en el Paso 3.-, a lo largo de todas las aristas en contacto. Esta operación de vincular entre sí las distintas piezas es de fundamental importancia para la estabilidad de la obra, ya que estas formas deben actuar como una estructura homogénea y monolítica para tolerar las deformaciones y asentamiento que pueden llegar a producirse.

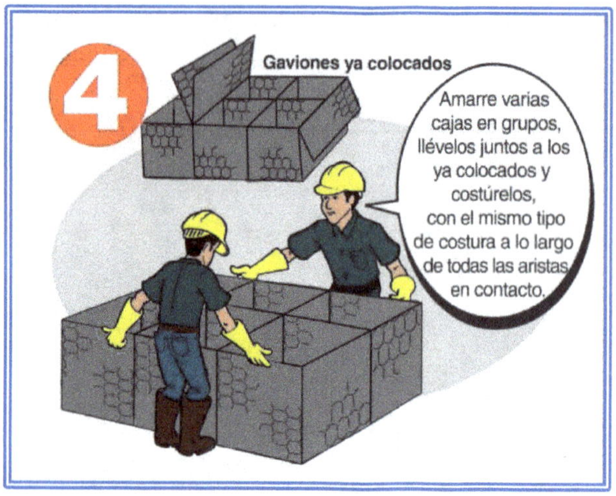

PASO 5.-

Alinear las cajas antes de rellenarlas, puede usarse encofrados de madera para una buena terminación y un acabado bien alineado. Por razones técnicas y estéticas es muy importante tensar el conjunto de cestas antes de rellenarlas, ya que así se comprueba su correcto alineamiento y aplomado, permitiendo optimizar el relleno y así obtener un mejor rendimiento en la aplicación.

PASO 6.-

Llenar las cestas hasta 1/3 de su capacidad total. Fijar dos tirantes o tensores horizontales en ambos sentidos de la cesta, tal y como se ilustra en las figuras siguientes, y luego llenar hasta los 2/3. Fije otros dos tirantes y acabe el llenado hasta unos 5 cm por arriba de la altura de la caja. El material pétreo puede ser de canto rodado ó roca de cantera y debe cumplir con las especificaciones indicadas en el aparte IX.3.1.3.-

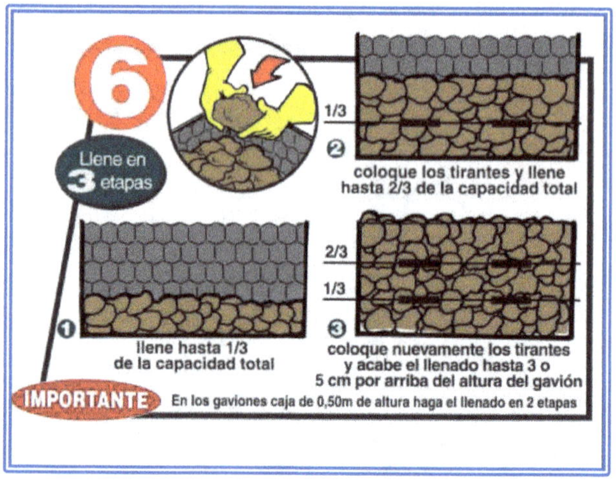

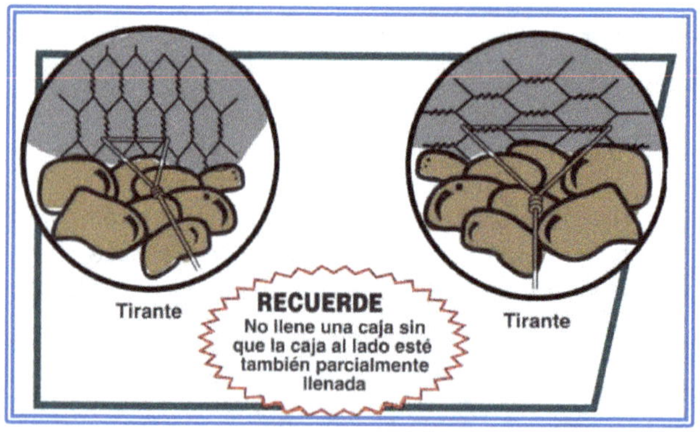

En la imagen que se muestra a continuación se detalla de la disposición de los tirantes o tensores que se deben colocar a 1/3 y a 2/3 de la altura de la cesta.

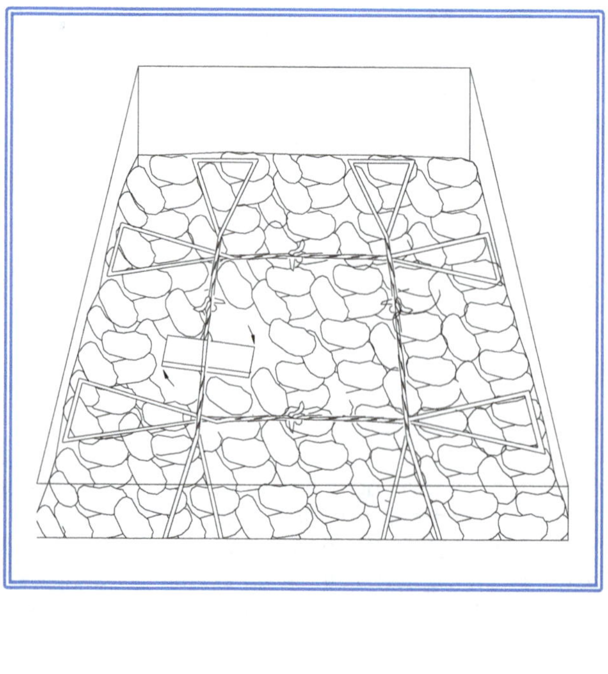

En la imagen que se muestra a continuación se detalla el amarre del tensor o tirante que debe colocarse a 1/3 y a 2/3 de la altura de la cesta.

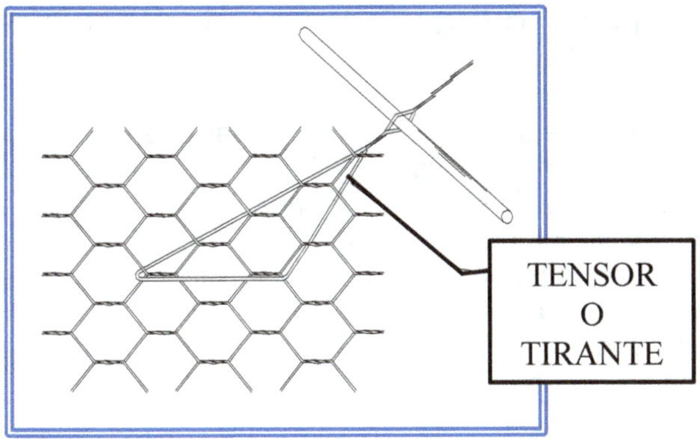

Es una práctica común realizar el llenado colocando las rocas de mayor tamaño en el perímetro de la cesta y llenar el centro con las mas pequeñas, con la finalidad de lograr la menor relación de vacíos y por ende el mayor peso específico de la estructura de gavión.

Se recomienda que el llenado de la hilera de cestas se realice de manera homogénea llenando todas las cestas hasta 1/3 de su altura para colocar los tensores a lo largo de toda la hilera y luego seguir llenando hasta 2/3 de la altura, colocar los tensores de este nivel y luego terminar de llenar.

En la figura que se muestra a continuación se ilustra lo anteriormente descrito.

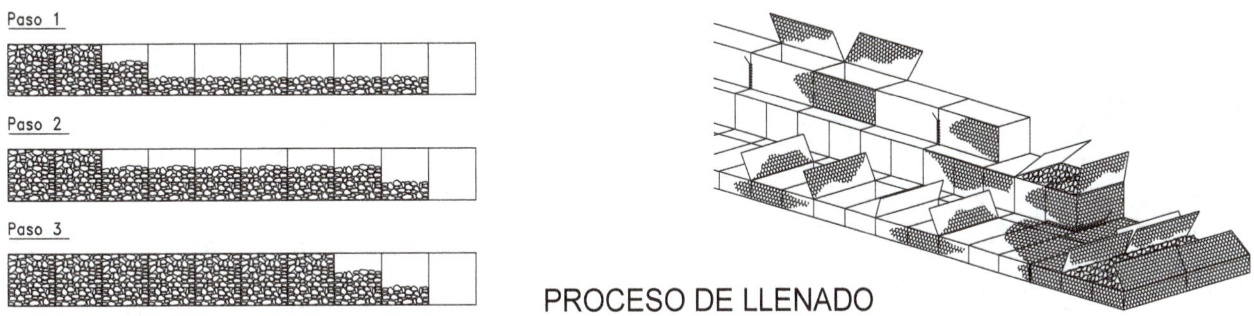

PROCESO DE LLENADO

PASO 7.-

Cerrar el gavión, bajando la tapa, la que será cosida firmemente a los bordes de las paredes verticales. Se deberá cuidar que el relleno sea el suficiente, de manera tal que la tapa quede tensada confinando la piedra. Una vez terminado el primer nivel de gaviones o la primera hilada de cestas, repita el proceso, coloque el siguiente nivel, el cual debe unirse mediante el mismo amarre indicado anteriormente, con una costura alternado vueltas simples y dobles para lograr así la homogeneidad de la estructura antes los eventuales esfuerzos a que estará sometida la misma.

IX.5.2.- RECOMENDACIONES PARA EL LLENADO DE LAS CESTAS CON EL MATERIAL PÉTREO.-

Los requisitos de resistencia y durabilidad que deben cumplir los materiales rocosos usados para rellenar las canastas deben cumplir con un porcentaje menor al 60% según el ensayo de la Máquina de los Ángeles (A.S.T.M. (C131 / C131M)).

Si una cesta de gavión se elaborara en un laboratorio, donde se dispusieran de tamices con cedazos de diversas medidas, herramientas que en campo obviamente no se tienen, el material pétreo debería ser de dos (2) gradaciones. La gradación uno (1) consistirá de piedras que pasen por un anillo de 30 cm. de diámetro y queden retenidos en un anillo de 12 cm. de diámetro. La gradación dos (2) consistirá de piedras que pasen por un anillo de 12 cm. de diámetro y queden retenidos en un anillo de 8 cm. de diámetro.

El profesional de la ingeniería que esté a cargo de la construcción de una estructura de gavión debe tener especial cuidado en la elaboración, llenado y amarre de las cestas.

En el caso del llenado de las cestas con el material pétreo, las piedras deben colocarse con acomodo entre ellas, cuidando de que los espacios vacíos sean los menores posibles para garantizar el mayor peso de la cesta. El relleno debe ser efectuado de manera que los fragmentos de roca con tamaños más grandes (rocas entre 10 cm y 30 cm), deben quedar dispuestos en el perímetro exterior de la cesta, mientras que la parte interior pueden disponerse los fragmentos más pequeños. Con esta práctica se podrá lograr una mejor densificación de la cesta y así obtener un mayor peso específico de la cesta de gavión, lo cual será beneficioso para la estabilidad estructural de la estructura de gavión.

Foto N° IX.21.- y N° IX.22.- Construcción de la Presa Nª 2.- de la Quebrada Piedra Azul, Estado Vargas, Venezuela. En la foto superior se observa el proceso del armado y relleno de las cestas con el material pétreo. En la foto inferior se puede observar la uniformización del engavionado de la presa. (Foto del Autor).

IX.6.- DIMENSIONAMIENTO DE PRESAS DE GAVIONES.-

IX.6.1.- FORMAS DE LA SECCIÓN TRANSVERSAL.-

En el diseño de presas de gaviones, existen diferentes alternativas en lo que respecta a la geometría de la sección transversal de la presa, esta puede variar en función de las características del flujo, así como de los requerimientos técnicos que se generen según las hipótesis de cálculo empleadas. En cuanto a la forma de las presas de gaviones se distinguen básicamente tres (3) tipos que se describen a continuación.

IX.6.1.1.- ESCALONADA AGUAS ABAJO.-

Estas presas tienen el paramento de aguas arriba vertical y el de aguas abajo escalonado. En el caso de valles anchos, la presa de gaviones suele constituir la sección vertedora y se complementan lateralmente con diques de tierra.

La ventaja de este tipo de presa es que el flujo que vierte sobre el aliviadero va disipando su energía gradualmente a medida que choca con los diferentes escalones. Es recomendable calcular la trayectoria del chorro (según el método que se explica en el Capítulo VII.-), ya que, para caudales elevados, del orden del caudal de diseño del aliviadero, la lámina podría "saltar" varios escalones. La ventaja de esta disipación gradual de la energía es que se traduce en una disminución de las obras de protección al pie de la presa, e incluso en su eliminación total.

Este tipo de presa se puede utilizar en aquellos cursos de agua en los que los sedimentos sean finos y no abrasivos (arcilla, limo, arenas finas), de manera que no se produzca desgaste en los escalones a causa de los choques de las partículas. En los torrentes que transportan grava, cantos rodados y peñones, se corre el riesgo de que los escalones se destruyan en corto tiempo, tal y como se ilustró en las Fotos Nº IX.8.-; Nº IX.9.-; Nº IX.10.- y Nº IX.11.-.

En los torrentes que transportan sedimentos finos, no abrasivos no es necesario proteger la malla de la sección vertedora, ni la de las superficies horizontales de los escalones, sin embargo, un recubrimiento con concreto evitaría cualquier tipo de afectación. En los casos en que exista transporte de grava y materiales gruesos, la sección vertedora y las superficies horizontales de los escalones deben protegerse recubriendo la malla con roca cementada para evitar la abrasión del alambre, tal y como se describió en el aparte V.6.-.

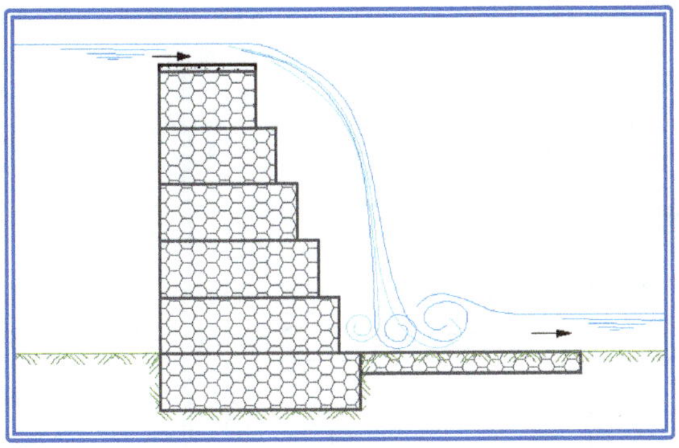

Figura N° IX.13.- Sección de presa escalonada aguas abajo.-

IX.6.1.2.- ESCALONADA AGUAS ARRIBA.-

Cuando la corriente transporta abundantes materiales gruesos (grava, cantos rodados, peñones), o materiales angulares abrasivos, es conveniente evitar que estos cuerpos choquen con el paramento de aguas abajo de la presa y lo dañen. En estos casos se podría producir un desgaste acelerado, incluso si se utilizan las protecciones de concreto. El desgaste de los escalones de aguas abajo podría terminar por arruinar la obra en un cierto tiempo, función del caudal sólido del torrente. En estos casos, frecuentes en ríos y torrentes de montaña, lo más conveniente es construir la presa con el paramento de aguas abajo vertical y el de aguas arriba escalonado.

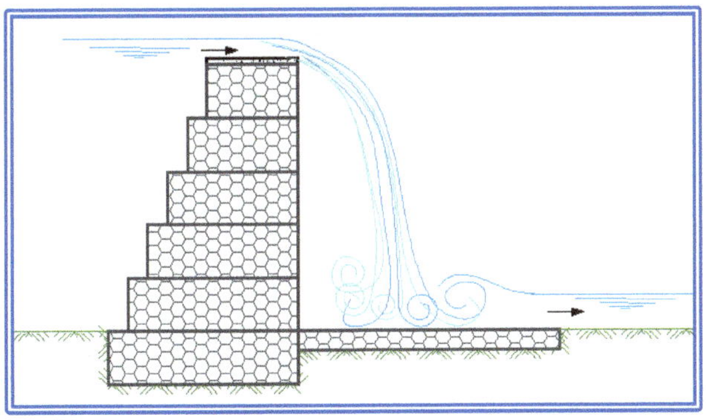

Figura N° IX.14.- Sección de presa escalonada aguas arriba.-

IX.6.1.3.- ESCALONADA EN AMBOS PARAMENTOS.-

En algunos casos de torrentes con transporte de materiales gruesos abrasivos, se utilizan presas escalonadas en ambos paramentos, con la finalidad de aproximarse lo más que sea posible a la forma óptima de la sección transversal de las presas de gravedad, la cual corresponde a un paramento vertical aguas arriba, e inclinado aguas abajo. En estos casos los escalones del paramento de aguas abajo pueden ser de unos 0,20 m. (Ver Figura N° IX.15.-).

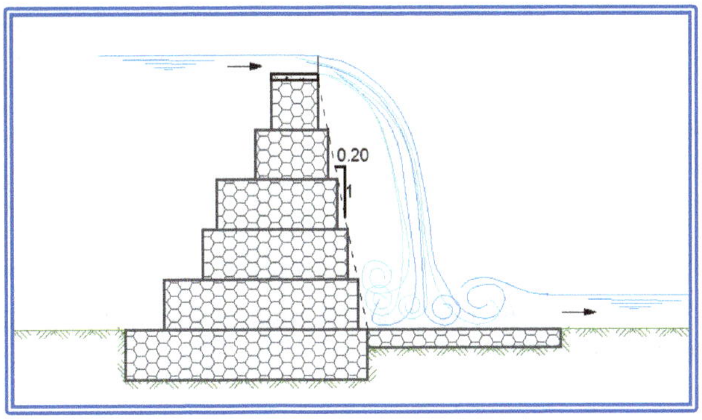

Figura N° IX.15.- Sección de presa escalonada en ambos paramentos.-

IX.7.- FUERZAS ACTUANTES.-

Las presas de gaviones son estructuras cuya estabilidad depende del peso propio de la estructura y por lo tanto están sometidas a las mismas cargas consideradas en el Capítulo VIII.- para las presas de concreto, mampostería o concreto ciclópeo.

Debido a su carácter altamente permeable, las estructuras de gaviones tienen algunas diferencias en comparación con el comportamiento de las presas de gravedad de concreto descritas en la Capítulo VIII.-.

Al igual que las presas por gravedad, según el esfuerzo que produzcan las fuerzas que actúan en una presa de gravedad, estas pueden dividirse en dos grupos: fuerzas desfavorables a la estabilidad o desestabilizantes y las fuerzas favorables a la estabilidad o estabilizantes, y se ilustran en la Figura N° IX.16.-.

En los análisis de estabilidad se consideran las fuerzas actuantes sobre un elemento vertical de presa de un (1) metro de largo. Esta simplificación desprecia los efectos de empotramiento en los elementos vecinos de la presa, por lo que el diseño estará del lado de la seguridad.

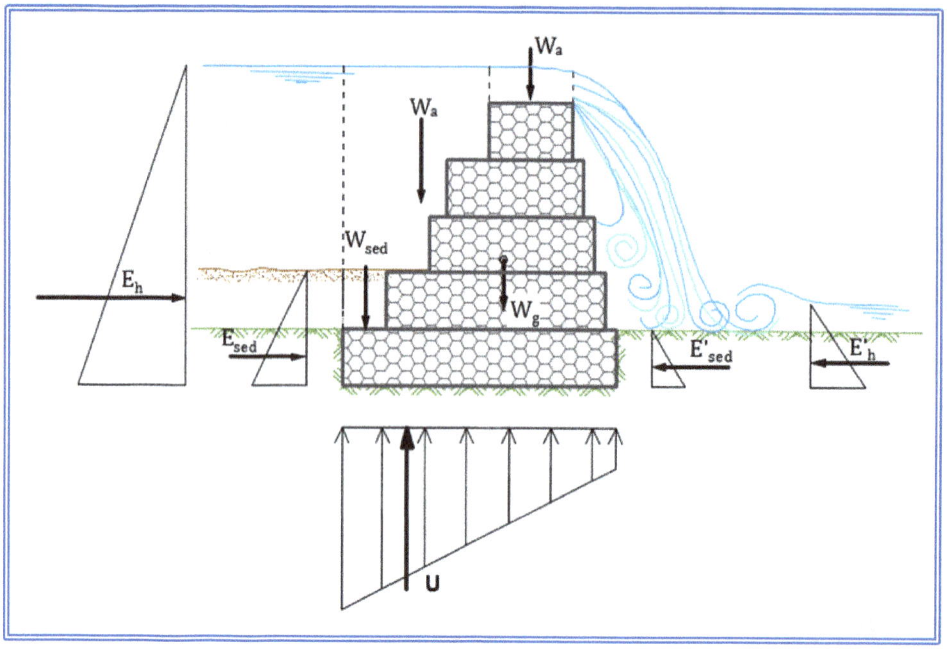

Figura N° IX.16.- Fuerzas actuantes en una presa de gaviones.- (Imagen tomada de Suarez V., L.M., 1.993 y redibujada para este libro).

IX.7.1.- FUERZAS DESESTABILIZANTES.-

Las fuerzas desestabilizantes son las que se indican a continuación:

E_h	=	Empuje horizontal del agua en el parámetro de aguas arriba.
E_{sed}	=	Empuje horizontal del sedimento en el parámetro de aguas arriba.
U	=	Subpresión en la base de la presa, o en una sección intermedia.
S_h, S_v	=	Fuerzas sísmicas en la presa.
S_e	=	Fuerza sísmica en el embalse.
F_o	=	Empuje de olas y cuerpos flotantes en el parámetro de aguas arriba.
F_s	=	Fuerza de roce del flujo que vierte sobre el parámetro de aguas abajo.

De igual forma que lo descrito en el Capítulo VIII.-, la magnitud del empuje combinado del agua y los sedimentos embalsados se modifica en el tiempo, desde que la presa está vacía hasta que se colmata (Suárez V. Luis M., 1.993), de manera que a lo largo de este tiempo, se pueden distinguir tres etapas diferenciadas en la evolución de estos empujes, las cuales fueron descritas en al aparte VIII.2.1.-.

IX.7.1.1.- EMPUJE HORIZONTAL DEL AGUA EN EL PARÁMETRO DE AGUAS ARRIBA.-

El empuje horizontal hidrostático en el parámetro de aguas arriba, se determina a partir de la siguiente expresión:

$$E_h = \gamma_w * 1/2\, H^2 \qquad (IX.1)$$

Siendo:

γ_w	=	Peso específico del agua (Ton/m^3)
H	=	Profundidad del agua hasta la fundación (m)

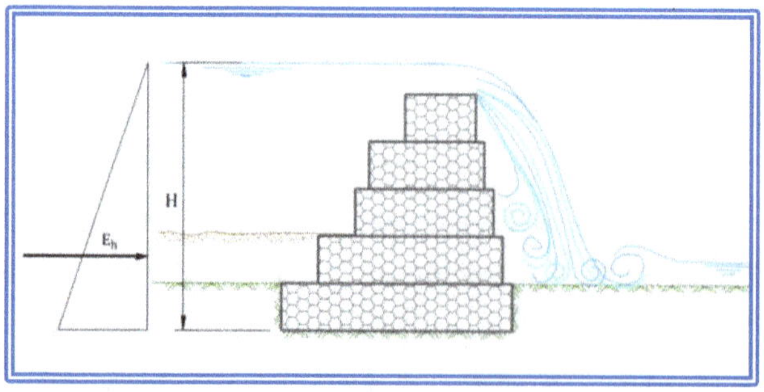

Figura N° IX.17.- Empuje del agua sobre la presa.- (Imagen tomada de Suarez V., L.M., 1.993 y redibujada para este libro).

IX.7.1.2.- EMPUJE HORIZONTAL DE SEDIMENTOS.-

La condición del suelo en el parámetro de aguas arriba de la presa, dependerá del caso de carga que se esté evaluando, la ecuación general es la siguiente:

$$E_{sed} = 1/2 * K_a * \gamma_{sed} * H^2 \qquad (IX.2)$$

Siendo:

E_{sed}	=	Empuje activo del sedimento (Ton/m)
K_a	=	Coeficiente de empuje activo del sedimento.
γ_{sed}	=	Peso específico del sedimento (Ton/m^3)
H	=	Altura de la presa (m)

Despreciando el roce entre el prisma de sedimento y la cara aguas arriba ($\delta = 0$), y suponiendo que la superficie del sedimento es aproximadamente horizontal, se cumple que:

$$K_a = tg^2 * (45° - Ø/2) \qquad (IX.3)$$

Siendo:

Ø	=	Ángulo de fricción interna del sedimento (°)

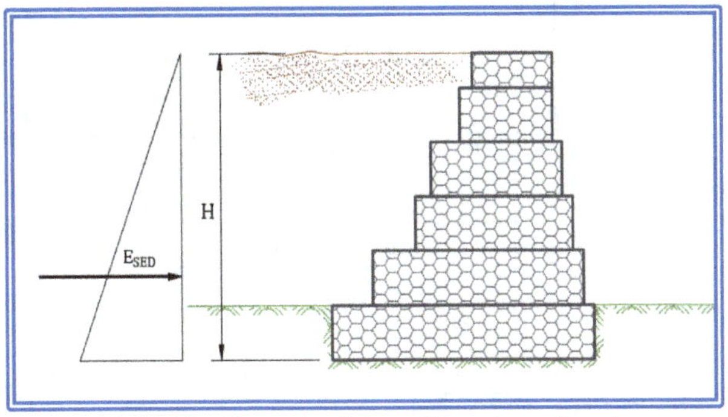

Figura N° IX.18.- Empuje del sedimento sobre la presa.- (Imagen tomada de Suarez V., L.M., 1.993 y redibujada para este libro).

Cuando se carecen de ensayos geotécnicos y se encuentre en presencia de suelos de naturaleza granular (arenas, gravas, cantos rodados, peñones), el ángulo de fricción se puede adoptar con un valor entre 35° y 37°.

A continuación se muestra una tabla con un resumen sobre los ángulos de fricción:

TABLA N° IX.5.-
ANGULOS DE FRICCIÓN PARA DIVERSOS MATERIALES

CLASIFICACIÓN	ÁNGULOS DE FRICCIÓN			
	COMPACIDAD MEDIA		COMPACIDAD ALTA	
	Ø (°)	tg Ø	Ø (°)	tg Ø
Arcilla Media	15 - 20	0,27 - 0,36	20 - 30	0,36 - 0,58
Limo (no plástico)	28 - 32	0,53 - 0,63	30 - 34	0,58 - 0,68
Arena uniforme fina a media	30 - 34	0,58 - 0,68	32 - 36	0,68 - 0,73
Arena bien gradada	34 - 40	0,68 - 0,84	38 - 46	0,84 - 1,03
Arena y grava	36 - 42	0,73 - 0,90	40 - 48	0,90 - 1,11

En el caso de necesitarse el peso específico sumergido del sedimento, este se puede determinar a partir del peso unitario seco, mediante la siguiente expresión:

$$\gamma_{ss} = (\gamma_{sed} - \gamma_w) * (1 - n) \qquad (IX.4)$$

Siendo:

γ_{ss}	=	Peso unitario sumergido del sedimento (Ton/m^3)
γ_{sed}	=	Peso específico seco del sedimento (Ton/m^3)
γ_w	=	Peso Específico del agua (Ton/m^3)
n	=	Porosidad del sedimento

En la Tabla N° IX.6.- se muestra un resumen sobre los pesos específicos del suelo seco y la porosidad.

De ser necesario el cálculo del peso específico saturado, se determina de la siguiente manera:

$$\gamma_{sat} = \gamma_{ss} + \gamma_w \qquad (IX.5)$$

O si se requiere el peso sumergido a partir del peso saturado:

$$\gamma_{ss} = \gamma_{sat} - \gamma_w \qquad (IX.6)$$

TABLA N° IX.6.-
POROSIDADES Y PESOS ESPECÍFICOS DEL SUELO SECO.

DESCRIPCIÓN	Porosidad (%)		Peso específico del suelo seco (Ton/m³)	
	$n_{mín}$	$n_{máx}$	$\gamma_{s\,mín}$	$\gamma_{s\,máx}$
Arcilla Media	27	50	1,44	1,92
Arcilla - Limosa	28	51	1,54	2,10
Limo inorgánico	29	52	1,28	1,89
Arena limosa	23	47	1,39	2,03
Arena limpia uniforme	29	50	1,33	1,89
Arena fina a gruesa	17	49	1,36	2,21

IX.7.1.3.- SUB-PRESIONES.-

Los gaviones son estructuras altamente permeables debido a los espacios vacíos que quedan entre las piedras, por lo que el agua retenida aguas arriba de la presa, se infiltra a través del cuerpo de la presa.

Desde el punto de vista teórico, cuando la presa está llena de agua e inclusive vierte a través del vertedero, las líneas de corriente propician un flujo través de la presa, tal y como se indica en la Figura N° IX.19.-. Se puede observar que la presa no estaría totalmente saturada, ya que algunos sectores quedarían por encima de la línea de escorrentía.

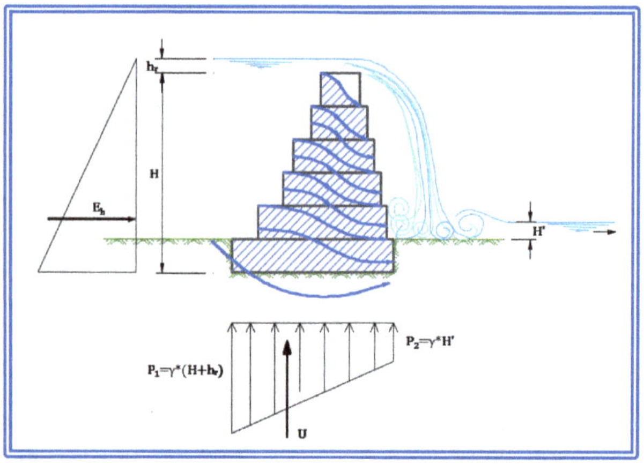

Figura N° IX.19.- Flujo a través de la presa cuando está llena de agua.- (Imagen tomada de Suarez V., L.M., 1.993 y redibujada para este libro).

Sin embargo, las observaciones realizadas del flujo a través de una estructura de gaviones, el flujo de agua precipita a través del cuerpo permeable que constituye el gavión, de manera que las líneas de corriente, y por ende la superficie del flujo, tienden a bajar hasta donde la estructura de gavión se encuentra saturada, que generalmente coincide con el nivel de agua del sector aguas abajo de la presa.

Por otra parte, cuando la presa está llena de sedimento, y eventualmente ocurre una crecida que genera un flujo por el vertedero, se originan líneas de corriente como un flujo en medio poroso a través del sedimento, que al llegar a la estructura de la presa, por conseguirse con un medio de mayor porosidad debido al gavión, el agua precipita por gravedad formando un flujo prácticamente vertical hasta conseguirse con el nivel del agua que podría generarse aguas abajo de la presa, tal y como se ilustra en la Figura N° IX.20.-

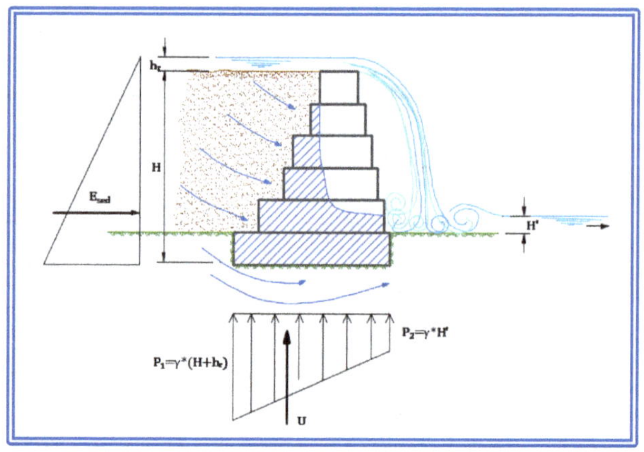

Figura N° IX.20.- Flujo a través de la presa cuando está llena de sedimentos.- (Imagen tomada de Suarez V., L.M., 1.993 y redibujada para este libro).

Al analizar las dos figuras anteriores, se puede inferir que para determinar el peso propio de la presa se debería considerar el peso específico saturado de la sección transversal correspondiente a un espesor unitario de la presa y restarle el diagrama de sub-presiones actuante en la base de la presa. En ambas figuras se indica que el diagrama de sub-presiones es de forma trapecial con una presión P_1 en el sector de la base aguas arriba, y una presión P_2 en el sector de la base aguas abajo.
En la práctica resulta más sencillo suponer que toda la presa está saturada y tomar el peso unitario

sumergido de los gaviones que constituyen la sección transversal de la misma, ya que con ello se evita el cálculo de la sub-presión **U**, que para ello se requiere conocer la carga hidráulica de agua tanto aguas arriba, como aguas abajo de la presa.

Sobre la base de lo anterior, se puede indicar que en las estructuras de gaviones en las que se pueda identificar que el flujo de agua pueda circular a través del cuerpo de la presa, se puede obviar el cálculo de las sub-presiones y considerar de manera implícita esta fuerza si se calcula el peso de la estructura de gavión considerando el peso sumergido del gavión.

IX.7.1.4.- OTRAS FUERZAS DESESTABILIZANTES.-

En al aparte VIII.2.1.-, además de las fuerzas descritas en los apartes anteriores, se enuncian otras fuerzas, tales como:

- Fuerzas sísmicas en la presa y en el embalse.-
- Empuje de olas y cuerpos flotantes en el parámetro de aguas arriba.-
- Fuerza de succión sobre el paramento de aguas abajo.-
- Fuerza de roce en el paramento de aguas abajo.-

Estas fuerzas son despreciables comparativamente con el empuje hidrostático, el empuje de suelos o el impacto por flujo de lodos y piedras, en tal sentido, para efecto del dimensionamiento de una estructura de retención de sedimentos no se consideran en los cálculos.

IX.7.2.- FUERZAS ESTABILIZANTES.-

Las fuerzas estabilizantes son las que se indican a continuación:

W	=	Peso propio de la presa.
E'_h	=	Empuje horizontal del agua en el parámetro de aguas abajo.
E_v	=	Peso del agua sobre el parámetro de aguas arriba.
E'_v	=	Peso del agua sobre el parámetro de aguas abajo.
P_a	=	Peso del agua que vierte sobre la cresta de la presa.
P_{sed}	=	Peso del sedimento sobre el parámetro de aguas arriba
E'_{sed}	=	Empuje horizontal del sedimento en el parámetro de aguas abajo.

IX.7.2.1.- PESO PROPIO DE LA PRESA DE GAVIONES.-

El peso propio de la presa constituye la principal fuerza estabilizante. Su magnitud (para un elemento de longitud unitaria) viene dada por el producto del área de la sección transversal por el peso unitario de material de la presa.

Es necesaria la determinación del peso de la estructura de contención para los análisis de estabilidad.

Desde el punto de vista práctico, el peso "**W**" del muro de gaviones se obtiene del cálculo geométrico del volumen de cada nivel o camada de gaviones que conforma el muro multiplicado por el peso específico del gavión "γ_g". El valor de "γ_g" es obtenido a partir del peso específico del material pétreo "γ_p" y de la porosidad "**n**" de los gaviones, la cual comúnmente se utiliza un valor de $n = 0{,}20$ a 0,30. El peso específico del gavión se puede obtener de la siguiente expresión:

$$\gamma_g = \gamma_p * (1 - n) \qquad \text{(IX.7)}$$

Los valores del peso específico "γ_p" para algunos tipos de piedras comúnmente utilizados se indican en la Tabla N° IX.7.-

TABLA N° IX.7.-
PESOS ESPECÍFICOS DEL MATERIAL PÉTREO COMO RELLENO DE LOS GAVIONES

TIPO DE SUELO	Peso Específico (Ton/m^3)
Basalto	2,5 - 3,3
Diorito	2,5 - 3,3
Gabro	2,7 - 3,1
Gneiss	2,5 - 3,0
Granito	2,6 - 3,3
Calcáreo	1,7 - 3,1
Mármol	2,5 - 3,3
Cuarcita	2,65
Arenito	1,2 - 3,0
Argilito	2,0 - 2,5

Para el cálculo del peso del muro de gaviones comúnmente se podría utilizar un valor del peso específico del material pétreo de $\gamma_p = 2{,}65$ Ton/m³ y una porosidad de $n = 0{,}20$ o $0{,}30$. Según lo anterior, el peso específico de un gavión sería como sigue:

$$\gamma_g = 2,65 * (1 - 0,20) \quad \text{o} \quad \gamma_g = 2,65 * (1 - 0,30)$$

Con lo que se tiene que el peso específico del gavión podría variar entre los valores que se indican:

$$\gamma_g = 2,12\ \text{Ton/m}^3 \quad \text{o} \quad \gamma_g = 1,86\ \text{Ton/m}^3$$

Cualquiera de los valores es posible para el peso estimado de una estructura de gavión, la variación depende exclusivamente del peso específico del material pétreo y en especial de la elaboración de la estructura de gavión, específicamente en el llenado de las cestas. Si las cestas son rellenadas cuidando lograr la menor cantidad de espacios vacíos, de manera que la porosidad tienda a ser 0,20, luego entonces se debería utilizar un valor de **2,12 Ton/m³** en caso contrario se tomará un valor menor. Ahora bien, desde el punto de vista práctico, es preferible utilizar un valor de **1,86 Ton/m³**, pues en el momento de la elaboración de los cálculos y el proyecto, no se tiene certeza de cómo será la elaboración del muro de gaviones y del llenado de las cestas durante el proceso de construcción de la presa.

En el caso que el muro estuviera parcialmente sumergido, se debe utilizar el peso específico sumergido de los gaviones "γ_{gs}", para la parte del muro que estuviera debajo del nivel de agua. El valor de "γ_{gs}", está dado por:

$$\gamma_{gs} = (\gamma_p - \gamma_w) * (1 - n) \qquad \text{(IX.8)}$$

Siendo:

γ_{gs}	=	Peso específico sumergido del gavión (Ton/m³)
γ_w	=	Peso Específico del agua igual a **1 Ton/m³**

Para el cálculo del peso de la estructura de gaviones eventualmente sumergido se utiliza un valor del peso específico del material pétreo de $\gamma_p = 2{,}65$ Ton/m³, un peso específico del agua de y una porosidad de $n = 0{,}20$ o $0{,}30$. Según lo anterior, el peso específico de un gavión sería como sigue:

$$\gamma_{gs} = (2,65 - 1) * (1 - 0,20) \quad \text{o}$$
$$\gamma_{gs} = (2,65 - 1) * (1 - 0,30)$$

Con lo que se tiene que el peso específico del gavión sumergido podría variar entre los valores que se indican:

$$\gamma_{gs} = 1,32\ \text{Ton/m}^3 \quad \text{o} \quad \gamma_{gs} = 1,16\ \text{Ton/m}^3$$

Como se ha explicado, en las presas de gaviones, el agua se introduce en el cuerpo de la presa circulando por los espacios vacíos que las piedras forman entre sí.

Considerando el conjunto agua-piedra en estado estático, la experiencia, así como consideraciones teóricas, aconsejan valorar la disminución de peso de la piedra en menor cuantía que si sobre ella se ejerciese el empuje de Arquímedes en su totalidad; ya que es indudable que las piedras en este caso no flotan, existiendo contacto de piedras entre sí y de piedras con cimentación.

Para tener en cuenta estas consideraciones se debe aplicar un factor de corrección que puede oscilar igual a 1,15 (Suárez V. Luis M., 1.993), por lo tanto el nuevo valor del peso específico del gavión sumergido podría variar entre los valores que se indican:

$$\gamma_{gs} = 1,52\ \text{Ton/m}^3 \quad \text{o} \quad \gamma_{gs} = 1,33\ \text{Ton/m}^3$$

En resumen, utilizar el valor del peso sumergido para calcular el peso propio de la presa resultaría muy conservador, ya que como se ha descrito y se ha ilustrado en las Figuras Nº IX.19.- y Nº IX.20.-, existe una parte de la presa que se ubica por encima del nivel del agua del flujo que puede escurrir a través de presa, de manera que esta parte debe ser considerada dentro el análisis con el peso específico del gavión $\gamma_g = 2{,}65$ Ton/m³.

Ahora bien, para efectos de optimización del dimensionamiento de la estructura a proyectar, resulta práctico suponer que la estructura puede estar sumergida hasta una altura igual a la profundidad aguas abajo y calcular el volumen sumergido con el peso específico sumergido del gavión, mientras que el resto de la estructura que no estaría sumergida calcular su peso con el peso específico del gavión.

La profundidad aguas abajo sería la que se generaría de la colocación del disipador de energía, cuya metodología de cálculo se describió en el aparte VII.1.2.5.-. En tal sentido, para la determinación del peso real del muro de gaviones se debe tener en cuenta la diferencia del peso específico entre la parte de la presa encima y la parte debajo el nivel de agua. En todo caso, independientemente del criterio que considere el proyectista para calcular el peso de la estructura de gavión, el peso de cada nivel o camada de gaviones puede calcularse de forma independiente, de manera que en el momento del cálculo de los momentos estabilizantes se puede calcular dicho momento considerando el peso individual de cada nivel y su acción sobre la estabilidad integral de la estructura (Ver Figura N° IX.21.-), sin tener la necesidad de recurrir a laboriosos cálculos de la determinación de la posición del centro de gravedad total de la estructura.

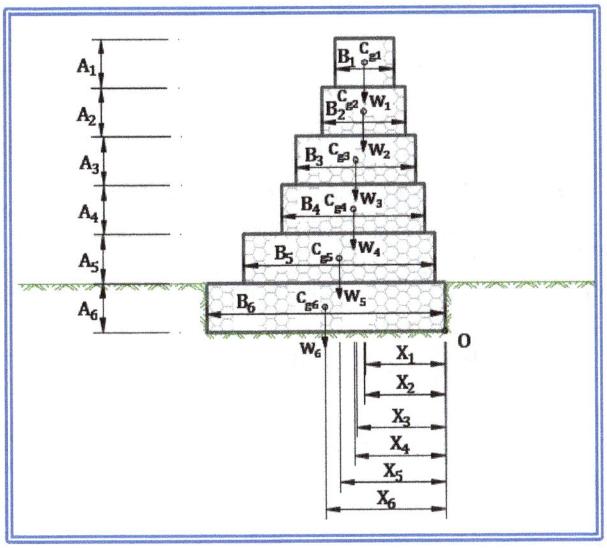

Figura N° IX.21.- Cálculo del peso del muro considerando el peso individual de cada nivel y su acción sobre la estabilidad integral de la estructura.

En la expresión (IX.8), se puede disgregar los pesos individuales de cada nivel y cada uno de ellos dependerá del criterio que se tome, es decir, si se considera con el peso específico del gavión o con el peso específico de gavión sumergido.

$$\mathbf{W = W_1 + W_2 + W_n} \qquad \text{(IX. 9)}$$

$$\mathbf{W} = [A_1 * B_1 + A_2 * B_2] * \gamma_g + [A_n * B_n] * \gamma_{gs} \qquad \text{(IX. 9)}$$

IX.7.2.2.- FUERZAS ESTABILIZANTES DEL AGUA.-

Las fuerzas estabilizantes que actúan sobre la presa debido a la acción del agua son la que se ilustran en la Figura Nº IX.22.-

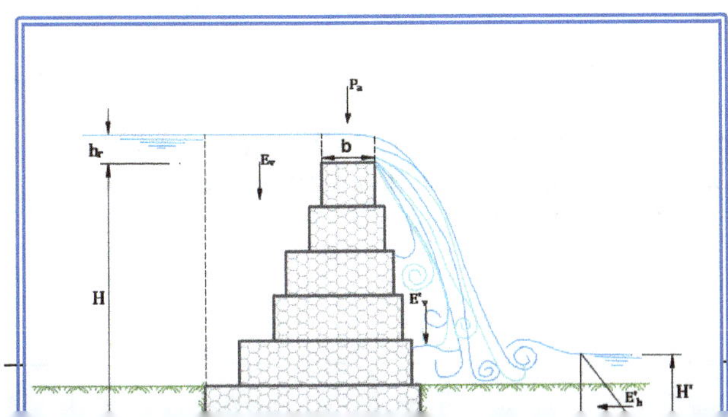

Figura N° IX.22.- Pesos y Empujes Estabilizantes del Agua.- (Imagen tomada de Suarez V., L.M., 1.993 y redibujada para este libro).

IX.7.2.2.1.- Peso del agua sobre el paramento de aguas arriba.-

Esta fuerza solo existe cuando el paramento de aguas arriba de la presa cuenta con diseño que tenga escalones. En este caso, en donde el área de incidencia del peso del agua por metro lineal de presa dependerá de los escalones que tenga y su forma de cálculo más sencilla será calcular la columna de agua sobre cada escalón y se podrá calcular con la expresión que se indica a continuación y según se muestra en la Figura Nº IX.23.-

El peso del agua sobre el paramento aguas arriba sería como sigue:

$$\mathbf{E_{vn} = b_n * h_n * \gamma_w} \qquad \text{(IX. 10)}$$

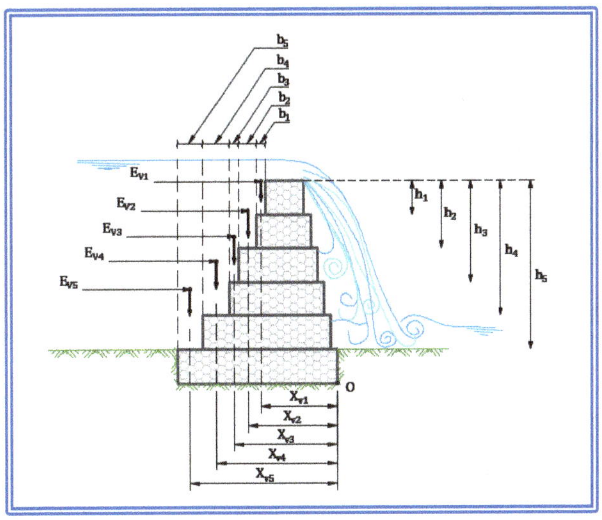

Figura N° IX.23.- Pesos del agua en el paramento de aguas arriba.-

Es preciso indicar que en la Figura Nº IX.23.- la altura de la columna de agua se mide desde la cresta del vertedero, lo cual sería un cálculo conservador, pues realmente al peso de la columna de agua debería sumársele la altura de agua sobre el vertedero, de manera que lo que se indica es un cálculo en contra de la estabilidad de la estructura, sin embargo, el proyectista, dependiendo de su criterio, podrá utilizar cualquiera de las opciones.

IX.7.2.2.2.- Peso del agua que vierte sobre la cresta del vertedero de la presa.-

El criterio es considerar la altura máxima de la lámina vertiente **hr**, la cual se calcula según la expresión VII.2.- indicada el aparte VII.1.2.1.- del Capítulo VII.-.

El peso del agua sobre la cresta de la presa es aproximadamente:

$$P_a = b * hr * \gamma_w \qquad (IX.11)$$

Siendo:

P_a	=	Peso del agua sobre la cresta (Ton/m)
b	=	Ancho de la cresta del vertedero de la presa (m)
hr	=	Altura de diseño de la lámina vertiente (m)
γ_w	=	Peso específico del agua (Ton/m^3)

El punto de aplicación P_a está aproximadamente en la mitad del ancho **b** de la cresta del vertedero de la presa, según se indica en la Figura N° IX.24.-.

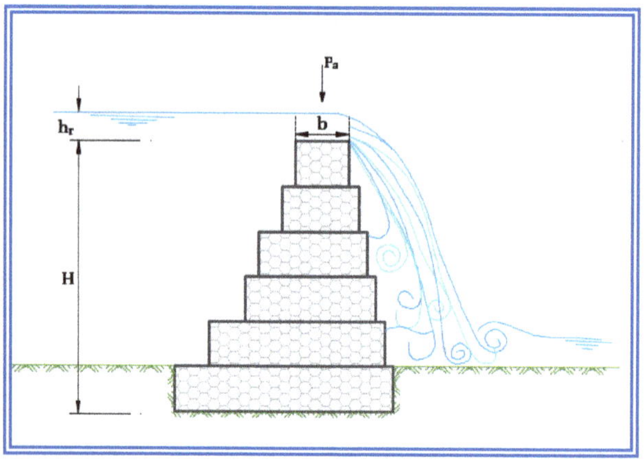

Figura N° IX.24.- Peso del agua que vierte sobre la presa.- (Imagen tomada de Suarez V., L.M., 1.993 y redibujada para este libro).

Para efectos de dimensionamiento de la presa, este criterio es el más utilizado por ser más favorable para la estabilidad, pues obviamente el diagrama de presiones es mayor y por ende la estructura diseñada sería más estable.

IX.7.2.2.3.- Peso del agua sobre el paramento de aguas abajo.-

Esta fuerza se expresaría de manera similar que el peso del agua en el paramento de aguas arriba y según la expresión (VIII.9), y dependerá de los escalones que se dispongan en el diseño y que éstos estén sometidos a la acción del peso del agua, y sería como se indica:

$$E'_v = b_V * Y_2 * \gamma_w \qquad (IX.21)$$

Siendo:

E'v	=	Peso del agua sobre la cresta (Ton/m)
bv	=	Ancho del escalón aguas debajo de la presa (m)
Y_2	=	Altura de agua en el sector aguas debajo de la presa (m)
γ_w	=	Peso específico del agua (Ton/m^3)

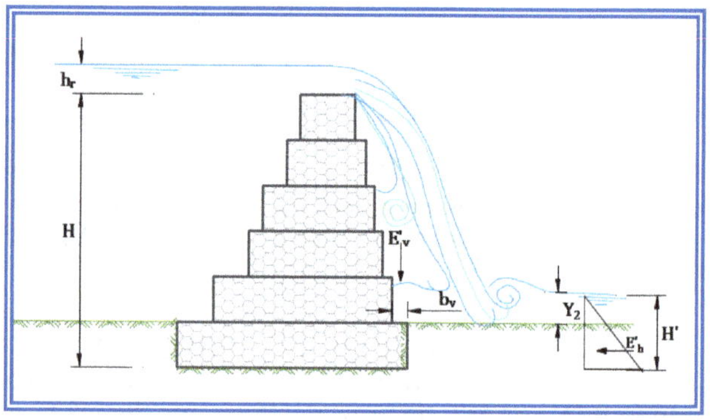

Figura N° IX.25.- Peso del agua sobre el paramento de aguas abajo.- (Imagen tomada de Suarez V., L.M., 1.993 y redibujada para este libro).

Es preciso indicar que la presencia de agua en el sector aguas abajo de la presa no necesariamente es permanente, inclusive podría variar o desaparecer por completo con el tiempo. Para ello, solo bastaría con imaginar la presa sometida a los empujes de agua, con la lámina de agua sobre el vertedero a punto de verter, es decir, considerando el empuje hidrostático calculado utilizando la profundidad $H + hr$ (Ver Figura N° IX.25.-), de modo que en el sector aguas abajo no existiría agua que pudiera generar un peso o un empuje estabilizante sobre la presa.

Según este argumento, despreciando esta eventual fuerza favorable a la estabilidad, se coloca el cálculo de la presa en condiciones más rigurosas, por lo que el dimensionamiento de la presa estará del lado de la seguridad de la obra.

IX.7.2.2.4.- Empuje horizontal del agua en el paramento de aguas abajo.-

Esta fuerza se expresaría de manera similar que el empuje hidrostático del agua en el paramento aguas arriba y según la expresión (IX.12), sustituyendo H por H', sería como se indica:

$$E'_h = \gamma_w * 1/2\, H'^2 \qquad (IX.13)$$

Por las razones expresadas en el aparte anterior, al igual que el peso del agua sobre el paramento de aguas abajo, esta fuerza no suele tomarse en cuenta en los cálculos, además de que al despreciarla fuerza, el dimensionamiento de la presa estará del lado de la seguridad de la obra

IX.7.2.3.- FUERZAS ESTABILIZANTES DE LOS SEDIMENTOS.-

IX.7.2.3.1.- Peso del sedimento sobre el paramento aguas arriba.-

Al igual que en las presas de gravedad, el peso del sedimento sobre el paramento aguas arriba, ocurrirá progresivamente en la medida de que el vaso de almacenamiento se vaya colmatando. Ahora bien, inmediatamente después de la puesta en servicio de la presa, al no haber ocurrido aún una sedimentación significativa, la fuerza que actuará sobre el paramento de aguas arriba será solamente el peso del agua. Este peso es menor que el del sedimento, por lo que siendo ésta una fuerza estabilizante, es conservador no considerar este peso en los cálculos de la estabilidad.

IX.7.2.3.2.- Empuje horizontal del sedimento en el paramento de aguas abajo.-

Al igual que en el caso anterior y que en las presas de gravedad, este empuje podría actuar sobre la presa si se realiza la protección de la fundación en el paramento de aguas abajo como se explica en el Capítulo VII, garantizando que la lámina vertiente no ocasionará socavación o erosión en este suelo.
Sin embargo, en vista de que este empuje es despreciable comparativamente con las otras fuerzas actuantes, generalmente no se considera en el cálculo de estabilidad.

IX.8.- CASOS DE CARGAS.-

Para el diseño de estructuras de presas de gaviones se deben estudiar los mismos casos de carga que se mencionan en el CAPITULO VIII.- para el cálculo de presas de gravedad.

IX.8.1.- CASO DE CARGA A.-

Durante cierto tiempo, después de haber entrado en servicio la presa, el embalse creado por ella se mantiene libre sedimentos.

El único empuje actuante considerado como desfavorable para la estabilidad de la presa, es la resultante del diagrama triangular de presión hidrostática horizontal que genera el agua en el paramento de aguas arriba de la presa (Figura N° IX.26.-)

La fuerza de sub-presión en el caso de presas de gaviones se considera de manera implícita al considerar el peso de la estructura con un peso específico sumergido o por lo menos una parte de ella.

La principal fuerza estabilizante es el peso propio de los gaviones que constituyen la presa. Los gaviones son altamente permeables debido a los vacíos que quedan entre las piedras, y es a través de estos vacíos por los que se infiltra el agua embalsada. La experiencia indica que el agua al conseguir un medio permeable como lo son las estructuras de gaviones, en los primeros 30 cm de su recorrido a través de este medio permeable, el flujo tiende a descender rápidamente hacia la base del gavión, ocasionando que la presa en la fundación y el primer metro por encima de la misma se encuentre saturada considerando entonces para esta área el peso unitario sumergido de los gaviones, mientras que el resto del cuerpo de la presa se puede considerar seco y se podría utilizar el peso específico seco del gavión.

Cabe señalar que, aunque se genere una laguna de amortiguamiento aguas abajo de la presa, el nivel de agua solo en algunos instantes de tiempo del funcionamiento de la misma genera un empuje pasivo, por esta razón esta fuerza no será considerada en el análisis de carga del diseño de la estructura.
El suelo en el paramento de aguas abajo de la presa también representaría un empuje favorable a la estabilidad de la misma que actuaría sobre la fundación, sin embargo, es considerado socavado por la caída de la lámina vertiente.

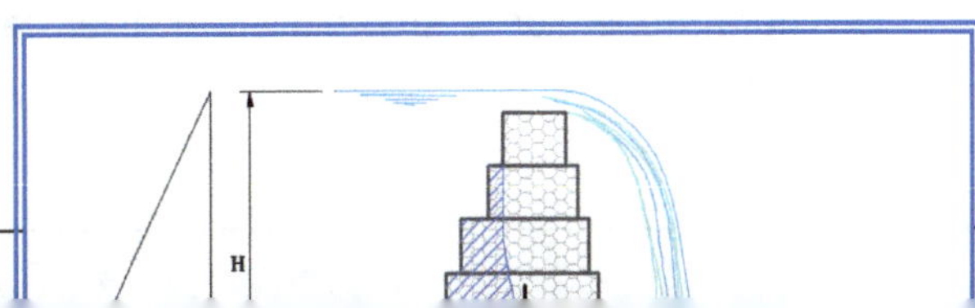

Figura N° IX.26.- Caso de Carga A.- (Imagen tomada de Suarez V., L.M., 1.993 y redibujada para este libro).

En conclusión, el Caso de Carga A, consiste en considerar únicamente el empuje hidrostático en el paramento de aguas arriba de la presa, el peso **W** de la misma, utilizando el peso específico sumergido de los gaviones γ_{gs} para los niveles de fundación y eventualmente un (1) metro por encima de la rasante del cauce (o lo que el proyectista considere conveniente para estar del lado de la seguridad) y el peso **W** utilizando el peso específico seco de los gaviones γ_g para los demás niveles o camadas.

El empuje hidrostático viene expresado según la expresión (IX.1) y sería:

$$\mathbf{E_h = \gamma_w * 1/2\, H^2} \qquad \text{(IX. 1)}$$

Siendo:

H	=	Profundidad del agua hasta la fundación (m)

En este caso, el punto de aplicación de la fuerza resultante estaría a un tercio de la altura (**1/3*H**) medido desde la base del diagrama de forma triangular.

IX.8.2.- CASO DE CARGA B.-

En esta etapa, la presa tiene tiempo en funcionamiento y el vaso de almacenamiento se encuentra completamente colmatado de sedimentos. Podrían generarse cuatro condiciones en el paramento de aguas arriba de la presa en este Caso de Carga y se indican a continuación:

1. El sedimento sobre la rasante del cauce y el suelo en el nivel de fundación se consideran sumergidos.
2. El sedimento sobre la rasante del cauce y el suelo en el nivel de fundación se consideran saturados.
3. El sedimento sobre la rasante del cauce se considera sumergido y el suelo en el nivel de fundación saturado.
4. El sedimento sobre la rasante del cauce se considera saturado y el suelo en el nivel de fundación sumergido.

De estas condiciones, la condición N° 2.- resulta ser la más desfavorable, ya que de esta manera se estaría considerando el mayor empuje posible que pueden generar los sedimentos después de colmatada la presa y el suelo en el nivel de fundación.

En esta etapa, sigue siendo el peso propio de la presa la principal fuerza estabilizante y para su cálculo se toman en cuenta las mismas consideraciones que se establecieron en el Caso de Carga A.

Tampoco serán considerados en este Caso de Carga el empuje hidrostático ni el empuje del suelo, generados aguas abajo de la presa, ni la fuerza de sub-presión, debido a las explicaciones que fueron expuestas con anterioridad.

Para la condición de sedimento y suelo saturado aguas arriba de la presa se pueden realizar los cálculos de tres (3) formas:

IX.8.2.1.- CASO DE CARGA B.1.- EMPUJE DE SEDIMENTO SATURADO.-

En este caso se tendría un prisma de presiones de forma trapezoidal actuando sobre la presa, que en sección transversal sería un trapecio, cuya base menor en la parte superior, sería la presión del agua con profundidad **hr** que actuaría sobre la superficie del suelo saturado, mientras que la base mayor en la parte inferior, sería la presión del agua más la presión que se genera con la profundidad **H**, pero con el peso específico del suelo saturado, de manera que el empuje activo del sedimento se calcula de la siguiente forma:

$$\mathbf{E_{sed} = [(\gamma_w * h_r) + (\gamma_w * h_r + \gamma_{sat} * K_a * H)] * \frac{H}{2}} \qquad \text{(IX. 14)}$$

Siendo:

$\mathbf{E_{sed}}$	=	Empuje activo del sedimento (**Ton/m**)
$\mathbf{K_a}$	=	Coeficiente de empuje activo del sedimento.
γ_{sat}	=	Peso específico del sedimento saturado ($\mathbf{Ton/m^3}$)
hr	=	Altura de diseño de la lámina vertiente (**m**)
H	=	Altura de la presa (m)

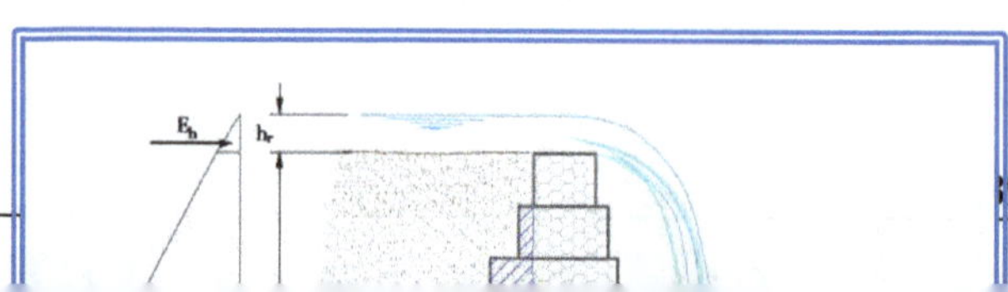

Figura N° IX.27.- Caso de Carga B.1.- Carga como diagrama de esfuerzos en forma trapecial con suelo saturado.- (Imagen tomada de Suarez V., L.M., 1.993 y redibujada para este libro).

En este caso, como se trata de un diagrama de esfuerzos de forma trapecial, para ubicar el punto de aplicación de la fuerza resultante, se debe calcular el centro de gravedad de este trapecio. Desde el punto de vista geométrico el centro de gravedad se puede calcular con la expresión que se indica:

$$Y_{cg} = \left[\frac{(B + 2 * b)}{B + b}\right] * \frac{H}{3} \qquad (IX.15)$$

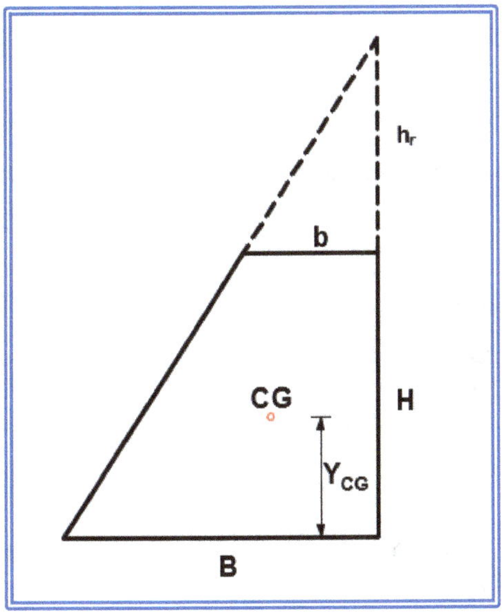

Figura N° IX.28.- Centro de gravedad en un trapecio.

Para efectos del cálculo del centro de gravedad cuando se tiene el diagrama de presiones sería como se indica:

$$Y_{cg} = \left[\frac{(\gamma_w * h_r + \gamma_{sat} * K_a * H) + (2 * \gamma_w * h_r)}{(h_r * \gamma_w + H * K_a * \gamma_{sat}) + (\gamma_w * h_r)}\right] * \frac{H}{3} \quad (IX.16)$$

Si se calcula este centro de gravedad en función de las alturas, se podría utilizar la siguiente expresión:

$$Y_{cg} = \frac{H * (H + 3 * hr)}{3 * (H + 2 * hr)} \qquad (IX.17)$$

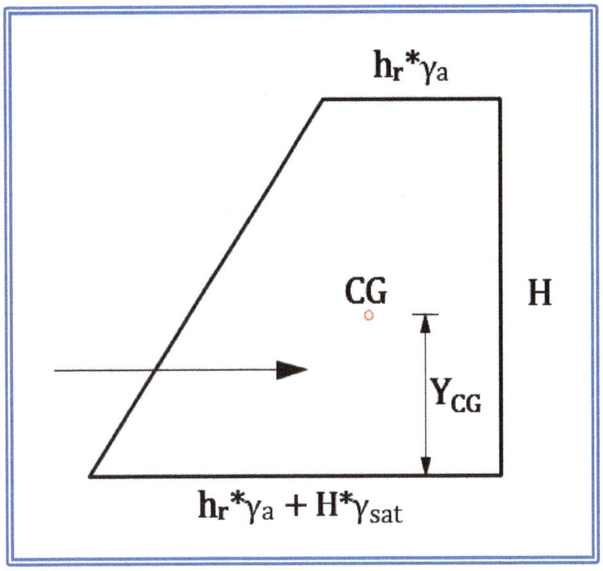

Figura N° IX.29.- Centro de gravedad en el diagrama de esfuerzos del Caso de Carga B.1.-

IX.8.2.2.- CASO DE CARGA B.2.- EMPUJE HIDROSTÁTICO MÁS EMPUJE DE SEDIMENTO SUMERGIDO.-

Otra forma para calcular estas fuerzas actuantes, se trata de calcular el empuje total separando los dos diagramas que actuarían sobre la estructura, tal y como se ilustra en la Figura N° IX.30.-.

En este caso se calculan las fuerzas actuantes separando los empujes en dos diagramas de presiones de forma triangular, un primer diagrama cuya base sería la presión del agua con profundidad igual a la altura de la presa **H** más la carga hidráulica sobre el vertedero **hr**, es decir, (**H** + **hr**), y un segundo diagrama cuya base sería igual a la presión del sedimento sumergido con profundidad igual a la altura de la presa.

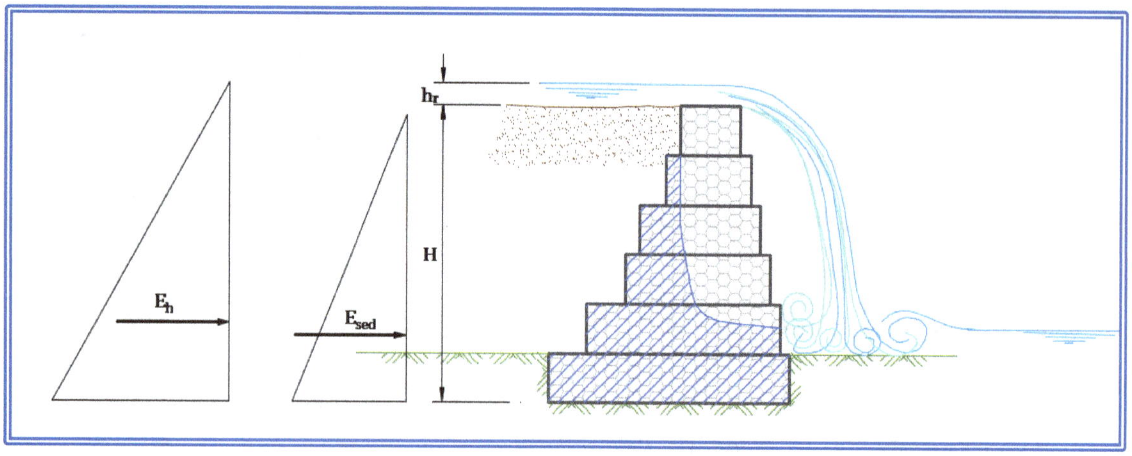

Figura N° IX.30.- Caso de Carga B.2.- Empuje Hidrostático más Empuje de Sedimento Sumergido.- (Imagen tomada de Suarez V., L.M., 1.993 y redibujada para este libro).

En este caso, el empuje hidrostático viene expresado según la expresión (IX.17) y sería:

$$E_h = \gamma_w * 1/2 * (H + h_r)^2 \qquad (IX.18)$$

En ambos casos, el punto de aplicación de la fuerza resultante estaría a un tercio de la altura de la presa **H** más la carga hidráulica sobre el vertedero **hr**, es decir, **(1/3*(H+hr))**, medido desde la base del diagrama de forma triangular.

El empuje del sedimento se calcula de la siguiente forma:

$$E_{sed} = 1/2 * K_a * \gamma_{ss} * H^2 \qquad (IX.19)$$

Siendo:

E_{sed}	=	Empuje activo del sedimento (Ton/m)
K_a	=	Coeficiente de empuje activo del sedimento.
γ_{ss}	=	Peso específico del sedimento sumergido (Ton/m^3)
H	=	Altura de la presa (m)

En este caso, el punto de aplicación de la fuerza resultante estaría a un tercio de la altura (**1/3*H**) medido desde la base del diagrama de forma triangular.

IX.8.2.3.- CASO DE CARGA B.3.- EMPUJE HIDROSTÁTICO MÁS EMPUJE DE SEDIMENTO SATURADO.-

Otra forma en que se pueden calcular estas fuerzas actuantes, se trata de separar los dos diagramas que actuarían sobre la estructura, tal y como se ilustra en la Figura N° IX.31.-. Un primer diagrama de forma rectangular cuya presión sería la equivalente al peso específico del agua por la altura **hr**, y un segundo diagrama de forma triangular con el vértice en la superficie superior del sedimento y una presión en la base equivalente al peso específico del sedimento saturado por la altura de la presa **H**.

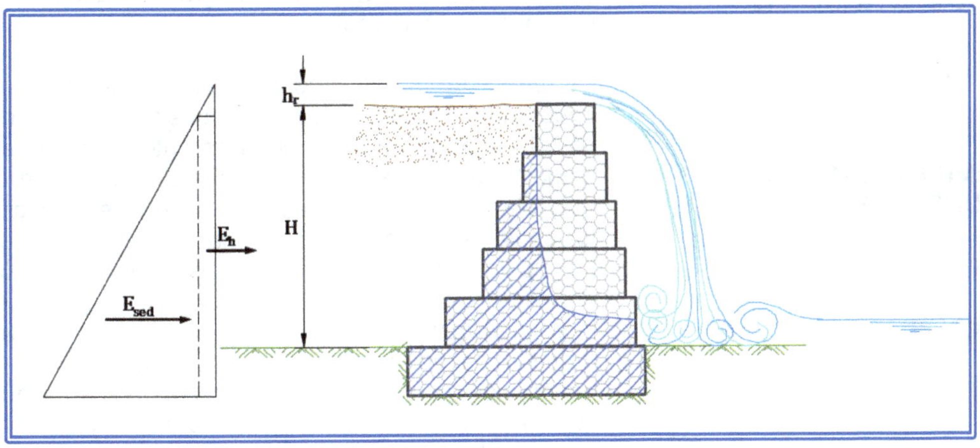

Figura N° IX.31.- Caso de Carga B.3.- Carga como diagrama de esfuerzos separado, uno en forma rectangular y otro en forma triangular.- (Imagen tomada de Suarez V., L.M., 1.993 y redibujada para este libro).

Las expresiones que se utilizarían en este caso serían:

$$E_h = \gamma_w * h_r * H \qquad (IX.20)$$

En este caso, el punto de aplicación de la fuerza resultante estaría en la mitad de la altura (**1/2*H**) medido desde la base del diagrama de forma rectangular.

Por su parte, el empuje del sedimento saturado del sedimento se calcula de la siguiente forma:

$$E_{sed} = 1/2 * K_a * \gamma_{ssat} * H^2 \qquad (IX.21)$$

Siendo:

E_{sed}	=	Empuje activo del sedimento (Ton/m)
K_a	=	Coeficiente de empuje activo del sedimento.
γ_{ssat}	=	Peso específico del sedimento saturado (Ton/m^3)
H	=	Altura de la presa (m)

En este caso el punto de aplicación de la fuerza resultante estaría a un tercio de la altura (**1/3*H**) medido desde la base del diagrama de forma triangular.

IX.8.3.- CASO DE CARGA C.-

En este caso de carga se considera que el vaso de almacenamiento de la presa está completamente colmatado y el sedimento esta compactado utilizándose para el cálculo del empuje por sedimento el peso unitario seco del mismo.

El empuje activo del sedimento se calcula de la siguiente forma:

$$E_{sed} = 1/2 * K_a * \gamma_s * H^2 \qquad (IX.2)$$

Siendo:

E_{sed}	=	Empuje activo del sedimento (Ton/m)
K_a	=	Coeficiente de empuje activo del sedimento.
γ_s	=	Peso específico del sedimento (Ton/m^3)
H	=	Altura de la presa (m).

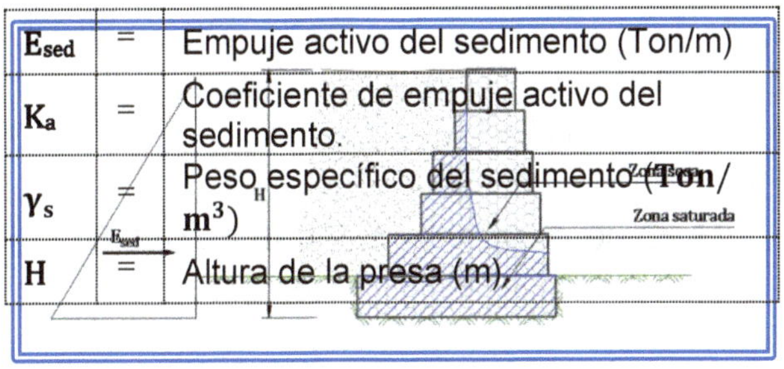

Figura N° IX.32.- Caso de Carga C.- (Imagen tomada de Suarez V., L.M., 1.993 y redibujada para este libro).

IX.8.4.- ANÁLISIS DE LOS CASOS DE CARGA.-

Tomando los mismos criterios descritos en el aparte VIII.8.3.-, que se corresponden a sedimentos típicos de cauces en régimen torrencial, se tiene lo siguiente:

CASO DE CARGA A.- EMPUJE HIDROSTÁTICO.-

$$E_h = \gamma_w * \frac{1}{2} * H^2 = 1 * \frac{1}{2} * H^2 \rightarrow E_h = 0,50 * H^2$$

Siendo:

γ_W	=	Peso específico del agua (Ton/m^3) $\gamma_W =$ **1 Ton/m3.**
H	=	Altura de la presa (m)

CASO DE CARGA B.- EMPUJE ACTIVO DEL SEDIMENTO SUMERGIDO.-

$$E_{sed} = 1/2 * K_a * \gamma_{ss} * H^2$$

$$K_a = tg^2 * (45° - Ø/2)$$

$$K_a = tg^2 * (45° - 37/2) \rightarrow K_a = 0,25$$

$$E_{sed} = \frac{1}{2} * K_a * \gamma_{ss} * H^2 = \frac{1}{2} * 0,25 * 1,16 * H^2$$

$$E_{sed} = 0,15 * H^2$$

Siendo:

K_a	=	Coeficiente de empuje activo del sedimento.
Ø	=	Ángulo de fricción interna del sedimento (°)
γ_{ss}	=	Peso específico del sedimento sumergido (Ton/m^3) $\gamma_{ss} = 1{,}16\ Ton/m^3$
H	=	Altura de la presa (m)

CASO DE CARGA C.- EMPUJE ACTIVO DEL SEDIMENTO.-

$$E_{sed} = \frac{1}{2} * K_a * \gamma_s * H^2$$

$$E_{sed} = \frac{1}{2} * K_a * \gamma_s * H^2 = \frac{1}{2} * 0,25 * 2,00 * H^2$$

$$E_{sed} = 0,25 * H^2$$

Siendo:

K_a	=	Coeficiente de empuje activo del sedimento.
Ø	=	Ángulo de fricción interna del sedimento (°)
γ_s	=	Peso específico del sedimento $(Ton/m^3) \rightarrow$ $\gamma_s = 2{,}00\ Ton/m^3$, valor considerando una arena fina a media (Tabla N° IX.3.-)
H	=	Altura de la presa (m)

Sobre la base de lo anteriormente descrito y al igual que en el caso de las presas por gravedad con concreto o con concreto ciclópeo, descritas en el Capítulo VIII.-, se llega a la misma conclusión de que el caso de carga más desfavorable entre las combinaciones de los empujes del agua y los sedimentos en la vida útil de una presa de corrección de torrentes, corresponde al diagrama triangular de presiones hidrostáticas.

De forma similar a lo descrito en el Capítulo VIII.-, es importante resaltar, que las consideraciones de cálculo expuestas en los apartes anteriores, tienen como fundamento que las presas a diseñar, en la mayoría de los casos, están ubicadas en cauces torrenciales, con presencia de materiales aluvionales principalmente compuestos por materiales arenosos o gravosos, no cohesivos y que, debido al gradiente hidráulico que se forma entre las zonas de aguas arriba y de aguas abajo de la presa, permiten la generación de una red de flujo, en donde el agua que fluye a través del sedimento origina un flujo sub-superficial a través del material de la fundación, tal y como se ilustró en la Figura Nº VIII.15.-.

IX.8.5.- IMPACTO DEL FLUJO DE LODOS Y PIEDRAS.-

Al igual que lo descrito en el Capítulo VIII., una vez analizadas las fuerzas de carácter estático que pueden actuar sobre las presas de retención de sedimentos, se considera oportuno analizar las fuerzas dinámicas que pueden actuar sobre estas estructuras.

Estas fuerzas dinámicas están representadas por el impacto de un eventual flujo torrencial, el cual se puede conceptualizar como un impacto instantáneo de un flujo de lodos y piedras calculado por cantidad de movimiento, el cual podría ocurrir durante el proceso de llenado de la presa.

Para dimensionar y cuantificar la fuerza de impacto del flujo de lodos y piedras se debe partir del concepto de que la fuerza proviene de una distribución de presiones de forma triangular medida desde la rasante del cauce hasta la profundidad normal obtenida considerando un flujo uniforme.

En la Figura N° IX.33.- se ilustra la Fuerza de Impacto por efecto de lodos y piedras, el cual se genera a partir de una distribución de presiones de forma triangular con una altura medida desde la superficie del flujo hasta la rasante del cauce e igual a la profundidad normal.

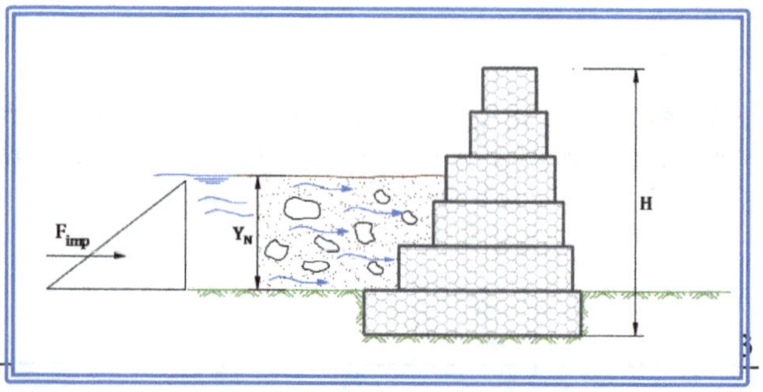

Figura N° IX.33.- Fuerza de Impacto del Flujo de Lodos y Piedras.-

La fuerza de impacto del flujo de lodos y piedras se puede calcular considerando el principio físico de la cantidad de movimiento y según la siguiente expresión:

$$F_{imp} = \gamma_{lodo} * \frac{Y^2}{2} + \rho_{lodo} * q_{lp} * V \qquad (IX.22)$$

Siendo:

γ_{lodo}	=	Peso específico del lodo (Ton/m^3)
Y	=	Altura del lodo aguas arriba del dique (m)
ρ_{lodo}	=	Densidad del lodo ($Ton{*}s^2/m^4$)
q_{lp}	=	Gasto de lodos y piedras por unidad de ancho del cauce ($m^3/s/m$)
V	=	Velocidad del flujo (m/s)

Para el peso específico del lodo se puede utilizar un valor entre $1{,}8\ Ton/m^3$ y $2{,}2\ Ton/m^3$, mientras que para la densidad del lodo se puede usar un valor entre $0{,}18\ Ton{*}s^2/m^4$ y $0{,}22\ Ton{*}s^2/m^4$.

Para el cálculo del valor q_{lp}, se hace uso de la siguiente expresión:

$$q_{lp} = \frac{Q_{lp}}{B} \qquad (IX.23)$$

Siendo:

Q_{lp}	=	Caudal de diseño considerando flujo de lodos y piedras (m^3/s)
B	=	Ancho del cauce (m)

En este caso, el gasto Q_{lp} debe ser obtenido a partir del gasto líquido, el cual se multiplica por el factor de incremento que puede ser obtenido mediante la metodología de Takahashi (Takahashi T., 1991) descrita en el Capítulo VI, y que puede oscilar entre 1,53 y 1,82.

IX.8.6.- COMBINACIONES DE CARGAS.-

En el caso de las estructuras de gaviones, pueden presentarse una importante combinación de cargas, pues la permeabilidad de la estructura permite suponer que el comportamiento de los empujes actuantes varíe con la presencia de agua, en tal sentido podría presentarse los siguientes casos:

CARGA POR EMPUJE HIDROSTÁTICO.-

- **Considerando el suelo de fundación seco.**
- **Considerando el suelo de fundación saturado.**
- **Considerando el peso propio de la presa con peso específico seco.**
- **Considerando el peso propio de la presa con peso específico sumergido.**
- **Considerando el peso propio de la presa con el peso específico sumergido hasta donde llega el agua en el disipador aguas abajo y el resto de la presa con el peso específico seco.**

CARGA POR EMPUJE DE SUELOS.-

- **Considerando el suelo seco desde la fundación hasta el tope de la presa.**
  - **Considerando el peso propio de la presa con peso específico seco**
  - **Considerando el peso propio de la presa con peso específico sumergido.**
  - **Considerando el peso propio de la presa con el peso específico sumergido hasta donde llega el agua en el disipador aguas abajo y el resto de la presa con el peso específico seco.**

- **Considerando el suelo saturado desde la fundación hasta el tope de la presa.**
  - **Considerando el peso propio de la presa con peso específico seco**
  - **Considerando el peso propio de la presa con peso específico sumergido.**
  - **Considerando el peso propio de la presa con el peso específico sumergido hasta dónde llega el agua en el disipador aguas abajo y el resto de la presa con el peso específico seco.**

Como se podrá observar, podría existir una buena variedad de casos de combinaciones de cargas, de modo que el proyectista debería analizar cada uno de ellos y seleccionar el caso más desfavorable, dependiendo de las características geotécnicas e hidráulicas que se puedan presentar en el sitio donde se propone la construcción de la presa.

Para ilustrar este comentario y para determinar el caso de carga más desfavorable de la combinación de los empujes del agua y de los sedimentos, actuantes en el paramento de aguas arriba de la presa, se realizaron ejemplos de cálculos y comparaciones que se presentan en los anexos incluidos al final del Manual.

IX.9.- CÁLCULO DE LA ESTABILIDAD.-

La estabilidad de la presa debe garantizarse de forma que esté en condiciones de resistir las diferentes cargas que puedan actuar sobre ella durante su vida útil. Para ello las presas de gravedad deben de proyectarse para que cumplan con factores de seguridad, que garanticen su estabilidad a los empujes que será objeto. Los factores de seguridad que debe cumplir son:

- El volcamiento.
- El deslizamiento y
- Tensiones transmitidas al terreno

Del mismo modo que una presa de gravedad, una presa de gaviones puede fallar por volcamiento alrededor de un punto situado en el paramento de aguas abajo de la presa. También puede fallar por deslizamiento a lo largo de un plano ubicado dentro del cuerpo de la presa, así como también de la fundación del contacto presa – fundación. Para garantizar su estabilidad también deben verificarse las tensiones transmitidas al terreno de fundación y verificar que éstas no sobrepasen la capacidad portante del material que constituye la propia presa o su fundación.

IX.9.1.- VOLCAMIENTO.-

Para que se produzca el volcamiento de la presa, o de una parte de ella, es necesario que la suma de los momentos actuantes o desestabilizantes respecto al extremo de aguas abajo de la base o de una junta supere la suma de los momentos resistentes o estabilizantes correspondientes.

El factor de seguridad al volcamiento corresponde a la relación entre los momentos actuantes y los resistentes. Para obtener esta relación se establece un punto de rotación al volcamiento "**O**" ubicado al pie del muro, y a partir de este punto, en sentido vertical y horizontal, se determinan las distancias hasta el punto de aplicación de cada fuerza actuante, a partir de las cuales se calculan los momentos.

Los momentos resistentes son producidos por el peso propio del muro "**W**" y la componente vertical del empuje activo "E_v", mientras que los momentos actuantes, que generan volcamiento, son producidos por los empujes horizontales del agua o del sedimento, es decir, la componente horizontal del empuje activo "E_h".

En tal sentido, el factor de seguridad al volcamiento "FS_v" sería:

$$FS_v = \frac{\sum Mr}{\sum Ma} \qquad (IX.24)$$

Siendo:

FS_v	=	Factor de seguridad al volcamiento
$\sum Mr$	=	Suma de los momentos resistentes respecto al Punto "O" (Ton*m)
$\sum Ma$	=	Suma de los momentos actuantes respecto al Punto "O" (Ton*m)

En general se recomienda que el factor de seguridad al volcamiento sea como mínimo de 1,5 para suelos granulares y que sea del orden de 2,0 para suelos cohesivos y el punto de referencia para la aplicación de los momentos se visualiza en la siguiente Figura N° IX.34.-.

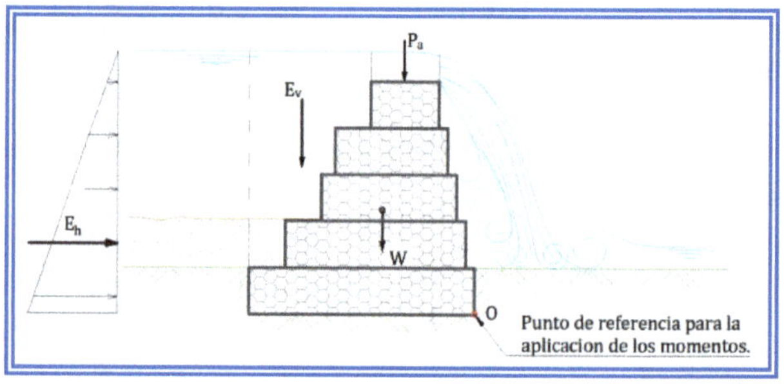

Figura N° IX.34.- Punto de referencia para la aplicación de los momentos.-

IX.9.2.- DESLIZAMIENTO.-

La presa debe ser estable respecto al posible deslizamiento sobre la fundación o sobre cualquier junta intermedia.

El deslizamiento de la presa o parte de ella, es causado por las fuerzas horizontales actuantes cuando se originan esfuerzos tangenciales mayores que los admisibles, o superiores a las fuerzas estáticas de roce.

El factor de seguridad es una medida de la resistencia al deslizamiento o al corte entre las superficies de contacto. Se aplica a cualquier sección de la presa o al contacto con la fundación. De este modo, el factor de seguridad es la relación entre las fuerzas resistentes y las fuerzas actuantes, en donde las fuerzas resistentes serías las fuerzas verticales estabilizantes y las fuerzas actuantes serían las fuerzas horizontales desestabilizantes.

Sobre la base de lo anteriormente descrito, la expresión general del factor de seguridad al deslizamiento sería:

$$F_{sd} = f * \frac{\sum F_v}{\sum F_h} \qquad (IX.25)$$

MATERIAL	*f*
Concreto o mampostería	0,75
Roca dura con superficie irregular	0,80
Roca fisurada	0,70
Grava y peñones	0,60
Grava y arena gruesa	0,50
Arena angular, compacta	0,45
Arena redondeada, compacta	0,40
Arcilla	0,30
Limo	0,25

Siendo:

$\sum Fh$	=	Suma de las fuerzas horizontales actuantes (Ton)
$\sum Fv$	=	Suma de las fuerzas horizontales resistentes (Ton)
f	=	Coeficiente de roce

Y siendo:

$$f = \tan \phi \qquad (IX.26)$$

Considerando que el coeficiente de fricción suelo – muro "*f*", en el cual se puede tomar este valor como igual a $\tan \phi$, se ha elaborado la Tabla N° IX.8.- que se presenta a continuación.

TABLA N° IX.8.-
VALORES TÍPICOS DEL COEFICIENTE DE FRICCION CONCRETO Y MAMPOSTERÍA SOBRE VARIOS MATERIALES

IX.9.3.- DESLIZAMIENTO EN LAS JUNTAS.-

En las estructuras de gaviones existe una junta cada metro de altura debido a que las cestas tienen un metro de altura. Tal y como se ha descrito, las cestas de un nivel se amarran con las cestas del nivel superior, por lo que este amarre juega un papel importante en la resistencia al deslizamiento en la junta.

Este amarre propicia una fuerza que se opone al deslizamiento entre dos hiladas de gaviones y se considera importante describirlo y su influencia en la estabilidad al deslizamiento en una junta entre dos hiladas de gaviones.

La fuerza del amarre se ha analizado y normalizado según la Norma ASTM A975-11 de *Especificación estándar para doble trenzado hexagonales de malla gaviones y colchones (alambre de acero con recubrimiento metálico o alambre de acero con revestimiento metálico con revestimiento de policloruro de vinilo - PVC).*

En la Tabla 2.- de *Requisitos Mínimos de Resistencia de Malla y Conexiones* de dicha Norma, se indica el *Ensayo de tracción de panel contra panel con conexión utilizando alambre de enlace o sujetadores.* Este ensayo es realizado mediante dos paneles de un metro de longitud amarrados con la metodología descrita en el Paso 3.- del aparte IX.6.1.- y ensayados a tracción hasta la fatiga.

En la Tabla Nº IX.9.- se indican los resultados de la fuerza a la tracción que puede soportar el amarre anteriormente descrito, para los dos alambres normalizados que se usan en la fabricación de los gaviones.

TABLA N° IX.9.-
VALORES DE RESISTENCIA A LA TRACCIÓN DEL AMARRE DE GAVIÓN

MATERIAL	DIÁMETRO (mm)	FUERZA (Kg/ml)
Alambre de acero con recubrimiento metálico	3,05	2.080,22
Alambre de acero con recubrimiento metálico y revestimientos de PVC	2,70	1.784,50

De los valores indicados en la tabla anterior se puede afirmar que el amarre propicia una fuerza que se opone al deslizamiento entre dos hiladas de gaviones y se sugiere sea utilizada en el cálculo del factor de seguridad al deslizamiento, lo que propiciaría una optimización del dimensionamiento de la estructura de retención. Con la finalidad de utilizar el valor de la resistencia a la tracción del amarre, pero siendo conservador en el caso de fuerzas estabilizantes, en este caso al deslizamiento entre juntas, se sugiere utilizar el valor de 1.784,50 Kg/ml.

Sobre la base de lo anterior, para el deslizamiento respecto a las juntas horizontales entre los gaviones, considerando el esfuerzo interno por amarre entre cestas, se debe garantizar un factor de seguridad al deslizamiento:

$$FS_{di} = \frac{\sum Fv}{\sum Fh} \qquad (IX.27)$$

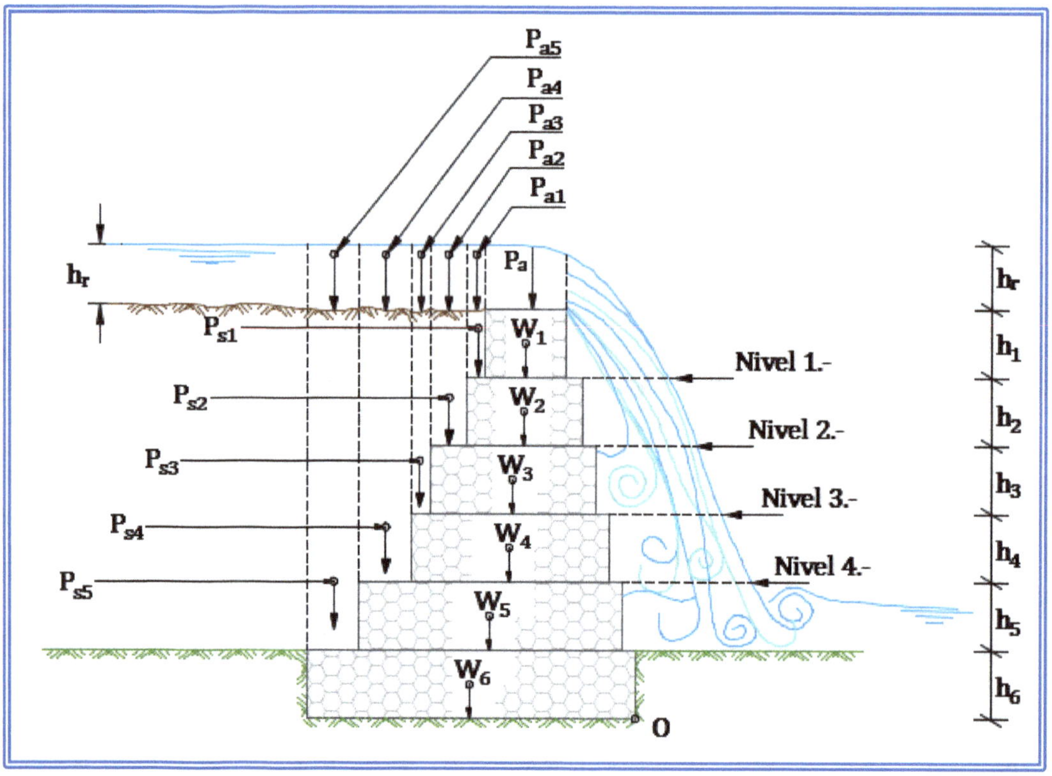

Figura N° IX.35.- Ejemplo de enumeración de niveles y ubicación de las fuerzas de amarre.-

IX.9.3.1.- FUERZAS VERTICALES.-

De manera general, las fuerzas verticales que actúan son las debidas principalmente al peso del gavión y a los pesos del agua o de los sedimentos sobre los escalones del paramento de aguas arriba.

Considerando la presa de la Figura Nº IX.35.-, las fuerzas verticales que actúan en el Nivel 1.- serían: el peso del gavión de ese nivel y el peso del agua sobre el vertedero **Pa**. Es importante señalar que las fuerzas son acumulativas, por ejemplo cuando se analiza el Nivel 2.-, se tiene el peso del gavión de ese nivel (**W_2**) y se debe agregar el peso del gavión del Nivel 1.- (**W_1**), y el peso del agua **Pa,** más el peso de agua sobre el Nivel 1.-, es decir, **Pa_1,** posteriormente si se analiza el Nivel 3.-, se tiene el peso del gavión de ese nivel (**W_3**), y se debe agregar el peso del gavión del Nivel 1.- (**W_1**), y el del Nivel 2.- (**W_2**), y el peso del agua **Pa,** más el peso de agua sobre el Nivel 1.- **Pa_1**, más el peso de agua sobre el Nivel 2.- **Pa_2**, y así sucesivamente y sería según se indica a continuación.

$$\sum F_V = P_a + P_{a1} + P_{a2} + \ldots\ldots\ P_{an} + P_{s1} + P_{s2} + \ldots\ldots\ P_{sn} + W_1 + W_2 + \ldots\ldots\ W_n$$

IX.9.3.2.- FUERZAS HORIZONTALES.-

Además de las fuerzas de empuje que pueden actuar sobre la presa debidas al empuje hidrostático y al empuje de los suelos, en este caso de debe tomar una fuerza adicional, que es la fuerzas reactiva que ejerce los amarres internos del muro, igual a **1.784,50 kg/ml**. Está actuará en sentido contrario a las fuerzas horizontales que se producen normalmente, como lo son la fuerza ejercida por el empuje hidrostático y la fuerza ejercida por el suelo, hasta cada nivel analizado.

A continuación se muestra de manera general la metodología de cálculo que se debe emplear:

$$\sum F_H = \frac{\gamma_W * (h_n + h_r)^2}{2} + \frac{\gamma_{ss} * k_a * h_n^2}{2} - \frac{1.784,50}{1.000,00}(\text{esfuerzo interno}) \qquad (IX.28)$$

Siendo:

h_n	=	Altura acumulativa correspondiente a cada nivel.

A manera de ejemplo teórico, a continuación se describe como sería el cálculo para el Nivel 3.- considerando la presa de la Figura N° IX.35.-. El ejemplo se basa en que la estructura está sometida al empuje de los suelos saturados y del agua que vierte sobre el vertedero.

La sumatoria de las fuerzas verticales serían los pesos actuantes del agua y de los suelos y el peso de los gaviones sobre la junta del Nivel 3.-

$$\sum F_V = P_a + P_{a1} + P_{a2} + P_{a3} + P_{s1} + P_{s2} + P_{s3} + W_1 + W_2 + W_3$$

Siendo:

P_a	=	Peso del agua sobre la cresta del vertedero → $Pa = \gamma_W * h_r$
γ_W	=	Peso específico del agua (Ton/m^3) → $\gamma_W = 1\ Ton/m^3$.
P_{s1}	=	Peso del suelo sobre la estructura → $P_{s1} = \gamma_{ss} * h_1$
γ_{ss}	=	Peso específico del sedimento sumergido (Ton/m^3) → $\gamma_{ss} = 1{,}16\ Ton/m^3$
W_1	=	Peso del gavión → $W_1 = \gamma_{gs} * h_1$
γ_{gs}	=	Peso específico del gavión sumergido (Ton/m^3) → $\gamma_{gs} = 1{,}54\ Ton/m^3$

Por su parte, las fuerzas horizontales serían las debidas a los empujes del agua y de los sedimentos y la fuerza reactiva que ejerce los amarres internos del muro, igual a **1.784,50 kg/ml**, donde es preciso indicar que se debe tomar una sola vez en cada nivel que se analice.

$$\sum F_H = \frac{\gamma_W * (h_1 + h_2 + h_3 + h_r)^2}{2} + \frac{\gamma_{ss} * k_a * (h_1 + h_2 + h_3)^2}{2} - \frac{1.784,50}{1.000,00}$$

Siendo:

γ_W	=	Peso específico del agua (Ton/m^3) → $\gamma_W = 1\ Ton/m^3$.
γ_{ss}	=	Peso específico del sedimento sumergido (Ton/m^3) → $\gamma_{ss} = 1{,}16\ Ton/m^3$
K_a	=	Coeficiente de empuje activo del sedimento.

IX.10.- VERIFICACIÓN DE LAS ALAS DE LA PRESA.-

Tal y como se indicó en el aparte VIII.5.2.3.-, las alas de la presa son las partes que están ubicadas por encima de la rasante del vertedero, a ambos lados de éste, y su función principal es retener temporalmente el agua en el sector aguas arriba de la presa durante la ocurrencia de las crecientes, evitando que el flujo se derrame sobre las laderas adyacentes a la presa y se puedan generar erosiones y socavaciones indeseables, que puedan poner en peligro la estabilidad de la estructura.

Tal y como se expuso en el aparte VII.1.2.1.-, la altura del ala de la presa dependerá de la altura **hv** sobre la rasante del vertedero y con la finalidad de tener un margen de seguridad, se recomienda adicionar un borde libre a la altura del vertedero **hv**, el cual podría ser entre un 10 % y un 20 % de esta altura.

Al igual que para la presas de gravedad descritas en el Capítulo VIII, para efectos de estabilidad, el ala deberá ser analizada de manera independiente con el empuje de agua de la altura **hv** y de manera similar a lo ya expuesto para el caso del cuerpo de la presa.

IX.11.- VERIFICACIÓN DE LAS TENSIONES TRANSMITIDAS AL TERRENO.-

Así como se indicó en el Capítulo VIII.- para las presas de gravedad, como principio ineludible, para garantizar la estabilidad de la presa, la capacidad admisible del suelo de fundación σ_{adm} debe ser mayor que el esfuerzo de compresión máximo o presión de contacto σ_{max} transferido por la presa al terreno de fundación, para todas las combinaciones de carga.

Para un mejor comportamiento de la estructura de la presa, es recomendable que la distribución de los esfuerzos sobre la fundación sea a compresión y al igual que en las presas de gravedad de concreto o mampostería, en los gaviones es recomendable que el diseño evite la existencia de esfuerzos de tracción y para ello es imprescindible que la resultante de las fuerzas actuantes pase por el tercio central de la base. Para efectos de una junta intermedia entre dos hiladas de gaviones, que la resultante de las fuerzas actuantes en la parte de la presa situada por encima de la junta, pase por el tercio central de misma.

Tal y como se describió en el aparte IX.4.-, debido a sus características, los gaviones tienen una cierta resistencia a la tracción, la cual es proporcionada por la malla de la cesta, los diafragmas, los tirantes internos y por los amarres en las aristas de las cestas y los amarres entre cestas. Sin embargo, estos esfuerzos internos propios del engavionado, no se considera en los cálculos, a excepción del esfuerzo interno para la verificación del deslizamiento entre junta y descrito en el aparte IX.10.3.-, el resto quedaría como un esfuerzo no contabilizado favorable a la estabilidad de la estructura.

De igual forma que las presas de gravedad de concreto, es recomendable evitar los esfuerzos de tracción, con lo que se tiene una condición de diseño que establece que la Fuerza Resultante Total R_T debe pasar por el tercio central de la base de la presa.

Para efectos de cálculo de los esfuerzos admisibles en la fundación o en una junta de la estructura de gaviones, se debe conocer la excentricidad de la fuerza resultante, la cual es la distancia medida entre el centro de la base de la estructura o el ancho de la junta en estudio y el extremo aguas abajo de la presa. En las expresiones que se utilizan para obtener la mencionada excentricidad, se utiliza la fuerza resultante vertical R_v.

Para calcular la excentricidad e_x de la fuerza resultante vertical R_v, medida desde el centro de la base de la presa **B**, se puede utilizar la siguiente expresión:

$$e_x = \frac{B}{2} - X_r \qquad (IX.29)$$

En donde X_r es la distancia entre el extremo aguas abajo de la estructura y el punto donde pasa la resultante R_v y se puede conceptualizar como:

$$X_r = \left[\frac{(\sum M_r - \sum M_a)}{R_V}\right] \qquad (IX.30)$$

En tal sentido la excentricidad e_x es:

$$e_x = \frac{B}{2} - \left[\frac{(\sum M_r - \sum M_a)}{R_V}\right] \qquad (IX.31)$$

Donde:

B	=	Ancho de la base de la presa
X_r	=	Distancia horizontal medida entre el Punto "O" y la dirección de la Resultante R_v
∑Mr	=	Suma de los momentos resistentes respecto al Punto "O" (**Ton*m**)
∑Ma	=	Suma de los momentos actuantes respecto al Punto "O" (**Ton*m**)
R_v	=	Resultante de las fuerzas verticales.

La fuerza resultante vertical "R_v" se puede calcular como sigue:

$$R_v = W + E_V + P_a \qquad (IX.32)$$

De los aspectos mencionados anteriormente se puede decir que no se debe exceder la resistencia admisible del suelo ($\sigma_{adm} \geq \sigma_{max}$), y la excentricidad "$e_x$" de la fuerza resultante vertical R_V, medida desde el centro de la base del muro de ancho "B", no debe exceder del sexto del ancho (B/6) de ésta.

Se puede asumir que existe una distribución lineal de tensiones sobre el terreno, cuando la fuerza resultante R_V, cae dentro del tercio central, y así las tensiones se pueden determinar con las siguientes expresiones:

$$\textbf{Para el caso de } e_x < \frac{B}{6}$$

$$\sigma_{max} = \frac{R_V}{B}\left(1 + \frac{6 * e_x}{B}\right) \qquad (IX.33)$$

$$\sigma_{min} = \frac{R_V}{B}\left(1 - \frac{6 * e_x}{B}\right) \qquad (IX.34)$$

Sobre la base de lo anterior, se puede inferir que se tendría una distribución lineal de las tensiones de forma trapecial con una tensión máxima en la parte delantera de la base de la presa (σ_{max}) y una tensión mínima en la parte posterior de la base de la presa (σ_{min}). (Ver Figura Nº IX.36.-)

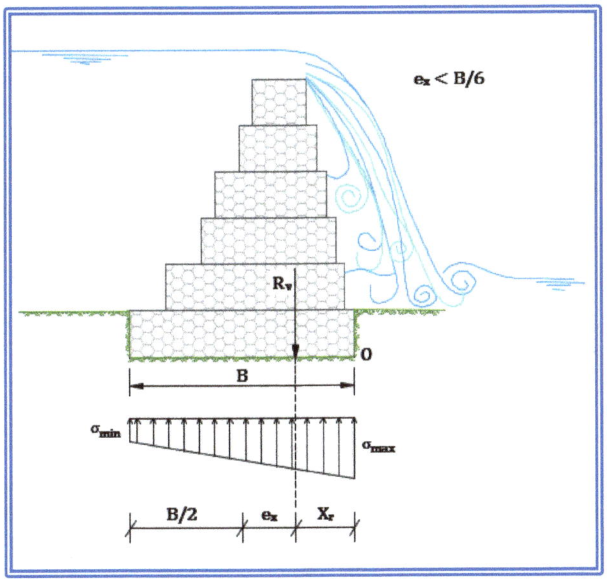

Figura N° IX.36.- Esfuerzos de compresión en el contacto muro – suelo de fundación para el caso e_x < B/6.

Por otra parte, si la excentricidad excede el un sexto del ancho de la base (B/6), es decir, que la fuerza resultante no pasa por el tercio central de la base, lo que ocurre es que no existe compresión en toda la base, pues en este caso el diagrama de presión es triangular, en donde la tensión máxima ocurre en la parte delantera del muro y la tensión mínima en algún punto antes del extremo posterior de la base, lo que implica que en la parte posterior del muro se generen tensiones de tracción. El resultado de esta situación es una mayor probabilidad de producirse asentamientos diferenciales entre la parte anterior y la parte posterior, así como la mayor probabilidad de un inminente volcamiento del muro. En este caso las tensiones se determinan con las siguientes expresiones

$$\textbf{Para el caso de } \frac{B}{6} \leq e_x \leq \frac{B}{6}$$

$$\sigma_{max} = \frac{2 * R_V}{3 * \left(\frac{B}{2} - e_x\right)} \qquad (IX.35)$$

$$\sigma_{min} = 0$$

Sobre la base de lo anterior, se puede inferir que se tendría una distribución lineal de las tensiones de forma triangular con una tensión máxima en el extremo agua abajo de la base de la presa (σ_{max}) y una tensión mínima igual a cero (σ_{min} = 0) a una distancia **B′** medida desde el extremo aguas abajo de la base de la presa (Ver Figura Nº IX.37.-) y se puede calcular según la siguiente expresión:

$$B' = 3 * \left(\frac{B}{2} - e_x\right) \qquad (IX.36)$$

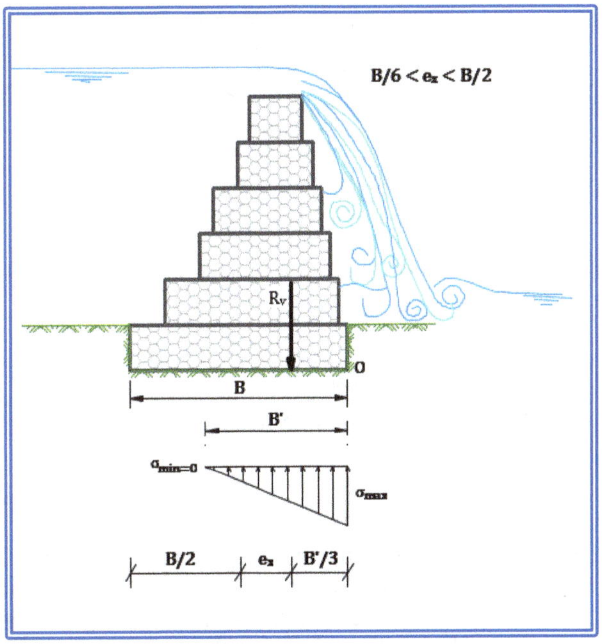

Figura N° IX.37.- Esfuerzos de compresión en el contacto muro – suelo de fundación para el caso $B/6 \leq e_x \leq B/6$.

Es importante destacar que es absolutamente conveniente que los esfuerzos de compresión sean menores que el capacidad admisible del suelo.

Para los suelos presentes en los cauces torrenciales, pudiera establecerse un valor de $\sigma_{adm} \leq 2\ t/m^2$, o dicho de otra forma $\sigma_{adm} \leq 2\ Kg/cm^2$, que se corresponde a un suelo areno - arcilloso. Sin embargo, y a manera de información general, en la Tabla N° VIII.10.- se indican algunos valores típicos de la tensión máxima admisible en diversos tipos de suelos.

TABLA N° VIII.10.-
VALORES TÍPICOS DE LA TENSIÓN MÁXIMA ADMISIBLE EN DIVERSOS TIPOS DE SUELOS

TIPO DE MATERIAL	σ_{adm} (kg/cm^2)
Roca, dura y sana (granito, basalto)	40
Roca, medio dura y sana (pizarras y esquistos)	20
Roca, blanda o fisurada	7
Gravas. Mezcla de arena y grava densas.	4 - 6
Gravas. Mezcla de arena y grava sueltas.	2 - 4*
Arena gruesa. Mezcla de grava y arena	2 - 3*
Arena fina a media. Arena media a gruesa, mezclada con limo o arcilla.	1,5 - 2*
Arena fina. Arena media a fina mezclada con limo o arcilla.	1,0*
Arcilla dura	2,5 - 4
Arcilla blanda.	1,5 – 2,5
Limo inorgánico, con o sin arena.	0,25 – 0,75
*** Reducir en 50 % en el caso de estar bajo el nivel freático.**	

En resumen, es buena práctica lograr que la resultante se localice dentro del tercio medio, ya que las presiones de contacto son más uniformes, disminuyendo el efecto de asentamientos diferenciales entre la parte anterior y posterior del muro.

IX.12.- PROTECCIÓN ANTE ARRASTRE DE PARTÍCULAS EN EL SUELO DE LA FUNDACIÓN.-

Las presas de gaviones son estructuras muy permeables debido a los espacios vacíos entre los contactos del material pétreo. Como consecuencia del gradiente hidráulico que se forma entre el sector aguas arriba y el sector aguas abajo de la presa, se puede generar un arrastre de las partículas del suelo de fundación a través de los espacios vacíos del gavión, en especial los suelos finos sin cohesión, tales como los suelos limosos, areno-limosas o arenas finas. El arrastre de estas partículas de la fundación, puede llegar a generar el denominado fenómeno de la tubificación, el cual puede originar asentamientos importantes que pueden llegar a producir el colapso de la presa.

En la Figura N° IX.38.- se ilustra cómo podría ser el comportamiento del flujo sub-superficial por debajo de la fundación de la presa.

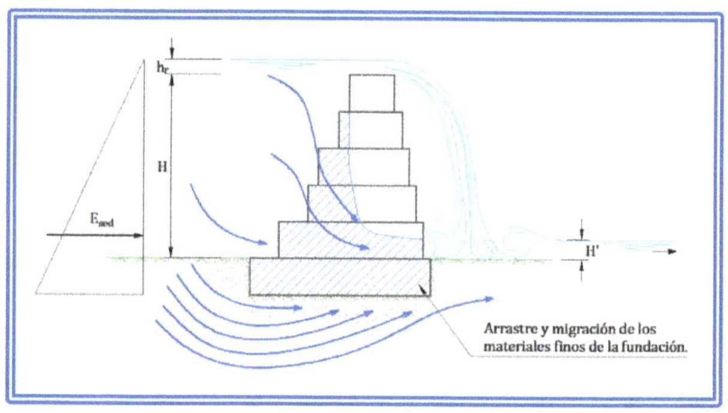

Figura N° IX.38.- Comportamiento del flujo sub-superficial bajo una presa de gaviones.

En estos casos es recomendable utilizar una membrana geotextil no tejido permeable, la cual permitirá el paso del agua, pero retendrá las partículas finas.

Se recomienda colocar la membrana de geotextil en toda el área de la fundación de la presa y adicionalmente, en el sector aguas abajo, colocarla de forma perpendicular a la dirección del flujo y, en la medida de lo posible, hasta unos 2 metros por debajo de la fundación, con la finalidad de que el geotextil permita el escurrimiento del flujo sub-superficial y contener el eventual lavado de materiales finos que pudieran ser arrastrados por el flujo, de manera que, por una parte se protege la fundación ante eventuales arrastres de sedimentos que puedan originar asentamientos, y por otra parte se logra una densificación del suelo y así mejorar la capacidad de soporte del mismo. La densificación se logra bajo el concepto de que las partículas finas que puedan ser arrastradas desde aguas arriba, son retenidas por la membrana de geotextil y progresivamente van ocupando los espacios vacíos del suelo de fundación, hasta llegar un momento en que el suelo, al irse llenando los espacios vacíos se va densificando y por ende aumentando su capacidad de soporte.

En las Figuras N° IX.39 - A.-; Nº IX.39 - B.- y Nº IX.39 - C.- se ilustra cómo podría densificar el suelo de fundación de la presa luego de la colocación de la membrana de geotextil.

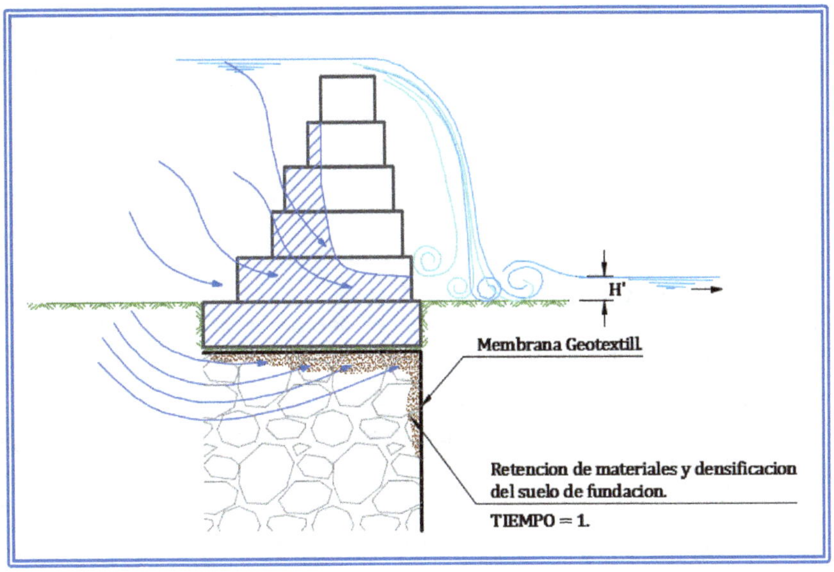

Figura N° IX.39 - A.-
Densificación del suelo de fundación debido a la colocación de la membrana de geotextil.

TIEMPO 1.- Las partículas se van reteniendo con la membrana de geotextil.

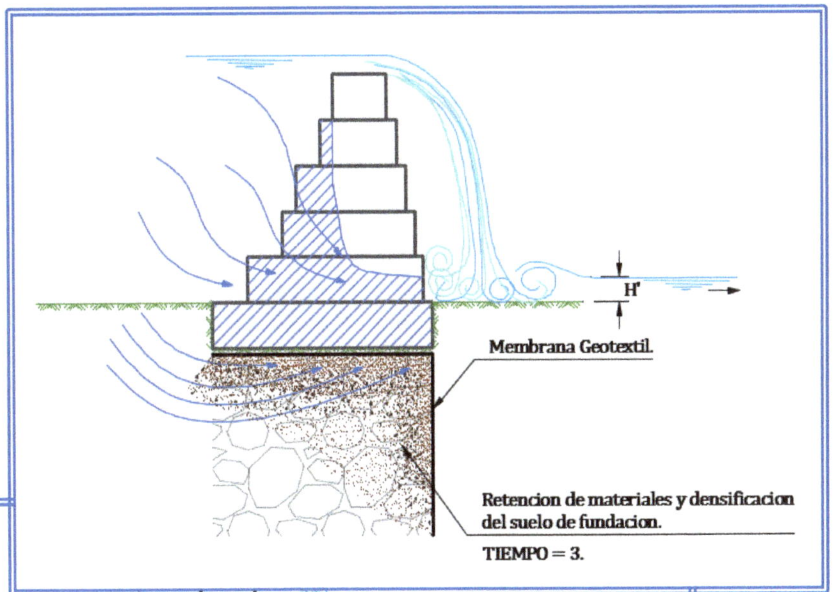

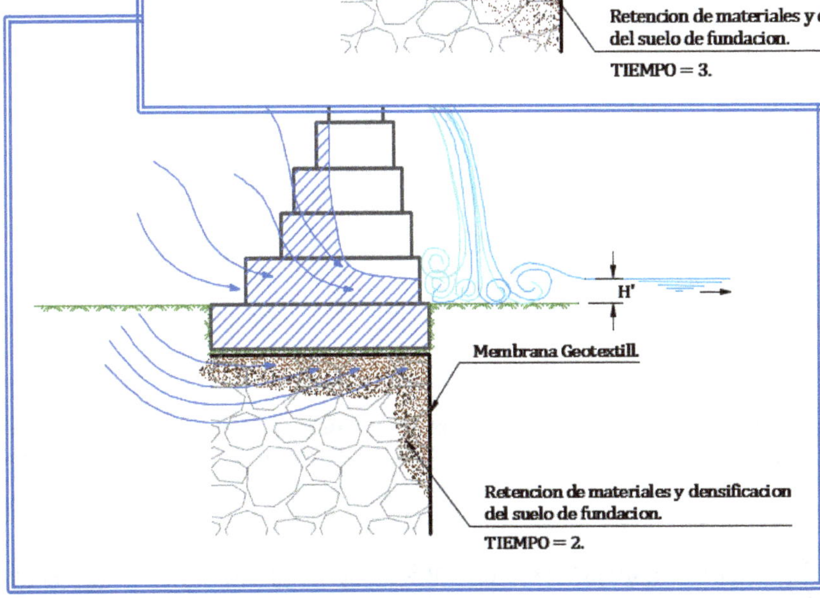

Figura N° IX.39 - B.-
Densificación del suelo de fundación debido a la colocación de la membrana de geotextil.

TIEMPO 2.- Las partículas se siguen reteniendo con la membrana de geotextil y los espacios vacíos del suelo de fundación se van llenando.

Figura N° IX.39 - C.-
Densificación del suelo de fundación debido a la colocación de la membrana de geotextil.

TIEMPO 3.- Las partículas se siguen reteniendo con la membrana de geotextil y los espacios vacíos del suelo de fundación se van llenando y el suelo se va densificando.

IX.13.- ALGUNAS RECOMENDACIONES CONSTRUCTIVAS.-

El inicio de los trabajos será la ejecución de la excavación de la base de fundación, en donde se deberán extraer los materiales de baja densidad, compresibles, materia orgánica, etc.

La excavación deberá hacerse hacia las laderas laterales y la penetración del empotramiento dependerá del material de la ladera. De las experiencias en la construcción de estructuras sobre cauces de carácter torrencial, es muy frecuente conseguir una ladera compuesta por material aluvional, así como también se puede conseguir una ladera con roca sana o con roca descompuesta.

En el caso de material aluvional, el empotramiento no deberá ser menor de tres (3) metros, pues de lo contrario podría generarse el riesgo de filtraciones indeseables que erosionen la ladera y originen fallas indeseables.

En el caso de roca sana o roca descompuesta, empotramiento podría ser entre unos 0,75 metros y 1,00 metro, dependiendo de la posibilidad de excavar con medios mecánicos (Excavadora o similar).

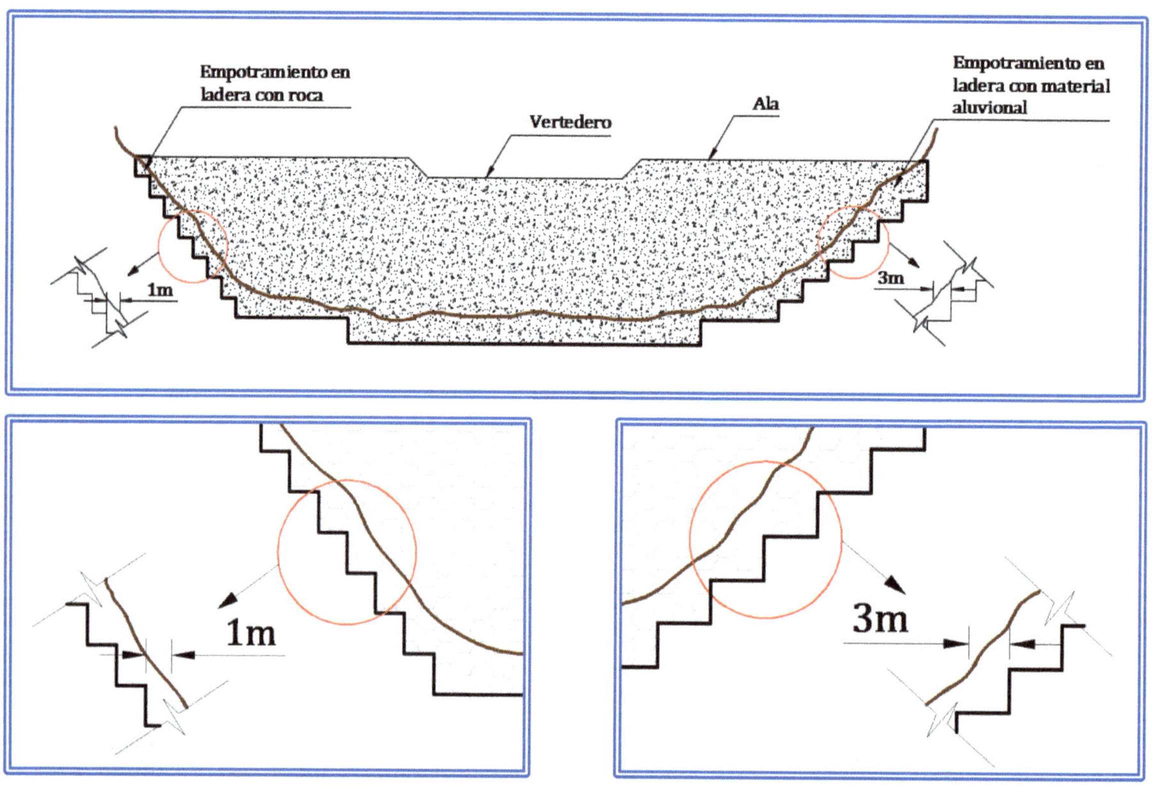

Figura N° IX.40.- Empotramientos de la presa en las laderas.- En la imagen abajo a la izquierda se ilustra el empotramiento en ladera con roca. En la imagen abajo a la derecha se ilustra el empotramiento en ladera con material aluvional.

A manera de ejemplo para ilustrar la importancia del empotramiento de los estribos de la presa en las laderas, en la Foto N° IX.23.- y N° IX.24.- se muestra una falla originada por filtraciones en el estribo izquierdo de la Presa sobre la denominada Quebrada Seca, en el Estado Vargas, Venezuela, en donde las erosiones y socavaciones generaron el asentamiento de los gaviones.

Este asentamiento se originó debido al incorrecto empotramiento en la ladera, en donde el flujo de la crecida produjo un arrastre de los sedimentos de la mencionada ladera, lo cual generó erosión del material y el consecuente asentamiento.

Foto N° IX.23.- Vista de la Presa sobre Quebrada Seca, Estado Vargas, Venezuela. Obsérvese el asentamiento por efecto de las filtraciones en la ladera. (Foto del Autor).

Foto N° IX.24.- Vista en detalle de la socavación generada por las filtraciones en el estribo. Obsérvese el asentamiento por efecto de las filtraciones en la ladera. (Foto del Autor).

El empotramiento en las laderas debe ser supervisado en detalle. En general, en este tipo de obra el empotramiento se ejecuta con maquinaria (tipo excavadora o similar), en donde se puede ir analizando las características del material de los estribos en la medida que avancen los trabajos, en función del comportamiento de la maquinaria y su eventual dificultad para ejecutar la excavación, de manera de decidir en campo si el empotramiento es el adecuado. Sin embargo, como recomendación general se puede indicar que los empotramientos en las laderas se deben ejecutar en roca o en material aluvional según lo sugerido en los párrafos anteriores.

Foto N° IX.25.- Vista en detalle del empotramiento en la ladera. Obsérvese en el detalle el acomodo y ajuste de la cesta de gavión a la geomorfología de la ladera. (Foto del Autor).

El diseño final de una presa de retención de sedimentos en gaviones estará conformada por la presa de retención, el disipador de energía y el contradique. En la Figura N° IX.41.- se ilustra un diseño típico de este tipo presa.

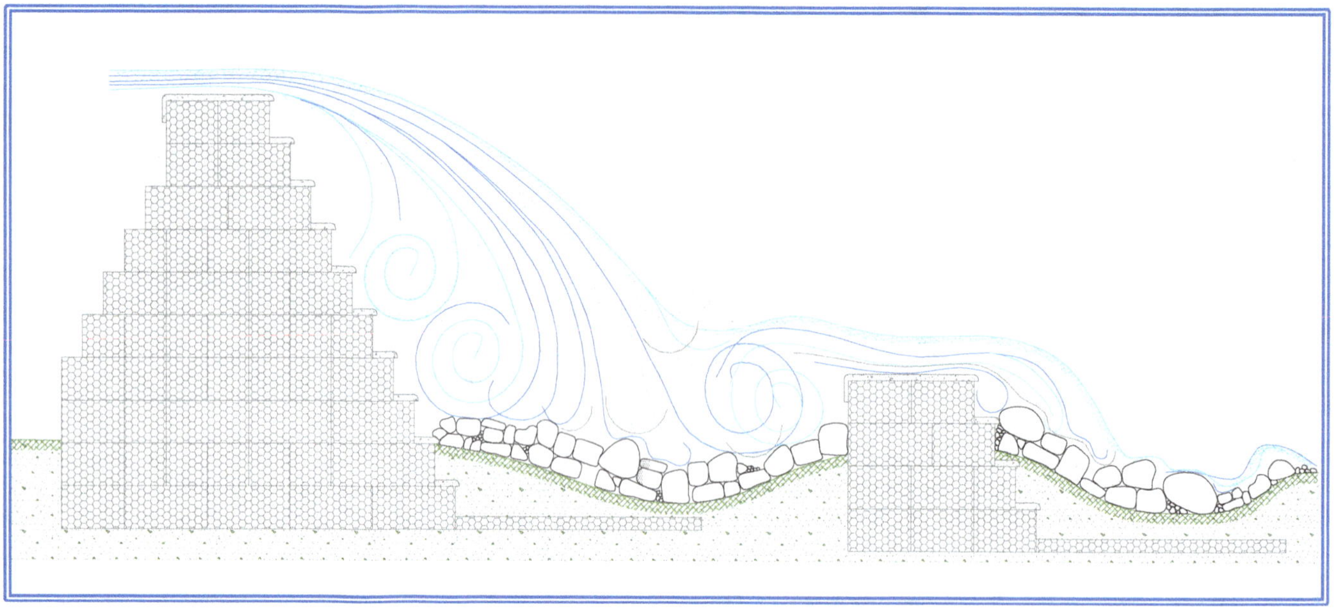

Figura N° IX.41.- Presa de retención de sedimentos en gaviones estará conformada por la presa de retención, el disipador de energía y el contradique.

X.14.- CONSIDERACIONES FINALES.-

Sobre la base de lo descrito en los apartes de este capítulo, se han desarrollado expresiones y criterios para el correcto dimensionamiento de estructuras con base a los métodos convencionales de construcción de estructuras de gaviones.

En el Trabajo Especial de Grado, realizado en el año 2.007 por los ahora Ingenieros Beatriz Haro y Mauricio Romanello (Haro, B., Romanello, M., 2.007), se analizaron diversos casos de diseño de dimensionamiento de estructuras de presas de gaviones y de este trabajo se obtuvieron las siguientes recomendaciones:

- Las presas de gaviones escalonadas aguas abajo cada 20 cm, y escalonadas aguas arriba, es el diseño que mejor se ajusta a las condiciones de las cuencas, permitiendo optimizar el dimensionamiento de la presa y minimizar los costos de inversión en un 25%.
- Para el diseño de presas de gaviones, el caso de carga en el cual se considera el empuje hidrostático, el empuje del sedimento sumergido, y la estructura de gavión seca por encima de la fundación, al suponer la presa colmatada de sedimento, resultó ser el más favorable desde el punto de vista económico, sin comprometer la seguridad de la estructura.
- El diseño por impacto de lodos y piedras domina el diseño de presas cerradas menores de 4 metros de altura.

- Para presas cerradas de cualquier altura, las alternativas de gavión permiten reducir los costos en aproximadamente un 30 % con relación a la alternativa de concreto ciclópeo.

Ahora bien, será responsabilidad del ingeniero proyectista considerar todas las características presentes en el cauce donde se esté realizando el proyecto, de manera de lograr el mejor dimensionamiento desde el punto de vista técnico y económico.

Es preciso indicar que es imprescindible una planificación inteligente que combine la mejor solución técnica de estabilización del cauce o de protección de zonas urbanas, que permita a la solución adoptada integrarse al paisaje circundante.

La capacidad drenante y de características flexibles de las estructuras de gaviones, no solo ofrece una excelente solución para asegurar su estabilidad estructural, sino que también contribuye, sin necesidad de medidas adicionales, a integrar la estructura al paisaje circundante, favoreciendo el crecimiento de la vegetación típica. Este proceso de integración asegura una extensa vida útil a las estructuras de protección con gaviones, en donde el efecto drenante, la flexibilidad y el crecimiento de vegetación generan un equilibrio entre la obra construida y el ambiente natural.

Considerando que las obras en cauces naturales deben estar conceptualizadas con criterios ecológicos, ambientales y guardando aspectos de ingeniería naturalística, estas obras deben basarse en elementos propios del sitio, elaborados con los materiales propios del sitio y que no alteren el ecosistema del sitio, pero que a su vez garanticen la estabilidad de los cauces naturales y la protección de las eventuales zonas urbanas que se ubiquen aguas abajo de estas estructuras.

Para efectos ilustrativos, en el Anexo Nº 2.- se incluye un ejemplo de cálculo de una presa de gaviones.

CAPITULO X

PRESAS ABIERTAS

CAPITULO X

PRESAS ABIERTAS.-

X.1.- GENERALIDADES.-

Tal y como se indicó en el aparte V.4.1.3.-, el principio básico de funcionamiento de este tipo de presas consiste en retener de manera selectiva los sedimentos transportados por la corriente, dejando pasar hacia aguas abajo los materiales más finos junto con el agua y reteniendo los sólidos de mayores dimensiones. (Suarez, L.M., 1.993).

Las presas abiertas, denominadas así porque están provistas de grandes aberturas, retienen principalmente los sedimentos de mayor tamaño transportados durante las crecientes y dejan pasar gradualmente los de tamaños medios y finos, efectuando una selección granulométrica altamente beneficiosa, ya que las partículas de mayor tamaño son las que tienen el mayor potencial destructivo para la infraestructura existente aguas abajo, y en consecuencia son las que más interesa retener. Estas presas están especialmente indicadas en el caso de los torrentes depositantes. Una solución aconsejable para la estabilización de estos torrentes consiste en construir una presa tipo abierta en el extremo aguas arriba del tramo a equipar, y continuar hacia aguas abajo con la construcción de presas convencionales escalonadas a lo largo del cauce.

Las presas abiertas constituyen un medio particularmente eficaz desarrollado en las últimas décadas para detener los flujos de lavas torrenciales. Su eficacia se fundamenta en que estas presas toman un tiempo mayor que las tradicionales para colmatarse, debido a su forma selectiva de retener principalmente los materiales gruesos, dejando pasar hacia aguas abajo el agua y los sedimentos medios y finos. De esta manera las presas abiertas mantienen su protección durante un tiempo mayor, actuando como barreras directas al flujo de lodos y piedras. Adicionalmente, las presas abiertas, al separar el agua de los sólidos mayores, producen una gran disipación de la energía de la masa fluyente.

X.2.- TIPOS DE PRESAS ABIERTAS.-

A continuación se describen e ilustran los tipos de presas abiertas que se conocen, y cuyo concepto de funcionamiento básicamente es el mismo, pero que difieren en la metodología de construcción y los materiales a utilizar.

X.2.1.- PRESA ABIERTA TIPO "PEINE" DE CONCRETO ARMADO.-

Esta presa está conformada por una estructura de concreto armado en la parte central, la cual constituye el cuerpo del vertedero, formada por una un número definido de dientes de concreto armado, cuya altura y dimensiones del diente, así como la separación entre ellos depende de las características de cada cuenca, del gasto de sólidos y de las velocidades que puede alcanzar el flujo de lodos y piedras. En la Figura Nº X.1.- y Nº X.2.- se muestra una sección típica de la estructura.

Estas presas han sido diseñadas de manera que el cuerpo central de la presa que conforma el área de paso del flujo a similitud del área del cauce natural, sea de concreto armado con sus respectivos dientes, mientras que los extremos que conforman los estribos que se empotran en las laderas del cauce, se han diseñado y construido con un dique en tierra, en gaviones, así como también en concreto.

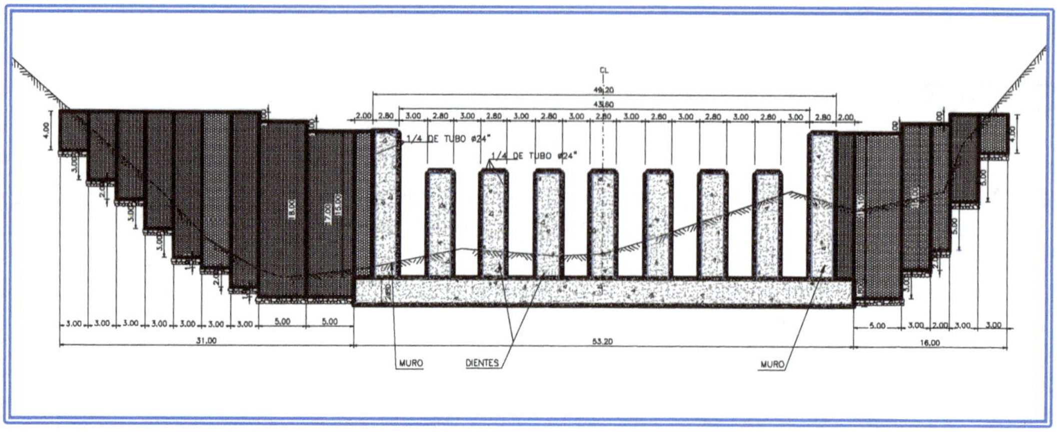

Figura N° X.1.- Sección típica de una presa tipo "peine" de concreto armado con estribos en gaviones utilizado para la Presa Nº 2.- de la Cuenca del Río San Julián en el Estado Vargas, Venezuela.

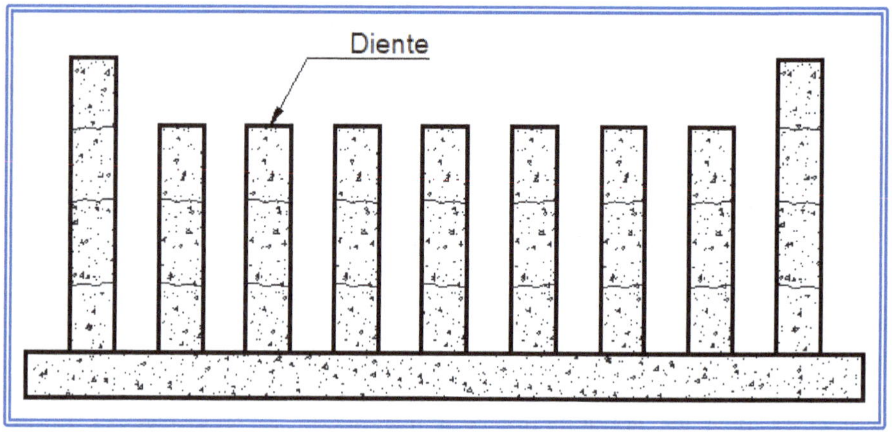

Figura N° X.2.- Detalle de la Sección típica de una presa tipo "peine" de concreto armado.-

El cuerpo central de la presa cuenta con los dientes y un área adicional que conforma el área del vertedero, de manera que, si la presa se colmata por efecto del flujo de lodos y piedras, cuenta con un vertedero con las dimensiones necesarias para poder dejar pasar el gasto sólido del flujo de lodos y piedras.

En la Foto Nº X.1.- se muestra una presa en Italia con estructura central en concreto armado y con los estribos en tierra, mientras que en la Foto Nº X.2.- se muestra la Presa Nº 1.- sobre el Río San Julián en el Estado Vargas en Venezuela una presa con estructura central en concreto armado, mientras que los estribos fueron diseñados y construidos en gaviones.

Foto N° X.1.- Vista de presa abierta en el Torrente Chiapenna, en la Región del Trento en los Alpes de Italia. Cuerpo central de concreto armado y estribos en tierra.

Foto N° X.2.- Vista de la Presa N° 2.- en el Río San Julián en el Estado Vargas, Venezuela. Presa abierta con estructura central en concreto armado, mientras que los estribos fueron diseñados y construidos en gaviones. (Foto del Autor).

Los dientes de concreto armado, que conforman el cuerpo del vertedero, generalmente se proyectan con el paramento aguas arribas con una inclinación a Los estribos que se diseñan en gaviones generalmente tienen una sección escalonada en ambos paramentos y su cálculo de estabilidad se realiza de manera similar a lo descrito en el Capítulo IX.

Según la metodología de cálculo, la cual se expone en el aparte X.3.1.-, los dientes funcionan de manera independiente ante las cargas de diseño, de modo que los dientes de este tipo de presa generalmente son muy robustos desde el punto de vista estructural y constructivo.

Foto N° X.3.- Vista en detalle de los dientes de la Presa N° 2.- en el Río San Julián en el Estado Vargas, Venezuela. Obsérvese la robustez de los dientes. (Foto del Autor).

diferencia del paramento aguas abajo, el cual es completamente vertical.

Los estribos de este tipo de presa que se diseñan en concreto, generalmente tienen una sección similar a la de los dientes y su cálculo de estabilidad se realiza de manera similar a lo descrito en el Capítulo VIII.

Los estribos que se diseñan en tierra cuentan con una sección de forma trapecial y su cálculo de estabilidad se efectúa como una presa de tierra convencional, considerando la posible red de flujo a través del cuerpo del terraplén, conocida como flujo en régimen, es decir, con la red de flujo de las filtraciones a través del cuerpo de la presa en régimen permanente. Para este análisis se sugiere la lectura de la bibliografía especializada (Suarez, L.M., 1.993) y (U.S. Bureau of Reclamation, 1.978).

X.2.2.- PRESA TIPO "PEINE" DE CONCRETO ARMADO, CON VIGA LONGITUDINAL DE AMARRE.-

La estructura de esta presa es similar a la presa de concreto armado tipo "peine", con la diferencia de que los dientes, están conectados con unas vigas ubicadas en la parte media y superior de los mismos, con la finalidad de darle mayor rigidez y homogeneidad a la estructura y de esta forma reducir las dimensiones de los elementos que la conforman. En la Figura N° X.3.- se muestra un esquema general de la estructura.

El diseño de este tipo de presa surgió ante la necesidad de reducir las dimensiones de los dientes, lo que reduciría los costos de la misma, sin modificar su funcionabilidad y seguridad en el diseño.

Como se mencionó anteriormente, los dientes de las estructuras tipo peine, debido a su funcionamiento de manera independiente ante las cargas de diseño, son muy robustos, en tal sentido, en el año 2.007, se ideó realizar un estudio para analizar el comportamiento estructural de los dientes de la presa si éstos funcionaran de manera homogénea, es decir que los dientes trabajen de manera interconectada y los esfuerzos se repartan en la presa y no en un solo diente. Este estudio se realizó a través de un Trabajo Especial de Grado, realizado en el año 2.007 por los ahora Ingenieros Beatriz Haro y Mauricio Romanello (Haro, B., Romanello, M., 2.007).

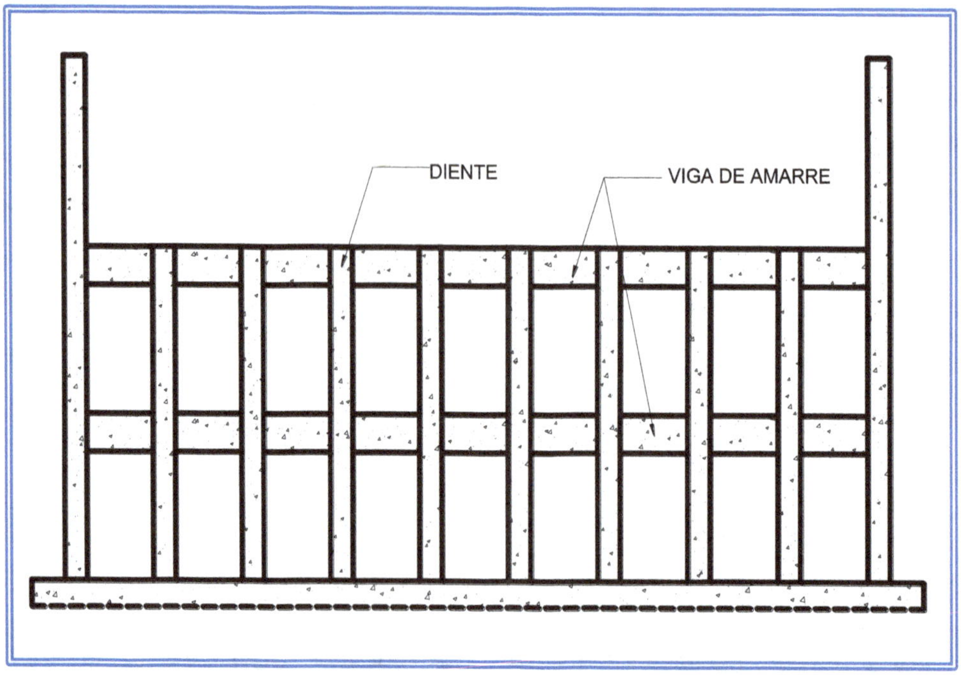

Figura Nº X.3.- Sección típica de una presa tipo "peine" de concreto armado con viga de amarre.-

Foto Nº X.4.- Vista de la Presa Nº 5.- en el Río Macuto en el Estado Vargas, Venezuela. Presa tipo "peine" de concreto armado, con viga longitudinal de amarre y con estribos de concreto.- (Foto del Autor).

Foto Nº X.5.- Vista posterior de la Presa Nº 5.- en el Río Macuto en el Estado Vargas, Venezuela. Presa tipo "peine" de concreto armado, con viga longitudinal de amarre y con estribo de concreto.- (Foto del Autor).

X.2.3.- PRESA ABIERTA DE CONCRETO CICLÓPEO.-

Este tipo de presa consiste en grandes elementos verticales de concreto ciclópeo ubicados en serie y empotrados en una zapata y desligados en la parte superior. Debido a que no poseen ningún tipo de refuerzo estructural (Acero), con la finalidad de garantizar la estabilidad del diente, la sección transversal de cada diente es un elemento estructural muy robusto y comparativamente, presenta mayores dimensiones que los dientes de las presas de concreto armado tipo peine.

Foto Nº X.6.- Vista de la Presa Nº 2.- en la Quebrada Curucutí en el Estado Vargas, Venezuela. Presa abierta de concreto ciclópeo con dientes robustos.- (Foto del Autor).

X.2.4.- PRESA TIPO "RASTRILLO".-

Las presas de retención tipo rastrillo están conformadas por una serie de elementos metálicos verticales desligados en su extremo superior y empotrados en una base de fundación de concreto armado, los estribos a ambos lados del rastrillo metálico se pueden ejecutar con muros de concreto armado monolíticos empotrados. Los elementos metálicos consisten usualmente en marcos triangulares tubulares con el tubo vertical aguas arriba, y el tubo inclinado 0,6H:1,0V aguas abajo, con separación libre en función del diámetro medio mínimo de la roca a ser retenida.

Foto Nº X.7.- Vista de la Presa Tipo Rastrillo en la Quebrada Tacagua en el Estado Vargas, Venezuela.- (Foto cortesía Ing. Mario Mengual).

En la Figura Nº X.4.- se muestra una vista frontal y una sección transversal de una presa tipo rastrillo utilizando tuberías de acero.

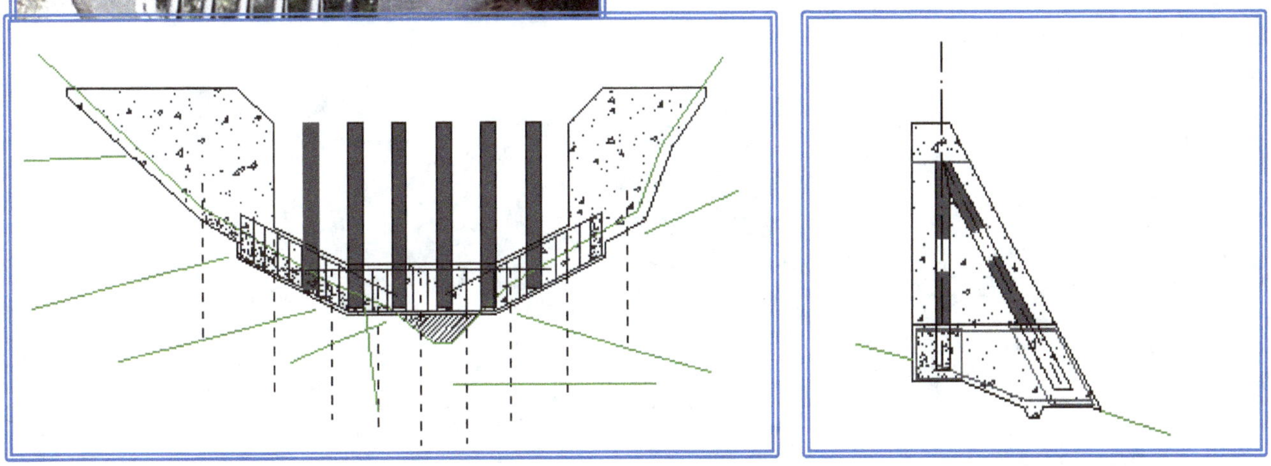

Figura N° X.4.- Vista frontal y sección transversal de una presa tipo rastrillo. (Cortesía Ing. Mario Mengual).-

X.2.5.- PRESA DE GAVIONES CON MECHINALES.-

Este tipo de presa consiste en una estructura de gaviones, en la que se disponen varias aberturas para el paso del material sólido tipo arenas y gravas. Estas aberturas se conforman con tuberías de concreto de 33" (0,83 m) que incluyendo los espesores de la tubería se tendría un diámetro externo de unos 0,94 metros, de manera que encaja perfectamente en un área de 1 metro cuadrado que tiene una cesta de gavión. Generalmente esta tubería se coloca y el espacio sobrante, entre el perímetro de la tubería y la cesta de gavión, se rellena con concreto. En la Figura N° X.5.- se muestra un esquema general de la estructura.

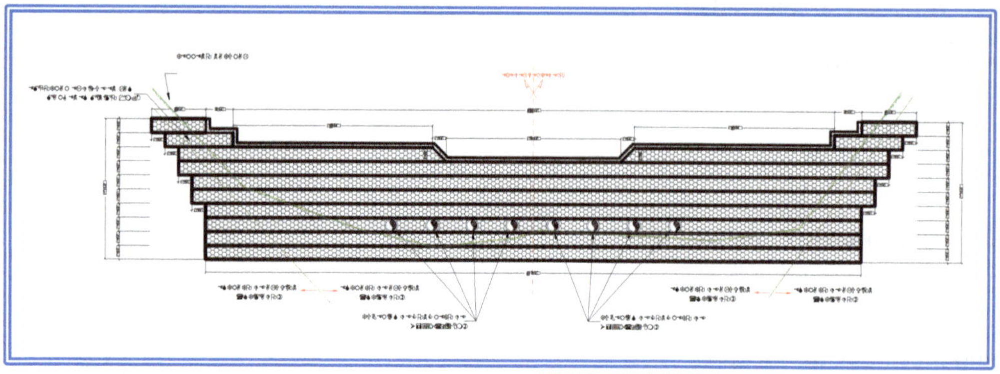

Figura N° X.5.- Vista frontal de una presa de gaviones con mechinales.-

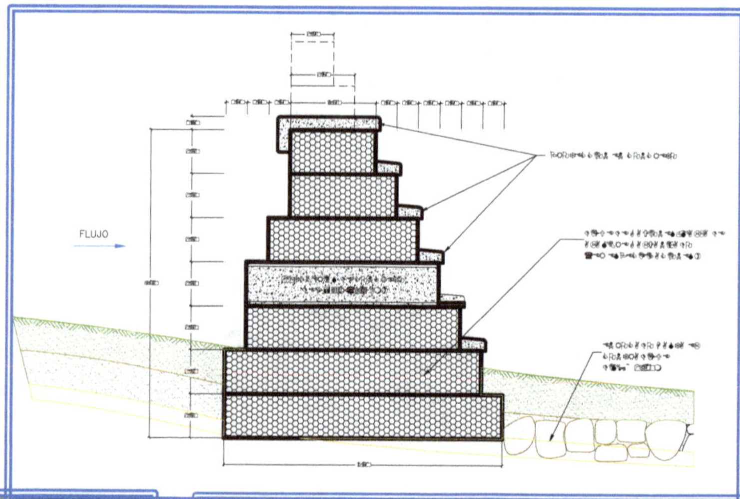

Figura N° X.6.- Sección transversal de una presa de gaviones con mechinales.-

Foto N° X.8.- Vista de la Presa de gaviones con mechinales en El Río Camurí N° 3.-, en el Estado Vargas, Venezuela.- (Foto del Autor).

Foto N° X.9.- Vista de la Presa de gaviones con mechinales en la Quebrada El Piache, en el Estado Vargas, Venezuela.- (Foto del Autor).

X.2.6.- PRESA DE GAVIONES CON VENTANAS.-

Este tipo de presa consiste en una estructura de gaviones, en la que se disponen varias aberturas para el paso del material sólido tipo arenas y gravas. En este caso, las aberturas se conforman con ventanas de concreto armado.

Este diseño fue ideado por el Ing. Mario Mengual para la Presa del Río Camurí Chico en el Estado Vargas, Venezuela.

En las Fotos N° X.10.-; N° X.11.- y N° X.12.- se ilustra este tipo de presa.

Foto Nº X.10.- Vista frontal de la Presa abierta de gaviones con ventanas sobre el Río Camurí Chico.- (Foto Cortesía del Ing. Mario Mengual)

X.2.7.- PRESA ABIERTAS DE GAVIONES.-

Este tipo de presa consiste en una estructura de gaviones, en la que se disponen grandes elementos verticales de gaviones protegidos con un recubrimiento de concreto armado para mitigar el efecto abrasivo del flujo con material sólido tipo arenas y gravas sobre las cestas de gaviones. En las Fotos N° X.13.-; Nº X.14.- y Nº X.15.- se ilustra este tipo de presa.

Foto Nº X.11.- Vista posterior de la Presa abierta de gaviones con ventanas sobre el Río Camurí Chico.- Obsérvese las dimensiones de las ventanas. (Foto Cortesía del Ing. Mario Mengual)

Foto Nº X.12.- Vista aérea de la Presa abierta de gaviones con ventanas sobre el Río Camurí Chico.- (Foto del Autor)

Foto Nº X.13.- Presa abierta de gaviones sobre la Quebrada El Cojo, Estado Vargas, Venezuela.- (Foto del Autor).

Foto Nº X.14.- Presa abierta de gaviones sobre la Quebrada Piedra Azul, Estado Vargas, Venezuela. (Foto del Autor).

Foto N° X.15.- Presa abierta de gaviones sobre la Quebrada Dos Comadres, Estado Vargas, Venezuela.- (Foto del Autor).

Como ejemplo del comportamiento de este tipo de estructura, se ilustra la Presa sobre la Quebrada El Cojo en el Estado Vargas, Venezuela (Ver Foto N° X.16.-). Esta presa se diseñó considerando el impacto de flujo de lodos y piedras sobre el diente de la estructura de gavión, en donde es preciso indicar que en la crecida de Febrero de 2.005, en cual se estimó que la crecida generó un gasto de unos 50 años de período de retorno, su comportamiento fue satisfactorio. La estructura de la presa no sufrió deformaciones (Ver Foto N° X.17.-), pero si hubo daño al recubrimiento de concreto sobre los dientes por el efecto abrasivo del flujo con material sólido tipo arenas y gravas (Ver Fotos N° X.18.- y N° X.19.-)

Foto N° X.16.- Presa abierta de gaviones sobre la Quebrada El Cojo, luego de la creciente de Febrero de 2005. Obsérvese la retención de material pétreo detrás de la presa.- (Foto del Autor).

Foto N° X.17.- Presa abierta de gaviones sobre la Quebrada El Cojo, luego de la creciente de Febrero de 2005.- (Foto del Autor).

En la Foto N° X.18.-, se puede observar que a pesar del flujo de lodos y piedras ocurrido durante el evento Estado Vargas en Febrero de 2.005, los dientes de la presa sobre la Quebrada El Cojo tuvieron un comportamiento satisfactorio.

Foto N° X.18.- Presa abierta de gaviones sobre la Quebrada El Cojo, luego de la creciente de Febrero de

2005.- Obsérvese la retención de material vegetal y pétreo detrás de los dientes.- (Foto del Autor).

En la Fotos N° X.19.-, se puede observar el efecto abrasivo del flujo con material sólido tipo arenas y gravas, el cual generó un importante deterioro al recubrimiento de concreto sobre los dientes de la presa.

Foto N° X.19.- Presa abierta de gaviones sobre la Quebrada El Cojo, luego de la creciente de Febrero de 2005.- Obsérvese la abrasión en el recubrimiento de concreto producida efecto abrasivo del flujo con material sólido tipo arenas y gravas.- (Foto del Autor).

En las fotografías anteriores se ilustra el efecto abrasivo del flujo con material sólido tipo arenas y gravas. Es por ello que se recomienda que los revestimientos o la superficie que pueda estar en contacto con el flujo con arenas y gravas, se recubra con roca cementada para que esta superficie tenga una mejor resistencia a la abrasión, tal y como se indicó en el aparte V.6.- del Capítulo V.-

X.2.8.- PRESA ABIERTAS CON REJAS DE RETENCIÓN.-

Las presas abiertas con rejas de retención están conformadas por una serie de elementos metálicos conformando una reja (en forma de fisuras, ventanas o aberturas centrales), y empotrados en una base de fundación de concreto armado con sendos contrafuertes colocados aguas arriba de la estructura que, combinados con las aberturas, ofrecen mayor protección al cuerpo de la obra y disminuyen el impacto dinámico de las lavas torrenciales. Los estribos a ambos lados de la reja metálico se pueden ejecutar con muros de concreto armado monolíticos empotrados.

Por lo general, la filosofía de estas estructuras se basa esencialmente en el funcionamiento de las rejas, las cuales determinan una selección de los materiales a ser arrastrados por las crecidas, en donde la inclinación variable de los contrafuertes, así como del enrejado con piezas de acero, favorece el efecto de flotación de los troncos, reduciendo de manera notable el riesgo de obstrucción de las aberturas (Cerato, M., 2.001).

Foto N° X.20.- Presa abierta con reja en Torrente Tierno, Provincia del Trento. (Foto cortesía del Servizio Sistemazione Montana, Provincia Autonoma di Trento. It

Foto N° X.21.- Vista de la presa abierta con reja en Torrente Tierno desde aguas abajo luego de una

crecida. (Fotos cortesía del Servizio Sistemazione Montana, Provincia Autonoma di Trento, Italia).

Foto Nº X.22.- Vista de la presa abierta con reja en Torrente Tierno desde aguas arriba. Obsérvese los sedimentos retenidos. (Fotos cortesía del Servizio Sistemazione Montana, Provincia Autonoma di Trento, Italia).

Foto Nº X.23.- Serie de presas abiertas con reja en Torrente Fumola, Provincia del Trento. (Foto cortesía del Servizio Sistemazione Montana, Provincia Autonoma di Trento, Italia).

Foto Nº X.24.- Vista de la Presa sobre el Rio Arpisson, Provincia del Trento. (Foto cortesía del Servizio Sistemazione Montana, Provincia Autonoma di Trento, Italia).

Foto Nº X.25.- Vista de la Presa sobre el Rio Arpisson desde aguas arriba. Obsérvese los materiales retenidos. Provincia del Trento. (Foto cortesía del Servizio Sistemazione Montana, Provincia Autonoma di Trento, Italia).

X.3.- CONSIDERACIONES DE DISEÑO.-

En lo referente a la estabilización integral de un torrente en el que exista peligro de ocurrencia de lavas torrenciales, lo más recomendable es construir en primer lugar una o varias presas abiertas en la parte superior de la cuenca, diseñadas para detener el avance del flujo de lodos y piedras. Aguas abajo de éstas, contando con su protección, se construye posteriormente una serie de presas cerradas o tradicionales, diseñadas para condiciones normales y escalonadas a lo largo del torrente.

En aquellos torrentes en los que las lavas sean frecuentes, y se considere imprescindible asegurar la detención de las mismas, es necesario proceder a la remoción y despeje de los materiales acumulados detrás de la presa abierta superior cada vez que se colmate. De esta forma se dispondrá de manera permanente de toda su capacidad para el frenado de dichos flujos.

Las presas abiertas tienen mayor capacidad de descarga antes de la colmatación ya que el agua puede fluir a través de las aberturas de la obra. Sin embargo, al obstruirse todas las aberturas; la etapa de funcionamiento final es igual a la de una presa convencional, por lo cual la capacidad del vertedero debe calcularse de igual manera que en el caso de una presa tradicional, sin tomar en cuenta las aberturas de desagüe de la presa.

Sobre la base de los tipos de presas abiertas descritas en el aparte anterior, se puede indicar que las presas abiertas de concreto ciclópeo se pueden diseñar y dimensionar según los criterios técnicos descritos en el Capítulo VIII.-. Por su parte, las presas abiertas de gaviones, con dientes, con mechinales o con ventanas se pueden diseñar y dimensionar según los criterios técnicos descritos en el Capítulo IX.-.

Para efectos del presente documento, en el aparte siguiente se describirá la metodología de cálculo para el caso de las presas abiertas Tipo "Peine" de Concreto Armado, cuyos criterios técnicos de cálculo se describen en el siguiente aparte X.4.1.-, así como se incluye un ejemplo ilustrativo en el Anexo Nº 5.-. También se describirá la metodología de cálculo para el caso de las presas tipo "peine" de concreto armado, con viga longitudinal de amarre, cuyos criterios técnicos se describen en el aparte ejemplo ilustrativo X.4.2.-. El procedimiento de cálculo para las presas tipo rastrillo, así como un ejemplo ilustrativo, se incluye en el Anexo Nº 6.-.

X.4.- METODOLOGÍA DE CÁLCULO.-

En el presente aparte se describen las metodologías de cálculo para las presas tipo "peine" de concreto armado y las presas tipo "peine" de concreto armado, con viga longitudinal de amarre.
En tal sentido, a manera de ejemplo se describirán algunos valores obtenidos en los cálculos realizados para el proyecto de las Presas sobre el Río San Julián en el Estado Vargas, Venezuela, con el objetivo de ilustrar las magnitudes de estas fuerzas.

X.4.1.1.- FUERZAS DESPRECIADAS.-

En la referencia (CEDEX, 2.003), se indica que se han realizado ejemplos de cálculo y a partir de ellos se puede demostrar las siguientes fuerzas no representas acciones de importancia en el diseño de presas abiertas y por ende pueden ser despreciadas:

- Acción del Flujo de lodos y piedras sobre los dientes
- Acción sísmica
- Acción del viento

X.4.1.1.1.- Acción del Flujo de Lodos sobre los Dientes.-

Analizaremos cada caso de forma particular de forma que pueda observarse la magnitud de los valores obtenidos.

X.4.1.- PRESA ABIERTA TIPO "PEINE" DE CONCRETO ARMADO.-

Los criterios que se describen a continuación se basan en los conceptos emitidos por el Centro de Estudios y Experimentación de Obras Públicas del Gobierno de España (CEDEX), en la "*Evaluación Técnica del proyecto y los Documentos de Licitación de las Obras de Canalización y Control de Torrentes del Río San Julián, Estado Vargas, República de Venezuela*", realizada por el CEDEX en Septiembre de 2.003. (CEDEX, 2.003).

Como hipótesis de cargas actuantes se plantean dos de mayor importancia:

- Considerar que la presa se encuentra colmatada de sedimentos de lodo y piedras y actúa como una presa cerrada recibiendo el empuje de dicho material sedimentado y dejando pasar sobre su cresta, el caudal pico del flujo o gasto de diseño.

- Considerar la condición anterior y además el impacto de una roca sobre la cresta de uno de los dientes. Siendo esta roca arrastrada por el flujo de lodos y piedras.

En la Presa N° 1.- sobre el San Julián, se estableció que los dientes fueran de siete (7) metros de altura. La carga actuante por la sedimentación resultó ser de 15.000 Kg., mientras que la acción producida por el impacto de una roca de 2,50 m de diámetro viajando a una velocidad de 5,18 m/s es una fuerza de 218.000 Kg. sobre la cresta de uno de los dientes de la presa. Ambas cargas no son comparables con la acción producida por los lodos, que ha sido estimada en 22,36 ton/m actuando sobre un diente de 2,40 m de espesor, lo que genera una carga de 53.000 Kg.

En la Presa N° 2.- y Presa N° 3.- sobre el San Julián, se estableció que los dientes fueran de once (11) metros de altura. Estas presas son geométricamente idénticas y por esa razón sus condiciones de diseño son iguales. La carga de sedimentación es de 27.000 Kg., la fuerza del impacto de una roca de 3,00 m de diámetro viajando a una velocidad de 5,23 m/s es de 380.000 Kg. Al igual que para el caso de la Presa Nº 1.-, ambas cargas actuando sobre la estructura de un diente, son sensiblemente mayores que la acción de los lodos, que ha sido estimada en 23,33 ton/m sobre un diente de 2,80 m, generando un impacto de 65.000 Kg.

En este caso en particular, la separación de los dientes se estableció por una condición de accesibilidad para la limpieza, de manera que pueda pasar un hombre con una carretilla o pueda pasar la pala de una retroexcavadora.

X.4.1.1.2.- Acción Sísmica.-

En ninguna de las presas se ha considerado la acción sísmica debido a que la probabilidad de que la presa se vea colmatada, que a su vez sea atravesada por el flujo pico, impactada por una roca y que simultáneamente ocurra un sismo de gran magnitud es prácticamente improbable. Por otra parte, la acción sísmica actuando sola, tampoco generaría fuerzas superiores a las cargas consideradas por empuje e impacto de roca.

X.4.1.1.3.- Acción del Viento.-

Este tipo de acciones de seguro tendrán lugar sobre las estructuras y nuevamente son totalmente despreciables por considerarlas de muy baja magnitud comparativamente con las otras cargas actuantes.

X.4.1.2.- FUERZAS ACTUANTES SOBRE LA PRESA.-

Las fuerzas que actúan sobre las presas abiertas pueden dividirse en dos grupos, según el efecto que tengan sobre su estabilidad, las cuales se muestran en la Figura Nº X.7.-; sin embargo las fuerzas se calculan para una sección de diente y no por metro lineal de estructura.

Los parámetros del vertedero en este tipo de presas incluyendo h_r y h_v se determinan de la misma manera que para las presas de gravedad y presas de gaviones, según lo explicado en el CAPITULO IV.

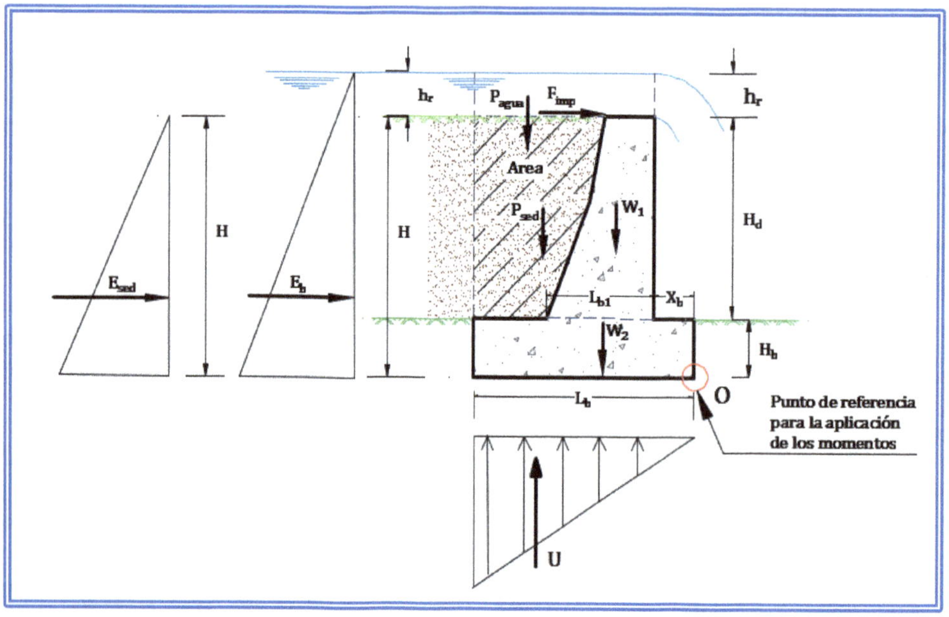

Figura Nº X.7.- Esquema de cargas actuantes sobre una presa abierta.-

X.4.1.2.1.- Fuerzas Desestabilizantes.-

Las fuerzas desestabilizantes son las que se indican a continuación:

E_h	=	Empuje horizontal del agua en el diente.
E_{sed}	=	Empuje horizontal del sedimento en el diente.
U	=	Sub-presión en la base de la presa.
F_{imp}	=	Fuerza de Impacto en la cresta del diente.

La magnitud del empuje combinado del agua y los sedimentos embalsados es importante, sin embargo la fuerza de impacto es definitivamente la más significativa.

En la Figura N° X.8.- se ilustran las fuerzas desestabilizantes en una presa abierta tipo peine de concreto armado.

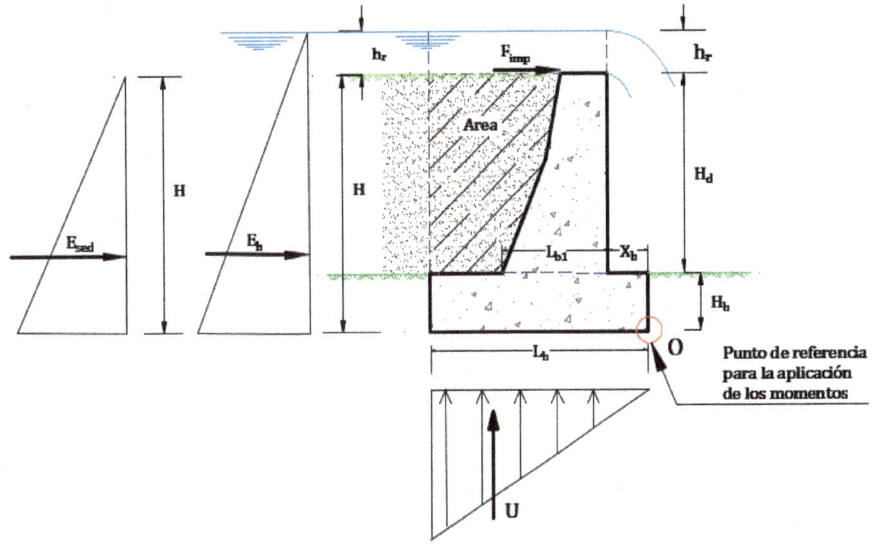

Figura N° X.8.- Fuerzas Desestabilizantes sobre un diente de una presa abierta tipo peine de concreto armado.-

X.4.1.2.1.1.- Empuje horizontal del agua en el diente.-

La fuerza de empuje que produce el agua sobre el diente viene dada por la expresión:

$$E_h = \frac{1}{2} * \gamma_w * (H + h_r)^2 * A_d \qquad (X.1)$$

Siendo:

γ_w	=	Peso específico del agua (Ton/m^3)
H	=	Altura de la presa hasta la fundación (m)
hr	=	Altura de la lámina de agua por encima del nivel de la cresta del vertedero (m)
A_d	=	Ancho del Diente (m)

X.4.1.2.1.2.- Empuje horizontal del sedimento en el diente.-

La fuerza de empuje que produce los sedimentos sobre el diente viene dada por la expresión:

$$E_{sed} = \frac{1}{2} * K_a * \gamma_{ss} * H^2 * A_d \qquad (X.2)$$

Siendo:

E_{sed}	=	Empuje activo del sedimento (Ton/m)
K_a	=	Coeficiente de empuje activo del sedimento.
γ_{ss}	=	Peso específico del sedimento sumergido (Ton/m^3)
H	=	Altura de la presa (m)
A_d	=	Ancho del Diente (m)

Al igual que en los casos de presas de gravedad, despreciando el roce entre el prisma de sedimento y la cara aguas arriba ($\delta = 0$), y suponiendo que la superficie del sedimento es aproximadamente horizontal, se cumple que:

$$\mathbf{K_a = tg^2 * (45° - Ø/2)} \quad (X.3)$$

Siendo:

Ø	=	Ángulo de fricción interna del sedimento (°)

Cuando se carecen de ensayos geotécnicos y el proyecto se encuentre emplazado en un sitio en presencia de suelos de naturaleza granular (arenas, gravas, cantos rodados, peñones), el ángulo de fricción se puede adoptar con un valor entre 35° y 37°.

X.4.1.2.1.3.- Subpresiones.-

Al igual que en las presas por gravedad, el agua embalsada podría filtrarse a través del contacto presa - fundación, por las fisuras y poros del material de la fundación, o por las fisuras, poros y juntas de construcción del propio cuerpo de la presa.

En estos casos las aguas infiltradas crean una fuerza de sub-presión, definida por un diagrama triangular, correspondiente a una presión igual a la hidrostática del embalse en el extremo aguas arriba, y presión nula en el extremo aguas abajo de la presa (Figura N° VIII.5.-).

La fuerza de sub-presión en la base de la presa, representada por el área del diagrama correspondiente, es:

$$\mathbf{U = \frac{1}{2} * \gamma_w * (H + h_r) * L_b * A_d} \quad (X.4)$$

Siendo:

γ_w	=	Peso específico del agua (Ton/m^3)
H	=	Altura de la presa hasta la fundación (m)
hr	=	Altura de la lámina de agua por encima del nivel de la cresta del vertedero (m)
L_b	=	Ancho de la base de fundación (m)
A_d	=	Ancho del Diente (m)

X.4.1.2.1.4.- Impacto de Roca en la cresta del diente.-

De todos los factores que intervienen para determinar la fuerza de impacto, este es definitivamente el más significativo.

Partiendo del principio de que la presa se encuentra colmatada hasta su máximo nivel, también se considera la posibilidad de que pudiera ocurrir la acción de una roca bajando arrastrada por el flujo de lodos y piedras y producir un impacto sobre la cresta de un diente. Para evaluar esta acción se consideran tres premisas, las cuales se basan en lo sugerido por el Centro de Estudios y Experimentación de Obras Públicas del Gobierno de España (CEDEX, 2.003).

- La primera premisa se refiere a que la roca que actúa sobre el diente presenta una geometría esférica, con una densidad de 2.600 Kg/m^3, con un diámetro medio que dependerá de la geología de cada cuenca. A manera de ejemplo, en las cuencas del Estado Vargas, los cálculos se realizaron con rocas de tres (3) metros de diámetro medio, como es el caso de la Cuenca del Río San Julián, o de dos (2) metros de diámetro medio como es el caso de la Cuenca del Río Macuto. Sin embargo, se considera que cada proyectista deberá analizar junto con un profesional de la Geología, cual podría ser el diámetro medio de roca que pudiera ser arrastrado por un flujo de lodos y piedras y que pudiera tener un efecto destructivo en los sectores aguas abajo de la cuenca.

- La segunda premisa se refiere a que la roca viaja a la misma velocidad del flujo de lodos y piedras.

- La tercera premisa, que la duración del impacto será de 1 segundo.

Por tratarse de un impacto o choque, se considera importante determinar qué tipo de choque será el ocurrido en el evento, para ello recordaremos algunos conceptos básicos de la física.

Existen diferentes procesos durante los choques, por lo que estos se pueden clasificar en tres tipos:

- ✓ Cuando dos o más objetos chocan sin deformarse y sin producir calor, se llama choque elástico. En este caso se conserva tanto el momento como la energía cinética del sistema.

- ✓ Cuando los objetos que chocan se deforman y producen calor durante el choque, se llama choque inelástico. En este caso se conserva el momento, pero no se conserva la energía cinética del sistema.

- ✓ Un choque se dice perfectamente inelástico cuando los objetos se deforman, producen calor y permanecen unidos después del choque, por lo que sus velocidades finales son las mismas, y aún es válida la conservación del momento lineal.

El caso que podría ocurrir durante el funcionamiento de la presa se trata del choque entre una roca, que es un objeto de gran rigidez, y el muro de concreto armado correspondiente al diente de la presa abierta, que también es en elemento rígido. Por tales razones y por considerar que no se genera calor durante el choque, será considerado como un choque elástico.

Se considera el impacto instantáneo de una roca de diámetro variable, de acuerdo al tamaño de material que se quiera retener, calculado por cantidad de movimiento como choque instantáneo, el cual ocurre como caso más desfavorable en la cresta del diente.

$$F_{imp} = \frac{2 * P_R * V * \sin\varphi}{t_{choque} * g} \quad (X.5)$$

o

$$F_{imp} = \frac{2 * m * V * \sin\varphi}{t_{choque}} \quad (X.5)$$

Siendo:

F_{imp}	=	Fuerza de Impacto (Ton)
P_R	=	Peso de la roca (Ton)
m	=	Masa de la roca (Ton)
V	=	Velocidad del flujo (m/s)
t_{choque}	=	Tiempo que dura el impacto (s)
g	=	Aceleración de gravedad (m/s^2)
φ	=	Angulo de choque perpendicular a la dirección del flujo

Las rocas con mayor densidad son el granito, mármol, pizarra y basalto con valores de 2.800 kg/m^3 el resto tienen densidades de 2.600 Kg/m^3 o menor.

En los cálculos a realizar, se debe asumir que el ángulo que forma la dirección de la trayectoria de la roca con la horizontal será de 0°, ya que si la presa está colmatada, el ángulo de impacto más desfavorable y factible es justamente 0°.

El tiempo de impacto sugerido por el estudio del Centro de Estudios y Experimentación de Obras Públicas del Gobierno de España (CEDEX, 2.003) es de 1 segundo, el cual podría aseverarse como el idóneo para simular el efecto del impacto instantáneo de una gran roca sobre uno de los dientes de la estructura.

Para el cálculo del peso de la roca Pr, se asume que la roca es completamente esférica y se hace uso de la siguiente expresión:

$$P_r = \frac{4}{3} * \pi * \left(\frac{D_r}{2}\right)^3 * \gamma_{roca} \quad (X.6)$$

Siendo:

D_r	=	Diámetro de la roca (m)
γ_{roca}	=	Peso específico de la roca (Ton/m^3)

X.4.1.2.1.- Fuerzas Estabilizantes.-

Las fuerzas estabilizantes son las que se indican a continuación:

W	=	Peso propio del diente de la presa.
E_v	=	Peso del agua sobre el diente.
P_{agua}	=	Peso del agua que vierte sobre la cresta de la presa.
P_{sed}	=	Peso del sedimento sobre el diente.

En la Figura N° X.9.- se ilustran las fuerzas estabilizantes en una presa abierta tipo peine de concreto armado

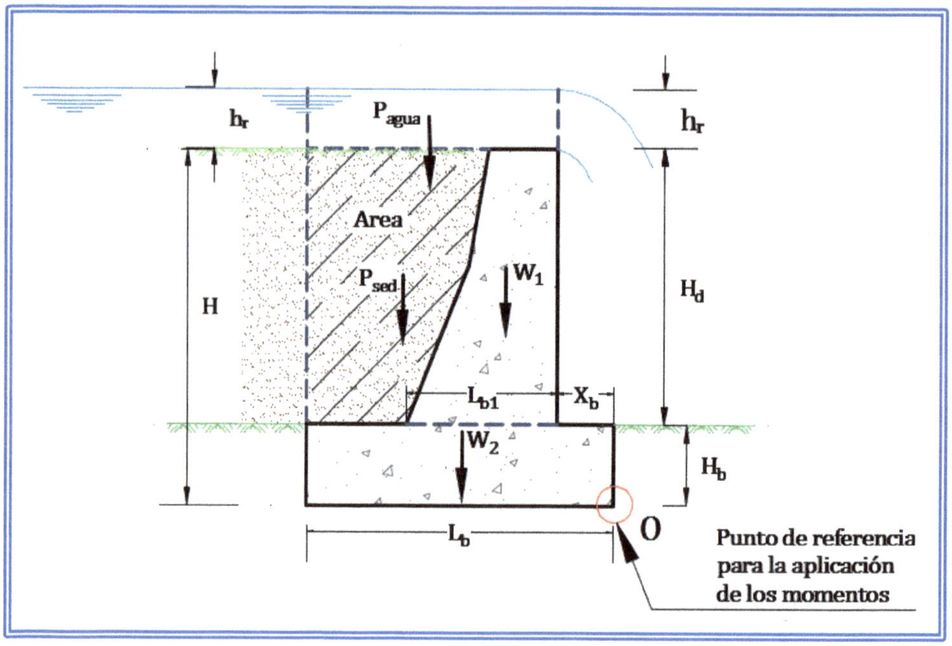

Figura N° X.9.- Fuerzas Estabilizantes sobre un diente de una presa abierta tipo peine de concreto armado.-

X.4.1.2.1.1.- Peso Propio del Diente.-

El peso propio de la presa constituye la principal fuerza estabilizante. Su magnitud (para un diente) viene dada por el la ecuación:

$$W = W_1 + W_2$$

Siendo W_1 el peso propio del diente calculado con la siguiente expresión:

$$W_1 = V_{diente} * \gamma_{concreto} \qquad (X.7)$$

Siendo:

V_{diente}	=	Volumen del diente de ancho A_d (m^3)
$\gamma_{concreto}$	=	Peso específico del concreto (Ton/m^3)

Y W_2 el peso propio de la losa de fundación de la presa, calculada de la siguiente manera:

$$W_2 = L_b * H_b * A_d * \gamma_{concreto} \qquad (X.8)$$

Siendo:

L_b	=	Longitud de la base (m)
H_b	=	Altura de la base (m)
A_d	=	Ancho del Diente (m)
$\gamma_{concreto}$	=	Peso específico del concreto (Ton/m^3)

X.4.1.2.1.2.- Peso del Agua sobre el diente.-

Su magnitud viene dada por la siguiente expresión:

$$P_{agua} = h_r * \gamma_w * (L_b - X_b) * A_d \qquad (X.9)$$

Siendo:

h_r	=	Altura de agua sobre el vertedero (m)
L_b	=	Longitud de la base (m)
X_b	=	Ancho de la zapata en el sector aguas abajo (m)
A_d	=	Ancho del Diente (m)
γ_w	=	Peso específico del agua (Ton/m^3)

X.4.1.2.1.3.- Peso del Sedimento Sobre el Diente.-

Se calcula el peso del sedimento que actúa sobre la sección de diente en estudio mediante la siguiente ecuación:

$$P_{sed} = Area * \gamma_{ss} * A_d \qquad (X.11)$$

Siendo:

P_{sed}	=	Peso del sedimento sobre el parámetro de aguas arriba (Ton)
Área	=	Área aguas arriba del diente (m^2) (El área de sedimento que actúa sobre el diente es la que se ha delimitado con un rayado inclinado, Ver Figura Nº X.9.-)
γ_{ss}	=	Peso específico del sedimento sumergido **(Ton/m³)**
H	=	Altura de la presa (m)

X.4.1.3.- CÁLCULO DE LA ESTABILIDAD.-

X.4.1.3.1.- Volcamiento.-

El factor de seguridad al volcamiento, al igual que en las presas de gravedad y las presas de gaviones, se define a través de la siguiente ecuación:

$$\mathbf{FS_v = \frac{\sum Mr}{\sum Ma}} \qquad (X.12)$$

Siendo:

FS_v	=	Factor de seguridad al volcamiento
$\sum$Mr	=	Suma de los momentos resistentes respecto al Punto "O" (Ton*m)
$\sum$Ma	=	Suma de los momentos actuantes respecto al Punto "O" (Ton*m)

En general, se considera adecuado un factor de seguridad al volcamiento igual a 1,5.

Sin embargo, se considera que el diente trabaja independiente de los otros dientes, esta es una condición favorable para el diseño ya que se está despreciando el aporte de estabilidad proporcionado por el resto de la estructura.

X.4.1.3.2.- Deslizamiento.-

Para determinar la fuerza de deslizamiento, se deben aplicar la carga del empuje horizontal más el efecto del impacto en la cresta del diente y sumadas originan la fuerza de deslizamiento. Por otra parte, con las cargas verticales producto del peso propio solo, se calcula la fuerza de oposición al deslizamiento o fuerza de roce.

Generalmente factor de seguridad al deslizamiento se define como:

$$\mathbf{FS_d = f * \frac{\sum Fr}{\sum Fa}} \qquad (X.13)$$

Siendo:

$\sum$Fr	=	Suma de las fuerzas verticales resistentes (Ton)
$\sum$Fa	=	Suma de las fuerzas horizontales actuantes (Ton)
f	=	Coeficiente de roce

Se recomienda que el factor de seguridad sea superior a 1,5 en suelos granulares y a 2,0 en materiales cohesivos.

Y siendo:

$$f = \tan \phi \qquad (X.14)$$

Tal y como se indicó en el Capítulo VIII, el coeficiente de fricción suelo – muro "f" se puede tomar como igual a tan ϕ, y cuyos valores típicos se pueden tomar de la Tabla Nº VIII.5.- del Capítulo VIII.

X.4.1.4.- TUBERÍAS DE PROTECCIÓN.-

Por tratarse de una estructura que será sometida a choques e impactos continuamente, se sugiere proteger las aristas de los dientes y muros con un cuarto de tubo de acero que evitará un borde, recto o achaflanado, más susceptible a fracturas parciales y además brindará una protección mayor debido a su mayor resistencia a la abrasión e impactos. Estos tubos estarán anclados a la estructura de los dientes tal y como se ilustra en la Figura Nº X.10.- y Nº X.11.-, cuyo detalle fue el utilizado en las Presas sobre el Río San Julián, Estado Vargas, Venezuela (Morassutti F., G.F. – Corpovargas (3)).

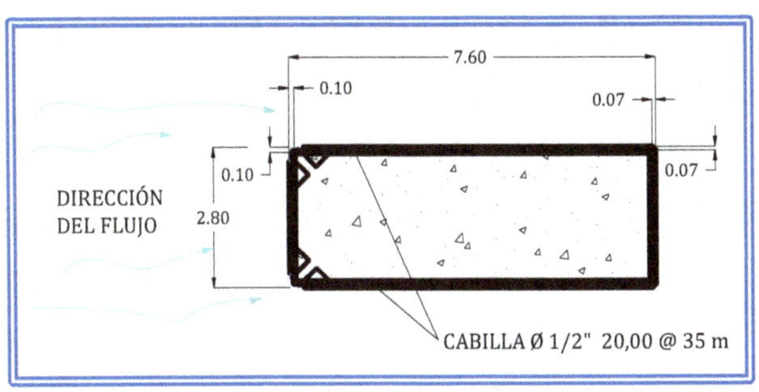

Figura Nº X.10.- Sección axial del diente de una presa tipo "peine" de concreto armado.-

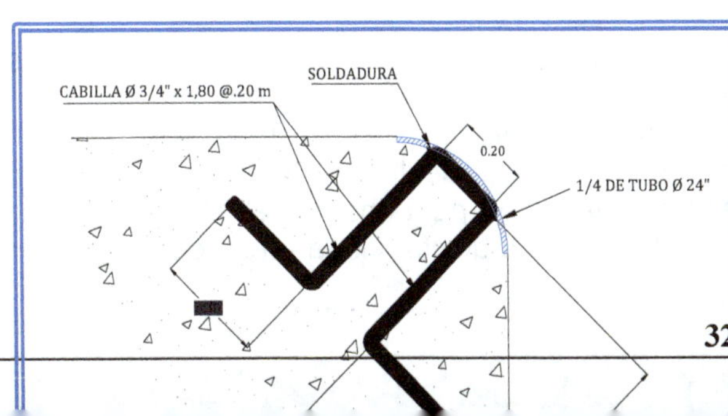

Figura Nº X.11.- Detalle de la protección con un cuatro de tubo de acero de las aristas del diente de una presa tipo "peine" de concreto armado.-

X.4.2.- PRESA TIPO "PEINE" DE CONCRETO ARMADO, CON VIGA LONGITUDINAL DE AMARRE.-

La estructura de esta presa es similar a la presa de concreto armado tipo "peine", con la diferencia de que los dientes están conectados con una viga ubicada en la parte superior y en la parte media de los mismos, con la finalidad de darle mayor homogeneidad y rigidez a la estructura y de esta forma reducir el ancho de los elementos que la conforman. En la Figura N° X.12.- se muestra un esquema general de la estructura.

El diseño de este tipo de presa surgió ante la necesidad de reducir las dimensiones de los dientes, lo que a su vez reduciría los costos de la misma, sin modificar su funcionabilidad y seguridad en el diseño.

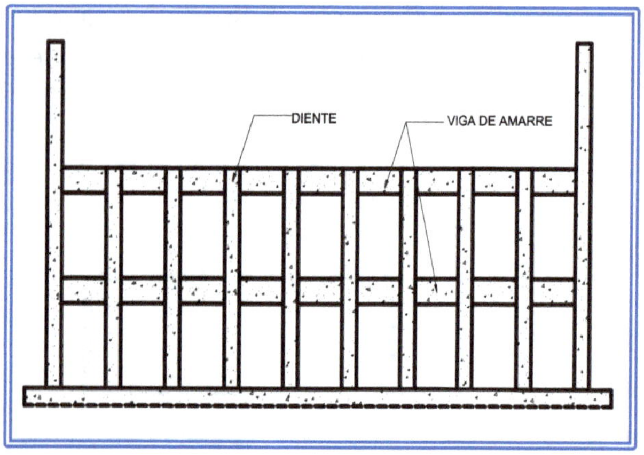

Figura Nº X.12.- Sección típica de una presa tipo "peine" de concreto armado con viga de amarre.-

Como se mencionó anteriormente, los dientes de las estructuras tipo peine, debido a su funcionamiento de manera independiente ante las cargas de diseño, son muy robustos, en tal sentido, en el año 2.007, se ideó realizar un estudio para analizar el comportamiento estructural de los dientes de la presa como si éstos funcionaran de manera homogénea, es decir que los dientes trabajen de manera interconectada y los esfuerzos se repartan en toda la presa y no en un solo diente. Este estudio se realizó a través de un Trabajo Especial de Grado, realizado en el año 2.007 por los ahora Ingenieros Beatriz Haro y Mauricio Romanello (Haro, B., Romanello, M., 2.007).

Con la finalidad de establecer los criterios de diseño de este modelo de presa, fue necesario realizar un estudio estructural de la misma, a fin de determinar en qué medida contribuye la existencia de la viga de amarre, en la distribución de los esfuerzos.

Dada las características estructurales de este modelo de presa, fue necesario establecer algunos parámetros que permitieran unificar los criterios de diseño para todas las presas de este tipo, por tal razón se hizo necesario utilizar un programa de análisis estructural, que modelara el comportamiento de la estructura completa de la presa.

Para llevar a cabo este análisis se utilizó el software SAP2000, con el cual es posible realizar el análisis estructural bajo el enfoque del método de cálculo basado en los elementos finitos. El origen de su nombre viene de sus siglas en inglés de Structural Analysis Program (SAP) (Programa de Análisis Estructural). El SAP2000 es un programa de elementos finitos, con interfaz gráfico 3D orientado a objetos, preparado para realizar, de forma totalmente integrada, la modelación, análisis y dimensionamiento del más amplio conjunto de problemas de ingeniería de estructuras.

En el citado programa se introdujo el modelo y dimensionamiento de diferentes alternativas de presas abiertas sin viga de amarre, y con viga de amarre, logrando de esta forma comparar los resultados de ambos casos y observar en qué medida se reducen los esfuerzos en la base del diente al colocar una viga longitudinal de amarre.

La finalidad de este análisis fue determinar en qué medida se reduce el momento en la base del diente al colocar una viga longitudinal que conecte a todos los elementos (dientes), bajo la influencia de las cargas a las cuales se somete la estructura.

El modelo estructural analizado consistió en una presa abierta, de altura útil igual a 7 metros, y cada diente con dimensiones de 0,50 metros de ancho por 1,00 metro de profundidad, separados entre sí una distancia de 1,50 metros; estas dimensiones seleccionadas corresponden a las de la Presa Nº 5.- del Río Macuto en el Estado Vargas en Venezuela, la cual fue diseñada con este tipo de presa abierta.

La estructura modelada fue cargada con una carga distribuida en forma triangular que corresponde al empuje del agua y del sedimento, y con una carga puntual que simula el impacto de la piedra, tal y como se ilustra en la Figura Nº X.13.-

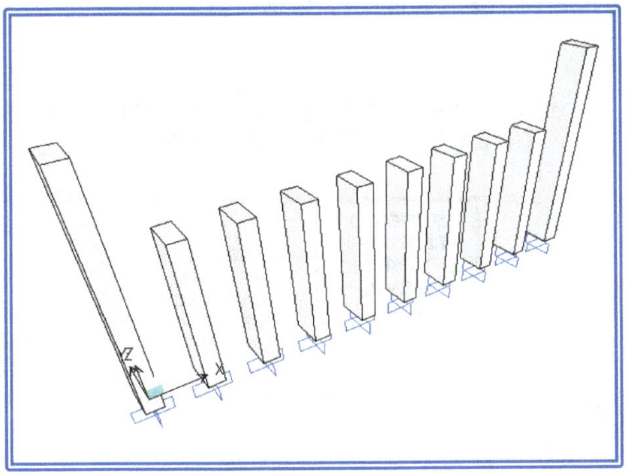

Figura Nº X.13.- Modelo Estructural de la Presa Abierta de Concreto Armado.-
Fuente: Haro y Romanello. 2.007.

Esta estructura fue analizada siguiendo la normativa para diseño de estructuras en concreto contemplada en la Norma COVENIN 1753 – 2003 PROYECTO Y CONSTRUCCIÓN DE OBRAS EN CONCRETO ESTRUCTURAL

El análisis sísmico fue omitido, dado que se considera poco probable que la presa se vea colmatada, que sea atravesada por el flujo pico, impactada por una roca y que simultáneamente ocurra un sismo de gran magnitud.

En la Figura Nº X.14.- se puede apreciar cómo se deformaría el diente sobre el cual se hace impactar la roca, en relación a los otros, cuya deformación resulta menor.

Dado que el diente sobre el cual se hace impactar la roca, es el que se encuentra más solicitado, sufrirá una deformación considerablemente mayor, y el momento en la base del mismo será superior al momento que se genera en la base de los demás elementos. Tal y como se presenta a continuación:

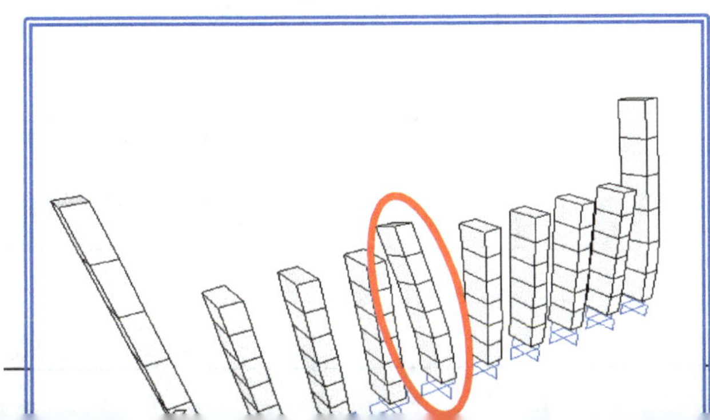

Figura Nº X.14.- Deformación sufrida por los dientes debido a las cargas actuantes.-
Fuente: Haro y Romanello. 2.007.

En la Tabla Nº X.2.- se puede observar los resultados obtenidos, en donde el momento en la base del diente impactado es casi cuatro veces mayor al momento en la base de los demás dientes, ya que este debe soportar de manera independiente todo el esfuerzo que genera la carga de sedimentos y el impacto de la roca en el extremo superior del diente.

TABLA Nº X.2.-
MOMENTO FLECTOR EN LA BASE DE LOS DIENTES DE LA PRESA SIN VIGA DE AMARRE.-

	MOMENTO FLECTOR EN LA BASE DEL DIENTE LATERAL IZQUIERDO AL IMPACTADO	MOMENTO FLECTOR EN LA BASE DEL DIENTE IMPACTADO	MOMENTO FLECTOR EN LA BASE DEL DIENTE LATERAL DERECHO AL IMPACTADO
Momento (Ton*m)	164	623	164

Fuente: Haro y Romanello. 2.007.

Se observa que el diente que recibe el impacto de la roca, además se soportar un momento considerablemente mayor que los demás elementos, sufre una gran deformación en el plano perpendicular al impacto de la roca; sin embargo éste no llega a un estado límite que pudiera ocasionar la rotura del elemento y que resultaría completamente perjudicial para el funcionamiento de la estructura.

Con la finalidad de disminuir la deformación sufrida por el diente con las condiciones de carga más desfavorables y lograr que los demás elementos que conforman la estructura contribuyan también a soportar las cargas de diseño y adicionalmente el impacto de la roca, se colocó una viga longitudinal de amarre en el extremo superior y otra a la mitad de la altura de la presa (Figura Nº X.15.-). Para el modelo a presentar se utilizó una viga de 40 x 80 cm.

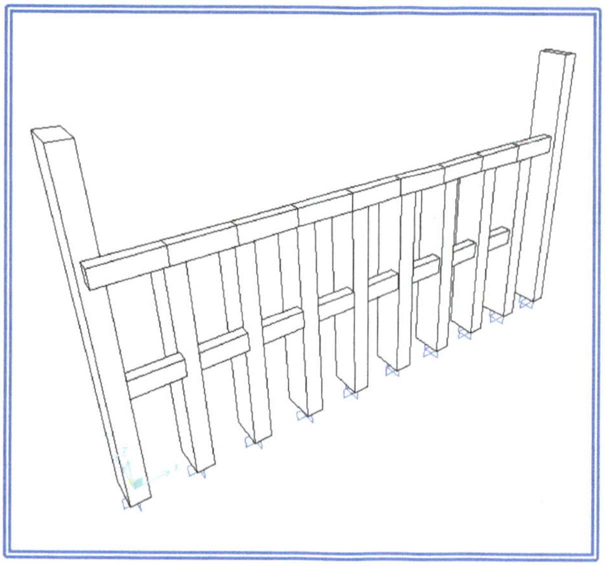

Figura Nº X.15.- Modelo Estructural de la Presa con las vigas longitudinales de amarre.- Fuente: Haro y Romanello. 2.007.

Al incluir las vigas de amarre en la estructura y realizar el análisis del modelo propuesto, se obtiene como resultado una deformación menor en el diente sobre el cual se hace impactar la piedra debido a que los otros dientes contribuyen a soportar el impacto de la piedra y los esfuerzos generados producto de las cargas se distribuyen a los demás elementos, originándose así una condición favorable para los elementos que conforman la estructura de retención y con ello lograr un comportamiento de la estructura lo más homogéneo posible. (Ver Figura Nº X.16.-)

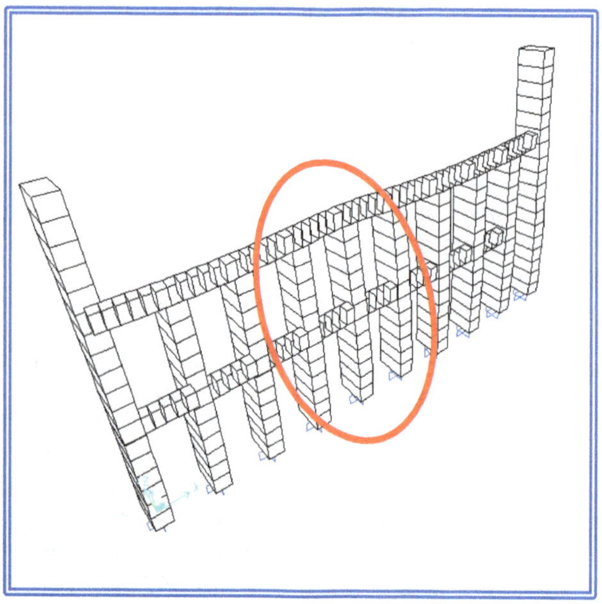

Figura Nº X.16.- Deformación de los elementos de la Presa con viga longitudinal de amarre.- Fuente: Haro y Romanello. 2.007.

En la Tabla Nº X.3.- se muestra la distribución de esfuerzos de los dientes de la presa.

TABLA Nº X.3.-
MOMENTO FLECTOR EN LA BASE DE LOS DIENTES DE LA PRESA CON VIGA DE AMARRE.-

	MOMENTO FLECTOR EN LA BASE DEL DIENTE LATERAL IZQUIERDO AL IMPACTADO	MOMENTO FLECTOR EN LA BASE DEL DIENTE IMPACTADO	MOMENTO FLECTOR EN LA BASE DEL DIENTE LATERAL DERECHO AL IMPACTADO
Momento (Ton*m)	265	308	269

Fuente: Haro y Romanello. 2.007

Al colocar la viga que conecta a todos los dientes, el momento en el diente impactado disminuyó en **315 Ton*m (623 Ton*m – 308 Ton*m)**, lo que representa una disminución del **49 %** con respecto al diente de la Presa sin las vigas de amarre.

Esta reducción del momento en la base del elemento hace posible la disminución de las dimensiones del elemento resultando un diseño menos robusto de cada diente. Adicionalmente la cantidad de acero de refuerzo necesaria es menor que en el caso de la presa sin viga de amarre longitudinal.

Es preciso indicar que el análisis se realizó variando las dimensiones de las vigas, sin embargo, no se observó una variación apreciable en los resultados por lo que no fue considerada como una variable que contribuyera directamente a la efectividad de la estructura, simplemente se colocó una viga cuyas dimensiones estuviesen acorde al tamaño de los dientes, es decir, que cumplieran con una armonía estructural.

TABLA Nº X.4.-
COMPARACION DE MOMENTOS EN LA BASE DEL DIENTE DE LOS MODELOS DE PRESA.-

PRESA TIPO PEINE SIN VIGA DE AMARRE	PRESA TIPO PEINE CON VIGA DE AMARRE	PORCENTAJE DE AUMENTO O REDUCCIÓN

	Momento (Ton*m)	Momento (Ton*m)	(%)
MOMENTO EN LA BASE DEL DIENTE LATERAL IZQUIERDO AL IMPACTADO	**164**	**269**	**+ 61,59 %**
MOMENTO EN LA BASE DEL DIENTE IMPACTADO	**623**	**308**	**- 50,56 %**
MOMENTO EN LA BASE DEL DIENTE LATERAL DERECHO AL IMPACTADO	**164**	**269**	**+ 61,59 %**

Fuente: Haro y Romanello. 2.007.

En la Tabla N° X.4.- se puede observar como en la presa con viga de amarre, el momento flector en el diente objeto del impacto se reduce en un **50,56 %,** mientras que en los dientes adyacente al diente impactado el momento aumenta en un **61,59%.** Sin embargo, a pesar del incremento del momento flector en los dientes adyacentes, este momento es un **57 %** menor que el momento flector del diente impactado sin viga de amarre, de manera que sigue siendo atractivo desde el punto de vista de la optimización del dimensionamiento de los dientes.

Lo anterior indica que la presa tipo peine con viga trabaja de manera homogénea, mientras que la presa tipo peine sin viga de manera trabaja de manera individual, obteniéndose que los momentos flectores en la base son mayores y por ende las dimensiones requeridas para los dientes son mayores.

- La Base será de la misma dimensión que la altura del diente.
- Se fueron modificando las dimensiones de los dientes (Espesor del diente, ancho superior, ancho inferior) a fin de lograr que el acero requerido por flexión en la cara traccionada fuera aproximadamente un 0,3 % del área trasversal del diente, este criterio se ha establecido suponiendo que los dientes se comportan como una viga en volado, siendo el acero mínimo de una viga igual a 14/fy = 14/4200 = 0,33 %.

En los análisis realizados se observó que este porcentaje de disminución del momento en la base del diente oscilaba entre el 40% y el 50%, razón por la cual se tomó la decisión de establecer como resultado una reducción del 45 % en el momento que se produce en la base para el diseño de todas las presas abiertas tipo peine con viga longitudinal de amarre comparativamente con las presa abiertas tipo peine sin viga.

Con la finalidad de ilustrar las bondades de la viga de amarre en el dimensionamiento de una presa tipo peine, considerando los resultados obtenidos en la referencia (Haro, B., Romanello, M., 2007), y utilizando los momentos flectores en la base de los dientes de las presas, se han elaborado unos ejemplos de presas tipo peine para dientes con una altura de cinco (5) metros, siete (7) metros y nueve (9) metros, de manera de poder analizar la optimización del dimensionamiento que se puede obtener en los diferentes elementos que conforman una presa tipo peine sin viga de amarre y una con viga de amarre.

Es preciso indicar que, al igual que en la referencia (Haro, B., Romanello, M., 2007), el análisis se realizó variando las dimensiones de las vigas, sin embargo, no se observó una variación apreciable en los resultados, simplemente se colocó una viga cuyas dimensiones estuviesen acorde al tamaño de los dientes, es decir, que cumplieran con una armonía estructural. En tal sentido se optó por establecer una viga de sección cuadrada cuyas dimensiones son similares al ancho superior del diente.

Para efectos de cálculo y de uniformizar los criterios de las tres presas calculadas se han considerado las siguientes premisas:

- Cada diente se ha considerado empotrado en la base.
- Para efectos de uniformizar las cargas y su distribución sobre la presa, se modeló una con siete (7) dientes, una de ellas con cinco (5) metros de altura, una con siete (7) metros de altura y una con nueve (9) metros de altura, con una abertura entre los dientes entre 0,70 metros y 0,85 metros medidos desde las caras internas de dichos dientes.

Para efectos ilustrativos de los ejemplos elaborados, a continuación se muestra la Figura Nº 17.- en la cual se indican los parámetros de diseño que permiten identificar el dimensionamiento de la estructura.

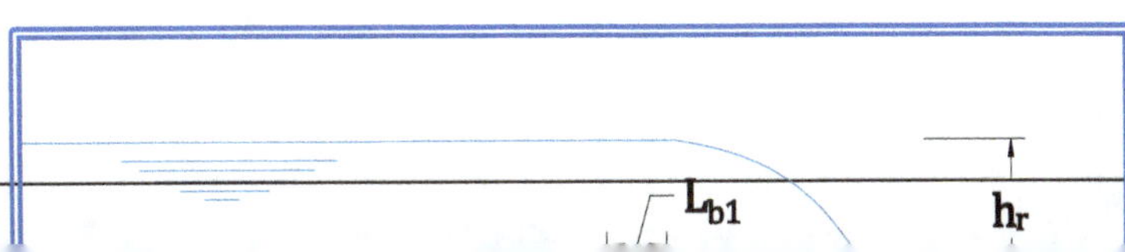

Figura N° X.17.- Designación de Parámetros de diseño para el diente de una presa tipo peine.-

En la Figura N° X.17.- se identifican los siguientes parámetros:

H_d	=	Altura del diente medido desde la parte superior de la base (m)
L_{b1}	=	Ancho superior de diente (m)
L_{b2}	=	Ancho inferior de diente (m)
e	=	Espesor del diente en vita frontal a la presa (m)
$L_{b1} * L_{b1}$	=	Dimensiones de la Viga de Amarre (m)
H_b	=	Altura de la Base de Fundación (m)
L_b	=	Ancho de la Base de Fundación (m)
X_b	=	Ancho de la zapata en el sector aguas abajo (m).

Es preciso indicar que el ancho de la zapata X_b puede ser similar hacia aguas arriba de manera de mantener la simetría de la estructura y colaborar con la estabilidad de la misma.

En ancho de la base de la fundación se ha fijado de igual dimensión que la altura del diente, es decir **Hd = Xb.**

En las tablas que se muestran a continuación se indican las dimensiones obtenidas de los cálculos realizados.

TABLA N° X.5.-
ANALISIS COMPARATIVO DE LAS DIMENSIONES DE LOS DIENTES DE LAS PRESAS PARA UNA ALTURA DE DIENTE DE Hd = 5 metros

DESIGNACIÓN	PRESA TIPO PEINE SIN VIGA DE AMARRE	PRESA TIPO PEINE CON VIGA DE AMARRE	PORCENTAJE DE REDUCCIÓN (%)

Momento (Ton*m)		214	102	-52,34
Altura del Diente	H_d (m)	5,00	5,00	
Ancho Superior del Diente	L_{b1} (m)	0,60	0,40	-33,33
Ancho Inferior del Diente	L_{b2} (m)	2,40	1,70	-29,17
Espesor del Diente	e (m)	0,50	0,40	-20,00
Dimensiones de la Viga de Amarre	L_{b1} * L_{b1} (m)		0,40*0,40	
Altura de la Base	H_b (m)	0,90	0,63	-30,00
Ancho de la Base de Fundación	L_b (m)	5,00	5,00	

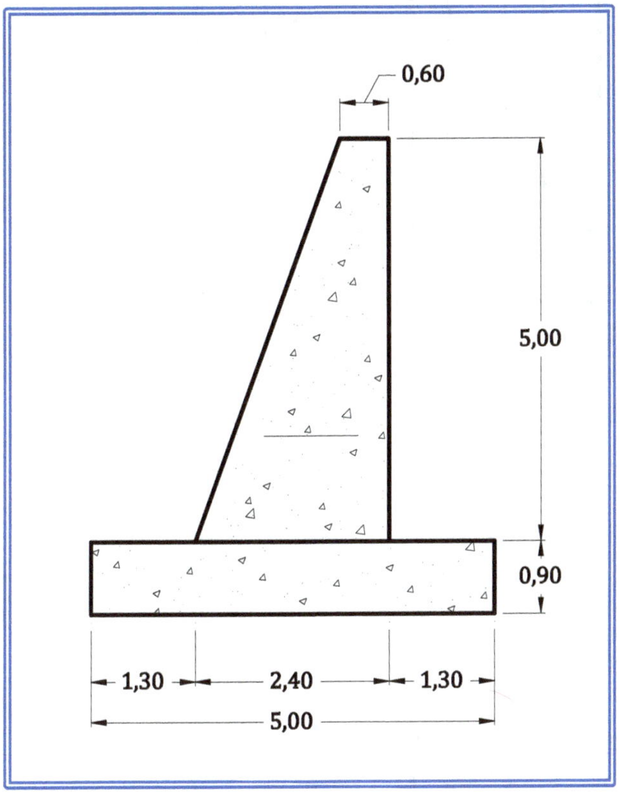

Figura N° X.18.- Vista lateral el diente de 5 metros sin viga de amarre.-

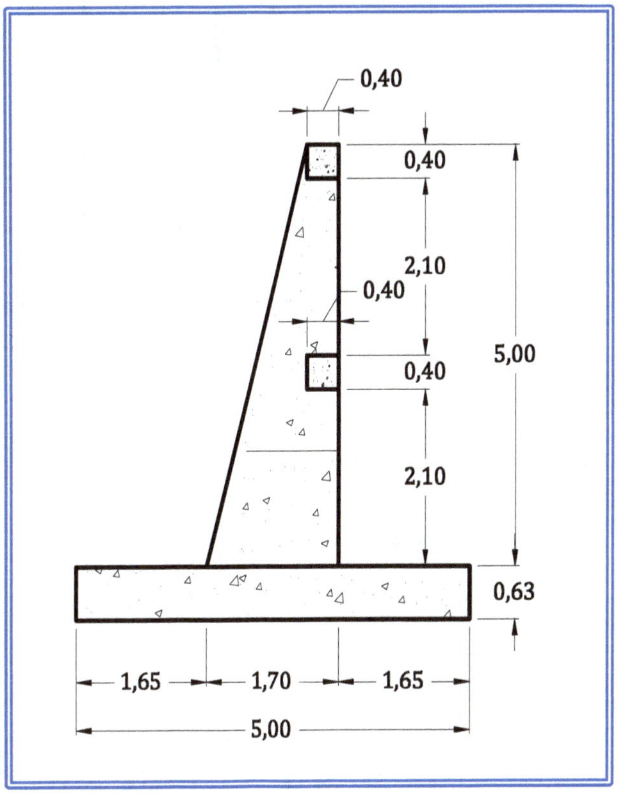

Figura N° X.19.- Vista lateral del diente de 5 metros con viga de amarre.-

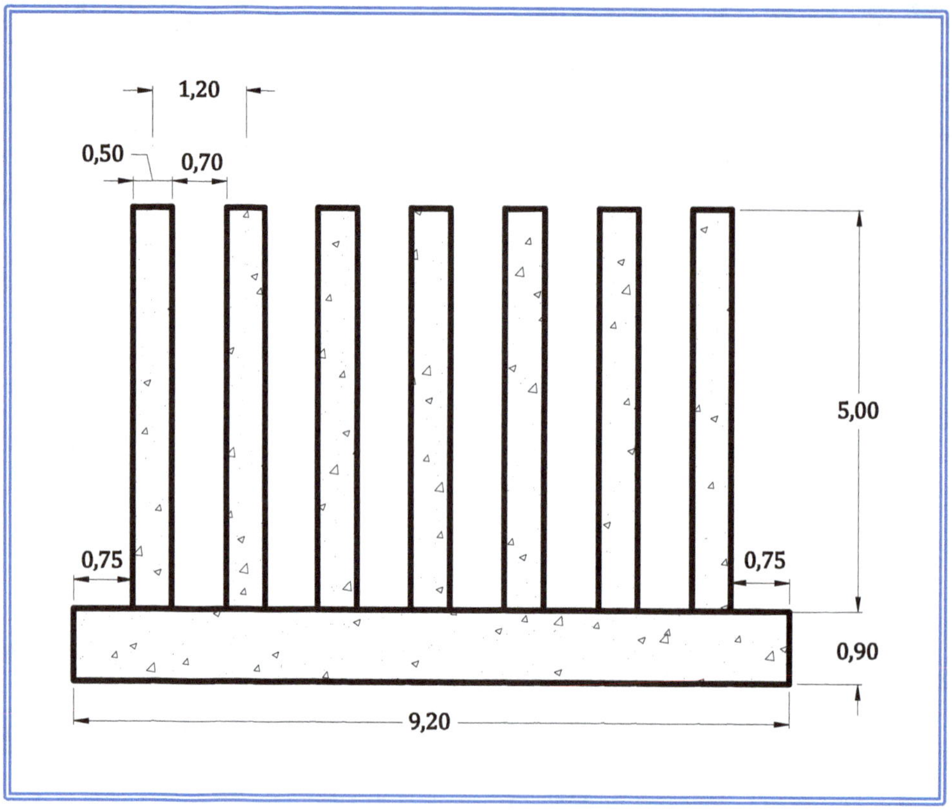

Figura N° X.20.- Vista frontal de presa con diente de 5 metros sin viga de amarre.-

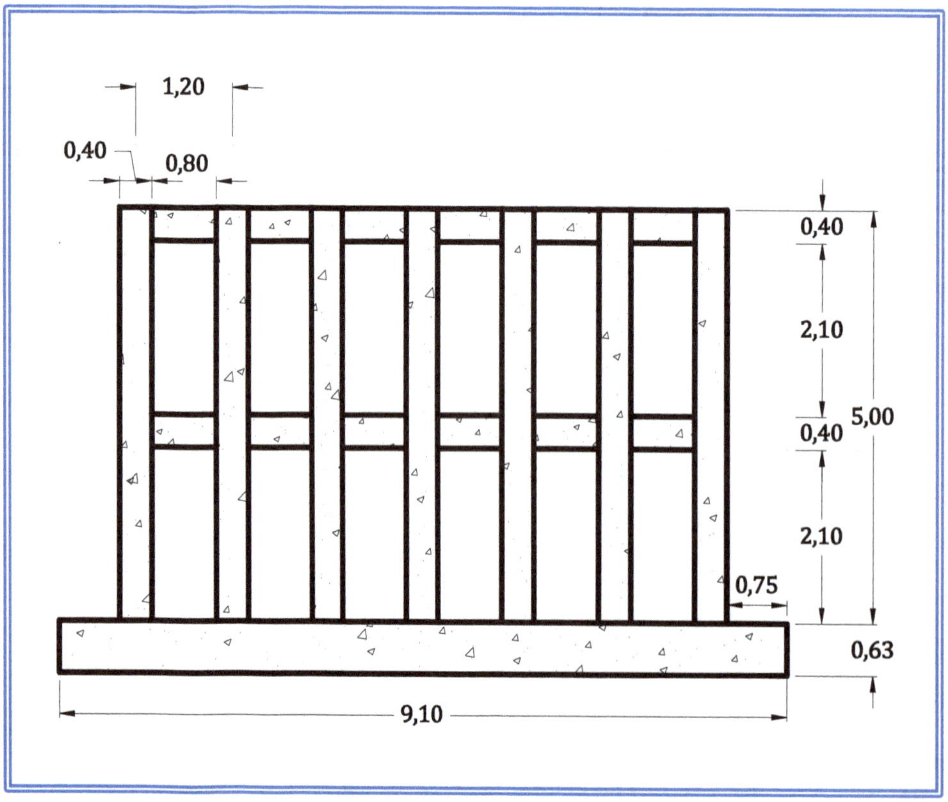

Figura N° X.21.- Vista frontal de presa con diente de 5 metros con viga de amarre.-

TABLA N° X.6.-
ANALISIS COMPARATIVO DE LAS DIMENSIONES DE LOS DIENTES DE LAS PRESAS PARA UNA ALTURA DE DIENTE DE Hd = 7 metros

	DESIGNACIÓN	PRESA TIPO PEINE SIN VIGA DE AMARRE	PRESA TIPO PEINE CON VIGA DE AMARRE	PORCENTAJE DE REDUCCIÓN (%)
Momento (Ton*m)		336	131,50	-60,86
Altura del Diente	H_d (m)	7,00	7,00	
Ancho Superior del Diente	L_{b1} (m)	0,75	0,55	-26,67
Ancho Inferior del Diente	L_{b2} (m)	2,65	1,86	-29,81
Espesor del Diente	e (m)	0,65	0,55	-21,42
Dimensiones de la Viga de Amarre	L_{b1} * L_{b1} (m)		0,55*0,55	
Altura de la Base	H_b (m)	1,10	0,77	-30,00
Ancho de la Base de Fundación	L_b (m)	7,00	7,00	

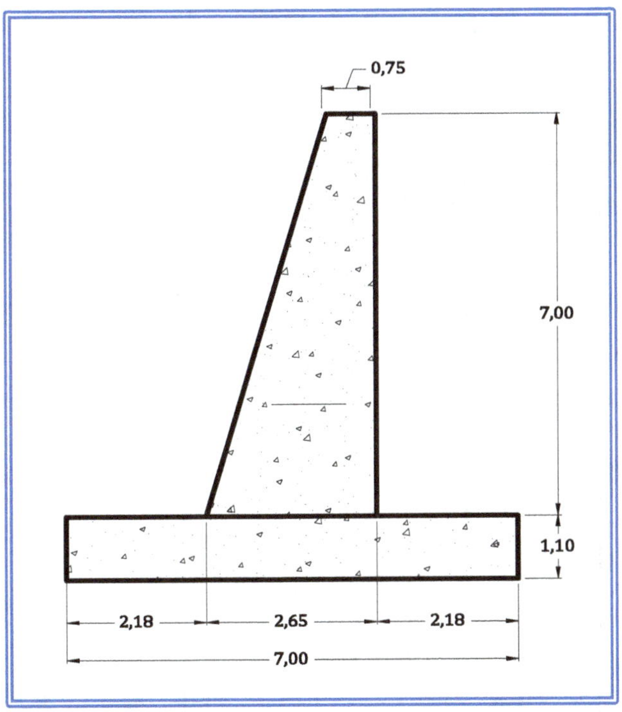

Figura N° X.22.- Vista lateral del diente de 7 metros sin viga de amarre.-

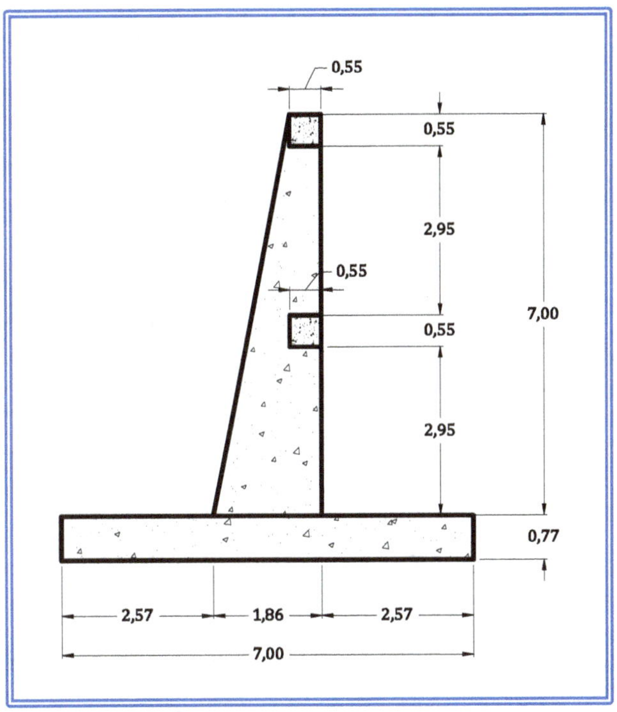

Figura N° X.23.- Vista lateral del diente de 7 metros con viga de amarre.-

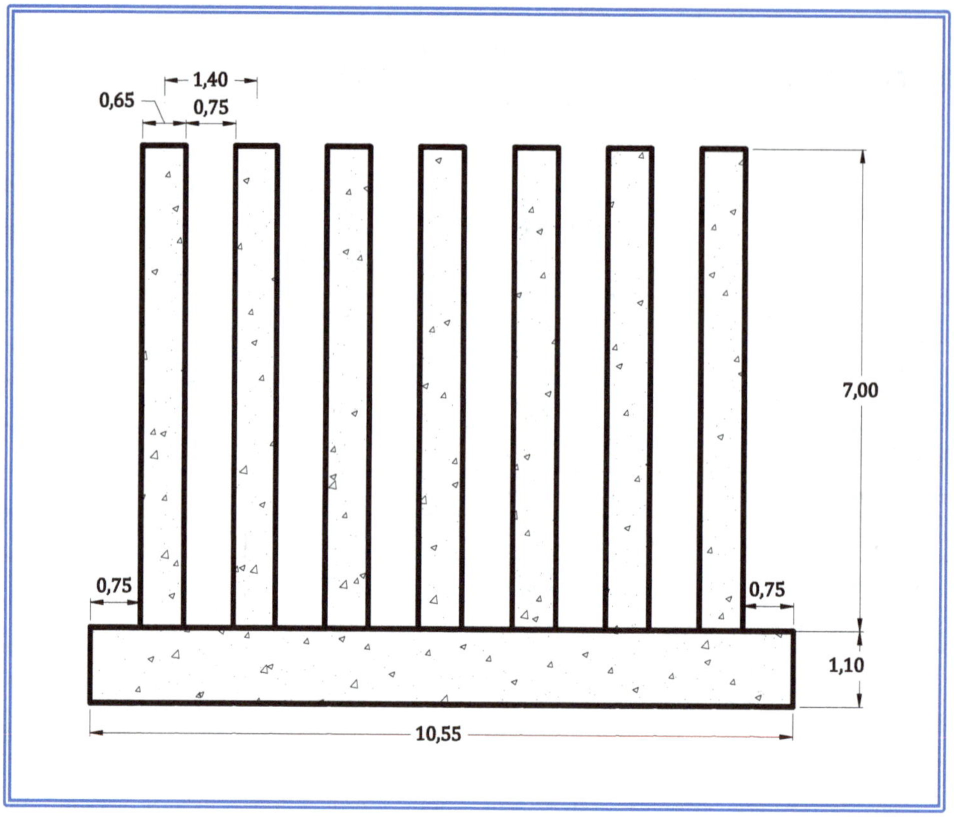

Figura N° X.24.- Vista frontal de presa con diente de 7 metros sin viga de amarre.-

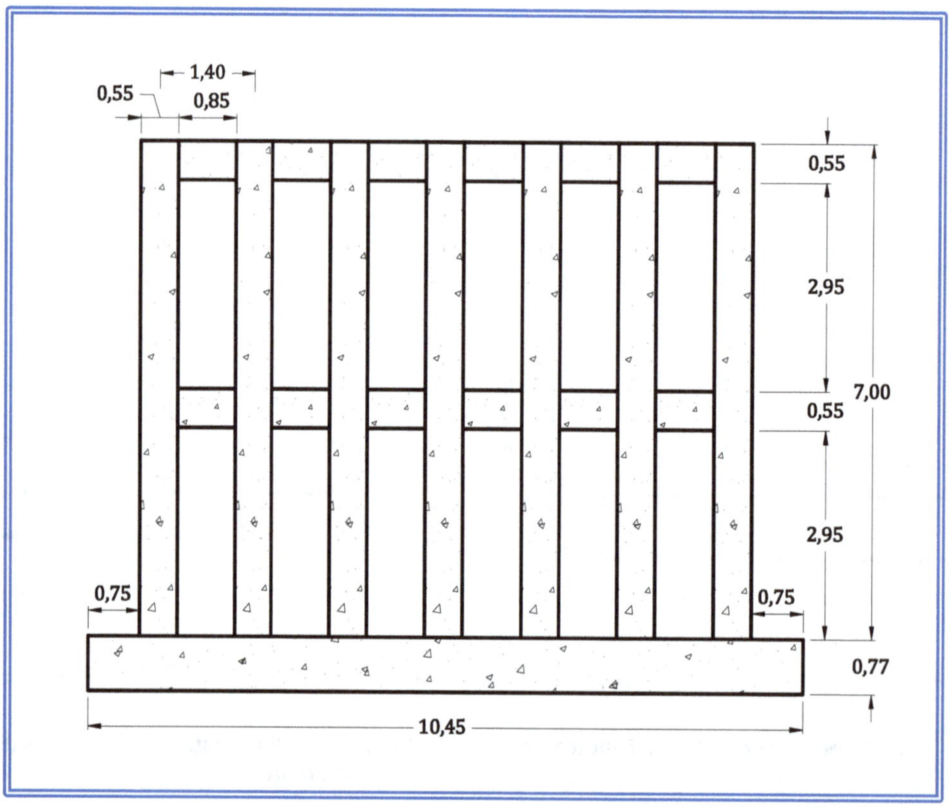

Figura N° X.25.- Vista frontal de presa con diente de 7 metros con viga de amarre.-

TABLA N° X.7.-

ANALISIS COMPARATIVO DE LAS DIMENSIONES DE LOS DIENTES DE LAS PRESAS PARA UNA ALTURA DE DIENTE DE Hd = 9 metros

	DESIGNACIÓN	PRESA TIPO PEINE SIN VIGA DE AMARRE	PRESA TIPO PEINE CON VIGA DE AMARRE	PORCENTAJE DE REDUCCIÓN (%)
Momento (Ton*m)		494	233	-52,83
Altura del Diente	H_d (m)	9,00	9,00	
Ancho Superior del Diente	L_{b1} (m)	0,90	0,70	-22,22
Ancho Inferior del Diente	L_{b2} (m)	2,80	2,00	-28,57
Espesor del Diente	e (m)	0,80	0,70	-22,22
Dimensiones de la Viga de Amarre	L_{b1} * L_{b1} (m)		0,70*0,70	
Altura de la Base	H_b (m)	1,30	0,91	-30,00
Ancho de la Base de Fundación	L_b (m)	9,00	9,00	

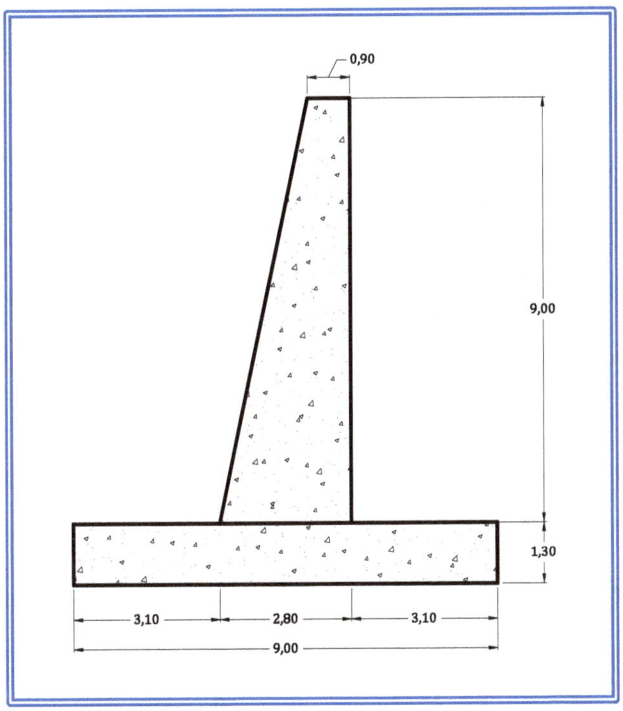

Figura N° X.26.- Vista lateral del diente de 9 metros sin viga de amarre.-

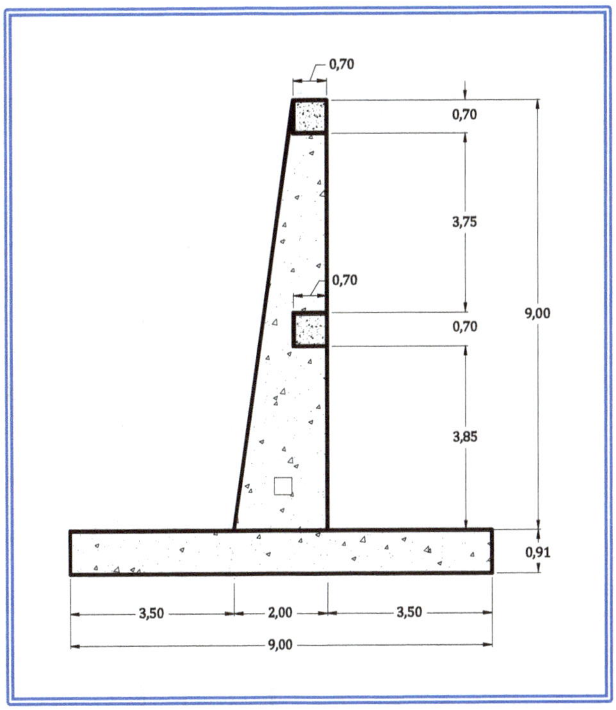

Figura N° X.27.- Vista lateral del diente de 9 metros con viga de amarre.-

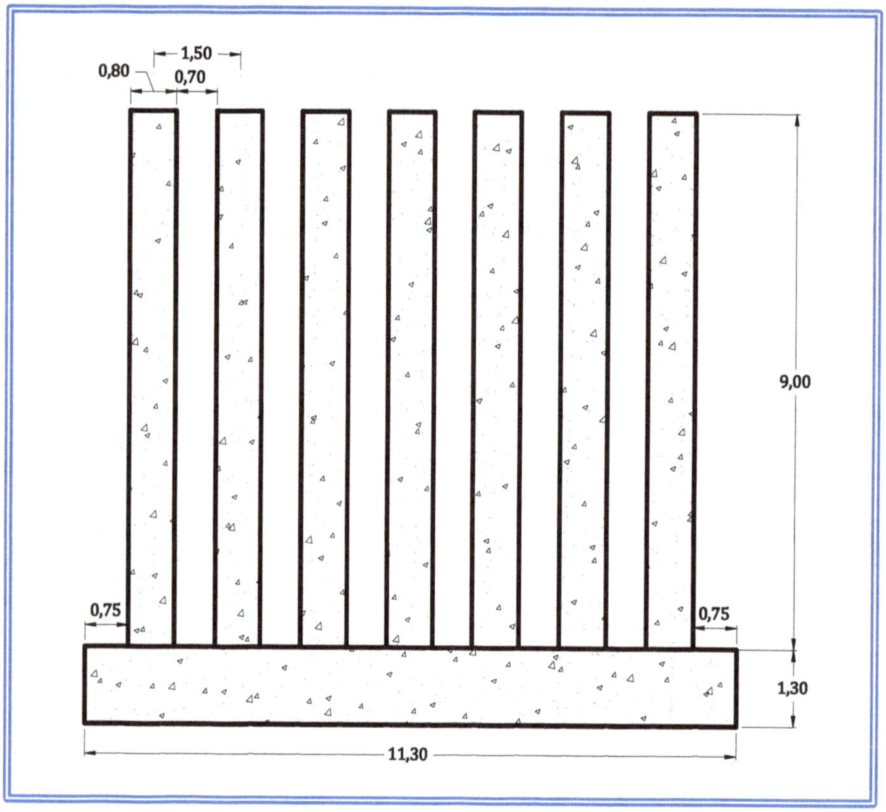

Figura N° X.28.- Vista frontal de presa con diente de 9 metros sin viga de amarre.-

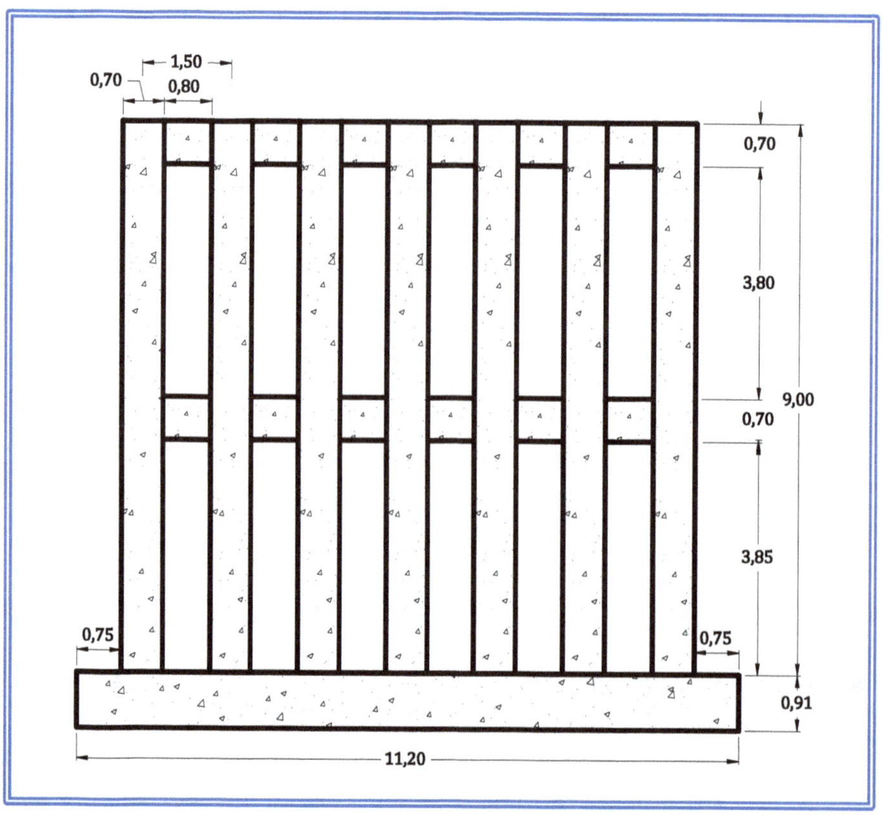

Figura N° X.29.- Vista frontal de presa con diente de 9 metros con viga de amarre.-

En la Tabla N° 8.- se han calculado los volúmenes de concreto que se requieren para cada una de las presas tipo peine sin viga de amarre y con viga de amarre

.

TABLA Nº X.8.-
ANALISIS COMPARATIVO DE LOS VOLUMENES DE CONCRETO DE LAS PRESAS TIPO PEINE SIN VIGA Y CON VIGA DE AMARRE

	PRESA TIPO PEINE Hd = 5 METROS		PRESA TIPO PEINE Hd = 7 METROS		PRESA TIPO PEINE Hd = 9 METROS	
	SIN VIGA DE AMARRE	CON VIGA DE AMARRE	SIN VIGA DE AMARRE	SIN VIGA DE AMARRE	SIN VIGA DE AMARRE	SIN VIGA DE AMARRE
Área Lateral del Diente (m^2)	52,50	36,75	83,30	59,08	116,55	85,05
Espesor del Diente (m)	0,50	0,40	0,70	0,55	0,90	0,70
Volumen del diente (m^3)	26,25	14,70	58,31	32,48	104,93	59,57
Volumen de la viga (m^3)		1,56		3,12		4,71
Volumen de la base (m^3)	41,40	28,67	81,24	56,33	132,21	81,73
Volumen Total (m^3)	67,65	44,93	139,55	91,93	237,14	156,00
DISMINUCIÓN DEL VOLUMEN TOTAL DE CONCRETO (%)		-33,88		-34,12		-34,21

X.4.3.- CONSIDERACIONES FINALES.-

Sobre la base de los cálculos realizados, se puede indicar que una presa tipo peine con viga de amarre, tienen dimensiones cuyo volumen total de concreto es aproximadamente un 34% menor que una presa tipo peine sin viga de amarre.

Es preciso indicar que, desde el punto constructivo, la presa con vigas de amarre representa mayor trabajo en obra por el hecho de tener que construir el encofrado de las mencionadas vigas.

Sin embargo, la disminución en el volumen total de concreto a utilizar en la construcción de la presa con viga de amarre, comparativamente con la presa sin viga de amarre, podría ser la variable más importante en la construcción de la presa y en los costos involucrados, pues por una parte se tendrán menores costos por la disminución del volumen de concreto, pero se tendrá mayor trabajo en obra debido a la construcción de las vigas. Sin embargo, para efectos constructivos, se podría pensar la construcción considerando vigas prefabricadas y colocadas en sitio, de manera de evitar el encofrado en altura, lo cual sería laborioso.

Sobre la base de lo anteriormente descrito, este análisis deberá ser realizado por el proyectista de manera de verificar si es conveniente desde el punto de vista de costos y facilidad constructiva, pues cada presa tendrá sus particularidades y deberán analizarse todas las variables involucradas en el diseño y la construcción, para así por determinar el diseño de la presa que cumpla con la mejor relación beneficio – costo.

REFERENCIAS

REFERENCIAS

A.I.S.C. (1.966). "Manual of Steel Construction", American Institute of Steel Construction, 1.966.

A.S.C.E. (1.961). American Society of Civil Engineers. "Plastic Design in Steel", 1.961.

A.S.C.E. (1.970). American Society of Civil Engineers, "Sedimet Transport", 1.970.

A.C.I., 544.1 R, American Concrete Institute: ACI 544.1 R "State of the Art Report of Fiber Reinforced Concrete".

A.S.T.M. C 1116, American Society of Testing and Materials, ASTM C 1116 "Standard Specificacion for Fiber Reinforced Concrete and Shotcrete".

A.S.T.M. (A-856/A 856M–98). American Society For Testing And Materials (ASTM) NORMA A-856/A 856M – 98, "Especificación Normativa para Alambres de acero carbono revestidos con Aleación de Zinc-5% Aluminio – Mischmetal 1".

A.S.T.M. (A-975–97). American Society For Testing And Materials (ASTM) NORMA A-975 – 97, Estándar párrafo doble trenzado hexagonales de malla gaviones y colchones (REVET con RECUBRIMIENTO metálico de alambre de acero o alambre de acero con revestimiento metálico con poli (cloruro de vinilo) (PVC) Coating)

A.S.T.M. (C131 / C131M). American Society For Testing And Materials (ASTM) NORMA A-975 – 97, Método de prueba Estándar para Resistencia a la degradacion de Tamaño pequeño Agregado grueso por abrasión e Impacto en La Máquina de Los Ángeles

AGUIRRE, J. (1.974). "Hidráulica de los Canales Abiertos". Mérida, Venezuela. CIDIAT. 1.974

AGUIRRE, J. (1.980). "Hidráulica de Sedimentos". Mérida, Venezuela. CIDIAT. 1.980.

AGUIRRE J., Y A. MONCADA, (1.999). "Regímenes en el flujo de barros y escombros", Ingeniería Hidráulica en México, Vol. XIV, N°1, p.5-12, enero-abril de 1.999.

ARMANINI, A., DELLA GIACOMA, F., and FERRARI, L. (1.991). "From the Check Dam to the Development of Functional Check Dams." Intl Work. Fluvial Hydraulics of Mountain Regions, IAHR, Springer Verlag, Berlin, Germany, ARMININI and DI DILVIO Ed., pp. 331-344.

ARMANINI, A., (1.995). "Appunti delle lezioni di Sistemazione dei Bacini Idrografici", Facoltà di Ingegneria, Università degli Studi di Trento, 1.995.

ARMANINI, A., (1.999). "Principi di idraulica fluviale", Editoriale Bios, 1.999.

ARMANINI A., Y M. LARCHER, (2.001). "Rational Criterion for Designing Opening of Slit-Check Dam", Journal of Hydraulic Engineering, Vol. 127, No.2, Feb. 2.001.

AYALA U., LEOPOLDO, MENDOZA R., FRANCISCO, (1.980). "Regionalización de Lluvias Extremas en Venezuela para uso en Drenaje Via", Inédito, Caracas, 1.980.

BAGNOLD, R. A., (1.954). "Experiments on a gravity-free dispersion of large solid spheres in a Newtonian fluid under shear", Proc. R. Soc. London, Ser. A, 225, 49–63, 1.954.

BELL F., (1.999). Geological Hazards, Their Assessment avoidance and mitigation, London and New York, P. 648.

BENINI GIUSEPPE, (1.987), "Dinamica dell'acqua nel terreno e bilancio idrologico nei bacini agroforestali", Università degli studi Padova, Cattedra di Sistemazioni Idraulico - Forestali, 1.987.

BETTA GIANNA, IORIO LUCA, PORRO ELENA, SILVESTRO CHIARA, (2.008). Provincia di Torino, Area Risorse Idriche e Qualitá dell´Aria, Servizio Pianificazione Risorse Idriche, Regione Piemonte, Direzione Opere Pubbliche, Difesa del Suolo, Economía Montana e Foreste, Settore Pianificazione Difesa del Suolo, Manuale per il Censimento delle opere in alveo, Settembre 2.008.

BEVERAGE, J. P., AND J. K. CULBERTSON, (1.941). "Hyperconcentrations of suspended sediment", J. Hydraul. Div. Am. Soc. Civ. Eng., 90(HY6), 117–128, 1.964. Biot, M. A., General theory of three-dimensional consolidation, J. Appl. Phys., 12, 155–164, 1.941.

BINGHAM, E.C., (1.916) "An investigation of the laws of the plastic flow". U.S. Bureu of Standars Bulletin, 13.309-353

BOLINAGA J.J., (1.977). "Método del Área Efectiva". En Franceschi, L.E., Barcelona - Puerto La Cruz. "Plan General de Drenajes Primarios". Informe final. Caracas, INOS. Dirección General de Proyectos. 1.977.

BOLINAGA, J.J., (1.979). "Drenaje Urbano". Primera Edición, Publicación del MARNR. Caracas 1.979.

BOLINAGA, J.J. y Colaboradores (1.984), "Proyectos de Ingeniería Hidráulica", Universidad Andrés Bello, 1.984.

BOLINAGA J.J., (1.985)."Mecánica Elemental de los Fluidos" Caracas 1.985.

BREÑA P. AGUSTIN F, JACOBO V. MARCO ANTONIO, (2.006). "Principios y Fundamentos de la Hidrología Superficial". Universidad Autónoma Metropolitana, Ciudad de México, 2.006

BUKOR, K. Y M. TAGLIAFERRO, (2.004). "Caracterización y Cuantificación de Sedimentos en la Cuenca del Río San José de Galipán, Estado Vargas". Trabajo de Grado, Escuela de Geología, Facultad de Ingeniería, Universidad Central de Venezuela. 2.004.

CASTILLO N. LEONARDO F., (2.006) Aplicación de un Modelo Numérico de Flujos de Escombros y Lodo en una Quebrada en el Perú. Tesis de Grado para optar el Título Profesional de Ingeniero Civil, Universidad nacional de Ingeniería, facultad de Ingeniería Civil, Lima, Perú, 2.006.

CEDEX, (2.003), (Centro de Estudios y Experimentación de Obras Públicas del Gobierno de España), "Evaluación Técnica del Proyecto y los Documentos de Licitación de las Obras de Canalización y Control de Torrentes del Río San Julián, Estado Vargas, República de Venezuela", Madrid, Septiembre 2.003.

CERATO, Mario, (2.001). Servizio Sistemazione Montana, Provincia Autonoma di Trento, Italia. "Criterios Para La Estabilizacion Hidraulica De Cuencas Afectadas Por Fenomenos De Debris Flow: Aplicacion A Las Quebradas El Cojo y San Jose De Galipan (Macuto - Venezuela)". El estudio se desarrolló con el apoyo logístico del Ministerio del Ambiente y de los Recursos Naturales (MARN) de Venezuela en forma conjunta con "La Comisiòn Ambiental para la Evaluación y Tratamiento Integral de las Cuencas Torrenciales del Estado Vargas".

C.E.D.A., (2.002), Centro de Estudios de Desastres Ambientales - Instituto de Mecánica de Fluidos - Universidad Central de Venezuela ($\chi\varepsilon\delta\alpha$ - IMF - UCV), "Mapas de Amenaza por Aludes Torrenciales en las Zonas del Estado Vargas y el Valle de Caracas definidas en el Proyecto Avila" , Instituto Geográfico de Venezuela Simón Bolívar (IGVSB). Junio 2.002.

C.G.R. INGENIERIA C.A. (2.000), "Estudio de Crecidas del Litoral Central, D.F., Informe Final", Ministerio de Ciencia y Tecnología, Autorida Única de Área del Estado Vargas, Diciembre 2.000.

CHANSON, H. (2.004). "Sabo Check Dams - Mountain Protection Systems in Japan." Jl River Basin & Manag., Vol. 2, No. 4, pp. 301-307 (ISSN 1571-5124).

CHEN, C., (1.987). "Comprehensive review of debris flow modeling concepts in Japan, in Debris Flows/Avalanches: Process, Recognition, and Mitigation", Rev. Eng. Geol., vol. 7, edited by J. E. Costa and G. F. Wieczorek, pp. 13–29, Geol. Soc. of Am., Boulder, Colo., 1.987.

CHEN, C.L., (1.988), Generalized Viscoplastic Modeling of Debris Flow. Journal of Hydraulic Engineering.

CHIEN N. & WAN Z.,(1.999) "Mechanics of Sediment Transport". ASCE Reston Virginia. 1.999.

CHOW, V. T., (1.951). "A General formula for hydrologic frecuency analysis". Trans AGU. (Washington). vol 32. April 1.951. p. 231.

CHOW. V. T., (1.954). "The Log-probability and its engineering application". Proc. ASCE (New York), Vol 80 Paper, Nº 536. November 1.954. p. 1.

CHOW V.T., MAIDMENT D. y MAYS L., (1.994). "Hidrología Aplicada". Mc. Graw-Hill Interamericana, Santa Fe de Bogota, Colombia. 1.994.

CHOW, V.T., (1.982). "Hidráulica de los Canales Abiertos". Primera Edición. Mc. Graw-Hill. Kogakusha, LTD, Tokio, Japan, 1.982.

COALI ROBERTO, MANICA ANTONIO (2.001). "La Defensa Hidrogeológica en las Cuencas de Montaña - La Experiencia de la Provincia Autónoma de Trento". Directores de Oficinas operativas del Servizio Sistemazione Montana, Provincia Autonoma di Trento, Italia.

COLEMAN, P. F., (1.993). "A new explanation for debris flow surge phenomena" (abstract), Eos Trans. AGU, 74(16), Spring Meet. Suppl., 154, 1.993.

CÓRDOVA J.R. Y GONZÁLEZ M., (2.003). "Estimación de los volúmenes y Caudales Máximos que produjeron los Aludes Torrenciales ocurridos en Diciembre de 1.999 en Cuencas del Litoral Central del Estado Vargas, Venezuela", Acta Científica Venezolana, Vol. 54, Suplemento No.1. 2.003

COROMINAS, J., (1.996), The angle of reach a mobility index for small and large landslides. Canadian Geotechnical Journal, 33.260-271.

COROMINAS, J., REMONDO, J., FARIAS, P., ESTEVAO, M., ZEZERE, J., DIAZ-DE TERAN, J., DIKAU,R., SCHROTT, L ., MOYA, J. Y GONZALEZ, A., (1.996), Debris Flow. En DIKAU,R., BRUNDSEN, D., SCHROTT, L . e VINSEN, M. L., (Eds). "Landside recognition identification movements and causes". (161-180). Chichester, U.K., Jonh Wiley and Sons.

COSTA, J. E., (1.984). "Physical geomorphology of debris flows, in Developments and Applications of Geomorphology", edited by J. E. Costa and P. J. Fleisher, pp. 268–317, Springer-Verlag, New York, 1.984.

COSTA, J. E., AND G. F. WIECZOREK (1.987). (Eds.), "Debris Flows/Avalanches: Process, Recognition, and Mitigation", Rev. Eng. Geol., vol. 7, 239 pp., Geol. Soc. of Am., Boulder, Colo., 1.987.

COSTA, J. E., (1.988). "Floods from dam failures", En Baker,V.R., Kochel, R.C. y Patton, P.C. (eds.) Flood geomorphology (139-463) John Wiley & Sons, New York. 1.988.

COVENIN 1753-2006 (2.006), "Proyecto y Construcción de Obras en Concreto Estructural", FONDONORMA (1ra Revisión), 2.006.

CRUDEN, D.M. y VARNES, D. J., (1.996). Landslides types and processes. En TURNER, A.K. y SHUSTER, R.L. (Eds) Landslides investigation and mitigation (36-75). Special Report 247. Transportation Research Board, U.S. National Research Council. Washington, D.C.

CUNGE, J.A., (1.969). "On the subject of a flood propagation computation method (Muskingum Method)". Journal of Hydraulics Research, 7, pp 205-230.

D'AGOSTINO, V., (1.996), Analisi quantitative e qualitativa del trasporto solido torrentizio nei bacini montani del Trentino Orientale. Scritti dedicati a Giovanni Tournon, Associazione Idrotecnic Italiana, Sezione Liguria, Piemonte e Valle D'Aosta.

EINSTEIN, A.,A., (1.956). New Determination of Molecular dimensions (in German), Ann. Phys., 19, 289–306, 1.906. (English translation by A. D. Cowper in Investigations on the Theory of Brownian Movement, edited by R. Furth, pp. 38–62, Dover, Mineola, N. Y., 1.956.)

ELLEN, S. D., AND R. W. FLEMING, (1.987). "Mobilization of debris flows from soil slips, San Francisco Bay region, California, in Debris Flows/Avalanches: Process, Recognition, and Mitigation", Rev. Eng. Geol., vol. 7, edited by J. E. Costa and G. F. Wieczorek, pp. 31–40, Geol. Soc. of Am., Boulder, Colo., 1.987.

FAJARDO E., (2.000). "Un Sistema Automático y Telemétrico de Alerta Temprana para Aludes Torrenciales. Seminario Internacional sobre los Aludes Torrenciales en Venezuela", Instituto de Mecánica de Fluidos, Universidad Central de Venezuela, Caracas, Nov. 2.000.

FALCÓN A. MARCOS, (1.972), "Método de Degradación y Acorazamiento". V Congreso Latinoamericano de Hidráulica en 1.972.

FAO. (1.987). United Nations Food and Agricultural Organization. Restauración forestal y corrección de torrentes en zonas afectadas por la erupción del Nevado del Ruiz, Bogotá. 1.987.

FISHER, R. A. TIPPETT, L. H. C., (1.928), "Limiting forms of the frequency distributions of the smallest and largest member of a sample". Proc. Cambridge Phil. Society, (s.l,), Vol. 24 1.928 p. 180.

FRANCESCHI, L.E., (1.984). "Drenaje Vial". Obra editada por la Fundación "Juan José Aguerrevere. Fondo Editorial del Colegio de Ingenieros de Venezuela. Caracas 1.984.

FUGAZZA MARIO, (2.011). Corso di Sistemazione dei Bacini Idrografici, Appunti alle lezioni AA 2010-2011 Sistemazione dei Bacini Montani, Universitá di Pavía, Facoltà di Ingegneria, Dipartimento di Ingegneria Idraulica e Ambientale.

GARCIA, R., J.L. LÓPEZ, M. NOYA,, M.E. BELLO, M.T. BELLO, N. GONZÁLEZ, G. PAREDES, M.I.

VIVAS, AND J.S. O´BRIEN, (2.003). "Hazard Maping for Debris Flow Events in the Alluvial Fans of the Northern Venezuela". Proc.Third International Conference on Debris-Flow Hazards. 2.003.

GERPROCON C.A., (2.005 - 2.007) – Corpovargas. "Informes y Expedientes de Inspección de las obras de Control de Torrentes de la Cuenca del Río Camurí Grande, Parroquia Camurí, Estado Vargas".

GERPROCON C.A., (2.005 - 2.007) – Corpovargas. "Informes y Expedientes de Inspección de las obras de Control de Torrentes de la Cuenca del Río San Julián, Parroquia Caraballeda, Estado Vargas".

G.F.M. INGENIERÍA C.A., (2.005 - 2.007) – Corpovargas. "Informes y Expedientes de Inspección de las obras de Control de torrentes de la Quebrada Piedra Azul, Parroquia La Guaira, Estado Vargas".

G.F.M. INGENIERÍA C.A., (2.005 - 2.007) – Corpovargas. "Informes y Expedientes de Inspección de las obras de Control de torrentes de la Quebrada Osorio, Parroquia La Guaira, Estado Vargas".

GÓMEZ CORTÉS DIEGO ALFONSO, (2.012). "Medición de los esfuerzos generados por un Flujo de detritos sobre una superficie plana". Universitat Politecnica de Catalunya, Escola Técnica Superior d'Enginyers de Camins, Canals i Ports de Barcelona, Tesos de Master en Recursos Hidricos, Tutor: Allen Bateman, Cotutor: Franceso Bregoli.

GUEVARA, E. Y CARTAYA, H., (1.991). "Hidrología: una ciencia a la ciencia hidrológica aplicada", Universidad de Carabobo.1.991.

GUIDICINI, G. AND IWASA, O., "Tentative correlation rainfall and landslides in a humid tropical enviroment". Bulletin international Association Engineering Geology, Sao Paulo, N° 16: pp 13-20, 1.977.

GUILLARTE, R, J., (1.978). Hidrología Básica. U.C.V. Departamento de Meteorología e Hidrología. Caracas. 1.978.

GUMBEL. E. J., (1.941). "The return period of flood flows. Annual Mathematical Statistics", (s.l.), Vol. 12 Nº 2. Junio 1.941: p. 163.

HAMPTON, M. A., (1.972). "The role of subaqueous debris flow in generating turbidity currents". Journal of. Sedimentary Research. 42:775-793.

HUBL, J. & STEINWENDTNER, H. (2.000). "Debris flow hazard assessment and risk mitigation". Felsbau 18 (2.000)

HUNGR, O., (1.990), "Mobility of rocks avalanches". Reports of the National Research Institute for Earth Science and Disaster Prevention, 46. 11-20, Tsukuba, Japan.

HUNGR, O., (1.995), "A model for the runout analisys of rapid flow slides, debris flows and avalanche". Canadian Geotechnical Journal, 32. 610-623.

HUNGR, O., EVANS, S.G., BORIS M. y HUTCHINSON, J.N., (2.001), "Review of the classification of landslides of the flow type". Enviromental and Engineering Geoscience, VII (3) 221-238.

HUNGR, O., (2.005). "Classification and Terminology". En JACOB, B. Y HUNGR, O., (Eds) Debris Flow Hazards and related Phenomena (9-24), Heidelberg Alemania.

IKEYA HIROSHI, (1.976), "Introduction to Sabo Works", The Japan Sabo Association, Tokio, 1.976.

I.M.F., (2.003), Instituto de Mecánica de Fluidos de la Universidad Central de Venezuela, "Simulacion del Comportamiento Hidraulico de las Obras Propuestas para el Control de Sedimentos en Cerro Grande"", Elaborado por los Ingos. José Luis López y María Eugenia Bello, para el Ing. Gian Franco Morassutti F. en Tecniciv, 2.003.

I.M.H.E. – C.A.S. (2.000), Institute of Mountain Hazards and Enviroment - Chinese Academy of Science (CAS) – Instituto de Mecánica de Fluidos - Universidad Central de Venezuela (IMF-UCV) – Ministerio del Ambiente y de los Recursos Naturales (MARNR), "Research report debris disaters mitigation in Cerro Grande and Uria in Vargas in Venezuela". 2.000.

IVERSON, R.M., (1.997), The physics of debris flows. Reviews of Geophysics. 35(3).245-296.

JICA – MARN, (2.000), Japan International Cooperation Agency – Ministerio del Ambiente y de los Recursos Naturales. Proyecto de Control de Torrentes de las Cuencas de los Ríos San Julián y Camurí Chiquito. Caracas, 2.000.

JUARES BADILLO - RICO RODRIGUEZ. "Mecánica de los Suelos". Teoría y Aplicación de la Mecánica de los Suelos. Tomo II. Limusa. Noriega Editores. México 1.996.

KING HORACE W., WISLER CHESTER O., WOODBURN JAMES G., 1.980. "Hidráulica", Editorial Trillas, Mexico, 1.980.

KIRPICH, P.Z., (1.940). "Time of Concentration of Small Agricultural Areas", Civil Enginnering, June 1.940.

LAGROST L.E., DEPETTRIS C. A. Y RUBERTO A., (s.f.). "Apuntes de Hidrología", Cátedra de Hidrología, Universidad Nacional del Nordeste, Argengtina. Corresponde a la traducción del capítulo Nº 13.- del libro "Engineering Hydrology", Víctor M. PONCE, Editorial Prentice Hall, 1.989.

LAMBE WILLIAM Y WHITMAN ROBERT V., (1.969). "MECANICA DE SUELOS".

LARSEN, MATTHEW C., WIECZOREK, GERALD F., EATON, SCOTT, MORGAN, BENJAMIN A.,(2.000). Natural Hazards on Alluvial Fans: The Venezuela Debris Flow And Flash Flood Disaster, U S Department of the Interior, U.S. Geological Survey, Caribbean District, 2.000.

LEÓN, M.C. Y MARTÍN, E., (1.985). "Método modificado del Área Efectiva para la determinación de hidrogramas en sistemas de drenaje". Trabajo Especial de Grado. UCAB. Caracas, 1.985.

LINSLEY R., KOHLER M. Y PAULHUS J., (1.981). "Hidrología para Ingenieros". Segunda Edición, Mc Graw-Hill. New York, 1.981.

LÓPEZ CADENAS DE LLANO, FILIBERTO, (1.965). "Diques para la Corrección de Cursos Torrenciales y Métodos de Cálculo". Ministerio de Agricultura, Dirección General de Montes, Caza y Pesca Fluvial, Instituto Forestal de Investigaciones y Experiencias, Madrid 1.965.

LÓPEZ S. JOSE LUIS, (2.005). "Estrategias de mitigación y control de inundaciones y aludes torrenciales en el Estado Vargas y en el Valle de Caracas: situación actual y perspectivas futuras". Instituto de Mecánica de Fluidos, Facultad de Ingeniería, Universidad Central de Venezuela. 2.005.

LÓPEZ S. JOSE LUIS, (2.009). "Lecciones Aprendidas del Desastre de Vargas – Aportes Científico – Tecnológicos y Experienacias Nacionales en el Campo de la Prevención y Mitigación de Riesgos" Instituto de Mecánica de Fluidos, Facultad de Ingeniería, Universidad Central de Venezuela – Fundación Empresas Polar. 2.009.

LÓPEZ S. JOSE LUIS, (2.013). "Una visión crítica sobre el desastre de Vargas ¿Qué se ha hecho? ¿Qué falta por hacer?". Instituto de Mecánica de Fluidos, Facultad de Ingeniería, Universidad Central de Venezuela. 2.013.

MACCAFERRI (1). Officine Maccaferri, Gaviones. Manuales de Productos. www.maccaferri.com

MACCAFERRI (3). Rivestimenti flessibili in materassi Reno e gabbioni nei canali e nei corsi d`acqua canalizati. R. Agostino, A. Conte, G. Malagiuti, A. Papetti. 1.985.

MACCAFERRI (3). Strutture flessibili in gabbioni nelle opere di sostegno delle terre. R. Agostino, L. Cesario, A. Conte, M. Masetti, A. Papetti. 1.986.

MACCAFERRI (4). Strutture flessibili in gabbioni e materassi Reno nelle aste torrentizie e fluviali. R. Agostino, L. Cesario, F. Ferraiolo, A. Papetti. 1.988.

MACCAFERRI (5). Revestimientos de canales y curos de agua. Fundacáo Centro tecnológico de Hidráulica, Universidad de Sáo Paulo, Sáo Paulo, Brasil. G.Brighetti, J. R. Scaratini M., J.C. de Melo B., Maccaferri do Brasil, Ing. Gerardo Fracassi. Sin fecha..

MARIN S., - CORPOVARGAS (2.002). "Proyecto Presa San José de Galipán, Estado Vargas". Elaborado por M.G.R. Consultores C.A., 2.002.

MARIN S., - CORPOVARGAS (2.002). "Proyecto Presa Macuto II, sobre La Quebrada El Ere, Cuenca Rio Macuto, Estado Vargas". Elaborado por M.G.R. Consultores C.A., 2.002.

MARIN S., - CORPOVARGAS (2.002). "Proyecto Presa El Cojo, sobre La Quebrada El Cojo, Estado Vargas". Elaborado por M.G.R. Consultores C.A., 2.002.

MARTÍN VIDE JUAN P., (2.008). "Ingeniería de Ríos", Ediciones UPC S.L., Universidad Politécnica de Catalunya, Barcelona, España, Alfaomega Grupo Editor, 2.008.

MÉNDEZ, M.V., (1.979). "Elementos de Hidráulica de Canales". Universidad Católica Andrés Bello, Caracas, 2.001.

MENGUAL, M. (2.001), "Proyecto de Ingeniería Básica de la Canalización e Ingeniería de Detalle de las Obras de Control de Sedimentos en la Quebrada Tacagua", MGA Ingenieros Civiles / Autoridad Unica de Area para el Estado Vargas, 2.001.

MEYER-PETER, E. & MÜLLER, R. (1.948), "Formulae for bedload transport". Proceedings of 3rd Congress, International Association of Hydraulic, Research, Sweden, 39-64. 1.948.

M.G.R. Consultores C.A., (2.003) - Corpovargas. "Proyecto de Control de Torrentes de Quebrada Seca, Parroquia Caraballeda, Estado Vargas".

MINISTERO DELL' AGRICOLTURA E DELLE FORESTE, (1.972). "Opere per la correzziones del torrenti – Moderne Tecniche Costruttive e Nuovi Procedimenti di Calcolo", Italia, 1.972.

MINTEGUI A. JUAN A., ROBREDO S. JOSÉ C., et. al., (2.008). Organización de las Naciones Unidas para la Educación, la Ciencia y la Cultura, Oficina Regional de Ciencia de la UNESCO para América Latina y el Caribe, Programa Hidrológico Internacional, Estrategias para el Control de los Fenómenos Torrenciales y la Ordenación Sustentable de las Aguas, Suelos y Bosques de las Cuencas de Montaña, Documentos Teórico del PHI – LAC, Nº 13.-, UNESCO 2.008.

MITZUYAMA, T. & Y. ISHIKAWA, "Technical Standards for the Measures against Debris Flow", Technical Memorandum No.2631, Sabo Erosion Control Division, Public Works Research Institute, Ministry of Construction, Japon. 1.988,

MONSALVE S. G., (1.995). "Hidrología en la Ingeniería". Editorial Escuela Colombiana de Ingeniería. Colombia, 1.995.

MONTSERRAT MICHELINI SANTIAGO R., "Estudio Experimental de Obras de Protección Contra Aluviones", Tesis para optar al Grado de Magíster en Ciencias de la Ingeniería Mención Recursos y Medio Ambiente Hídrico, Universidad de Chile Facultad de Ciencias Físicas y Matemáticas, Santiago De Chile Noviembre 2.005.

MORASSUTTI F., G.F. (2.010). Obras de Control de Torrentes en el Estado Vargas. Primera Parte – Los Criterios de Diseño y la Planificacion. Segunda Parte - El Plan Vargas 2.005.- Documento preparado y expuesto para el V Congreso Iberoamericano de Control de Erosion y Sedimentos – Panamá, Octubre 2.010.

MORASSUTTI F., G.F. - A.U.A.E.V., (2.006). Autoridad Unica de Área para el Estado Vargas, "Proyecto de Control de Erosión de la Cuenca del Río Cerro Grande, Parroquia Caraballeda, Estado Vargas", Elaborado por G.F.M. Ingeniería C.A., para Tecnivic C.A., 2.006.

MORASSUTTI F., G.F. – CORPOVARGAS (1), (2.002). Corporación para la Recuperación y Desarrollo del Estado Vargas, "Proyectos de Control de Erosión y Canalización de Ríos y Quebradas en el Estado Vargas. - Definición de Criterios de Diseño, Enero 2.002.

MORASSUTTI F., G.F. – CORPOVARGAS (2), (2.002). Corporación para la Recuperación y Desarrollo del Estado Vargas, "Proyecto Presa Curucuti Nº 0.- y Presa Curucuti Nº 3.-, Sobre La Quebrada Curucuti, Estado Vargas". Elaborado por G.F.M. Ingeniería C.A., para M.G.R. Consultores C.A., 2.002.

MORASSUTTI F., G.F. – CORPOVARGAS (3), (2.005). Corporación para la Recuperación y Desarrollo del Estado Vargas "Proyecto de Control de Erosión de la Cuenca del Río San Julián, Parroquia Caraballeda, Estado Vargas", Elaborado por G.F.M. Ingeniería C.A., para BM3 Obras y Servicios, Madrid, España en el Marco del Convenio de Cooperación Hispano – Venezolano, 2.005.

MORASSUTTI F., G.F. - CORPOVARGAS (4), (2.005). Corporación para la Recuperación y Desarrollo del Estado Vargas, "Proyecto de Control de Erosión de la Cuenca de Quebrada Seca, Parroquia Caraballeda, Estado Vargas", Elaborado por G.F.M. Ingeniería C.A., para Tecnivic C.A., 2.005.

MORASSUTTI F., G.F. – CORPOVARGAS (5), (2.005). Corporación para la Recuperación y Desarrollo del Estado Vargas "Proyecto de Control de Erosion de la Quebrada Piedra Azul Parroquia La Guaira, Estado Vargas". 2.005.

MORASSUTTI F., G.F. – CORPOVARGAS (6), (2.005), Corporación para la Recuperación y Desarrollo del Estado Vargas "Proyecto de Rehabilitacion de la Canalizacion del Rio Macuto y Proyecto de Presas N° 5 Y N° 6.- de la Cuenca del Rio Macuto, Estado Vargas". Elaborado por G.F.M. Ingeniería C.A., 2.005.

MORASSUTTI F., G.F. – CORPOVARGAS (7), (2.005), Corporación para la Recuperación y Desarrollo del Estado Vargas Actualizacion del

Proyecto de Control de Erosion de La Cuenca del Rio Camuri Grande, Parroquia Naiguata, Estado Vargas. Elaborado por G.F.M. Ingeniería C.A., 2.005

MORASSUTTI F., G.F. – CORPOVARGAS (8), (2.006), Corporación para la Recuperación y Desarrollo del Estado Vargas "Proyecto de Presa N° 0.- y Traviesas Aguas Abajo sobre la Quebrada Alcantarilla o San Jose De Galipan, Parroquia Macuto, Estado Vargas", Elaborado por G.F.M. Ingeniería C.A., 2.006.

MORASSUTTI F., G.F. – CORPOVARGAS (9), (2.007). Corporación para la Recuperación y Desarrollo del Estado Vargas, "Proyecto de Presa N° 3.- sobre la Quebrada Osorio, Parroquia La Guaira, Estado Vargas", Elaborado por G.F.M. Ingeniería C.A., Elaborado por G.F.M. Ingeniería C.A., 2.007.

MORASSUTTI F., G.F. – CORPOVARGAS (10), (2.007), Corporación para la Recuperación y Desarrollo del Estado Vargas "Proyecto de Presas de Control de Sedimentos Rio Camuri Grande, Estado Vargas. Presa Rio Camuri Nº 3.- Y Nº 4.- Presa Rio Migueleno Nº 3.- Y Nº 4.-, Elaborado por G.F.M. Ingeniería C.A., 2.007.

MORASSUTTI F., G.F. – CORPOVARGAS (11), (2.007) – Corpovargas. "Informe de Inspección de la Obras de Control de torrentes del Río Cerro Grande, Parroquia Caraballeda, Estado Vargas".

M.T.C.R.P., (s.f.). MINISTERIO DE TRANSPORTE Y COMUNICACIONES, REPÚBLICA DEL PERÚ. "Manual de Hidrología, Hidráulica y Drenaje".

MUGUERZA A. ALEJANDRO, (2.009). "Aguas Arriba del Flujo Torrencial. Un análisis Geotécnico-Meteorológico de la tragedia de Vargas". Caracas 2.009.

NAKAO, T. (1.993). "Research and Practice of Hydraulic Engineering in Japan - Sabo (Erosion Control)." Jl of Hydroscience and Hyd. Eng. in Japan, No. SI-4 River Engineering, pp. 175-229.

NORMA COVENIN 1753 – 2.003, PROYECTO Y CONSTRUCCIÓN DE OBRAS EN CONCRETO ESTRUCTURAL

O´BRIEN,J.S. & JULIEN, P.Y., (1.985). Physical proceses of hiperconcentrated sediment flows, Proceding of the ASCE Speciality Conference of the Delineation of Landslides, Floods and Debris Flow Hazards in Utah, Utah Water Research Laboratory, Series UWRL7g-85/03,260-279,1.985.

O'BRIEN, J.S., AND P. Y. JULIEN, (1.988). "Laboratory analysis of mudflow properties", Journal Hydraulic Engineer, 114, 877–887, 1.988.

O'BRIEN, J. S., P. Y. JULIEN, AND W. T. FULLERTON, (1.993). "Two-dimensional water flood and mudflow simulation", Journal of Hydraulic Engineer, 119, 244–261, 1.993.

O'BRIEN,J.L. y JULIEN, P.Y, (1.997). "On the importance of mudflow routing". En CHEN,C.L. (Eds), Debris Flow Hazards Mitigation: Mechanics Prediction and Assesment Proceedings of the first International Conference.(677-686). San Francisco, California, 7-9 Agosto 1.997. Amrican Society of Civil Engineers.

O'BRIEN, J. (2.000), FLO-2D, User Manual. Tetra-Tech, Inc. Versión 2000.01..2000.

PÉREZ, O. E. Y VIVAS, J. J., (1.986). "Estudio comparativo entre los métodos modificado del Área Efectiva y Racional". Trabajo especial de grado. UCAB. Caracas, Octubre 1.986.

PNUD / CAF. (2.000). "Efectos de las lluvias caídas en Venezuela en diciembre de 1.999". Caracas: Programa de las Naciones Unidas para el Desarrollo / Corporación Andina de Fomento. CDB Publicaciones,

PONCE, V. M., (1.989), "Engineering Hydrology – Principles and Practices", Prentice-Hall.

PROHIDRA S.C., (2.002) - Autoridad Única de Vargas. "Proyecto de Control de Torrentes del Río Camurí Grande, Parroquia Naiguatá, Estado Vargas".

REMENIERAS, G., (1.974). "Tratado de Hidrología Aplicada". Segunda Edición. Editores Técnicos Asociados, S.A. Barcelona, 1.974.

ROGERS, P. (1.953), "Fixed End Moments", Frederick Ungar Publishing, 1.953.

SÁNCHEZ MORLES MILÁ, (2.009). "Modelación de Flujos de Derrubios empleando el Método SPHL. Aplicación a casos reales". Tesis Doctoral. Universidad Politécnica de Madrid, E.T.S. de Ingenieros de Caminos, Canales y Puertos, Departamento de Ingeniería y Morfología del terreno, Madrid 2.009.

SCHIECHTL M. HUGO, (1.991). "Bioingegneria Forestale – Biotecnica Naturalistica – Basi – Materiale da Construzione Vivi - Metodi", Edizioni Castaldi - Feltre, Italia 1.991.

SCHIECHTL M. HUGO, STERN ROLAND, (1.992). "Ingegneria Naturalística – Manuale delle opere in terra.", Edizioni Castaldi - Feltre, Italia 1.992.

SCHOKLITSCH Armin, (1.961). "Tratado de Arquitectura Hidraulica", Ediciones Gustavo Gili, Barcelona, España, 1.961.

SHIELDS, A. (1.936). Application of Similitude Mechanics and The Research on Turbulence to Bed Form Movement. (en Alemán), Mitt. Preuss. Versuchsanstalt fur Wasserbau und Schiffbau, Heft 26, Berlín.1.936.

SIDOR (1.982), "Manual de Proyectos de Estructuras de Acero", C.V.G. Siderúrgica del Orinoco, 1.982.

SINGER, F. y PYTEL, A. (1.982), "Resistencia de Materiales", McGraw-Hill Book Company, 1.982.

SOTELO A. GILBERTO, (2.001). "Hidráulica General", Fundamentos Volumen 1.-, Editorial Limusa, Méximo, 2.001.

SUÁREZ V. LUIS M., (1.993). "Presas de corrección de torrentes y retención de sedimentos". Ministerio del Ambiente y de los Recursos Renovables, MARNR, Venezuela. 1.993.

SUÁREZ D. JAIME, (2.001), "Control de Erosión en Zonas Tropicales", División Editorial y de Publicaciones Universidad Industrial de Santander, 2.001.

TAKAHASHI, T., (1.978). "Mechanical characteristics of debris flow", Journal Hydraulic Division American Society of Civil Engineer, 104, 1153–1169.

TAKAHASHI, T., (1.980). "Debris flow on prismatic open channel", Journal Hydraulic Division American Society of Civil Engineer, 106, 381–396.

TAKAHASHI, T., (1.991). "Debris flow", Annual Rev. Fluid Mechanics, 13, 57–77, 1.981. Takahashi, T., Debris Flow, 165 pp., A. A. Balkema, Brookfield, Vt., 1.991.

TAKAHASHI, T. (1.994). (Ed.), "Japan-China joint research on the prevention from debris flow hazards", Res. Rep. 03044085, 195 pp., Grant-in-Aid for Scientific Research, Jpn. Min. of Educ. Sci. and Cult. Int. Sci. Res. Program, Tokyo, 1.994.

TAKAHASHI, T., (1.997). Kyoto University, "Aplicacions of Debris flow Hazard Mitigation, Machanics, Prediction and Assessment", ASCE, American Society of Civil Engineer, 1.997.

TECNICIV C.A., (2.005 - 2.007) - Corpovargas. "Informes y Expedientes de Inspección de las obras de Control de Torrentes de Quebrada Seca, Parroquia Caraballeda, Estado Vargas".

TEKHNE, (1.997), Revista de la Facultad de Ingeniería de La U.C.A.B. Nº 1.- "El Desarrollo de la Ingeniería Ambiental" – Ing. Eduardo Buróz C. – Director del Post – Grado de Ingeniería Ambiental de La U.C.A.B., 1.997.

TRUEBA C., S., (1.986), "Hidráulica", COMPAÑÍA EDITORIAL CONTINENTAL S.A., MEXICO, Vigésimatercera Edición, 1.986.

UNESCO, (2.008), Organización de las Naciones Unidas para la Educación, la Ciencias y la Cultura, Estrategias para el Control de los Fenómenos Torrenciales y la Ordenación Sustentable de ls Aguas, Suelos y Bosques de las Cuencas de Montaña. Documentos Técnicos del PHI – LAC, Nº 13.-, 2.008.

UNESCO, 2.010. Organización de las Naciones Unidas para la Educación, la Ciencias y la Cultura, Procesos de erosión – sedimentación en cauces y cuencas. Daniel Brea, Francisco Balocchi Documentos Técnicos del PHI-LAC, N° 22. 2010.

UNIVERSIDAD POLITÉCNICA DE VALENCIA, (s.f.) "Métodos para la determinación del tiempo de concentración (tc) de una cuenca hidrográfica, Escuela Técnica Superior de Ingeniería Agronómica y del Medio Natural, Universidad Politécnica De Valencia, España.

URIAN NICOLA, RINALDI MASSIMO, PELLEGRINI LUISA, et. al., (2.009). "Linee guida per l'analisi geomorfologica degli alvei fluviali e delle loro tendenze evolutive". Cooperativa Libraria Editrice Università di Padova", Dicembre 2.009.

USACE.- U.S. ARMY CORPS OF ENGINEERS, "Debris Method", Los Angeles District Method for Prediction of Debris Yield, Los Angeles, California. 2.000.

USACE.- U.S. ARMY CORPS OF ENGINEERS, "Hydrologic Engineering Center`s River Analysis System (HEC – RAS). User`s Manual.Versión 4.1.- 2010.

U.S. BUREAU OF RECLAMATION, (1.978). "Proyecto de pequeñas presas. Editorial Dossat,.Madrid, 1.978.

U.S. DEPARTMENT OF AGRICULTURE, (1.972). "Proceeding of the Federal Inter – Agency Sedimentation Conference". Miscelaneous Publication, Nº 970, Washington D.C., 1.963.

U.S. DEPARTMENT OF AGRICULTURE, (1.972). Soil Conservation Service, National Engineering Handbook, Hidrology, Section 4.15, Washington D.C. August, 1.972.

U.S.A., (1.944). State of California, Department of Public Works. Division of highways, California Culvert Practice, Sacramento, August, 1.944.

VANDINE, D.F., (1.996). "Debris Flow Control Structures for Forest Engineering", Ministry of Forests Research Branch 31 Bastion Square Victoria, British Columbia V8W 3E7.

VANONI, V. A. (1.975). (Ed.), "Sedimentation Engineering", 745 pp., Am. Soc. of Civ. Eng., New York.

VARNES, D. J., (1.978). "Slope movement types and processes, in Landslides—Analysis and Control", edited by R. L. Schuster and R. J. Krizek, Spec. Rep. Natl. Res. Counc. Transp. Res. Board, 176, pp. 11–33, Natl. Acad. of Sci., Washington, D. C.,

WANG, Z., y SHEN, H.T., (1.999). "Lagrangian simulation of one dimensional break flow". Journal of Hydraulic Engineering. 125 (11): 1217-1220.

WRIGHT-McLAUGHLIN ENGINEERS, DENVER. (1.971). "Urban storm drainage, Criteria Manual". Denver, Denver Regional Council of Governments and the Urban Drainage and Flood Control District.1.971. Vol. 2.-

WWW.GEOBRUGG.COM, A company of the BRUGG Group, Geobrugg AG Aachstrasse 11 CH-8590, Romanshorn, Switzerland.

WWW.GEOLOGOSDELMUNDO.ORG

WWW.MAGRAMA.GOB.ES

WWW.PREF.WAKAYAMA.LG.JP

WWW.TECNOCONCRET.COM.- TECNOFIBRA.- FIBRA DE POLIPROPILENO PARA REFUERZO SECUNDARIO DEL CONCRETO.

WWW.SIKA.COM.- SIKA®FIBER.- FIBRA DE POLIPROPILENO PARA CONCRETO.

ANEXO N° 1.-

EJEMPLO DE CÁLCULO DE PRESA DE CONCRETO CICLOPEO

CALCULO HIDRÁULICO Y ESTRUCTURAL DE PRESA DE RETENCIÓN DE SEDIMENTOS

OBRA:	RÍO CERRO GRANDE, PARROQUIA CARABALLEDA, ESTADO VARGAS.
PRESA:	PRESA CERRADA DE CONCRETO CICLOPEO - H = 9.00 m

DISEÑO GENERAL DE LA PRESA

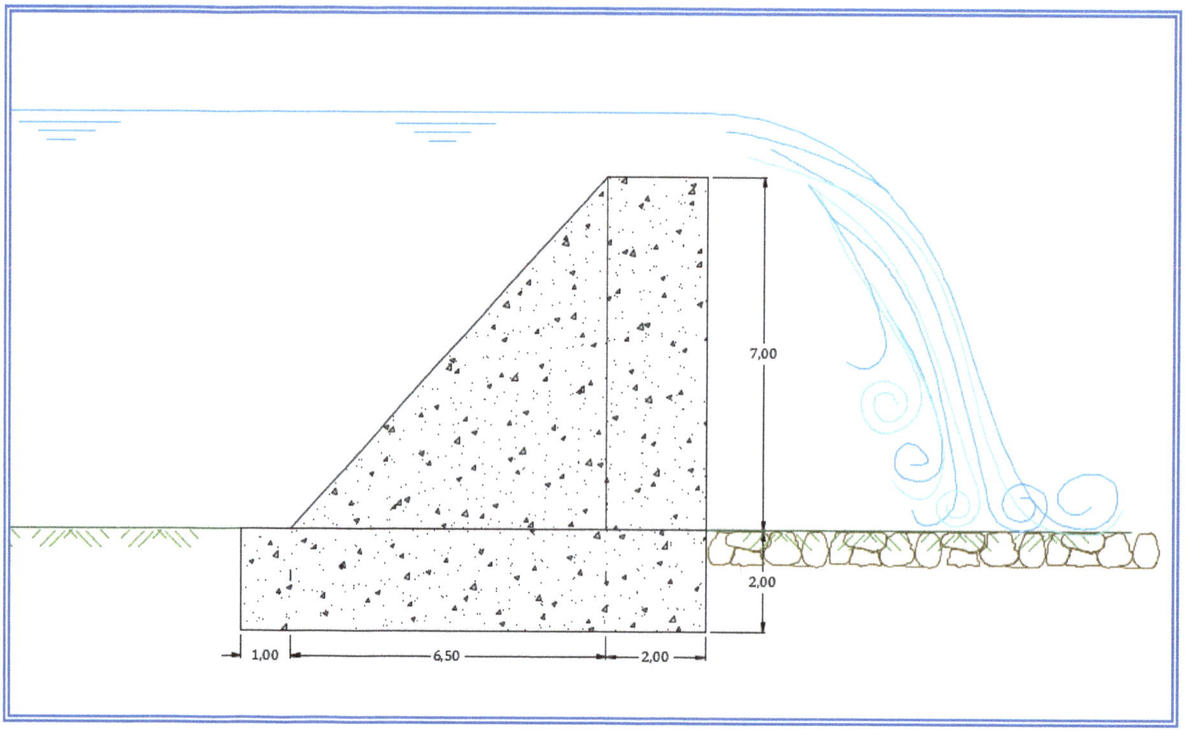

CALCULO DE VERTEDERO Y CUENCO DISIPADOR

OBRA:	RÍO CERRO GRANDE, PARROQUIA CARABALLEDA, ESTADO VARGAS.
PRESA:	PRESA CERRADA DE CONCRETO CICLOPEO - H = 9.00 m

DIAGRAMA

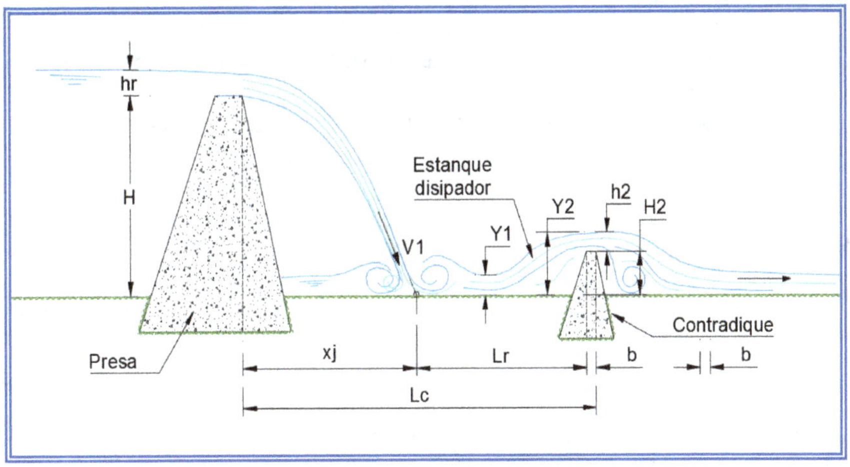

CALCULO DEL VERTEDERO

			F =	1.80	FACTOR DE INCREMENTO
Q =	340.00 m³/s	GASTO DE DISEÑO	Q_{LODO} =	612.00 m³/s	GASTO DE DISEÑO DE LODOS
L =	63.00 m	LONGITUD DEL VERTEDERO	L =	63.00 m	LONGITUD DEL VERTEDERO

$hr = (Q^2/(g*L^2))^{(1/3)}$ → hr = 1.44 m — ALTURA DE AGUA SOBRE EL VERTEDERO DE SECCION RECTANGULAR

$hr_{LODO} = (Q_{LODO}^2/(g*L^2))^{(1/3)}$ → hr_{LODO} = 2.13 m — ALTURA DE AGUA SOBRE EL VERTEDERO DE SECCION RECTANGULAR CON GASTOS DE LODOS Y PIEDRAS

H =	7.00 m	ALTURA DEL GAVION, MEDIDO DESDE LA RASANTE DEL CAUCE
D_{90} =	90.00 mm	DIAMETRO DEL MATERIAL DEL CAUCE PARA EL CUAL EL 90% EN PESO ES MAS FINO
q =	5.40 m³/s/m	GASTO POR UNIDAD DE ANCHO
b =	2.00 m	ANCHO DE LA CRESTA DEL VERTEDERO DEL CONTRADIQUE

CALCULO DEL CUENCO DISIPADOR

$V_1 = (2*g*(H + hr))^{1/2}$ → V_1 = 12.87 m/s — VELOCIDAD

$Y_1 = (q/V_1)$ → Y_1 = 0.42 m — ALTURA NORMAL 1

$F_1 = V_1 / ((g*Y_1)^{1/2})$ → F_1 = 6.34 — NUMERO DE FROUDE

$Y_2 = (Y_1*((1 + 8*F_1)^{1/2}-1))/2$ → Y_2 = 1.30 — ALTURA NORMAL 2

$H_2 = Y_2 - h_2$ → $h_2 = h_r$ → H_2 = -0.14 — ALTURA NECESARIA DEL CONTRADIQUE SOBRE LA FUNDACION. SI ES < 0, EL CONTRADIQUE SE COLOCARA A NIVEL DEL LECHO.-

h_2 → ES LA CARGA HIDRAULICA SOBRE LA CRESTA DEL CONTRADIQUE. EN GENERAL LAS LONGITUDES DE LOS VERTEDEROS DE LA PRESA Y DEL CONTRADIQUE SUELEN SER IGUALES, POR LO QUE h_2 = hr.

CALCULO DE LA PROFUNDIDAD DE FUNDACION

$H_T = H + hr - Y_2$ → 7.14 m DIFERENCIA DE ELEVACION ENTRE LOS NIVELES DE LA CAIDA.

$H_T = H + hr$ → 8.44 m DIFERENCIA DE ELEVACION ENTRE LOS NIVELES DE LA CAIDA.

CRITERIO DE SCHOKLITSH

$hs + Y_2 = (4.75*H^{0,20}*q^{0,57})/(D_{90}^{0,32})$ → hs = 3.06 m PROFUNDIDAD DE SOCAVACION

hs = 3.21 m PROFUNDIDAD DE SOCAVACION

PROFUNDIDAD DE SOCAVACION CALCULADA SEGÚN EL CRITERIO DE SCHOKLITSH, PARA DETERMINAR LA SOCAVACION AGUAS ABAJO DE UNA ESTRUCTURA DE CAIDA DE SECCION RECTANGULAR.-

CALCULO DE LA LAMINA VERTIENTE

V = 3.75 m/s VELOCIDAD DE DISEÑO

$Xi = V*(2*H/g)^{1/2}$ → Xi = 4.49 m

$Xj = V*(2*(H+hr)/g)^{1/2}$ → Xj = 4.92 m

AREA DE IMPACTO DE LA LAMINA VERTIENTE, DEFINIDAS POR LAS DISTANCIAS Xi y Xj.-

DISTANCIA ENTRE LA PRESA Y EL CONTRADIQUE

$L_c = X_j + L_r + b$ → $Lr = 5*Y_2$ → L_c = 13.42 m

L_c = 14.00 m LONGITUD ASUMIDA

DONDE:

X_j = DISTANCIA HORIZONTAL DEL IMPACTO DE LA LAMINA VERTIENTE (m)
L_r = LONGITUD NECESARIA PARA ALOJAR EL RESALTO HIDRAULICO (m)
b = ANCHO DE LA CRESTA DEL CONTRADIQUE.

CALCULO DE LA SOCAVACION LOCAL AL PIE DE UNA CAIDA

METODO DE SCHOKLITSCH

Expresión de Schoklitsch $$h_s = 4,75 * \frac{H^{0,20} * q^{0,57}}{D_{90}^{0,32}} - Y_2 \qquad (VII.9)$$

Donde:
- h_s = Socavación (m)
- Y_2 = Altura de agua, aguas abajo del dique (m)
- H = Altura de la carga hidráulica desde la superficie del agua aguas arriba del vertedero hasta la superficie aguas abajo (m)
- q = Caudal unitario ($m^3/s/m$)
- D_{90} = Diámetro del material del cauce para el cual el 90% es más fino (mm)

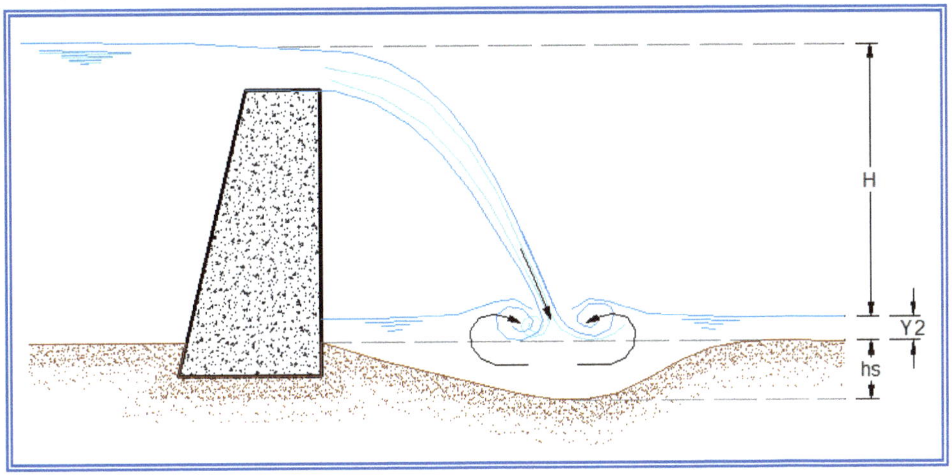

El cálculo se realiza con la finalidad de determinar el diámetro medio de la roca necesaria para la conformación del enrocado en el disipador de energía, partiendo de un ancho de vertedero de 63 metros y una caída de 8,44 metros.

RIO:	*CERRO GRANDE*	**PRESA:**	**1.-**
LOCALIDAD:	*PARROQUIA CARABALLEDA*	**Tr =**	100 años
ESTADO:	*VARGAS*	**GASTO =**	340 m^3/s

Q (m^3/s)	ANCHO VERTEDERO (m)	H (m)	Y_2 (m)	d_{90} (mm)	q ($m^3/s/m$)	hs (m)
340.00	63.00	8.44	1.30	1,000.00	5.40	0.79
340.00	63.00	8.44	1.30	1,100.00	5.40	0.72
340.00	63.00	8.44	1.30	1,200.00	5.40	0.67
340.00	63.00	8.44	1.30	1,300.00	5.40	0.62
340.00	63.00	8.44	1.30	1,400.00	5.40	0.57
340.00	63.00	8.44	1.30	1,500.00	5.40	0.53
340.00	63.00	8.44	1.30	1,600.00	5.40	0.50

Q (m^3/s)	ANCHO VERTEDERO (m)	H (m)	Y_2 (m)	d_{90} (mm)	q ($m^3/s/m$)	hs (m)
612.00	63.00	8.44	1.30	1,000.00	9.71	1.62
612.00	63.00	8.44	1.30	1,100.00	9.71	1.53
612.00	63.00	8.44	1.30	1,200.00	9.71	1.45
612.00	63.00	8.44	1.30	1,300.00	9.71	1.38
612.00	63.00	8.44	1.30	1,400.00	9.71	1.32
612.00	63.00	8.44	1.30	1,500.00	9.71	1.26
612.00	63.00	8.44	1.30	1,600.00	9.71	1.21

CALCULO ESTRUCTURAL DE DIQUES TRANSVERSALES

OBRA: RÍO CERRO GRANDE, PARROQUIA CARABALLEDA, ESTADO VARGAS.

PRESA: PRESA CERRADA DE CONCRETO CICLOPEO - H = 9.00 m

DISEÑO GENERAL DE UN DIQUE TRANSVERSAL

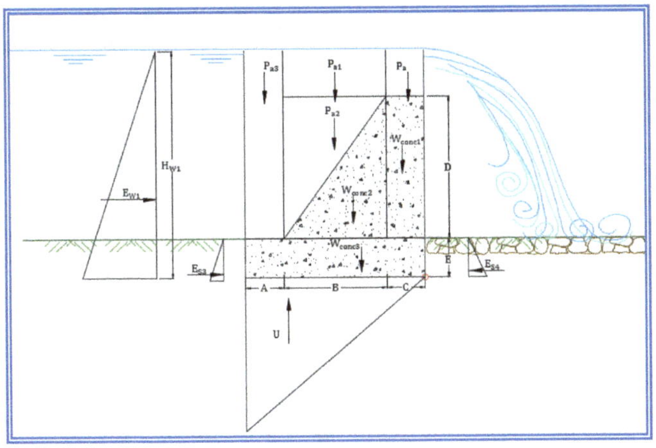

CONSIDERACIONES DE DISEÑO PARA EL CALCULO ESTRUCTURAL DE LA SECCION DE DIQUE ADOPTADA

- **CÁLCULO DEL DIMENSIONAMIENTO DE LA PRESA CONSIDERANDO LOS EMPUJES HIDROSTÁTICOS.**
- **SE CONSIDERA EL EMPUJE PASIVO DEL SUELO AGUAS ABAJO COMO SUELO SATURADO.**
- **SE CONSIDERA EL EMPUJE DE SUELO SUMERGIDO AGUAS ARRIBA DEL MURO, POR ENCIMA DEL NIVEL DE FUNDACIÓN DE LA PRESA.**

DATOS DE DISEÑO

γ_w =	1.00	Ton/m³	PESO ESPECÍFICO DEL AGUA
γ_{conc} =	2.20	Ton/m³	PESO UNITARIO DEL CONCRETO
γ_{sed} =	2.00	Ton/m³	PESO ESPECÍFICO DEL SEDIMENTO
γ_{ss} =	0.80	Ton/m³	PESO ESPECÍFICO DEL SEDIMENTO SUMERGIDO
γ_{ssat} =	1.80	Ton/m³	PESO ESPECÍFICO DEL SEDIMENTO SATURADO
ϕ =	35	°	ANGULO DE FRICCION INTERNA DEL SUELO
H =	7.00	m	ALTURA DEL GAVION, MEDIDO DESDE LA RASANTE DEL CAUCE.
Hw_1 =	10.44	m	ALTURA DEL GAVION, MEDIDO DESDE LA RASANTE DEL CAUCE.
Hs_1 =	0.00	m	PROFUNDIDAD DEL SEDIMENTO AGUAS ARRIBA DEL DIQUE, POR ENCIMA DEL NIVEL DE FUNDACION
Hs_2 =	2.00	m	PROFUNDIDAD DEL SEDIMENTO AGUAS ARRIBA Y AGUAS ABAJO DEL DIQUE (PROFUNDIDAD DE FUNDACION DEL DIQUE)
f =	0.70		FACTOR DE SEGURIDAD AL DESLIZAMIENTO
hr =	1.44	m	ALTURA DE AGUA SOBRE LA PRESA.
Y_2 =	1.30	m	ALTURA DEL AGUA, AGUAS ABAJO DEL DIQUE.
ns =	20	%	POROSIDAD DEL SUELO.
ka =	0.27		EMPUJE ACTIVO DEL SUELO

DIMENSIONES DE LA ESTRUCTURA

A =	1.00 m
B =	6.50 m
C =	2.00 m
D =	7.00 m
E =	2.00 m

FUERZAS ACTUANTES SOBRE EL MURO

PESO PROPIO DEL MURO

PESO DEL MURO		BRAZO DE GIRO CON RESPECTO A "PIVOTE"		MOMENTOS (TON.M)	
W_{conc1} =	30.80 Ton	L_{conc1} =	1.00 m	M_1 =	30.80
W_{conc2} =	50.05 Ton	L_{conc2} =	4.15 m	M_2 =	207.46
W_{conc3} =	41.80 Ton	L_{conc2} =	4.75 m	M_3 =	198.55

PESO DEL AGUA SOBRE EL MURO

PESO DEL AGUA SOBRE EL MURO		BRAZO DE GIRO CON RESPECTO A "PIVOTE"		MOMENTOS (TON.M)	
P_a =	2.87 Ton	L_{w1} =	1.00 m	M_1 =	2.87
P_{a1} =	9.34 Ton	L_{w2} =	5.25 m	M_2 =	49.05
P_{a2} =	22.75 Ton	L_{w3} =	6.33 m	M_3 =	144.08
P_{a3} =	17.44 Ton	L_{w4} =	9.00 m	M_4 =	156.94

PESO DEL SUELO SOBRE EL MURO

PESO DEL SUELO SOBRE EL MURO		BRAZO DE GIRO CON RESPECTO A "PIVOTE"		MOMENTOS (TON.M)	
W_{s1} =	0.00 Ton	L_{s1} =	0.00 m	M_1 =	0.00
W_{s2} =	0.00 Ton	L_{s2} =	0.00 m	M_2 =	0.00
W_{s3} =	0.00 Ton	L_{s3} =	0.00 m	M_3 =	0.00
W_{s4} =	0.00 Ton	L_{s4} =	0.00 m	M_4 =	0.00

EMPUJES ACTUANTES SOBRE EL MURO

			BRAZO DE GIRO CON RESPECTO A "O"			MOMENTOS (ton.m)
EMPUJE DEL AGUA						
$E_{w1} = (Hw_1^2 * \gamma_w)/2$ →	E_{w1}=	54.47 Ton*m	L_{w1}=	3.48	m	189.50
$E_{w2} = ((Y_2 + Hs_2)^2 * \gamma_w)/2$ →	E_{w2} =	0.00 Ton*m	L_{w2} =	0.00	m	0.00
EMPUJE DEL SUELO AGUAS ARRIBA DEL MURO						
$E_{s1} = (Hs_1^2 * \gamma_{ss} * ka)/2$ →	E_{s1}=	0.00 Ton*m	L_{s1}=	0.00	m	0.00
$E_{s2} = Hs_1 * Hs_2 * \gamma_{ss} * ka$ →	E_{s2} =	0.00 Ton*m	L_{s2} =	0.00	m	0.00
$E_{s3} = (Hs_2^2 * \gamma_{ss} * ka)/2$ →	E_{s3} =	0.43 Ton*m	L_{s3} =	0.67	m	0.29
EMPUJE DEL SUELO AGUAS ABAJO DEL MURO						
$E_{s4} = (Hs_2^2 * \gamma_{ssat} * ka)/2$ →	E_{s4} =	0.98 Ton*m	L_{s4} =	0.67	m	0.65
FUERZA DE SUBPRESIONES						
$U = (\gamma_w * Hw_1 * B)/2$ →	U =	49.58 Ton*m	Lu =	6.33	m	313.99

ESTABILIDAD AL VOLCAMIENTO

FSv = Sumatoria (Mr) / Sumatoria (Ma) > 1.5

$FSv = \Sigma(Mr) / \Sigma(Ma) > 1.5$

Mr = Sumatoria de momentos de las fuerzas estabilizantes, con resp
al punto de rotación "O", en Ton/m

Ma = Sumatoria de momentos de las fuerzas volcantes, con respect
punto de rotación "O", en Ton/m

FSv =	1.57	> 1.5	O.K

ESTABILIDAD AL DESLIZAMIENTO

FSd = f * Sumatoria (Fv) / Sumatoria (Fh) > 1.5

$FSd = f * \Sigma(Fv) / \Sigma(Fh) > 1.5$

Fv = Sumatoria de las fuerzas verticales
Fh = Sumatoria de las fuerzas horizontales

FSd =	1.63	> 1.5	O.K

CALCULO HIDRÁULICO Y ESTRUCTURAL DE PRESA DE RETENCIÓN DE SEDIMENTOS

OBRA:	RÍO CERRO GRANDE, PARROQUIA CARABALLEDA, ESTADO VARGAS.
PRESA:	PRESA CERRADA DE CONCRETO CICLOPEO - H = 9.00 m

DISEÑO GENERAL DE LA PRESA

IMPACTO POR FLUJO DE LODOS CON PRESA VACÍA

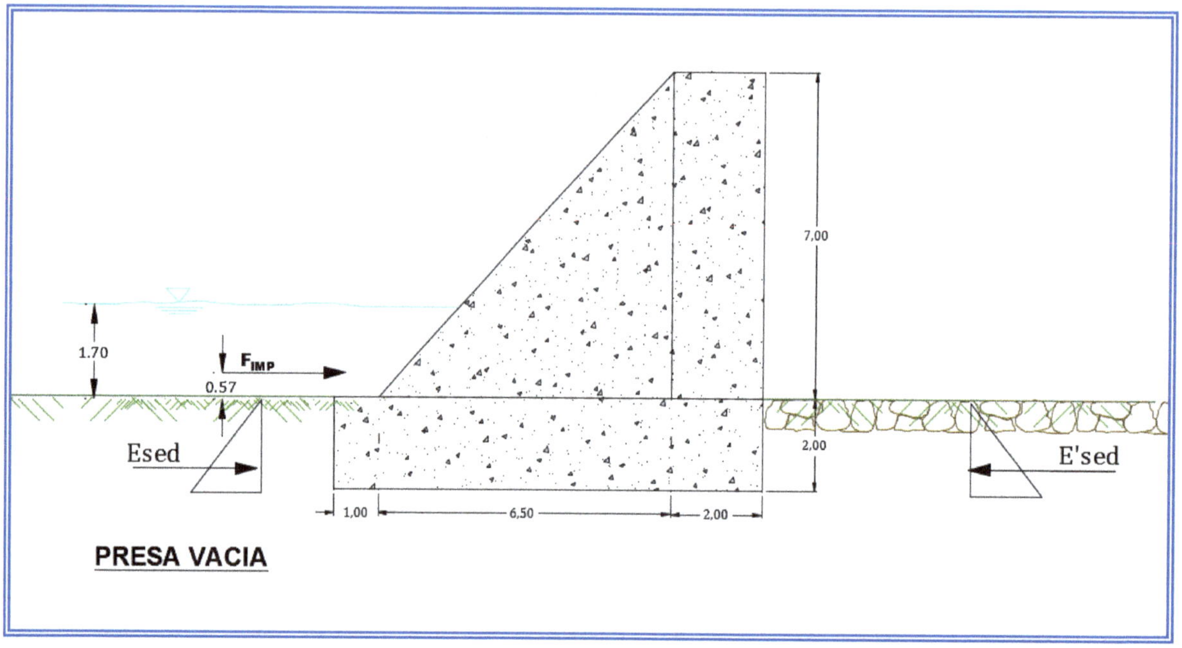

CALCULO DE PROFUNDIDAD NORMAL DEL FLUJO DE LODOS

OBRA:	RÍO CERRO GRANDE, PARROQUIA CARABALLEDA, ESTADO VARGAS.
ALTERNATIVA:	CAUCE NATURAL AGUAS ARRIBA DE LA PRESA VACÍA

TRAMO:	PROG. 0+000,00	-	PROG. 0+109,39	-	L_{TOTAL} = 109.39 metros

ALTERNATIVA	Y_{AGUA} (m)	BASE (m)	Z_C	n_{C1} (BASE)	n_{C2} (LADOS)	PENDIENTE	BORDE LIBRE (m)
1	1.89	72.00	1.50	0.029	0.023	0.007	0.00
2	1.82	72.00	1.50	0.029	0.023	0.008	0.00
3	1.76	72.00	1.50	0.029	0.023	0.009	0.00
4	1.70	72.00	1.50	0.029	0.023	0.010	0.00

ALTERNATIVA	P_{LADO} (m)	X_{LADO} (m)	n Ponderada
1	3.41	2.84	0.0285
2	3.28	2.73	0.0285
3	3.17	2.64	0.0286
4	3.06	2.55	0.0286

Y_{TOTAL} (m)	ANCHO TOTAL SECO (m)	ANCHO TOTAL MOJADO (m)	ANCHO MEDIO (m)
1.89	77.67	77.67	74.84
1.82	77.46	77.46	74.73
1.76	77.28	77.28	74.64
1.70	77.10	77.10	74.55

ALTERNATIVA	AREA (m^2)	PERIMETRO (m)	RADIO	$Q_{CAP.}$ m^3/seg	$Q_{DISEÑO}$ (m^3/seg)	ΔQ (m^3/seg)
2.33	141.44	78.81	1.79	612.50	612.00	0.50
5	136.01	78.56	1.73	614.40	612.00	2.40
10	131.37	78.35	1.68	615.85	612.00	3.85
25	126.74	78.13	1.62	612.30	612.00	0.30

V (m/seg)	F
4.33	1.02
4.52	1.09
4.69	1.15
4.83	1.20

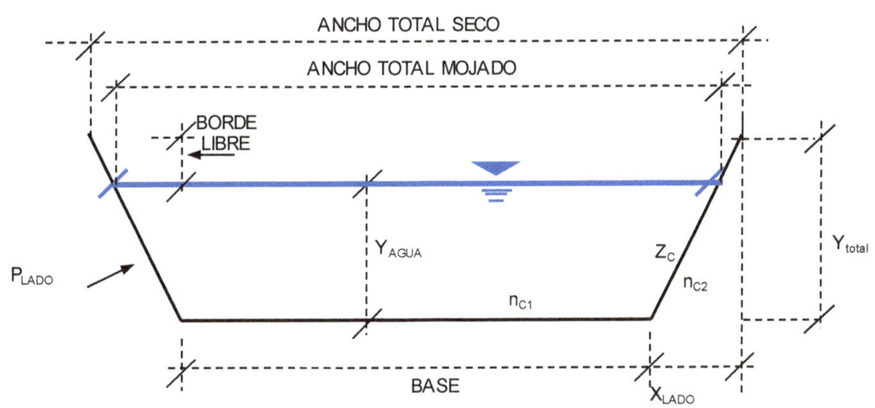

OBSERVACIONES:

VERIFICACION AL IMPACTO POR FLUJO DE LODO Y PIEDRAS

OBRA:	RÍO CERRO GRANDE, PARROQUIA CARABALLEDA, ESTADO VARGAS.
PRESA:	PRESA CERRADA DE CONCRETO CICLOPEO - H = 9.00 m

DISEÑO GENERAL

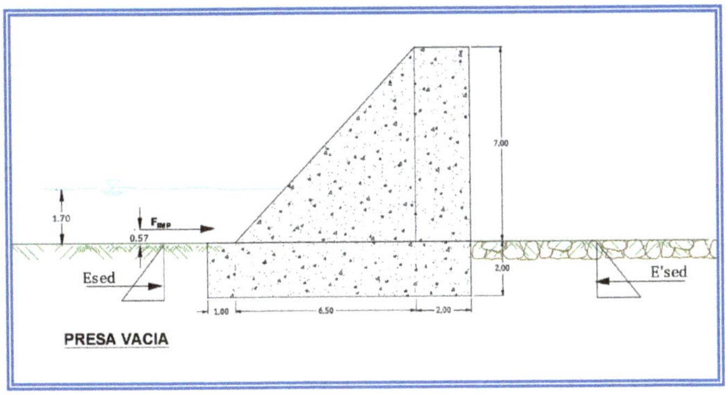

CONSIDERACIONES DE DISEÑO PARA EL CALCULO ESTRUCTURAL DE LA SECCION DE DIQUE ADOPTADA

- **VERIFICACIÓN DE LA ESTABILIDAD DE LA PRESA POR IMPACTO DE FLUJO DE LODO Y PIEDRAS CONSIDERADO LA PRESA COMO SI ESTUVIERA VACÍA DE SEDIMENTOS.**
- **SE CONSIDERA EL EMPUJE PASIVO DEL SUELO AGUAS ABAJO COMO SUELO SATURADO.**
- **SE CONSIDERA UN IMPACTO INSTANTÁNEO DE FLUJO CON LODO Y PIEDRAS CALCULADO POR CANTIDAD DE MOVIMIENTO.**

DATOS DE DISEÑO

γ_{lodo} =	2.00	Ton/m³	PESO DEL LODO
γ_{con} =	2.20	Ton/m³	PESO UNITARIO DEL CONCRETO
γ_s =	2.00	Ton/m³	PESO UNITARIO DEL SUELO SECO
γ_{ss} =	0.80	Ton/m³	PESO UNITARIO DEL SUELO SUMERGIDO
γ_{sat} =	1.80	Ton/m³	PESO UNITARIO DEL SUELO SATURADO
ϕ =	35	°	ANGULO DE FRICCION INTERNA DEL SUELO
H =	7.00	m	ALTURA DEL GAVION, MEDIDO DESDE LA RASANTE DEL CAUCE.
Hs_1 =	0.00	m	PROFUNDIDAD DEL SEDIMENTO AGUAS ARRIBA DEL DIQUE, POR ENCIMA DEL NIVEL DE FUNDACION
Hs_2 =	2.00	m	PROFUNDIDAD DEL SEDIMENTO AGUAS ARRIBA Y AGUAS ABAJO DEL DIQUE (PROFUNDIDAD DE FUNDACION DEL DIQUE)
f =	0.70		FACTOR DE SEGURIDAD AL DESLIZAMIENTO
hr =	0	m	ALTURA DE AGUA SOBRE LA PRESA.
Y_2 =	0	m	ALTURA DEL AGUA, AGUAS ABAJO DEL DIQUE.
ns =	20	%	POROSIDAD DEL SUELO.
ka =	0.27		EMPUJE ACTIVO DEL SUELO

DIMENSIONES DE LA ESTRUCTURA

A =	1.00 m
B =	6.50 m
C =	2.00 m
D =	7.00 m
E =	2.00 m

FUERZAS ACTUANTES SOBRE EL MURO

PESO PROPIO DEL MURO

PESO DEL MURO		BRAZO DE GIRO CON RESPECTO A "PIVOTE"		MOMENTOS (TON.M)	
W_{conc1} =	30.80 Ton	L_{conc1} =	1.00 m	M_1 =	30.80
W_{conc2} =	50.05 Ton	L_{conc2} =	4.15 m	M_2 =	207.46
W_{conc3} =	41.80 Ton	L_{conc2} =	4.75 m	M_3 =	198.55

PESO DEL AGUA SOBRE EL MURO

PESO DEL AGUA SOBRE EL MURO		BRAZO DE GIRO CON RESPECTO A "PIVOTE"		MOMENTOS (TON.M)	
Pa =	0.00 Ton	L_{W1} =	0.00 m	M_1 =	0.00
Pa_1 =	0.00 Ton	L_{W2} =	0.00 m	M_2 =	0.00
Pa_2 =	0.00 Ton	L_{W3} =	0.00 m	M_3 =	0.00
Pa_3 =	0.00 Ton	L_{W4} =	0.00 m	M_4 =	0.00

PESO DEL SUELO SOBRE EL MURO

PESO DEL SUELO SOBRE EL MURO		BRAZO DE GIRO CON RESPECTO A "PIVOTE"		MOMENTOS (TON.M)	
Ws_1 =	0.00 Ton	Ls_1 =	0.00 m	M_1 =	0.00
Ws_2 =	0.00 Ton	Ls_2 =	0.00 m	M_2 =	0.00
Ws_3 =	0.00 Ton	Ls_3 =	0.00 m	M_3 =	0.00
Ws_4 =	0.00 Ton	Ls_4 =	0.00 m		

FUERZA DE IMPACTO DEL LODO

Q =	340 m^3/s	GASTO DE DISEÑO LIQUIDO
F =	1.80	FACTOR DE INCREMENTO
Q_{LODO} =	612.00 m^3/s	GASTO DE DISEÑO DEL LODO
B =	74.55 m	ANCHO DEL CAUCE
q =	8.21 $m^3/s/m$	GASTO POR UNIDAD DE ANCHO
Y =	1.70 m	ALTURA NORMAL DEL LODO AGUAS ARRIBA DEL DIQUE
ρ =	0.20 $Ton*s^2/m^4$	DENSIDAD DEL LODO
V =	4.83 m/s	VELOCIDAD DEL FLUJO

		BRAZO DE GIRO CON RESPECTO A "O"		MOMENTOS (ton.m)
$F_{IMP} = (\gamma_{lodo} * Y^2)/2 + \rho * q * V$ → F_{IMP} =	**10.98 Ton/m**	L_{LODO} =	2.57 m	28.17

EMPUJES ACTUANTES SOBRE EL MURO

EMPUJE DEL SUELO AGUAS ARRIBA DEL MURO

		BRAZO DE GIRO CON RESPECTO A "O"		MOMENTOS (ton.m)
$Es_1 = (Hs_1 + Hs_2)^2 * \gamma_{ssat} \cdot ka)/2$ → Es_1 =	0.98 Ton*m	Ls_1 =	0.67 m	0.65

EMPUJE DEL SUELO AGUAS ABAJO

$Es_4 = (Hs_2^2 * \gamma_{ssat} * ka)/2$ → Es_4 =	0.98 Ton*m	L_{S4} =	0.67 m	0.65

ESTABILIDAD AL VOLCAMIENTO

FSv = Sumatoria (Mr) / Sumatoria (Ma) > 1.5

FSv = Σ(Mr) / Σ (Ma) > 1.5

Mr = Sumatoria de momentos de las fuerzas estabilizantes, con respecto al punto de rotación "O", en Ton/m

Ma = Sumatoria de momentos de las fuerzas volcantes, con respecto al punto de rotación "O", en Ton/m

FSv = 15.18 **> 1.5** **O.K**

ESTABILIDAD AL DESLIZAMIENTO

FSd = f * Sumatoria (Fv) / Sumatoria (Fh) > 1.5

Fv = Sumatoria de las fuerzas verticales

Fh = Sumatoria de las fuerzas horizontales

FSd = f * Σ(Fv) / Σ (Fh) > 1.5

FSd = 7.82 **> 1.5** **O.K**

CALCULO HIDRÁULICO Y ESTRUCTURAL DE PRESA DE RETENCIÓN DE SEDIMENTOS

OBRA:	RÍO CERRO GRANDE, PARROQUIA CARABALLEDA, ESTADO VARGAS.
PRESA:	PRESA CERRADA DE CONCRETO CICLOPEO - H = 9.00 m

DISEÑO GENERAL DE LA PRESA

IMPACTO POR FLUJO DE LODOS CON PRESA 1/3 LLENA

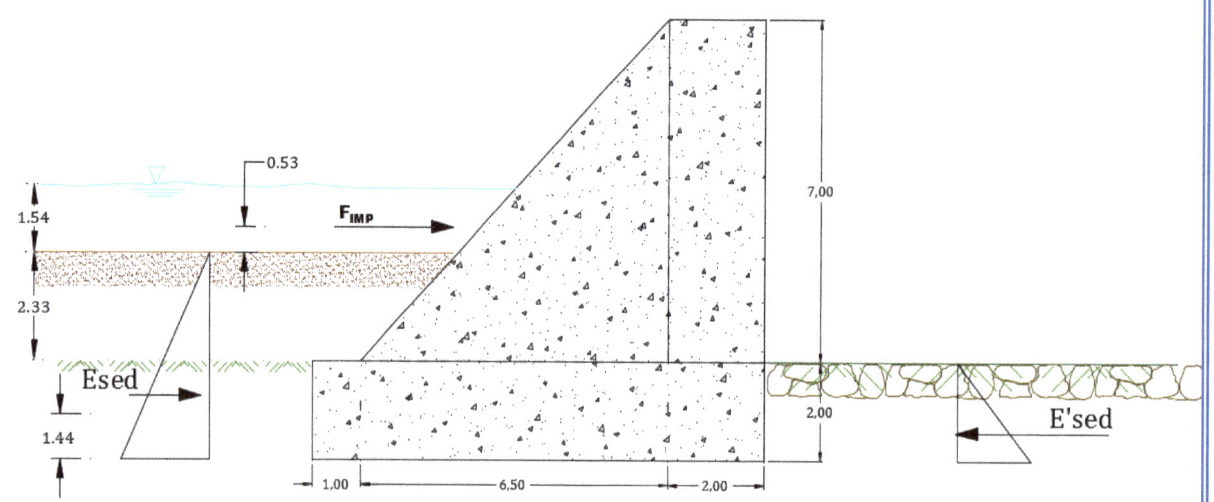

PRESA 1/3 LLENA DE SEDIMENTOS

CALCULO DE PROFUNDIDAD NORMAL DEL FLUJO DE LODOS

OBRA:	RÍO CERRO GRANDE, PARROQUIA CARABALLEDA, ESTADO VARGAS.
ALTERNATIVA:	CAUCE NATURAL AGUAS ARRIBA DE LA PRESA 1/3 LLENA

TRAMO:	PROG. 0+000,00	-	PROG. 0+109,39	-	L_{TOTAL} = 109.39 metros

ALTERNATIVA	Y_{AGUA} (m)	BASE (m)	Z_C	n_{C1} (BASE)	n_{C2} (LADOS)	PENDIENTE	BORDE LIBRE (m)
1	1.77	81.00	1.50	0.029	0.023	0.007	0.00
2	1.70	81.00	1.50	0.029	0.023	0.008	0.00
3	1.64	81.00	1.50	0.029	0.023	0.009	0.00
4	1.59	81.00	1.50	0.029	0.023	0.010	0.00

ALTERNATIVA	P_{LADO} (m)	X_{LADO} (m)	n Ponderada
1	3.19	2.66	0.0286
2	3.06	2.55	0.0286
3	2.96	2.46	0.0286
4	2.87	2.39	0.0286

Y_{TOTAL} (m)	ANCHO TOTAL SECO (m)	ANCHO TOTAL MOJADO (m)	ANCHO MEDIO (m)
1.77	86.31	86.31	83.66
1.70	86.10	86.10	83.55
1.64	85.92	85.92	83.46
1.59	85.77	85.77	83.39

ALTERNATIVA	AREA (m^2)	PERIMETRO (m)	RADIO	$Q_{CAP.}$ m^3/seg	$Q_{DISEÑO}$ (m^3/seg)	Δ Q (m^3/seg)
2.33	148.07	87.38	1.69	615.57	612.00	3.57
5	142.04	87.13	1.63	614.85	612.00	2.85
10	136.87	86.91	1.57	613.89	612.00	1.89
25	132.58	86.73	1.53	614.25	612.00	2.25

V (m/seg)	F
4.16	1.01
4.33	1.08
4.49	1.13
4.63	1.19

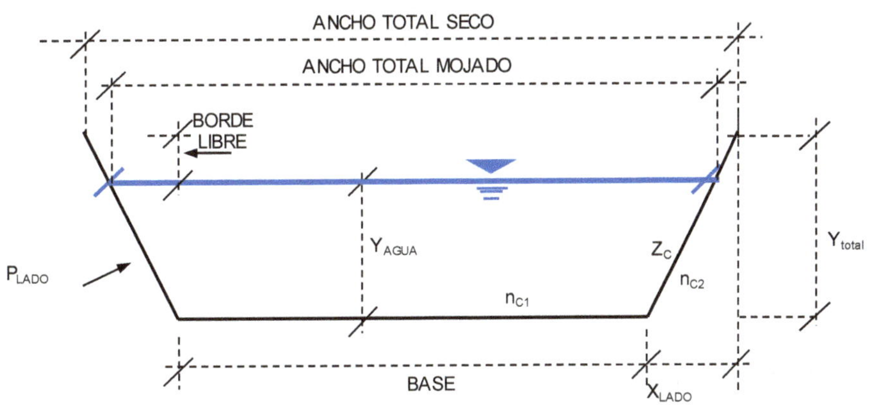

OBSERVACIONES:

VERIFICACION AL IMPACTO POR FLUJO DE LODO Y PIEDRAS

OBRA:	RÍO CERRO GRANDE, PARROQUIA CARABALLEDA, ESTADO VARGAS.
PRESA:	PRESA CERRADA DE CONCRETO CICLOPEO - H = 9.00 m

DISEÑO GENERAL

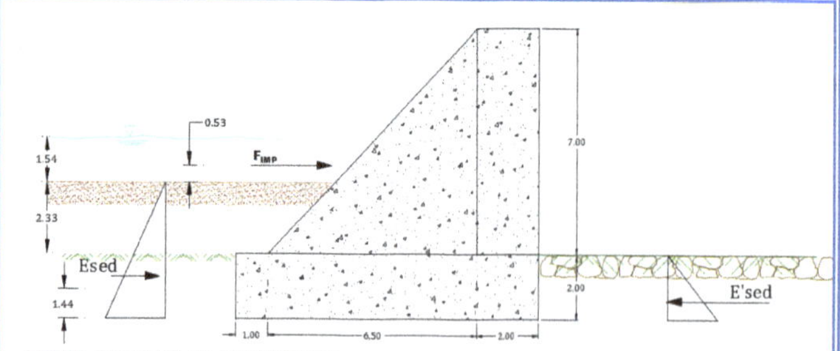

PRESA 1/3 LLENA DE SEDIMENTOS

CONSIDERACIONES DE DISEÑO PARA EL CALCULO ESTRUCTURAL DE LA SECCION DE DIQUE ADOPTADA

- **VERIFICACIÓN DE LA ESTABILIDAD DE LA PRESA POR IMPACTO DE FLUJO DE LODO Y PIEDRAS CONSIDERADO LA PRESA COMO SI ESTUVIERA 1/3 LLENA DE SEDIMENTOS.**
- **SE CONSIDERA EL EMPUJE PASIVO DEL SUELO AGUAS ABAJO COMO SUELO SATURADO.**
- **SE CONSIDERA UN IMPACTO INSTANTÁNEO DE FLUJO CON LODO Y PIEDRAS CALCULADO POR CANTIDAD DE MOVIMIENTO.**

DATOS DE DISEÑO

γ_{lodo} =	2.00	Ton/m³	PESO DEL LODO
γ_{con} =	2.20	Ton/m³	PESO UNITARIO DEL CONCRETO
γ_{s} =	2.00	Ton/m³	PESO UNITARIO DEL SUELO SECO
γ_{ss} =	0.80	Ton/m³	PESO UNITARIO DEL SUELO SUMERGIDO
γ_{sat} =	1.80	Ton/m³	PESO UNITARIO DEL SUELO SATURADO
ϕ =	35	°	ANGULO DE FRICCION INTERNA DEL SUELO
H =	7.00	m	ALTURA DEL GAVION, MEDIDO DESDE LA RASANTE DEL CAUCE.
Hs_1 =	2.33	m	PROFUNDIDAD DEL SEDIMENTO AGUAS ARRIBA DEL DIQUE, POR ENCIMA DEL NIVEL DE FUNDACION
Hs_2 =	2.00	m	PROFUNDIDAD DEL SEDIMENTO AGUAS ARRIBA Y AGUAS ABAJO DEL DIQUE (PROFUNDIDAD DE FUNDACION DEL DIQUE)
f =	0.70		FACTOR DE SEGURIDAD AL DESLIZAMIENTO
hr =	0	m	ALTURA DE AGUA SOBRE LA PRESA.
Y_2 =	0	m	ALTURA DEL AGUA, AGUAS ABAJO DEL DIQUE.
ns =	20	%	POROSIDAD DEL SUELO.
ka =	0.27		EMPUJE ACTIVO DEL SUELO

DIMENSIONES DE LA ESTRUCTURA

A =	1.00 m
B =	6.50 m
C =	2.00 m
D =	7.00 m
E =	2.00 m

FUERZAS ACTUANTES SOBRE EL MURO

PESO PROPIO DEL MURO

PESO DEL MURO		BRAZO DE GIRO CON RESPECTO A "PIVOTE"		MOMENTOS (TON.M)	
W_{conc1} =	30.80 Ton	L_{conc1} =	1.00 m	M_1 =	30.80
W_{conc2} =	50.05 Ton	L_{conc2} =	4.15 m	M_2 =	207.46
W_{conc3} =	41.80 Ton	L_{conc2} =	4.75 m	M_3 =	198.55

PESO DEL AGUA SOBRE EL MURO

PESO DEL AGUA SOBRE EL MURO		BRAZO DE GIRO CON RESPECTO A "PIVOTE"		MOMENTOS (TON.M)	
Pa =	0.00 Ton	L_{W1} =	0.00 m	M_1 =	0.00
Pa_1 =	0.00 Ton	L_{W2} =	0.00 m	M_2 =	0.00
Pa_2 =	0.00 Ton	L_{W3} =	0.00 m	M_3 =	0.00
Pa_3 =	0.00 Ton	L_{W4} =	0.00 m	M_4 =	0.00

PESO DEL SUELO SOBRE EL MURO

PESO DEL SUELO SOBRE EL MURO		BRAZO DE GIRO CON RESPECTO A "PIVOTE"		MOMENTOS (TON.M)	
W_{S1} =	1.73 Ton	L_{S1} =	6.33 m	M_1 =	10.98
W_{S2} =	1.87 Ton	L_{S2} =	8.50 m	M_2 =	15.87
W_{S3} =	0.00 Ton	L_{S3} =	0.00 m	M_3 =	0.00
W_{S4} =	0.00 Ton	L_{S4} =	0.00 m		

FUERZA DE IMPACTO DEL LODO

Q =	340 m³/s	GASTO DE DISEÑO LIQUIDO
F =	1.80	FACTOR DE INCREMENTO
Q_{LODO} =	612.00 m³/s	GASTO DE DISEÑO DEL LODO
B =	83.39 m	ANCHO DEL CAUCE
q =	7.34 m³/s/m	GASTO POR UNIDAD DE ANCHO
Y =	1.59 m	ALTURA NORMAL DEL LODO AGUAS ARRIBA DEL DIQUE
ρ =	0.20 Ton*s²/m⁴	DENSIDAD DEL LODO
V =	4.63 m/s	VELOCIDAD DEL FLUJO

		BRAZO DE GIRO CON RESPECTO A "O"	MOMENTOS (ton.m)
$F_{IMP} = (\gamma_{lodo} * Y^2)/2 + \rho * q * V$ →	**F_{IMP} = 9.46 Ton/m**	L_{LODO} = 4.86 m	46.01

EMPUJES ACTUANTES SOBRE EL MURO

EMPUJE DEL SUELO AGUAS ARRIBA DEL MURO			BRAZO DE GIRO CON RESPECTO A "O"		MOMENTOS (ton.m)
$E_{S1} = (H_{S1} + H_{S2})^2 * \gamma_{ssat} * ka)/2$ →	E_{S1} =	4.58 Ton*m	L_{S1} =	1.44 m	6.62
EMPUJE DEL SUELO AGUAS ABAJO					
$E_{S4} = (H_{S2}^2 * \gamma_{ssat} * ka)/2$ →	E_{S4} =	0.98 Ton*m	L_{S4} =	0.67 m	0.65

ESTABILIDAD AL VOLCAMIENTO

FSv = Sumatoria (Mr) / Sumatoria (Ma) > 1.5

$FSv = \Sigma(Mr) / \Sigma(Ma) > 1.5$

Mr = Sumatoria de momentos de las fuerzas estabilizantes, con respecto al punto de rotación "O", en Ton/m

Ma = Sumatoria de momentos de las fuerzas volcantes, con respecto al punto de rotación "O", en Ton/m

FSv = 8.82 **> 1.5** **O.K**

ESTABILIDAD AL DESLIZAMIENTO

FSd = f * Sumatoria (Fv) / Sumatoria (Fh) > 1.5

$FSd = f * \Sigma(Fv) / \Sigma(Fh) > 1.5$

Fv = Sumatoria de las fuerzas verticales

Fh = Sumatoria de las fuerzas horizontales

FSd = 6.77 **> 1.5** **O.K**

CALCULO HIDRÁULICO Y ESTRUCTURAL DE PRESA DE RETENCIÓN DE SEDIMENTOS

OBRA:	RÍO CERRO GRANDE, PARROQUIA CARABALLEDA, ESTADO VARGAS.
PRESA:	PRESA CERRADA DE CONCRETO CICLOPEO - H = 9.00 m

DISEÑO GENERAL DE LA PRESA

IMPACTO POR FLUJO DE LODOS CON PRESA 2/3 LLENA

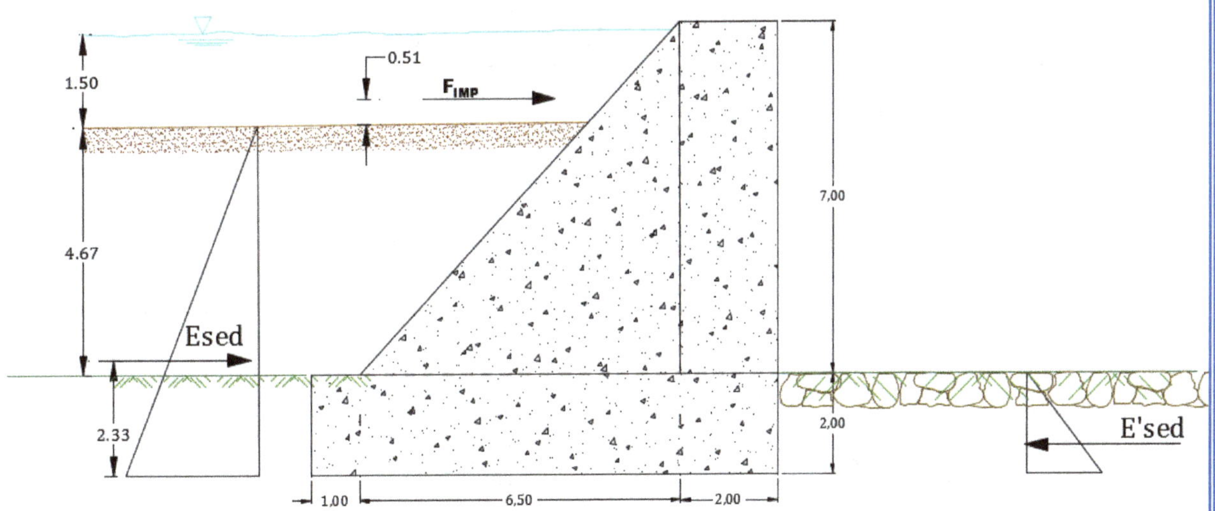

PRESA 2/3 LLENA DE SEDIMENTOS

CALCULO DE PROFUNDIDAD NORMAL DEL FLUJO DE LODOS

OBRA:	RÍO CERRO GRANDE, PARROQUIA CARABALLEDA, ESTADO VARGAS.
ALTERNATIVA:	CAUCE NATURAL AGUAS ARRIBA DE LA PRESA 2/3 LLENA

TRAMO:	PROG. 0+000,00	-	PROG. 0+109,39	-	L_{TOTAL} = 109.39 metros

ALTERNATIVA	Y_{AGUA} (m)	BASE (m)	Z_C	n_{C1} (BASE)	n_{C2} (LADOS)	PENDIENTE	BORDE LIBRE (m)
1	1.66	90.00	1.50	0.029	0.023	0.007	0.00
2	1.60	90.00	1.50	0.029	0.023	0.008	0.00
3	1.54	90.00	1.50	0.029	0.023	0.009	0.00
4	1.50	90.00	1.50	0.029	0.023	0.010	0.00

ALTERNATIVA	P_{LADO} (m)	X_{LADO} (m)	n Ponderada
1	2.99	2.49	0.0287
2	2.88	2.40	0.0287
3	2.78	2.31	0.0287
4	2.70	2.25	0.0287

Y_{TOTAL} (m)	ANCHO TOTAL SECO (m)	ANCHO TOTAL MOJADO (m)	ANCHO MEDIO (m)
1.66	94.98	94.98	92.49
1.60	94.80	94.80	92.40
1.54	94.62	94.62	92.31
1.50	94.50	94.50	92.25

ALTERNATIVA	AREA (m^2)	PERIMETRO (m)	RADIO	$Q_{CAP.}$ m^3/seg	$Q_{DISEÑO}$ (m^3/seg)	ΔQ (m^3/seg)
2.33	153.53	95.99	1.60	612.96	612.00	0.96
5	147.84	95.77	1.54	615.97	612.00	3.97
10	142.16	95.55	1.49	612.69	612.00	0.69
25	138.38	95.41	1.45	617.91	612.00	5.91

V (m/seg)	F
3.99	1.00
4.17	1.07
4.31	1.12
4.47	1.18

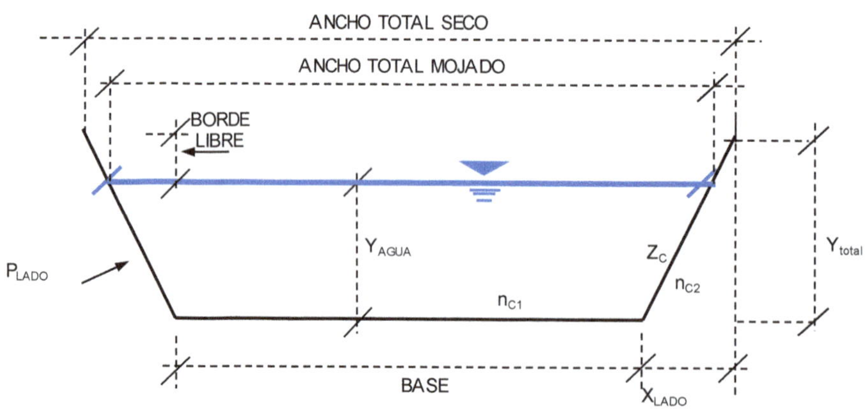

OBSERVACIONES:

VERIFICACION AL IMPACTO POR FLUJO DE LODO Y PIEDRAS

OBRA: PRESA DE RETENCIÓN DE SEDIMENTOS DEL RÍO CERRO GRANDE

PRESA: PRESA CERRADA DE CONCRETO CICLOPEO - H = 9.00 m

DISEÑO GENERAL

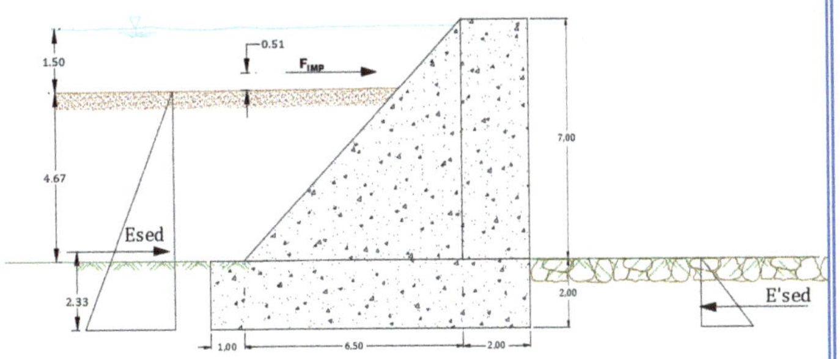

PRESA 2/3 LLENA DE SEDIMENTOS

CONSIDERACIONES DE DISEÑO PARA EL CALCULO ESTRUCTURAL DE LA SECCION DE DIQUE ADOPTADA

- **VERIFICACIÓN DE LA ESTABILIDAD DE LA PRESA POR IMPACTO DE FLUJO DE LODO Y PIEDRAS CONSIDERADO LA PRESA COMO SI ESTUVIERA VACÍA DE SEDIMENTOS.**
- **SE CONSIDERA EL EMPUJE PASIVO DEL SUELO AGUAS ABAJO COMO SUELO SATURADO.**
- **SE CONSIDERA UN IMPACTO INSTANTÁNEO DE FLUJO CON LODO Y PIEDRAS CALCULADO POR CANTIDAD DE MOVIMIENTO.**

DATOS DE DISEÑO

γ_{lodo} =	2.00	Ton/m³	PESO DEL LODO
γ_{con} =	2.20	Ton/m³	PESO UNITARIO DEL CONCRETO
γ_{s} =	2.00	Ton/m³	PESO UNITARIO DEL SUELO SECO
γ_{ss} =	0.80	Ton/m³	PESO UNITARIO DEL SUELO SUMERGIDO
γ_{sat} =	1.80	Ton/m³	PESO UNITARIO DEL SUELO SATURADO
ϕ =	35	°	ANGULO DE FRICCION INTERNA DEL SUELO
H =	7.00	m	ALTURA DEL GAVION, MEDIDO DESDE LA RASANTE DEL CAUCE.
Hs_1 =	4.67	m	PROFUNDIDAD DEL SEDIMENTO AGUAS ARRIBA DEL DIQUE, POR ENCIMA DEL NIVEL DE FUNDACION
Hs_2 =	2.00	m	PROFUNDIDAD DEL SEDIMENTO AGUAS ARRIBA Y AGUAS ABAJO DEL DIQUE (PROFUNDIDAD DE FUNDACION DEL DIQUE)
f =	0.70		FACTOR DE SEGURIDAD AL DESLIZAMIENTO
hr =	0	m	ALTURA DE AGUA SOBRE LA PRESA.
Y_2 =	0	m	ALTURA DEL AGUA, AGUAS ABAJO DEL DIQUE.
ns =	20	%	POROSIDAD DEL SUELO.
ka =	0.27		EMPUJE ACTIVO DEL SUELO

DIMENSIONES DE LA ESTRUCTURA

A =	1.00 m
B =	6.50 m
C =	2.00 m
D =	7.00 m
E =	2.00 m

FUERZAS ACTUANTES SOBRE EL MURO

PESO PROPIO DEL MURO

PESO DEL MURO		BRAZO DE GIRO CON RESPECTO A "PIVOTE"		MOMENTOS (TON M)	
$Wconc_1$ =	30.80 Ton	$Lconc_1$ =	1.00 m	M_1 =	30.80
$Wconc_2$ =	50.05 Ton	$Lconc_2$ =	4.15 m	M_2 =	207.46
$Wconc_3$ =	41.80 Ton	$Lconc_2$ =	4.75 m	M_3 =	198.55

PESO DEL AGUA SOBRE EL MURO

PESO DEL AGUA SOBRE EL MURO		BRAZO DE GIRO CON RESPECTO A "PIVOTE"		MOMENTOS (TON M)	
Pa =	0.00 Ton	Lw_1=	0.00 m	M_1 =	0.00
Pa_1 =	0.00 Ton	Lw_2 =	0.00 m	M_2 =	0.00
Pa_2 =	0.00 Ton	Lw_3 =	0.00 m	M_3 =	0.00
Pa_3 =	0.00 Ton	Lw_4 =	0.00 m	M_4 =	0.00

PESO DEL SUELO SOBRE EL MURO

PESO DEL SUELO SOBRE EL MURO		BRAZO DE GIRO CON RESPECTO A "PIVOTE"		MOMENTOS (TON M)	
Ws_1 =	3.47 Ton	Ls_1=	6.33 m	M_1 =	21.96
Ws_2 =	3.73 Ton	Ls_2 =	8.50 m	M_2 =	31.73
Ws_3 =	0.00 Ton	Ls_3 =	0.00 m	M_3 =	0.00
Ws_4 =	0.00 Ton	Ls_4 =	0.00 m		

FUERZA DE IMPACTO DEL LODO

Q =	340 m³/s	GASTO DE DISEÑO LIQUIDO
F =	1.80	FACTOR DE INCREMENTO
Q_{LODO} =	612.00 m³/s	GASTO DE DISEÑO DEL LODO
B =	92.25 m	ANCHO DEL CAUCE
q =	6.63 m³/s/m	GASTO POR UNIDAD DE ANCHO
Y =	1.50 m	ALTURA NORMAL DEL LODO AGUAS ARRIBA DEL DIQUE
ρ =	0.20 Ton*s²/m⁴	DENSIDAD DEL LODO
V =	4.47 m/s	VELOCIDAD DEL FLUJO

$F_{IMP} = (\gamma_{lodo} * Y^2)/2 + \rho * q * V \longrightarrow F_{IMP} =$ **8.29 Ton/m**

BRAZO DE GIRO CON RESPECTO A "O": L_{LODO} = 7.17 m

MOMENTOS (ton.m): 59.41

EMPUJES ACTUANTES SOBRE EL MURO

				BRAZO DE GIRO CON RESPECTO A "O"		MOMENTOS (ton.m)
EMPUJE DEL SUELO AGUAS ARRIBA DEL MURO						
$Es_1 = (Hs_1 + Hs_2)^2 * \gamma_{ssat} \cdot ka)/2$ →	Es_1=	10.84 Ton*m		Ls_1=	2.22 m	24.09
EMPUJE DEL SUELO AGUAS ABAJO						
$Es_4 = (Hs_2^2 * \gamma_{ssat} * ka)/2$ →	Es_4 =	0.98 Ton*m		L_{S4} =	0.67 m	0.65

ESTABILIDAD AL VOLCAMIENTO

FSv = Sumatoria (Mr) / Sumatoria (Ma) > 1.5

$FSv = \Sigma(Mr) / \Sigma(Ma) > 1.5$

Mr = Sumatoria de momentos de las fuerzas estabilizantes, con respecto al punto de rotación "O", en Ton/m

Ma = Sumatoria de momentos de las fuerzas volcantes, con respecto al punto de rotación "O", en Ton/m

FSv = 5.88 **> 1.5** **O.K**

ESTABILIDAD AL DESLIZAMIENTO

FSd = f * Sumatoria (Fv) / Sumatoria (Fh) > 1.5

Fv = Sumatoria de las fuerzas verticales

Fh = Sumatoria de las fuerzas horizontales

$FSd = f * \Sigma(Fv) / \Sigma(Fh) > 1.5$

FSd = 5.01 **> 1.5** **O.K**

VERIFICACIÓN DE LAS TENSIONES TRANSMITIDAS AL TERRENO

OBRA:	RÍO CERRO GRANDE, PARROQUIA CARABALLEDA, ESTADO VARGAS.
PRESA:	PRESA CERRADA DE CONCRETO CICLOPEO - H = 9.00 m

DISEÑO GENERAL DE UN DIQUE TRANSVERSAL

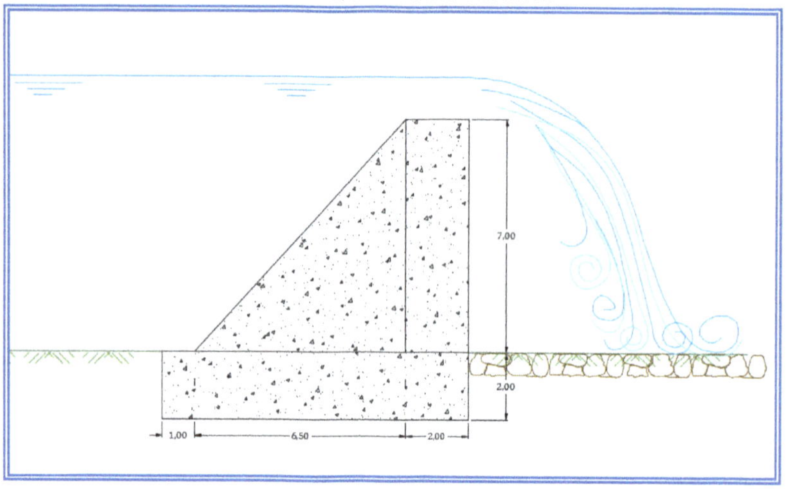

Para las presas de gravedad, como principio ineludible, para garantizar la estabilidad de la presa, la capacidad admisible del suelo de fundación σ_{adm} debe ser mayor que el esfuerzo de compresión máximo o presión de contacto σ_{max} transferido por la presa al terreno de fundación, para todas las combinaciones de carga.

Esta Verificación se ha realizado considerando la crecida de diseño y la lámina vertiente sobre el vertedero de la Presa.

DATOS DE DISEÑO

γ_w =	1.00	Ton/m³	PESO ESPECÍFICO DEL AGUA
γ_{conc} =	2.20	Ton/m³	PESO UNITARIO DEL CONCRETO
γ_{sed} =	2.00	Ton/m³	PESO ESPECÍFICO DEL SEDIMENTO
γ_{ss} =	0.80	Ton/m³	PESO ESPECÍFICO DEL SEDIMENTO SUMERGIDO
γ_{ssat} =	1.80	Ton/m³	PESO ESPECÍFICO DEL SEDIMENTO SATURADO
ϕ =	35	°	ANGULO DE FRICCION INTERNA DEL SUELO
H =	7.00	m	ALTURA DEL CONCRETO, MEDIDO DESDE LA RASANTE DEL CAUCE.
Hw_1 =	8.44	m	ALTURA TOTAL DEL AGUA AGUAS ARRIBA DEL DIQUE
Hs_1 =	0.00	m	PROFUNDIDAD DEL SEDIMENTO AGUAS ARRIBA DEL DIQUE, POR ENCIMA DEL NIVEL DE FUNDACION
Hs_2 =	2.00	m	PROFUNDIDAD DEL SEDIMENTO AGUAS ARRIBA Y AGUAS ABAJO DEL DIQUE (PROFUNDIDAD DE FUNDACION DEL DIQUE)
f =	0.70		FACTOR DE SEGURIDAD AL DESLIZAMIENTO
hr =	1.44	m	ALTURA DE AGUA SOBRE LA PRESA.
Y_2 =	1.30	m	ALTURA DEL AGUA, AGUAS ABAJO DEL DIQUE.
ns =	20	%	POROSIDAD DEL SUELO.
ka =	0.27		EMPUJE ACTIVO DEL SUELO

DIMENSIONES DE LA ESTRUCTURA

A =	1.00 m
B =	6.50 m
C =	2.00 m
D =	7.00 m
E =	2.00 m

FUERZAS ACTUANTES SOBRE EL MURO

PESO PROPIO DEL MURO

PESO DEL MURO		BRAZO DE GIRO CON RESPECTO A "PIVOTE"		MOMENTOS (TON.M)	
W_{conc1} =	30.80 Ton	L_{conc1} =	1.00 m	M_1 =	30.80
W_{conc2} =	50.05 Ton	L_{conc2} =	4.15 m	M_2 =	207.46
W_{conc3} =	41.80 Ton	L_{conc2} =	4.75 m	M_3 =	198.55

PESO DEL AGUA SOBRE EL MURO

PESO DEL AGUA SOBRE EL MURO		BRAZO DE GIRO CON RESPECTO A "PIVOTE"		MOMENTOS (TON.M)	
Pa =	2.87 Ton	L_{w1} =	1.00 m	M_1 =	2.87
Pa_1 =	9.34 Ton	L_{w2} =	5.25 m	M_2 =	49.05
Pa_2 =	22.75 Ton	L_{w3} =	6.33 m	M_3 =	144.08
Pa_3 =	8.44 Ton	L_{w4} =	9.00 m	M_4 =	75.94

PESO DEL SUELO SOBRE EL MURO

PESO DEL SUELO SOBRE EL MURO		BRAZO DE GIRO CON RESPECTO A "PIVOTE"		MOMENTOS (TON.M)	
W_{s1} =	0.00 Ton	L_{s1} =	0.00 m	M_1 =	0.00
W_{s2} =	0.00 Ton	L_{s2} =	0.00 m	M_2 =	0.00
W_{s3} =	0.00 Ton	L_{s3} =	0.00 m	M_3 =	0.00
W_{s4} =	0.00 Ton	L_{s4} =	0.00 m	M_4 =	0.00

EMPUJES ACTUANTES SOBRE EL MURO

			BRAZO DE GIRO CON RESPECTO A "O"			MOMENTOS (ton.m)
EMPUJE DEL AGUA						
$E_{w1} = (H_{w1}^2 * \gamma_w)/2$ →	E_{w1} =	35.59 Ton*m	L_{w1} =	2.81	m	100.10
$E_{w2} = ((Y_2 + H_{s2})^2 * \gamma_w)/2$ →	E_{w2} =	0.00 Ton*m	L_{w2} =	0.00	m	0.00
EMPUJE DEL SUELO AGUAS ARRIBA DEL MURO						
$E_{s1} = (H_{s1}^2 * \gamma_{ss} * ka)/2$ →	E_{s1} =	0.00 Ton*m	L_{s1} =	0.00	m	0.00
$E_{s2} = H_{s1} * H_{s2} * \gamma_{ss} * ka$ →	E_{s2} =	0.00 Ton*m	L_{s2} =	0.00	m	0.00
$E_{s3} = (H_{s2}^2 * \gamma_{ss} * ka)/2$ →	E_{s3} =	0.43 Ton*m	L_{s3} =	0.67	m	0.29
EMPUJE DEL SUELO AGUAS ABAJO DEL MURO						
$E_{s4} = (H_{s2}^2 * \gamma_{ssat} * ka)/2$ →	E_{s4} =	0.98 Ton*m	L_{s4} =	0.67	m	0.65
FUERZA DE SUBPRESIONES						
$U = (\gamma_w * H_{w1} * B)/2$ →	U =	40.08 Ton*m	Lu =	6.33	m	253.82

VERIFICACIÓN DE LAS TENSIONES TRANSMITIDAS AL TERRENO

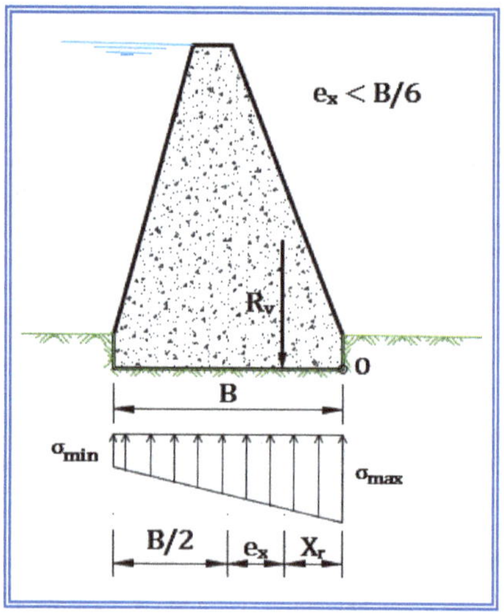

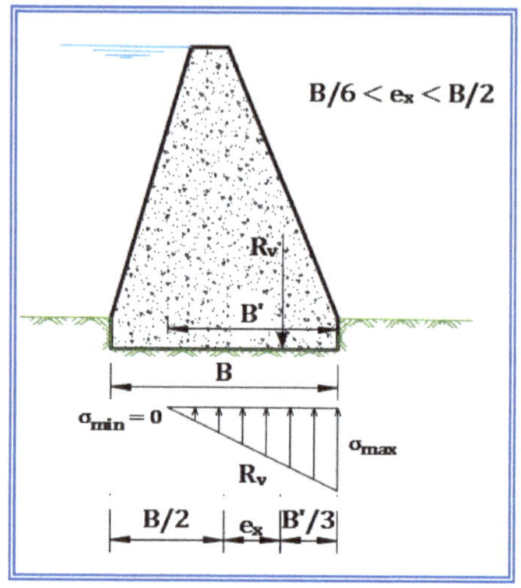

CÁLCULO DE LA EXCENTRICIDAD

$Rv = W_{CONC} + Pa + Ps - U$	Rv =	125.98 Ton
$Xr = [\Sigma Mr - \Sigma Ma] / Rv$	Xr =	2.82 m
Ancho de la Base de la Presa	B =	9.50 m
$e_x = B/2 - X_r$	e_x =	1.93 m

VERIFICACIÓN DEL ALINEAMIENTO DE LA FUERZA RESULTANTE DENTRO DEL TERCIO CENTRAL DE LA BASE DE LA PRESA

Tercio Central de la Base medidos desde el Punto "O".

B/3 =	3.17 m	B*2/3 =	6.33 m
Xr =	2.82 m		

Xr > B/3 No

Xr < B/3 Si --- (La resultante No se alínea dentro del tercio central de La base de La Presa)

VERIFICACIÓN DE LAS TENSIONES MÁXIMA Y MÍNIMA SEGÚN EL VALOR DE LA EXCENTERICIDAD

Para el caso de $e_x < B/6$	B/6 =	1.58 m

$\sigma_{max} = (Rv / B) * (1 + (6 * e_x) / B)$ σ_{max} = 0.00 Ton/m^2

$\sigma_{min} = (Rv / B) * (1 - (6 * e_x) / B)$ σ_{min} = 0.00 Ton/m^2

Para el caso de $B/6 \leq e_x \leq B/2$	B/6 =	1.58 m	B/2 =	4.75 m

$\sigma_{max} = (2*Rv) / (3 * (B/2 - e_x))$ σ_{max} = 29.79 Ton/m^2

$\sigma_{min} = 0$ σ_{min} = 0.00 Ton/m^2

$B' = 3 * (B/2 - e_x)$ B' = 5.82 m

VERIFICACIÓN DEL ESFUERZO MÁXIMO CALCULADO CON EL ESFUERZO ADMISIBLE DEL SUELO

El Material de la fundación es una mezcla de gravas y arenas - de modo que el esfuerzo admisible varía entre $\sigma_{adm} \leq 25$ ton/m^2 y $\sigma_{adm} \leq 30$ ton/m^2

Esfuerzo máximo calculado	$\sigma_{max} =$	29.79 Ton/m^2	OK
Esfuerzo Admisible	$\sigma_{max} =$	30.00 Ton/m^2	

VERIFICACIÓN DE LAS TENSIONES TRANSMITIDAS AL TERRENO

OBRA:	RÍO CERRO GRANDE, PARROQUIA CARABALLEDA, ESTADO VARGAS.
PRESA:	PRESA CERRADA DE CONCRETO CICLOPEO - H = 9.00 m

DISEÑO GENERAL DE UN DIQUE TRANSVERSAL

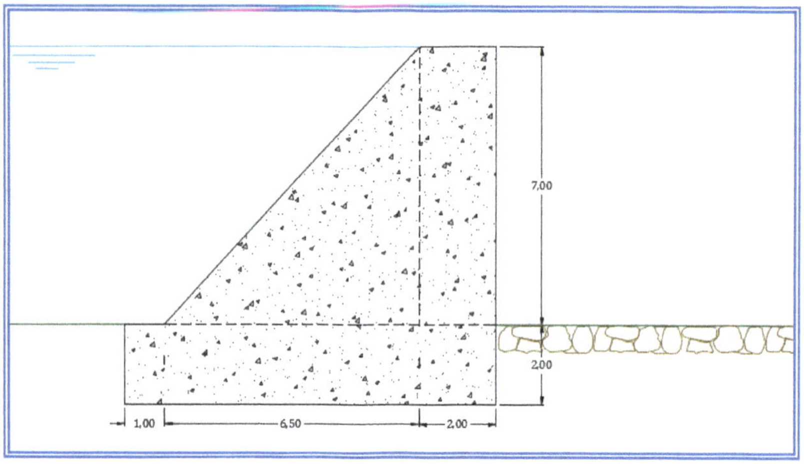

Para las presas de gravedad, como principio ineludible, para garantizar la estabilidad de la presa, la capacidad admisible del suelo de fundación σ_{adm} debe ser mayor que el esfuerzo de compresión máximo o presión de contacto σ_{max} transferido por la presa al terreno de fundación, para todas las combinaciones de carga.

Esta Verificación se ha realizado considerando los Empujes Hidrostáticos hasta la rasante del vertedero de la Presa.

DATOS DE DISEÑO

γ_w =	1.00	Ton/m³	PESO ESPECÍFICO DEL AGUA
γ_{conc} =	2.20	Ton/m³	PESO UNITARIO DEL CONCRETO
γ_{sed} =	2.00	Ton/m³	PESO ESPECÍFICO DEL SEDIMENTO
γ_{ss} =	0.80	Ton/m³	PESO ESPECÍFICO DEL SEDIMENTO SUMERGIDO
γ_{ssat} =	1.80	Ton/m³	PESO ESPECÍFICO DEL SEDIMENTO SATURADO
ϕ =	35	°	ANGULO DE FRICCION INTERNA DEL SUELO
H =	7.00	m	ALTURA DEL CONCRETO, MEDIDO DESDE LA RASANTE DEL CAUCE.
Hw_1 =	7.00	m	ALTURA TOTAL DEL AGUA AGUAS ARRIBA DEL DIQUE
Hs_1 =	0.00	m	PROFUNDIDAD DEL SEDIMENTO AGUAS ARRIBA DEL DIQUE, POR ENCIMA DEL NIVEL DE FUNDACION
Hs_2 =	2.00	m	PROFUNDIDAD DEL SEDIMENTO AGUAS ARRIBA Y AGUAS ABAJO DEL DIQUE (PROFUNDIDAD DE FUNDACION DEL DIQUE)
f =	0.70		FACTOR DE SEGURIDAD AL DESLIZAMIENTO
hr =	0.00	m	ALTURA DE AGUA SOBRE LA PRESA.
Y_2 =	0.00	m	ALTURA DEL AGUA, AGUAS ABAJO DEL DIQUE.
ns =	20	%	POROSIDAD DEL SUELO.
ka =	0.27		EMPUJE ACTIVO DEL SUELO

DIMENSIONES DE LA ESTRUCTURA

A =	1.00 m
B =	6.50 m
C =	2.00 m
D =	7.00 m
E =	2.00 m

FUERZAS ACTUANTES SOBRE EL MURO

PESO PROPIO DEL MURO

PESO DEL MURO		BRAZO DE GIRO CON RESPECTO A "PIVOTE"		MOMENTOS (TON.M)	
$Wconc_1$ =	30.80 Ton	$Lconc_1$ =	1.00 m	M_1 =	30.80
$Wconc_2$ =	50.05 Ton	$Lconc_2$ =	4.15 m	M_2 =	207.46
$Wconc_3$ =	41.80 Ton	$Lconc_2$ =	4.75 m	M_3 =	198.55

PESO DEL AGUA SOBRE EL MURO

PESO DEL AGUA SOBRE EL MURO		BRAZO DE GIRO CON RESPECTO A "PIVOTE"		MOMENTOS (TON.M)	
Pa =	0.00 Ton	Lw_1 =	1.00 m	M_1 =	0.00
Pa_1 =	0.00 Ton	Lw_2 =	5.25 m	M_2 =	0.00
Pa_2 =	22.75 Ton	Lw_3 =	6.33 m	M_3 =	144.08
Pa_3 =	7.00 Ton	Lw_4 =	9.00 m	M_4 =	63.00

PESO DEL SUELO SOBRE EL MURO

PESO DEL SUELO SOBRE EL MURO		BRAZO DE GIRO CON RESPECTO A "PIVOTE"		MOMENTOS (TON.M)	
Ws_1 =	0.00 Ton	Ls_1 =	0.00 m	M_1 =	0.00
Ws_2 =	0.00 Ton	Ls_2 =	0.00 m	M_2 =	0.00
Ws_3 =	0.00 Ton	Ls_3 =	0.00 m	M_3 =	0.00
Ws_4 =	0.00 Ton	Ls_4 =	0.00 m	M_4 =	0.00

EMPUJES ACTUANTES SOBRE EL MURO

			BRAZO DE GIRO CON RESPECTO A "O"			MOMENTOS (ton.m)
EMPUJE DEL AGUA						
$E_{W1} = (Hw_1^2 * \gamma_w)/2$ →	Ew_1 =	24.50 Ton*m	Lw_1 =	2.33	m	57.17
$E_{W2} = ((Y_2 + Hs_2)^2 * \gamma_w)/2$ →	Ew_2 =	0.00 Ton*m	Lw_2 =	0.00	m	0.00
EMPUJE DEL SUELO AGUAS ARRIBA DEL MURO						
$Es_1 = (Hs_1^2 * \gamma_{ss} * ka)/2$ →	Es_1 =	0.00 Ton*m	Ls_1 =	0.00	m	0.00
$Es_2 = Hs_1 * Hs_2 * \gamma_{ss} * ka$ →	Es_2 =	0.00 Ton*m	Ls_2 =	0.00	m	0.00
$Es_3 = (Hs_2^2 * \gamma_{ss} * ka)/2$ →	Es_3 =	0.43 Ton*m	Ls_3 =	0.67	m	0.29
EMPUJE DEL SUELO AGUAS ABAJO DEL MURO						
$Es_4 = (Hs_2^2 * \gamma_{ssat} * ka)/2$ →	Es_4 =	0.98 Ton*m	Ls_4 =	0.67	m	0.65
FUERZA DE SUBPRESIONES						
$U = (\gamma_w * Hw_1 * B)/2$ →	U =	33.25 Ton*m	Lu =	6.33	m	210.58

VERIFICACIÓN DE LAS TENSIONES TRANSMITIDAS AL TERRENO

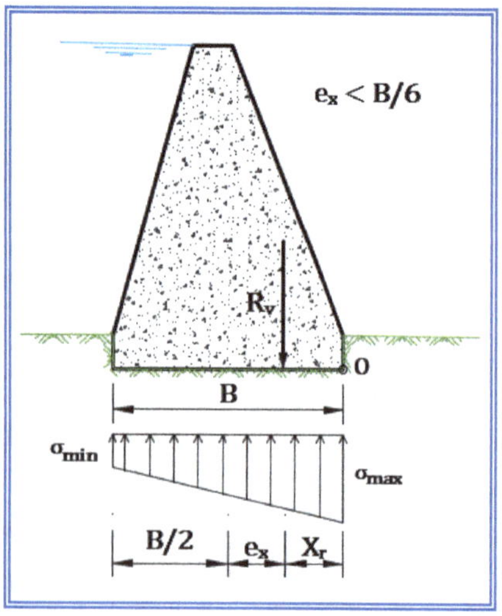

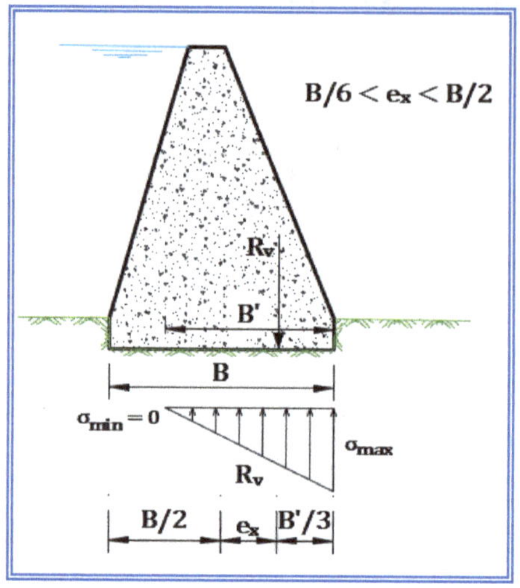

CÁLCULO DE LA EXCENTRICIDAD

$Rv = W_{CONC} + Pa + Ps - U$	Rv =	119.15 Ton
$Xr = [\Sigma Mr - \Sigma Ma] / Rv$	Xr =	3.16 m
Ancho de la Base de la Presa	B =	9.50 m
$e_x = B/2 - X_r$	e_x =	1.59 m

VERIFICACIÓN DEL ALINEAMIENTO DE LA FUERZA RESULTANTE DENTRO DEL TERCIO CENTRAL DE LA BASE DE LA PRESA

Tercio Central de la Base medidos desde el Punto "O".

B/3 = 3.17 m   B*2/3 = 6.33 m

Xr = 3.16 m

Xr > B/3 No

Xr < B/3 Si --- (La resultante No se alínea dentro del tercio central de La base de La Presa)

VERIFICACIÓN DE LAS TENSIONES MÁXIMA Y MÍNIMA SEGÚN EL VALOR DE LA EXCENTERICIDAD

Para el caso de $e_x < B/6$ B/6 = 1.58 m

$\sigma_{max} = (Rv / B) * (1 + (6 * e_x) / B)$ σ_{max} = 0.00 Ton/m^2

$\sigma_{min} = (Rv / B) * (1 - (6 * e_x) / B)$ σ_{min} = 0.00 Ton/m^2

Para el caso de $B/6 \leq e_x \leq B/2$ B/6 = 1.58 m   B/2 = 4.75 m

$\sigma_{max} = (2*Rv) / (3 * (B/2 - e_x))$ σ_{max} = 25.14 Ton/m^2

$\sigma_{min} = 0$ σ_{min} = 0.00 Ton/m^2

$B' = 3 * (B/2 - e_x)$ B' = 6.16 m

VERIFICACIÓN DEL ESFUERZO MÁXIMO CALCULADO CON EL ESFUERZO ADMISIBLE DEL SUELO

El Material de la fundación es una mezcla de gravas y arenas - de modo que el esfuerzo admisible varía entre $\sigma_{adm} \leq 25$ ton/m^2 y $\sigma_{adm} \leq 30$ ton/m^2

Esfuerzo máximo calculado	σ_{max} =	25.14 Ton/m^2	OK
Esfuerzo Admisible	σ_{max} =	30.00 Ton/m^2	

VERIFICACIÓN DE LAS TENSIONES TRANSMITIDAS AL TERRENO

OBRA:	RÍO CERRO GRANDE, PARROQUIA CARABALLEDA, ESTADO VARGAS.
PRESA:	PRESA CERRADA DE CONCRETO CICLOPEO - H = 9.00 m

DISEÑO GENERAL DE UN DIQUE TRANSVERSAL

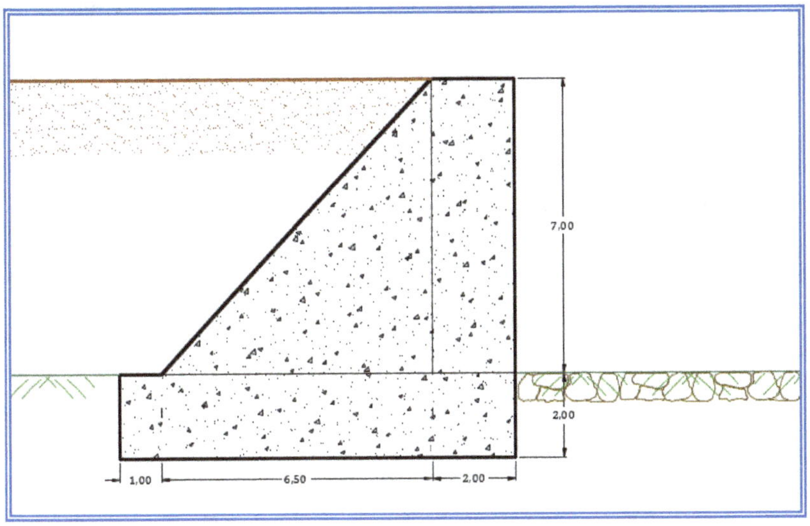

Para las presas de gravedad, como principio ineludible, para garantizar la estabilidad de la presa, la capacidad admisible del suelo de fundación σ_{adm} debe ser mayor que el esfuerzo de compresión máximo o presión de contacto σ_{max} transferido por la presa al terreno de fundación, para todas las combinaciones de carga.

Esta Verificación se ha realizado considerando la Presa llena de sedimentos.

DATOS DE DISEÑO

γ_w =	1.00	Ton/m³	PESO ESPECÍFICO DEL AGUA
γ_{conc} =	2.20	Ton/m³	PESO UNITARIO DEL CONCRETO
γ_{sed} =	2.00	Ton/m³	PESO ESPECÍFICO DEL SEDIMENTO
γ_{ss} =	0.80	Ton/m³	PESO ESPECÍFICO DEL SEDIMENTO SUMERGIDO
γ_{ssat} =	1.80	Ton/m³	PESO ESPECÍFICO DEL SEDIMENTO SATURADO
ϕ =	35	°	ANGULO DE FRICCION INTERNA DEL SUELO
H =	7.00	m	ALTURA DEL CONCRETO, MEDIDO DESDE LA RASANTE DEL CAUCE.
Hw_1 =	0.00	m	ALTURA TOTAL DEL AGUA AGUAS ARRIBA DEL DIQUE
Hs_1 =	7.00	m	PROFUNDIDAD DEL SEDIMENTO AGUAS ARRIBA DEL DIQUE, POR ENCIMA DEL NIVEL DE FUNDACION
Hs_2 =	2.00	m	PROFUNDIDAD DEL SEDIMENTO AGUAS ARRIBA Y AGUAS ABAJO DEL DIQUE (PROFUNDIDAD DE FUNDACION DEL DIQUE)
f =	0.70		FACTOR DE SEGURIDAD AL DESLIZAMIENTO
hr =	0.00	m	ALTURA DE AGUA SOBRE LA PRESA.
Y_2 =	0.00	m	ALTURA DEL AGUA, AGUAS ABAJO DEL DIQUE.
ns =	20	%	POROSIDAD DEL SUELO.
ka =	0.27		EMPUJE ACTIVO DEL SUELO

DIMENSIONES DE LA ESTRUCTURA

A =	1.00 m
B =	6.50 m
C =	2.00 m
D =	7.00 m
E =	2.00 m

FUERZAS ACTUANTES SOBRE EL MURO

PESO PROPIO DEL MURO

PESO DEL MURO		BRAZO DE GIRO CON RESPECTO A "PIVOTE"		MOMENTOS (TON.M)	
$Wconc_1$ =	30.80 Ton	$Lconc_1$ =	1.00 m	M_1 =	30.80
$Wconc_2$ =	50.05 Ton	$Lconc_2$ =	4.15 m	M_2 =	207.46
$Wconc_3$ =	41.80 Ton	$Lconc_2$ =	4.75 m	M_3 =	198.55

PESO DEL AGUA SOBRE EL MURO

PESO DEL AGUA SOBRE EL MURO		BRAZO DE GIRO CON RESPECTO A "PIVOTE"		MOMENTOS (TON.M)	
Pa =	0.00 Ton	Lw_1 =	1.00 m	M_1 =	0.00
Pa_1 =	0.00 Ton	Lw_2 =	5.25 m	M_2 =	0.00
Pa_2 =	Ton	Lw_3 =	6.33 m	M_3 =	0.00
Pa_3 =	0.00 Ton	Lw_4 =	9.00 m	M_4 =	0.00

PESO DEL SUELO SOBRE EL MURO

PESO DEL SUELO SOBRE EL MURO		BRAZO DE GIRO CON RESPECTO A "PIVOTE"		MOMENTOS (TON.M)	
Ws_1 =	45.50 Ton	Ls_1 =	6.33 m	M_1 =	288.17
Ws_2 =	14.00 Ton	Ls_2 =	9.00 m	M_2 =	126.00
Ws_3 =	0.00 Ton	Ls_3 =	0.00 m	M_3 =	0.00
Ws_4 =	0.00 Ton	Ls_4 =	0.00 m	M_4 =	0.00

EMPUJES ACTUANTES SOBRE EL MURO

			BRAZO DE GIRO CON RESPECTO A "O"			MOMENTOS (ton.m)
EMPUJE DEL AGUA						
$Ew_1 = (Hw_1^2 * \gamma_w)/2$ →	Ew_1 =	0.00 Ton*m	Lw_1 =	0.00	m	0.00
$Ew_2 = ((Y_2 + Hs_2)^2 * \gamma_w)/2$ →	Ew_2 =	0.00 Ton*m	Lw_2 =	0.00	m	0.00
EMPUJE DEL SUELO AGUAS ARRIBA DEL MURO						
$Es_1 = (Hs_1^2 * \gamma_{ss} * ka)/2$ →	Es_1 =	13.28 Ton*m	Ls_1 =	3.00	m	39.84
$Es_2 = Hs_1 * Hs_2 * \gamma_{ss} * ka$ →	Es_2 =	7.59 Ton*m	Ls_2 =	1.00	m	7.59
$Es_3 = (Hs_2^2 * \gamma_{ss} * ka)/2$ →	Es_3 =	1.08 Ton*m	Ls_3 =	0.67	m	0.72
EMPUJE DEL SUELO AGUAS ABAJO DEL MURO						
$Es_4 = (Hs_2^2 * \gamma_{ssat} * ka)/2$ →	Es_4 =	0.98 Ton*m	L_{S4} =	0.67	m	0.65
FUERZA DE SUBPRESIONES						
$U = (\gamma_w * Hw_1 * B)/2$ →	U =	0.00 Ton*m	Lu =	6.33	m	0.00

VERIFICACIÓN DE LAS TENSIONES TRANSMITIDAS AL TERRENO

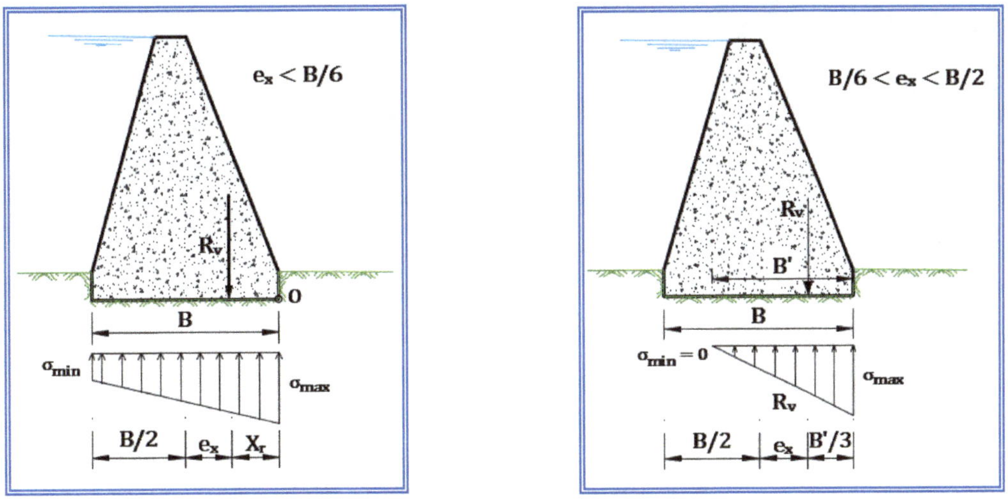

CÁLCULO DE LA EXCENTRICIDAD

$Rv = W_{CONC} + Pa + Ps - U$	Rv =	182.15 Ton
$Xr = [\Sigma Mr - \Sigma Ma] / Rv$	Xr =	4.41 m
Ancho de la Base de la Presa	B =	9.50 m
$e_x = B/2 - X_r$	e_x =	0.34 m

VERIFICACIÓN DEL ALINEAMIENTO DE LA FUERZA RESULTANTE DENTRO DEL TERCIO CENTRAL DE LA BASE DE LA PRESA

Tercio Central de la Base medidos desde el Punto "O".

B/3 =	3.17 m	B*2/3 =	6.33 m
Xr =	4.41 m		

Xr > B/3 Si --- La resultante se alínea dentro del tercio central de La base de La Presa --- OK

Xr < B/3 No

VERIFICACIÓN DE LAS TENSIONES MÁXIMA Y MÍNIMA SEGÚN EL VALOR DE LA EXCENTERICIDAD

Para el caso de $e_x < B/6$ B/6 = 1.58 m

$\sigma_{max} = (Rv / B) * (1 + (6 * e_x)/ B)$	σ_{max} =	23.28 Ton/m^2
$\sigma_{min} = (Rv / B) * (1 - (6 * e_x)/ B)$	σ_{min} =	15.07 Ton/m^2

Para el caso de $B/6 \leq e_x \leq B/2$ B/6 = 1.58 m B/2 = 4.75 m

$\sigma_{max} = (2*Rv) / (3 * (B/2 - e_x))$	σ_{max} =	0.00 Ton/m^2
$\sigma_{min} = 0$	σ_{min} =	0.00 Ton/m^2
$B' = 3 * (B/2 - e_x)$	B' =	--- m

VERIFICACIÓN DEL ESFUERZO MÁXIMO CALCULADO CON EL ESFUERZO ADMISIBLE DEL SUELO

El Material de la fundación es una mezcla de gravas y arenas - de modo que el esfuerzo admisible varía entre $\sigma_{adm} \leq 25$ ton/m^2 y σ 30 ton/m^2

Esfuerzo máximo calculado	σ_{max} =	23.28 Ton/m^2	OK
Esfuerzo Admisible	σ_{max} =	30.00 Ton/m^2	

VERIFICACIÓN DE LAS TENSIONES TRANSMITIDAS AL TERRENO

OBRA:	RÍO CERRO GRANDE, PARROQUIA CARABALLEDA, ESTADO VARGAS.
PRESA:	PRESA CERRADA DE CONCRETO CICLOPEO - H = 9.00 m

DISEÑO GENERAL DE UN DIQUE TRANSVERSAL

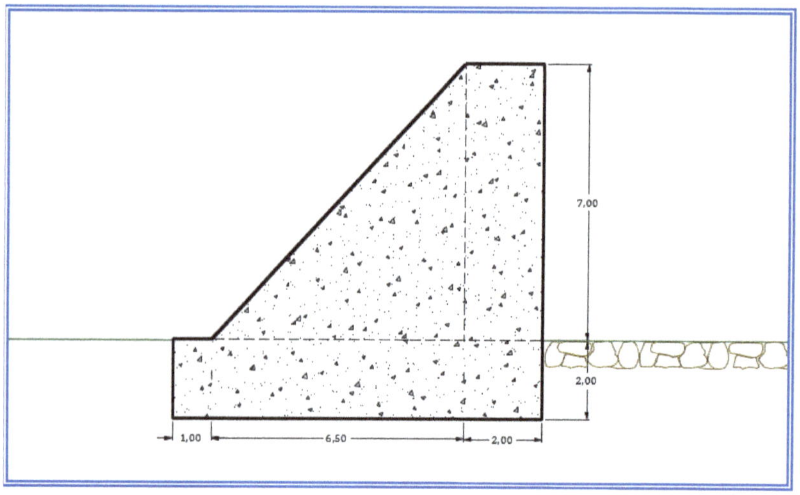

Para las presas de gravedad, como principio ineludible, para garantizar la estabilidad de la presa, la capacidad admisible del suelo de fundación σ_{adm} debe ser mayor que el esfuerzo de compresión máximo o presión de contacto σ_{max} transferido por la presa al terreno de fundación, para todas las combinaciones de carga.

Esta Verificación se ha realizado considerando la Presa vacía.

DATOS DE DISEÑO

γ_w =	1.00	Ton/m³	PESO ESPECÍFICO DEL AGUA
γ_{conc} =	2.20	Ton/m³	PESO UNITARIO DEL CONCRETO
γ_{sed} =	2.00	Ton/m³	PESO ESPECÍFICO DEL SEDIMENTO
γ_{ss} =	0.80	Ton/m³	PESO ESPECÍFICO DEL SEDIMENTO SUMERGIDO
γ_{ssat} =	1.80	Ton/m³	PESO ESPECÍFICO DEL SEDIMENTO SATURADO
ϕ =	35	°	ANGULO DE FRICCION INTERNA DEL SUELO
H =	7.00	m	ALTURA DEL CONCRETO, MEDIDO DESDE LA RASANTE DEL CAUCE.
Hw_1 =	0.00	m	ALTURA TOTAL DEL AGUA AGUAS ARRIBA DEL DIQUE
Hs_1 =	0.00	m	PROFUNDIDAD DEL SEDIMENTO AGUAS ARRIBA DEL DIQUE, POR ENCIMA DEL NIVEL DE FUNDACION
Hs_2 =	2.00	m	PROFUNDIDAD DEL SEDIMENTO AGUAS ARRIBA Y AGUAS ABAJO DEL DIQUE (PROFUNDIDAD DE FUNDACION DEL DIQUE)
f =	0.70		FACTOR DE SEGURIDAD AL DESLIZAMIENTO
hr =	0.00	m	ALTURA DE AGUA SOBRE LA PRESA.
Y_2 =	0.00	m	ALTURA DEL AGUA, AGUAS ABAJO DEL DIQUE.
ns =	20	%	POROSIDAD DEL SUELO.
ka =	0.27		EMPUJE ACTIVO DEL SUELO

DIMENSIONES DE LA ESTRUCTURA

A =	1.00 m
B =	6.50 m
C =	2.00 m
D =	7.00 m
E =	2.00 m

FUERZAS ACTUANTES SOBRE EL MURO

PESO PROPIO DEL MURO

PESO DEL MURO		BRAZO DE GIRO CON RESPECTO A "PIVOTE"		MOMENTOS (TON.M)	
W_{conc1} =	30.80 Ton	L_{conc1} =	1.00 m	M_1 =	30.80
W_{conc2} =	50.05 Ton	L_{conc2} =	4.15 m	M_2 =	207.46
W_{conc3} =	41.80 Ton	L_{conc2} =	4.75 m	M_3 =	198.55

PESO DEL AGUA SOBRE EL MURO

PESO DEL AGUA SOBRE EL MURO		BRAZO DE GIRO CON RESPECTO A "PIVOTE"		MOMENTOS (TON.M)	
Pa =	0.00 Ton	L_{w1} =	1.00 m	M_1 =	0.00
Pa_1 =	0.00 Ton	L_{w2} =	5.25 m	M_2 =	0.00
Pa_2 =	0.00 Ton	L_{w3} =	6.33 m	M_3 =	0.00
Pa_3 =	0.00 Ton	L_{w4} =	9.00 m	M_4 =	0.00

PESO DEL SUELO SOBRE EL MURO

PESO DEL SUELO SOBRE EL MURO		BRAZO DE GIRO CON RESPECTO A "PIVOTE"		MOMENTOS (TON.M)	
W_{s1} =	0.00 Ton	L_{s1} =	6.33 m	M_1 =	0.00
W_{s2} =	0.00 Ton	L_{s2} =	9.00 m	M_2 =	0.00
W_{s3} =	0.00 Ton	L_{s3} =	0.00 m	M_3 =	0.00
W_{s4} =	0.00 Ton	L_{s4} =	0.00 m	M_4 =	0.00

EMPUJES ACTUANTES SOBRE EL MURO

			BRAZO DE GIRO CON RESPECTO A "O"			MOMENTOS (ton.m)
EMPUJE DEL AGUA						
$E_{w1} = (Hw_1^2 * \gamma_w)/2$ →	E_{w1} =	0.00 Ton*m	L_{w1} =	0.00	m	0.00
$E_{w2} = ((Y_2 + Hs_2)^2 * \gamma_w)/2$ →	E_{w2} =	0.00 Ton*m	L_{w2} =	0.00	m	0.00
EMPUJE DEL SUELO AGUAS ARRIBA DEL MURO						
$E_{s1} = (Hs_1^2 * \gamma_{ss} * ka)/2$ →	E_{s1} =	0.00 Ton*m	L_{s1} =	0.67	m	0.00
$E_{s2} = Hs_1 * Hs_2 * \gamma_{ss} * ka$ →	E_{s2} =	0.00 Ton*m	L_{s2} =	1.00	m	0.00
$E_{s3} = (Hs_2^2 * \gamma_{ss} * ka)/2$ →	E_{s3} =	1.08 Ton*m	L_{s3} =	0.67	m	0.72
EMPUJE DEL SUELO AGUAS ABAJO DEL MURO						
$E_{s4} = (Hs_2^2 * \gamma_{ssat} * ka)/2$ →	E_{s4} =	0.98 Ton*m	L_{s4} =	0.67	m	0.65
FUERZA DE SUBPRESIONES						
$U = (\gamma_w * Hw_1 * B)/2$ →	U =	0.00 Ton*m	Lu =	6.33	m	0.00

VERIFICACIÓN DE LAS TENSIONES TRANSMITIDAS AL TERRENO

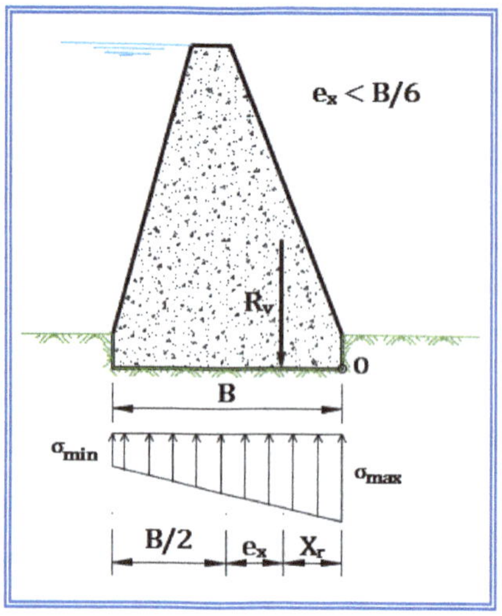

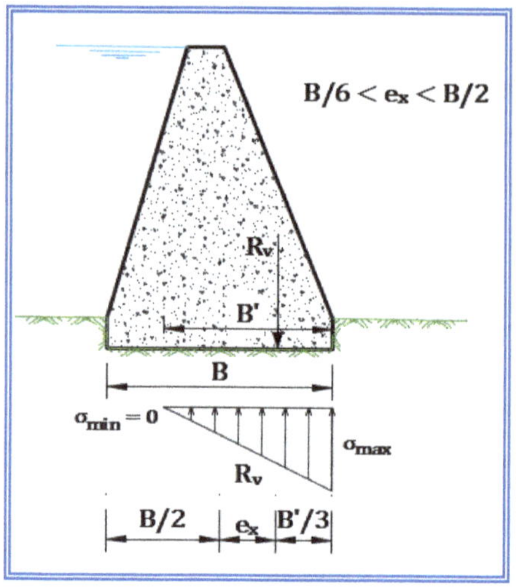

CÁLCULO DE LA EXCENTRICIDAD

$Rv = W_{CONC} + Pa + Ps - U$	Rv =	122.65 Ton
$Xr = [\Sigma Mr - \Sigma Ma] / Rv$	Xr =	3.56 m
Ancho de la Base de la Presa	B =	9.50 m
$e_x = B/2 - X_r$	e_x =	1.19 m

VERIFICACIÓN DEL ALINEAMIENTO DE LA FUERZA RESULTANTE DENTRO DEL TERCIO CENTRAL DE LA BASE DE LA PRESA

Tercio Central de la Base medidos desde el Punto "O".

B/3 =	3.17 m	B*2/3 =	6.33 m
Xr =	3.56 m		

Xr > B/3 Si --- La resultante se alínea dentro del tercio central de La base de La Presa --- OK √

Xr < B/3 No

VERIFICACIÓN DE LAS TENSIONES MÁXIMA Y MÍNIMA SEGÚN EL VALOR DE LA EXCENTERICIDAD

Para el caso de $e_x < B/6$ B/6 = 1.58 m

$\sigma_{max} = (Rv / B) * (1 + (6 * e_x)/ B)$	σ_{max} =	22.61 Ton/m²
$\sigma_{min} = (Rv / B) * (1 - (6 * e_x)/ B)$	σ_{min} =	3.21 Ton/m²

Para el caso de $B/6 \leq e_x \leq B/2$ B/6 = 1.58 m B/2 = 4.75 m

$\sigma_{max} = (2*Rv) / (3 * (B/2 - e_x))$	σ_{max} =	0.00 Ton/m²
$\sigma_{min} = 0$	σ_{min} =	0.00 Ton/m²
$B' = 3 * (B/2 - e_x)$	B' =	--- m

VERIFICACIÓN DEL ESFUERZO MÁXIMO CALCULADO CON EL ESFUERZO ADMISIBLE DEL SUELO

El Material de la fundación es una mezcla de gravas y arenas - de modo que el esfuerzo admisible varía entre $\sigma_{adm} \leq 25$ ton/m^2 y $\sigma_{adm} \leq$ 30 ton/m^2

Esfuerzo máximo calculado	$\sigma_{max} =$	22.61 Ton/m^2	OK
Esfuerzo Admisible	$\sigma_{max} =$	30.00 Ton/m^2	

ANEXO N° 2.-

EJEMPLO DE CÁLCULO DE PRESA DE GAVIONES

CALCULO HIDRÁULICO Y ESTRUCTURAL DE PRESA DE RETENCIÓN DE SEDIMENTOS

OBRA:	RÍO CERRO GRANDE, PARROQUIA CARABALLEDA, ESTADO VARGAS.
PRESA:	PRESA CERRADA DE GAVIONES - H = 9.00 m

DISEÑO GENERAL DE LA PRESA

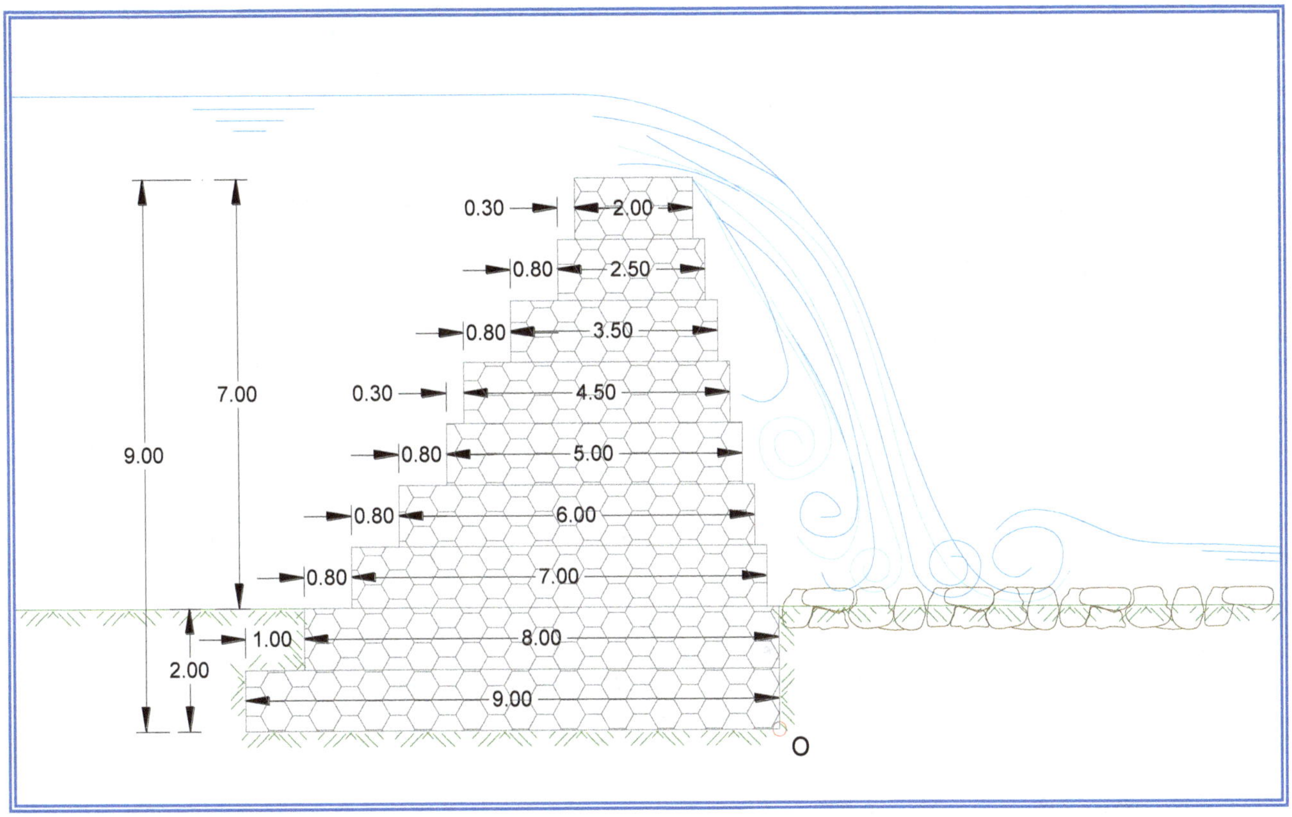

CALCULO DE VERTEDERO Y CUENCO DISIPADOR

OBRA:	RÍO CERRO GRANDE, PARROQUIA CARABALLEDA, ESTADO VARGAS.
PRESA:	PRESA CERRADA DE GAVIONES - H = 9.00 m

DIAGRAMA

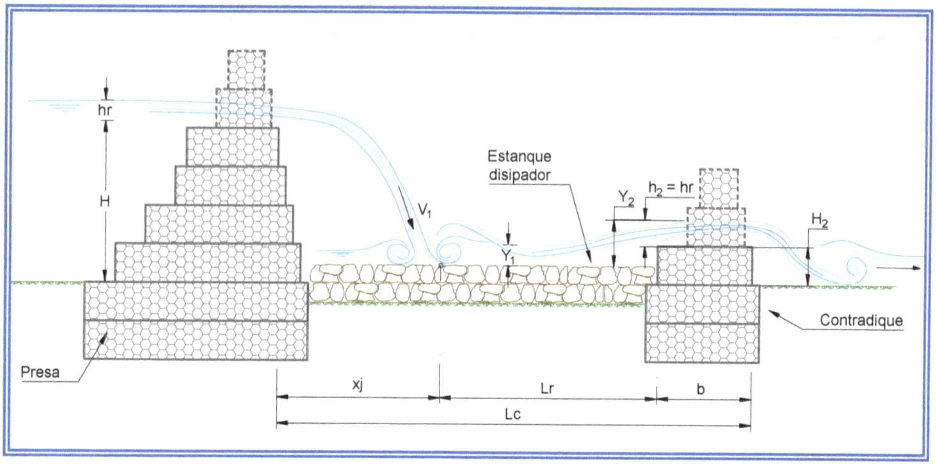

CALCULO DEL VERTEDERO

			F =	1.80	FACTOR DE INCREMENTO
Q =	340.00 m³/s	GASTO DE DISEÑO	Q_{LODO} =	612.00 m³/s	GASTO DE DISEÑO DE LODOS
L =	63.00 m	LONGITUD DEL VERTEDERO	L =	63.00 m	LONGITUD DEL VERTEDERO

$hr = (Q^2/(g*L^2))^{(1/3)}$ ⟶ hr = 1.44 m — ALTURA DE AGUA SOBRE EL VERTEDERO DE SECCION RECTANGULAR

$hr_{LODO} = (Q_{LODO}^2/(g*L^2))^{(1/3)}$ ⟶ hr_{LODO} = 2.13 m — ALTURA DE AGUA SOBRE EL VERTEDERO DE SECCION RECTANGULAR CON GASTOS DE LODOS Y PIEDRAS

H =	7.00 m	ALTURA DEL GAVION, MEDIDO DESDE LA RASANTE DEL CAUCE
D_{90} =	90.00 mm	DIAMETRO DEL MATERIAL DEL CAUCE PARA EL CUAL EL 90% EN PESO ES MAS FINO
q =	5.40 m³/s/m	GASTO POR UNIDAD DE ANCHO
b =	2.00 m	ANCHO DE LA CRESTA DEL VERTEDERO DEL CONTRADIQUE

CALCULO DEL CUENCO DISIPADOR

$V_1 = (2*g*(H + hr))^{1/2}$ → V_1 = 12.87 m/s — VELOCIDAD

$Y_1 = (q/V_1)$ → Y_1 = 0.42 m — ALTURA NORMAL 1

$F_1 = V_1 / ((g*Y_1)^{1/2})$ → F_1 = 6.34 — NUMERO DE FROUDE

$Y_2 = (Y_1*((1 + 8*F_1)^{1/2}-1))/2$ → Y_2 = 1.30 — ALTURA NORMAL 2

$H_2 = Y_2 - h_2$ ⟶ $h_2 = h_r$ → H_2 = -0.14 — ALTURA NECESARIA DEL CONTRADIQUE SOBRE LA FUNDACION. SI ES < 0, EL CONTRADIQUE SE COLOCARA A NIVEL DEL LECHO.-

h_2 ⟶ ES LA CARGA HIDRAULICA SOBRE LA CRESTA DEL CONTRADIQUE. EN GENERAL LAS LONGITUDES DE LOS VERTEDEROS DE LA PRESA Y DEL CONTRADIQUE SUELEN SE IGUALES, POR LO QUE h_2 = hr.

CALCULO DE LA PROFUNDIDAD DE FUNDACION

$H_T = H + hr - Y_2$ → 7.14 m DIFERENCIA DE ELEVACION ENTRE LOS NIVELES DE LA CAIDA.

$H_T = H + hr$ → 8.44 m DIFERENCIA DE ELEVACION ENTRE LOS NIVELES DE LA CAIDA.

CRITERIO DE SCHOKLITSH

$hs + Y_2 = (4.75*H^{0,20}*q^{0,57})/(D_{90}{}^{0,32})$ → hs = 3.06 m PROFUNDIDAD DE SOCAVACION

hs = 3.21 m PROFUNDIDAD DE SOCAVACION

PROFUNDIDAD DE SOCAVACION CALCULADA SEGÚN EL CRITERIO DE SCHOKLITSH, PARA DETERMINAR LA SOCAVACION AGUAS ABAJO DE UNA ESTRUCTURA DE CAIDA DE SECCION RECTANGULAR.-

CALCULO DE LA LAMINA VERTIENTE

V = 3.75 m/s VELOCIDAD DE DISEÑO

$Xi = V*(2*H/g)^{1/2}$ → Xi = 4.49 m

$Xj = V*(2*(H+hr)/g)^{1/2}$ → Xj = 4.92 m

AREA DE IMPACTO DE LA LAMINA VERTIENTE, DEFINIDAS POR LAS DISTANCIAS Xi y Xj.-

DISTANCIA ENTRE LA PRESA Y EL CONTRADIQUE

$L_c = X_j + L_r + b$ → $Lr = 5*Y_2$ → L_c = 13.42 m

L_c = 14.00 m LONGITUD ASUMIDA

DONDE:

X_j = DISTANCIA HORIZONTAL DEL IMPACTO DE LA LAMINA VERTIENTE (m)
L_r = LONGITUD NECESARIA PARA ALOJAR EL RESALTO HIDRAULICO (m)
b = ANCHO DE LA CRESTA DEL CONTRADIQUE.

CALCULO DE LA SOCAVACION LOCAL AL PIE DE UNA CAIDA

METODO DE SCHOKLITSCH

Expresión de Schoklitsch $$h_s = 4,75 * \frac{H^{0,20} * q^{0,57}}{D_{90}^{0,32}} - Y_2 \qquad (VII.9)$$

Donde:
- h_s = Socavación (m)
- Y_2 = Altura de agua, aguas abajo del dique (m)
- H = Altura de la carga hidráulica desde la superficie del agua aguas arriba del vertedero hasta la superficie aguas abajo (m)
- q = Caudal unitario ($m^3/s/m$)
- D_{90} = Diámetro del material del cauce para el cual el 90% es más fino (mm)

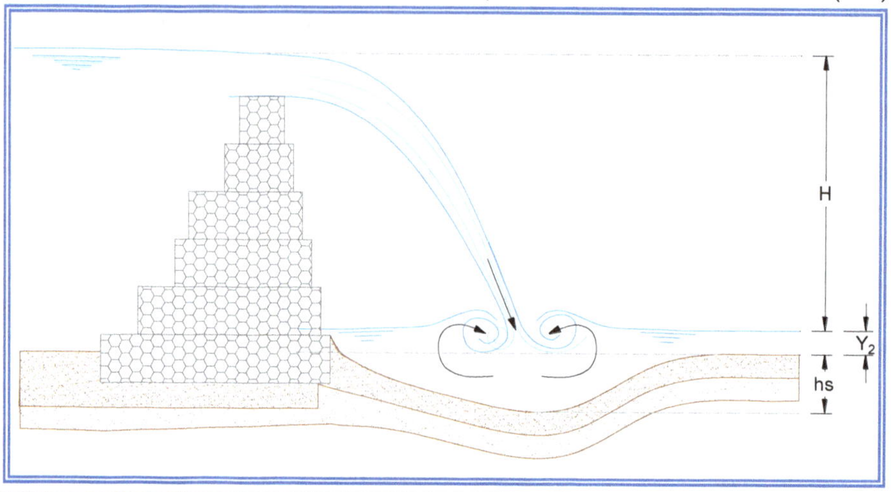

El cálculo se realiza con la finalidad de determinar el diámetro medio de la roca necesaria para la conformación del enrocado en el disipador de energía, partiendo de un ancho de vertedero de 63 metros y una caída de 8,44 metros.

RIO:	*CERRO GRANDE*	**PRESA:**	**1.-**
LOCALIDAD:	*PARROQUIA CARABALLEDA*	**Tr =**	100 años
ESTADO:	*VARGAS*	**GASTO =**	340 m^3/s

Q (m^3/s)	ANCHO VERTEDERO (m)	H (m)	Y_2 (m)	d_{90} (mm)	q ($m^3/s/m$)	hs (m)
340.00	**63.00**	**7.00**	**1.30**	1,000.00	5.40	0.71
340.00	**63.00**	**7.00**	**1.30**	1,100.00	5.40	0.65
340.00	**63.00**	**7.00**	**1.30**	1,200.00	5.40	0.60
340.00	**63.00**	**7.00**	**1.30**	1,300.00	5.40	0.55
340.00	**63.00**	**7.00**	**1.30**	1,400.00	5.40	0.51
340.00	**63.00**	**7.00**	**1.30**	1,500.00	5.40	0.47
340.00	**63.00**	**7.00**	**1.30**	1,600.00	5.40	0.43

Q (m^3/s)	ANCHO VERTEDERO (m)	H (m)	Y_2 (m)	d_{90} (mm)	q ($m^3/s/m$)	hs (m)
612.00	**63.00**	**7.00**	**1.30**	1,000.00	9.71	1.51
612.00	**63.00**	**7.00**	**1.30**	1,100.00	9.71	1.43
612.00	**63.00**	**7.00**	**1.30**	1,200.00	9.71	1.35
612.00	**63.00**	**7.00**	**1.30**	1,300.00	9.71	1.28
612.00	**63.00**	**7.00**	**1.30**	1,400.00	9.71	1.22
612.00	**63.00**	**7.00**	**1.30**	1,500.00	9.71	1.17
612.00	**63.00**	**7.00**	**1.30**	1,600.00	9.71	1.12

CALCULO ESTRUCTURAL DE DIQUES TRANSVERSALES

OBRA: RÍO CERRO GRANDE, PARROQUIA CARABALLEDA, ESTADO VARGAS.

PRESA: PRESA CERRADA DE GAVIONES - H = 9.00 m

DISEÑO GENERAL DE UN DIQUE TRANSVERSAL

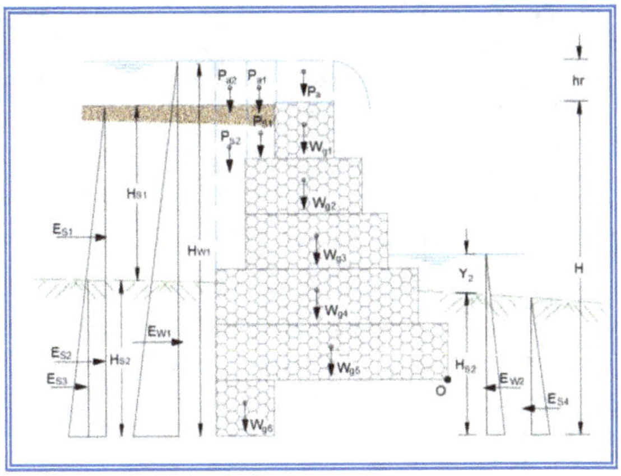

CONSIDERACIONES DE DISEÑO PARA EL CALCULO ESTRUCTURAL DE LA SECCION DE DIQUE ADOPTADA

- **CÁLCULO DEL DIMENSIONAMIENTO DE LA PRESA CONSIDERANDO LOS EMPUJES HIDROSTÁTICOS EN EL MOMENTO DE LA OCURRENCIA DE LA LÁMINA VERTIENTE.**
- **SE CONSIDERAN LOS NIVELES DE FUNDACIÓN Y EL PRIMER METRO POR ENCIMA DE LA FUNDACIÓN TOTALMENTE SUMERGIDO CONSIDERANDO EL PESO ESPECÍFICO SUMERGIDO DEL GAVION. CON ESTA CONSIDERACIÓN SE DESCARTA LA ACCIÓN DE LAS SUBPRESIONES EN LA FUNDACIÓN DE LA PRESA.**
- **SE CONSIDERA EL EMPUJE PASIVO DEL SUELO AGUAS ABAJO COMO SUELO SATURADO.**
- **SE CONSIDERA EL EMPUJE DE SUELO SUMERGIDO AGUAS ARRIBA DEL MURO, POR ENCIMA DEL NIVEL DE FUNDACIÓN DE LA PRESA.**

DATOS DE DISEÑO

γ_w =	1.00	Ton/m³	PESO ESPECÍFICO DEL AGUA
γ_g =	1.86	Ton/m³	PESO ESPECÍFICO DEL GAVION SECO
γ_{gv} =	1.33	Ton/m³	PESO ESPECÍFICO DEL GAVION SUMERGIDO
γ_{sed} =	2.00	Ton/m³	PESO ESPECÍFICO DEL SEDIMENTO
γ_{ss} =	0.80	Ton/m³	PESO ESPECÍFICO DEL SEDIMENTO SUMERGIDO
γ_{ssat} =	1.80	Ton/m³	PESO ESPECÍFICO DEL SEDIMENTO SATURADO
ϕ =	35	°	ANGULO DE FRICCION INTERNA DEL SUELO
H =	7.00	m	ALTURA DEL GAVION, MEDIDO DESDE LA RASANTE DEL CAUCE.
Hw_1 =	10.44	m	ALTURA TOTAL DEL AGUA AGUAS ARRIBA DEL DIQUE
Hs_1 =	0.00	m	PROFUNDIDAD DEL SEDIMENTO AGUAS ARRIBA DEL DIQUE, POR ENCIMA DEL NIVEL DE FUNDACION
Hs_2 =	2.00	m	PROFUNDIDAD DEL SEDIMENTO AGUAS ARRIBA Y AGUAS ABAJO DEL DIQUE (PROFUNDIDAD DE FUNDACION DEL DIQUE)
f =	0.70		FACTOR DE SEGURIDAD AL DESLIZAMIENTO
hr =	1.44	m	ALTURA DE AGUA SOBRE LA PRESA.
Y_2 =	1.30	m	ALTURA DEL AGUA, AGUAS ABAJO DEL DIQUE.
ns =	20	%	POROSIDAD DEL SUELO.
ng =	30	%	POROSIDAD DEL GAVIÓN.
ka =	0.27		EMPUJE ACTIVO DEL SUELO

FUERZAS ACTUANTES SOBRE EL MURO

PESO PROPIO DE CADA NIVEL DE MURO

ANCHO POR NIVEL		PESO DEL MURO		BRAZO DE GIRO CON RESPECTO A "O"		Momentos (ton.m)
L1 =	2.00 m	Wg_1 =	3.72 Ton	Lg_1 =	2.40 m	8.93
L2 =	2.50 m	Wg_2 =	4.65 Ton	Lg_2 =	2.45 m	11.39
L3 =	3.50 m	Wg_3 =	6.51 Ton	Lg_3 =	2.75 m	17.90
L4 =	4.50 m	Wg_4 =	8.37 Ton	Lg_4 =	3.05 m	25.53
L5 =	5.00 m	Wg_5 =	9.30 Ton	Lg_5 =	3.10 m	28.83
L6 =	6.00 m	Wg_6 =	11.16 Ton	Lg_6 =	3.40 m	37.94
L7 =	7.00 m	Wg_7 =	9.31 Ton	Lg_7 =	3.70 m	34.45
L8 =	8.00 m	Wg_8 =	10.64 Ton	Lg_8 =	4.00 m	42.56
L9 =	9.00 m	Wg_9 =	11.97 Ton	Lg_9 =	4.50 m	53.87
L10 =	0.00 m	Wg_{10} =	0.00 Ton	Lg_{10} =	0.00 m	
L11 =	0.00 m	Wg_{11} =	0.00 Ton	Lg_{11} =	0.00 m	
L12 =	0.00 m	Wg_{12} =	0.00 Ton	Lg_{12} =	0.00 m	
L13 =	0.00 m	Wg_{13} =	0.00 Ton	Lg_{13} =	0.00 m	
L14 =	0.00 m	Wg_{14} =	0.00 Ton	Lg_{14} =	0.00 m	
L15 =	0.00 m	Wg_{15} =	0.00 Ton	Lg_{15} =	0.00 m	
			75.63			261.40

AREA DE LA SECCION DE LA PRESA 47.50 m²

PESO DEL AGUA SOBRE EL MURO

AREA DEL ESCALON AGUAS ARRIBA		PESO DEL AGUA SOBRE EL MURO		BRAZO DE GIRO CON RESPECTO A "O"		Momentos (ton.m)
A0 =	2.87 m²	Pa =	2.87 Ton	La_0 =	2.40 m	6.90
A1 =	0.73 m²	Pa_1 =	0.73 Ton	La_1 =	3.55 m	2.60
A2 =	2.75 m²	Pa_2 =	2.75 Ton	La_2 =	4.10 m	11.27
A3 =	3.55 m²	Pa_3 =	3.55 Ton	La_3 =	4.90 m	17.39
A4 =	1.63 m²	Pa_4 =	1.63 Ton	La_4 =	5.45 m	8.89
A5 =	5.15 m²	Pa_5 =	5.15 Ton	La_5 =	6.00 m	30.90
A6 =	5.95 m²	Pa_6 =	5.95 Ton	La_6 =	6.80 m	40.46
A7 =	6.75 m²	Pa_7 =	6.75 Ton	La_7 =	7.60 m	51.30
A8 =	9.44 m²	Pa_8 =	9.44 Ton	La_8 =	8.50 m	80.22
A9 =	m²	Pa_9 =	0.00 Ton	La_9 =	m	
A10 =	m²	Pa_{10} =	0.00 Ton	La_{10} =	m	
A11 =	m²	Pa_{11} =	0.00 Ton	La_{11} =	m	
A12 =	m²	Pa_{12} =	0.00 Ton	La_{12} =	m	
A13 =	m²	Pa_{13} =	0.00 Ton	La_{13} =	m	
A14 =	m²	Pa_{14} =	0.00 Ton	La_{14} =	m	
A15 =	m²	Pa_{15} =	0.00 Ton	La_{15} =	m	
			38.82			**249.93**

PESO DEL SUELO SOBRE EL MURO

AREA DEL ESCALON AGUAS ARRIBA		PESO DEL SUELO SOBRE EL MURO		BRAZO DE GIRO CON RESPECTO A "O"		Momentos (ton.m)
A0 =	0.00 m²	Ps_0 =	0.00 Ton	Ls_0 =	0.00 m	0.00
A1 =	0.00 m²	Ps_1 =	0.00 Ton	Ls_1 =	0.00 m	0.00
A2 =	0.00 m²	Ps_2 =	0.00 Ton	Ls_2 =	0.00 m	0.00
A3 =	0.00 m²	Ps_3 =	0.00 Ton	Ls_3 =	0.00 m	0.00
A4 =	0.00 m²	Ps_4 =	0.00 Ton	Ls_4 =	0.00 m	0.00
A5 =	0.00 m²	Ps_5 =	0.00 Ton	Ls_5 =	0.00 m	0.00
A6 =	0.00 m²	Ps_6 =	0.00 Ton	Ls_6 =	0.00 m	0.00
A7 =	0.00 m²	Ps_7 =	0.00 Ton	Ls_7 =	0.00 m	0.00
A8 =	1.00 m²	Ps_8 =	0.80 Ton	Ls_8 =	8.50 m	6.80
A9 =	0.00 m²	Ps_9 =	0.00 Ton	Ls_9 =	0.00 m	0.00
A10 =	0.00 m²	Ps_{10} =	0.00 Ton	Ls_{10} =	0.00 m	0.00
A11 =	0.00 m²	Ps_{11} =	0.00 Ton	Ls_{11} =	0.00 m	0.00
A12 =	0.00 m²	Ps_{12} =	0.00 Ton	Ls_{12} =	0.00 m	0.00
A13 =	0.00 m²	Ps_{13} =	0.00 Ton	Ls_{13} =	0.00 m	0.00
A14 =	0.00 m²	Ps_{14} =	0.00 Ton	Ls_{14} =	0.00 m	
A15 =	m²	Ps_{15} =	0.00 Ton	Ls_{15} =	m	
			0.80			**6.80**

EMPUJES ACTUANTES SOBRE EL MURO

			BRAZO DE GIRO CON RESPECTO A "O"			Momentos (ton.m)
EMPUJE DEL AGUA						
$E_{W1} = (Hw_1^2 * \gamma_w)/2$	→ E_{W1} =	54.47 Ton*m	L_{W1} =	3.48	m	189.50
$E_{W2} = ((Y_2 + Hs_2)^2 * \gamma_w)/2$	→ E_{W2} =	0.00 Ton*m	L_{W2} =	1.10	m	0.00
EMPUJE DEL SUELO AGUAS ARRIBA DEL MURO						
$E_{S1} = (Hs_1^2 * \gamma_{ss} * ka)/2$	→ E_{S1} =	0.00 Ton*m	L_{S1} =	0.00	m	0.00
$E_{S2} = Hs_1 * Hs_2 * \gamma_{ss} * ka$	→ E_{S2} =	0.00 Ton*m	L_{S2} =	0.00	m	0.00
$E_{S3} = (Hs_2^2 * \gamma_{ss} * ka)/2$	→ E_{S3} =	0.43 Ton*m	L_{S3} =	0.67	m	0.29
EMPUJE DEL SUELO AGUAS ABAJO DEL MURO						
$E_{S4} = (Hs_2^2 * \gamma_{ssat} * ka)/2$	→ E_{S4} =	0.98 Ton*m	L_{S4} =	0.67	m	0.65

ESTABILIDAD AL VOLCAMIENTO

FSv = Sumatoria (Mr) / Sumatoria (Ma) > 1.5

FSv = Σ(Mr) / Σ (Ma) > 1.5

Mr = Sumatoria de momentos de las fuerzas estabilizantes, con respecto al punto de rotación "O", en Ton/m

Ma = Sumatoria de momentos de las fuerzas volcantes, con respecto al punto de rotación "O", en Ton/m

FSv = 2.74 > 1.5 O.K

ESTABILIDAD AL DESLIZAMIENTO

FSd = f * Sumatoria (Fv) / Sumatoria (Fh) > 1.5

FSd = f * Σ(Fv) / Σ (Fh) > 1.5

Fv = Sumatoria de las fuerzas verticales

Fh = Sumatoria de las fuerzas horizontales

FSd = 1.50 > 1.5 O.K

CALCULO DEL FACTOR DE DESLIZAMIENTO CON EL ESFUERZO INTERNO DE AMARRES ENTRE LOS NIVELES DEL DIQUE

FSdi = f * Sumatoria (Fv) / Sumatoria (Fh) > 1.5

FSdi = f * Σ(Fv) / Σ (Fh) > 1.5

Fv = Sumatoria de las fuerzas verticales

Fh = Sumatoria de las fuerzas horizontales

F = 1784.50 kg/ml — ESFUERZO INTERNO DE LOS AMARRES ENTRE LOS NIVELES DEL MURO.

NIVEL 1	⟶	FDv_1=	5.10	> 1.5	O.K
NIVEL 2	⟶	FDv_2=	2.63	> 1.5	O.K
NIVEL 3	⟶	FDv_3=	2.35	> 1.5	O.K
NIVEL 4	⟶	FDv_4=	2.25	> 1.5	O.K
NIVEL 5	⟶	FDv_5=	2.04	> 1.5	O.K
NIVEL 6	⟶	FDv_6=	2.03	> 1.5	O.K
NIVEL 7	⟶	FDv_7=	1.93	> 1.5	O.K
NIVEL 8	⟶	FDv_8=	1.87	> 1.5	O.K
NIVEL 9	⟶	FDv_9=	-	> 1.5	O.K

$$\sum F_V = P_a + P_{a1} + P_{a2} + \dots\dots P_{an} + P_{s1} + P_{s2} + \dots\dots P_{sn} + W_1 + W_2 + \dots\dots W_n$$

$$\sum F_H = \frac{\gamma_w * (h_n + h_r)^2}{2} + \frac{\gamma_{ss} * k_a * h_n^2}{2} - \frac{1.784,50}{1.000,00} (\text{esfuerzo interno})$$

CALCULO HIDRÁULICO Y ESTRUCTURAL DE PRESA DE RETENCIÓN DE SEDIMENTOS

OBRA: RÍO CERRO GRANDE, PARROQUIA CARABALLEDA, ESTADO VARGAS.

PRESA: PRESA CERRADA DE GAVIONES - H = 9.00 m

DISEÑO GENERAL DE LA PRESA

IMPACTO POR FLUJO DE LODOS CON PRESA VACÍA

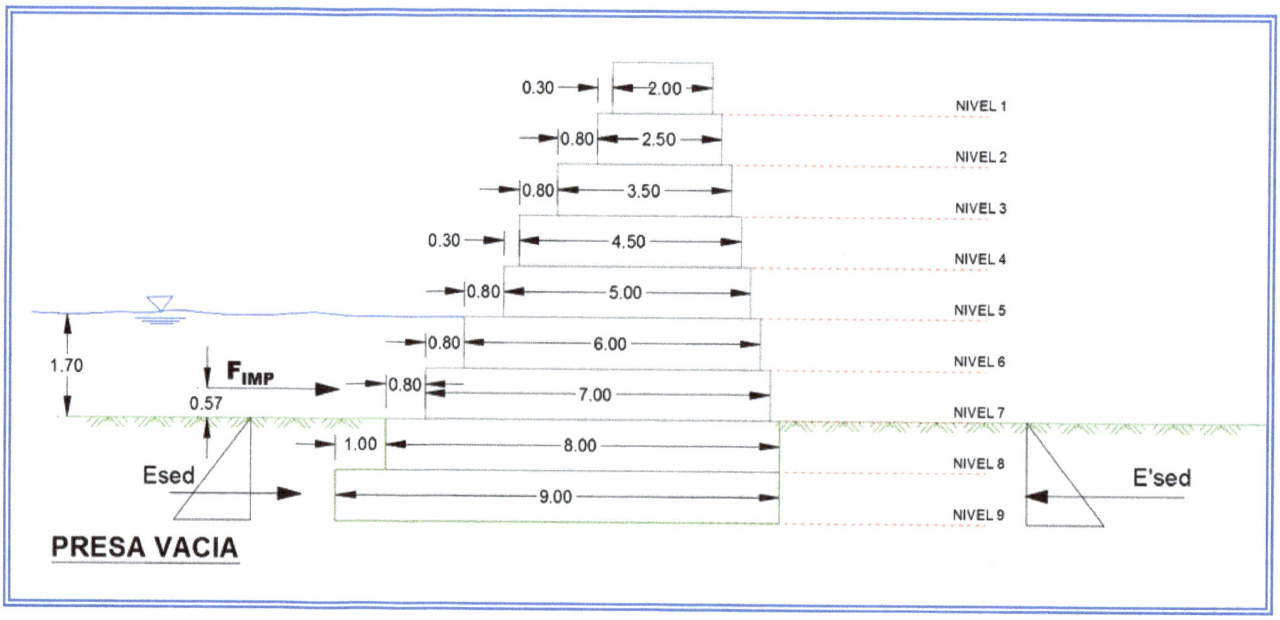

CALCULO DE PROFUNDIDAD NORMAL DEL FLUJO DE LODOS

OBRA:	RÍO CERRO GRANDE, PARROQUIA CARABALLEDA, ESTADO VARGAS.
ALTERNATIVA:	CAUCE NATURAL AGUAS ARRIBA DE LA PRESA VACÍA

TRAMO:	PROG. 0+000,00	-	PROG. 0+109,39	-	L_{TOTAL} = 109.39 metros

ALTERNATIVA	Y_{AGUA} (m)	BASE (m)	Z_C	n_{C1} (BASE)	n_{C2} (LADOS)	PENDIENTE	BORDE LIBRE (m)
1	1.89	72.00	1.50	0.029	0.023	0.007	0.00
2	1.82	72.00	1.50	0.029	0.023	0.008	0.00
3	1.76	72.00	1.50	0.029	0.023	0.009	0.00
4	1.70	72.00	1.50	0.029	0.023	0.010	0.00

ALTERNATIVA	P_{LADO} (m)	X_{LADO} (m)	n Ponderada
1	3.41	2.84	0.0285
2	3.28	2.73	0.0285
3	3.17	2.64	0.0286
4	3.06	2.55	0.0286

Y_{TOTAL} (m)	ANCHO TOTAL SECO (m)	ANCHO TOTAL MOJADO (m)	ANCHO MEDIO (m)
1.89	77.67	77.67	74.84
1.82	77.46	77.46	74.73
1.76	77.28	77.28	74.64
1.70	77.10	77.10	74.55

ALTERNATIVA	AREA (m^2)	PERIMETRO (m)	RADIO	$Q_{CAP.}$ m^3/seg	$Q_{DISEÑO}$ (m^3/seg)	ΔQ (m^3/seg)
2.33	141.44	78.81	1.79	612.50	**612.00**	0.50
5	136.01	78.56	1.73	614.40	**612.00**	2.40
10	131.37	78.35	1.68	615.85	**612.00**	3.85
25	126.74	78.13	1.62	612.30	**612.00**	0.30

V (m/seg)	F
4.33	1.02
4.52	1.09
4.69	1.15
4.83	1.20

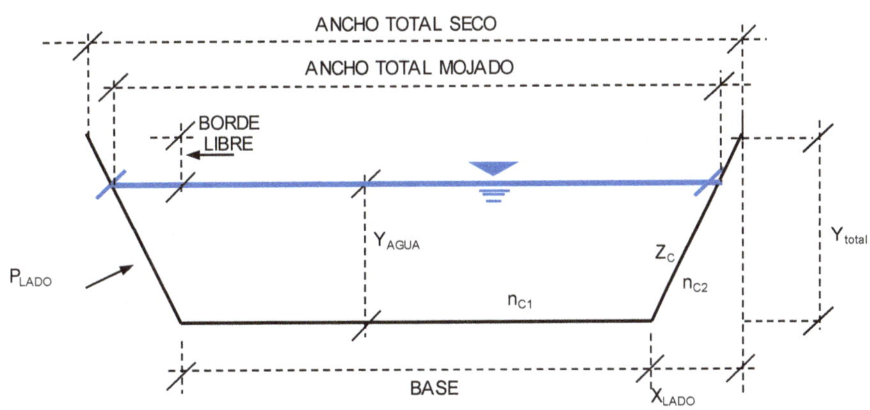

OBSERVACIONES:

VERIFICACION AL IMPACTO POR FLUJO DE LODO Y PIEDRAS

OBRA: RÍO CERRO GRANDE, PARROQUIA CARABALLEDA, ESTADO VARGAS.

PRESA: PRESA CERRADA DE GAVIONES - H = 9.00 m

DISEÑO GENERAL DEL DIQUE TRANSVERSAL

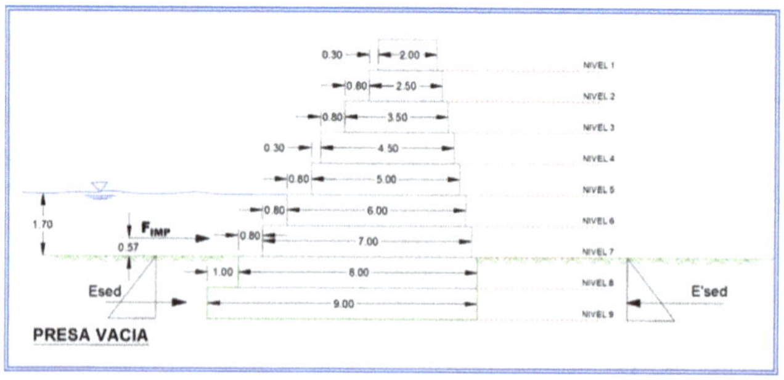

CONSIDERACIONES DE DISEÑO PARA EL CALCULO ESTRUCTURAL DE LA SECCION DE DIQUE ADOPTADA

- **VERIFICACIÓN DE LA ESTABILIDAD DE LA PRESA POR IMPACTO DE FLUJO DE LODO Y PIEDRAS CONSIDERADO LA PRESA COMO SI ESTUVIERA VACÍA DE SEDIMENTOS.**
- **SE CONSIDERAN LOS NIVELES DE FUNDACIÓN Y EL PRIMER METRO POR ENCIMA DE LA FUNDACIÓN TOTALMENTE SUMERGIDO CONSIDERANDO EL PESO ESPECÍFICO SUMERGIDO DEL GAVION. CON ESTA CONSIDERACIÓN SE DESCARTA LA ACCIÓN DE LAS SUBPRESIONES EN LA FUNDACIÓN DE LA PRESA.**
- **SE CONSIDERA EL EMPUJE PASIVO DEL SUELO AGUAS ABAJO COMO SUELO SATURADO.**
- **SE CONSIDERA UN IMPACTO INSTANTÁNEO DE FLUJO CON LODO Y PIEDRAS CALCULADO POR CANTIDAD DE MOVIMIENTO.**

DATOS DE DISEÑO

γ_{lodo} =	2.00	Ton/m³	PESO DEL LODO
γ_w =	1.00	Ton/m³	PESO ESPECÍFICO DEL AGUA
γ_g =	1.86	Ton/m³	PESO ESPECÍFICO DEL GAVION SECO
γ_{gv} =	1.33	Ton/m³	PESO ESPECÍFICO DEL GAVION SUMERGIDO
γ_{sed} =	2.00	Ton/m³	PESO ESPECÍFICO DEL SEDIMENTO
γ_{ss} =	0.80	Ton/m³	PESO ESPECÍFICO DEL SEDIMENTO SUMERGIDO
γ_{ssat} =	1.80	Ton/m³	PESO ESPECÍFICO DEL SEDIMENTO SATURADO
ϕ =	35.00	°	ANGULO DE FRICCION INTERNA DEL SUELO
H =	7.00	m	ALTURA DEL GAVION, MEDIDO DESDE LA RASANTE DEL CAUCE.
Hs_1 =	0.00	m	PROFUNDIDAD DEL SEDIMENTO AGUAS ARRIBA DEL DIQUE, POR ENCIMA DEL NIVEL DE FUNDACION
Hs_2 =	2.00	m	PROFUNDIDAD DEL SEDIMENTO AGUAS ARRIBA Y AGUAS ABAJO DEL DIQUE (PROFUNDIDAD DE FUNDACION DEL DIQUE)
f =	0.70		FACTOR DE SEGURIDAD AL DESLIZAMIENTO
hr =	0	m	ALTURA DE AGUA SOBRE LA PRESA.
Y_2 =	0	m	ALTURA DEL AGUA, AGUAS ABAJO DEL DIQUE.
ns =	20	%	POROSIDAD DEL SUELO.
ng =	30	%	POROSIDAD DEL GAVIÓN.
ka =	0.27		EMPUJE ACTIVO DEL SUELO

FUERZAS ACTUANTES SOBRE EL MURO

PESO PROPIO DEL MURO

ANCHO POR NIVEL		PESO DEL MURO		BRAZO DE GIRO CON RESPECTO A "O"		Momentos (ton.m)
L1 =	2.00 m	Wg_1 =	3.72 Ton	Lg_1 =	2.40 m	8.93
L2 =	2.50 m	Wg_2 =	4.65 Ton	Lg_2 =	2.45 m	11.39
L3 =	3.50 m	Wg_3 =	6.51 Ton	Lg_3 =	2.75 m	17.90
L4 =	4.50 m	Wg_4 =	8.37 Ton	Lg_4 =	3.05 m	25.53
L5 =	5.00 m	Wg_5 =	9.30 Ton	Lg_5 =	3.10 m	28.83
L6 =	6.00 m	Wg_6 =	11.16 Ton	Lg_6 =	3.40 m	37.94
L7 =	7.00 m	Wg_7 =	13.02 Ton	Lg_7 =	3.70 m	48.17
L8 =	8.00 m	Wg_8 =	14.88 Ton	Lg_8 =	4.00 m	59.52
L9 =	9.00 m	Wg_9 =	16.74 Ton	Lg_9 =	4.50 m	75.33
L10 =	0.00 m	Wg_{10} =	Ton	Lg_{10} =	m	
L11 =	0.00 m	Wg_{11} =	Ton	Lg_{11} =	m	
L12 =	0.00 m	Wg_{12} =	Ton	Lg12 =	m	
L13 =	0.00 m	Wg_{13} =	Ton	Lg_{13} =	m	
L14 =	0.00 m	Wg_{14} =	Ton	Lg_{14} =	m	
L15 =	0.00 m	Wg_{15} =	Ton	Lg_{15} =	m	
			88.35			313.55

PESO DEL AGUA SOBRE EL MURO

AREA DEL ESCALON AGUAS ARRIBA		PESO DEL AGUA SOBRE EL MURO		BRAZO DE GIRO CON RESPECTO A "O"		Momentos (ton.m)
A0 =	0.00 m	W_{W0} =	0.00 Ton	L_{W0} =	0.00 m	0.00
A1 =	0.00 m	W_{W1} =	0.00 Ton	L_{W1} =	0.00 m	0.00
A2 =	0.00 m	W_{W2} =	0.00 Ton	L_{W2} =	0.00 m	0.00
A3 =	0.00 m	W_{W3} =	0.00 Ton	L_{W3} =	0.00 m	0.00
A4 =	0.00 m	W_{W4} =	0.00 Ton	L_{W4} =	0.00 m	0.00
A5 =	0.00 m	W_{W5} =	0.00 Ton	L_{W5} =	0.00 m	0.00
A6 =	0.00 m	W_{W6} =	0.00 Ton	L_{W6} =	0.00 m	0.00
A7 =	0.00 m	W_{W7} =	0.00 Ton	L_{W7} =	0.00 m	0.00
A8 =	0.00 m	W_{W8} =	0.00 Ton	L_{W8} =	8.50 m	0.00
A9 =	0.00 m	W_{W9} =	Ton	L_{W9} =	0.00 m	
A10 =	0.00 m	W_{W10} =	Ton	L_{W10} =	0.00 m	
			0.00			0.00

PESO DEL SUELO SOBRE EL MURO

AREA DEL ESCALON AGUAS ARRIBA		PESO DEL AGUA SOBRE EL MURO		BRAZO DE GIRO CON RESPECTO A "O"		Momentos (ton.m)
A0 =	0.00 m	W_{W0} =	0.00 Ton	L_{W0} =	0.00 m	0.00
A1 =	0.00 m	W_{W1} =	0.00 Ton	L_{W1} =	0.00 m	0.00
A2 =	0.00 m	W_{W2} =	0.00 Ton	L_{W2} =	0.00 m	0.00
A3 =	0.00 m	W_{W3} =	0.00 Ton	L_{W3} =	0.00 m	0.00
A4 =	0.00 m	W_{W4} =	0.00 Ton	L_{W4} =	0.00 m	0.00
A5 =	0.00 m	W_{W5} =	0.00 Ton	L_{W5} =	0.00 m	0.00
A6 =	0.00 m	W_{W6} =	0.00 Ton	L_{W6} =	0.00 m	0.00
A7 =	0.00 m	W_{W7} =	0.00 Ton	L_{W7} =	0.00 m	0.00
A8 =	1.00 m	W_{W8} =	0.80 Ton	L_{W8} =	8.50 m	6.80
A9 =	0.00 m	W_{W9} =	Ton	L_{W9} =	0.00 m	
A10 =	0.00 m	W_{W10} =	Ton	L_{W10} =	0.00 m	
			0.80			6.80

FUERZA DE IMPACTO DEL LODO

Q =	**340.00 m³/s**	GASTO DE DISEÑO LIQUIDO
F =	**1.80**	FACTOR DE INCREMENTO
Q_{LODO} =	**612.00 m³/s**	GASTO DE DISEÑO DEL LODO
B =	**74.55 m**	ANCHO DEL CAUCE
q =	8.21 m³/s/m	GASTO POR UNIDAD DE ANCHO
Y =	**1.70 m**	ALTURA NORMAL DEL LODO AGUAS ARRIBA DEL DIQUE
ρ =	0.20 Ton*s²/m⁴	DENSIDAD DEL LODO
V =	**4.83 m/s**	VELOCIDAD DEL FLUJO

		BRAZO DE GIRO CON RESPECTO A "O"	MOMENTOS (ton.m)
$F_{IMP} = (\gamma_{lodo} * Y^2)/2 + \rho * q * V$	→ F_{IMP} = **10.98 Ton/m**	L_{LODO} = 2.57 m	28.17

EMPUJES ACTUANTES SOBRE EL MURO

EMPUJE DEL SUELO AGUAS ARRIBA DEL MURO

		BRAZO DE GIRO CON RESPECTO A "O"	MOMENTOS (ton.m)
$Es_1 = (Hs_1 + Hs_2)^2 * \gamma_{ssat} * ka)/2$	→ Es_1 = 0.98 Ton*m	L_{S1} = 0.67 m	0.65

EMPUJE DEL SUELO AGUAS ABAJO

$Es_4 = (Hs_2^2 * \gamma_{ssat} * ka)/2$	→ Es_4 = 0.98 Ton*m	L_{S4} = 0.67 m	0.65

ESTABILIDAD AL VOLCAMIENTO

FSv = Sumatoria (Mr) / Sumatoria (Ma) > 1.5

FSv = Σ(Mr) / Σ (Ma) > 1.5

Mr = Sumatoria de momentos de las fuerzas estabilizantes, con respecto al punto de rotación "O", en Ton/m

Ma = Sumatoria de momentos de las fuerzas volcantes, con respecto al punto de rotación "O", en Ton/m

FSv = 11.37 > 1.5 O.K 11.52

ESTABILIDAD AL DESLIZAMIENTO

FSd = f * Sumatoria (Fv) / Sumatoria (Fh) > 1.5

Fv = Sumatoria de las fuerzas verticales

Fh = Sumatoria de las fuerzas horizontales

FSd = f * Σ(Fv) / Σ (Fh) > 1.5

FSd = 5.69 > 1.5 O.K 5.98

CALCULO DEL FACTOR DE DESLIZAMIENTO CON EL ESFUERZO INTERNO DE AMARRES ENTRE LOS NIVELES DEL DIQUE

FSdi = f * Sumatoria (Fv) / Sumatoria (Fh) > 1.5

Fv = Sumatoria de las fuerzas verticales

Fh = Sumatoria de las fuerzas horizontales

FSdi = f * Σ(Fv) / Σ (Fh) > 1.5

F = 1784.50 kg/ml ESFUERZO INTERNO DE LOS AMARRES ENTRE LOS NIVELES DEL MURO.

NIVEL 1	⟶	FDv_1=	-2.08	> 1.5	O.K
NIVEL 2	⟶	FDv_2=	-4.69	> 1.5	O.K
NIVEL 3	⟶	FDv_3=	-8.34	> 1.5	O.K
NIVEL 4	⟶	FDv_4=	-13.03	> 1.5	O.K
NIVEL 5	⟶	FDv_5=	-18.24	> 1.5	O.K
NIVEL 6	⟶	FDv_6=	-24.49	> 1.5	O.K
NIVEL 7	⟶	FDv_7=	6.17	> 1.5	O.K
NIVEL 8	⟶	FDv_8=		> 1.5	O.K
NIVEL 9	⟶	FDv_9=		> 1.5	O.K

$$\sum F_V = P_a + P_{a1} + P_{a2} + \dots\dots\ P_{an} + P_{s1} + P_{s2} + \dots\dots\ P_{sn} + W_1 + W_2 + \dots\dots\ W_n$$

$$\sum F_H = \frac{\gamma_w * (h_n + h_r)^2}{2} + \frac{\gamma_{ss} * k_a * h_n^2}{2} - \frac{1.784,50}{1.000,00}(\text{esfuerzo interno})$$

CALCULO HIDRÁULICO Y ESTRUCTURAL DE PRESA DE RETENCIÓN DE SEDIMENTOS

OBRA:	RÍO CERRO GRANDE, PARROQUIA CARABALLEDA, ESTADO VARGAS.
PRESA:	PRESA CERRADA DE GAVIONES - H = 9.00 m

DISEÑO GENERAL DE LA PRESA

IMPACTO POR FLUJO DE LODOS CON PRESA 1/3 LLENA

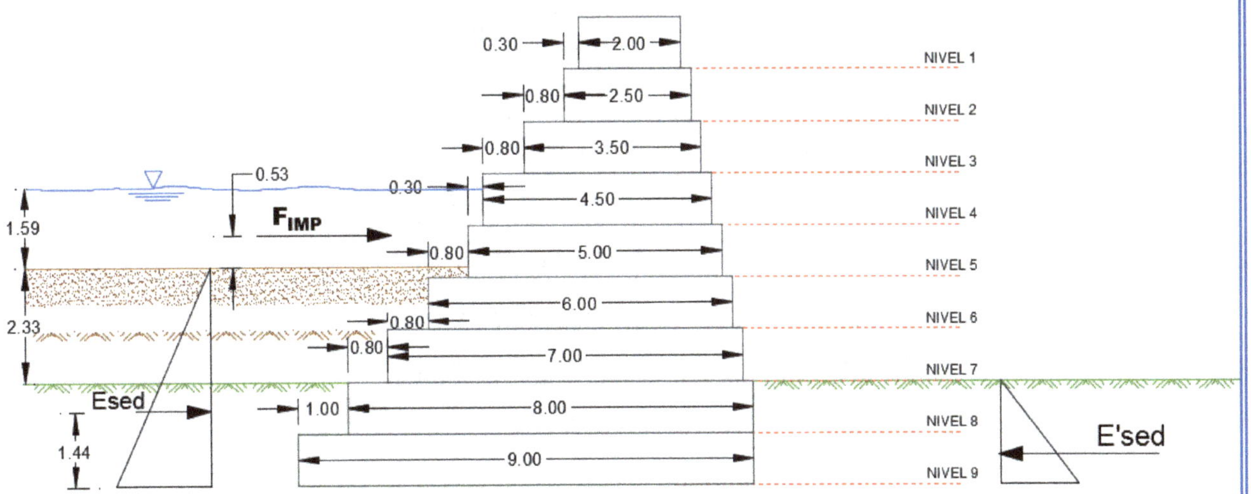

PRESA 1/3 LLENA DE SEDIMENTOS

CALCULO DE PROFUNDIDAD NORMAL DEL FLUJO DE LODOS

OBRA:	RÍO CERRO GRANDE, PARROQUIA CARABALLEDA, ESTADO VARGAS.
ALTERNATIVA:	CAUCE NATURAL AGUAS ARRIBA DE LA PRESA 1/3 LLENA

TRAMO:	PROG. 0+000,00	-	PROG. 0+109,39	-	L_{TOTAL} = 109.39 metros

ALTERNATIVA	Y_{AGUA} (m)	BASE (m)	Z_C	n_{C1} (BASE)	n_{C2} (LADOS)	PENDIENTE	BORDE LIBRE (m)
1	1.77	81.00	1.50	0.029	0.023	0.007	0.00
2	1.70	81.00	1.50	0.029	0.023	0.008	0.00
3	1.64	81.00	1.50	0.029	0.023	0.009	0.00
4	1.59	81.00	1.50	0.029	0.023	0.010	0.00

ALTERNATIVA	P_{LADO} (m)	X_{LADO} (m)	n Ponderada
1	3.19	2.66	0.0286
2	3.06	2.55	0.0286
3	2.96	2.46	0.0286
4	2.87	2.39	0.0286

Y_{TOTAL} (m)	ANCHO TOTAL SECO (m)	ANCHO TOTAL MOJADO (m)	ANCHO MEDIO (m)
1.77	86.31	86.31	83.66
1.70	86.10	86.10	83.55
1.64	85.92	85.92	83.46
1.59	85.77	85.77	83.39

ALTERNATIVA	AREA (m^2)	PERIMETRO (m)	RADIO	$Q_{CAP.}$ m^3/seg	$Q_{DISEÑO}$ (m^3/seg)	ΔQ (m^3/seg)
2.33	148.07	87.38	1.69	615.57	**612.00**	3.57
5	142.04	87.13	1.63	614.85	**612.00**	2.85
10	136.87	86.91	1.57	613.89	**612.00**	1.89
25	132.58	86.73	1.53	614.25	**612.00**	2.25

V (m/seg)	F
4.16	1.01
4.33	1.08
4.49	1.13
4.63	1.19

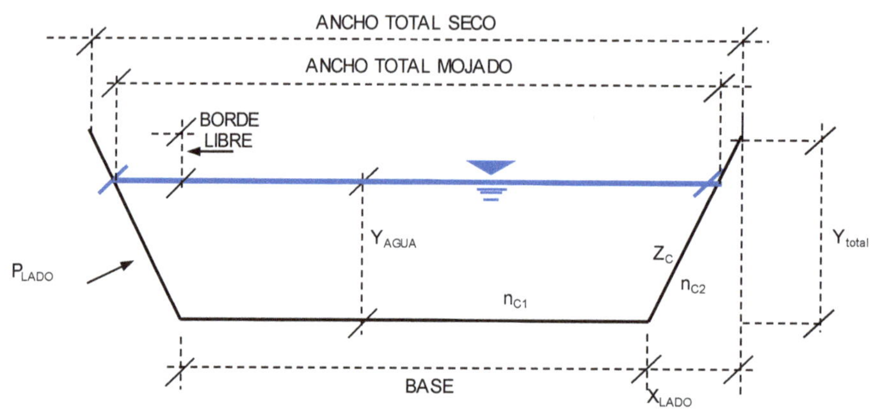

OBSERVACIONES:

VERIFICACION AL IMPACTO POR FLUJO DE LODO Y PIEDRAS

OBRA:	RÍO CERRO GRANDE, PARROQUIA CARABALLEDA, ESTADO VARGAS.
PRESA:	PRESA CERRADA DE GAVIONES - H = 9.00 m

DISEÑO GENERAL DE UN DIQUE TRANSVERSAL

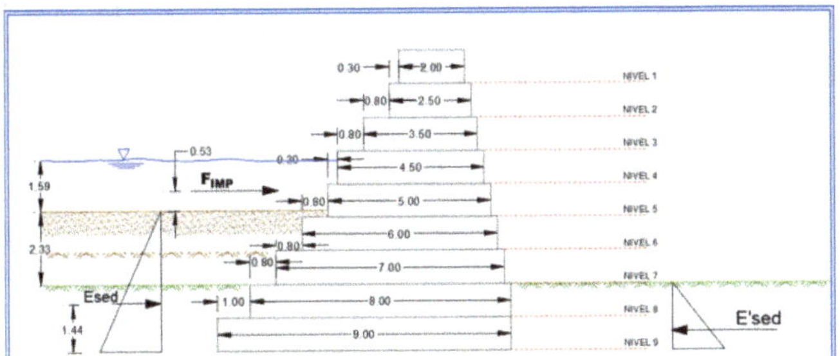

PRESA 1/3 LLENA DE SEDIMENTOS

CONSIDERACIONES DE DISEÑO PARA EL CALCULO ESTRUCTURAL DE LA SECCION DE DIQUE ADOPTADA

- **VERIFICACIÓN DE LA ESTABILIDAD DE LA PRESA POR IMPACTO DE FLUJO DE LODO Y PIEDRAS CONSIDERADO LA PRESA COMO SI ESTUVIERA 1/3 LLENA DE SEDIMENTOS.**
- **SE CONSIDERAN LOS NIVELES DE FUNDACIÓN Y EL PRIMER METRO POR ENCIMA DE LA FUNDACIÓN TOTALMENTE SUMERGIDO CONSIDERANDO EL PESO ESPECÍFICO SUMERGIDO DEL GAVION. CON ESTA CONSIDERACIÓN SE DESCARTA LA ACCIÓN DE LAS SUBPRESIONES EN LA FUNDACIÓN DE LA PRESA.**
- **SE CONSIDERA EL EMPUJE PASIVO DEL SUELO AGUAS ABAJO COMO SUELO SATURADO.**
- **SE CONSIDERA UN IMPACTO INSTANTÁNEO DE FLUJO CON LODO Y PIEDRAS CALCULADO POR CANTIDAD DE MOVIMIENTO.**

DATOS DE DISEÑO

γ_{lodo} =	2.00	Ton/m³	PESO DEL LODO
γ_{w} =	1.00	Ton/m³	PESO ESPECÍFICO DEL AGUA
γ_{g} =	1.86	Ton/m³	PESO ESPECÍFICO DEL GAVION SECO
γ_{gv} =	1.33	Ton/m³	PESO ESPECÍFICO DEL GAVION SUMERGIDO
γ_{sed} =	2.00	Ton/m³	PESO ESPECÍFICO DEL SEDIMENTO
γ_{ss} =	0.80	Ton/m³	PESO ESPECÍFICO DEL SEDIMENTO SUMERGIDO
γ_{ssat} =	1.80	Ton/m³	PESO ESPECÍFICO DEL SEDIMENTO SATURADO
ϕ =	35.00	°	ANGULO DE FRICCION INTERNA DEL SUELO
H =	7.00	m	ALTURA DEL GAVION, MEDIDO DESDE LA RASANTE DEL CAUCE.
Hs_1 =	2.33	m	PROFUNDIDAD DEL SEDIMENTO AGUAS ARRIBA DEL DIQUE, POR ENCIMA DEL NIVEL DE FUNDACION
Hs_2 =	2.00	m	PROFUNDIDAD DEL SEDIMENTO AGUAS ARRIBA Y AGUAS ABAJO DEL DIQUE (PROFUNDIDAD DE FUNDACION DEL DIQUE)
f =	0.70		FACTOR DE SEGURIDAD AL DESLIZAMIENTO
hr =	0	m	ALTURA DE AGUA SOBRE LA PRESA.
Y_2 =	0	m	ALTURA DEL AGUA, AGUAS ABAJO DEL DIQUE.
ns =	20	%	POROSIDAD DEL SUELO.
ng =	30	%	POROSIDAD DEL GAVIÓN.
ka =	0.27		EMPUJE ACTIVO DEL SUELO

FUERZAS ACTUANTES SOBRE EL MURO

PESO PROPIO DEL MURO

ANCHO POR NIVEL		PESO DEL MURO		BRAZO DE GIRO CON RESPECTO A "O"		Momentos (ton.m)
L1 =	2.00 m	Wg_1 =	3.72 Ton	Lg_1 =	2.40 m	8.93
L2 =	2.50 m	Wg_2 =	4.65 Ton	Lg_2 =	2.45 m	11.39
L3 =	3.50 m	Wg_3 =	6.51 Ton	Lg_3 =	2.75 m	17.90
L4 =	4.50 m	Wg_4 =	8.37 Ton	Lg_4 =	3.05 m	25.53
L5 =	5.00 m	Wg_5 =	9.30 Ton	Lg_5 =	3.10 m	28.83
L6 =	6.00 m	Wg_6 =	11.16 Ton	Lg_6 =	3.40 m	37.94
L7 =	7.00 m	Wg_7 =	13.02 Ton	Lg_7 =	3.70 m	48.17
L8 =	8.00 m	Wg_8 =	14.88 Ton	Lg_8 =	4.00 m	59.52
L9 =	9.00 m	Wg_9 =	16.74 Ton	Lg_9 =	4.50 m	75.33
L10 =	0.00 m	Wg_{10} =	Ton	Lg_{10} =	m	
L11 =	0.00 m	Wg_{11} =	Ton	Lg_{11} =	m	
L12 =	0.00 m	Wg_{12} =	Ton	$Lg12$ =	m	
L13 =	0.00 m	Wg_{13} =	Ton	Lg_{13} =	m	
L14 =	0.00 m	Wg_{14} =	Ton	Lg_{14} =	m	
L15 =	0.00 m	Wg_{15} =	Ton	Lg_{15} =	m	
			88.35			313.55

PESO DEL AGUA SOBRE EL MURO

AREA DEL ESCALON AGUAS ARRIBA		PESO DEL AGUA SOBRE EL MURO		BRAZO DE GIRO CON RESPECTO A "O"		Momentos (ton.m)
A0 =	0.00 m	W_{W0} =	0.00 Ton	L_{W0} =	0.00 m	0.00
A1 =	0.00 m	W_{W1} =	0.00 Ton	L_{W1} =	0.00 m	0.00
A2 =	0.00 m	W_{W2} =	0.00 Ton	L_{W2} =	0.00 m	0.00
A3 =	0.00 m	W_{W3} =	0.00 Ton	L_{W3} =	0.00 m	0.00
A4 =	0.00 m	W_{W4} =	0.00 Ton	L_{W4} =	0.00 m	0.00
A5 =	0.00 m	W_{W5} =	0.00 Ton	L_{W5} =	0.00 m	0.00
A6 =	0.00 m	W_{W6} =	0.00 Ton	L_{W6} =	0.00 m	0.00
A7 =	0.00 m	W_{W7} =	0.00 Ton	L_{W7} =	0.00 m	0.00
A8 =	0.00 m	W_{W8} =	0.00 Ton	L_{W8} =	8.50 m	0.00
A9 =	0.00 m	W_{W9} =	Ton	L_{W9} =	0.00 m	
A10 =	0.00 m	W_{W10} =	Ton	L_{W10} =	0.00 m	
			0.00			0.00

PESO DEL SUELO SOBRE EL MURO

AREA DEL ESCALON AGUAS ARRIBA		PESO DEL AGUA SOBRE EL MURO		BRAZO DE GIRO CON RESPECTO A "O"		Momentos (ton.m)
A0 =	0.00 m	W_{W0} =	0.00 Ton	L_{W0} =	0.00 m	0.00
A1 =	0.00 m	W_{W1} =	0.00 Ton	L_{W1} =	0.00 m	0.00
A2 =	0.00 m	W_{W2} =	0.00 Ton	L_{W2} =	0.00 m	0.00
A3 =	0.00 m	W_{W3} =	0.00 Ton	L_{W3} =	0.00 m	0.00
A4 =	0.00 m	W_{W4} =	0.00 Ton	L_{W4} =	0.00 m	0.00
A5 =	0.26 m	W_{W5} =	0.21 Ton	L_{W5} =	6.00 m	1.25
A6 =	1.06 m	W_{W6} =	0.85 Ton	L_{W6} =	6.80 m	5.77
A7 =	1.86 m	W_{W7} =	1.49 Ton	L_{W7} =	7.60 m	11.31
A8 =	3.33 m	W_{W8} =	2.66 Ton	L_{W8} =	8.50 m	22.64
A9 =	0.00 m	W_{W9} =	Ton	L_{W9} =	0.00 m	
A10 =	0.00 m	W_{W10} =	Ton	L_{W10} =	0.00 m	
			5.21			40.97

FUERZA DE IMPACTO DEL LODO

Q =	340.00 m³/s	GASTO DE DISEÑO LIQUIDO
F =	1.80	FACTOR DE INCREMENTO
Q_{LODO} =	612.00 m³/s	GASTO DE DISEÑO DEL LODO
B =	83.39 m	ANCHO DEL CAUCE
q =	7.34 m³/s/m	GASTO POR UNIDAD DE ANCHO
Y =	1.59 m	ALTURA NORMAL DEL LODO AGUAS ARRIBA DEL DIQUE
ρ =	0.20 Ton*s²/m⁴	DENSIDAD DEL LODO
V =	4.63 m/s	VELOCIDAD DEL FLUJO

		BRAZO DE GIRO CON RESPECTO A "O"	MOMENTOS (ton.m)
$F_{IMP} = (\gamma_{lodo} * Y^2)/2 + \rho * q * V$	→ **F_{IMP} = 9.46 Ton/m**	L_{LODO} = 4.86 m	46.01

EMPUJES ACTUANTES SOBRE EL MURO

			BRAZO DE GIRO CON RESPECTO A "O"	MOMENTOS (ton.m)
EMPUJE DEL SUELO AGUAS ARRIBA DEL MURO				
$Es_1 = (Hs_1 + Hs_2)^2 * \gamma_{ssat} * ka)/2$ →	Es_1 =	4.58 Ton*m	L_{S1} = 1.44 m	6.62
EMPUJE DEL SUELO AGUAS ABAJO				
$Es_4 = (Hs_2^2 * \gamma_{ssat} * ka)/2$ →	Es_4 =	0.98 Ton*m	L_{S4} = 0.67 m	0.65

ESTABILIDAD AL VOLCAMIENTO

FSv = Sumatoria (Mr) / Sumatoria (Ma) > 1.5

FSv = Σ(Mr) / Σ (Ma) > 1.5

Mr = Sumatoria de momentos de las fuerzas estabilizantes, con respecto al punto de rotación "O", en Ton/m

Ma = Sumatoria de momentos de las fuerzas volcantes, con respecto al punto de rotación "O", en Ton/m

FSv = 6.82 **> 1.5 O.K**

ESTABILIDAD AL DESLIZAMIENTO

FSd = f * Sumatoria (Fv) / Sumatoria (Fh) > 1.5

Fv = Sumatoria de las fuerzas verticales

Fh = Sumatoria de las fuerzas horizontales

FSd = f * Σ(Fv) / Σ (Fh) > 1.5

FSd = 5.01 **> 1.5 O.K**

CALCULO DEL FACTOR DE DESLIZAMIENTO CON EL ESFUERZO INTERNO DE AMARRES ENTRE LOS NIVELES DEL DIQUE

FSdi = f * Sumatoria (Fv) / Sumatoria (Fh) > 1.5

Fv = Sumatoria de las fuerzas verticales

Fh = Sumatoria de las fuerzas horizontales

FSdi = f * Σ(Fv) / Σ (Fh) > 1.5

F = 1784.50 kg/ml — ESFUERZO INTERNO DE LOS AMARRES ENTRE LOS NIVELES DEL MURO.

NIVEL 1	→	FDv_1=	-2.08	> 1.5	**O.K**
NIVEL 2	→	FDv_2=	-4.69	> 1.5	**O.K**
NIVEL 3	→	FDv_3=	-1.32	> 1.5	**O.K**
NIVEL 4	→	FDv_4=	-13.03	> 1.5	**O.K**
NIVEL 5	→	FDv_5=	4.24	> 1.5	**O.K**
NIVEL 6	→	FDv_6=		> 1.5	**O.K**
NIVEL 7	→	FDv_7=		> 1.5	**O.K**
NIVEL 8	→	FDv_8=		> 1.5	**O.K**
NIVEL 9	→	FDv_9=		> 1.5	**O.K**

$$\sum F_V = P_a + P_{a1} + P_{a2} + \dots\dots\ P_{an} + P_{s1} + P_{s2} + \dots\dots\ P_{sn} + W_1 + W_2 + \dots\dots\ W_n$$

$$\sum F_H = \frac{\gamma_w * (h_n + h_r)^2}{2} + \frac{\gamma_{ss} * k_a * h_n^2}{2} - \frac{1.784,50}{1.000,00}(\text{esfuerzo interno})$$

CALCULO HIDRÁULICO Y ESTRUCTURAL DE PRESA DE RETENCIÓN DE SEDIMENTOS

OBRA:	RÍO CERRO GRANDE, PARROQUIA CARABALLEDA, ESTADO VARGAS.
PRESA:	PRESA CERRADA DE GAVIONES - H = 9.00 m

DISEÑO GENERAL DE LA PRESA

IMPACTO POR FLUJO DE LODOS CON PRESA 2/3 LLENA

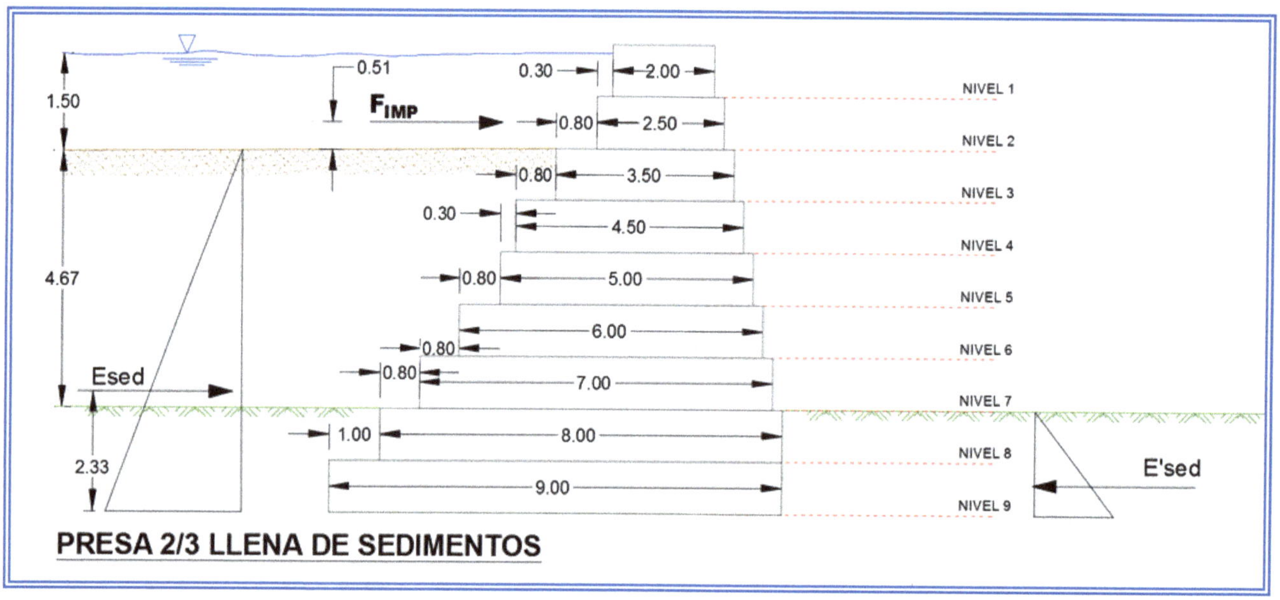

CALCULO DE PROFUNDIDAD NORMAL DEL FLUJO DE LODOS

OBRA:	RÍO CERRO GRANDE, PARROQUIA CARABALLEDA, ESTADO VARGAS.
ALTERNATIVA:	CAUCE NATURAL AGUAS ARRIBA DE LA PRESA 2/3 LLENA

TRAMO:	PROG. 0+000,00	-	PROG. 0+109,39	-	L_{TOTAL} = 109.39 metros

ALTERNATIVA	Y_{AGUA} (m)	BASE (m)	Z_C	n_{C1} (BASE)	n_{C2} (LADOS)	PENDIENTE	BORDE LIBRE (m)
1	1.66	90.00	1.50	0.029	0.023	0.007	0.00
2	1.60	90.00	1.50	0.029	0.023	0.008	0.00
3	1.54	90.00	1.50	0.029	0.023	0.009	0.00
4	1.50	90.00	1.50	0.029	0.023	0.010	0.00

ALTERNATIVA	P_{LADO} (m)	X_{LADO} (m)	n Ponderada
1	2.99	2.49	0.0287
2	2.88	2.40	0.0287
3	2.78	2.31	0.0287
4	2.70	2.25	0.0287

Y_{TOTAL} (m)	ANCHO TOTAL SECO (m)	ANCHO TOTAL MOJADO (m)	ANCHO MEDIO (m)
1.66	94.98	94.98	92.49
1.60	94.80	94.80	92.40
1.54	94.62	94.62	92.31
1.50	94.50	94.50	92.25

ALTERNATIVA	AREA (m^2)	PERIMETRO (m)	RADIO	$Q_{CAP.}$ m^3/seg	$Q_{DISEÑO}$ (m^3/seg)	ΔQ (m^3/seg)
2.33	153.53	95.99	1.60	612.96	**612.00**	0.96
5	147.84	95.77	1.54	615.97	**612.00**	3.97
10	142.16	95.55	1.49	612.69	**612.00**	0.69
25	138.38	95.41	1.45	617.91	**612.00**	5.91

V (m/seg)	F
3.99	1.00
4.17	1.07
4.31	1.12
4.47	1.18

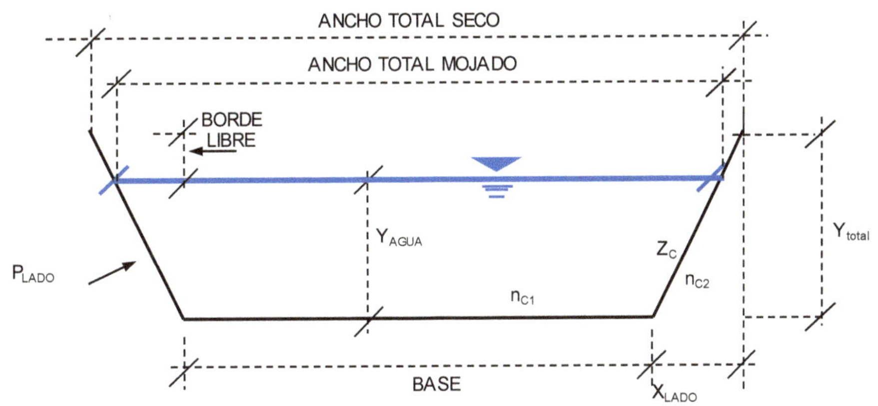

OBSERVACIONES:

VERIFICACION AL IMPACTO POR FLUJO DE LODO Y PIEDRAS

OBRA:	RÍO CERRO GRANDE, PARROQUIA CARABALLEDA, ESTADO VARGAS.
PRESA:	PRESA CERRADA DE GAVIONES - H = 9.00 m

DISEÑO GENERAL DE UN DIQUE TRANSVERSAL

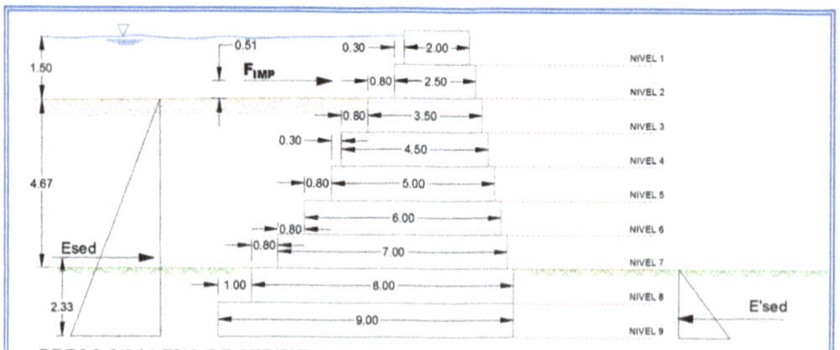

PRESA 2/3 LLENA DE SEDIMENTOS

CONSIDERACIONES DE DISEÑO PARA EL CALCULO ESTRUCTURAL DE LA SECCION DE DIQUE ADOPTADA

- **VERIFICACIÓN DE LA ESTABILIDAD DE LA PRESA POR IMPACTO DE FLUJO DE LODO Y PIEDRAS CONSIDERADO LA PRESA COMO SI ESTUVIERA 2/3 LLENA DE SEDIMENTOS.**
- **SE CONSIDERAN LOS NIVELES DE FUNDACIÓN Y EL PRIMER METRO POR ENCIMA DE LA FUNDACIÓN TOTALMENTE SUMERGIDO CONSIDERANDO EL PESO ESPECÍFICO SUMERGIDO DEL GAVION. CON ESTA CONSIDERACIÓN SE DESCARTA LA ACCIÓN DE LAS SUBPRESIONES EN LA FUNDACIÓN DE LA PRESA.**
- **SE CONSIDERA EL EMPUJE PASIVO DEL SUELO AGUAS ABAJO COMO SUELO SATURADO.**
- **SE CONSIDERA UN IMPACTO INSTANTÁNEO DE FLUJO CON LODO Y PIEDRAS CALCULADO POR CANTIDAD DE MOVIMIENTO.**

DATOS DE DISEÑO

γ_{lodo} =	2.00	Ton/m³	PESO DEL LODO
γ_{w} =	1.00	Ton/m³	PESO ESPECÍFICO DEL AGUA
γ_{g} =	1.86	Ton/m³	PESO ESPECÍFICO DEL GAVION SECO
γ_{gv} =	1.33	Ton/m³	PESO ESPECÍFICO DEL GAVION SUMERGIDO
γ_{sed} =	2.00	Ton/m³	PESO ESPECÍFICO DEL SEDIMENTO
γ_{ss} =	0.80	Ton/m³	PESO ESPECÍFICO DEL SEDIMENTO SUMERGIDO
γ_{ssat} =	1.80	Ton/m³	PESO ESPECÍFICO DEL SEDIMENTO SATURADO
ϕ =	35.00	°	ANGULO DE FRICCION INTERNA DEL SUELO
H =	7.00	m	ALTURA DEL GAVION, MEDIDO DESDE LA RASANTE DEL CAUCE.
Hs_1 =	4.67	m	PROFUNDIDAD DEL SEDIMENTO AGUAS ARRIBA DEL DIQUE, POR ENCIMA DEL NIVEL DE FUNDACION
Hs_2 =	2.00	m	PROFUNDIDAD DEL SEDIMENTO AGUAS ARRIBA Y AGUAS ABAJO DEL DIQUE (PROFUNDIDAD DE FUNDACION DEL DIQUE)
f =	0.70		FACTOR DE SEGURIDAD AL DESLIZAMIENTO
hr =	0	m	ALTURA DE AGUA SOBRE LA PRESA.
Y_2 =	0	m	ALTURA DEL AGUA, AGUAS ABAJO DEL DIQUE.
ns =	20	%	POROSIDAD DEL SUELO.
ng =	30	%	POROSIDAD DEL GAVIÓN.
ka =	0.27		EMPUJE ACTIVO DEL SUELO

FUERZAS ACTUANTES SOBRE EL MURO

PESO PROPIO DEL MURO

ANCHO POR NIVEL		PESO DEL MURO		BRAZO DE GIRO CON RESPECTO A "O"		Momentos (ton.m)
L1 =	2.00 m	Wg_1 =	3.72 Ton	Lg_1 =	2.40 m	8.93
L2 =	2.50 m	Wg_2 =	4.65 Ton	Lg_2 =	2.45 m	11.39
L3 =	3.50 m	Wg_3 =	6.51 Ton	Lg_3 =	2.75 m	17.90
L4 =	4.50 m	Wg_4 =	8.37 Ton	Lg_4 =	3.05 m	25.53
L5 =	5.00 m	Wg_5 =	9.30 Ton	Lg_5 =	3.10 m	28.83
L6 =	6.00 m	Wg_6 =	11.16 Ton	Lg_6 =	3.40 m	37.94
L7 =	7.00 m	Wg_7 =	13.02 Ton	Lg_7 =	3.70 m	48.17
L8 =	8.00 m	Wg_8 =	14.88 Ton	Lg_8 =	4.00 m	59.52
L9 =	9.00 m	Wg_9 =	16.74 Ton	Lg_9 =	4.50 m	75.33
L10 =	0.00 m	Wg_{10} =	Ton	Lg_{10} =	m	
L11 =	0.00 m	Wg_{11} =	Ton	Lg_{11} =	m	
L12 =	0.00 m	Wg_{12} =	Ton	Lg12 =	m	
L13 =	0.00 m	Wg_{13} =	Ton	Lg_{13} =	m	
L14 =	0.00 m	Wg_{14} =	Ton	Lg_{14} =	m	
L15 =	0.00 m	Wg_{15} =	Ton	Lg_{15} =	m	
			88.35			313.55

PESO DEL AGUA SOBRE EL MURO

AREA DEL ESCALON AGUAS ARRIBA		PESO DEL AGUA SOBRE EL MURO		BRAZO DE GIRO CON RESPECTO A "O"		Momentos (ton.m)
A0 =	0.00 m	W_{w0} =	0.00 Ton	L_{w0} =	0.00 m	0.00
A1 =	0.00 m	W_{w1} =	0.00 Ton	L_{w1} =	0.00 m	0.00
A2 =	0.00 m	W_{w2} =	0.00 Ton	L_{w2} =	0.00 m	0.00
A3 =	0.00 m	W_{w3} =	0.00 Ton	L_{w3} =	0.00 m	0.00
A4 =	0.00 m	W_{w4} =	0.00 Ton	L_{w4} =	0.00 m	0.00
A5 =	0.00 m	W_{w5} =	0.00 Ton	L_{w5} =	0.00 m	0.00
A6 =	0.00 m	W_{w6} =	0.00 Ton	L_{w6} =	0.00 m	0.00
A7 =	0.00 m	W_{w7} =	0.00 Ton	L_{w7} =	0.00 m	0.00
A8 =	0.00 m	W_{w8} =	0.00 Ton	L_{w8} =	8.50 m	0.00
A9 =	0.00 m	W_{w9} =	Ton	L_{w9} =	0.00 m	
A10 =	0.00 m	W_{w10} =	Ton	L_{w10} =	0.00 m	
			0.00			0.00

PESO DEL SUELO SOBRE EL MURO

AREA DEL ESCALON AGUAS ARRIBA		PESO DEL AGUA SOBRE EL MURO		BRAZO DE GIRO CON RESPECTO A "O"		Momentos (ton.m)
A0 =	0.00 m	W_{w0} =	0.00 Ton	L_{w0} =	0.00 m	0.00
A1 =	0.00 m	W_{w1} =	0.00 Ton	L_{w1} =	0.00 m	0.00
A2 =	0.00 m	W_{w2} =	0.00 Ton	L_{w2} =	0.00 m	0.00
A3 =	0.53 m	W_{w3} =	0.42 Ton	L_{w3} =	0.00 m	0.00
A4 =	0.50 m	W_{w4} =	0.40 Ton	L_{w4} =	4.90 m	1.96
A5 =	2.14 m	W_{w5} =	1.71 Ton	L_{w5} =	6.00 m	10.27
A6 =	2.93 m	W_{w6} =	2.34 Ton	L_{w6} =	6.80 m	15.94
A7 =	3.73 m	W_{w7} =	2.98 Ton	L_{w7} =	7.60 m	22.68
A8 =	5.67 m	W_{w8} =	4.54 Ton	L_{w8} =	8.50 m	38.56
A9 =	0.00 m	W_{w9} =	Ton	L_{w9} =	0.00 m	
A10 =	0.00 m	W_{w10} =	Ton	L_{w10} =	0.00 m	
			12.40			89.41

FUERZA DE IMPACTO DEL LODO

Q =	**340.00 m³/s**	GASTO DE DISEÑO LIQUIDO
F =	**1.80**	FACTOR DE INCREMENTO
Q_{LODO} =	612.00 m³/s	GASTO DE DISEÑO DEL LODO
B =	**92.25 m**	ANCHO DEL CAUCE
q =	6.63 m³/s/m	GASTO POR UNIDAD DE ANCHO
Y =	**1.50 m**	ALTURA NORMAL DEL LODO AGUAS ARRIBA DEL DIQUE
ρ =	0.20 Ton*s²/m⁴	DENSIDAD DEL LODO
V =	**4.47 m/s**	VELOCIDAD DEL FLUJO

		BRAZO DE GIRO CON RESPECTO A "O"	MOMENTOS (ton.m)
$F_{IMP} = (\gamma_{lodo} * Y^2)/2 + \rho * q * V$	→ F_{IMP} = **8.29 Ton/m**	L_{LODO} = 7.17 m	59.41

EMPUJES ACTUANTES SOBRE EL MURO

EMPUJE DEL SUELO AGUAS ARRIBA DEL MURO		BRAZO DE GIRO CON RESPECTO A "O"	MOMENTOS (ton.m)
$Es_1 = (Hs_1 + Hs_2)^2 * \gamma_{ssat} * ka)/2$ →	Es_1 = 10.84 Ton*m	L_{s1} = 2.22 m	24.09
EMPUJE DEL SUELO AGUAS ABAJO			
$Es_4 = (Hs_2^2 * \gamma_{ssat} * ka)/2$ →	Es_4 = 0.98 Ton*m	L_{S4} = 0.67 m	0.65

ESTABILIDAD AL VOLCAMIENTO

FSv = Sumatoria (Mr) / Sumatoria (Ma) > 1.5

FSv = Σ(Mr) / Σ (Ma) > 1.5

Mr = Sumatoria de momentos de las fuerzas estabilizantes, con respecto al punto de rotación "O", en Ton/m

Ma = Sumatoria de momentos de las fuerzas volcantes, con respecto al punto de rotación "O", en Ton/m

FSv =	4.86	> 1.5	O.K

ESTABILIDAD AL DESLIZAMIENTO

FSd = f * Sumatoria (Fv) / Sumatoria (Fh) > 1.5

Fv = Sumatoria de las fuerzas verticales

Fh = Sumatoria de las fuerzas horizontales

FSd = f * Σ(Fv) / Σ (Fh) > 1.5

FSd =	3.89	> 1.5	O.K

CALCULO DEL FACTOR DE DESLIZAMIENTO CON EL ESFUERZO INTERNO DE AMARRES ENTRE LOS NIVELES DEL DIQUE

FSdi = f * Sumatoria (Fv) / Sumatoria (Fh) > 1.5

Fv = Sumatoria de las fuerzas verticales

Fh = Sumatoria de las fuerzas horizontales

FSdi = f * Σ(Fv) / Σ (Fh) > 1.5

F =	1784.50 kg/ml	ESFUERZO INTERNO DE LOS AMARRES ENTRE LOS NIVELES DEL MURO.

NIVEL 1	⟶	FDv_1=	-2.08	> 1.5	**O.K**
NIVEL 2	⟶	FDv_2=	1.29	> 1.5	**O.K**
NIVEL 3	⟶	FDv_3=		> 1.5	**O.K**
NIVEL 4	⟶	FDv_4=		> 1.5	**O.K**
NIVEL 5	⟶	FDv_5=		> 1.5	**O.K**
NIVEL 6	⟶	FDv_6=		> 1.5	**O.K**
NIVEL 7	⟶	FDv_7=		> 1.5	**O.K**
NIVEL 8	⟶	FDv_8=		> 1.5	**O.K**
NIVEL 9	⟶	FDv_9=		> 1.5	**O.K**

$$\sum F_V = P_a + P_{a1} + P_{a2} + \dots\dots P_{an} + P_{s1} + P_{s2} + \dots\dots P_{sn} + W_1 + W_2 + \dots\dots W_n$$

$$\sum F_H = \frac{\gamma_w * (h_n + h_r)^2}{2} + \frac{\gamma_{ss} * k_a * h_n^2}{2} - \frac{1.784,50}{1.000,00}(\text{esfuerzo interno})$$

VERIFICACIÓN DE LAS TENSIONES TRANSMITIDAS AL TERRENO

OBRA:	RÍO CERRO GRANDE, PARROQUIA CARABALLEDA, ESTADO VARGAS.
PRESA:	PRESA CERRADA DE GAVIONES - H = 9.00 m

DISEÑO GENERAL DE UN DIQUE TRANSVERSAL

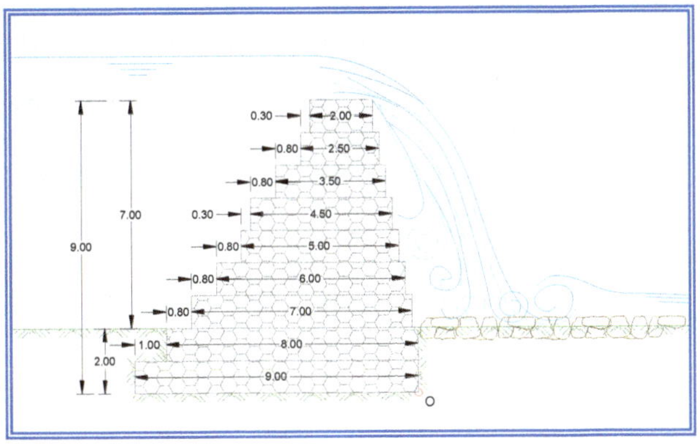

Para las presas de gravedad, como principio ineludible, para garantizar la estabilidad de la presa, la capacidad admisible del suelo de fundación σ_{adm} debe ser mayor que el esfuerzo de compresión máximo o presión de contacto σ_{max} transferido por la presa al terreno de fundación, para todas las combinaciones de carga.

Esta Verificación se ha realizado considerando la crecida de diseño y la lámina vertiente sobre el vertedero de la Presa.

DATOS DE DISEÑO

γ_w =	1.00	Ton/m³	PESO ESPECÍFICO DEL AGUA
γ_g =	1.86	Ton/m³	PESO ESPECÍFICO DEL GAVION SECO
γ_{gv} =	1.33	Ton/m³	PESO ESPECÍFICO DEL GAVION SUMERGIDO
γ_{sed} =	2.00	Ton/m³	PESO ESPECÍFICO DEL SEDIMENTO
γ_{ss} =	0.80	Ton/m³	PESO ESPECÍFICO DEL SEDIMENTO SUMERGIDO
γ_{ssat} =	1.80	Ton/m³	PESO ESPECÍFICO DEL SEDIMENTO SATURADO
ϕ =	35.00	°	ANGULO DE FRICCION INTERNA DEL SUELO
H =	7.00	m	ALTURA DEL GAVION, MEDIDO DESDE LA RASANTE DEL CAUCE.
Hw_1 =	10.44	m	ALTURA TOTAL DEL AGUA AGUAS ARRIBA DEL DIQUE
Hs_1 =	0.00	m	PROFUNDIDAD DEL SEDIMENTO AGUAS ARRIBA DEL DIQUE, POR ENCIMA DEL NIVEL DE FUNDACION
Hs_2 =	2.00	m	PROFUNDIDAD DEL SEDIMENTO AGUAS ARRIBA Y AGUAS ABAJO DEL DIQUE (PROFUNDIDAD DE FUNDACION DEL DIQUE)
f =	0.70		FACTOR DE SEGURIDAD AL DESLIZAMIENTO
hr =	1.44	m	ALTURA DE AGUA SOBRE LA PRESA.
Y_2 =	1.30	m	ALTURA DEL AGUA, AGUAS ABAJO DEL DIQUE.
ns =	20	%	POROSIDAD DEL SUELO.
ng =	30	%	POROSIDAD DEL GAVIÓN.
ka =	0.27		EMPUJE ACTIVO DEL SUELO

FUERZAS ACTUANTES SOBRE EL MURO

PESO PROPIO DEL MURO

ANCHO POR NIVEL		PESO DEL MURO		BRAZO DE GIRO CON RESPECTO A "O"		Momentos (ton.m)
L1 =	2.00 m	Wg_1 =	3.72 Ton	Lg_1 =	2.40 m	8.93
L2 =	2.50 m	Wg_2 =	4.65 Ton	Lg_2 =	2.45 m	11.39
L3 =	3.50 m	Wg_3 =	6.51 Ton	Lg_3 =	2.75 m	17.90
L4 =	4.50 m	Wg_4 =	8.37 Ton	Lg_4 =	3.05 m	25.53
L5 =	5.00 m	Wg_5 =	9.30 Ton	Lg_5 =	3.10 m	28.83
L6 =	6.00 m	Wg_6 =	11.16 Ton	Lg_6 =	3.40 m	37.94
L7 =	7.00 m	Wg_7 =	9.31 Ton	Lg_7 =	3.70 m	34.45
L8 =	8.00 m	Wg_8 =	10.64 Ton	Lg_8 =	4.00 m	42.56
L9 =	9.00 m	Wg_9 =	11.97 Ton	Lg_9 =	4.50 m	53.87
L10 =	0.00 m	Wg_{10} =	0.00 Ton	Lg_{10} =	0.00 m	
L11 =	0.00 m	Wg_{11} =	0.00 Ton	Lg_{11} =	0.00 m	
L12 =	0.00 m	Wg_{12} =	0.00 Ton	Lg_{12} =	0.00 m	
L13 =	0.00 m	Wg_{13} =	0.00 Ton	Lg_{13} =	0.00 m	
L14 =	0.00 m	Wg_{14} =	0.00 Ton	Lg_{14} =	0.00 m	
L15 =	0.00 m	Wg_{15} =	0.00 Ton	Lg_{15} =	0.00 m	
			75.63			261.40

AREA DE LA SECCION DE LA PRESA 47.50 m²

PESO DEL AGUA SOBRE EL MURO

AREA DEL ESCALON AGUAS ARRIBA		PESO DEL AGUA SOBRE EL MURO		BRAZO DE GIRO CON RESPECTO A "O"		Momentos (ton.m)
A0 =	2.87 m²	Pa =	2.87 Ton	La_0 =	2.40 m	6.90
A1 =	0.73 m²	Pa_1 =	0.73 Ton	La_1 =	3.55 m	2.60
A2 =	2.75 m²	Pa_2 =	2.75 Ton	La_2 =	4.10 m	11.27
A3 =	3.55 m²	Pa_3 =	3.55 Ton	La_3 =	4.90 m	17.39
A4 =	1.63 m²	Pa_4 =	1.63 Ton	La_4 =	5.45 m	8.89
A5 =	5.15 m²	Pa_5 =	5.15 Ton	La_5 =	6.00 m	30.90
A6 =	5.95 m²	Pa_6 =	5.95 Ton	La_6 =	6.80 m	40.46
A7 =	6.75 m²	Pa_7 =	6.75 Ton	La_7 =	7.60 m	51.30
A8 =	9.44 m²	Pa_8 =	9.44 Ton	La_8 =	8.50 m	80.22
A9 =	m²	Pa_9 =	0.00 Ton	La_9 =	m	
A10 =	m²	Pa_{10} =	0.00 Ton	La_{10} =	m	
A11 =	m²	Pa_{11} =	0.00 Ton	La_{11} =	m	
A12 =	m²	Pa_{12} =	0.00 Ton	La_{12} =	m	
A13 =	m²	Pa_{13} =	0.00 Ton	La_{13} =	m	
A14 =	m²	Pa_{14} =	0.00 Ton	La_{14} =	m	
A15 =	m²	Pa_{15} =	0.00 Ton	La_{15} =	m	
			38.82			**249.93**

PESO DEL SUELO SOBRE EL MURO

AREA DEL ESCALON AGUAS ARRIBA		PESO DEL SUELO SOBRE EL MURO		BRAZO DE GIRO CON RESPECTO A "O"		Momentos (ton.m)
A0 =	0.00 m²	Ps_0 =	0.00 Ton	Ls_0 =	0.00 m	0.00
A1 =	0.00 m²	Ps_1 =	0.00 Ton	Ls_1 =	0.00 m	0.00
A2 =	0.00 m²	Ps_2 =	0.00 Ton	Ls_2 =	0.00 m	0.00
A3 =	0.00 m²	Ps_3 =	0.00 Ton	Ls_3 =	0.00 m	0.00
A4 =	0.00 m²	Ps_4 =	0.00 Ton	Ls_4 =	0.00 m	0.00
A5 =	0.00 m²	Ps_5 =	0.00 Ton	Ls_5 =	0.00 m	0.00
A6 =	0.00 m²	Ps_6 =	0.00 Ton	Ls_6 =	0.00 m	0.00
A7 =	0.00 m²	Ps_7 =	0.00 Ton	Ls_7 =	0.00 m	0.00
A8 =	1.00 m²	Ps_8 =	0.80 Ton	Ls_8 =	8.50 m	6.80
A9 =	0.00 m²	Ps_9 =	0.00 Ton	Ls_9 =	0.00 m	0.00
A10 =	0.00 m²	Ps_{10} =	0.00 Ton	Ls_{10} =	0.00 m	0.00
A11 =	0.00 m²	Ps_{11} =	0.00 Ton	Ls_{11} =	0.00 m	0.00
A12 =	0.00 m²	Ps_{12} =	0.00 Ton	Ls_{12} =	0.00 m	0.00
A13 =	0.00 m²	Ps_{13} =	0.00 Ton	Ls_{13} =	0.00 m	0.00
A14 =	0.00 m²	Ps_{14} =	0.00 Ton	Ls_{14} =	0.00 m	
A15 =	m²	Ps_{15} =	0.00 Ton	Ls_{15} =	m	
			0.80			**6.80**

EMPUJES ACTUANTES SOBRE EL MURO

		BRAZO DE GIRO CON RESPECTO A "O"			Momentos (ton.m)
EMPUJE DEL AGUA					
$Ew_1 = (Hw_1^2 * \gamma_w)/2$ → Ew_1 =	54.47 Ton*m	Lw_1 =	3.48	m	189.50
$Ew_2 = ((Y_2 + Hs_2)^2 * \gamma_w)/2$ → Ew_2 =	0.00 Ton*m	Lw_2 =	1.10	m	0.00
EMPUJE DEL SUELO AGUAS ARRIBA DEL MURO					
$Es_1 = (Hs_1^2 * \gamma_{ss} * ka)/2$ → Es_1 =	0.00 Ton*m	Ls_1 =	0.00	m	0.00
$Es_2 = Hs_1 * Hs_2 * \gamma_{ss} * ka$ → Es_2 =	0.00 Ton*m	Ls_2 =	0.00	m	0.00
$Es_3 = (Hs_2^2 * \gamma_{ss} * ka)/2$ → Es_3 =	0.43 Ton*m	Ls_3 =	0.67	m	0.29
EMPUJE DEL SUELO AGUAS ABAJO DEL MURO					
$Es_4 = (Hs_2^2 * \gamma_{ssat} * ka)/2$ → Es_4 =	0.98 Ton*m	Ls_4 =	0.67	m	0.65

VERIFICACIÓN DE LAS TENSIONES TRANSMITIDAS AL TERRENO

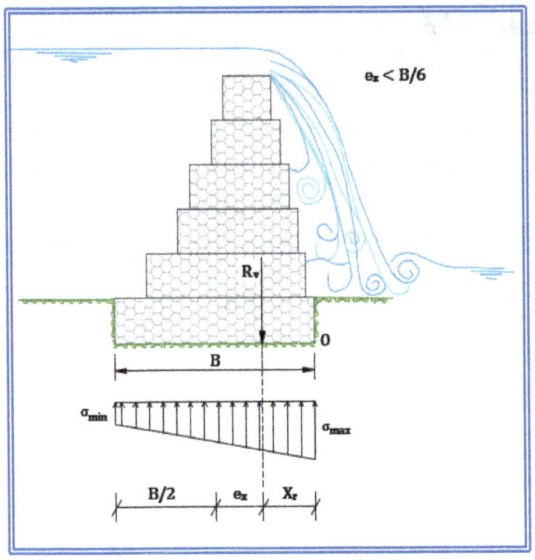

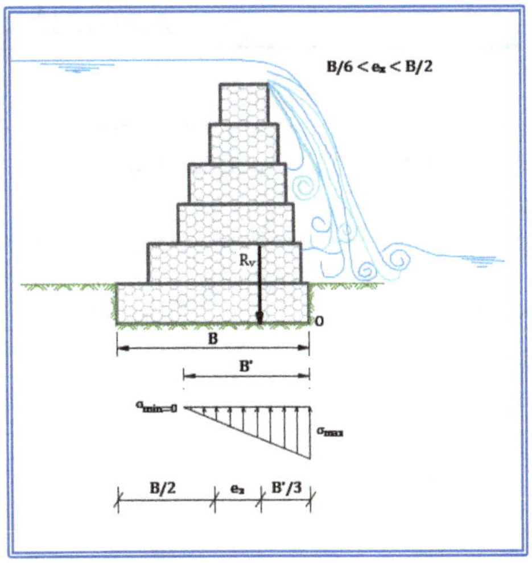

CÁLCULO DE LA EXCENTRICIDAD

Rv = Wg + Pa + Ps	Rv =	115.25 Ton	518.12
			189.79
Xr = [Σ Mr - Σ Ma] / Rv	Xr =	2.85 m	2.85
Ancho de la Base de la Presa	B =	9.00 m	
$e_x = B/2 - X_r$	e_x =	1.65 m	

VERIFICACIÓN DEL ALINEAMIENTO DE LA FUERZA RESULTANTE DENTRO DEL TERCIO CENTRAL DE LA BASE DE LA PRESA

Tercio Central de la Base medidos desde el Punto "O".

B/3 = 3 m   B*2/3 = 6 m

Xr = 2.85 m

Xr > B/3   No

Xr < B/3   Si --- (La resultante No se alínea dentro del tercio central de La base de La Presa)

VERIFICACIÓN DE LAS TENSIONES MÁXIMA Y MÍNIMA SEGÚN EL VALOR DE LA EXCENTERICIDAD

Para el caso de $e_x < B/6$	B/6 =	1.50 m
σ_{max} = (Rv / B) * (1 + (6 * e_x)/ B)	σ_{max} =	0.00 Ton/m^2
σ_{min} = (Rv / B) * (1 - (6 * e_x)/ B)	σ_{min} =	0.00 Ton/m^2

Para el caso de $B/6 \leq e_x \leq B/2$	B/6 =	1.50 m	B/2 =	4.5 m
σ_{max} = (2*Rv) / (3 * (B/2 - e_x))	σ_{max} =	26.92 Ton/m^2		
σ_{min} = 0	σ_{min} =	0.00 Ton/m^2		
B' = 3 * (B/2 - e_x)	B' =	5.85 m		

VERIFICACIÓN DEL ESFUERZO MÁXIMO CALCULADO CON EL ESFUERZO ADMISIBLE DEL SUELO

El Material de la fundación es una mezcla de gravas y arenas - de modo que el esfuerzo admisible varía entre $\sigma_{adm} \leq 25$ ton/m^2 y $\sigma_{adm} \leq 30$ ton/m^2

Esfuerzo máximo calculado	$\sigma_{max} =$	26.92 Ton/m^2	OK
Esfuerzo Admisible	$\sigma_{max} =$	30.00 Ton/m^2	

VERIFICACIÓN DE LAS TENSIONES TRANSMITIDAS AL TERRENO

OBRA:	RÍO CERRO GRANDE, PARROQUIA CARABALLEDA, ESTADO VARGAS.
PRESA:	PRESA CERRADA DE GAVIONES - H = 9.00 m

DISEÑO GENERAL DE UN DIQUE TRANSVERSAL

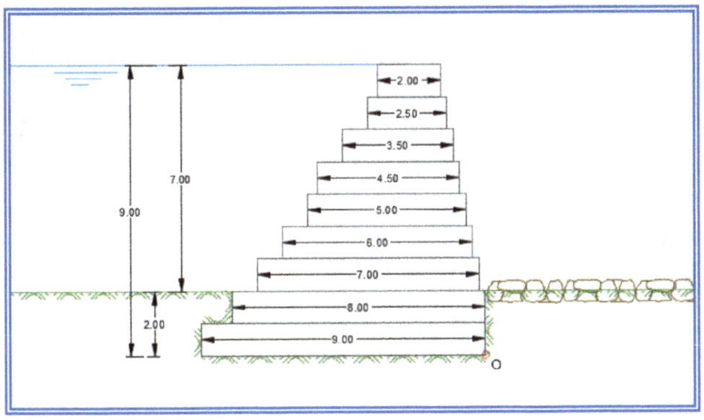

Para las presas de gravedad, como principio ineludible, para garantizar la estabilidad de la presa, la capacidad admisible del suelo de fundación σ_{adm} debe ser mayor que el esfuerzo de compresión máximo o presión de contacto σ_{max} transferido por la presa al terreno de fundación, para todas las combinaciones de carga.

Esta Verificación se ha realizado considerando los Empujes Hidrostáticos hasta la rasante del vertedero de la Presa.

DATOS DE DISEÑO

γ_w =	1.00	Ton/m³	PESO ESPECÍFICO DEL AGUA
γ_g =	1.86	Ton/m³	PESO ESPECÍFICO DEL GAVION SECO
γ_{gv} =	1.33	Ton/m³	PESO ESPECÍFICO DEL GAVION SUMERGIDO
γ_{sed} =	2.00	Ton/m³	PESO ESPECÍFICO DEL SEDIMENTO
γ_{ss} =	0.80	Ton/m³	PESO ESPECÍFICO DEL SEDIMENTO SUMERGIDO
γ_{ssat} =	1.80	Ton/m³	PESO ESPECÍFICO DEL SEDIMENTO SATURADO
ϕ =	35.00	°	ANGULO DE FRICCION INTERNA DEL SUELO
H =	7.00	m	ALTURA DEL GAVION, MEDIDO DESDE LA RASANTE DEL CAUCE.
Hw_1 =	9.00	m	ALTURA TOTAL DEL AGUA AGUAS ARRIBA DEL DIQUE
Hs_1 =	0.00	m	PROFUNDIDAD DEL SEDIMENTO AGUAS ARRIBA DEL DIQUE, POR ENCIMA DEL NIVEL DE FUNDACION
Hs_2 =	2.00	m	PROFUNDIDAD DEL SEDIMENTO AGUAS ARRIBA Y AGUAS ABAJO DEL DIQUE (PROFUNDIDAD DE FUNDACION DEL DIQUE)
f =	0.70		FACTOR DE SEGURIDAD AL DESLIZAMIENTO
hr =	0.00	m	ALTURA DE AGUA SOBRE LA PRESA.
Y_2 =	0.00	m	ALTURA DEL AGUA, AGUAS ABAJO DEL DIQUE.
ns =	20	%	POROSIDAD DEL SUELO.
ng =	30	%	POROSIDAD DEL GAVIÓN.
ka =	0.27		EMPUJE ACTIVO DEL SUELO

FUERZAS ACTUANTES SOBRE EL MURO

PESO PROPIO DEL MURO

ANCHO POR NIVEL		PESO DEL MURO		BRAZO DE GIRO CON RESPECTO A "O"		Momentos (ton.m)
L1 =	2.00 m	Wg_1 =	3.72 Ton	Lg_1 =	2.40 m	8.93
L2 =	2.50 m	Wg_2 =	4.65 Ton	Lg_2 =	2.45 m	11.39
L3 =	3.50 m	Wg_3 =	6.51 Ton	Lg_3 =	2.75 m	17.90
L4 =	4.50 m	Wg_4 =	8.37 Ton	Lg_4 =	3.05 m	25.53
L5 =	5.00 m	Wg_5 =	9.30 Ton	Lg_5 =	3.10 m	28.83
L6 =	6.00 m	Wg_6 =	11.16 Ton	Lg_6 =	3.40 m	37.94
L7 =	7.00 m	Wg_7 =	9.31 Ton	Lg_7 =	3.70 m	34.45
L8 =	8.00 m	Wg_8 =	10.64 Ton	Lg_8 =	4.00 m	42.56
L9 =	9.00 m	Wg_9 =	11.97 Ton	Lg_9 =	4.50 m	53.87
L10 =	0.00 m	Wg_{10} =	0.00 Ton	Lg_{10} =	0.00 m	
L11 =	0.00 m	Wg_{11} =	0.00 Ton	Lg_{11} =	0.00 m	
L12 =	0.00 m	Wg_{12} =	0.00 Ton	Lg_{12} =	0.00 m	
L13 =	0.00 m	Wg_{13} =	0.00 Ton	Lg_{13} =	0.00 m	
L14 =	0.00 m	Wg_{14} =	0.00 Ton	Lg_{14} =	0.00 m	
L15 =	0.00 m	Wg_{15} =	0.00 Ton	Lg_{15} =	0.00 m	
			75.63			261.40

AREA DE LA SECCION DE LA PRESA 47.50 m²

PESO DEL AGUA SOBRE EL MURO

AREA DEL ESCALON AGUAS ARRIBA		PESO DEL AGUA SOBRE EL MURO		BRAZO DE GIRO CON RESPECTO A "O"		Momentos (ton.m)
A0 =	0.00 m²	Pa =	0.00 Ton	La_0 =	2.40 m	0.00
A1 =	0.30 m²	Pa_1 =	0.30 Ton	La_1 =	3.55 m	1.07
A2 =	1.60 m²	Pa_2 =	1.60 Ton	La_2 =	4.10 m	6.56
A3 =	2.40 m²	Pa_3 =	2.40 Ton	La_3 =	4.90 m	11.76
A4 =	1.20 m²	Pa_4 =	1.20 Ton	La_4 =	5.45 m	6.54
A5 =	4.00 m²	Pa_5 =	4.00 Ton	La_5 =	6.00 m	24.00
A6 =	4.80 m²	Pa_6 =	4.80 Ton	La_6 =	6.80 m	32.64
A7 =	5.60 m²	Pa_7 =	5.60 Ton	La_7 =	7.60 m	42.56
A8 =	8.00 m²	Pa_8 =	8.00 Ton	La_8 =	8.50 m	68.00
A9 =	m²	Pa_9 =	0.00 Ton	La_9 =	m	
A10 =	m²	Pa_{10} =	0.00 Ton	La_{10} =	m	
A11 =	m²	Pa_{11} =	0.00 Ton	La_{11} =	m	
A12 =	m²	Pa_{12} =	0.00 Ton	La_{12} =	m	
A13 =	m²	Pa_{13} =	0.00 Ton	La_{13} =	m	
A14 =	m²	Pa_{14} =	0.00 Ton	La_{14} =	m	
A15 =	m²	Pa_{15} =	0.00 Ton	La_{15} =	m	
			27.90			**193.13**

PESO DEL SUELO SOBRE EL MURO

AREA DEL ESCALON AGUAS ARRIBA		PESO DEL SUELO SOBRE EL MURO		BRAZO DE GIRO CON RESPECTO A "O"		Momentos (ton.m)
A0 =	0.00 m²	Ps_0 =	0.00 Ton	Ls_0 =	0.00 m	0.00
A1 =	0.00 m²	Ps_1 =	0.00 Ton	Ls_1 =	0.00 m	0.00
A2 =	0.00 m²	Ps_2 =	0.00 Ton	Ls_2 =	0.00 m	0.00
A3 =	0.00 m²	Ps_3 =	0.00 Ton	Ls_3 =	0.00 m	0.00
A4 =	0.00 m²	Ps_4 =	0.00 Ton	Ls_4 =	0.00 m	0.00
A5 =	0.00 m²	Ps_5 =	0.00 Ton	Ls_5 =	0.00 m	0.00
A6 =	0.00 m²	Ps_6 =	0.00 Ton	Ls_6 =	0.00 m	0.00
A7 =	0.00 m²	Ps_7 =	0.00 Ton	Ls_7 =	0.00 m	0.00
A8 =	1.00 m²	Ps_8 =	0.80 Ton	Ls_8 =	8.50 m	6.80
A9 =	0.00 m²	Ps_9 =	0.00 Ton	Ls_9 =	0.00 m	0.00
A10 =	0.00 m²	Ps_{10} =	0.00 Ton	Ls_{10} =	0.00 m	0.00
A11 =	0.00 m²	Ps_{11} =	0.00 Ton	Ls_{11} =	0.00 m	0.00
A12 =	0.00 m²	Ps_{12} =	0.00 Ton	Ls_{12} =	0.00 m	0.00
A13 =	0.00 m²	Ps_{13} =	0.00 Ton	Ls_{13} =	0.00 m	0.00
A14 =	0.00 m²	Ps_{14} =	0.00 Ton	Ls_{14} =	0.00 m	
A15 =	m²	Ps_{15} =	0.00 Ton	Ls_{15} =	m	
			0.80			**6.80**

EMPUJES ACTUANTES SOBRE EL MURO

			BRAZO DE GIRO CON RESPECTO A "O"			Momentos (ton.m)
EMPUJE DEL AGUA						
$Ew_1 = (Hw_1^2 * \gamma_w)/2$	→ Ew_1 =	40.50 Ton*m	Lw_1 =	3.00	m	121.50
$Ew_2 = ((Y_2 + Hs_2)^2 * \gamma_w)/2$	→ Ew_2 =	0.00 Ton*m	Lw_2 =	0.67	m	0.00
EMPUJE DEL SUELO AGUAS ARRIBA DEL MURO						
$Es_1 = (Hs_1^2 * \gamma_{ss} * ka)/2$	→ Es_1 =	0.00 Ton*m	Ls_1 =	0.00	m	0.00
$Es_2 = Hs_1 * Hs_2 * \gamma_{ss} * ka$	→ Es_2 =	0.00 Ton*m	Ls_2 =	0.00	m	0.00
$Es_3 = (Hs_2^2 * \gamma_{ss} * ka)/2$	→ Es_3 =	0.43 Ton*m	Ls_3 =	0.67	m	0.29
EMPUJE DEL SUELO AGUAS ABAJO DEL MURO						
$Es_4 = (Hs_2^2 * \gamma_{ssat} * ka)/2$	→ Es_4 =	0.98 Ton*m	L_{S4} =	0.67	m	0.65

VERIFICACIÓN DE LAS TENSIONES TRANSMITIDAS AL TERRENO

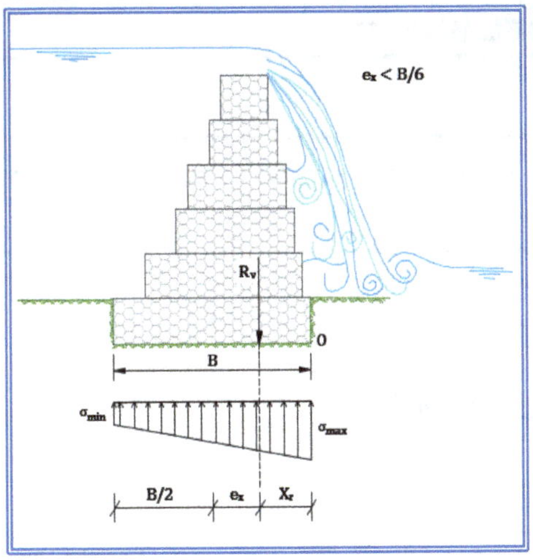

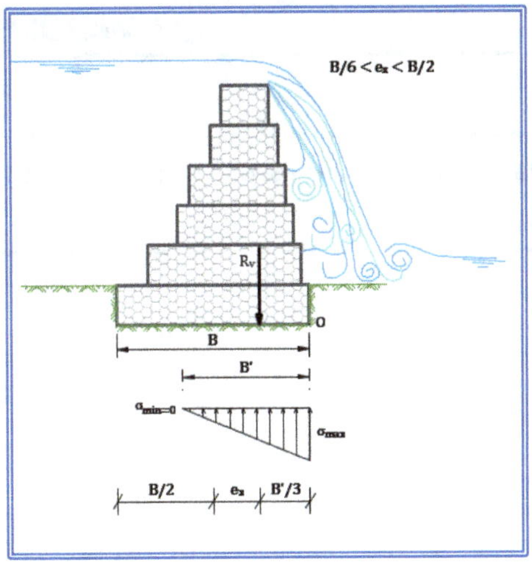

CÁLCULO DE LA EXCENTRICIDAD

Rv = Wg + Pa + Ps	Rv =	104.33 Ton	461.32
			121.79
Xr = [Σ Mr - Σ Ma] / Rv	Xr =	3.26 m	3.25
Ancho de la Base de la Presa	B =	9.00 m	
$e_x = B/2 - X_r$	e_x =	1.24 m	

VERIFICACIÓN DEL ALINEAMIENTO DE LA FUERZA RESULTANTE DENTRO DEL TERCIO CENTRAL DE LA BASE DE LA PRESA

Tercio Central de la Base medidos desde el Punto "O".

B/3 = 3 m B*2/3 = 6 m

Xr = 3.26 m

Xr > B/3 Si --- La resultante se alínea dentro del tercio central de La base de La Presa --- OK √

Xr < B/3 No

VERIFICACIÓN DE LAS TENSIONES MÁXIMA Y MÍNIMA SEGÚN EL VALOR DE LA EXCENTERICIDAD

Para el caso de $e_x < B/6$	B/6 =	1.50 m
$\sigma_{max} = (Rv / B) * (1 + (6 * e_x)/ B)$	σ_{max} =	21.17 Ton/m^2
$\sigma_{min} = (Rv / B) * (1 - (6 * e_x)/ B)$	σ_{min} =	2.01 Ton/m^2

Para el caso de $B/6 \leq e_x \leq B/2$	B/6 =	1.50 m	B/2 =	4.5 m
$\sigma_{max} = (2*Rv) / (3 * (B/2 - e_x))$	σ_{max} =	0.00 Ton/m^2		
$\sigma_{min} = 0$	σ_{min} =	0.00 Ton/m^2		
$B' = 3 * (B/2 - e_x)$	B' =	--- m		

VERIFICACIÓN DEL ESFUERZO MÁXIMO CALCULADO CON EL ESFUERZO ADMISIBLE DEL SUELO

El Material de la fundación es una mezcla de gravas y arenas - de modo que el esfuerzo admisible varía entre $\sigma_{adm} \leq 25$ ton/m^2 y $\sigma_{adm} \leq 30$ ton/m^2

Esfuerzo máximo calculado	$\sigma_{max} =$	21.17 Ton/m^2	OK
Esfuerzo Admisible	$\sigma_{max} =$	30.00 Ton/m^2	

VERIFICACIÓN DE LAS TENSIONES TRANSMITIDAS AL TERRENO

OBRA: RÍO CERRO GRANDE, PARROQUIA CARABALLEDA, ESTADO VARGAS.

PRESA: PRESA CERRADA DE GAVIONES - H = 9.00 m

DISEÑO GENERAL DE UN DIQUE TRANSVERSAL

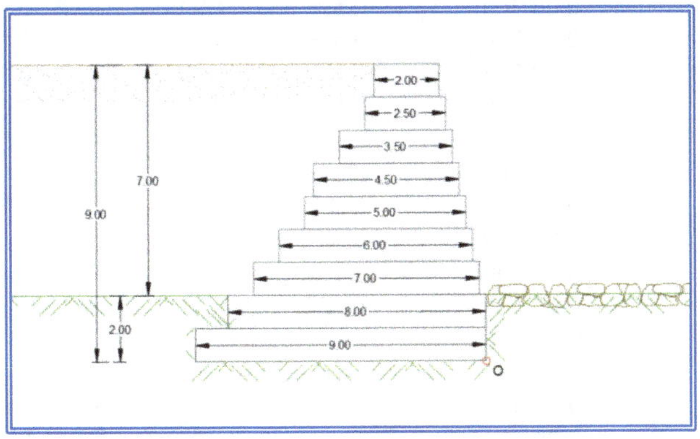

Para las presas de gravedad, como principio ineludible, para garantizar la estabilidad de la presa, la capacidad admisible del suelo de fundación σ_{adm} debe ser mayor que el esfuerzo de compresión máximo o presión de contacto σ_{max} transferido por la presa al terreno de fundación, para todas las combinaciones de carga.

Esta Verificación se ha realizado considerando la Presa llena de sedimentos.

DATOS DE DISEÑO

γ_w =	1.00	Ton/m³	PESO ESPECÍFICO DEL AGUA
γ_g =	1.86	Ton/m³	PESO ESPECÍFICO DEL GAVION SECO
γ_{gv} =	1.33	Ton/m³	PESO ESPECÍFICO DEL GAVION SUMERGIDO
γ_{sed} =	2.00	Ton/m³	PESO ESPECÍFICO DEL SEDIMENTO
γ_{ss} =	0.80	Ton/m³	PESO ESPECÍFICO DEL SEDIMENTO SUMERGIDO
γ_{ssat} =	1.80	Ton/m³	PESO ESPECÍFICO DEL SEDIMENTO SATURADO
ϕ =	35.00	°	ANGULO DE FRICCION INTERNA DEL SUELO
H =	7.00	m	ALTURA DEL GAVION, MEDIDO DESDE LA RASANTE DEL CAUCE.
Hw_1 =	0.00	m	ALTURA TOTAL DEL AGUA AGUAS ARRIBA DEL DIQUE
Hs_1 =	7.00	m	PROFUNDIDAD DEL SEDIMENTO AGUAS ARRIBA DEL DIQUE, POR ENCIMA DEL NIVEL DE FUNDACION
Hs_2 =	2.00	m	PROFUNDIDAD DEL SEDIMENTO AGUAS ARRIBA Y AGUAS ABAJO DEL DIQUE (PROFUNDIDAD DE FUNDACION DEL DIQUE)
f =	0.70		FACTOR DE SEGURIDAD AL DESLIZAMIENTO
hr =	0.00	m	ALTURA DE AGUA SOBRE LA PRESA.
Y_2 =	0.00	m	ALTURA DEL AGUA, AGUAS ABAJO DEL DIQUE.
ns =	20	%	POROSIDAD DEL SUELO.
ng =	30	%	POROSIDAD DEL GAVIÓN.
ka =	0.27		EMPUJE ACTIVO DEL SUELO

FUERZAS ACTUANTES SOBRE EL MURO

PESO PROPIO DEL MURO

ANCHO POR NIVEL		PESO DEL MURO		BRAZO DE GIRO CON RESPECTO A "O"		Momentos (ton.m)
L1 =	2.00 m	Wg_1 =	3.72 Ton	Lg_1 =	2.40 m	8.93
L2 =	2.50 m	Wg_2 =	4.65 Ton	Lg_2 =	2.45 m	11.39
L3 =	3.50 m	Wg_3 =	6.51 Ton	Lg_3 =	2.75 m	17.90
L4 =	4.50 m	Wg_4 =	8.37 Ton	Lg_4 =	3.05 m	25.53
L5 =	5.00 m	Wg_5 =	9.30 Ton	Lg_5 =	3.10 m	28.83
L6 =	6.00 m	Wg_6 =	11.16 Ton	Lg_6 =	3.40 m	37.94
L7 =	7.00 m	Wg_7 =	9.31 Ton	Lg_7 =	3.70 m	34.45
L8 =	8.00 m	Wg_8 =	10.64 Ton	Lg_8 =	4.00 m	42.56
L9 =	9.00 m	Wg_9 =	11.97 Ton	Lg_9 =	4.50 m	53.87
L10 =	0.00 m	Wg_{10} =	0.00 Ton	Lg_{10} =	0.00 m	
L11 =	0.00 m	Wg_{11} =	0.00 Ton	Lg_{11} =	0.00 m	
L12 =	0.00 m	Wg_{12} =	0.00 Ton	Lg_{12} =	0.00 m	
L13 =	0.00 m	Wg_{13} =	0.00 Ton	Lg_{13} =	0.00 m	
L14 =	0.00 m	Wg_{14} =	0.00 Ton	Lg_{14} =	0.00 m	
L15 =	0.00 m	Wg_{15} =	0.00 Ton	Lg_{15} =	0.00 m	
			75.63			261.40

AREA DE LA SECCION DE LA PRESA 47.50 m²

PESO DEL AGUA SOBRE EL MURO

AREA DEL ESCALON AGUAS ARRIBA		PESO DEL AGUA SOBRE EL MURO		BRAZO DE GIRO CON RESPECTO A "O"		Momentos (ton.m)
A0 =	m²	Pa =	0.00 Ton	La_0 =	2.40 m	0.00
A1 =	m²	Pa_1 =	0.00 Ton	La_1 =	3.55 m	0.00
A2 =	m²	Pa_2 =	0.00 Ton	La_2 =	4.10 m	0.00
A3 =	m²	Pa_3 =	0.00 Ton	La_3 =	4.90 m	0.00
A4 =	m²	Pa_4 =	0.00 Ton	La_4 =	5.45 m	0.00
A5 =	m²	Pa_5 =	0.00 Ton	La_5 =	6.00 m	0.00
A6 =	m²	Pa_6 =	0.00 Ton	La_6 =	6.80 m	0.00
A7 =	m²	Pa_7 =	0.00 Ton	La_7 =	7.60 m	0.00
A8 =	m²	Pa_8 =	0.00 Ton	La_8 =	8.50 m	0.00
A9 =	m²	Pa_9 =	0.00 Ton	La_9 =	m	
A10 =	m²	Pa_{10} =	0.00 Ton	La_{10} =	m	
A11 =	m²	Pa_{11} =	0.00 Ton	La_{11} =	m	
A12 =	m²	Pa_{12} =	0.00 Ton	La_{12} =	m	
A13 =	m²	Pa_{13} =	0.00 Ton	La_{13} =	m	
A14 =	m²	Pa_{14} =	0.00 Ton	La_{14} =	m	
A15 =	m²	Pa_{15} =	0.00 Ton	La_{15} =	m	
			0.00			**0.00**

PESO DEL SUELO SOBRE EL MURO

AREA DEL ESCALON AGUAS ARRIBA		PESO DEL SUELO SOBRE EL MURO		BRAZO DE GIRO CON RESPECTO A "O"		Momentos (ton.m)
A0 =	- m²	Ps_0 =	0.00 Ton	Ls_0 =	2.40 m	0.00
A1 =	0.30 m²	Ps_1 =	0.60 Ton	Ls_1 =	3.55 m	2.13
A2 =	1.60 m²	Ps_2 =	3.20 Ton	Ls_2 =	4.10 m	13.12
A3 =	2.40 m²	Ps_3 =	4.80 Ton	Ls_3 =	4.90 m	23.52
A4 =	1.20 m²	Ps_4 =	2.40 Ton	Ls_4 =	5.45 m	13.08
A5 =	4.00 m²	Ps_5 =	8.00 Ton	Ls_5 =	6.00 m	48.00
A6 =	4.80 m²	Ps_6 =	9.60 Ton	Ls_6 =	6.80 m	65.28
A7 =	5.60 m²	Ps_7 =	11.20 Ton	Ls_7 =	7.60 m	85.12
A8 =	8.00 m²	Ps_8 =	16.00 Ton	Ls_8 =	8.50 m	136.00
A9 =	0.00 m²	Ps_9 =	0.00 Ton	Ls_9 =	0.00 m	0.00
A10 =	0.00 m²	Ps_{10} =	0.00 Ton	Ls_{10} =	0.00 m	0.00
A11 =	0.00 m²	Ps_{11} =	0.00 Ton	Ls_{11} =	0.00 m	0.00
A12 =	0.00 m²	Ps_{12} =	0.00 Ton	Ls_{12} =	0.00 m	0.00
A13 =	0.00 m²	Ps_{13} =	0.00 Ton	Ls_{13} =	0.00 m	0.00
A14 =	0.00 m²	Ps_{14} =	0.00 Ton	Ls_{14} =	0.00 m	
A15 =	m²	Ps_{15} =	0.00 Ton	Ls_{15} =	m	
			55.80			**386.25**

EMPUJES ACTUANTES SOBRE EL MURO

		BRAZO DE GIRO CON RESPECTO A "O"		Momentos (ton.m)
EMPUJE DEL AGUA				
$Ew_1 = (Hw_1^2 * \gamma_w)/2$ → Ew_1 =	0.00 Ton*m	Lw_1 =	0.00 m	0.00
$Ew_2 = ((Y_2 + Hs_2)^2 * \gamma_w)/2$ → Ew_2 =	0.00 Ton*m	Lw_2 =	0.67 m	0.00
EMPUJE DEL SUELO AGUAS ARRIBA DEL MURO				
$Es_1 = (Hs_1^2 * \gamma_s * ka)/2$ → Es_1 =	13.28 Ton*m	Ls_1 =	4.33 m	57.54
$Es_2 = Hs_1 * Hs_2 * \gamma_s * ka$ → Es_2 =	6.83 Ton*m	Ls_2 =	1.00 m	6.83
$Es_3 = (Hs_2^2 * \gamma_s * ka)/2$ → Es_3 =	0.43 Ton*m	Ls_3 =	0.67 m	0.29
EMPUJE DEL SUELO AGUAS ABAJO DEL MURO				
$Es_4 = (Hs_2^2 * \gamma_{ssat} * ka)/2$ → Es_4 =	0.98 Ton*m	Ls_4 =	0.67 m	0.65

VERIFICACIÓN DE LAS TENSIONES TRANSMITIDAS AL TERRENO

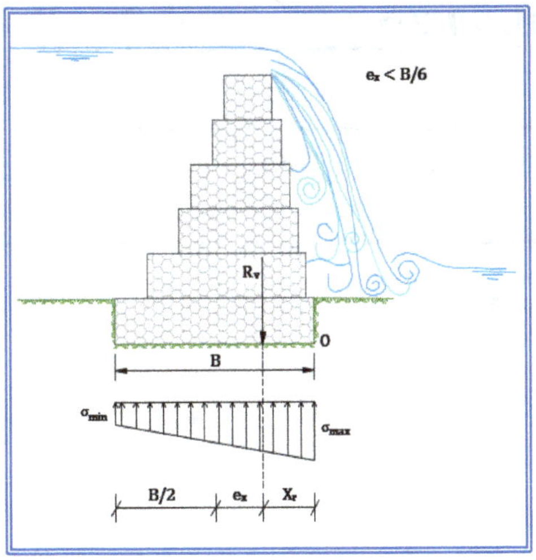

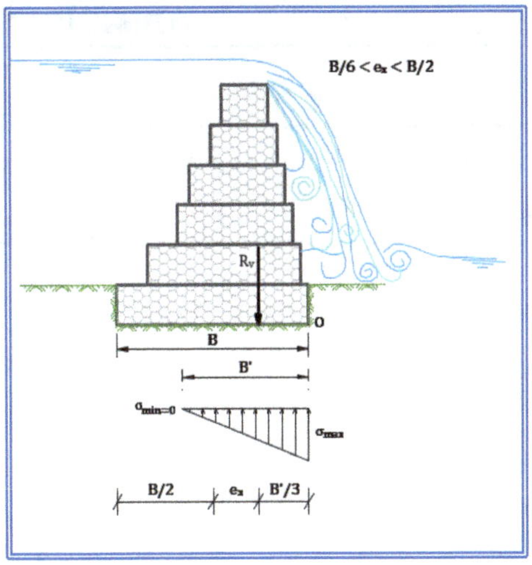

CÁLCULO DE LA EXCENTRICIDAD

Rv = Wg + Pa + Ps	Rv =	131.43 Ton	647.65
			64.66
Xr = [Σ Mr - Σ Ma] / Rv	Xr =	4.44 m	4.44
Ancho de la Base de la Presa	B =	9.00 m	
$e_x = B/2 - X_r$	e_x =	0.06 m	

VERIFICACIÓN DEL ALINEAMIENTO DE LA FUERZA RESULTANTE DENTRO DEL TERCIO CENTRAL DE LA BASE DE LA PRESA

Tercio Central de la Base medidos desde el Punto "O".

B/3 = 3 m B*2/3 = 6 m

Xr = 4.44 m

Xr > B/3 Si --- La resultante se alínea dentro del tercio central de La base de La Presa --- OK √

Xr < B/3 No

VERIFICACIÓN DE LAS TENSIONES MÁXIMA Y MÍNIMA SEGÚN EL VALOR DE LA EXCENTERICIDAD

Para el caso de $e_x < B/6$	B/6 =	1.50 m
$\sigma_{max} = (Rv / B) * (1 + (6 * e_x)/ B)$	σ_{max} =	15.18 Ton/m²
$\sigma_{min} = (Rv / B) * (1 - (6 * e_x)/ B)$	σ_{min} =	14.03 Ton/m²

Para el caso de $B/6 \leq e_x \leq B/2$	B/6 =	1.50 m	B/2 =	4.5 m
$\sigma_{max} = (2*Rv) / (3 * (B/2 - e_x))$	σ_{max} =	0.00 Ton/m²		
$\sigma_{min} = 0$	σ_{min} =	0.00 Ton/m²		
$B' = 3 * (B/2 - e_x)$	B' =	--- m		

VERIFICACIÓN DEL ESFUERZO MÁXIMO CALCULADO CON EL ESFUERZO ADMISIBLE DEL SUELO

El Material de la fundación es una mezcla de gravas y arenas - de modo que el esfuerzo admisible varía entre $\sigma_{adm} \leq 25$ ton/m^2 y $\sigma_{adm} \leq 30$ ton/m^2

Esfuerzo máximo calculado	σ_{max} =	15.18 Ton/m^2	OK
Esfuerzo Admisible	σ_{max} =	30.00 Ton/m^2	

VERIFICACIÓN DE LAS TENSIONES TRANSMITIDAS AL TERRENO

OBRA:	RÍO CERRO GRANDE, PARROQUIA CARABALLEDA, ESTADO VARGAS.
PRESA:	PRESA CERRADA DE GAVIONES - H = 9.00 m

DISEÑO GENERAL DE UN DIQUE TRANSVERSAL

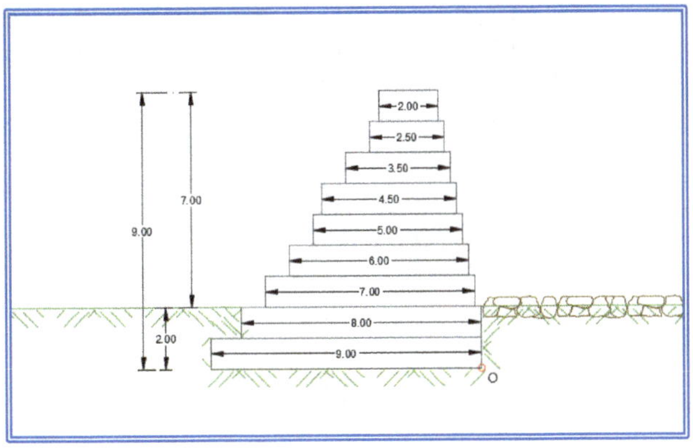

Para las presas de gravedad, como principio ineludible, para garantizar la estabilidad de la presa, la capacidad admisible del suelo de fundación σ_{adm} debe ser mayor que el esfuerzo de compresión máximo o presión de contacto σ_{max} transferido por la presa al terreno de fundación, para todas las combinaciones de carga.

Esta Verificación se ha realizado considerando la Presa vacía.

DATOS DE DISEÑO

γ_w =	1.00	Ton/m³	PESO ESPECÍFICO DEL AGUA
γ_g =	1.86	Ton/m³	PESO ESPECÍFICO DEL GAVION SECO
γ_{gv} =	1.33	Ton/m³	PESO ESPECÍFICO DEL GAVION SUMERGIDO
γ_{sed} =	2.00	Ton/m³	PESO ESPECÍFICO DEL SEDIMENTO
γ_{ss} =	0.80	Ton/m³	PESO ESPECÍFICO DEL SEDIMENTO SUMERGIDO
γ_{ssat} =	1.80	Ton/m³	PESO ESPECÍFICO DEL SEDIMENTO SATURADO
ϕ =	35.00	°	ANGULO DE FRICCION INTERNA DEL SUELO
H =	7.00	m	ALTURA DEL GAVION, MEDIDO DESDE LA RASANTE DEL CAUCE.
Hw_1 =	0.00	m	ALTURA TOTAL DEL AGUA AGUAS ARRIBA DEL DIQUE
Hs_1 =	0.00	m	PROFUNDIDAD DEL SEDIMENTO AGUAS ARRIBA DEL DIQUE, POR ENCIMA DEL NIVEL DE FUNDACION
Hs_2 =	2.00	m	PROFUNDIDAD DEL SEDIMENTO AGUAS ARRIBA Y AGUAS ABAJO DEL DIQUE (PROFUNDIDAD DE FUNDACION DEL DIQUE)
f =	0.70		FACTOR DE SEGURIDAD AL DESLIZAMIENTO
hr =	0.00	m	ALTURA DE AGUA SOBRE LA PRESA.
Y_2 =	0.00	m	ALTURA DEL AGUA, AGUAS ABAJO DEL DIQUE.
ns =	20	%	POROSIDAD DEL SUELO.
ng =	30	%	POROSIDAD DEL GAVIÓN.
ka =	0.27		EMPUJE ACTIVO DEL SUELO

FUERZAS ACTUANTES SOBRE EL MURO

PESO PROPIO DEL MURO

ANCHO POR NIVEL		PESO DEL MURO		BRAZO DE GIRO CON RESPECTO A "O"		Momentos (ton.m)
L1 =	2.00 m	Wg_1 =	3.72 Ton	Lg_1 =	2.40 m	8.93
L2 =	2.50 m	Wg_2 =	4.65 Ton	Lg_2 =	2.45 m	11.39
L3 =	3.50 m	Wg_3 =	6.51 Ton	Lg_3 =	2.75 m	17.90
L4 =	4.50 m	Wg_4 =	8.37 Ton	Lg_4 =	3.05 m	25.53
L5 =	5.00 m	Wg_5 =	9.30 Ton	Lg_5 =	3.10 m	28.83
L6 =	6.00 m	Wg_6 =	11.16 Ton	Lg_6 =	3.40 m	37.94
L7 =	7.00 m	Wg_7 =	9.31 Ton	Lg_7 =	3.70 m	34.45
L8 =	8.00 m	Wg_8 =	10.64 Ton	Lg_8 =	4.00 m	42.56
L9 =	9.00 m	Wg_9 =	11.97 Ton	Lg_9 =	4.50 m	53.87
L10 =	0.00 m	Wg_{10} =	0.00 Ton	Lg_{10} =	0.00 m	
L11 =	0.00 m	Wg_{11} =	0.00 Ton	Lg_{11} =	0.00 m	
L12 =	0.00 m	Wg_{12} =	0.00 Ton	Lg_{12} =	0.00 m	
L13 =	0.00 m	Wg_{13} =	0.00 Ton	Lg_{13} =	0.00 m	
L14 =	0.00 m	Wg_{14} =	0.00 Ton	Lg_{14} =	0.00 m	
L15 =	0.00 m	Wg_{15} =	0.00 Ton	Lg_{15} =	0.00 m	
			75.63			261.40

AREA DE LA SECCION DE LA PRESA 47.50 m²

PESO DEL AGUA SOBRE EL MURO

AREA DEL ESCALON AGUAS ARRIBA		PESO DEL AGUA SOBRE EL MURO		BRAZO DE GIRO CON RESPECTO A "O"		Momentos (ton.m)
A0 =	m²	Pa =	0.00 Ton	La_0 =	0.00 m	0.00
A1 =	m²	Pa_1 =	0.00 Ton	La_1 =	0.00 m	0.00
A2 =	m²	Pa_2 =	0.00 Ton	La_2 =	0.00 m	0.00
A3 =	m²	Pa_3 =	0.00 Ton	La_3 =	0.00 m	0.00
A4 =	m²	Pa_4 =	0.00 Ton	La_4 =	0.00 m	0.00
A5 =	m²	Pa_5 =	0.00 Ton	La_5 =	0.00 m	0.00
A6 =	m²	Pa_6 =	0.00 Ton	La_6 =	0.00 m	0.00
A7 =	m²	Pa_7 =	0.00 Ton	La_7 =	0.00 m	0.00
A8 =	m²	Pa_8 =	0.00 Ton	La_8 =	0.00 m	0.00
A9 =	m²	Pa_9 =	0.00 Ton	La_9 =	m	
A10 =	m²	Pa_{10} =	0.00 Ton	La_{10} =	m	
A11 =	m²	Pa_{11} =	0.00 Ton	La_{11} =	m	
A12 =	m²	Pa_{12} =	0.00 Ton	La_{12} =	m	
A13 =	m²	Pa_{13} =	0.00 Ton	La_{13} =	m	
A14 =	m²	Pa_{14} =	0.00 Ton	La_{14} =	m	
A15 =	m²	Pa_{15} =	0.00 Ton	La_{15} =	m	
			0.00			**0.00**

PESO DEL SUELO SOBRE EL MURO

AREA DEL ESCALON AGUAS ARRIBA		PESO DEL SUELO SOBRE EL MURO		BRAZO DE GIRO CON RESPECTO A "O"		Momentos (ton.m)
A0 =	0.00 m²	Ps_0 =	0.00 Ton	Ls_0 =	0.00 m	0.00
A1 =	0.00 m²	Ps_1 =	0.00 Ton	Ls_1 =	0.00 m	0.00
A2 =	0.00 m²	Ps_2 =	0.00 Ton	Ls_2 =	0.00 m	0.00
A3 =	0.00 m²	Ps_3 =	0.00 Ton	Ls_3 =	0.00 m	0.00
A4 =	0.00 m²	Ps_4 =	0.00 Ton	Ls_4 =	0.00 m	0.00
A5 =	0.00 m²	Ps_5 =	0.00 Ton	Ls_5 =	0.00 m	0.00
A6 =	0.00 m²	Ps_6 =	0.00 Ton	Ls_6 =	0.00 m	0.00
A7 =	0.00 m²	Ps_7 =	0.00 Ton	Ls_7 =	0.00 m	0.00
A8 =	1.00 m²	Ps_8 =	0.80 Ton	Ls_8 =	8.50 m	6.80
A9 =	0.00 m²	Ps_9 =	0.00 Ton	Ls_9 =	0.00 m	0.00
A10 =	0.00 m²	Ps_{10} =	0.00 Ton	Ls_{10} =	0.00 m	0.00
A11 =	0.00 m²	Ps_{11} =	0.00 Ton	Ls_{11} =	0.00 m	0.00
A12 =	0.00 m²	Ps_{12} =	0.00 Ton	Ls_{12} =	0.00 m	0.00
A13 =	0.00 m²	Ps_{13} =	0.00 Ton	Ls_{13} =	0.00 m	0.00
A14 =	0.00 m²	Ps_{14} =	0.00 Ton	Ls_{14} =	0.00 m	
A15 =	m²	Ps_{15} =	0.00 Ton	Ls_{15} =	m	
			0.80			**6.80**

EMPUJES ACTUANTES SOBRE EL MURO

			BRAZO DE GIRO CON RESPECTO A "O"			Momentos (ton.m)
EMPUJE DEL AGUA						
$Ew_1 = (Hw_1^2 * \gamma_w)/2$ →	Ew_1 =	0.00 Ton*m	Lw_1 =	0.00	m	0.00
$Ew_2 = ((Y_2 + Hs_2)^2 * \gamma_w)/2$ →	Ew_2 =	0.00 Ton*m	Lw_2 =	0.67	m	0.00
EMPUJE DEL SUELO AGUAS ARRIBA DEL MURO						
$Es_1 = (Hs_1^2 * \gamma_{ss} * ka)/2$ →	Es_1 =	0.00 Ton*m	Ls_1 =	0.00	m	0.00
$Es_2 = Hs_1 * Hs_2 * \gamma_{ss} * ka$ →	Es_2 =	0.00 Ton*m	Ls_2 =	0.00	m	0.00
$Es_3 = (Hs_2^2 * \gamma_{ss} * ka)/2$ →	Es_3 =	0.43 Ton*m	Ls_3 =	0.67	m	0.29
EMPUJE DEL SUELO AGUAS ABAJO DEL MURO						
$Es_4 = (Hs_2^2 * \gamma_{ssat} * ka)/2$ →	Es_4 =	0.98 Ton*m	Ls_4 =	0.67	m	0.65

VERIFICACIÓN DE LAS TENSIONES TRANSMITIDAS AL TERRENO

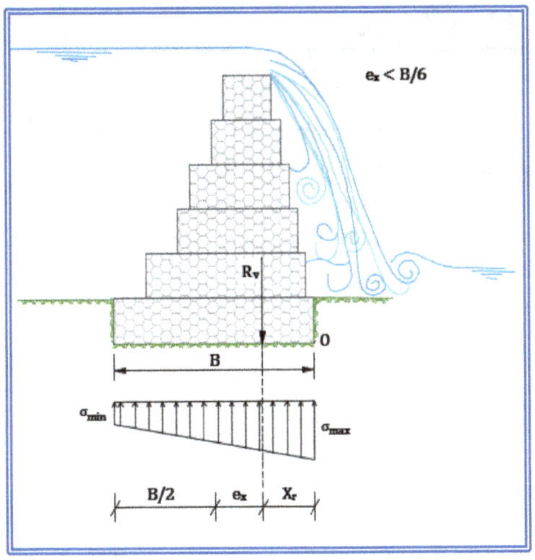

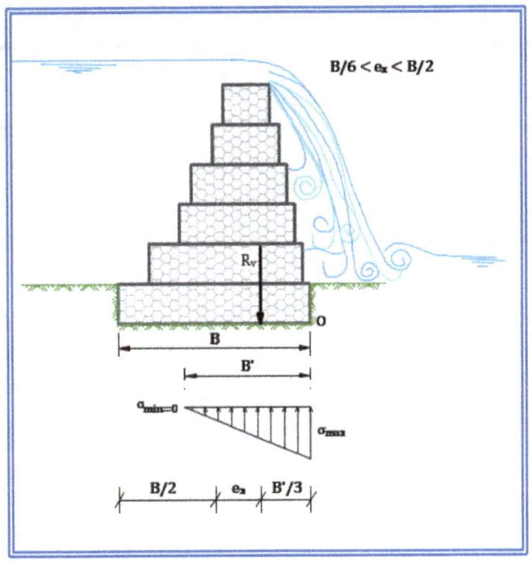

CÁLCULO DE LA EXCENTRICIDAD

Rv = Wg + Pa + Ps	Rv =	76.43 Ton
Xr = [Σ Mr - Σ Ma] / Rv	Xr =	3.51 m
Ancho de la Base de la Presa	B =	9.00 m
$e_x = B/2 - X_r$	e_x =	0.99 m

VERIFICACIÓN DEL ALINEAMIENTO DE LA FUERZA RESULTANTE DENTRO DEL TERCIO CENTRAL DE LA BASE DE LA PRESA

Tercio Central de la Base medidos desde el Punto "O".

B/3 = 3 m B*2/3 = 6 m

Xr = 3.51 m

Xr > B/3 Si --- La resultante se alínea dentro del tercio central de La base de La Presa --- OK √

Xr < B/3 No

VERIFICACIÓN DE LAS TENSIONES MÁXIMA Y MÍNIMA SEGÚN EL VALOR DE LA EXCENTERICIDAD

Para el caso de $e_x < B/6$	B/6 =	1.50 m
$\sigma_{max} = (Rv / B) * (1 + (6 * e_x)/ B)$	σ_{max} =	14.08 Ton/m^2
$\sigma_{min} = (Rv / B) * (1 - (6 * e_x)/ B)$	σ_{min} =	2.91 Ton/m^2

Para el caso de $B/6 \le e_x \le B/2$	B/6 =	1.50 m	B/2 =	4.5 m
$\sigma_{max} = (2*Rv) / (3 * (B/2 - e_x))$	σ_{max} =	0.00 Ton/m^2		
$\sigma_{min} = 0$	σ_{min} =	0.00 Ton/m^2		
$B' = 3 * (B/2 - e_x)$	B' =	--- m		

VERIFICACIÓN DEL ESFUERZO MÁXIMO CALCULADO CON EL ESFUERZO ADMISIBLE DEL SUELO

El Material de la fundación es una mezcla de gravas y arenas - de modo que el esfuerzo admisible varía entre $\sigma_{adm} \leq 25$ ton/m^2 y $\sigma_{adm} \leq 30$ ton/m^2

Esfuerzo máximo calculado	σ_{max} =	14.08 Ton/m^2	OK
Esfuerzo Admisible	σ_{max} =	30.00 Ton/m^2	

ANEXO N° 3.-

XXX CONGRESO LATINOAMERICANO DE HIDRÁULICA

FOX DE IGUAZÚ - BRASIL - NOVIEMBRE 2022

EXPERIENCIAS EN EL COMPORTAMIENTO DE LAS OBRAS DE MITIGACION DE RIESGO EN VARGAS - VENEZUELA 20 AÑOS DESPUÉS

EXPERIENCIAS EN EL COMPORTAMIENTO DE LAS OBRAS DE MITIGACION DE RIESGO EN VARGAS - VENEZUELA 20 AÑOS DESPUÉS

Ing. Gian Franco Morassutti F.
Venezuela - gfmorassutti@gmail.com

RESUMEN:

Los flujos torrenciales catastróficos ocurridos el 15 y 16 de diciembre de 1999, en el Estado Vargas en Venezuela, generaron lo que puede ser catalogado como el desastre más importante del siglo XX en este país. Considerando el alto volumen de sedimentos y de bloques de rocas transportados, el evento de 1999 ha sido clasificado como el flujo torrencial más grande inducido por lluvias entre todos aquellos que han sido documentados a nivel mundial. Posteriormente, en febrero de 2005 ocurrió una nueva crecida de características extraordinarias, así como en diciembre de 2010 y la última registrada fue en septiembre de 2021.

El presente trabajo tiene la finalidad de dar a conocer el desarrollo de algunas de las obras de mitigación de riesgo para el control del arrastre de sedimentos y flujo de lodos y piedras construidas por Corpovargas en gaviones, concreto o en roca cementada durante el período entre el año 2.001 y el año 2.008, período en el que el autor tuvo la oportunidad de trabajar como Asesor, Proyectista, Supervisor e Inspector de Obras.

La mayoría de las obras proyectadas y construidas han tenido un comportamiento satisfactorio, sin embargo, hay otras obras que, debido a la incompleta ejecución de algunas obras, así como a la falta de mantenimiento, son causas que pueden tener consecuencias en la garantía de su comportamiento antes nuevos y futuros eventos.

ABSTRACT:

The catastrophic torrential flows that occurred on December 15 and 16, 1999, in the Vargas State in Venezuela, generated what can be classified as the most important disaster of the 20th century in this country. Considering the high volume of sediments and blocks of rocks transported, the 1999 event has been classified as the largest torrential flow induced by rainfall among all those that have been documented worldwide. Subsequently, in February 2005 a new flood of extraordinary characteristics occurred, as well as in December 2010 and the last recorded was in September 2019.

The present work has the purpose of making known the development of some of the risk minimization works for the control of sediment drag and flow of mud and stones built by Corpovargas in gabions, concrete or cemented rock during the period between the year 2001 and 2008, period in which the author had the opportunity to work as an Advisor, Designer, Supervisor and Works Inspector.

Most of the projected and built works have had a satisfactory behavior, however there are other works that, due to lack of maintenance, may have consequences in the guarantee of their behavior before new and future events.

PALABRAS CLAVES: Flujo de lodos (Mudflow), Dique de Retención, gaviones, concreto, roca cementada.

INTRODUCCIÓN

En vista de los continuos y extremos eventos meteorológicos que han venido ocurriendo a nivel mundial, teniendo como característica importante las altas precipitaciones, así como la ocurrencia de flujo de lodos y piedras que ha traído como consecuencia la desestabilización geomorfológica de los cauces y de los taludes de las vertientes de las cuencas hidrográficas, y en general han generado afectaciones a las zonas urbanas ubicadas aguas abajo, la finalidad de este trabajo es dar a conocer el comportamiento de algunas estructuras de mitigación de riesgo construidas por Corpovargas (Corporación para la Recuperación y Desarrollo del Estado Vargas) entre los años 2001 y 2008 en el Estado Vargas, así como exponer una evaluación del comportamiento de las obras proyectadas y construidas, de manera que sirva como referencia y de experiencia para eventuales controles de torrentes en otras áreas geográficas.

Entre 2001 y 2008 se construyeron en el Estado Vargas en Venezuela, un total de 63 presas de control de sedimentos y 18 canalizaciones, distribuidas en 25 cuencas (López, 2021).

En el año 2000, en la Autoridad Única de Vargas, se plantearon una serie de criterios de diseño que luego fueron revisados y replanteados en el año 2002 por Corpovargas (Morassutti, 2002). Entre los criterios de diseño planteados se puede inferir que dos de ellos son los más resaltantes y son los que se refieren a la forma de sistematizar el control de torrentes en las cuencas del Estado Vargas.

Una de las premisas se refiere a que: "La estabilidad de los cauces en la cuenca media y alta, deberá contemplar presas abiertas de retención de sedimentos de gran tamaño (Dm > 0,80 m) y presas de retención de sedimentos finos".

La segunda premisa se refiere a que las presas de retención deberían ser, en la medida de posible, diseñadas y construidas con gaviones, con la finalidad de optimizar los costos basada en la existencia de abundante material pétreo en los cauces y especialmente adecuado para la construcción de estructuras en gaviones. y así generar una importante demanda de mano de obra no calificada,

La retención de materiales finos se resalta debido al hecho de que todas las cuencas se encontraban desestabilizadas desde el punto de vista geomorfológico y muy frágiles y susceptibles a la erosión y arrastre de sedimentos finos ante la ocurrencia de escurrimientos generados por tormentas de baja o mediana intensidad que podrían originar la colmatación de los cauces en el tramo de su descarga al mar, y el consecuente desborde sobre los desarrollos urbanos ubicados en las márgenes adyacentes, así como el atarquinamiento de los puentes de la única vía de comunicación con que cuenta el Estado Vargas.

Estas premisas fueron corroboradas con el Evento de febrero de 2005, en donde se pudo verificar que en aquellas cuencas que se había logrado construir al menos una presa de retención de finos, las afectaciones de las zonas urbanas ubicadas aguas abajo fueron mínimas, mientras que en aquellas cuencas que no se habían intervenido las afectaciones fueron importantes. (López, 2021).

EVOLUCIÓN DE LAS OBRAS

Sobre la base de las visitas realizadas a través de los años, luego de su construcción, en general las presas cerradas han logrado mantener la capacidad hidráulica de las canalizaciones y proteger las zonas urbanas adyacentes. Sin embargo, aquellas obras que no fueron concluidas de manera integral, han sufrido importantes afectaciones como es el caso del Río Cerro Grande.

Se considera que el problema principal observado es que no se han realizado trabajos de mantenimiento a las presas para desazolvarlas, así como tampoco a las canalizaciones para mantenerlas libres de vegetación que disminuyen la capacidad hidráulica de las mismas y propician la retención de sedimentos.

PROYECTO Y OBRAS CONSTRUIDAS EN EL RIO MACUTO

Para el año 2002, en el Río Macuto se construyó una presa del tipo cerrado de gaviones, mientras que el canal se diseñó y construyó con fondo móvil con traviesas y protección de gaviones en las márgenes, en donde el primer tramo en la descarga al mar fue construido con enrocado que conecta con los espigones, desde este enrocado la canalización hasta el Puente de la Av. La Playa, la canalización es de sección rectangular de 20 metros de ancho y tres metros de altura construida con muros de gaviones, mientras que el segundo tramo que se alinea entre el puente antes mencionado y la Presa Macuto 3.-, es de sección trapecial de 10 metros de ancho y taludes 1,5 H:1V, con protección con colchoneta de gaviones hasta una altura de 3 metros.

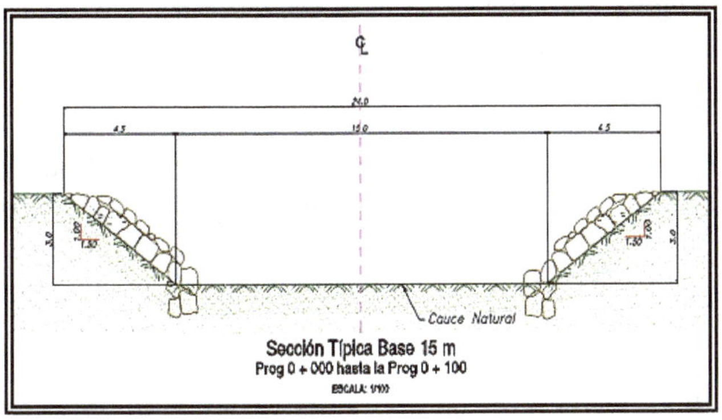

Figura 1.- Sección típica de la canalización con enrocado en la descarga al mar.

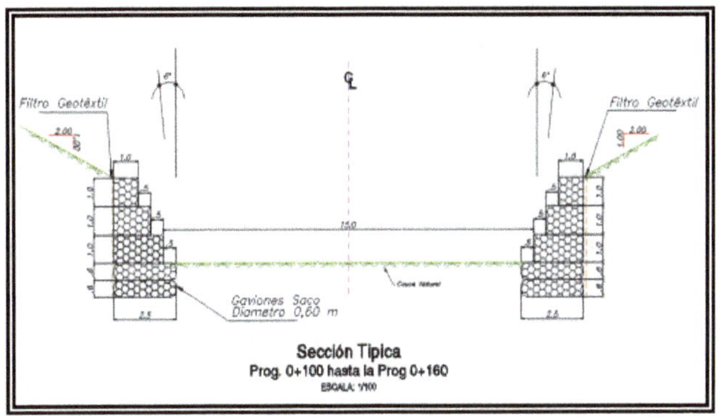

Figura 2.- Sección típica de la canalización con muros de gaviones apoyados en gaviones saco cerca de la descarga al mar.

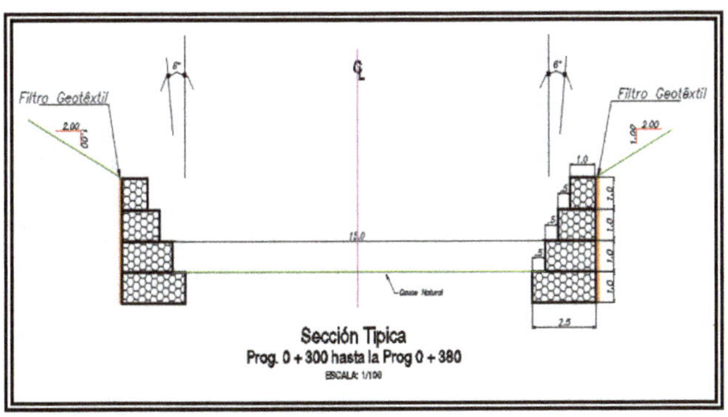

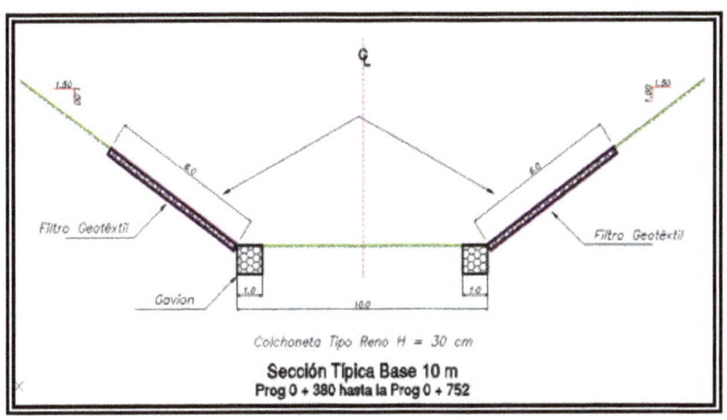

Figura 3.- Sección típica de la canalización con muros de gaviones apoyados directamente sobre el terreno.

Figura 4.- Sección típica de la canalización con revestimiento con colchón tipo reno® apoyado en un gavión longitudinal.

Figura 5.- Vista de la Presa Macuto 3.- al terminar su construcción. (2002).

Figura 6.- Vista de la canalización y de la presa de retención. (Noviembre 2004).

Durante el evento del febrero del 2005, la Presa se sedimentó totalmente con materiales de arenas finas y gruesas. Las rocas arrastradas por la crecida impactaron en los escalones ubicados aguas abajo del vertedero del dique principal, los cuales sufrieron un importante deterioro por el impacto de las rocas que cayeron desde el vertedero, llegando a demoler dicha protección, así como a deteriorar algunas mallas de gavión del paramento aguas abajo de la presa.

Es preciso destacar que la protección de concreto tiene la función de proteger las mallas contra el impacto de las rocas, por lo que se puede inferir que cumplió su objetivo parcialmente. Por otra parte, el vertedero del dique y del contradique sufrieron una leve abrasión por el paso del flujo de agua con arena y piedras, sin embargo, fue un deterioro sin importancia.

Luego del evento de febrero de 2005, Corpovargas planificó y realizó trabajos de reparación de los escalones aguas abajo de la Presa Macuto 3.-, los cuales se realizaron en el año 2006.

Figura 7.- Vista de los deterioros en el paramento aguas abajo de la presa. (Marzo 2005).

Figura 8.- Vista de las reparaciones realizadas a las cestas y la protección de concreto del paramento aguas abajo de la presa. (Octubre 2006).

En julio de 2.019 se realizó una visita al Rio Macuto con la finalidad de poder observar el estado actual de las estructuras. Sobre la base de lo observado, se puede inferir que la vegetación había ocupado prácticamente la totalidad de la canalización y de la Presa Macuto 3.-. Esto refleja una absoluta falta de mantenimiento y el abandono de las estructuras existentes, que en el caso de la canalización preocupa la ocupación de la vegetación (Ver Figura 9.-; 10.- 11.-) pues disminuye notablemente su capacidad hidráulica.

Figura 9.- Vista de la Presa Macuto 3.- Obsérvese que el vaso de la presa ya cuenta con vegetación arbórea de unos 5 metros en promedio, que en el caso de una crecida podría ser arrastrados hacia la canalización disminuyendo su capacidad hidráulica e inclusive atarquinar el Puente de la Av. La Playa. (Julio 2019) (Foto cortesía Ing. José Marañón).

Figura 10.- Vista de la canalización desde el puente de la Av. La Playa hacia la descarga al mar. (Noviembre 2004).

Figura 11.- Vista de la canalización desde el puente de la Av. La Playa hacia la descarga al mar. Obsérvese la vegetación de arbustos medianos que ocupa el cauce de la canalización. (Julio 2019) (Foto cortesía Ing. José Marañón)

Finalmente, uno de los aspectos más resaltantes es que a pesar de la falta de mantenimiento y de los diversos eventos de escurrimiento ocurridos, las estructuras de gaviones están en perfecto estado.

PROYECTO Y OBRAS CONSTRUIDAS EN EL RIO CERRO GRANDE

A juicio del autor del presente artículo, el Proyecto de Control de Erosión de la Cuenca del Rio Cerro Grande, fue uno de los proyectos más emblemáticos realizados en Corpovargas. El término emblemático se establece en el sentido de que además de todos los esfuerzos desde el punto de vista técnico que se realizaron para la elaboración del proyecto, hubo un componente social relevante, el cual fue una importante relación con los antiguos habitantes de la Urbanización Cerro Grande, cuyas viviendas quedaron completamente sepultadas por el deslave de diciembre de 1999.

En la Figura 12.- que se muestra a continuación, se puede visualizar la magnitud de la sedimentación ocurrida generada por el deslave de diciembre de 1999.

Figura 12.- Vista desde el cauce del río que visualiza la magnitud de la sedimentación ocurrida en diciembre de 1999.

En términos generales el proyecto contempla una canalización con muros de gaviones, traviesas estratégicamente ubicadas y dos presas de retención. Ambas presas se proyectaron del tipo cerradas considerando la gran cantidad de materiales finos presentes en la cuenca.

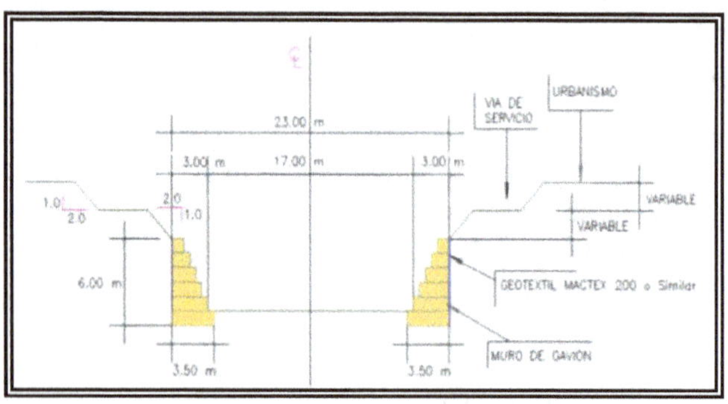

Figura 13.- Sección típica de la canalización del Río Cerro Grande, entre la descargar al mar y la Presa N° 1.

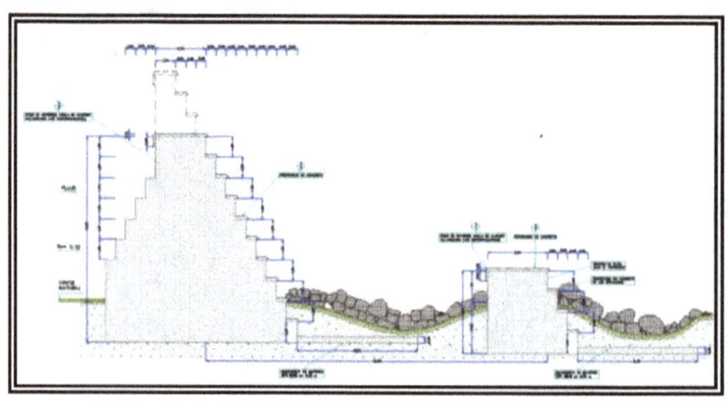

Figura 14.- Sección típica de la Presa N° 1.- y de la Presa N° 2.-, la cual cuenta con 10 metros de altura hasta la rasante del vertedero y 3 metros de vertedero.

En el caso del Río Cerro Grande se debe hacer especial mención de que las obras proyectadas no fueron construidas en su totalidad, trayendo como consecuencia la afectación de varias de las obras construidas.

Desde el punto de vista de la buena práctica de la ingeniería, el tramo de canalización construido no cuenta con un alineamiento acorde con la planialtimetría propuesta en el proyecto, pues más bien el alineamiento de las cestas de gaviones es sinuoso, desde el punto de vista planimétrico, así como altimétrico, por lo que se puede inferir que ni la Empresa responsable de este tramo, así como tampoco la Inspección, estuvieron atentos al control topográfico del alineamiento de proyecto, así como tampoco a la correcta ejecución de la construcción de los muros de gaviones, lo que atenta contra el buen funcionamiento de la canalización. Pero lo más resaltante fue la desidia en el control altimétrico de los muros de gaviones en el tramo en la descarga al mar, quedando los edificios colindantes por debajo del nivel de las aguas de escorrentía.

Figura 15.- Vista del muro de la margen izquierda hacia aguas abajo. Obsérvese el alineamiento caprichoso del muro, además de que su replanteo se encuentra por encima de la rasante propuesta en el proyecto, quedando el estacionamiento del edificio por debajo de la cota del nivel de escorrentía. También se puede observar que, al elevar la cota de replanteo, los sótanos de estacionamiento de los edificios adyacentes en este sector quedan por debajo de la cota de escorrentía de la canalización, por lo que, en el momento de la ocurrencia de eventuales crecidas, por filtración a través de los muros, estos estacionamientos podrían inundarse. (Febrero 2007).

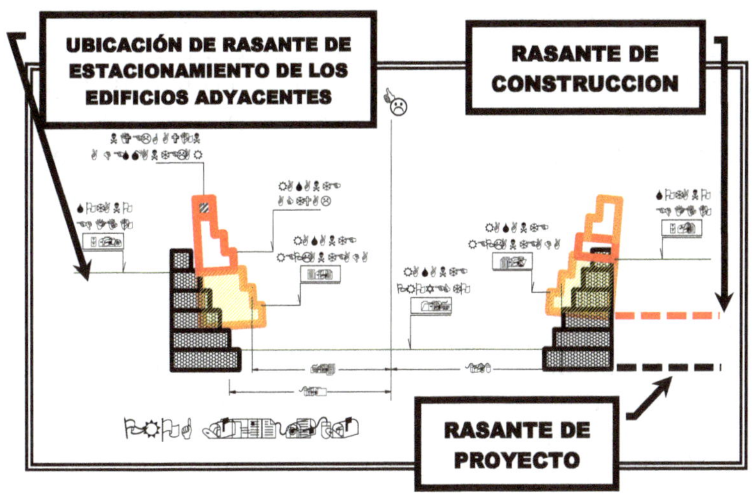

Figura 16.- Análisis comparativo de superposición entre la sección de proyecto y la sección construida en la Sección Transversal Prog. 0 + 329,38.

Otro de los problemas observados, es que no hubo ni planificación, ni inspección de los trabajos, pues en el tramo de canalización aguas abajo de la Av. La Playa, no se construyeron las traviesas previstas en el proyecto, por lo que la escorrentía había generado importantes erosiones y socavaciones poniendo en peligro la estabilidad de los muros construidos.

Es importante señalar que este proyecto fue diseñado por Corpovargas, pero su posterior planificación, construcción e inspección estuvo a cargo de la Armada por orden del Gobierno Central.

Figura 17.- Vista general del muro de la margen izquierda en el tramo aguas abajo de la Av. La Playa. Obsérvese la socavación general del cauce, la cual ha puesto en descubierto la fundación del muro de gaviones.

Figura 18.- Vista en detalle de la Figura 17.-, en donde se identifica el nivel de rasante del cauce en el momento de la construcción, la rasante del muro de gaviones construido y la rasante del cauce para marzo 2007.

Lo anterior ha sucedido debido a que las presas cerradas construidas aguas arriba, atrapan los sólidos provenientes de la cuenca media y alta, de manera que las aguas claras, libres de sedimentos, escurren hacia aguas abajo con mayor poder erosivo, de modo que al no construirse las traviesas propuestas en el proyecto, las cuales están estratégicamente ubicadas para el control de la pendiente longitudinal, los muros laterales de la canalización han sufrido importantes socavaciones por efecto de la erosión general del cauce, dejándolos en una inestabilidad progresiva y vulnerables ante eventuales erosiones y socavaciones, lo que conllevará al colapso de los muros de protección de las márgenes.

En el caso de la presa, a pesar del colapso del contradique, el cual se debió a una socavación al pie del mismo, pues no se colocó el enrocado de protección en la descarga del vertedero del contradique, además de que la canalización no se construyó hasta el contradique de la Presa Nº 1.- como se había proyectado, en donde las traviesas de control de la pendiente longitudinal jugarían un papel importante en evitar la degradación del cauce, la erosión regresiva y la profundización del mismo, **sin embargo, la presa principal no presentaba ningún tipo de afectación, en lo que se refiere a asentamientos, así como tampoco abrasiones por efecto del eventual flujo con arenas y gravas.**

Figura 19.- Vista de la Presa N° 1.- Obsérvese que la presa está concluida, pero no se colocó el enrocado al pie del contradique para su protección a la socavación, así como tampoco se había construido la canalización, (Abril 2008).

Figura 20.- Vista general de la Presa N° 1.-. Debido a la falta de ejecución de la canalización de manera completa, obsérvese el colapso del contradique y la pérdida del enrocado, Sin embargo, la presa está en perfecto estado (Diciembre 2010).

En julio de 2.019 se realizó una visita al Rio Cerro Grande con la finalidad de poder observar su situación actual. Sobre la base de lo observado, se puede inferir que la vegetación ha ocupado prácticamente la totalidad de la canalización.

Figura 21.- Vista hacia aguas abajo del Puente de la Av. La Playa. (Diciembre 2010). (Foto cortesía Ing. José Marañón)

Figura 22.- Vista hacia aguas abajo del Puente de la Av. La Playa. (Julio 2019). (Foto cortesía Ing. José Marañón)

PROTECCION DEL FONDO DEL CAUCE Y OTRAS ESTRUCTURAS ANTE EL EFECTO ABRASIVO

DEL FLUJO DE LODOS Y PIEDRAS

Otra de las experiencias interesantes es la resistencia a la abrasión del flujo de lodos y piedras que se obtiene en una canalización, así como en otras estructuras, con revestimiento de roca cementada, pues el revestimiento de concreto no tiene resistencia a la abrasión de este tipo de flujos.

La canalización de la Quebrada Guanape, construida en el año 2001, se proyectó y construyó con revestimiento de concreto. Este revestimiento fue abrazado en la primera crecida ocurrida, dejando el acero de refuerzo al descubierto y obviamente disminuyendo la vida útil de la canalización.

Figura 23.- Vista de la abrasión del concreto por efecto de flujo de lodos y piedras en la Canalización de la Quebrada Guanape. Obsérvese el acero de refuerzo al descubierto. (Septiembre 2006).

Figura 24.- Presa Abierta en Quebrada El Cojo, Estado Vargas, Venezuela. Los dientes de la presa fueron recubiertos con concreto, pero la abrasión producida por el Evento de febrero de 2005 dejó huellas indelebles.

En vista de lo anterior, las canalizaciones a proyectar se basaron en la premisa de que deberían ser con fondo móvil y traviesas estratégicamente ubicadas, mientras que en los tramos de descarga al mar se debería hacer una canalización con revestimiento con roca cementada para aumentar la capacidad hidráulica, pero a su vez que fuera resistente a la abrasión del flujo de lodos y piedras, característico de las descargas de los flujos torrenciales. De igual forma se planificó para los vertederos de las presas en gaviones, los cuales se revistieron con roca cementada para proteger las cestas de gaviones.

Con estas premisas se diseñaron las obras del Río San Julián y del Río Camurí Grande. En el caso del Río San Julián, los resultados fueron satisfactorios.

Figura 25.- Vista de la canalización del Río San Julián. Obsérvese que las traviesas están en buenas condiciones, por lo que el comportamiento de las traviesas con revestimiento de roca cementada ha sido satisfactorio. (Septiembre 2019). (Foto cortesía Ing. José Marañón)

En el caso del Río Camurí Grande, los vertederos de las presas, así como la parte baja de la canalización se construyeron con revestimiento en roca cementada, en este caso los resultados desde el punto de vista de la resistencia a la abrasión fueron satisfactorios, sin embargo, se han presentado algunos problemas con la estabilidad de las traviesas, lo cual podría tener causas ligadas al comportamiento hidráulico del flujo o tal vez a algunas fallas en la construcción de las obras.

Figura 26.- Vista de una de las traviesas del Río Camurí Grande en donde aprecia la socavación al pie de la misma y su afectación. (Diciembre 2010).

Figura 27.- Vista general de la canalización del Río Camurí Grande en donde se observa las afectaciones de las traviesas, así como la falta de mantenimiento del cauce. (Septiembre 2016).

En septiembre de 2021 ocurrió una crecida de características extraordinarias, en donde se puso a prueba una vez más las estructuras construidas. En el caso del Río Camurí Grande, el comportamiento de las crestas de los vertederos de las presas construidas en gaviones y en especial el fondo de la canalización en la descarga al mar tuvieron un comportamiento satisfactorio, por lo que se puede inferir que el revestimiento con roca cementada es apropiado para canalizaciones en regímenes torrenciales en donde el flujo esté acompañado por lodos y piedras.

Figura 28.- Vista de la crecida en el Río Camurí Grande ocurrida en septiembre de 2021.- (Video Cortesía de los habitantes del Barrio Camurí y recopilado por el Ing. Alejandro Liberatore).

Tanto las crestas de los vertederos de las presas, así como la canalización cerca de la descarga al mar, tuvieron un comportamiento satisfactorio. A continuación, se muestran algunas fotos tomadas y enviadas por cortesía de los habitantes del Barrio Camurí y recopiladas por el Ing. Alejandro Liberatore, luego de la ocurrencia de la crecida de septiembre de 2021, en donde se puede observar que, tanto la cresta del vertedero de la Presa 1.-, así como el fondo de la canalización, están en perfecto estado luego de 15 años de construida.

Figura 29.- Vista de la cresta del vertedero de la presa recubierta con roca cementada, la cual está en perfecto estado después de la crecida de septiembre de 2021.

Figura 30.- Vista general de la canalización del Río Camurí Grande cerca de la descarga al mar después de la crecida de septiembre de 2021.

Figura 31.- Vista en detalle del revestimiento en roca cementada, el cual está en perfecto estado después de la crecida de septiembre de 2021.

CONCLUSIONES

Sobre la base de las visitas realizadas a lo largo de los últimos 20 años se puede inferir que, las medidas de prevención y mitigación implementadas en las cuencas del Estado Vargas, han reducido la vulnerabilidad de la población ante la ocurrencia de aludes torrenciales. Sin embargo, en el caso del Rio Cerro Grande, aunque las presas han reducido la vulnerabilidad ante la ocurrencia de aludes torrenciales, la canalización del Rio Cerro Grande no cumple con lo previsto en el proyecto debido a la falta de ejecución de manera integral de las obras proyectadas.

La experiencia indica que, si la ejecución de las obras hidráulicas no se planifica debidamente y no se ejecutan las obras proyectadas de manera integral, las obras construidas pueden quedar vulnerables a erosiones y socavaciones, lo que conlleva a eventuales afectaciones, pues independientemente de las bondades de los materiales utilizados, esto podría derivarse en la pérdida parcial o total de las obras construidas.

Sobre la base de las observaciones realizadas a través de los años, se puede inferir que, por el efecto de retención de sedimentos, las presas cerradas han logrado mantener la capacidad hidráulica de las canalizaciones y proteger las zonas urbanas adyacentes ante eventuales nuevas crecidas.

La falta de mantenimiento y limpieza de la vegetación arbustífera en los cauces propician la disminución de la capacidad hidráulica de las canalizaciones construidas.

Luego de un período comprendido entre 15 y 20 años desde la construcción de las obras descritas, a pesar de la ocurrencia de varias crecidas importantes, a pesar de presentarse algunos deterioros en algunas estructuras construidas, en donde se ha estimado que aproximadamente un 20% de las obras (diques, contradiques, canalizaciones) han sufrido daños significativos, (López, 2021), estas obras han tenido un comportamiento satisfactorio, por lo que se puede indicar que, lo planificado, proyectado y construido en el Estado Vargas en Venezuela puede servir de ejemplo para la ingeniería de control de torrentes.

Finalmente se puede indicar que, sobre la base del comportamiento de las estructuras construidas en el Estado Vargas, se puede inferir que las estructuras de gaviones han tenido un comportamiento satisfactorio y si sufren alguna afectación, su reparación es fácil, rápida y de bajo costo comparada con otras soluciones. De igual forma se puede inferir que el revestimiento con roca cementada es apropiado para canalizaciones y estructuras sometidas a regímenes torrenciales en donde el flujo esté acompañado por lodos y piedras.

RECOMENDACIONES

Es imperante la necesidad de efectuar trabajos de mantenimiento periódico en las presas, que contemplen la limpieza y extracción de los sedimentos en los vasos de almacenamiento de las presas cerradas, así como la extracción de vegetación y materiales gruesos acumulados en las ranuras o ventanas en las presas abiertas, para así lograr mantener la capacidad de almacenamiento y retención de las presas. De igual forma es imperante la necesidad de efectuar la limpieza y remoción periódica de la vegetación y los sedimentos depositados en los tramos inferiores de las canalizaciones y en su descarga al mar, para así lograr mantener la capacidad hidráulica de las canalizaciones.

Se recomienda que la ejecución de este tipo de obras hidráulicas debe realizarse de manera integral y sobre la base de las obras proyectadas y su interacción entre ellas. Las obras construidas de manera parcial pueden quedar vulnerables a erosiones y socavaciones, lo que podría derivarse en la pérdida parcial o total de las obras construidas. En el mismo orden de ideas se debe recomendar que las obras proyectadas deben ser construidas bajo la mira de una Inspección calificada que tenga como objetivo lograr la buena práctica de la ingeniería, para así lograr el objetivo de la mitigación del riesgo ante eventuales crecidas de estos eventos torrenciales.

REFERENCIAS

Morassutti, G.F., 2002.- Corpovargas – "Proyectos de Control de Erosión y Canalización de Ríos y Quebradas en el Estado Vargas" - Definición de Criterios de Diseño. Documento Interno elaborado por el Ing. Gian Franco Morassutti, (Enero 2002).

López, J.L., 2021.- Los Aludes Torrenciales de 1999 en Vargas - 20 Años Después. José Luis López Sánchez, Editor. Academia Nacional de la Ingeniería y el Hábitat de Venezuela ANIH – Instituto de Mecánica de Fluidos, Facultad de Ingeniería, UCV -- Capítulo III.- MEDIDAS ESTRUCTURALES - Obras de Mitigación de Riesgos en los Ríos Macuto, San Julián y Cerro Grande, Estado Vargas, Venezuela. (Pág. 331). Ing. Gian Franco Morassutti F.

G.F.M. Ingeniería C.A., 2002.- Corpovargas – "Proyecto de Control de Torrentes del Río Macuto, Parroquia Macuto, Estado Vargas. – 2002

TECNICIV C.A., 2003.- Autoridad Única de Área del Estado Vargas – "Proyecto de Control de Erosión y Canalización del Río Cerro Grande, Parroquia Caraballeda, Estado Vargas". 2003.-

BM3 OBRAS Y SERVICIOS S.A. (Valencia - España) Convenio Hispano – Venezolano.- 2006.- Corpovargas – "Proyecto de Control de Erosión y Canalización del Río San Julián, Parroquia Caraballeda, Estado Vargas". – 2006.-

G.F.M. Ingeniería C.A., 2005.- Corpovargas – "Actualización del Proyecto de Control de Torrentes del Río Camurí Grande, Parroquia Naiguatá, Estado Vargas. – 2005.-